Luhmann / Sieberth (Hrsg.)

Photogrammetrie
Laserscanning
Optische 3D-Messtechnik

Beiträge der Oldenburger 3D-Tage und des BIMtages 2024

Thomas Luhmann / Till Sieberth (Hrsg.)

Photogrammetrie Laserscanning Optische 3D-Messtechnik

Beiträge der Oldenburger 3D-Tage und des BIMtages 2024

Wichmann

Zum Titelbild

Die Bilder zeigen Schritte von der 3D-Modellierung eines Vermessungsschiffs über die VR-Anwendung in einer Spieleumgebung bis zur kombinierten Simulation mit bathymetrischen Daten (siehe Beitrag auf S. 280 ff. von Simon Deggim und Thomas Kersten: DVocean Digital – ein virtuelles Vermessungsschiff).

Bibliografische Information der Deutschen Nationalbibliothek

Die Deutsche Nationalbibliothek verzeichnet diese Publikation in der Deutschen Nationalbibliografie; detaillierte bibliografische Daten sind im Internet über https://portal.dnb.de abrufbar.

ISBN 978-3-87907-750-2 (Buch)
ISBN 978-3-87907-751-9 (E-Book)

Bismarckstr. 33, 10625 Berlin
www.vde-verlag.de
www.wichmann-verlag.de

Druck: Elanders Waiblingen GmbH, Waiblingen
Printed in Germany 2024-05

Vorwort

Der vorliegende Band fasst die Beiträge der 21. Oldenburger 3D-Tage zusammen, die das Institut für Angewandte Photogrammetrie und Geoinformatik am 31. Januar und 1. Februar 2024 in Kombination mit dem 10. BIMtag an der Jade Hochschule durchgeführt hat. Durch die Zusammenlegung der beiden Veranstaltungen konnten organisatorische Synergieeffekte und auch inhaltliche Überlappungen beim Thema Building Information Modeling (BIM) erzielt werden. Den etwa 450 Teilnehmerinnen und Teilnehmern wurde in über 70 Fachvorträgen zum einen das breite Anwendungsspektrum von Photogrammetrie, Laserscanning und optischer 3D-Messtechnik präsentiert, zum anderen wurden verschiedenste Themen von BIM behandelt.

Mit Unterstützung von externen Kolleginnen und Kollegen konnten wieder Vortragssitzungen mit speziellen Themenschwerpunkten organisiert werden. Dadurch gewinnen die 3D-Tage einen noch aktuelleren fachlichen Fokus und binden gleichzeitig aktiv in der Thematik stehende Fachleute ein. Die Themensitzungen umfassten folgende Bereiche:

- Kulturerbe (Heidi Hastedt, Jade Hochschule)
- Augmented Reality/Virtual Reality (Thomas Kersten, HCU Hamburg)
- UAV (Heinz-Jürgen Przybilla, Hattingen)
- Anwendungen im Bauwesen (TU Braunschweig)
- Mobile Mapping (HTW Dresden)
- Punktwolken (Daniel Wujanz, technet GmbH, BSH Rostock)
- Photogrammetrie (Thomas Luhmann, Jade Hochschule)
- Künstliche Intelligenz (Till Sieberth, Jade Hochschule)

Zusätzlich wurde eine spezielle Studierenden-Session mit Ergebnissen aktueller Abschlussarbeiten und Projekten sowie zwei Sitzungen mit produktorientierten Beiträgen der Aussteller angeboten.

In diesem Tagungsband werden die schriftlichen Beiträge zu den genannten Themensitzungen zusammengefasst, soweit sie von den Autorinnen und Autoren eingereicht worden sind. Zusätzlich werden einzelne Beiträge des BIMtages wiedergegeben.

Besonderes Merkmal der Oldenburger 3D-Tage ist die Mischung von wissenschaftlichen Beiträgen aus aktueller Forschung mit anwendungsorientierten Berichten und Produktinformationen. Die Vorträge zeichnen sich durch ihr breites Themenspektrum aus. Dies erlaubt den Teilnehmerinnen und Teilnehmern einmal mehr, über ihre eigenen Grenzen zu schauen und neue Ideen oder Anwendungsfelder zu erschließen.

Auf der Homepage der Oldenburger 3D-Tage (jade-hs.de/3dtage) können die Präsentationen der Vorträge heruntergeladen werden. Die Beiträge in diesem Band unterliegen keinem strengen inhaltlichen Begutachtungsprozess und können sich daher in Qualität und Umfang unterscheiden.

Für die erfolgreiche Durchführung des Workshops und der Realisierung dieses Tagungsbandes sei allen Beteiligten gedankt, besonders allen Autorinnen und Autoren, Teilnehmerinnen und Teilnehmern.

Oldenburg, März 2024 *Thomas Luhmann und Till Sieberth*

Inhaltsverzeichnis

1 Photogrammetrie

Automatized Acquisition of Image Sets for Structure from Motion with a Service Robot

Stephan NESER, Lukas KUHLMAY, Vasantraj SELVARAJAN and Karl KLEINMANN

Abstract

3D reconstruction with Structure from Motion (SfM) requires the acquisition of a large number of images. We present a mobile robot system that is able to acquire image sets for SfM autonomously. The system is based on a mobile service robot equipped with a 24 MP digital camera mounted on the hand of a robotic arm. Two modes of operation have been implemented: in circular path mode, the robot drives a fixed circular path of a predefined radius around the object. In adaptive path mode, the robot uses its laser scanner to navigate around the object, while maintaining a fixed distance to the object's boundary. While driving around the object, the robot stops periodically. At each stop, the arm then moves the camera to a sequence of positions, e. g. on a circular trajectory around the object's center of mass, to acquire images. The resulting image sets are imported to Metashape Professional for 3D reconstruction. The feasibility of the method is demonstrated in first experiments.

1 Introduction

Structure from Motion (SfM) is a popular technique for 3D reconstruction. It uses the motion between images to estimate the 3D structure of a scene. SfM has been used successfully in various fields, e. g. architecture (IPPOLITI et al. 2015), archeology (DE REU et al. 2013) and for vision based simultaneous localization and mapping, e. g. ORB-SLAM (MUR-ARTAL et al. 2015) in robotics.

For a successful application of SfM, it is necessary to cover each point of a scene in at least two images, hence SfM requires the acquisition of a large number of images to fully cover a scene. Since this is a time-consuming and monotonous task, attempts to automatize have been made early on, e. g. with stationary robots in archeology (SANTOS et al. 2020). In other fields like UAV-Photogrammetry, e. g. (GERKE 2018), manual image acquisition is not possible at all and autonomous image acquisition is state of the art.

Over the past few years mobile service robots made big advancements. With the Robot Operating System ROS (QUIGLEY et al. 2009) and its successor ROS2 (MACENSKI et al. 2022), a standardized open source operating system is available freely. This has enabled a number of commercial applications like robot vacuum cleaners or lawn mowers and more complex consumer applications like robotic food delivery in restaurants start to appear on the market.

This paper combines both topics and explores autonomous image acquisition for SfM with the mobile service robot TIAGo. Compared to stationary robots of similar size, mobile service robots can cover a significantly larger work area. This method therefore may be useful for larger objects, too big for automated scanning with a robotic arm, in areas were drone based image acquisition is not feasible.

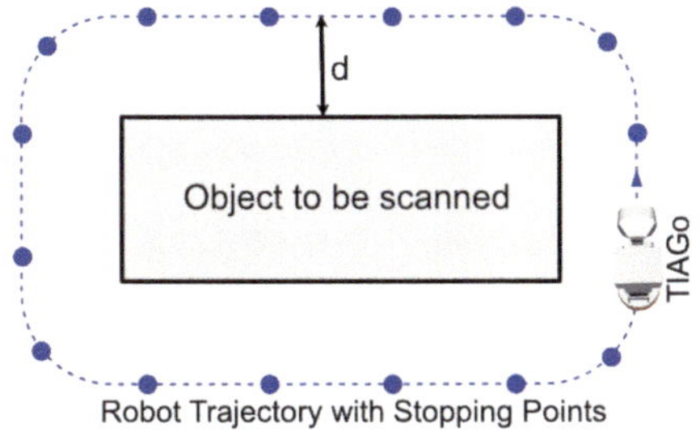

Fig. 1:
Basic principle of automated acquisition of image sets with TIAGo

The basic idea is shown in Figure 1: Starting from the initial position, the robot moves around the object at a fixed distance d and stops at regular intervals. At each stop, the arm moves the camera to one or more positions to capture images of the object. We investigate two different path planning strategies, a circular path around the object center, well suited for small objects, and an adaptive planning strategy for larger objects with complex perimeters.

The structure of the paper is as follows: The robot system and the imaging hardware are described in Section 2. Section 3 explains the details of the implementation, the path planning strategies, the calculation of the camera positions and arm movements as well as the 3D reconstruction in Metashape. Finally, the results are presented and discussed in Section 4 and Section 5.

2 System Layout

2.1 TIAGo

TIAGo is a service robot by PAL-Robotics from Barcelona/Spain. It is based on a mobile differential-drive base on which the upper body is mounted (Figure 2a). The upper body consists of the torso, the head and a robotic arm. The head is equipped with an RGB-D camera and has two angular degrees of freedom. For navigation, the robot is equipped with a SICK TM571 laser scanner, with a maximum working distance of 25m, covering an angular range of 218° in front of the robot. Its batteries allow for 4-6 hours of autonomous operation.

The robot's arm has 7 degrees of freedom and a reach of 87 cm. At the end of the arm the robot is equipped a two-finger parallel gripper. Additionally, TIAGos torso is equipped with a prismatic joint with an extension range of 30 cm. This increases the reach of its arm: in the low position TIAGos hand is able to reach the floor while in the high position the arm can extend up to approx. 170 cm. For the experiments presented here, the gripper fingers have been replaced by a digital camera, described in Section 2.2.

The robots computing capacity is distributed over three computers: the robots internal mainboard (Intel Core I7, 16 GB) runs the ROS-Core and all nodes necessary to control the robot. To provide the robot with sufficient GPU-Power to run Convolutional Neural Networks, a NVIDIA Jetson Orin Nano edge device is directly mounted on TIAGo, powered by the robot and connected to the internal computer via Ethernet. Finally, the development notebook is connected to TIAGo via Wi-Fi and mainly used for programming, debugging and controlling the robot during operation. All computers are running Ubuntu 20.04 and ROS 1 Noetic.

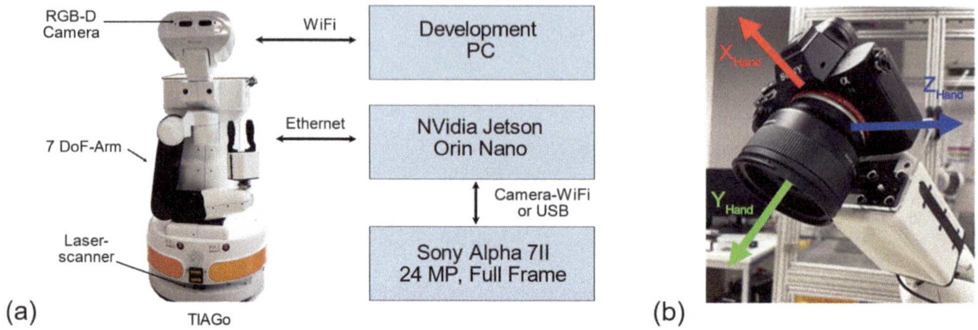

Fig. 2: The TIAGo system: (a) TIAGos system layout. (b) Hand with mounted camera, replacing the gripper fingers. The arrows indicate the axis directions of the robot's hand-coordinate system.

2.2 Camera System

For imaging, a Sony Alpha 7 II camera is mounted on the hand (Figure 2b). It has a 24 MP full frame sensor (35.8 mm × 23.9 mm), with 6.000 × 4000 square pixels and a pixel pitch of 6 µm. The Jetson is connected to the cameras Wi-Fi-network and controls the camera with the Sony Camera Remote SDK[1]. Since the camera is powered by its internal battery, no cable connection is required.

For reconstruction with Metashape Professional, Agisoft recommends an optimal focal length of $f' = 50$ mm and a minimum of $f' = 20$ mm. Preliminary calculations showed, that for small object distances a small depth of field may become an issue, especially for longer focal length. To assess the influence of f on the reconstruction results, we tested two lenses: Tamron 20 mm f 2,8 Di III OSD and Sony FE 50 mm f 1,8 Prime.

3 Implementation

3.1 Path Planning

3.1.1 Circular Acquisition Path

All path calculations are performed in the robot's intrinsic coordinate system (RCS, X_R, Y_R, Z_R), as depicted in Figure 3a. Initially a radius r is chosen and the robot is driven to its initial position, so that the object to be scanned is placed at $(0, r, 0)^T$ in RCS.

In ROS, the robot's motion is controlled by sending so called Twist messages to the mobile base. Each Twist contains two three component vectors, containing the linear and angular velocities for the mobile base. For TIAGo, only two of those components are relevant:

[1] https://support.d-imaging.sony.co.jp/app/sdk/en/index.html

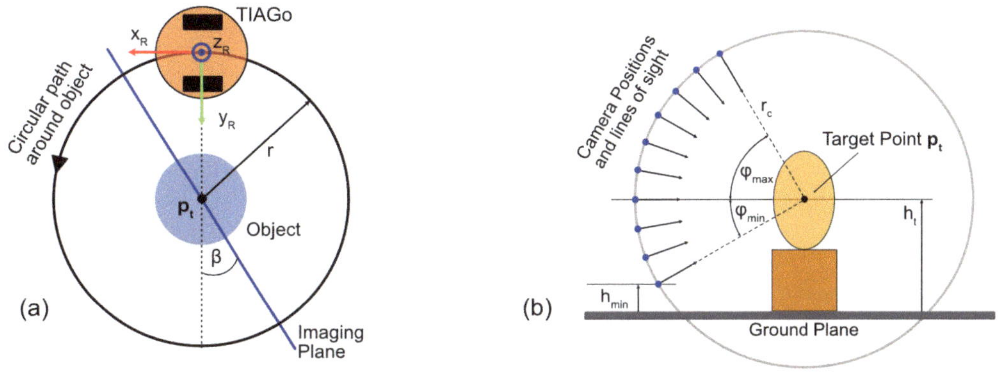

Fig. 3: Circular acquisition path: (a) Geometry of the circular acquisition path around an object. (b) Geometry of camera and viewing directions in the imaging plane.

Twist.linear.x giving the forward velocity v_x in m/s and Twist.angular.z, giving the rotation velocity ω_z around the z-axis in rad/s. To drive a circle with radius r, the robot must complete one rotation around the z-Axis while driving one circumference $C = 2\pi r$ in forward direction. For the experiments, we chose r = 0.8 m and a moderate forward velocity $v_x = 0.1$ m/s. This gives C = 5.037 m and an estimated travel time $T_0 = 50.37$ s for one pass around the object and an angular velocity ω_z of 0.125 rad/s.

To stop the robot at a chosen number N of positions for image acquisition, the circumference is divided into N segments, with each segment requiring a travel time of $T = T_0/N$.

3.1.2 Adaptive Acquisition Path

While circular paths work well for small objects, larger objects with a complex outline require a different strategy. For this case an adaptive path control is implemented (Figure 4). Instead of traveling a fixed path around the object, the robot tries to maintain a fixed distance d to the object's perimeter, while driving around the object in counterclockwise direction. Instead of stopping at a predefined number N of positions for image acquisitions, in adaptive path mode the robot stops every time it has travelled a predetermined distance d_{acq}.

In the following we give a brief outline of the steps involved in Adaptive Path Mode:

1. Start at initial position. The object to be scanned has to be in front of the robot.
2. Approach object, until starting point at the desired distance to object is reached.
3. Turn robot clockwise until the robot is aligned to the boundary of the object.
4. Follow object boundary and acquire images after traveling a specified distance.
5. Repeat 4, until the initial position is reached again.

For step 4, a path-following algorithm adapted from (NEPALI & YADAV 2014) was implemented: the range data from the laser scanner is divided into five equal sections. A control loop then constantly evaluates the two leftmost sections to adhere to the specified distance to the object but also to follow the object's boundary. For this, the robot moves with

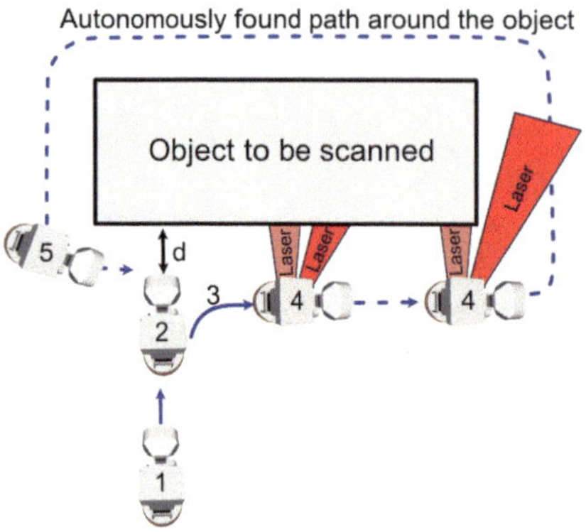

Fig. 4:
Adaptive acquisition path: (1) Initial position. (2) Approach object. (3) Turn to align with boundary. (4) Follow boundary (please note the two leftmost sections of laser scanner which are depicted in red). (5) End run, when robot returns to vicinity of start point.

a constant linear velocity and the control loop determines the necessary angular velocity of the robot. During this process, the travelled distance d_{cur} is monitored by the robots odometry sensors. When the d_{cur} exceeds the distance d_{acq}, the robot stops to acquire images and the cycle starts over. The scanning process is finished, when the robot returns to the vicinity of the initial position.

3.2 Camera Positioning and Image Acquisition

At each stop on its path, the robot acquires a sequence of images from different viewing angles. During the stops the robot remains in its original orientation, with its x-Axis oriented tangentially to the drive path. Since the camera positions can generally be freely selected as long as they are within the working area of the robot arm, additional constraints are imposed to calculate a suitable set of locations automatically. First a target point $\mathbf{p_t} = (0, r, h_t)^T$ within the object is selected, e. g. its center of mass. Later, the optical axis of the camera is aligned to pass through this target point for all camera positions. Second, the camera positions are restricted to the vertical plane that contains the target point and is rotated by an angle β around Z_R, with respect to the robot's y-axis, as depicted in Figure 3b. This ensures enough separation between the arm and the torso to avoid self-collisions.

For the experiments with the circular path, the hand positions were chosen to form a circular arc of radius r_C = 0.8 m around $\mathbf{p_t}$ and β = 58°, as depicted in Figure 3a. This strategy minimizes changes in the distance between object surface and camera, which helps keeping the object surface in focus. The start- and endpoints on the arc are then determined by setting the minimum height h_t of the camera above ground level and by the maximum height achievable by the robot arm, respectively. The above calculations require only basic geometric and trigonometric operations and are omitted here for space reasons.

For given camera position $\mathbf{p_c}$ and target point $\mathbf{p_t}$, the necessary pose of the hand is calculated by direct construction of the transformation from camera to RCS as follows: The viewing axis of the camera points in the y-direction Y_{Hand} of the hand coordinate system (HCS). Therefore, the y-direction of the hand is given by the unit vector

$$\overrightarrow{e_y} = \frac{(\vec{p}_t - \vec{p}_c)}{||\vec{p}_t - \vec{p}_c||}, \tag{1}$$

in direction from $\mathbf{p_c}$ to $\mathbf{p_t}$. Next, the z-Axis Z_{Hand} of the hand coordinate system is chosen to be perpendicular to both $\vec{e}_y$ and Z_R:

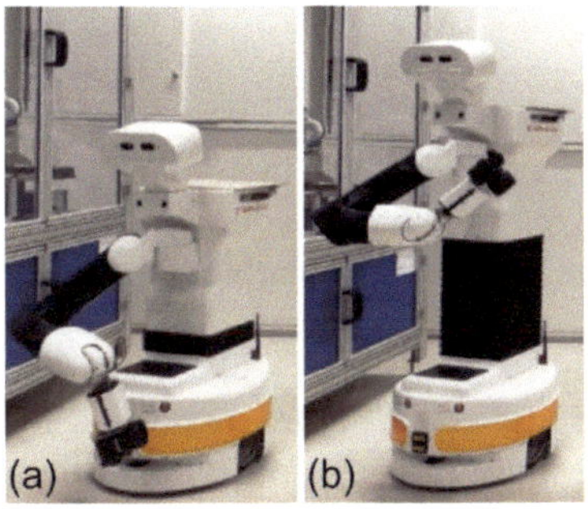

Fig. 5:
Arm configurations: (a) Arm in "Elbow-Up" position, with inverted camera. (b) Arm in "Elbow Down" position, with upright camera.

$$\vec{e_z} = s \cdot \vec{e}_y \times \begin{pmatrix} 0 \\ 0 \\ 1 \end{pmatrix}, \qquad (2)$$

where s = ±1. Since the cameras x-Axis is parallel to Z_{Hand}, this assures that the camera x-axis is parallel to the floor plane in all images. Finally, the unit vector $\mathbf{e}_x$ in direction of Z_{Hand} can be calculated as the vector product between e_y and e_z as

$$\vec{e_x} = \vec{e}_y \times \vec{e}_z \qquad (3)$$

Finally, the sign s in equation (2) has to be fixed. s determines, whether the camera is upright or inverted, as depicted in Figure 5. Due to the geometry of the arm, low camera positions only can be approached inverted, while higher positions require the camera to be upright. With this unit vectors, the transformation from HCS to RCS can be written in homogeneous notation as:

$$^{RCS}T_{HCS} = \begin{bmatrix} \vec{e_x} & \vec{e_y} & \vec{e_z} & \vec{p_c} \\ 0 & 0 & 0 & 1 \end{bmatrix} =: \begin{bmatrix} R & \vec{p_c} \\ \vec{0}^T & 1 \end{bmatrix} \qquad (4)$$

This transformation defines the camera position in RCS unambiguously and serves as basis for further path planning with ROS.

In early measurement runs, instead of the circular arc a simpler pattern of manually defined points was used. For the form of this pattern please refer to Figure 7c. The calculation of the camera pose for this older manual pattern is the same as described above.

3.3 3D Reconstruction in Metashape Professional

For 3D reconstruction, the image sets were imported to Agisoft Metashape Professional[2]. For each session two chunks were created, containing the image set for reconstruction (Chunk 1) and the calibration images for the lens (Chunk 2), respectively. After lens calibration, the markers in Chunk1 were detected and scalebars added for all known distances on the markers. Then the images are aligned and the dense point cloud and the textures are calculated.

---

[2] https://www.agisoft.com, Metashape Professional 2.0

3.4 Samples and scene preparation

As test objects for the circular path method, two ceramic figures, an owl (Figure 6a) and a frog (Figure 6b), were used. The owl is made from uncoated clay and has a pattern of shallow grooves with depths of 0.5-1 mm. Due to its cooperative surface, it is a relatively easy test object for 3D reconstruction. The frog's surface has a shiny green glaze with only little texture. On its head, it wears a small gold crown covered with shiny metallic gold paint. Due to its uncooperative surface and its lack of texture, it is a significantly harder test object for 3D reconstruction. For the measurements, the figures were placed on a wooden box with a height of 35 cm.

Fig. 6: Test objects: (a) Owl, (b) Frog, (c) FaSTDa, Formula Student Race Car F20 (Image: FaSTDa, C. Mosch)

For testing adaptive paths, FaSTDa[3], the Formula Student team of the Darmstadt University of Applied Sciences, gave us the opportunity to acquire image sets of its F20 racing car (Figure 6c). The F20 has a wheelbase of 1.2 m, a length of 2.898 m and a height of 1.185 m.

To introduce scale and simplify localization of the cameras during reconstruction, multiple scale bars (Palaeo3D, 0.1m-0.5m) were added to the scenes. The scales are made from 5 mm thick foam and use coded 20-bit targets which are recognized by Metashape Pro automatically.

4 Results and Discussion

4.1 Image Acquisition and Alignment

In the following some exemplary results are presented. Figure 7a,b show the alignment results from Metashape for two measurements (CAP1, CAP2) with the circular acquisition path. For an overview of the parameters used, please refer to Table 1. In CAP1, the circle was divided in 16 stops with 12 images at each stop and a minimum height h_{min} of 0.2 m, resulting in an image set with 192 images. In CAP2, the robot stopped 8 times with 12 steps at each stop, resulting in an image set with 96 images. The minimum height was set to 0.35 m, to avoid lines of sight which directly look into the ceiling lamps. In both measurements the regular arrangement of the images on a spherical surface can be clearly seen.

[3] https://fastda-racing.de/

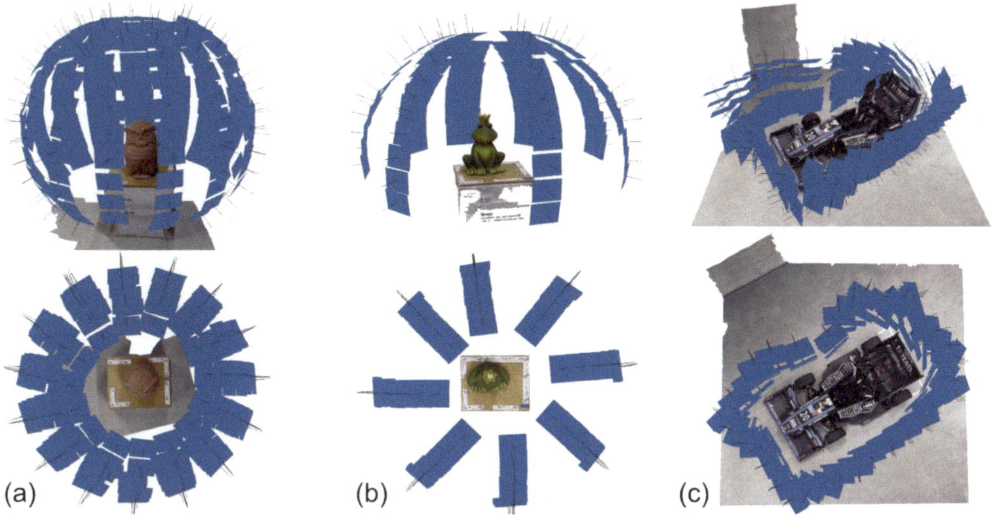

Fig. 7: Alignment results: (a) Circular path, 16 stops, 12 images per stop. h_{min} = 0.2 m. (b) Circular path, 8 stops, 12 images per stop, h_{min} = 0.35 m. (c) Adaptive Path, F20.

A closer look at the top view in e. g. Figure 7b shows, that the single arcs do not coincide in a single zenith in the sphere. We attribute these deviations to wheel slip of TIAGo's differential base, especially while accelerating and stopping. This could be corrected in future measurements by continuous readjustment with the laser scanner, similar to the adaptive method.

Table 1: Measurements

Example	Obj	Mode	Stops	h_t	Lens/ Aperture	Img/ Stop	r resp. d	h_{min}	Duration
CAP1	Owl	Circular	16	0.70 m	20 mm/13	12	r=0.8 m	0.2 m	52 min
CAP2	Frog	Circular	8	0.35 m	50 mm/13	12	r=0.8 m	0.35 m	27 min
AAP	F20	Adaptive	34	0.50 m	20 mm/13	6	d=0.5 m	0.32 m	61 min

As an example for acquisition in adaptive mode, an image set of the FaSTDa F20 is shown in Figure 7c. The parameters for this run are also listed in Table 1. For this measurement, a manual point sequence of six images per stop was used. The desired distance d between object and robot and the distance d_{acq} between two subsequent image acquisition stops were both set to 0.5 m. This resulted in a measurement run, with 34 stops and a total of 204 images acquired. Two images were sorted out, due to quality issues. The remaining 202 images were then used for 3D reconstruction with Metashape.

4.2 3D Reconstruction

As examples for the 3D reconstructions achievable with our method, the textured and solid meshes from the measurements CAP1, CAP2 and AAP are shown in Figure 8a-c.

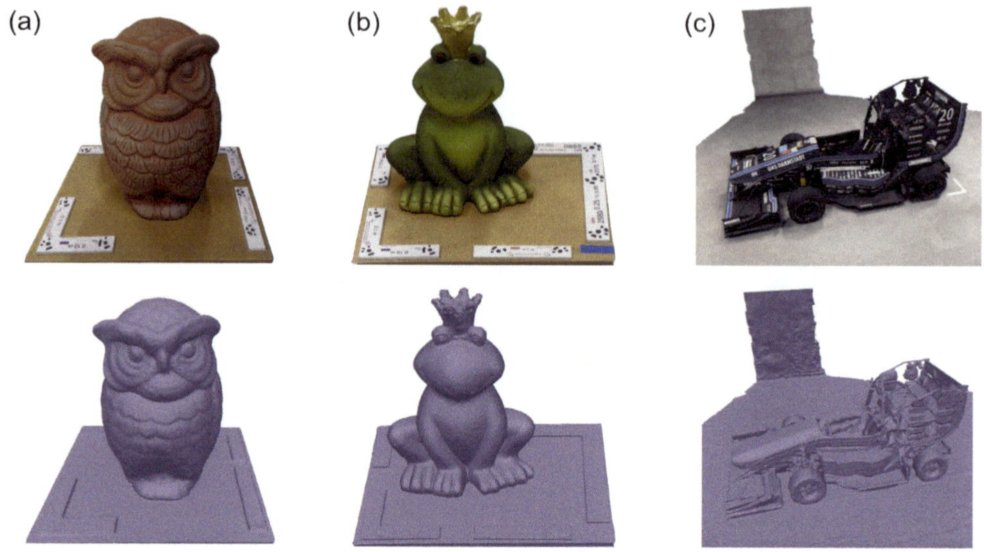

Fig. 8: 3D reconstruction results: Textured and solid meshes for sample measurements (a) Owl, CAP 1, (b) Frog, CAP2, (c) F20, AP

Of the three objects investigated, the owl statue (CAP1) was the most cooperative object, giving good to excellent results in every measurement run we performed, showing only little dependence on the actual parameters, e. g. the number of stops. For the frog statue in CAP2 the camera was equipped with the Sony 50 mm lens, since in preliminary measurements with the Tamron 20 mm only poor reconstruction results were achieved. With the 50 mm lens, the reconstruction of the frog statue (CAP2) is acceptable, but still shows some artifacts on the crown, due to its reflective coating. Finally, results for the AAP measurement show a partially successful reconstruction: large parts of the car are reconstructed with good quality and at the front spoiler even some of the small connecting rods were resolved. At the rear spoiler, which is painted in matt black, reconstruction is possible only where letters or logos introduce texture and in areas with fine structures and massive undercuts, e. g. on the steering linkage and the wheel suspension, the number of viewing angles is too small for a complete reconstruction.

5 Conclusions and Outlook

We presented a service robot system that is able to acquire image sets for SfM autonomously. With its two modes of operation, circular acquisition path and adaptive acquisition path, both small objects and larger objects with unknown outlines can be processed automatically. The number and distribution of images captured to cover the scene can be adapted easily as demonstrated in three sample experiments. In all three experiments, 3D reconstruction was possible, with good to acceptable results, depending on the object's properties.

The analysis of these first results gives valuable insights for future developments: to ensure a large depth of field, the camera was equipped with a $f' = 20$ mm lens, the minimum focal length recommended for use with Metashape, and operated at an aperture of 13. This proved to be successful with cooperative objects and for the F20, where the large depth of field was mandatory. For the less cooperative frog model at the working distances described above, a larger focal length was necessary. Reconstruction was successful beginning with f'=28 mm, with the best results obtained at f' = 50 mm, as presented here – even with the considerably reduced depth of field at this focal length. In the F20 example, more viewing angles would benefit a better reconstruction of regions with undercuts.

To address these challenges in our future work, we plan to use the robot's 3D sensors to include the object's 3D structure into autonomous path planning and image acquisition planning to achieve optimal image sets despite larger focal lengths and small depth of field.

As presented here, the system works with a differential base suitable for indoor use only. To widen the areas of application, the system layout may easily be transferred to robots with different drive systems, e. g. legged or track drive. Besides dedicated systems for SfM, this method could also be included as a standard ability to mobile robots which are equipped with a hand camera.

The authors would like to thank the FaSTDa-Team, Noah Rabe and Elias Schwab for their valuable support in the experiments with the F20 car!

References

De Reu, J., Plets, G., Verhoeven, G. et al. (2013): *Towards a three-dimensional cost-effective registration of the archaeological heritage.* Journal of Archaeological Science, 40 (2013), pp. 1108-1121.

Gerke, M. (2018): *Developments in UAV-Photogrammetry.* Journal of Digital Landscape Architecture, pp. 262-272, doi: 10.14627/537642028.

Ippoliti, E., Meschini, A. & Sicuranza, F. (2015): *Structure from motion systems for architectural heritage. A survey of the internal loggia courtyard of palazzo dei capitani, ascoli piceno, italy.* ISPRS – Int. Archives of the Photogrammetry, Remote Sensing and Spatial Information Sciences, XL-5/W4., pp. 53-60, doi: 10.5194/isprsarchives-XL-5-W4-53-2015.

Macenski, S., Foote, T., Gerkey, B. et al. (2022): *Robot Operating System 2: Design, architecture, and uses in the wild.* Science Robotics, Vol. 7, May 2022.

Mur-Artal, R., Montiel, J. & Tardos, J. (2015): *ORB-SLAM: a versatile and accurate monocular SLAM system.* IEEE Transactions on Robotics, 31, pp. 1147-1163, doi: 10.1109/TRO.2015.2463671.

Nepali, M. R., Yadav, N., Prasad D. et al. (2014): *A Novel Wall Following Algorithm for Mobile Robots.* Int. Journal of Robotics and Automation (IJRA), 5, 15.

Quigley, M., Gerkey, B., Conley, K. et al. (2009): *ROS: an open-source Robot Operating System.* Proc. of the IEEE Intl. Conf. on Robotics and Automation (ICRA).

Santos, P., Tausch, R., Domajnko, M. et al. (2020): *Automated 3D Mass Digitization for the GLAM Sector.* Proc. IS&T Archiving 2020, pp. 55-59, doi:10.2352/issn.2168-3204.2020.1.0.55.

Inline-Geometrieerfassung von Kautschuk: Entwicklung eines Orientierungskonzeptes zwischen Lichtschnittsensoren und einem Stereokamerasystem

Simon ALBERS, Robin ROFALLSKI und Thomas LUHMANN

Zusammenfassung

Die Herstellung von Kautschuk ist ein energetisch, technologisch und personell hochgradig aufwendiger Prozess. Zur Effizienz- und Qualitätssteigerung wird eine dauerhafte Überwachung des Extrudats während des Herstellungsprozesses benötigt. Die Geometrieerfassung erfolgt mit Lichtschnittsensoren, welche durch strukturierte Beleuchtung und hohe Erfassungsgeschwindigkeiten ein geeignetes Messmittel darstellen. Für die Überführung der 2D-Profile aus den Sensoren in eine 3D-Punktwolke werden zusätzliche Bewegungsinformationen benötigt, welche mittels eines Stereokamerasystems erfasst werden.

In diesem Beitrag wird die Entwicklung eines Orientierungsverfahrens vorgestellt, welches die durch das Stereokamerasystem erfassten Bewegungsinformationen nutzt, um die räumliche Geometrie eines Kautschukextrudats zu rekonstruieren. Hierzu muss zunächst die Orientierung zwischen dem Kamerasystem und den Lichtschnittsensoren bestimmt werden. Mittels eines Kalibrierkörpers und den entwickelten Algorithmen können die im Rahmen der Orientierungsmessung erfassten Daten ausgewertet und Parameter zur Beschreibung der Orientierung abgeleitet werden. Diese Parameter werden an den aufbauenden Algorithmus zur Rekonstruktion von Extrudatmessungen übergeben. Der Messaufbau im Kontext der Extrusionslinie, die Entwicklung des Kalibrierkörpers und die Funktionsweise der Algorithmen werden erläutert.

1 Einleitung und Motivation

Die Arbeiten finden im Projekt DIGITRUBBER im Rahmen der Plattform MaterialDigital statt. Ziel der Initiative ist die Erhöhung der Digitalisierung im Kontext von Materialien zur Verbesserung des Wirtschaftsstandortes Deutschland (MATERIALDIGITAL o. J.). Das Projekt DIGITRUBBER konzentriert sich hierbei auf die industrielle Herstellung von Kautschukprodukten mit dem speziellen Fokus auf den Schritt der Extrusion. Diverse Sensoren für die Inlineüberwachung des Extrudats werden genutzt, um u. a. Temperatur und chemische Zusammensetzung zu überwachen. Daneben werden an zwei Stellen der Extrusionslinie mittels Lichtschnittsensoren (LS) zweidimensionale Profile des Extrudats erzeugt. Diese sollen Aussagen über das Quellverhalten ermöglichen. Für eine bessere Vergleichbarkeit und eine vollumfängliche Darstellung werden die einzelnen 2D-Profile zu einem 3D-Modell kombiniert. Damit dies gelingt, muss die Geschwindigkeit des Materialflusses erfasst werden. Zu diesem Zweck wird ein Stereokamerasystem genutzt, welches die Bewegung des Förderbandes misst, über welches das Extrudat während der Abkühlung geführt wird. Um die Bewegungsinformationen richtig auf die Profile übertragen zu können, muss die Orientierung zwischen den LS-Systemen und dem Stereokamerasystem bekannt sein. Hierzu wurde ein spezieller

Kalibrierkörper entwickelt. Die erzeugten Messdaten können dann mithilfe eines Algorithmus ausgewertet werden. Das Ergebnis ist eine Transformationsmatrix, die an einen zweiten Algorithmus übergeben wird. Dieser kombiniert die Einzelprofile einer Extrudatmessung zu einer vollständigen 3D-Punktwolke. Die Inlineüberwachung soll zukünftig den hohen Bedarf an Arbeitskräften und die Entstehung von Abfällen, durch eine Automatisierung und Echtzeitüberwachung reduzieren.

2 Grundlagen

Im Folgenden werden kurz die Grundlagen der Kautschukextrusion und der elementaren Messsysteme in Form von Lichtschnittsensoren und Stereokamerasystemen beschrieben.

Kautschuk beschreibt verschiedene vernetzbare, in der Regel amorphe Polymere und dient als Ausgangsstoff für die Gummiherstellung. Kautschuk kann natürlich gewonnen oder künstlich per Synthese hergestellt werden (SOMMER & HOLZNER 2013). Ein möglicher Teilschritt der Herstellung von Kautschukprodukten ist die Extrusion. Der Extruder wird mit einer Kautschukmischung gefüttert. Die plastische Masse wird durch ein formgebendes Mundstück gedrückt. Das Ergebnis der Extrusion ist ein kontinuierlicher Materialfluss, der über ein anschließendes Förderband abgeführt wird (RÖTHEMEYER 2013). Die Überwachung des Extrudats im Rahmen dieser Arbeit findet direkt nach der Extrusion und zusätzlich nach einer Abkühlungsphase, ohne die Verwendung einer gesonderten Kühleinheit, statt.

Wie in anderen Herstellungsprozessen sind auch in der Kautschukherstellung Lichtschnittsensoren etablierte Mittel zur Qualitätskontrolle. Der Sensor besteht grundsätzlich aus einem Laser und einem Photodetektor (Kamera). Die Orientierung zwischen der Strahlungsquelle und dem Detektor ist bekannt. Der Laser wird von der Oberfläche des Objektes reflektiert und trifft auf den flächenhaften Detektor. Die Position auf dem Detektor ändert sich mit der Entfernung zwischen Objekt und Sensor. Aus diesem Verhältnis kann die Distanz zum Sensor bestimmt werden. Wird der Laserstrahl durch eine Laserebene ersetzt, können nicht nur einzelne Entfernungen, sondern zweidimensionale Profile erfasst werden. Durch die Ebene wird eine Linie auf dem Objekt abgebildet. Für jeden Punkt auf der Linie kann mittels Triangulation eine Entfernung bestimmt werden, welche im Koordinatensystem des Lichtschnittsensors als zweidimensionaler Punkt interpretiert werden kann (MARXER et al. 2021).

Sollen die zweidimensionalen Profile dreidimensional ausgewertet werden, muss die Bewegung des zu messenden Objektes getrackt werden. Eine Möglichkeit ist die Verwendung eines Stereokamerasystems, welches die Erzeugung von synchron aufgenommenen Bildpaaren ermöglicht. Nachdem die Kameras kalibriert und zueinander orientiert sind, können mittels Vorwärtsschnitt 3D-Koordinaten von Objektpunkten bestimmt werden. Für die Identifizierung von gemeinsamen Punkten zwischen Bildern bzw. Bildpaaren und die verbesserte Automatisierung von Prozessen können künstliche Markierungen genutzt werden. Diese besitzen ein eindeutiges Zentrum und meist zusätzliche individuelle Muster, durch die den Markierungen eindeutige Punktnummern zugeordnet werden können. Die ermittelten 3D-Punkte befinden sich zunächst in einem lokalen Modellkoordinatensystem, können aber ggf. über homologe Punkte in ein anderes Koordinatensystem transformiert werden (LUHMANN 2023).

3 Extrusionslinie

Die Extrusionslinie wurde am Deutschen Institut für Kautschuktechnologie (DIK e. V.) aufgebaut. Nach dem Extruder folgt ein Durchhangsensor. Anschließend wird das Extrudat durch das erste LS-System geführt. Auf diesem ist das Stereokamerasystem befestigt und beobachtet den vorderen Teil des Förderbandes. Während sich das Material über das Förderband hinwegbewegt kühlt es ab. Am Ende des Förderbandes befindet sich das zweite LS-System. (Abb. 1). Die LS-Systeme wurden vom Institut für Mess- und Regelungstechnik der Leibniz Universität Hannover entwickelt und gebaut. Sie bestehen aus mehreren individuellen LS-Sensoren. Alle erfassten Profile befinden sich zunächst in einem lokalen Koordinatensystem auf einer Ebene. Das Förderband ist an den Rändern mit photogrammetrischen Messmarken beklebt. Das Stereokamerasystem besteht aus zwei Machine-Vision-Kameras, deren Aufnahmen mit dem LS-System synchronisiert sind. Ein Bildpaar und sein zugehöriges Profil werden im Folgenden als Epoche bezeichnet.

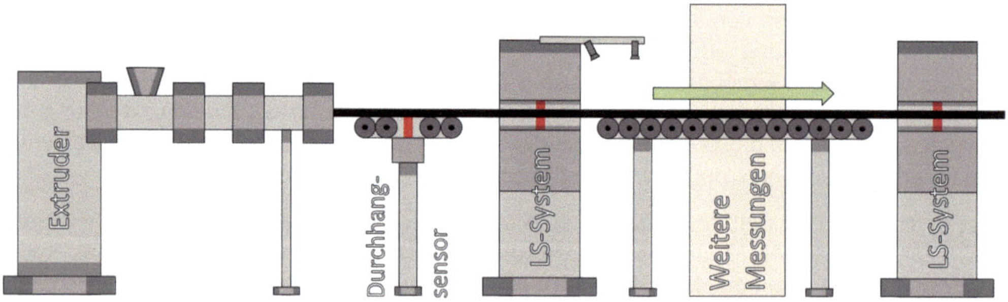

Abb. 1: Schematische Darstellung der Extrusionslinie, das Extrudat bewegt sich von links nach rechts

4 Kalibrierkörper

Der Kalibrierkörper dient zur Bestimmung der Orientierung zwischen dem Stereokamerasystem und den LS-Systemen. Bei der Entwicklung des Kalibrierkörpers sind grundlegend zwei Aspekte zu berücksichtigen. Der erste ist die fehlende Überlappung der Sichtfelder der beiden Systeme, der zweite die unterschiedlichen Daten, die die Systeme erfassen. Das Lösungskonzept besteht aus einer Kombination von photogrammetrischen Messmarken und für die LS-Sensoren erfassbare Geometrien auf einer gemeinsamen Plattform. Auf diese Weise kann der Kalibrierkörper vor der Messung in der Extrusionslinie mittels alternativer Messinstrumente erfasst werden, um eine gemeinschaftliche Referenz für beide Systeme zu bilden. Im Rahmen eines studentischen Projektes wurden erste Prototypen entwickelt und diese für die Verwendung in der Extrusionslinie optimiert. Die finalen Kalibrierkörper bestehen aus Aluminiumprofilen, einer Platte mit photogrammetrischen Messmarken und bis zu acht hochpräzise gefertigten Kunststoffkugeln mit einem Sollradius von 10 mm (Abb. 2 links). Es werden zwei bauähnliche Kalibrierkörper hergestellt, die mittels eines weiteren Aluminiumprofils verbunden werden können, um parallel beide LS-Systeme zu orientieren. Die Messmarken auf den Platten sind codiert und werden von dem Stereokamerasystem getrackt, um die Bewegung des Körpers bestimmen zu können. Die LS-Systeme erfassen die Geometrie der

Kugeln als einzelne Profile. Die Verwendung der Kugeln besitzt die Vorteile, dass man durch das Zusammenfügen mehrerer Profile die Mittelpunkte der Kugeln als eindeutigen Bezugspunkt bestimmen kann und die Abweichung vom Sollradius bzw. die Entfernung der Punkte zur ausgeglichenen Kugeloberfläche ein gut interpretierbares Qualitätsmerkmal darstellt. Für die Erfassung des Kalibrierkörpers werden ein tragbarer 3D-Scanner und photogrammetrische Bildaufnahmen verwendet. Für das weitere Vorgehen werden die Mittelpunkte der Kugeln per Ausgleichung mit festem Radius bestimmt (Abb. 2 rechts).

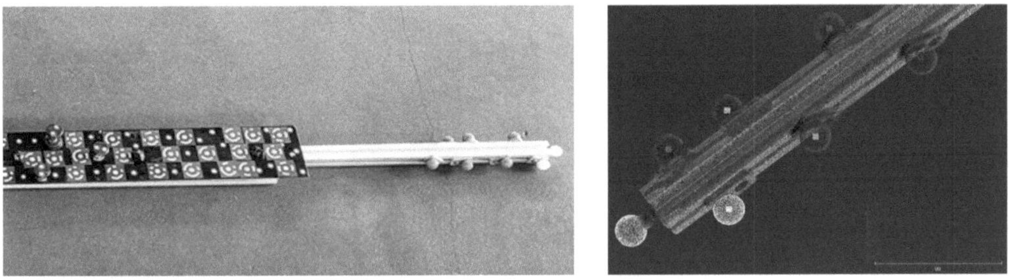

Abb. 2: Einer der zwei Kalibrierkörper (links) und die berechneten Mittelpunkte nach der Erfassung (rechts)

5 Algorithmen

Der Workflow besteht aus zwei aufeinander aufbauenden Algorithmen. Während der Orientierung wird der beschriebene Kalibrierkörper verwendet. Aus den erfassten Daten wird die Orientierung zwischen dem Stereokamerasystem und den LS-Systemen bestimmt und als Transformationsmatrix beschrieben. Diese wird an den Algorithmus zur Kombination weitergegeben. Beide Algorithmen sind in Python umgesetzt und nutzen – neben den Standardbibliotheken – OpenCV, Open3D und SciPy. Zusätzlich werden institutseigene Algorithmen zur Extraktion und Berechnung von 3D-Punkten aus Bilddaten sowie Implementierungen von WASMEIERS (2023) MatLab-Code für die Bestimmung von Helmerttransformationen verwendet.

Für die Datenerfassung im Rahmen der Orientierung wird der Kalibrierkörper auf dem Förderband platziert und so weit wie möglich in das LS-System hineingefahren. Während der Messung wird der Kalibrierkörper langsam aus dem LS-System herausgefahren. Der erste Schritt der Datenverarbeitung ist die Bestimmung der 3D-Koordinaten der codierten Messmarken in jeder Epoche. Die Punkte liegen zunächst im Kamerakoordinatensystem vor. Werden mindestens drei Punkte in einem Bildpaar gefunden, können die Transformationsparameter in das Kalibrierkoordinatensystem bestimmt werden. Die Bestimmung der homologen Punkte geschieht über die Codierung der Messmarken. Bewegen sich die Messmarken zwischen zwei Epochen, ändern sich auch ihre Koordinaten im Kamerakoordinatensystem und damit die Transformationsparameter. Die Parameter beschreiben folglich indirekt die Bewegung des Kalibrierkörpers bzw. des Förderbandes. Die Übertragung der Profile erfolgt über die bekannten Mittelpunkte der Kugeln im Kalibriersystem. Da sich aus den zweidimensionalen Profilen (Abb. 3a) keine dreidimensionalen Mittelpunkte bestimmen lassen, müssen die Profile zunächst näherungsweise kombiniert werden (Abb. 3b). Dazu wird die Normale der LS-Ebenen an die Richtung des mittleren Bewegungsvektors der Messmarken angepasst.

Anschließend können die Transformationsparameter des Bewegungstrackings auf die Profile angewendet werden. Aus der daraus entstehenden Punktwolke können die Oberflächenpunkte von Kugeln extrahiert werden (Abb. 3c). Dazu wird ein Verfahren nach HONTI et al. (2020) genutzt. Die Kugelpunkte werden für spätere Verarbeitungsschritte zurück in das LS-Koordinatensystem transformiert (Abb. 3d).

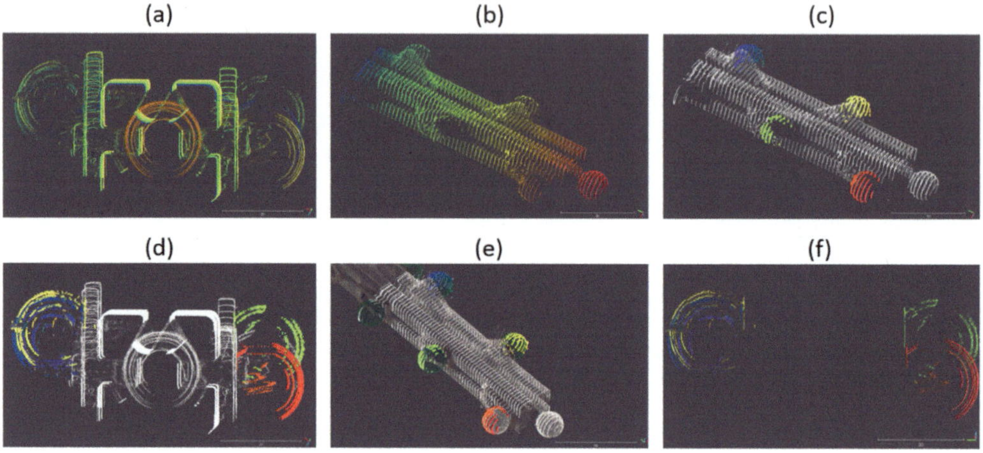

Abb. 3: Punktwolken während verschiedener Schritte der Orientierung: a) alle unbearbeiteten Profile in einem System, b) näherungsweise kombinierte Profile, c) extrahierte Kugelpunkte, d) Kugelpunkte in den Profilen, e) in das Kalibriersystem transformierte Punktwolke, f) in das Kamerasystem transformierte Kugelpunkte

Die gefundenen Kugeln werden den passenden Sollkugeln des Kalibrierkörpers über den Vergleich ihrer Entfernungen untereinander zugeordnet. Über die homologen Kugelmittelpunkte wird die Punktwolke in das Kalibrierkörperkoordinatensystem transformiert (Abb. 3e). Durch die Anwendung der inversen Transformation des Trackings in Abhängigkeit der Epoche werden die Kugelpunkte in das Kamerakoordinatensystem transformiert (Abb. 3f). Nun sind die Kugelpunkte im LS- und im Kamerakoordinatensystem bekannt. Für jedes individuelle Profil wird der Schwerpunkt in beiden Systemen bestimmt. Die Schwerpunkte dienen als homologe Punkte, um eine Gesamttransformation für die Übertragung der Profile vom LS-Koordinatensystem in das Kamerakoordinatensystem zu bestimmen. Die sich ergebende Transformationsmatrix ist die erste Lösung zur Beschreibung der Orientierung. Die Transformation beruht auf Schätzung und muss daher als Näherung betrachtet werden. Die Näherung wird mittels der Methode der differenziellen Evolution optimiert. Diese ist ein globaler Optimierer und lässt sich einfach auf den vorhandenen Sachverhalt anwenden. Im Rahmen der differenziellen Evolution wird ein Parametervektor modifiziert, um eine Kostenfunktion zu minimieren (STORN & PRICE 1997). Der Parametervektor ist der Zuschlag auf die sechs Parameter zur Bestimmung der Transformationsmatrix vom LS- in das Kamera-System. Die Kostenfunktion ist als die Summe der mittleren Entfernung der berechneten Kugeln zu den Sollkugeln und die mittlere Abweichung der Kugelpunkte von der Kugeloberfläche definiert. In jeder Iteration wird auf Basis der modifizierten Parameter eine Matrix bestimmt, mittels der die Kugelpunkte in das Kamerasystem transformiert werden. In Abhängigkeit der Epoche wird das Tracking angewendet und so die 3D-Punktwolke aus den Profilen erzeugt. Aus den Punkten werden die Kugeln berechnet und für die Bestimmung des Kostenwertes mit der Sollgeometrie verglichen. Die Parameter mit dem geringsten resultierenden Kostenwert werden für die Kombination der Extrudatmessungen genutzt.

Nach der Orientierung können die Profile aus Messungen mit dem Extrudat kombiniert werden. Dafür wird die optimierte Transformationsmatrix an den Algorithmus übergeben. In diesem Fall werden die Marken auf dem Förderband für das Tracking der Bewegung genutzt, welche zuvor eingemessen worden sind. Für die Berücksichtigung der kreisförmigen Bewegung des Förderbandes wird die Anzahl der Durchläufe über die Betrachtung der Punktnummern bestimmt und die Geometrie des Förderbandes virtuell erweitert. Die aus den extrahierten Punkten und der erweiterten Sollgeometrie erhaltenen Trackingparameter können mittels der Transformationsmatrix aus der Orientierung direkt auf die Profile angewendet werden. Das Ergebnis ist eine 3D-Punktwolke aus den kombinierten 2D-Profilen mit Bezug auf die Sollgeometrie des Förderbandes.

6 Ergebnisse, Fazit und Ausblick

Im vorliegenden Beitrag wurde ein Verfahren zur Orientierung eines LS-Systems zu einem Stereokamerasystem im Rahmen der Kautschukextrusion beschrieben. Hierfür wurden ein Kalibrierkörper und zugehörige Algorithmen entwickelt. Zunächst wird eine Startlösung bestimmt und diese dann per differenzieller Evolution optimiert. Während die Startlösung bei wiederholter Auswertung derselben Daten identisch ist, besitzen die Lösungen nach der Optimierung Differenzen im Zehntelmillimeter- bzw. Zehntelgrad-Bereich (Tabelle 1).

Tabelle 1: Allgemeine Startwerte und verschiedene Ergebnisse nach der Optimierung bei gleicher Datengrundlage

Auswertung	Rx	Ry	Rz	Tx	Ty	Tz
Start	–171,524°	26,871°	–77,052°	564,612 mm	–134,539 mm	–363,859 mm
1	–171,520°	27,032°	–77,518°	565,243 mm	–135,522 mm	–364,178 mm
2	–171,609°	27,019°	–77,478°	565,545 mm	–135,532 mm	–364,120 mm
3	–171,596°	27,014°	–77,506°	565,547 mm	–135,520 mm	–364,116 mm

Die Differenzen wirken sich direkt auf die durch die Kombination der Profile erhaltenen Punktwolken aus. Die grundsätzliche Geometrie wird erfasst, doch im Detail sind deutliche Verschiebungen zu erkennen (Abb. 4). Zukünftige Entwicklungen werden diese Abweichungen und mögliche Anpassungen im Hinblick auf eine angepasste Kostenfunktion oder alternative Optimierungsverfahren tiefgreifender betrachten.

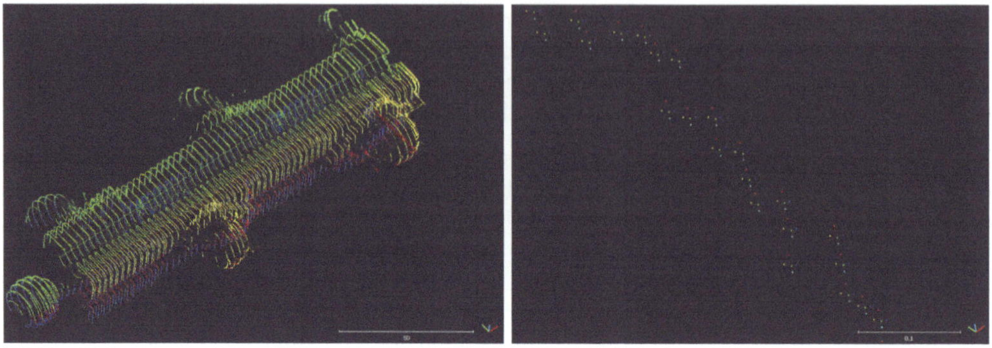

Abb. 4: Unterschiede durch die Abweichungen der Parameter bei der Kombination: Gesamtübersicht (links), Detailansicht (rechts)

In mehreren Messkampagnen wurden Daten im Rahmen von realitätsnahen Extrudatsvorgängen erfasst. Hierbei wurden unterschiedliche Kautschukmischungen und formgebende Mundstücke verwendet. Ein vorläufiges Teilergebnis einer Auswertung lässt sich Abbildung 5 entnehmen. Die grundlegende Geometrie des Extrudats wird korrekt rekonstruiert. Das Ergebnis ist visuelle zufriedenstellend. Eine weiterführende Analyse und der Vergleich mit weiteren Auswertungen stehen noch aus.

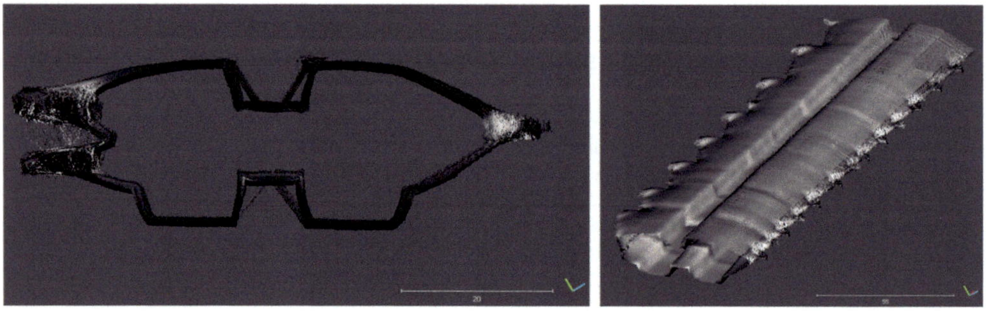

Abb. 5: Ausschnitt von kombinierten Profilen einer Extrudatsmessung als Vordersicht (links) und Schrägansicht (rechts)

Das entwickelte Verfahren ermittelt eine verwertbare Näherungslösung und ist grundsätzlich funktionstüchtig. Nach der Orientierung ist es möglich, Profile einer Extrudatsmessung zu kombinieren, um so ein dreidimensionales Modell zu erhalten, welches die Charakteristik der Geometrie wiedergibt. In diesem Beitrag wurde sich zunächst auf die grundlegende Funktionsweise der Algorithmen und den Aufbau des Kalibrierkörpers fokussiert. In weiterführenden Untersuchungen und Arbeiten soll dann speziell auf die Qualität der erhaltenen Ergebnisse eingegangen werden. Dazu sollen unter anderem die erzeugten 3D-Modelle mit einem alternativen Ansatz verglichen werden. Dieser nutzt keine Referenzgeometrie, sondern bestimmt die vom Förderband zurückgelegte Strecke direkt aus den Bilddaten über die Bewegung der markierten Punkte von Epoche zu Epoche. Auch der Vergleich mit weiteren Optimierungsverfahren neben der differenziellen Evolution ist angedacht. Auf diese Weise können die Algorithmen weiter verbessert werden. Die Modelle können dann genutzt werden, um die reale mit der geplanten Geometrie zu vergleichen, Rückschlüsse auf das Quellverhalten bei der Verwendung beider LS-Systeme abzuleiten und Parameter zu bestimmen, die die Qualität des fertigen Extrudats beschreiben und so insgesamt die Automatisierung des Prozesses und die Qualitätssteigerung unterstützen.

Danksagung

Die Autoren möchten sich beim gesamten DIGITRUBBER-Team für die produktive Zusammenarbeit bedanken. Des Weiteren gilt der Dank den Mitgliedern des IAPG und den beteiligten Studierenden für die konstruktiven Diskussionen und die Unterstützung bei der algorithmischen Umsetzung. DIGITRUBBER wird gefördert durch das Bundesministerium für Bildung und Forschung.

Literatur

Honti, R., Erdél Yi, J. & Kopáčik, A. (2020): *Automated Sphere Segmentation from Point Clouds*. Pollack Periodica: An International Journal for Engineering and Information Sciences, 15 (3), S. 15-25, doi: 10.1556/606.2020.15.3.2.

Luhmann, T. (2023): *Nahbereichsphotogrammetrie*. 5. Auflage. Wichmann, Berlin/Offenbach.

Marxer, M., Bach, C. & Keferstein, C. P. (2021): *Fertigungsmesstechnik*. Springer Nature, Wiesbaden.

MaterialDigital (o. J.): *Plattform MaterialDigital Homepage*. https://materialdigital.de/ (28.11.2023).

Röthemeyer, F. (2013): *Verfahren zur Herstellung von Halbzeugen durch Extrudieren*. In: Röthemeyer & Sommer (Hrsg.): Kautschuktechnologie. Hanser, München.

Sommer, F. & Holzner, A. (2013): *Aufbau, Herstellung und Eigenschaften von Kautschuk und Elastomeren*. In: Röthemeyer & Sommer (Hrsg.): Kautschuktechnologie. Hanser, München.

Storn, R. & Price, K. (1997): *Differential Evolution – A Simple and Efficient Heuristic for Global Optimization over Continuous Spaces*. Journal of Global Optimization, 11, S. 341-359.

Wasmeier, P. (2023): *Geodetic Transformations*. https://www.mathworks.com/matlabcentral/fileexchange/9696-geodetic-transformations.

Anwendbarkeit von KI-Methoden bei der photogrammetrischen Bestimmung von Kopfbewegungen in der Präzisionsstrahlentherapie

Anne BIENERT, Mirko RIEDEL und Danilo SCHNEIDER

Zusammenfassung

Bei der Lagerung von Kopf-Tumor-Patienten kommen individuell angefertigte Masken und Kopfstützen zur Anwendung, um reproduzierbare Patientenpositionierung zu garantieren und damit die Präzision der Therapie zu erhöhen. Die tägliche Nutzung dieser Hilfsmittel ist für einige Patienten belastend. Die Umsetzung einer hilfsmittelreduzierten sowie einer (halb-) aufrechten Behandlung lässt sich mithilfe von Kamerasystemen realisieren in dem Facial Landmarks detektiert und zur Kopfposenbestimmung verwendet werden. In dem Beitrag werden verschiedene Facial-Landmark-Detektoren (MTCNN, LBF, MediaPipe) hinsichtlich ihrer Eignung zur Kopfposenbestimmung untersucht. Dabei hebt sich der MediaPipe-Operator von Google hinsichtlich seiner Quantität und Qualität deutlich von den anderen Operatoren ab. Bei den Seitenaufnahmen stoßen alle drei Operatoren an ihre Grenzen, wobei auch hier der MediaPipe-Operator die besten Ergebnisse liefert.

1 Einleitung

Die Strahlentherapie ist eine hochpräzise Therapieform, die meist über mehrere Wochen bei onkologischen Patienten durchgeführt wird. Bei der Lagerung von Kopf-Tumor-Patienten kommen individuell angefertigte Masken und Kopfstützen zur Anwendung, um reproduzierbare Patientenpositionierung zu garantieren und damit die Präzision der Therapie zu erhöhen.

Es wurde ein Mehrkamerasystem zur Patientenüberwachung im *proof of concept* entwickelt und in RIEDEL et al. (2022) vorgestellt. In den Bildern der Kameras werden Gesichtsmerkmale mit geeigneten photogrammetrischen Verfahren mit hoher zeitlicher Auflösung detektiert, zugeordnet und Kopfposen ermittelt. Eine optische Überwachung der Patienten mit mehreren im Behandlungsraum angebrachten Kameras ermöglicht eine hilfsmittelreduzierte Patientenpositionierung, sowie eine Bewegungskontrolle während der Therapie. Über Methoden der Künstlichen Intelligenz (KI) kann eine Merkmalsextraktion von individuellen Gesichts- oder Körperbereichen stattfinden. In dem Beitrag sollen KI-Operatoren zur Bestimmung von Facial Landmarks (FLM) und deren Eignung zur Kopfposenbestimmung für medizinische Anwendungen untersucht werden.

1.1 Künstliche Intelligenz

KI spielt eine immer größer werdende Rolle in der Medizin und hat das Potenzial, die Diagnose, Behandlung und Prävention von Krankheiten zu modifizieren. Wenn es um die Anwendung von KI in der Medizin geht und gleichzeitig die Sicherheit der Patienten gewährleistet werden soll, liegt der Schwerpunkt auf Methoden die mittels maschinellen Lernens (ML) umgesetzt werden. ML ist ein Teilgebiet der KI und konzentriert sich auf den Einsatz von Algorithmen, um Daten zu analysieren, Muster zu erkennen und Vorhersagen oder Entscheidungen zu treffen. Gängige ML-Methoden sind u. a. SVM (NOBLE 2006) oder Regression trees (KAZEMI & SULLIVAN 2014).

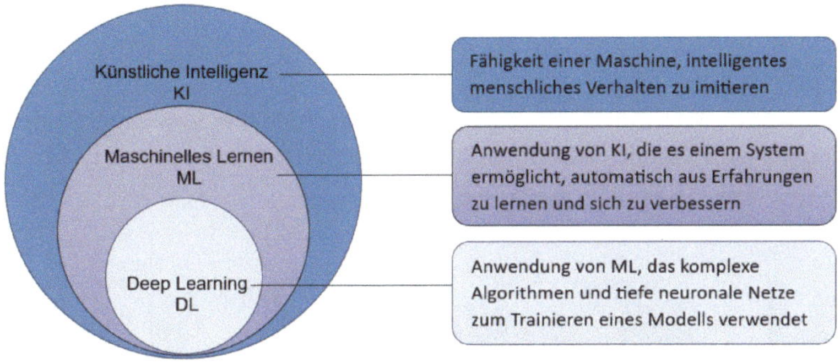

Abb. 1: Einordnung von KI, ML und DL (in Anlehnung an SIMPLILEARN 2023)

Ein Teilbereich von ML ist Deep Learning (DL), der auf von der Struktur und Funktion des menschlichen Gehirns inspirierten Algorithmen basiert und große Mengen an Daten verarbeiten kann. Im Unterschied zu ML arbeiten DL-Netzwerke mit mehrschichtigen künstlichen neuronalen Netzen (z. B. CNN, HUANG et al. 2020), die dem menschlichen Gehirn nachempfunden sind, um Strukturen in unstrukturierten Daten (z. B. Bilder und Texte) zu erkennen, ohne die zugrunde liegenden Merkmale verstehen zu müssen. Abbildung 1 veranschaulicht den Zusammenhang von KI, ML und DL.

1.2 Facial Landmarks

Die Detektion distinktiver Körper- bzw. Gesichtsmerkmale (auch: Keypoints, Facial Landmarks) mit KI-Methoden ist Stand der Technik in medizinischen Anwendungen (VU et al. 2022). HAMMADI et al. (2022) analysierten zehn Algorithmen zur Detektion von Gesichtsmerkmalen (veröffentlicht im Zeitraum 2009 bis 2020) und untersuchten die Eignung zum Einsatz in klinischen Anwendungen.

Gesichtsmerkmale beschreiben u. a. kephalometrische Weichteilkonturen, die den individuellen Gesichtsschädelaufbau repräsentieren. Anwendungen sind beispielsweise die Kopfposenbestimmung (Position und Orientierung des zu untersuchenden Kopfes, HAMMADI et al. 2022) sowie die Emotionserfassung (DINCULESCU et al. 2019, ROHITH RAJ et al. 2020).

2 Methoden

Die implementierten Algorithmen in der Prototyp-Umsetzung gewährleisten eine konsequente Fehlerfortpflanzung, sodass am Ende der Prozessketten sowohl das zahlenmäßige Ergebnis als auch die im Prozess bestimmten Unsicherheiten ausgegeben werden. Im Prototyp wird eine Überbestimmung angestrebt, d. h. es werden mehr als drei Kameras verwendet, um grobe Ausreißer so früh wie möglich in der Prozesskette detektieren zu können. Verlässliche Referenzdaten in Form einer verifizierten Kopfbewegung werden durch eine definierte Bewegung eines Roboterarms gewonnen. Das Ziel des Projektes ist die Bewertung unterschiedlicher KI-basierter Operatoren hinsichtlich ihrer Genauigkeit und Zuverlässigkeit. Der Fokus liegt auf der Methodik diese hinsichtlich der Zielparameter zu bewerten und ist nicht auf einen speziellen Operator ausgerichtet.

2.1 Bildmessung

In der Computer Vision werden Marker und Features häufig zur Objekterkennung, Bildregistrierung und Tracking verwendet. Die Wahl zwischen Marker oder Featurepoints (Abb. 2) hängt von den spezifischen Anforderungen der Anwendung ab.

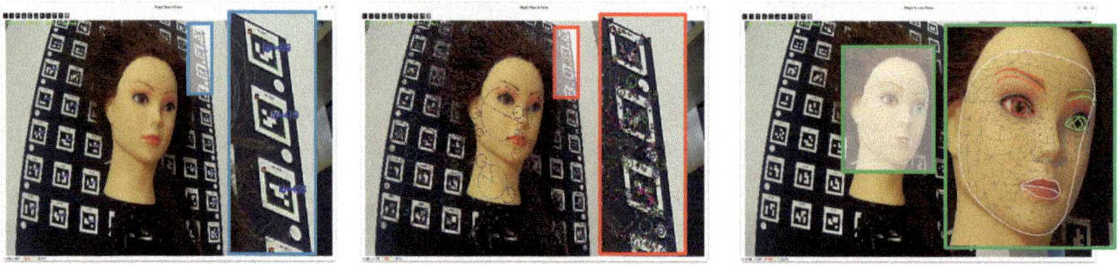

Abb. 2: Darstellung der Bildmessoperatoren getestet am Referenzobjekt

Tabelle 1: Vergleich von Bildmessoperatoren

	Marker	**Featurepoints**	**KI-Operatoren**
Beispiel	OpenCV ArUco	OpenCV SIFT	Google: MediaPipe
Signalisierung	zusätzlich eingebrachte Marken	natürliche Textur	natürliche Textur
Genauigkeit	Subpixel	Pixel	unbekannt
Zuverlässigkeit	sehr hoch	richtungs- und beleuchtungsabhängig	unbekannt (neigt zur Extrapolation)
Geschwindigkeit	sehr hoch	hoch	sehr hoch

Marker haben das höchste Genauigkeitspotenzial (Subpixel) und können über eine Codierung (z. B. OpenCV ArUco) zugeordnet werden. Sie werden vor allem zur Kamerakalibrierung und für hochgenaue Anwendungen eingesetzt. Nachteilig ist das Anbringen der Marker, was Freiflächen am Messobjekt und in der Umgebung voraussetzt.

Im Gegensatz zu den Markern arbeiten die Featurepoints (z. B. SIFT, Lowe 1999) mit den natürlichen Texturmerkmalen ohne Applikation von Marken. Neben den markanten Punkt wird ein Merkmalsvektor auf Basis der Textur extrahiert. Im Vergleich zu den Markern sind Featurepoints meist nicht eineindeutig zuordenbar und fallen hinsichtlich Genauigkeit und Zuverlässigkeit gegenüber den Markern deutlich ab (Tabelle 1).

Zu den verhältnismäßig neueren Algorithmen gehören die KI-Operatoren. Sie arbeiten wie die Featurepoints ohne Signalisierung und haben als Basis meist ML oder DL.

KI-Operatoren liefern meist ein nicht eindeutiges Ergebnis, was je nach Operator und Implementierung hinsichtlich Genauigkeit und Zuverlässigkeit spezifiziert werden muss. Aus diesem Grunde werden hier aus dem Bereich der Facial-Landmarks-Detektion typische Operatoren untersucht.

2.2 KI-basierte Landmark-Operatoren

Es wurden die drei Landmark-Operatoren MTCNN (Multi-Task Cascaded Convolutional Neural Networks, ZHANG et al. 2016), OpenCV LBF Model (local binary features, REN et al. 2014) und Google MediaPipe (BAZAREVSKY et al. 2019) näher untersucht. Diese Operatoren führen eine Gesichtsdetektion mit einer anschließenden Landmarken-Detektion durch. Die zur Verfügung stehenden Gesichtsmerkmal-Detektoren unterscheiden sich in dem zugrunde liegenden Detektionsmodell, der Genauigkeit, der Detektionszeit, der Anzahl der detektierten Gesichtsmerkmale (5 bis 468) sowie der Robustheit gegenüber Schrägaufnahmen. Tabelle 2 gibt einen Überblick über die Operatoren.

Tabelle 2: Facial-Landmark-Operatoren

	MTCNN	**LBF**	**MediaPipe**
Anzahl der Landmarks	5	68	468
Gesichts- und Landmarkdetektion	drei CNNs: P-Net (Gesichtserkennung), R-Net und O-Net (Gesichtsbereich und Landmarks)	regressierte lokale binäre Merkmale	holistisches Model „BlazeFace" (Gesichtsdetektion) mit CNN (Landmarks)

2.3 Bestimmungen von Kopfbewegungen

Die Bestimmung von Kopfbewegungen spielt eine entscheidende Rolle in medizinischen Anwendungen, insbesondere bei der präzisen Ausrichtung von Strahlentherapiegeräten. Der folgende Ablauf (RIEDEL et al. 2023) beschreibt die möglichen Schritte zur Erfassung und Verfolgung von Kopfbewegungen während einer Behandlung.

0. **Einrichtung des Messsystems:** Vor jeder Behandlung werden die Kameras orientiert und die bestehende Kalibrierung mit einem Verifikationsverfahren geprüft und gegebenenfalls neu kalibriert.
1. **Patientenpositionierung:** Die erste Phase beginnt mit der präzisen Positionierung des Patienten. Dabei wird der Patient auf der Behandlungsliege so ausgerichtet, dass sich der Tumor im Isozentrum des Bestrahlers befindet. Dies ist entscheidend, um genaue und zuverlässige Daten während der gesamten Behandlung zu gewährleisten.
2. **Tracking:** Nach erfolgreicher Positionierung startet das Kamera-basierte Tracking, das die Bewegungen des Kopfes in Echtzeit erfasst. Dies erfolgt durch die Aufnahme von Bildern und der Bestimmung der FLM in 2D. Die ermittelten Landmarks dienen als Ausgangspunkt für die weiteren Schritte.
   a. **Bildaufnahme und Bestimmung der FLM (2D):** Hochauflösende Bilder werden aufgenommen, und anhand von KI-Operatoren werden die FLM identifiziert.

b. Überführung in Keypoints: Die ermittelten FLM werden in Keypoints umgewandelt, um einen Operatorunabhängigen Ablauf zu garantieren.

c. Räumlicher Vorwärtsschnitt: Durch einen räumlichen Vorwärtsschnitt werden die erfassten Merkmale vom Bildraum (2D) in den Objektraum (3D) überführt.

d. Kopfposenbestimmung: Anhand der überführten 3D-Keypoints wird die genaue Pose des Kopfes abgeleitet. Falls keine Referenz vorhanden ist, wird die aktuelle Pose als Referenz für spätere Berechnungen gespeichert.

e. Posenänderung: Durch kontinuierliche Überwachung werden Posenänderungen im Vergleich zur gespeicherten Referenz abgeleitet. Diese Differenzen bilden die Grundlage für die Echtzeit-Anpassungen während der Behandlung.

3. **Start der Behandlung:** Mit den genauen Kopfbewegungsdaten kann die eigentliche Behandlung gestartet werden.

   a. Bestrahlung: Wenn die ermittelten Posenänderungen innerhalb vordefinierter Toleranzgrenzen liegen, wird die Bestrahlung fortgesetzt.

   b. Abbruch: Sollten die Posenänderungen die festgelegten Toleranzgrenzen überschreiten, wird die Behandlung abgebrochen, um mögliche Risiken zu minimieren.

Dieser Messablauf ermöglicht eine kontrollierte und sichere Behandlung, indem Kopfbewegungen in Echtzeit erfasst und entsprechend berücksichtigt werden.

3 Ergebnisse

Die in den folgenden Abschnitten präsentierten Ergebnisse basieren auf Bildaufnahmen einer USB-Webcam Hiievpu Professional 2K. Mit einer Auflösung von 2560 × 1440 Pixeln und einer Bildrate von 30 fps ermöglicht diese Webcam detaillierte und flüssige Videoaufnahmen. Die Sensorgröße liegt bei 7,3 mm × 4,1 mm mit einer Pixelgröße von 2,852 µm.

Die FLM-Detektion wurde in Bildern einer Videosequenz mit einer Auflösung von 1280 × 720 Pixel durchgeführt. Das Referenzobjekt (Puppenkopf) hat eine Größe von ca. 15 × 20 cm. Der 3D-Kopf besteht aus weichem PVC und hat einen homogenen Farbton mit farblich abgesetzten Lippen, Augenbrauen, Wimpern und Iris. Die Landmark-Operatoren wurden in ihrer Standardkonfiguration verwendet und nicht optimiert bzw. angepasst.

3.1 2D-Bildmessung

Es wurden die Lagegenauigkeiten der MTCNN-, LBF- und MediaPipe-Operatoren nach Frontal- und Seitenaufnahme in 100 aufeinanderfolgenden Frames bestimmt. Abbildung 3 zeigt die farblich gruppierten FLM und deren Verortung am Referenzobjekt sowie die quantifizierten Lagegenauigkeiten. Es wird deutlich, dass bei den LBF- und MediaPipe-Operator die Nasenspitze die höchste Genauigkeit hat, während die Kinn- und Kieferpartie deutlich abfällt. Die Nasenspitze des MTCNN-Operators hat im Vergleich zu den restlichen vier FLM die geringste Genauigkeit in beiden Aufnahmerichtungen. Die FLM des LBF-Operators in der Seitenansicht sind fehlerbehaftet und werden außerhalb des Kopfes projiziert.

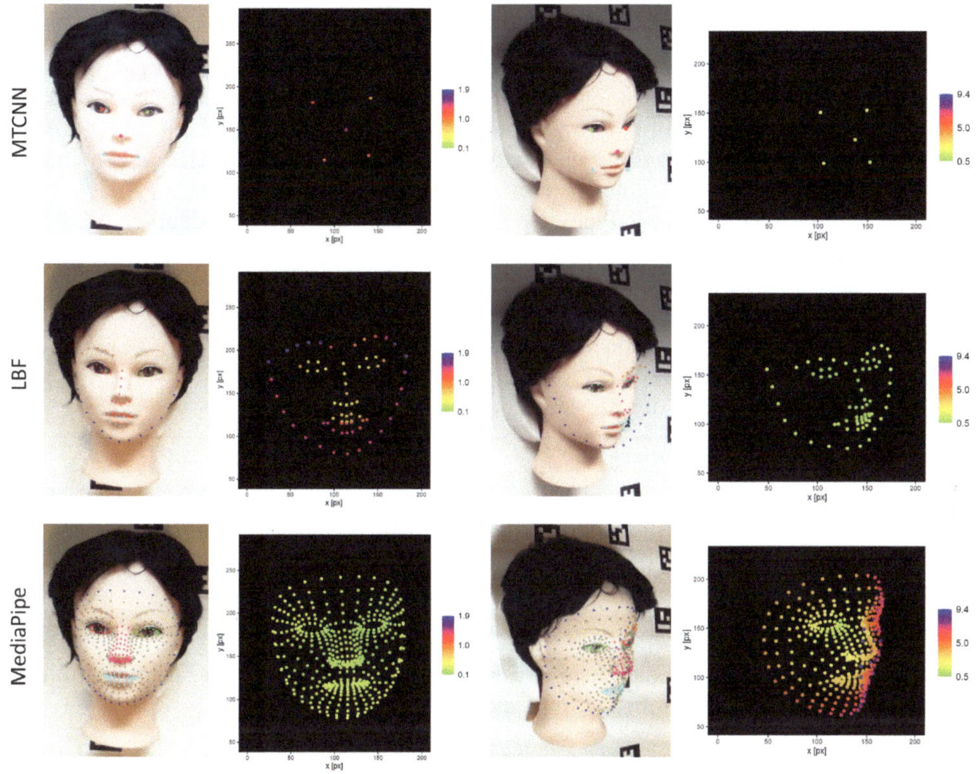

Abb. 3: Frontal- und Seitenaufnahme: farblich gruppierte FLM und ihre Verortung am Referenzobjekt, sowie colorierte Lagegenauigkeit der FLM nach Operator getrennt. MTCNN – oben, LBF – mittig, MediaPipe – unten.

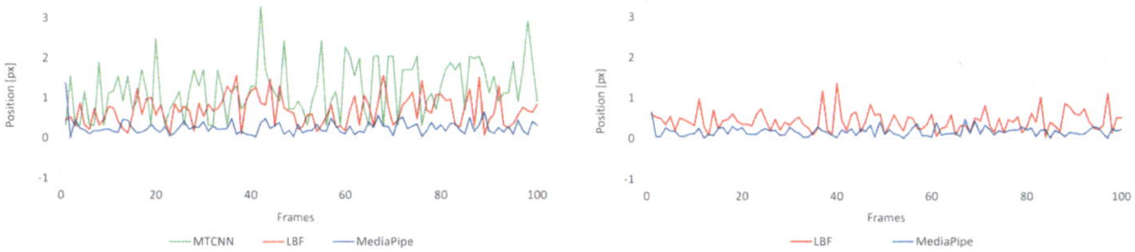

Abb. 4: Landmarkabweichungen vom Mittelwert von Nasenspitze (links) und linken inneren Augenpunkt (rechts) ermittelt mit MTCNN (grün), LBF (rot) und MediaPipe (blau) über 100 beobachtete Frames (1280 × 720 Pixel)

Die ausgewählten Landmark-Detektoren wurden hinsichtlich ihrer Wiederholgenauigkeit untersucht. Dabei wurden zwei markante FLM (Nasenspitze und innere linke Augenpunkt) über 100 Frames in einer Videosequenz beobachtet (Abb. 4). MediaPipe zeigt bei den untersuchten Landmarks (Nasenspitze und Auge) ein zeitliches Rauschen (zufälliger Fehler) < 0,5 Pixeln und somit die geringsten Koordinatenabweichungen.

3.2 Geschwindigkeit

Die Operatoren wurden hinsichtlich ihrer Detektionsgeschwindigkeit untersucht, indem die Zeit vor und nach der FLM-Detektion aufgezeichnet wurde. Da die Detektionszeit stark von dem eingesetzten Rechner und der verwendeten Bildauflösung abhängt, sind die gezeigten Werte nur Relativwerte die für die eingesetzte Konfiguration gültig ist. Alle drei Operatoren wurden unter gleichen Bedingungen verwendet (Aufnahmekonfiguration, Beleuchtung, Bildgröße, Auflösung). Die MediaPipe- und MTCNN-Operatoren liegen deutlich unter 0,2 s, während die LBF-Bibliothek über 1 s liegt. Die LBF-Zeit zeigt einen deutlich höheren Wert, der durch das erneute Einlesen des LBF-Models begründet ist. Die hier gezeigten Zeiten (Tabelle 3) sind Implementations-spezifische Zeiten und unterliegen keiner Optimierung. Die Detektionszeit der Gesichter wurde nicht berücksichtigt.

Tabelle 3: Detektionszeiten der FLM-Operatoren in Sekunden

	Mittelwert [s]	**Min [s]**	**Max [s]**
MTCNN	0,120	0,114	0,141
LBF	1,164	1,123	1,253
MediaPipe	0,031	0,026	0,052

3.3 3D-Keypoints

Als Keypoints sind definierte Punkte im Gesicht zu verstehen, die durch Zusammenführung unterschiedlicher Landmarks generiert werden (Abb. 5).

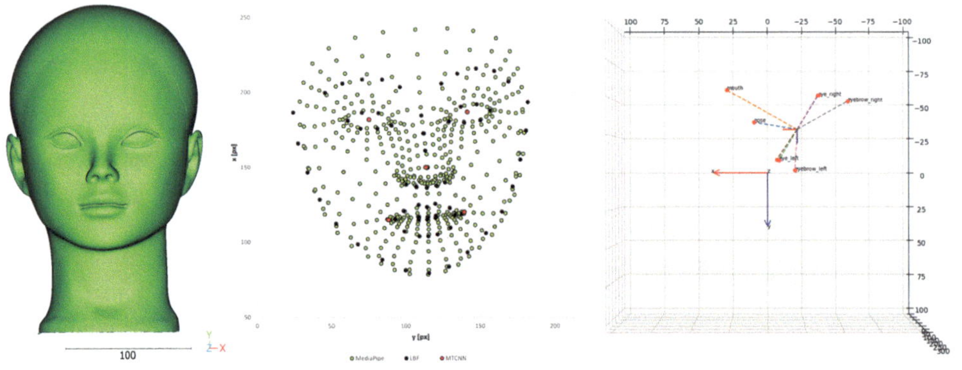

Abb. 5: 3D-Scan des Puppenkopfes (links); kombinierte Darstellung der FLM-Operatoren im Bildraum extrahiert aus einer Frontalaufnahme (rot: MTCNN, schwarz: LBF, grün: MediaPipe) (mittig); 3D-Keypoints der MediaPipe-Landmarks (rechts)

So ist beispielsweise der Keypoint „Auge" der Mittelwert aus vier definierten Augenpunkten (links und rechts außen, sowie mittig oben und unten). Die Keypointgenerierung ermöglicht eine Ausreißer- und Plausibilitätskontrolle, zudem ist sie operatorunabhängig.

Tabelle 4: Beispielhafte Messung von sechs Keypoints mit Unsicherheit des Vorwärtsschnittes (σ_0; in Pixel), den 3D-Koordinaten (X, Y, Z; in mm) sowie den zugehörigen Unsicherheiten (SX, SY, SZ; in mm), die größten Standardabweichungen sind grau hinterlegt

	Keypoints	σ_0 [px]	X [mm]	Y [mm]	Z [mm]	SX [mm]	SY [mm]	SZ [mm]
LBF	nose	2,01	15,53	–22,03	172,83	0,72	0,84	0,94
	mouth	2,23	15,51	–32,10	156,05	0,81	0,93	1,10
	eye_left	4,92	44,05	19,66	167,14	1,86	2,33	2,42
	eye_right	5,65	–14,18	17,43	167,94	2,06	2,70	2,83
	eyebrow_left	5,11	46,27	34,63	176,89	1,94	2,49	2,47
	eyebrow_right	8,13	–17,40	31,60	177,16	2,96	4,00	3,99
MediaPipe	nose	3,84	15,98	–16,56	190,96	1,36	1,57	1,68
	mouth	4,81	7,89	–37,28	163,90	1,72	1,94	2,28
	eye_left	6,10	45,56	18,64	166,82	2,31	2,85	2,98
	eye_right	3,06	–11,53	19,96	165,77	1,12	1,46	1,53
	eyebrow_left	5,89	48,45	38,26	175,34	2,24	2,87	2,84
	eyebrow_right	5,25	–15,97	39,70	174,33	1,93	2,63	2,60

Tabelle 4 zeigt sechs 3D-Keypoints einer Puppenkopfmessung extrahiert aus LBF- und MediaPipe-Landmarks. Die Nasenspitze zeigt bei beiden Operatoren die kleinste Standardabweichung. Die größte Standardabweichung zeigt die rechte Augenbraue mit 8,13 Pixeln (LBF) und das linke Auge mit 6,10 Pixeln (MediaPipe). Die Unterschiede in den Keypointkoordinaten, sind durch die unterschiedlichen Anfahrpositionen des Roboterarms begründet. Die Unsicherheiten in Tabelle 4 stehen für die innere Zuverlässigkeit des Vorwärtsschnittes und geben an wie konsistent die Operatoren in mehreren Bildern aus unterschiedlichen Blickrichtungen arbeiten. Während in Abbildung 4 der zufällige Fehler dargestellt ist, wird in Tabelle 4 der systematische Modellfehler verdeutlicht.

3.4 Kopfpose

Auf Basis von sechs definierten Keypoints wurde die Kopfpose bestimmt. Die Position sowie Rotation und deren Unsicherheiten sind in Tabelle 5 aufgeführt. Es wird eine absolute Abweichung der Kopfpose zu einer Referenzkopfpose von < 2 mm erreicht. Die Referenzkopfpose ist eine definiert angefahrene Position, die mit einem Trossen Robotics Viper 300 Roboter mit einer Wiederholgenauigkeit von 1 mm realisiert wurde.

Tabelle 5: Abweichungen der Kopfposenbestimmung und deren Unsicherheiten

	Position [mm]		Rotation [rad]	
X	1,44	±0,52	0,15	±0,0012
Y	0,46	±0,47	–0,45	±0,0014
Z	0,38	±0,13	–0,11	±0,0010

4 Diskussion

Vorangegangene Arbeiten zeigen, dass die Detektion von Gesichtsmerkmalen fehleranfällig ist. Die Zuverlässigkeit wird durch menschliche (z. B.: Aufnahmerichtung, Verdeckung, Mimik) sowie technische Faktoren (z. B. Beleuchtung und Auflösung) beeinflusst (HÄHNEL 2007). Für den speziellen Fall eines bewegungslosen Puppenkopfes ohne Mimik und frontal fotografiert unter guten Lichtverhältnissen (keine Überbelichtung, keine Schlagschatten) konnten Fehldetektionen reduziert werden. Insbesondere in Situationen mit stark variierenden Lichtverhältnissen oder ungewöhnlichen Gesichtspositionen wurden Grenzen der aktuellen Operatoren sichtbar.

Weiterhin herausfordernd bleiben die verschiedenen Gesichtsformen und -größen, durch die schrägen Blickwinkel der Kameras auf eine Gesichtshälfte verursachte Selbstverdeckungen sowie die Erkennung distinktiver Merkmale, die auf knöchernen Strukturen liegen und keinen eindeutigen Merkmalen zugeordnet werden können (vgl. Nasenrücken zu Mundwinkel).

Ein Anpassen der Operatoren ist prinzipiell möglich und wird in weiterführenden Arbeiten berücksichtigt. Dabei liegt der Fokus darauf, die Algorithmen an die spezifischen Anforderungen und Herausforderungen des medizinischen Umfelds anzupassen. Dies könnte beispielsweise die Integration von adaptiven Belichtungskorrekturen und die Optimierung der Landmarken-Erkennungsalgorithmen hinsichtlich Zuverlässigkeit, Genauigkeit und Schnelligkeit sein.

Insgesamt können jedoch KI-Methoden der Bildmessung, wie beispielsweise Google MediaPipe, zur Detektion von Bewegungen bzw. deren Änderungen für Anwendungen die eine hohe Genauigkeit und Zuverlässigkeit fordern, empfohlen werden. Voraussetzung ist die Detektion von groben Fehlzuordnungen, indem eine Kontrolle der Zuverlässigkeit der Posenbestimmung über ein Mehrkamerasystem realisiert wird.

Danksagung

Die Inhalte dieses Beitrages wurden durch das Else Kröner-Fresenius-Zentrum für Digitale Gesundheit (TU-Dresden) als ein „EKFZ – Innovation Projects“ mit dem Namen „Increasing the precision of patient positioning in radiotherapy using positioning aids“ (imPRESSing) gefördert. Im Rahmen des SAB-geförderte Anschlussprojekt „B6-Intelligente Patientenpositionierung in der Präzisionsstrahlentherapie“ des SEMECO Clusters werden die Forschungsergebnisse vertieft.

SEMECO. CLUSTERS 4 FUTURE Kofinanziert von der Europäischen Union

Diese Maßnahme wird mitfinanziert durch Steuermittel auf der Grundlage des vom Sächsischen Landtag beschlossenen Haushaltes.

Literatur

Bazarevsky, V., Kartynnik, Y., Vakunov, A., Raveendran, K. & Grundmann, M. (2019): *BlazeFace: Sub-millisecond Neural Face Detection on Mobile GPUs*. CVPR Workshop on Computer Vision for Augmented and Virtual Reality, Long Beach, CA, USA.

Dinculescu, A., Baltoiu, A., Strungaru, C., Petrescu, L., Vizitiu, C., Mandu, A., Talpes, N. & Valeanu, V. (2019): *Automatic Identification of Anthropological Face Landmarks for Emotion Detection.* 9th International Conference on Recent Advances in Space Technologies (RAST), Istanbul, Turkey, S. 585-590.

Hähnel, M. (2007): *Modellbasierte posen- und mimikinvariante Gesichtserkennung.* Rheinisch-Westfälische Technische Hochschule Aachen.

Hammadi, Y., Grondin, F., Ferland, F. & Lebel, K. (2022): *Evaluation of Various State of the Art Head Pose Estimation Algorithms for Clinical Scenarios.* Sensors, 22 (18), 6850.

Huang, H., Lin, L., Tong, R., Hu, H., Zhang, Q., Iwamoto, Y., Han, X., Chen, Y. W. & Wu, J. (2020): *UNet 3+: A Full-Scale Connected UNet for Medical Image Segmentation.* ICASSP, IEEE International Conference on Acoustics, Speech and Signal Processing – Proceedings, 2020, May (ii), S. 1055-1059.

Kazemi, V. & Sullivan, J. (2014): *One millisecond face alignment with an ensemble of regression trees.* 2014 IEEE Conference on Computer Vision and Pattern Recognition, S. 1867-1874.

Noble, W. S. (2006): *What is a support vector machine?* Nature Biotechnology, 24 (12), S. 1565-1567. https://doi.org/10.1038/nbt1206-1565.

Ren, S., Cao, X., Wei, Y. & Sun, J. (2014): *Face Alignment at 3000 FPS via Regressing Local Binary Features.* 2014 IEEE Conference on Computer Vision and Pattern Recognition. Columbus, OH, USA, S. 1685-1692. doi: 10.1109/CVPR.2014.218.

Riedel, M., Schneider, D. & Bienert, A. (2022): *Photogrammetrische Bestimmung von Kopfbewegungen mittels facial Landmarks – proof of concept.* Tagungsband zum 24. Workshop 3D-NordOst 2022, Gesellschaft zur Förderung angewandter Informatik e. V.

Riedel, M., Schneider, D. & Bienert, A. (2024): *Photogrammetrische Bestimmung von Kopfbewegungen mittels Facial Landmarks – lessons learned.* Tagungsband zum 25. Workshop 3D-NordOst 2023, Gesellschaft zur Förderung angewandter Informatik e. V.

Rohith Raj, S., Pratiba, D. & Ramakath Kumar, P. (2020): *Facial Expression Recognition using Facial Landmarks: A Novel Approach.* Advances in Science, Technology and Engineering Systems Journal, 5 (5), S. 24-28.

Simplilearn (2023): *AI vs Machine Learning vs Deep Learning: Know the Differences.* https://www.simplilearn.com/tutorials/artificial-intelligence-tutorial/ai-vs-machine-learning-vs-deep-learning (22.05.2023).

Vu, N. H., Trieu, N. M., Anh Tuan, H. N., Khoa, T. D. & Thinh, N. T. (2022): *Review: Facial Anthropometric, Landmark Extraction, and Nasal Reconstruction Technology.* Applied Sciences, 12 (19), S. 9548.

Zhang, K., Zhang, Z., Li, Z. & Qiao, Y. (2016): *Joint Face Detection and Alignment using Multi-task Cascaded Convolutional Networks.* Computer Vision and Pattern Recognition. http://arxiv.org/abs/1604.02878.

Transparentes streuend machen: 3D-Messung durch Nahbereichsphotogrammetrie im UV-Bereich

Andreas Walter STARK, Gregor Jörg GENTSCH, Matthew GUO,
Richard KOWARSCHIK und Christian FRANKE

Zusammenfassung

Die Nahbereichsphotogrammetrie wird in zahlreichen Anwendungsbereichen verwendet und erschließt dabei auch durch die Erweiterung des Spektrums der Beleuchtung und Detektion neue Felder der Messtechnik. In den letzten Jahren konnten so, beispielsweise durch die Verwendung von längeren Wellenlängen bis weit in den Infrarotbereich hinein, auch Objekte aus im sichtbaren Wellenlängenbereich unkooperativen Materialen, wie Glas, dreidimensional erfasst werden (LANDMANN et al. 2020). Doch auch durch strukturierte Beleuchtung mit kürzeren Wellenlängen können weitere Objektklassen für die Photogrammetrie erschlossen werden. Das IAOB hat einen stereophotogrammetrischen Aufbau mit Speckle-Projektion im ultravioletten (UV-)Bereich bei 266 nm realisiert, mit dem Objekte aus Glas oder Edelstahl vermessen werden konnten. Dies ist möglich, da sich mit kürzer werdender Wellenlänge die optischen Eigenschaften von Materialien, wie die Transparenz oder das Streuprofil, verändern. Im Falle von Edelstahl wird das Streuprofil breiter und bei Glas verschwindet die Transparenz bei etwa 300 nm und eine zunehmend breitere Streuung setzt ein. Dadurch können zwei standortunterschiedliche Detektoren bzw. Kameras mit entsprechenden Objektiven und im UV sensitiven Chips die Beleuchtung auf dem Objekt erfassen. Die 3D-Rekonstruktion aus den Bilderstapeln der beiden Kameras kann dann in direkter Analogie zum Vorgehen im sichtbaren Bereich vorgenommen werden. Im Folgenden werden dazu die Grundlagen der Messmethode, Lösungen bei der Umsetzung eines Aufbaus mit der Anwendung außerhalb des sichtbaren Spektrums und die Ergebnisse mit diesem ersten Demonstrator vorgestellt.

1 Motivation und Grundlagen

1.1 Motivation

Räumliche Daten von Objekten und Oberflächen zu sammeln ist die Kernaufgabe der Photogrammetrie, die vor allem auf dem von Objekten gestreuten, also diffus reflektierten Licht aufbaut. Aufgrund der Materialeigenschaften wird das Licht von vielen Oberflächen im sichtbaren Bereich des Wellenlängenspektrums (VIS) aber nicht gestreut, sondern (gerichtet) reflektiert, absorbiert oder transmittiert. Bei einer Änderung der Wellenlänge verändern viele Materialien allerdings ihre optischen Eigenschaften. So konnte z. B. durch LANDMANN (2020) gezeigt werden, dass die thermische Remission von Wärmestrahlung im Infrarotbereich, die von im Ferninfrarot erwärmten Objekten aus Glas und Plastik, ausreicht, um präzise, dichte und genaue 3D-Rekonstruktionen dieser Oberflächen zu erstellen. Doch auch die Verwendung von kürzeren Wellenlängen, so z. B. im UV-Bereich führt zu einer Änderung der optischen Eigenschaften. Hier können zwar keine Plastiken durch Streumessung getestet werden, dafür aber neben Glas, das allerdings, am Beispiel von BK7, erst bei Wellenlängen < 300 nm streuend wirkt, auch Edelstahl.

Um eine stereophotogrammetrische 3D-Messung im UV-Bereich zu ermöglichen, muss neben den Kameras auch die Beleuchtung angepasst werden. Sowohl im VIS als auch im IR existieren bereits einige etablierte Verfahren zur strukturierten Beleuchtung. Allerdings ist die Umstellung vieler dieser Verfahren aufwendig und komplex. Ein Mustererzeugungsverfahren, das sich aufgrund seiner Einfachheit und Robustheit auf verschiedene Wellenlängenbereiche übertragen lässt, ist die laserbasierte Speckle-Projektion. Die durch die Kohärenz des verwendeten Lichts auftretenden Rauschstrukturen, die sogenannten subjektiven Speckles, lassen sich, wie von STARK (2019, 2020) gezeigt, sehr gut durch numerische, lineare Filterung reduzieren. Für die, nach unserem Wissen, erstmalige Umsetzung der Stereophotogrammetrie mit aktiver Beleuchtung in einem Wellenlängenbereich deutlich unter 300 nm wurde daher auf die Speckle-Erzeugung mit einem 266 nm Laser zurückgegriffen.

1.2 Nahbereichsphotogrammetrie mit aktiver, strukturierter Beleuchtung

Präzise und akkurate Punktwolken, die die Form von Objekten beschreiben, werden oftmals als Grundlage für die Archivierung kunst-historischer Objekte, zur Qualitätskontrolle oder für Pick-and-Place Anwendungen verwendet. Diese Art der Messdatenerzeugung muss dafür nicht nur genau, sondern schnell, möglichst vollständig messend und kontaktlos durchgeführt werden können. Optische Methoden bieten sich hierfür aus naheliegenden Gründen an.

Neben verschiedenen Verfahren, die ohne eine aktive Beleuchtung auskommen, sogenannten passiven Verfahren, werden in der aktiven Stereophotogrammetrie zwei kalibrierte Kameras und ein Mustergenerator bzw. Projektor verwendet.

Die strukturierte Beleuchtung erlaubt es dabei, Korrespondenzpartner in den standortunterschiedlichen Ansichten zu identifizieren. Da die intrinsischen und extrinsischen Parameter der Kamerasysteme bekannt sind, ist die Triangulation im Anschluss an die Auffindung homologer Punkte Analog zu HARTLEY & ZISSERMAN (2003) ein einfacher Schritt. Für die Korrelationssuche, die Lösung des sogenannten Korrespondenzproblems bzw. das Auffinden homologer Punkte, kann dabei ein einzelnes Muster oder eine Sequenz von Mustern verwendet werden. Die Messzeit ist am geringsten, wenn nur ein einzelnes Muster verwendet wird, dafür ist die Präzision wesentlich schlechter, insbesondere bei stark geneigten Flächen. In der vorliegenden Untersuchung wurden stattdessen Sequenzen von Mustern verwendet (Sequenzlänge 90 Muster) und der normierte, zeitliche Korrelationskoeffizient ρ nach Formel 1 eingesetzt.

$$\rho(I_1, I_2) = \frac{\sum_{n=1}^{N}(I_{1_n}-\overline{I_1})(I_{2_n}-\overline{I_2})}{\sqrt{\sum_{n=1}^{N}(I_{1_n}-\overline{I_1})^2}\sqrt{\sum_{n=1}^{N}(I_{2_n}-\overline{I_2})^2}} \quad (1)$$

Hier beschreiben I_1 bzw. I_2 die Pixel (x_{K_1}, y_{K_1}) bzw. (x_{K_2}, y_{K_2}) in der Ansicht der ersten Kamera bzw. der Zweiten. I_{1_n} und I_{2_n} stellen die Intensitäten an den jeweiligen Stellen bei Projektion des n-ten Musters dar (siehe Abb. 1, links). Durch diesen Koeffizienten lässt sich ein Schwellwert definieren, ab dem man eine untersuchte Korrespondenz „vertrauenswürdig" nennt und das Ergebnis der entsprechenden Triangulation als echten 3D-Punkt annimmt. Im Rahmen dieser Untersuchung wurde dieser Schwellwert bei 0,9 angesetzt.

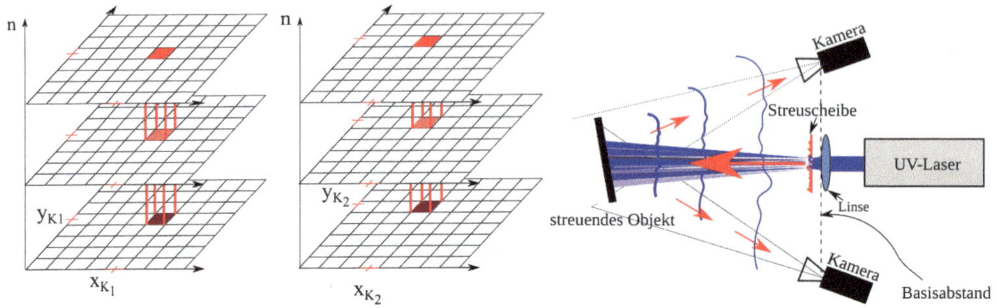

Abb. 1: Schematischer Vergleich der Intensitätssequenzen, die bei der Stereophotogrammetrie entstehen, wenn strukturierte Beleuchtung eingesetzt wird. Die Intensitäten sind rot in Stufen abgesetzt (links). Schematischer Aufbau eines stereophotogrammetrischen Aufbaus mit einem (UV-)Laser-basierten Speckle-Projektor (rechts).

1.3 Photogrammetrie mit objektiven Speckles und numerische Filterung

Strukturierte Beleuchtung lässt sich mit verschiedensten Mustern ausführen, wobei sich sowohl die Musterwechselgeschwindigkeit, die Art der verwendeten Muster, als auch die Kohärenz des Lichtes deutlich unterscheiden kann. Eine robuste Mustererzeugungsmethode ist die Projektion objektiver Speckles. Hier wird ein kohärentes Strahlenbündel auf eine Oberfläche fokussiert, die die Phase des Strahlenbündels entlang der Wellenfront statistisch variiert. Nach der Phasenänderung bilden sich Bereiche konstruktiver und destruktiver Interferenz aus, die objektive Speckles genannt werden und den gesamten durchleuchteten Bereich mit kontrastreichen Mustern füllen. Dieser Vorgang kann sowohl in Reflektion als auch in Transmission ausgeführt werden. Die Methode ist so robust, da sie direkt auf den Grundlagen der Kohärenzoptik aufsetzt und die Muster in ihrer Strukturgröße durch Fokussierung bzw. Defokussierung vergrößert bzw. verkleinert werden können und die erlangte Lichtleistung prinzipiell nur durch die Laserleistung und die Materialeigenschaften des streuenden Elements limitiert werden. Intensitäten von ≥ 2 W im VIS gehören so zum Stand der Technik und ermöglichen schnelle Aufnahmen im kHz-Bereich. Zusammen mit einem stereophotogrammetrischen Messaufbau ergibt sich die in Abbildung 1 rechts gezeigte Konstellation.

Neben den Vorteilen des Laser-Speckles-Projektion kommt es durch die verwendete Kohärenz auch zu Nachteilen: Die so erzeugten Muster entsprechen beispielsweise stets der Speckle-Verteilung. Eine homogene Grauwertverteilung, wie bei inkohärenter Projektion von z. B. Sinus-Mustern, ist so nicht möglich. Außerdem entstehen bei der Abbildung kohärent beleuchteter Flächen wiederum Bereiche konstruktiver und destruktiver Interferenz in der Abbildungsebene, die als Rauschen (sogenannte subjektive Speckles) wahrgenommen werden.

Dieses Rauschen lässt sich sowohl durch die Verwendung mechanisch bewegter Spiegel während der Messung (STARK 2020) als auch durch eine numerische Filterung im Anschluss reduzieren (STARK 2019). Wichtig dabei ist, dass die Filterung senkrecht zu den Epipolarebenen durchgeführt wird, also senkrecht zu den in die Ansicht der jeweils anderen Kamera übertragenen Sichtstrahlen der Kameras. In der Folge lässt sich das kohärente Rauschen soweit reduzieren, dass die Präzision mit der inkohärenter Projektion vergleichbar wird, ohne Artefakte durch die Filterung hervorzurufen. Bei extensiver Filterung, also Filtergrößen > 17 (Pixeln) kann es allerdings zur Ausbildung von Artefakten kommen, daher wurde die Filtergröße 10 als geeignete Filterstärke herangezogen.

2 Experiment und Ergebnisse

2.1 Experimenteller Aufbau und Testobjekte

Für die Übertragung des Verfahrens in den UV-Bereich mussten sowohl angepasste Kameras und Objektive als auch ein passender Laser, Optiken und eine entsprechende Streuscheibe beschafft werden. Die Spezifikationen sind in Tabelle 1 festgehalten.

Tabelle 1: Spezifikationen des verwendeten Aufbaus im UV

	Spezifikationen des Aufbaus im UV (266 nm)
Kamera	JAI CM-140 GE-UV, 1392 × 1040 Pixel, max. Aufnahmerate: ~ 16 Hz
Objektiv	UV2528B, Brennweite: 25 mm, F#: 1,8
Laser	MPL-N-266-100mW, M^2 < 1.2, zentrale Wellenlänge: 266 nm, 100 mW
Aufbau	Messvolumen: 5 × 5 × 5 cm^3, Basisabstand: 12,3 cm, Triang.-Winkel: 32,6°

Der hier umgesetzte Aufbau ist schematisch bereits in Abbildung 1 (links) dargestellt. Um durch Triangulation 3D-Punkte rekonstruieren zu können, ist die intrinsische und extrinsische Kalibrierung der Kameras entscheidend. Die intrinsische Kalibrierung wurde anhand von Schachbrettmustern vorgenommen. Dazu wurden diese in 80 verschiedenen Positionen von beiden Kameras fotografiert. Während dessen wurden die Schachbrettmuster mit einer inkohärenten Lampe bei 255 nm beleuchtet (UV UVGL-25 4W-254/265NMUVP, Hersteller: Analytik Jena). Eine Beispielaufnahme ist in Abbildung 2 (links) dargestellt.

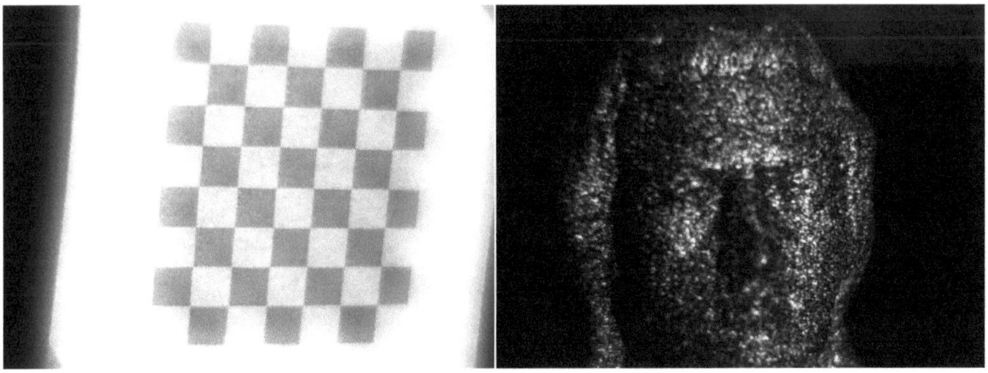

Abb. 2: Beispielaufnahmen aus dem intrinsischen (links) und extrinsischen (rechts) Kalibrierprozess im UV

Nach dem die intrinsischen Parameter, bestimmt wurden, konnte die extrinsische Kalibrierung analog zum Vorgehen im VIS durch die Messung eines streuenden Objektes (Miniaturbüste Friedrich-Schillers, Abb. 2 rechts). durchgeführt werden.

Nach dem das Messsystem selbst etabliert war, konnten streuende Kalibrierobjekte (Ebene, Standardabweichung von Ebene < 1 µm, und Kugel, Radius 1,5 cm, Kugelabweichung < 3 µm) vermessen und die Präzision in Abhängigkeit von der angewendeten Filtergröße evaluiert werden. Der Vergleich der Präzision der Kugelrekonstruktion ist in Abbildung 3 festgehalten.

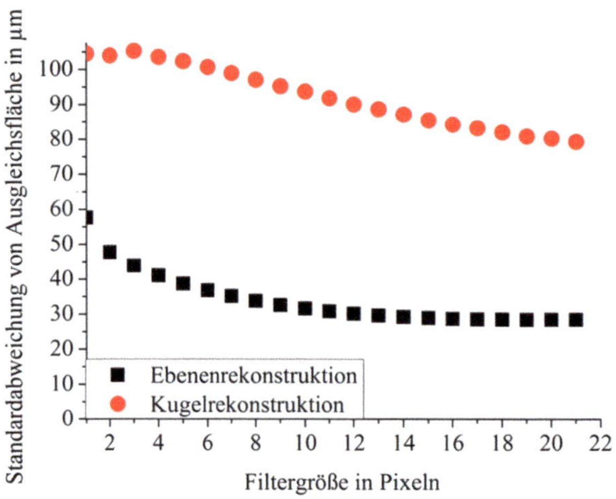

Abb. 3: Ebenen- und Kugelrekonstruktionspräzision mit dem hier realisierten UV-Aufbau

Wie der Abbildung zu entnehmen, ermöglicht die nachträgliche Filterung einen Präzisionszugewinn und erlaubt ähnliche Ergebnisse, wie bei inkohärenter Projektion (30 µm für die Ebenenrekonstruktion und 75 µm für die Kugelrekonstruktion, Vergleichsgrundlage 90 Muster bei inkohärenter Beleuchtung mit bandbegrenzten Mustern im VIS) zu erwarten währen.

Abb. 4: Freiformobjekt aus Edelstahl (Schaumlöffel), links und halbseitig besprühte Linse, rechts

Da der Zweck des Aufbaus aber in der Messung von Objekten bestand, die sich unkooperativ für die Photogrammetrie im VIS verhalten, wurde ein Freiformobjekt aus Edelstahl (Schaumlöffel) und eine Linse, die vor- und rückseitig hälftig mit einem Plastikmittel („RUBBER comp", Hersteller „MASTON") besprüht wurde, vermessen. Beide Objekte sind in Abbildung 4 zu sehen.

2.2 Ergebnisse

Zum Vergleich mit dem VIS (532 nm) wurde ein Aufbau verwendet, mit dem die Testobjekte aus Abbildung 4 vermessen wurden. Die Spezifikationen in Tabelle 2 sind festgehalten.

Tabelle 2: Spezifikationen des verwendeten Aufbaus im VIS

	Spezifikationen des Referenzaufbaus im VIS (532 nm)
Kamera	AVT-Pike F-032b, 640 × 480 Pixel, max. Aufnahmerate: ~ 204 Hz
Objektiv	Cosmicar Television Lens, Brennweite: 50 mm, F#: 1,8
Laser	MGL-F-532-2W, M^2 < 1.2, zentrale Wellenlänge: 532 nm, 2 W
Aufbau	Messvolumen: 10 × 10 × 10 cm^3, Basisabstand: 72,9 cm, T.-Winkel: 30,5°

Da auch hier Laser-Speckles zur Beleuchtung verwendet wurden, wurden die Aufnahmen nachträglich gefiltert. Die Filtergröße bei den im folgenden gezeigten Rekonstruktionen lag bei 10. In Abbildung 5 links ist das Rekonstruktionsergebnis der Edelstahlfreiform (links) und der Linse (rechts) in Falschfarben als Höhenkarte zu sehen. Der Sichtbereich im UV wurde auf der linken Seite rot umrandet. Ein Vergleichsbereich, der im VIS besonders vollständig rekonstruiert wurde, wurde blau umrandet.

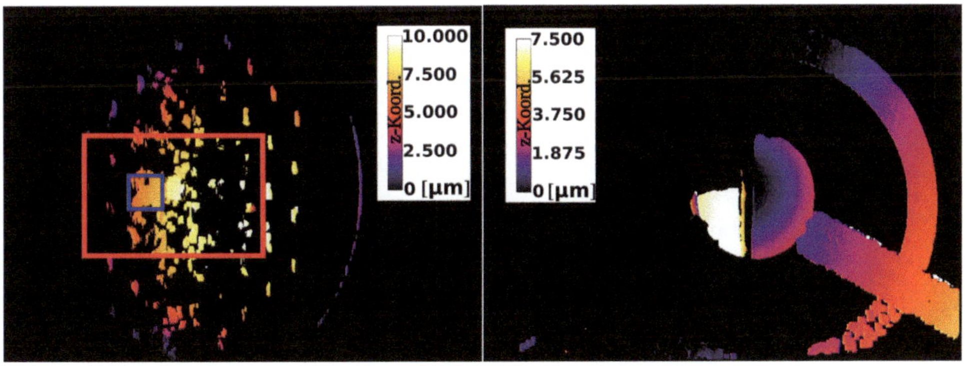

Abb. 5: Höhenkarten aus den 3D-Rekonstruktionen des Freiformedelstahlobjektes (links) und der Linse (rechts) im VIS in Falschfarben. Der Darstellungsbereich im UV und ein Vergleichsbereich wurden rot bzw. blau hervorgehoben.

Die Rekonstruktion ist wie zu erwarten in beiden Fällen unvollständig, wobei die Edelstahlfreiform auch Bereiche aufweist, die scheinbar genau rekonstruiert wurden. Die Linse hingegen wurde nur dort rekonstruiert, wo das Sprühmittel aufgetragen worden war. Folgend sind in Abbildung 6 die Rekonstruktionsergebnisse im UV, ebenfalls als Höhenkarten, zu sehen.

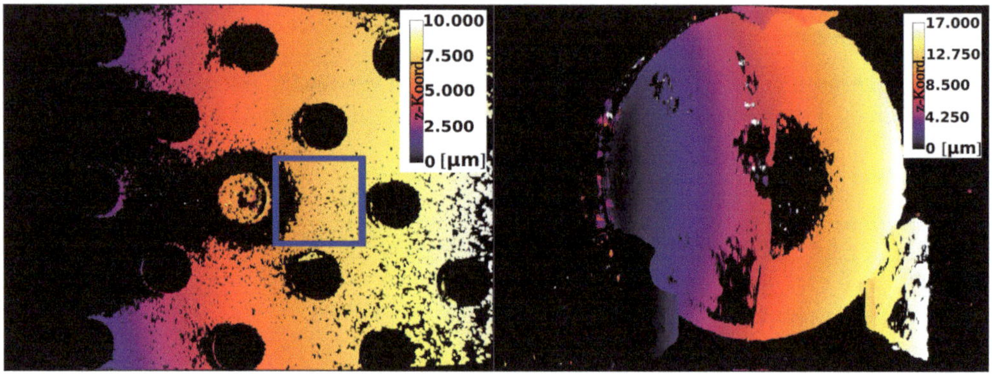

Abb. 6: Höhenkarten aus den 3D-Rekonstruktionen des Freiformedelstahlobjektes (links) und der Linse (rechts) im UV in Falschfarben. Der Vergleichsbereich wurde blau hervorgehoben.

Im UV konnten beide Objekte vollständiger rekonstruiert werden als im VIS. Insbesondere bei der Linse fällt auf, dass auch der unbesprühte Bereich rekonstruiert werden konnte. Die flächigen Fehlstellen der Rekonstruktion sind durch den Hauptreflex, also einen direkten Reflex der Beleuchtung in eine der beiden Kameraansichten zu erklären. Auch der Vergleichsbereich (blau umrandet) zeigt sowohl bei der Präzision als auch bei der Vollständigkeit, dass die Rekonstruktion im UV mit numerischer Filterung hier ein deutlich besseres Rekonstruktionsergebnis liefert (siehe Abb. 7).

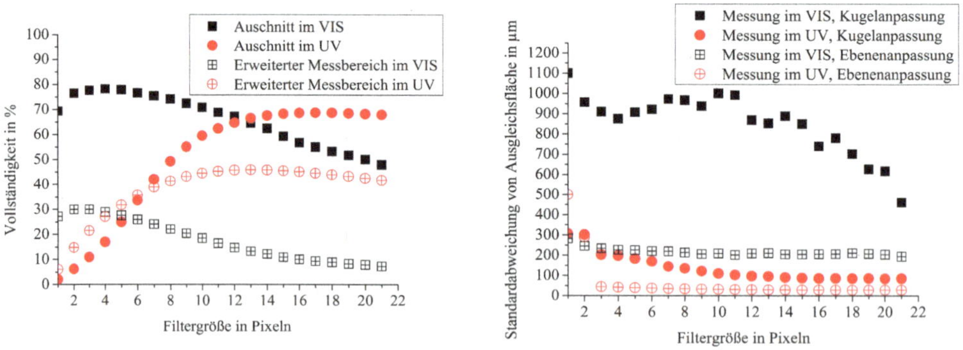

Abb. 7: Vergleich der Vollständigkeit der Rekonstruktion im Blau in Abbildung 5 und 6 hinterlegten Ausschnitt und im vollständigen/erweiterten Messbereich im UV (links). Präzision der Rekonstruktionen durch Ebenen- bzw. Kugelanpassung (rechts).

3 Fazit und Ausblick

In diesem Beitrag konnte ein Verfahren vorgestellt werden, dass die Vermessung von im VIS reflektierenden bzw. transmittierenden Objekten durch die strukturierte Beleuchtung und stereophotogrammetrische Messung im UV ermöglicht. Nach Wissen der Autoren ist eine solche Untersuchung hier erstmalig in einem Wellenlängenbereich unter 300 nm gelungen. Die numerische Nachbearbeitung der Bilder durch lineare Filterung führte hier zu einer entscheidenden Besserung der Ergebnisse.

Allerdings ist damit nur der Machbarkeitsnachweis erbracht und eine Weiterentwicklung des Verfahrens muss sich anschließen. Die vollständige (360°) 3D-Messung, sowie ein inkohärentes Beleuchtungsverfahren im UV, dass dann nicht mehr auf die Filterung angewiesen ist, könnten sich so anschließen. Perspektivisch ist die Kombination der hier gezeigten Technik mit anderen Wellenlängenbereichen, wie denen im VIS und im IR, ein Ziel der Gruppe Franke am IAOB in Jena.

Förderung

Die Förderung erfolgte durch das Bundesministerium für Wirtschaft und Klimaschutz (BMWK) im Rahmen der Förderung der Industriellen Gemeinschaftsforschung (IGF) aufgrund eines Beschlusses des Deutschen Bundestages im Rahmen des Forschungsvorhabens (IGF 22462 BR) der Arbeitsgemeinschaft Forschung Feinmechanik, Optik und Medizintechnik (F. O. M.) unter der Schirmherrschaft der Arbeitsgemeinschaft Industrieller Forschungsvereinigungen (AiF).

Weiterhin erfolgte die Förderung durch das Bundesministerium für Bildung und Forschung (BMBF) im Rahmen der Forschungsallianz „3dsensation“ und dessen Forschungsvorhabens „UVLAS“ (03ZZ0452).

Literatur

Hartley, R. & Zisserman, A. (2003): *Multiple view geometry in computer vision.* Cambridge University Press.

Landmann, M., Heist, S., Dietrich, P., Speck, H., Kühmstedt, P., Tünnermann, A. & Notni, G. (2020): *3D shape measurement of objects with uncooperative surface by projection of aperiodic thermal patterns in simulation and experiment.* Optical Engineering, 59 (9), S. 094107-094107.

Stark, A. W., Wong, E., Babovsky, H. & Kowarschik, R. (2019): *Subjective speckle suppression for 3D measurement using one-dimensional numerical filtering.* Applied Optics, 58 (34), S. 9473-9483.

Stark, A. W., Wong, E., Babovsky, H. & Kowarschik, R. (2020): *Projektion von Laser-Speckles zur 3D-Vermessung von Oberflächen.* In: Luhmann, T & Schumacher, C. (Hrsg.): Photogrammetrie – Laserscanning – Optische 3D-Messtechnik. Beiträge der Oldenburger 3D-Tage 2020. Wichmann, Berlin/Offenbach, S. 14-21.

Potential of Ultrahigh-speed Cameras for Quantitative Analyses of Material Properties in High Dynamic Concrete Impact Tests

Laura Camila DURAN VERGARA and Hans-Gerd MAAS

Abstract

High impact load accelerations cause damage to existing concrete structures in an extremely short time. The impact response of these structures can be visualized using ultrahigh-speed cameras to characterize the deformation process by quantifying the material properties. These cameras provide high spatio-temporal resolution and therefore require even higher effective pixel throughput rates than those offered by conventional high-speed cameras. The challenge of charge transfer efficiency is overcome by the ISIS sensor architecture, which combines technological features of CMOS and CCD matrix sensors. These *In Situ Image Sensors* are capable of storing image sequences, e. g. in the case of the Kirana7M, with a resolution of 924 × 768 px at up to 7 Mfps, allowing the observation of concrete deformation stages before noticeable damage occurs. This is useful for estimating the impact-induced longitudinal wave velocity using one-dimensional wave theory, which requires surface deformation in the direction of impact prior to predominant cracking. Based on this, for an 80 mm long and 50 mm diameter cylinder tested under uniaxial compression, and imaged at 1.5 Mfps, a longitudinal wave velocity of up to 4000 m/s could be measured in practical experiments, resulting in a surface deformation of up to 450 μm before the material reached its maximum load capacity at 62.67 μs. However, the quality of the acquired image sequence is affected by challenges such as data transfer efficiency and recording capacity caused by sensor operation and must be considered for a proper quantification of material properties.

1 Introduction

Most concrete structures exhibit low resistance to impact loading events, such as shock, collision or explosion. The impact analysis of the materials used in these structures, as well as the analysis of structures reinforced with mineral-bonded composites, is evaluated in various types of test facilities (MECHTCHERINE & CUROSU 2017). High dynamic concrete impact tests are characterized by high impact load velocities and accelerations that cause deformation of concrete specimens in microseconds or even nanoseconds. Unlike quasi-static tests where the material deformation can be adjusted in time, the deformation cannot be controlled in such a short time. Thus, in impact tests, the mechanical characterization of the material properties depends on the specimen response (CHEN & SONG 2011).

In high dynamic material analysis, high-frequency optical systems are useful to visualize the specimen response caused by the impact. In addition, optical systems are widely used in structural dynamics because they allow for non-contact measurements of continuous multi-point fields (BAQUERSAD et al. 2017). This is advantageous compared to traditional pointwise measurement devices such as accelerometers, linear potentiometers or strain gauges. These devices are attached to the measured object, adding mass to the material, which can influence the material analysis, and their measurements are susceptible to vibrations caused by the acceleration induced in the test facilities. To obtain the optical measurements, a stochastic pattern may be applied to the object surface, and image matching techniques are used to uniquely identify and track the random pattern information in the recorded images. Finally, the surface points are determined at each time step by using the pinhole camera model or the collinearity equations to obtain the point coordinates in two or three dimensions, respectively.

After an impact event, different types of waves propagate in the concrete specimen, causing its deformation. The longitudinal wave, which causes the material particles to move in the impact direction, is mainly responsible for the material deformation. Therefore, the velocity at which this longitudinal wave propagates through the concrete specimen is of interest for material characterization. To quantify the longitudinal wave velocity property, the one-dimensional wave theory in solids is applied to the surface points. From this theory, the wave velocity in the impact direction is obtained from the displacement of a given position to derive the material particle (point) velocity, and the corresponding relative local deformation, known as strain (JOHNSON 1985). The quantification of these material properties is performed using the surface information obtained directly after the impact to reduce the influence of an indeterminate deformation of the particles caused by the formation of the main cracks.

Ultrahigh-speed cameras, with frame rates in fps (frames per second) between 100 kfps and 10 Mfps according to *The Focal Encyclopedia of Photography* (FULLER 2007), are used to acquire temporally resolved information at high spatial resolution in px (pixels) between impact and noticeable structural damage. Such cameras require even higher effective pixel throughput rates than those offered by conventional high-speed cameras. The challenge of charge transfer efficiency at high spatial resolution has been overcome by the development of new sensor technologies, of which three imaging systems were inspected in (DURAN VERGARA et al. 2024): The cameras "Phantom TMX 7510" with up to 1.75 Mfps at varying image size, "Kirana7M" with up to 7 Mfps at 924 × 768 px and "Shimadzu HPV-X2" up to 5 Mfps at 400 × 250 px and up to 10 Mfps using half of the pixels. These cameras have different performance parameters in terms of sensor size, recording capacity, and data transfer quality. It is obvious that a high spatial resolution contributes significantly to the material characterization in high dynamic concrete impact tests. However, image quality deficiencies caused by the sensor operation must be considered. Otherwise, the optical measurements may lead to false conclusions about the behavior of the analyzed concrete composition.

This work is structured as follows in order to present the measurement potential of ultrahigh-speed cameras in high dynamic material testing: First, an overview of the sensor operation of the previously mentioned cameras is presented. This is followed by a description of the experimental facility used to obtain one-dimensional longitudinal waves. Then, the quantitative analysis of the material properties is performed and based on the identified image deficiencies, conventional filtering methods are applied to the images. Finally, the results of the measurements and the outlook for improving their reliability are discussed.

2 Ultrahigh-speed Imaging

Conventional high-speed cameras, such as the Fastcam SA-X2, commonly use CMOS sensors to directly read out the signal in each pixel, and a *Front Side Illuminated* (FSI) pixel design. The disadvantage of this design is that the metal circuit is placed in front of the photodiodes, blocking a portion of the incoming light. This results in a fill factor, which measures the efficiency of capturing light, typically between 50 and 60 %. This FSI structure is reversed in the *Back Side Illuminated* pixel design, such as the one used in the Phantom TMX-7510 camera (VISION RESEARCH 2023). Its fill factor is close to 100% because the photodiodes are practically in direct contact with the light. Although the sensor of this camera have an increased number of ADC converters to achieve very high frame rates, the CMOS operation significantly reduces the spatial resolution when increasing the temporal resolution.

The spatio-temporal dependency is solved by the *In Situ Storage Image Sensor* (ISIS) architecture used by the Shimadzu HPV-X2 (KURODA et al. 2016) and Kirana7M (CROOKS et al. 2013) cameras. This sensor architecture combines technological features of CMOS and CCD matrix sensors (REU & MILLER 2008) and allows for several million fps at full spatial resolution. Both sensors use CMOS technology to capture and read out the charge from the photodiode area, but the Kirana7M transfers the charge through a 2D CCD principle memory bank and then converts it into a voltage. Whereas the Shimadzu HPV-X2 converts the charge to voltage and reduces the noise in the pixel region, and then uses CCD-like FT (Frame Transfer) operation to read out the signal from the pixel region to the memory region. Due to the in-pixel memory bank used in the Kirana7M, the fill factor is only about 11%, requiring the use of flash lamps, while the Shimadzu has a fill factor of 55%. However, the flexible sensor architecture of the Kirana7M allows an image size about 7 times larger than the Shimadzu HPV-X2 and a higher recording capacity at full image resolution. The most relevant technical information of the mentioned cameras is presented in Table 1.

The technical information shows that the spatio-temporal resolution of the first camera is surpassed by the other described cameras, increasing the amount of measurable deformation data. Therefore, the measurement potential of the last three cameras is evaluated in (DURAN VERGARA et al. 2024) in terms of image quality and application potential analysis for recording high dynamic tests. From this evaluation, four image acquisition challenges were identified:

1. Sensor Sensitivity: It is largely influenced by the fill factor and extremely short exposure times induced by high frame rates, which directly affect the image quality and thus the image correlation and surface reconstruction process. To quantify the effect of sensor sensitivity on the measurement stability, a motionless event is recorded. Plane similarity transformations are then used to sequentially map the surface coordinates between two successive frames. The resulting standard deviations of the transformations reflect the amount of image noise caused by the low sensitivity of the Kirana7M compared to the superior image quality of the Phantom TMX-7510.
2. Image Lag: Image information is retained on the sensor from one frame to the next due to insufficient charge transfer resulting in incomplete charge depletion. This effect is visible in the Kirana7M images because the charge packets are transferred many times through the memory bank. Controlling the amount of light attenuates this effect, but a pattern with 10 frames repetition frequency is inherent due to the memory bank design.
3. Fixed Pattern Noise: Variations in the semiconductor cause radiometric distortions in the image that appear as motionless pixels when capturing a dynamic event. This effect is more pronounced at high light levels, but typically digital compensations are available in the camera software to correct these non-uniformities.
4. Recording Capacity: Relevant for ISIS sensors, since this sensor architecture limits the expansion of the number of memory banks within each pixel. A reliable trigger system is required to take advantage of the full recording capacity.

Although the image quality clearly influences the quality of geometric measurements in the image data, the results of practical experiments show that both high spatial and temporal resolution are beneficial for observing the relative vector field evolution prior to noticeable structural damage.

Table 1: Technical Information for the tested high-frequency camera sensors (Photron 2017, Shimadzu 2016, Specialised Imaging Ltd. 2023b, Vision Research 2021)

	Photron SA-X2 – 8GB	**Phantom TMX 7510**	**Shimadzu HPV-X2**	**Kirana7M**
Sensor Technology	CMOS FSI	CMOS BSI	FTCMOS2	µCMOS ISIS
Full Sensor Resolution	1024 × 1024 px at 12.5 kfps	1280 × 800 px at 76 kfps (standard mode)	400 × 250 px at 5 Mfps (FP: Full Pixel mode)	924 × 768 px at 7 Mfps
Maximum Frame Rate	480 kfps at 128 × 48 px	1.75 Mfps at 640 × 64 px (binned mode)	10 Mfps using 50,000 px (HP: Half Pixel mode)	
Sensor Size in mm^2	20.48 × 20.48	23.7 × 14.8	15 × 24	27.72 × 23.04
Pixel Size in µm	20	18.5 (standard) 37 (binned)	32	30
Fill Factor	58%	≈ 100%	55%	11%
Recording Capacity	1.95 s (for max. fps)	2.3 s (for max. fps)	FP: 128 frames HP: 256 frames	180 frames

3 Experimental Setup

An impact event generates the propagation of different types of waves that cause the material particles to move in different directions. The particle motion induced by the disturbance of longitudinal wave is normal to the front wave (Zukas et al. 1992). It is therefore in the same direction as the impact. To ensure that the longitudinal wave predominates in the impact test, a *Split Hopkinson Pressure Bar* is selected (right side in Figure 1). This facility consists of an impactor, an incident and a transmitted steel bar, two strain gauges attached to the bars in order to measure the propagating waves, and a concrete specimen between the bars. During testing, the incident bar is impacted with a certain acceleration, inducing a stress wave that first propagates through the incident bar (green curve – hill). The wave then traverses the concrete specimen and reaches the transmitted bar, where a reflection wave (green curve – valley) is generated, and the main cracking process begins. Finally, the wave propagates through the transmission bar (red curve hill).

Conventionally, the properties of the tested material are estimated indirectly from the wave signals measured by the strain gauges. For a direct analysis of the specimen deformation, the Kirana7M ultrahigh-speed camera equipped with a 105 mm Nikkor lens is used at a distance of about 42 cm from the specimen surface. A monocular camera system is sufficient for deformation analysis since the main direction of the particles induced by the longitudinal wave is in the impact direction. A frame rate of 1.5 Mfps proved enough to observe the complete deformation. The interesting development is between impact and main crack appearance, but also crack propagation to determine its velocity (Liebold et al. 2020).

To trigger the camera and capture wave travel time through the cylinder between the measured incident and transmitted wave signals, the camera and strain gauges are connected to the PicoScope4000Series oscilloscope. Based on a rising strain gauge signal, a threshold is set in the trigger controls of the oscilloscope's software. When the signal exceeds this threshold, that point is set as t = 0 and a trigger signal is sent to the camera (gray curve) with a consistent trigger delay of 61.559 µs ± 0.012 µs. A delay is then set in the camera software to capture the time of interest, but also to allow the flash lamps to reach full brightness (80 µs) (SPECIALISED IMAGING LTD. 2023). The left side of Figure 1 shows the triggering process.

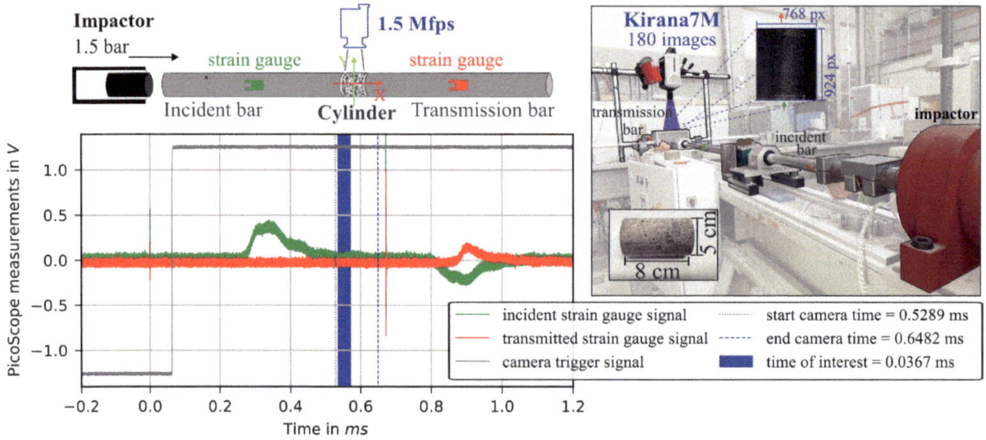

Fig. 1: K7M Triggering process using the wave signals measured by the strain gauges

4 Quantitative Analysis of the Material Properties

As mentioned in the introduction, high dynamic material analysis can be performed using the surface point coordinates determined for each frame of the recorded test. To estimate the longitudinal wave velocity c_L, the one-dimensional wave theory in solids is applied according to Equation 1. This requires the particle velocity v_X, defined as the displacement in a given time interval ($\delta u_X / \delta_t$), and the strain ε_X, which indicates the local deformation of the particles.

$$\frac{\delta u_X}{\delta t} = v_X = -c_L * \varepsilon_X \tag{1}$$

These properties are derived from the surface point coordinates obtained for the compression test described in the experimental setup using the *GOM Correlate Pro 2022 Service Pack 3* software from Carl Zeiss GOM Metrology GmbH. For surface reconstruction, a speckle pattern on the specimen surface is identified at each time step using least-squares matching and gray value bicubic interpolation. The scale of the object, in this case the cylinder length, and the global coordinate system are then defined. Displacement and velocity are calculated relative to the global coordinate system. The strain is calculated using the local coordinates of the moving surface points and represents the relative change in length of the local planes of the surface points. Figure 2a shows the surface deformation in the direction of impact u_X and of the principal strain ε before and after the appearance of the main cracks. To visualize the crack propagation, ε is used since it represents the largest strain in either the ε_X or ε_Y

direction. This is necessary due to the predominantly vertical crack opening. However, the out-of-plane errors must be considered when interpreting the material performance. Figure 2b, shows the average of u_X, v_X, and ε_X obtained from the surface points at each time step and the resulting c_L. The strain curve is also used to define the deformation stages of the specimen, where the ultimate strength indicates the maximum load that a material can withstand before rupture. The deformation stages are used to explain the effect of particle velocity and strain on the development of the wave velocity.

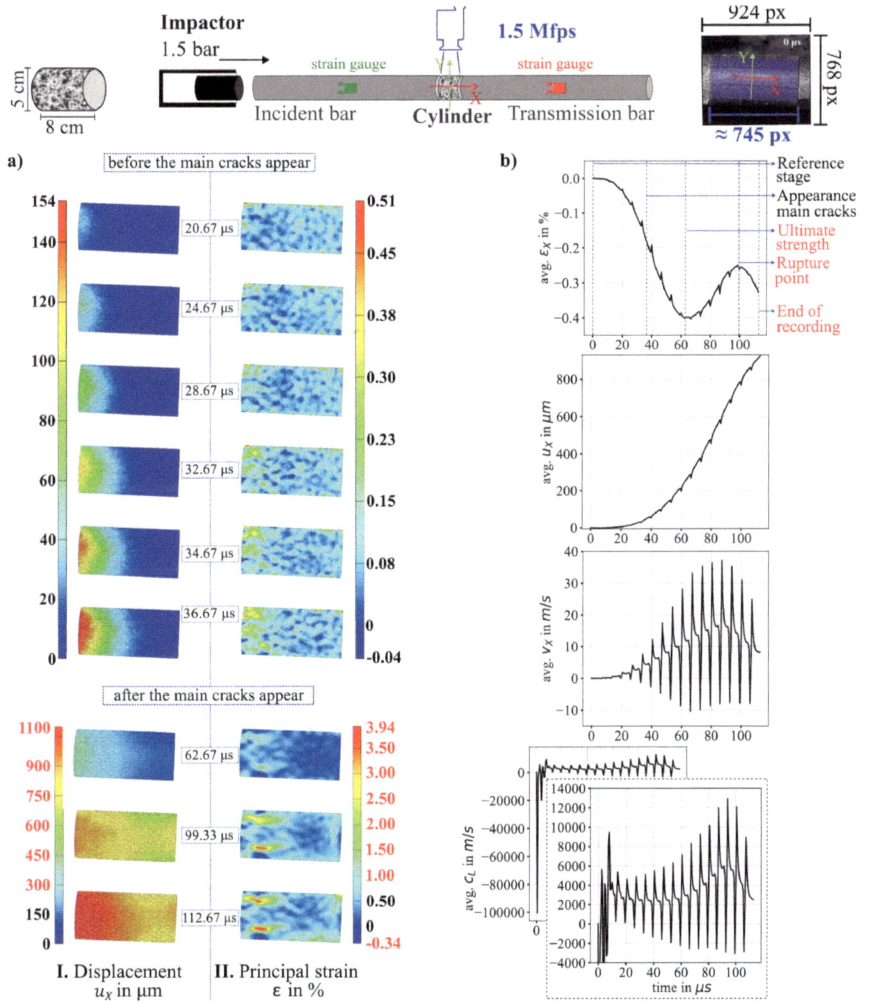

Fig. 2: a) Deformation of a compressed cylinder using the vector field displacement in the X-axis and the principal strain in-plane to visualize crack propagation. b) Average of material properties (ε_X, u_X, v_X, c_L) obtained from surface points at each time step.

The relative vector field displacements in Figure 2a – I show a homogeneous evolution of the surface deformation induced by the impact wave due to the high spatial resolution, which covers a cylinder surface length of 8 cm with about 745 px, i. e. about 100 µm/px. In 36.67 µs, a surface deformation in the impact direction of up to 154 µm could be measured over 56 frames. After this time, the pixel resolution allows visualization of main crack propagation and surface deformation up to 1100 µm could be measured throughout the recording time. The influence of v_X and ε_X on the estimation of c_L observed in Figure 2b appears to be significant after the ultimate strength deformation stage at approximately 62 µs, when the material composition used can no longer contribute to the specimen strength.

However, when analyzing the quality of the measurements, the spotted principal strain surfaces in Figure 2a – II reflect the image noise caused by the low sensor sensitivity of this camera. Even more evident is the image lag effect in the peaks of the average property curves every 10 frames shown in Figure 2b. This is caused by insufficient charge transfer through the CCD memory bank in each pixel of the Kirana7M camera and corresponds to the vertical rows of the memory (18*10 banks). These peaks are larger for the v_X and c_L curves because they are derived from the u_X and ε_X. Finally, the large variation of the c_L curve at the beginning of the recording time highlights the effect of the measurement instability of the first frames. This is caused by the exposure of the sensor to the flash lamps until they reach full brightness so that the test can be recorded with sufficient light.

These image quality deficiencies must be considered to obtain a proper estimation of the material properties. The instabilities caused by the effects of image noise and sensor exposure can be minimized by optimizing the configurations of the experimental setup. However, the image lag effect is inherent to the Kirana7M recordings. Since this effect is caused by the in-pixel charge storage during the recording, different filtering methods in the temporal domain have been applied to the raw data shown in Figure 2. The filtered images are then used to quantify the material properties, and the results of two filtering methods are shown in Figure 3b-e. In addition, the brightness according to (LUHMANN 2023) is shown in Figure 3a to observe how the used filtering methods change the image intensity of the raw images.

Using median filtering with 10 neighbors on the time axis, the results of the average u_X and ε_X (Figure 3b-c – red curve) are consistent with the raw images, but the values of the v_X and therefore of c_L (Figure 3d-e – red curve) are lower. The reason for this is that the relative displacements, i. e. between adjacent time steps, are lower, most likely due to the lower variation in brightness between the median filtered images as opposed to the brightness variation of the raw images. The results obtained using the exponential moving average (EMA) with 17 temporal neighbors show a shifted increase of the u_X and ε_X curves (Figure 3b-c – green curve) in the time axis. This is due to the higher intensity of the first raw images, which causes the filtered EMA images to be brighter at the beginning, as this filtering gives more weight to closer temporal data than to more distant data. However, the v_X and c_L (Figure 3d-e – green curve) are more similar to those obtained with the raw data due to the higher continuity provided by the conditioned proximity weighting of this filtering technique.

Both filtering methods clearly affect the estimation of the material properties, leading to false conclusions about the impact performance of the tested materials. The insufficient performance of the temporal filtering to correct the amount of lag from one frame to the next most likely depends on two observed factors. On the one side, this effect is larger when the image pixels present higher intensity values. This can be observed in Figure 4a, which shows the intensity variation of five pixels selected from a static recording (no impact) with the same camera field of view and frame rate as in Figure 2. First, the aforementioned higher exposure of the first frames is visible from the pixel intensity response behavior for all pixels.

Second, the image lag effect is more evident in the pixels with higher gray values than in the pixels with lower gray values. On the other hand, the particle velocity, which varies through the concrete material, can also influence the pixel intensity response. This can be observed in Figure 4b using the dynamic images from Figure 2 (with impact), where the evolution of the pixel intensity curves is influenced not only by the image lag, but also by the particle motion. These two factors cause an independent behavior of the pixel response, which does not allow the generalization of an image filtering method to all pixels.

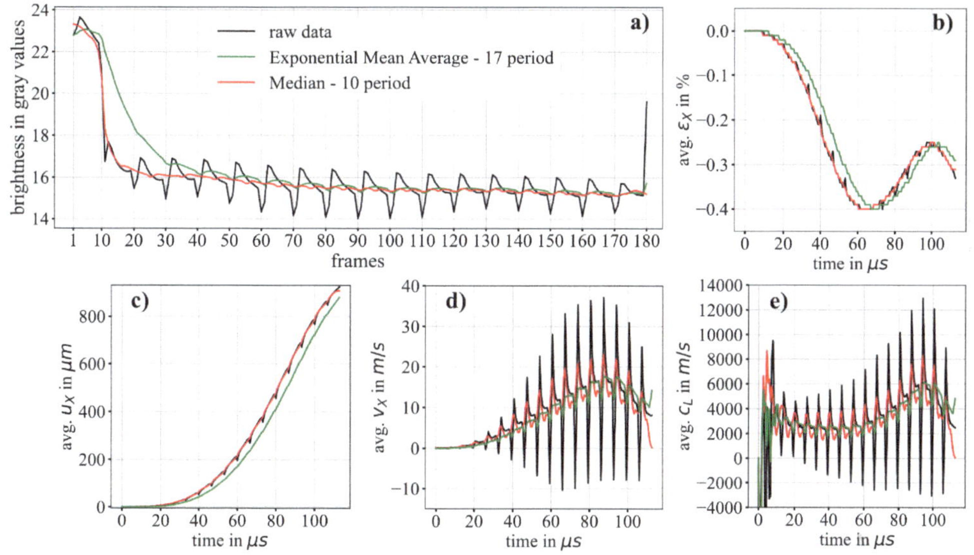

Fig. 3: a) Image brightness and b-e) material properties using the raw and filtered images

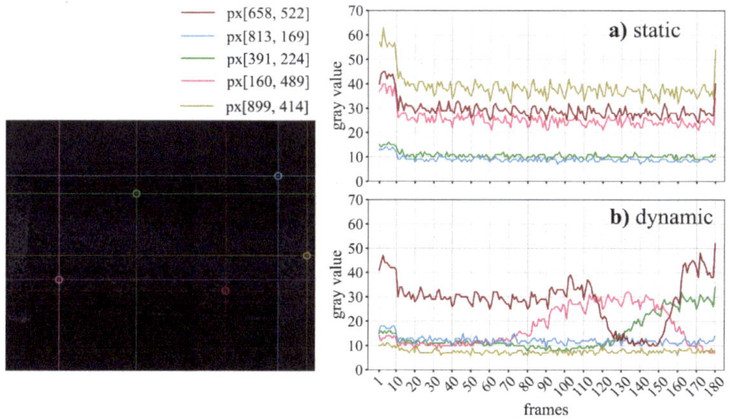

Fig. 4: Temporal intensity variation of five pixels captured from a) static and b) dynamic events with the Kirana7M at 1.5 Mfps

5 Conclusion and Outlook

The potential of ultra-highspeed cameras for high dynamic material analysis lies in the ability of a camera to capture different stages of a deformation process. This is of interest in the analysis of the load capacity of concrete structures subjected to high impact accelerations. The material analysis in this work is focused on the estimation of the longitudinal wave velocity, which is mostly responsible for the damage of the concrete. The *Split Hopkinson Bar* test facility is used to ensure one-dimensional waves. The observation of different deformation stages was achieved using the Kirana7M camera with ISIS sensor architecture, which allows the acquisition of image sequences with full spatial resolution at several million frames per second.

Due to its superior spatio-temporal resolution, the complete surface deformation of a compressed cylinder of 80 mm length, amounting to up to 1100 µm in 112.67 µs, could be measured. In addition, the material properties could be quantified with high redundancy over time before and after the main cracks appear. However, image quality deficiencies, mainly caused by image lag effects every 10 frames due to in-pixel charge storage, affects the surface coordinate determination and thus the quantification of the material properties. The tested conventional temporal filtering methods have turned out insufficient to correct this systematic image lag. The explanation is most likely that this effect depends on pixel intensity and object velocity crosstalk, and therefore applying the filter to all pixel signals of an image sequence is not appropriate. Conditions that include both effects on image lag will be considered in the filter correction in future work. In addition, instead of correcting the captured images, the determined surface coordinates, whose vector field displacement also reflects the image lag, will be used to estimate the magnitude of the image lag using plane similarity transformations, and then correct the surface coordinates. Finally, to evaluate the absolute accuracy of the material properties, the optical results will be validated with the properties obtained by the traditional measurement method using strain gauges attached to the test facility.

Literature

Baqersad, J., Poozesh, P., Niezrecki, C. & Avitabile, P. (2017): *Photogrammetry and optical methods in structural dynamics – A review.* Mechanical Systems and Signal Processing, 86, pp. 17-34. https://doi.org/10.1016/j.ymssp.2016.02.011.

Chen, W. & Song, B. (2011): *Split Hopkinson (Kolsky) Bar.* Springer US, pp. 37-69. https://doi.org/10.1007/978-1-4419-7982-7.

Crooks, J., Marsh, B., Turchetta, R., Taylor, K., Chan, W., Lahav, A. & Fenigstein, A. (2013): *Kirana: A solid-state megapixel uCMOS image sensor for ultrahigh speed imaging.* IS&T/SPIE Electronic Imaging. https://doi.org/10.1117/12.2011762.

Duran Vergara, L.C., Liebold, F. & Maas, H.-G. (2024): *Ultrahigh-speed imaging for high-impact concrete deformation analysis in pre- and post-cracking stages.* Applied Optics, 63 (2), 467. https://doi.org/10.1364/AO.506701.

Fuller, P. W. W. (2007): *Focal encyclopedia of photography: High-Speed Cinematography.* ScienceDirect, 45 (03), pp. 539-543. https://www.sciencedirect.com/book/9780240807409/the-focal-encyclopedia-of-photography.

Johnson, K. L. (1985): *Contact Mechanics: Dynamic effects and impact.* Cambridge University Press, pp. 340-373. https://doi.org/10.1017/CBO9781139171731.012.

Kuroda, R., Tochigi, Y., Miyauchi, K., Takeda, T., Sugo, H., Shao, F. & Sugawa, S. (2016): *A 20Mfps Global Shutter CMOS Image Sensor with Improved Light Sensitivity and Power Consumption Performances.* ITE Transactions on Media Technology and Applications, 4, pp. 149-154. https://doi.org/10.3169/mta.4.149.

Liebold, F., A. Heravi, A., Mosig, O., Curbach, M., Mechtcherine, V. & Maas, H.-G. (2020): *Crack Propagation Velocity Determination by High-speed Camera Image Sequence Processing.* Materials, 13 (19), 4415. https://doi.org/10.3390/ma13194415.

Luhmann, T. (2023): *Nahbereichsphotogrammetrie.* 5. Aufl. Wichmann, Berlin/Offenbach, S. 418-420. https://www.nahbereichsphotogrammetrie.de.

Mechtcherine, V. & Curosu, I. (2017): *Mineral-Bonded Composites for Enhanced Structural Impact Safety – A New Research Training Group GRK 2250 of the German Research Society.* Procedia Engineering, pp. 182-185. https://doi.org/10.1016/j.proeng.2017.11.064.

Photron (2017): *Fastcam SA-X2 Datasheet.* https://photron.com/wp-content/uploads/2019/12/SA-X2_19.12.17_compressed.pdf.

Reu, P. L. & Miller, T. J. (2008). *The application of high-speed digital image correlation.* The Journal of Strain Analysis for Engineering Design, 43 (8), pp. 673-688. https://doi.org/10.1243/03093247JSA414.

Shimadzu (2016): *Shimadzu HPV-X2 Datasheet.* https://www.shimadzu.com/an/products/materials-testing/high-speed-video-camera/hyper-vision-hpv-x2/index.html.

Specialised Imaging Ltd. (2023): *Flash system AD-500 Datasheet.* https://www.specialised-imaging.com/application/files/3616/6387/9942/SI_AD500-MSFH_01_Q01_A4.pdf.

Specialised Imaging Ltd. (2023): *Kirana7M Datasheet.* https://www.specialised-imaging.com/application/files/3717/0673/3998/SI_KIRANA_01_Q02_A4.pdf.

Vision Research (2021): *Phantom TMX-7510 Datasheet.* https://www.phantomhighspeed.com/products/cameras/tmx/7510.

Vision Research (2023): *BSI Sensor Technology.* https://www.phantomhighspeed.com/-/media/project/ameteksxa/visionresearch/documents/whitepapers/english/web/wwpbsisensor.pdf

Zukas, J. A., Nicholas, T. & Swift, H. F. (1992): *Impact Dynamics.* Krieger Publishing, Florida, pp. 1-26.

Thermische Single-Shot-3D-Formmessung von transparenten Objekten durch statistische Punktmusterprojektion

Henri SPECK, Martin LANDMANN, Stefan HEIST, Peter KÜHMSTEDT und Gunther NOTNI

Zusammenfassung

Optische 3D-Sensoren, die auf dem Prinzip der Musterprojektion im sichtbaren Spektralbereich (VIS) oder nahen Infrarot (NIR) basieren, werden aufgrund ihrer enormen Anwendungsbreite in vielfältigen Applikationen zu schnellen und genauen Messungen eingesetzt. Nicht-kooperative, z. B. transparente, transluzente oder spiegelnde Oberflächen können mittels Musterprojektion im VIS und NIR nur nach aufwendiger Vorbearbeitung (z. B. durch Einsprühen) oder gar nicht dreidimensional erfasst werden. Diese Einschränkung wurde in den letzten Jahren durch die Kombination von Thermografie und Triangulation basierend auf der Aufnahme thermischer Muster gelöst. Es wurde gezeigt, dass mittels sequenzieller Projektion von Laserlinien im langwelligen Infrarot 3D-Messungen im Bereich von einer Sekunde möglich sind. Dabei werden für die 3D-Rekonstruktion mehrere hundert Kamerabildpaare ausgewertet.

Für Inline-Anwendungen oder für dynamische Messungen sind jedoch kürzere Messzeiten erforderlich. Dieses Problem kann einerseits mit einer stärkeren Strahlenquelle und schnelleren Wärmebildkameras oder mittels des methodischen Ansatzes der Single-Shot-3D-Bildgebung überwunden werden. In diesem Beitrag wird eine Sensorlösung für den zweiten Ansatz vorgestellt. Durch die Generierung eines statistischen thermischen Punktmusters auf der Objektoberfläche kann die Anzahl der Wärmekamerabildpaare auf ein Minimum von nur einem Bildpaar reduziert werden. Dadurch können auch ohne hohe Bildwiederholraten 3D-Daten innerhalb kürzester Zeit aufgenommen werden. Neben Simulationsergebnissen werden erste vielversprechende Experimente für die 3D-Erfassung unkooperativer Objekte gezeigt, die mit einem thermischen Single-Shot-3D-Sensor durchgeführt wurden.

1 Einführung

Die flächenhafte dreidimensionale Erfassung von Objekten ist heutzutage in vielen Bereichen unverzichtbar. Sie wird sowohl in der Industrie (z. B. Qualitätssicherung, Robotik, Mensch-Maschine-Interaktion) als auch bei der Digitalisierung von Kunstgütern, in der Kriminalistik, in der Spielebranche und anderen Bereichen des Alltags eingesetzt. Dabei kommen meist kontaktlose, optische 3D-Sensoren zum Einsatz, die auf dem Prinzip der Musterprojektion im sichtbaren (VIS) oder nahen Infrarot-Spektralbereich (NIR) basieren. Diese Sensoren nutzen das von der Oberfläche reflektierte Licht, um die Form des Objekts zu bestimmen. Allerdings können mit solchen Systemen nur Objekte mit diffus reflektierenden Oberflächen gemessen werden, also Objekte, die Licht nicht absorbieren oder transmittieren. Nicht-kooperative Oberflächen wie transparente, transluzente oder spiegelnde Oberflächen können nur nach aufwendiger Vorbearbeitung oder z. T. gar nicht dreidimensional gemessen werden.

Durch die Kombination von Thermografie und Triangulation mit thermischer Musterprojektion, genannt „Shape from Heating“ (Pelletier & Maldague 1997, Eren et al. 2009, Mériaudeau er al. 2010), ist es möglich geworden, nicht-kooperative Objekte ohne vorherige Oberflächenbehandlung dreidimensional zu messen. In letzter Zeit wurde diese Technik weiterentwickelt, indem nacheinander schmale Streifen im langwelligen Infrarot (LWIR) projiziert werden und anschließend mit einem Stereokamerapaar (125 Hz) im mittleren Infrarot (MWIR) die reemittierte Wärmestrahlung von der Oberfläche aufgenommen wird. Zur 3D-Rekonstruktion der Objektoberfläche werden dafür zwei Bildstapel mit jeweils mehreren Hundert Bildern aufgenommen und ein Algorithmus angewandt, der auf zeitlicher Kreuzkorrelation basiert. Diese Entwicklung ermöglicht es, die Form von Objekten innerhalb von einer Sekunde dreidimensional zu erfassen. Abbildung 1 zeigt beispielhaft ein transparentes Honigglas mit Kunststoffverschluss, bei dem ein 3D-Modell sowohl mit einem VIS- als auch einem thermischen 3D-Sensor rekonstruiert wurde. Der VIS-3D-Sensor kann lediglich die streuende Oberfläche des Deckels erfassen, nicht jedoch das eigentliche Glasgefäß. Der thermische 3D-Sensor hingegen kann sowohl die Oberfläche des transparenten Glases als auch des Kunststoffdeckels innerhalb weniger Sekunden rekonstruieren. Mit schnelleren Kameras, welche über eine erhöhte Bildrate von 1.000 Hz verfügen, konnte eine 3D-Datenrate im Bereich von bis zu 20 Hz erreicht werden (Landmann et al. 2023a).

Abb. 1: 3D-Erfassung eines Honigglases (links: RGB-Foto, Mitte: Messergebnis mit VIS-3D-Sensor, rechts: Messergebnis mit thermischen 3D-Sensor)

Für zahlreiche Anwendungen, z. B. für schnelles Objekthandling oder dynamische Szenen von transparenten Objekten, werden jedoch noch höhere Datenraten bzw. kürzere Messzeiten benötigt. Um die Messzeit auf ein Minimum zu reduzieren, wird in diesem Beitrag ein bewährtes Single-Shot-Verfahren aus dem VIS bzw. NIR (Khan et al. 2018, Liu et al. 2022, Zhang 2018) auf die thermische 3D-Messung übertragen. Anstelle von zeitlichen Sequenzen von Multistreifenmustern oder der Abtastung mit einzelnen Streifen werden nun ein statistisches Punktmuster projiziert und nur ein einziges thermisches Stereokamerabildpaar aufgenommen. Im ersten Teil des Beitrags werden das Messprinzip der thermischen 3D-Messung beschrieben sowie die Grundlagen der Single-Shot-Methodik und Besonderheiten bei der Kombination beider Verfahren gezeigt. Im folgenden Abschnitt wird ein weiterentwickeltes

Simulationstool beschrieben und Simulationsergebnisse von thermischen Single-Shot-3D-Messungen diskutiert. Der aus den daraus gewonnen Erkenntnissen abgeleitete Laboraufbau eines thermischen Single-Shot-3D-Sensors und damit erzielte Messergebnisse werden vor der Zusammenfassung und dem Ausblick präsentiert.

2 Grundprinzip der 3D-Sensorik mittels thermischer Musterprojektion und zeitlicher Kreuzkorrelation

Die Grundvoraussetzung für eine erfolgreiche 3D-Messung mittels aktiver Musterprojektion und Stereobeobachtung ist eine ungerichtete Rückstreuung des projizierten Musters von der Objektoberfläche. Bei nicht-kooperativen Objekten mit hoher Transparenz, Absorption, Reflektivität oder hoher Volumenstreuung ist diese Grundvoraussetzung nicht erfüllt und damit keine klassische 3D-Messung möglich. Der Lösungsansatz der 3D-Sensorik mit thermischer Musterprojektion, allgemein auch als „Shape from Heating" (PELLETIER & MALDAGUE 1997, EREN et al. 2009, MÉRIAUDEAU et al. 2010) bezeichnet, löst dieses Problem und beruht auf den zwei folgenden Prinzipien:

1. Viele nicht-kooperative Materialien weisen im thermischen Infrarot (IR) eine hohe Absorption an der Oberfläche auf. Damit ist es möglich, durch Absorption ein thermisches Muster auf die Oberfläche zu generieren.
2. Nach dem Planck'schen Strahlungsgesetzt wird dieses thermische Muster richtungsunabhängig vom Objekt abgestrahlt und kann mittels zweier Wärmebildkameras in Stereoanordnung aufgenommen werden.

Der grundlegende Unterschied der 3D-Sensorik mit thermischer Musterprojektion zur klassischen Musterprojektion besteht demnach in der Absorption anstelle der diffusen Reflexion der IR-Projektionsmuster und der Wärmebildaufnahme der sich ergebenden Wärmemusterabstrahlung von der Oberfläche des Messobjekts.

Im ersten Schritt des Messprozesses (Abb. 2) wird die Objektoberfläche mittels eines Lasers und eines Modulators strukturiert um wenige Kelvin erwärmt. Thermische Diffusion innerhalb des Messobjekts wirkt der Erwärmung entgegen und begrenzt somit den Temperaturkontrast des Wärmemusters. Darüber hinaus verändert sie die eingebrachte Wärmeverteilung. Entsprechend des sich ergebenden thermischen Musters auf der Objektoberfläche wird Wärmestrahlung richtungsunabhängig emittiert. Im zweiten Schritt wird diese Strahldichte- bzw. Temperaturverteilung der Objektoberfläche mit Wärmebildkameras in Stereoanordnung aufgenommen. Anders als im VIS und NIR sind bei dieser Methode Projektion und Aufnahme sowohl zeitlich als auch hinsichtlich des Wellenlängenbereichs entkoppelt.

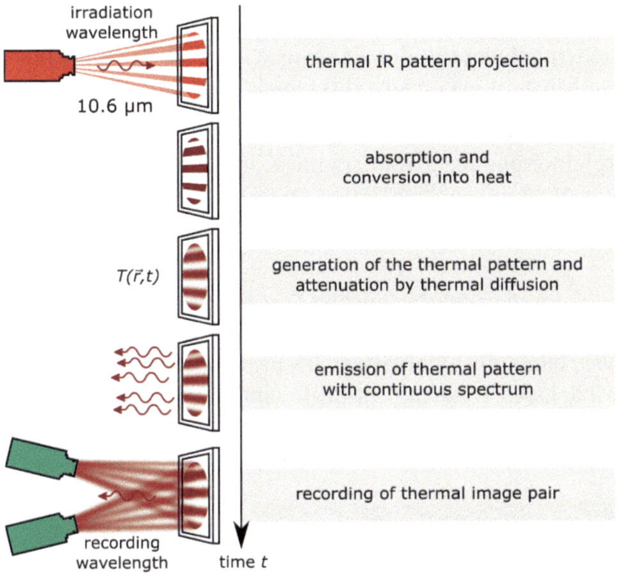

Abb. 2: Schematischer Ablauf eines von *N* Zyklen des „Shape from Heating“ (LANDMANN 2022)

Der dargestellte Ablauf eines Zyklus des „Shape from Heating“ wird *N*-mal wiederholt, sodass man zwei Wärmebildstapel der Länge *N* erhält. Mittels eines zeitlichen Korrelationsverfahrens werden daraus korrespondierende Pixel (Bildpunkte in beiden Kameras, welche den gleichen Objektpunkt abbilden) bestimmt. Unter Berücksichtigung der extrinsischen und intrinsischen Kameraparameter kann anschließend über Triangulation eine 3D-Punktwolke des Messobjekts rekonstruiert werden.

Das beschriebene Verfahren wurde für flächige Muster wie Multistreifenprojektionen verwendet (WIEDENMANN et al. 2015, BRAHM et al. 2018, LANDMANN et al. 2018). 3D-Ergebnisse konnten mit Messzeiten im Minutenbereich erreicht werden. In den letzten Jahren wurde die sehr erfolgreiche sequenzielle Streifenprojektion in Kombination mit der zeitlichen Korrespondenzsuche durch normierte Kreuzkorrelation veröffentlicht (LANDMANN et al. 2021). Mit dieser kann eine um den Faktor 100 verkürzte Messzeit im Sekundenbereich und bei schnelleren Kameras sogar im Bereich von 0,1 Sekunden erreicht werden (LANDMANN et al. 2023a). Dabei werden mehrere Hundert Bildpaare zur 3D-Oberflächenbestimmung aufgenommen und ausgewertet.

3 Thermische Single-Shot-3D-Formmessung

3.1 Single-Shot-3D-Methode für thermische 3D-Messungen

Um die Messzeit für thermische 3D-Messungen weiter zu reduzieren, wird die auf statistischen Punktmustern basierende Single-Shot-Methode im VIS-Bereich auf thermische 3D-Messungen übertragen. Aus der Physik der Wärmemuster ergeben sich Besonderheiten für die thermische Single-Shot-Methode. Die schnell auf dem Messobjekt induzierten Wärmemuster verschwinden nicht mit Abschalten des Projektors, sondern werden durch Wärmediffusion und Wärmeübertragung an die Umgebung mit der Zeit langsam abgebaut. Dies führt zu grundlegend anderen beobachteten Mustern, wenn sich das Objekt verformt oder bewegt und/oder sich das Projektionsmuster mit der Zeit ändert.

Folglich ist ein Aufbau mit einem Projektor und einer Kamera mit Korrespondenzsuche zwischen Projektions- und Kameramuster nicht ausreichend, sondern es sind zwei Kameras erforderlich. Dadurch ergibt sich der Vorteil, dass die Kenntnis des Projektionsmusters nicht erforderlich ist.

Insgesamt stellen sich interessante wissenschaftlich-technische Fragen: Wie beeinflusst der Temperaturkontrast die 3D-Messqualität? Wie hoch ist der Mindestkontrast, der für zuverlässige Ergebnisse erforderlich ist? Wie hängt die Qualität der 3D-Ergebnisse von der Punktdichte ab? Diese Fragen werden im nächsten Abschnitt mithilfe eines Simulationsmodells untersucht.

3.2 Simulation

Um thermische 3D-Messansätze zu analysieren, wurde ein Simulationsmodell für den gesamten Messprozess von der Projektion bis zum 3D-Ergebnis entwickelt (LANDMANN et al. 2020). Dieses Modell wurde für bis zu mehreren Hundert nacheinander projizierten und beobachteten Multistreifen- oder sequenzielle Streifenmustern programmiert. Die Korrespondenzsuche wurde für Grauwertfolgen unter Anwendung der zeitlich normierten Kreuzkorrelationsfunktion durchgeführt. Dieses Modell wurde weiterentwickelt, um thermische 3D-Single-Shot-Verfahren auf der Grundlage statistischer Punktmuster zu untersuchen. In Abbildung 3 ist der Ablauf der Simulation dargestellt.

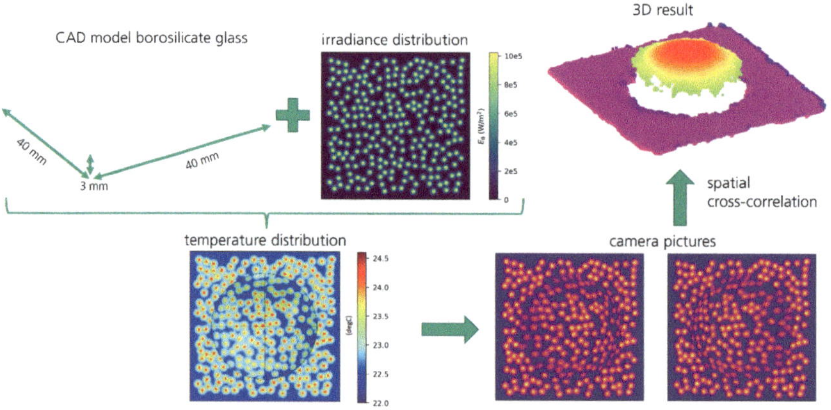

Abb. 3: Simulation des Temperaturverlaufs auf dem Messobjekt basierend auf CAD-Modell und Bestrahlungsverteilung. Generierung eines Wärmekamerabildpaars und 3D-Rekonstruktion mittels räumlicher Kreuzkorrelation (LANDMANN et al. 2023b)

Zunächst wird ein CAD-Modell des Messobjekts importiert und die Materialeigenschaften festgelegt. Im nächsten Schritt wird die Bestrahlungsverteilung mit einem statistischen Punktmuster erzeugt. All diese Informationen, kombiniert mit Parametern für den Messvorgang (z. B. Bestrahlungsdauer), sind der Input für die Simulation der räumlichen und zeitlichen Temperaturverteilung auf der Objektoberfläche. Die zugrunde liegende Physik wird durch ein komplexes Gleichungssystem mit einer parabolischen partiellen Differenzialgleichung (Wärmediffusionsgleichung) beschrieben, die mithilfe einer Finiten-Elemente-Methode gelöst wird. Aus dieser Temperaturverteilung werden die beiden Kamerabilder unter Berücksichtigung von Kameraparametern wie NETD (Noise Equivalent Temperature Difference) und Integrationszeit gerendert. Ein räumlicher Kreuzkorrelationsalgorithmus wird auf die erhaltenen Kamerabilder angewandt, um korrespondierende Pixel zu finden. Aus der Vielzahl der Pixelpaare und der Anordnungsgeometrie wird die 3D-Form des Objekts durch Triangulation rekonstruiert.

3.3 Simulationsergebnisse

Mit dem beschriebenen Simulationsmodell wurde (1) der notwendige Temperaturkontrast für thermische Single-Shot-Messungen und (2) die Anzahl der erforderlichen projizierten Punkte in einem bestimmten Messfeld untersucht. Hierfür wurden Simulationen auf einer 40×40 mm² großen Fläche einer 3 mm dicken Platte und einer Halbkugel mit einem Radius von 15 mm durchgeführt. Die Materialparameter wurden auf diejenigen für Borosilikatglas eingestellt (LANDMANN 2022). Alle Simulationen wurden mit einer Umgebungstemperatur und Objekttemperatur von 22 °C gestartet. Die Diagramme in Abbildung 4 zeigen die erhaltene 3D-Standardabweichung σ_{3D} (Standardabweichung der 3D-Punkte zu einer angepassten Ebene bzw. Kugel) als Funktion des Temperaturkontrasts T_C (Median der beobachteten Temperaturdifferenz der Kamera zwischen warmen Punkten und kaltem Hintergrund) für die Ebene und die Kugel.

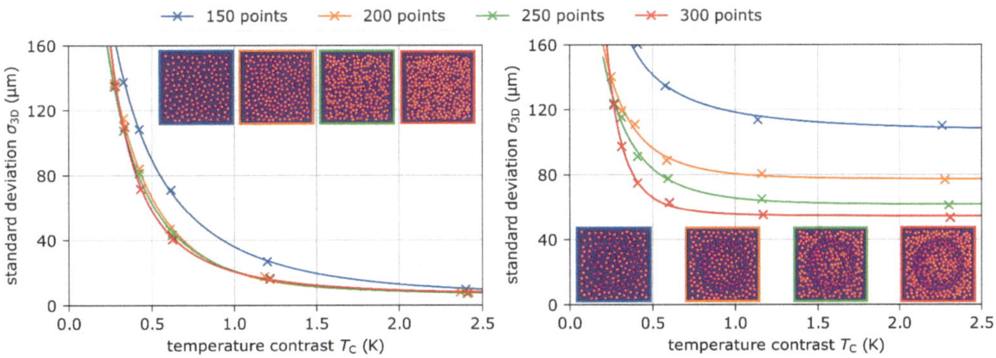

Abb. 4: 3D-Standardabweichung σ_{3D} als Funktion des Temperaturkontrasts T_C für verschiedene Anzahlen von projizierten Punkten für eine Ebene (links) und eine Kugel (rechts) (LANDMANN et al. 2023b)

Aus den Diagrammen ist zu erkennen, dass mit zunehmendem Temperaturkontrast die 3D-Standardabweichung stark abnimmt, bis sie einen unteren Grenzwert im Temperaturkontrastbereich von etwa 1 K erreicht. Der Temperaturkontrast von etwa 2,4 K wurde durch Erhöhung der Laserleistung erreicht. Für die Ebene sieht man eine Verbesserung, wenn die Anzahl der Punkte von 150 auf 200 erhöht wird, aber kaum noch eine weitere Verbesserung, wenn bis zu 300 Punkte erreicht werden. Dies könnte auf die nicht strukturierte Ebene zurückzuführen sein. Bei der Kugel kann generell eine höhere Messunsicherheit beobachtet werden. Mit zunehmender Anzahl der Punkte bis zu einem Maximum von 300 Punkten verbessern sich die Ergebnisse stetig.

3.4 Experimenteller Aufbau des thermischen Single-Shot-3D-Sensors

Aus den gewonnen Simulationsergebnissen konnten Startparameter für einen experimentellen Aufbau (Abb. 5) abgeleitet werden. Die Bestrahlung erfolgt durch einen CO_2-Laser mit einer Wellenlänge von 10,6 µm und einer Leistung von 250 W. Der vom CO_2-Laser emittierte Strahl durchläuft einen Punktmusterprojektor, der ein diffraktives optischen Element als zentrale Komponente enthält und etwa 2.700 statistisch verteilte Punkte auf einem Messobjekt mit einer Fläche von 120×120 mm^2 erzeugt.

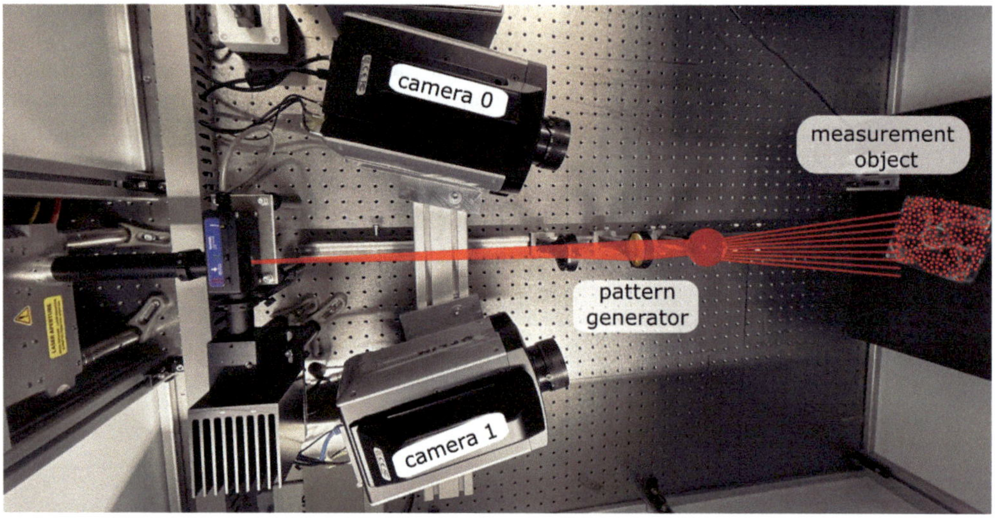

Abb. 5: Experimenteller Aufbau mit zwei LWIR-Kameras und Punktmustergenerator zur Erzeugung eines statistischen Punktmusters mit etwa 2.700 Punkten

In Abbildung 6 wird der Messprozess dargestellt. Er beginnt mit der kontinuierlichen Bestrahlung, die eine Bestrahlungsdauer t_{irr} im Millisekunden-Bereich aufweist. Fortwährend mit einer Aufnahmedauer t_{rec} von nur 1 ms erfassen zwei LWIR-Kameras synchron das diffundierte und wieder emittierte Wärmemuster von der Oberfläche des Objekts. Aus den kontinuierlich aufgenommen Kamerabildpaaren erhält man mithilfe eines räumlichen Kreuzkorrelationsalgorithmus die dreidimensionale Objektoberfläche.

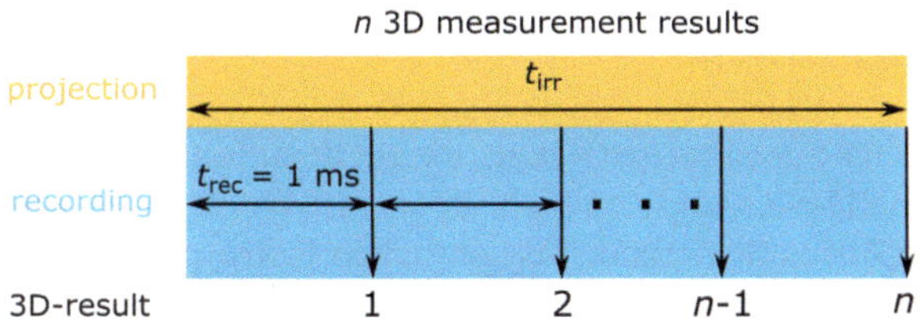

Abb. 6: Schematische Präsentation des Messprozess für *n* 3D-Ergebnisse

In Abbildung 7 wird die Messqualität des thermischen Single-Shot-3D-Senors anhand eines transparenten Lüfters bei zwei verschiedenen Bestrahlungsdauern dargestellt. Nach einer Bestrahlungsdauer von 10 ms und der Aufnahme eines Kamerabildpaares in 1 ms kann ein erstes 3D-Oberflächenmodell des Lüfters rekonstruiert werden. Aufgrund des geringen Temperaturkontrasts (unter 1 Kelvin) ist das Modell jedoch unvollständig. Durch eine längere Bestrahlung von 36 ms erhöht sich der Temperaturkontrast auf bis zu 2 K. Nach einer Aufnahmezeit des Kamerabildpaares von 1 ms erhält man ein verbessertes 3D-Oberflächenmodell. Sobald das Objekt einen ausreichenden Temperaturkontrast aufweist, können anschließend 3D-Datenraten entsprechend der Kamerabildrate (1.000 Hz) erreicht werden.

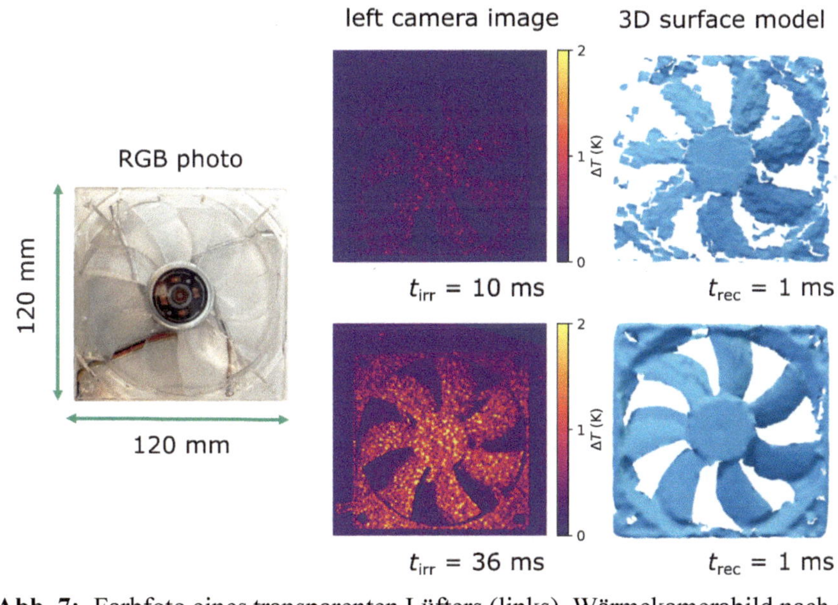

Abb. 7: Farbfoto eines transparenten Lüfters (links), Wärmekamerabild nach einer Bestrahlungsdauer t_{irr} von 10 ms (Mitte, oben) bzw. 36 ms (Mitte, unten), zugehöriges 3D-Ergebnis mit einer Aufnahmezeit t_{rec} von 1 ms (rechts)

Die Entwicklung des thermischen Single-Shot-3D-Systems ermöglicht die Erschließung neuer Anwendungsfelder wie Inline-Qualitätskontrolle, Roboter-Handling-Systeme oder die Erfassung dynamischer Prozesse für nicht-kooperative Objekte.

4 Zusammenfassung und Ausblick

In den letzten Jahren wurden thermische 3D-Sensoren entwickelt, die auf dem Prinzip „Shape from Heating“ basieren und zur direkten 3D-Messung von nicht-kooperativen Objekten eingesetzt werden können. Dabei wird die Auswertemethode der zeitlichen Korrespondenzsuche mittels normierter Kreuzkorrelation verwendet. Mit dieser Methode können Messzeiten im Sekundenbereich erreicht werden, bei Verwendung schnellerer Kameras sogar im Bereich von 0,1 Sekunden. Dabei werden jedoch für eine 3D-Messung mehrere Hundert Bildpaare aufgenommen. Um die Messzeiten auf ein Minimum zu reduzieren, wurde in diesem Beitrag eine Single-Shot-Methode eines thermischen 3D-Sensors präsentiert. Anstelle der zeitlichen tritt eine räumliche Korrespondenzsuche. Zunächst wurden Simulationsergebnisse vorgestellt, auf deren Basis ein experimenteller Aufbau mit einem Messfeld von $120 \times 120\ mm^2$ realisiert wurde. An einem transparenten Objekt wurde gezeigt, dass bereits nach wenigen Millisekunden Bestrahlung des Objekts 3D-Daten mit einer Wiederholungsrate von 1 kHz rekonstruiert werden können. Diese hohe Bildrate ermöglicht die Untersuchung dynamischer Prozesse mit der thermischen Single-Shot-Methode in zukünftigen Arbeiten. Durch das thermische Single-Shot-3D-System eröffnen sich neue Anwendungsbereiche wie die Inline-Qualitätskontrolle, Roboter-Handling-Interaktionen und die Untersuchung dynamischer Prozesse für nicht-kooperative Objekte.

Literatur

Brahm, A., Schindwolf, S., Landmann, M., Heist, S., Kühmstedt, P. & Notni, G. (2018): *3D shape measurement of glass and transparent plastics with a thermal 3D system in the mid-wave infrared.* Proc. SPIE 10667, 106670D.

Eren, G., Aubreton, O., Meriaudeau, F., Secades, L. S., Fofi, D., Naskali, A. T., Truchetet, F. & Ercil, A. (2009): *Scanning from heating: 3D shape estimation of transparent objects from local surface heating.* Optics Express 17 (14), S. 11457-11468.

Khan, D., Shirazi, M. A. & Kim, M. (2018): *Single shot laser speckle based 3D acquisition system for medical applications.* Optics and Lasers in Engineering, 105, S. 43-53.

Landmann, M., Heist, S., Brahm, A., Schindwolf, S., Kühmstedt, P. & Notni, G. (2018): *3D shape measurement by thermal fringe projection: optimization of infrared (IR) projection parameters.* Proc. SPIE 10667, 1066704.

Landmann, M., Heist, S., Dietrich, P., Speck, H., Kühmstedt, P., Tünnermann, A. & Notni, G. (2020): *3D shape measurement of objects with uncooperative surface by projection of aperiodic thermal patterns in simulation and experiment.* Opt. Eng. 59(9), 094107.

Landmann, M., Speck, H., Dietrich, P., Heist, S., Kühmstedt, P., Tünnermann, A. & Notni, G. (2021): *High-resolution sequential thermal fringe projection technique for fast and accurate 3D shape measurement of transparent objects.* Appl. Opt. 60, S. 2362-2371.

Landmann, M. (2022): *Schnelle und genaue 3D-Formvermessung mittels Musterprojektion und Stereobildaufnahme im thermischen Infrarot.* Ph. D. Thesis, Friedrich-Schiller-Universität, Jena.

Landmann, M., Speck, H., Gao, Z., Heist, S., Kühmstedt, P. & Notni, G. (2023a): *High-speed 3D shape measurement of transparent objects by sequential thermal fringe projection and image acquisition in the long-wave infrared.* Proc. SPIE 12536, S. 125360P.

Landmann, M., Speck, H., Das, S. C., Heist, S., Kühmstedt, P. & Notni, G. (2023b): *Thermal single-shot 3D shape measurement of transparent objects: optimization of the projected statistical LWIR pattern.* Proc. SPIE 12618, S. 126180H.

Liu, B., Yang, F., Huang, Y., Zhang, Y. & Wu, G. (2022): *Single-Shot Three-Dimensional Reconstruction Using Grid Pattern-Based Structured-Light Vision Method.* Applied Sciences, 12 (20).

Mériaudeau, F., Secades, L.S., Eren, G., Erçil, A., Truchetet, F., Aubreton, O. & Fofi, D. (2010): *3-D scanning of nonopaque objects by means of imaging emitted structured infrared patterns.* IEEE Transactions Instrumentation and Measurement, 59 (11), S. 2898-2906.

Pelletier, J. & Maldague, X. (1997): *Shape from heating: a two-dimensional approach for shape extraction in infrared images.* Optical Engineering, 36 (2), S. 370-375.

Wiedenmann, E., Afrough, M., Albert, S., Schott, R., Tusch, J. & Wolf, A. (2015): *Long wave infrared 3D scanner.* Proc. SPIE 9489, 94890G.

Zhang, S. (2018): *High-speed 3D shape measurement with structured light methods: A review.* Opt. Lasers Eng., 106, S. 119-131.

Dreidimensionale Oberflächenerfassung komplexer Objekte mit dem goSCOUT3D-Handscanner

Christian BRÄUER-BURCHARDT, Marc PREISSLER, Roland RAMM,
Michael VERHOEK, Andreas BREITBARTH, Peter KÜHMSTEDT und Gunther NOTNI

Zusammenfassung

Mit dem handgeführten goSCOUT3D-Sensorsystem lässt sich die gesamte Oberfläche komplexer Objekte innerhalb weniger Minuten dreidimensional erfassen. Darüber hinaus werden hochaufgelöste Farbbilder erfasst und gespeichert und in einem hybriden 2D/3D-Modell den entsprechenden 3D-Objektpunkten zugeordnet. Grundlage der robusten 3D-Digitalisierung sind die Messprinzipien der photogrammetrischen Rekonstruktion mittels einer 20 Mpix Farbkamera und der gleichzeitigen Lokalisierung durch eine Trackingeinheit. Nach der Bildaufnahme erfolgt die automatisierte Generierung des vollständigen Hybridmodells. Bei kontinuierlicher Bewegung des Sensorkopfes können bis zu sechs Bilder pro Sekunde und insgesamt bis zu mehrere tausend Bilder aufgenommen werden. Der Anwender erhält in Echtzeit ein Feedback zur Vollständigkeit der Objekterfassung. Es werden die Prozesskette und Anwendungsbeispiele unterschiedlicher digitalisierter Objekte vorgestellt.

1 Einleitung

Die maßstabsgerechte und detailgetreue digitale Oberflächenerfassung verschiedenster Objekte bekommt in den unterschiedlichsten Anwendungsgebieten eine immer größere und vor allem wirtschaftliche Bedeutung. Dabei besteht eine der größten Herausforderungen bei der Digitalisierung, wenn diese Objekte groß und komplex sind. Beispiele aus dem industriellen Umfeld sind Turbinen, Motorblöcke oder Strukturen der Energieversorgung, deren Zustand regelmäßig dokumentiert werden müssen. Der Bereich Kunst und Kultur, Bewahrung von Kulturerbe oder Archivierung von Museumsinventar ist ein weiteres großes Anwendungsgebiet. Weiterhin besteht ein großer Bedarf an digitalen Zwillingen komplexer Objekte beim Anbieten von Waren zum Verkauf im Internet (e-Commerce) oder auf vielen Gebieten der wissenschaftlichen Forschung von Geologie über Ökologie bis hin zur Forensik.

Das Ziel der 3D-Objektdigitalisierung besteht darin, ein virtuelles Modell des Objekts mit realistischer Oberflächendarstellung sowie Farb- und Texturinformationen zu erhalten. Darüber hinaus wird ein Tool zur Darstellung dieses digitalen Zwillingsmodells mit allen erfassten Details benötigt. Dabei bestehen zwei besondere Herausforderungen:

(1) die Generierung hochwertiger 3D-Oberflächenscans einschließlich Farb- und Texturinformationen und
(2) die korrekte Kombination vieler Einzelscans zu einem vollständigen 3D-Modell mit geringen Skalierungs- oder Positionsfehlern.

Zur optischen Objektabtastung kommen typischerweise unterschiedliche Technologien zum Einsatz. Photogrammetrische Systeme sind im Allgemeinen sehr genau (SZIELISKI 2011). Sie bieten jedoch nur begrenzte Möglichkeiten, Objektbereiche ohne Textur oder Struktur dreidimensional zu erfassen. Eventuell sind zusätzliche Marker notwendig. Eine strukturierte Beleuchtung hilft, homogene Bereiche zu erfassen. Typischerweise sind bei strukturierter Beleuchtung (RAMM et al. 2021) die Messentfernung und das Sichtfeld begrenzt. Darüber hinaus bestehen solche Systeme aus mehreren Kamera- und Projektionskomponenten, was sowohl die Gesamtgröße als auch das Gewicht und den Energiebedarf erhöht.

Für die Digitalisierung von Objekten stehen eine Reihe kommerziell erhältlicher 3D-Handscanner (ARTEC LEO 2024, CREAFORM GO!SCAN 3D 2024) sowie Smartphone Apps (REALITYSCAN 2024) zur Verfügung. Alle diese Systeme haben ihre Vor- und Nachteile. Typischerweise müssen Kompromisse zwischen den unterschiedlichen Anforderungen an Auflösung, Sichtfeldgröße, Messgenauigkeit und 3D-Datenrate eingegangen werden.

Industrielle Systeme, die auf strukturierter Beleuchtung zur 3D-Oberflächenmessung basieren, sind im Vergleich zu photogrammetrischen Scannern teurer und weniger mobil. Daher ist ihre Flexibilität in Bezug auf unbewegliche Objekte begrenzt. Die Verarbeitung der erfassten Bilddaten umfasst die 3D-Punktberechnung, die Objektoberflächenmodellierung, die 3D-Modellgenerierung und die Fusion vorhandener Modelldaten mit neuen Scandaten.

Bei der Entwicklung unseres Scanners goSCOUT3D haben wir uns für die Anwendung des photogrammetrischen Prinzips in entschieden, da es eine bessere Benutzerfreundlichkeit für Bediener ermöglicht. Die zu rekonstruierenden Objekte sollten ausreichende Textur aufweisen, um den grundlegenden Nachteil homogener Flächen ignorieren zu können. Für die Datenverarbeitung können vorhandene Softwaretools genutzt werden, wie z. B. „Agisoft Metashape" (AGISOFT METASHAPE 2024), „RealityCapture" (REALITYCAPTURE 2024) oder „Meshroom" (MESHROOM 2024).

2 Der 3D-Handscanner

2.1 Hardware

Der goSCOUT3D besteht aus einer Farbkamera, einem Ringlicht, einer Trackingkamera, einer Steuereinheit und einem Touchscreen. Die Stromversorgung erfolgt über einen Akku, der zusammen mit der Steuereinheit vom Handscanner getrennt untergebracht ist. Beides ist über ein Kabel mit der Scaneinheit verbunden. Sie werden in einer zusätzlichen Umhängetasche getragen, wodurch sich das Gewicht des Handgeräts auf ca. 1,3 kg reduziert. Steuergerät und Akku wiegen zusammen ca. 1,0 kg. Abbildung 1 zeigt die Scaneinheit bei der Digitalisierung eines Motorrades Die Farbkamera ist vom Typ Baumer VCXG-204C mit 20 Mpix Auflösung und einer Bildrate von 6 fps. Die Tracking-Einheit erfasst Daten zu Position, Ausrichtung und Geschwindigkeit des Sensors mit etwa 150 Hz. Das Sichtfeld beträgt ca. 1 m^2 bei einem Messabstand von 1 m ± 0,3 m. Der Auflösung im Objektraum beträgt < 0,25 mm. Der Sensorkopf verfügt über einen 5,5-Zoll-Touchscreen zur Steuerung und Benutzerführung. Der Akku verfügt über eine Kapazität, die eine mehrstündige Nutzung des Scanners ermöglicht.

Abb. 1: goSCOUT3D-Handscanner während der Digitalisierung eines Motorrades

Bei der Tracking-Einheit handelt es sich um ein eigenständiges SLAM-Gerät (Simultaneous Localization and Mapping, siehe YOUSIF et al. 2015) mit geringem Stromverbrauch (Intel® RealSense™ Tracking-Kamera T265). Dieses Gerät ermöglicht eine Schätzung der Position und Ausrichtung („Pose“) des goSCOUT3D-Sensors mit geringem Stromverbrauch und geringer Latenz. Anhand dieser Posen werden alle aufgenommenen Kamerafotos ohne weitere Markierungen oder externe Trackinggeräte stabil in unbekannten Umgebungen ausgerichtet.

2.2 Datenaufnahme

Der Scanner profitiert von der Verfügbarkeit der Posendaten vor allem auf zwei Arten: durch eine deutliche Beschleunigung der 3D-Rekonstruktion während der Nachbearbeitungsphase nach der Datenerfassung sowie durch Benutzerführung und Scanunterstützung während der Erfassung. Die Beschleunigung wird dadurch erreicht, dass jedes aufgenommene Kamerafoto mit der aktuellen Pose ergänzt wird. Dies dient als Ausgangslösung für die Berechnung entsprechender Merkmale und optimierter Sensorpositionen und eliminiert viele unnötige 2D-bildbasierte Berechnungen, die aufgrund nicht überlappender Ansichten als unplausibel gelten. Darüber hinaus kann die Redundanz aufgrund von Bildern mit nur geringen Posenunterschieden durch deren Unterdrückung verringert werden. Die Qualität der Eingabebilder kann sichergestellt werden, indem der Bediener aufgefordert wird, zu schnelle Scannerbewegungen zu vermeiden, um scharfe Fotos ohne Bewegungsunschärfe zu erhalten. Zu diesem Zweck werden Translations- und Winkelgeschwindigkeiten verwendet.

Eine Benutzerführung hilft dem Bediener bereits in der Datenerfassungsphase, das jeweilige Objekt vollständig zu erfassen. Durch die Projektion der jeweiligen Brennebene der Ansichtskegel zuvor erfolgreich erfasster Bilder in das Livebild des Sensors der aktuellen Position, kann der Bediener den Scanfortschritt und die verbleibenden nicht abgedeckten Objektbereiche abschätzen. Darüber hinaus kann das System durch Auswertung der Ausrichtung des Scanners dem Benutzer unterstützen, jeden Teil des Objekts aus mehreren Winkeln zu erfassen, wodurch die Objektverdeckungen vermieden und die Rekonstruktionsqualität weiter verbessert werden. Schließlich können Benutzereingaben zum Zeitpunkt der Erfassung eines bestimmten Objektdetails, z. B. eines Fehlerberichts oder einer beobachteten Besonderheit, direkt mit diesem Objektdetail im generierten 3D-Modell verknüpft werden, wodurch der Eingabeaufwand bei nachfolgender Bearbeitung verringert wird.

Der Prozess der 3D-Datengenerierung gliedert sich in die Erfassung von Bildern und Positionsdaten mit der Scaneinheit und die anschließende 3D-Rekonstruktion. Bei der Aufnahme zeichnet die Scaneinheit kontinuierlich bis zu sechs Kamerabilder pro Sekunde auf, während der Benutzer den Scanner über die Objektoberfläche führt. Vom Scannersystem werden Hinweise zu Helligkeit und Bewegungsgeschwindigkeit gegeben, um Bilder mit schlechter Qualität zu vermeiden. Das Ringlicht beleuchtet normalerweise die Szene. Die Belichtungszeit beträgt typischerweise 2,5 ms, um Bildunschärfe durch Bewegung während der Belichtung zu reduzieren. Die Tracking-Einheit schätzt ihre Eigenbewegung in ihrem eigenen 3D-Koordinatensystem und berechnet eine Trajektorie der sich zeitlich ändernden Posen des Sensors mit einer Bildrate von etwa 150 Hz. Die beiden Koordinatensysteme von Farbkamera und Trackingeinheit werden verknüpft und die Daten werden in einem gemeinsamen Weltkoordinatensystem gespeichert. Anhand von Zeitstempeln werden zueinander passende Posendaten und Kamerabilder identifiziert. Alle Kamerabilder in akzeptabler Qualität und die korrespondierenden Posendaten werden anschließend an die Rekonstruktionssoftware übergeben, die das 3D-Modell berechnet und für die anschließenden Arbeitsaufgaben zur Verfügung stellt.

2.3 3D-Rekonstruktion

Die Rekonstruktion des 3D-Modells erfolgt nach dem bekannten photogrammetrischen Prinzip (LUHMANN et al. 2023). Es erfolgt in drei Hauptschritten: Ausrichtung, 3D-Netzgenerierung und Texturzuordnung. Im ersten Schritt wird die genaue Ausrichtung aller Kameraposen ermittelt. Hierzu sind neben den eigentlichen Bildern in der Regel keine weiteren Informationen erforderlich. Bildtexturmerkmale werden extrahiert und innerhalb der Serie abgeglichen. Anschließend werden die Kamerapositionen durch Bündelblockausgleich berechnet. Dies erfordert eine längere Bearbeitungszeit, wenn das Objekt komplex ist und für eine vollständige Erfassung Hunderte oder Tausende von Bildern erforderlich sind. In unserem Scanner wird diese aufwendige Verarbeitung durch die Nutzung von Daten der Tracking-Einheit beschleunigt. Für den Bildmerkmalsabgleich werden nur Bilder mit benachbarten Positionen ausgewählt, und darüber hinaus bieten die Posen eine erste Näherungslösung für den Bündelblockausgleich. Der Ausgleichsschritt läuft durch die Nutzung der Posendaten bis zu 70 % schneller ab. Auch Parameter zur Genauigkeit der Ausgleichung wie der mittlere Reprojektionsfehler oder die Veränderung zwischen initialen und optimierten Posen werden ausgegeben.

Im zweiten Schritt wird das vollständige 3D-Netzmodell des Objekts rekonstruiert. Aufgrund der großen Redundanz der Bildinhalte wird in diesem Schritt nur eine Teilmenge der gesamten Bildserie verwendet. Bei der Netzgenerierung werden Tiefenkarten mithilfe einer Multi-View-Stereomethode berechnet. Zur Entfernungsberechnung und Mittelung werden bis zu 16 benachbarte Bilder herangezogen, wodurch für jedes ausgewählte Bild eine Tiefenkarte entsteht. Aus den Tiefenkarten wird das 3D-Netzmodell des Objekts erstellt. Im dritten Schritt wird die Textur als Layer auf dem Mesh-Modell erstellt. Jeder Farbwert wird aus mehreren Bildern berechnet, die sich auf einen bestimmten Oberflächenpunkt beziehen. Der Texturlayer kann eine deutlich größere Auflösung haben als das Netz selbst. Da die Kamerapositionen relativ zum 3D-Modell bekannt sind, ist es auch möglich, vom Netzmodell für Anzeige- oder Inspektionszwecken zu den Originalbildern zurückzukehren. Alle diese Schritte werden in einem vollständig automatisierten Workflow mit der kommerziellen Photogrammetriesoftware „Agisoft Metashape" (AGISOFT METASHAPE 2024) durchgeführt.

2.4 Assistenztools

Um den Benutzer bei der Datenerfassung optimal zu unterstützen, wurden eine benutzerfreundliche Touchoberfläche (siehe Abb. 2) und spezielle Softwaretools implementiert. Das Gerät bietet verschiedene benutzergesteuerte Anpassungen zur Bildbearbeitung. Benutzer können voreingestellte Helligkeits- und Kontrasteinstellungen der aufnehmenden Farbkamera auswählen und so die visuellen Daten individuell anpassen und optimieren. Ein szenenspezifischer Weißabgleich ist vorab kalibrierbar. Darüber hinaus ermöglicht das Gerät das digitale Zoomen des Bildstroms, wodurch der Detaillierungsgrad während der Aufnahme erhöht und Einhaltung des Schärfentiefebereiches gewährleistet wird. Der goSCOUT3D verfügt außerdem über mehrere Warnsysteme, um die Benutzerkonzentration und die Datenqualität zu verbessern. Es ist mit einem Mechanismus ausgestattet, der den Benutzenden bei zu schneller Bewegung warnt, und so eine zuverlässige Bildverfolgung für die spätere Rekonstruktion gewährleistet. Darüber hinaus wird der Benutzer benachrichtigt, wenn die Tracking-Zuverlässigkeit des Geräts gering ist, sodass er die Möglichkeit hat, die Tracking-Zuverlässigkeit wiederherzustellen und eine genaue Datenaufzeichnung aufrechtzuerhalten. Ebenso kann das Gerät anzeigen, welche Bildbereiche über- oder unterbelichtet sind, und den Benutzer darauf hinweisen, die richtigen Belichtungseinstellungen sicherzustellen. Zur Datenverwaltung bietet das Gerät die Möglichkeit, aufgezeichnete Daten auf ein USB-Speichermedium oder über eine LAN-Verbindung zu exportieren, was die Datenübertragung und -sicherung erleichtert. Benutzer können auch veraltete Datensätze löschen, um Speicherplatz auf dem Gerät freizugeben. Um die Erfassung der gesamten Objektoberfläche zu gewährleisten, verfügt das Gerät über eine einzigartige Funktion, die den Verlauf der aufgenommenen Bilder auf das Objekt überlagert. Diese farbige Überlagerung stellt bereits aufgenommene Teile des Objekts dar (siehe Abb. 2). Dies hilft dem Benutzer vor Ort, mögliche Lücken in der Digitalisierung zu erkennen und ein gewisses Maß an Überlappung zwischen den Bildern einzuhalten, die für die photogrammetrische 3D-Rekonstruktion erforderlich ist.

Abb. 2: Benutzeroberfläche mit Anzeige bereits gescannter Bereiche

Die Trackingeinheit des Geräts liefert 3D-Positions- und Orientierungsdaten. Anhand dieser Informationen berechnet das Gerät bereits erfasste Kameraansichten als „Kegel" in Bezug auf die aktuelle Sensorposition und -ausrichtung. Indem diese Kegelstümpfe mit einer Ebene in einem festen Abstand von einem Meter geschnitten werden, entsteht eine rechteckige Überlagerung auf dem Bildstrom. Während sich das Gerät bewegt, scheinen die Rechtecke am abgebildeten Objekt zu haften und sich mit ihm zu drehen und zu verschieben. Die Überlagerung zeigt diese Rechtecke selektiv basierend auf Entfernung und Richtung an und ignoriert dabei Ansichten aus nahezu senkrechten und entgegengesetzten Ansichten des Objekts. Schließlich bietet das Gerät Flexibilität bei der Anpassung der Einstellungen. Benutzer können Parameter wie Bildschirmgröße, Standardwerte, Belichtungswarnung, Verbindung zum Ringlicht sowie Transparenz, Größe und Rücksetzfunktion des Verlaufs-Overlays anpassen.

Ein wichtiger Indikator für die Praktikabilität des Scansystems ist die benötigte Verarbeitungszeit zur Generierung und Darstellung des Objektmodells. In erster Linie hängt die Verarbeitungszeit von der Anzahl der aufgenommenen Bilder ab, die sich aus Größe des Objekts und seiner Komplexität ergibt. Der Prozess der 3D-Modellgenerierung läuft vollständig automatisiert ab und benötigt bei 1.000 Bildern auf einem Workstation-PC etwa 20 Minuten Rechenzeit. Im Schnellvorschaumodus wird die gesamte Bearbeitungszeit durch einen reduzierten Detaillierungsgrad erheblich beschleunigt. Zusätzlich zur Benutzeroberfläche der Scaneinheit wurde ein Softwaretool zur Präsentation, Inspektion und Analyse der erhaltenen hybriden 2D/3D-Modelle entwickelt. Ein wichtiges Feature ist eine Funktion, die die besten 2D-Bilder eines ausgewählten 3D-Punkts auf dem Modell auswählt. Der Benutzende wählt in der Modellansicht (siehe Abb. 3 links) relevante Punkte durch Anklicken aus und erhält die besten 2D-Bilder verbunden mit der entsprechenden Objektposition. Darin können Auffälligkeiten markiert und kommentiert werden. Dies ermöglicht es beispielsweise bei Wartungsarbeiten und Inspektionen, Fotos einer bestimmten Komponente auszuwerten.

Abb. 3: Modellansicht mit Markierungen (rote Punkte), einzelne Fotos mit interessierendem Bereich (oben) und Auswahl von Bildern eines Bereichs (grüner Punkt – unten)

3 Messbeispiele

Zur Beurteilung der ermittelten Messergebnisse wurden Versuche zur Messgenauigkeit in Anlehnung an die VDI/VDE-Richtlinie 2634 durchgeführt. Die Experimente wurden in mehreren Sitzungen durchgeführt. Die Qualitätsparameter Antastfehler, Kugelabstandsfehler und Ebenheitsmessfehler (VDI/VDE 2008) wurden ermittelt und analysiert. Die Ergebnisse sind in einer separaten Arbeit (in diesem Tagungsband) dokumentiert (BREITBARTH et al. 2024).

Zur Evaluierung und Feststellung des Potenzials des goSCOUT3D wurden verschiedene Messobjekte ausgewählt und digitalisiert. Beispielhaft werden im Folgenden drei Objekte gezeigt und auf die besonderen Herausforderungen des jeweiligen Messobjekts hingewiesen. Abbildung 3 zeigt das 3D-Modell eines Motorrades. Der komplette Aufnahmevorgang dauerte nur 8 min, wobei 1.500 Bilder erfasst wurden. Die Rekonstruktion des hybriden 2D/3D-Modells benötigte 19 min. Das Ergebnis ist ein nahezu vollständiger digitaler Zwilling des Motorrads bis auf das Detaillevel einzelner Schrauben, was auch im Nachging potenzielle Fehlerstellen erkennbar macht. Auch texturarme Bereiche wie die schwarzen Polsterflächen sind digitalisiert. Lediglich an den Rückspiegeln war keine 3D-Rekonstruktion möglich. Durch den schnellen Zugriff durch einfaches Anklicken in der Gesamtmodelldarstellung, können jedoch auch diese Stellen in den hochaufgelösten Farbbildern visualisiert und inspiziert werden. Abbildung 4 zeigt das 3D-Modell eines gesamten Zimmers mit Mobiliar. Hier wurden insgesamt 4.654 Bilder innerhalb von 25 min aufgenommen und die Rekonstruktionszeit betrug 75 Minuten. Fußboden und Möbelstücke sind vollständig erfasst. Homogene Bereiche, wie glatte Flächen mit wenig Struktur (z. B. Wände) werden im 3D-Modell niedriger aufgelöst oder sind teilweise nicht vorhanden. Abbildung 5 zeigt das 3D-Modell eines Blumenstraußes, welches aus 1.196 Bildern innerhalb von 6 min erfasst und in 40 min rekonstruiert wurde. Eine besondere Herausforderung bestand hierbei, alle verdeckten Details aus unterschiedlichen Positionen zu erfassen, ohne dichter an das Objekt herangehen zu können. Der Großteil der Blätter und Blütenstrukturen ließ sich rekonstruieren. Feine Halme unter 0,5 – 1 mm Durchmesser sind an der Auflösungsgrenze des 3D-Modells.

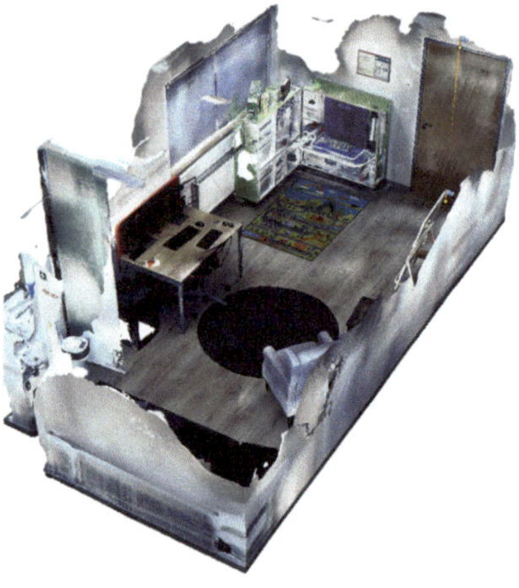

Abb. 4: 3D-Modell eines Zimmers

Abb. 5: 3D-Modell eines Blumenstraußes

4 Diskussion und Ausblick

Die vorgestellten Messbeispiele geben einen groben Überblick über die Anwendungsmöglichkeiten des goSCOUT3D Handscanners. Besonders interessant ist er für komplexe Messobjekte, wo die Positionen zur vollständigen Oberflächenerfassung nur manuell erreicht werden können. Dies betrifft sowohl technische Objekte wie Industrieanlagen, Fahrzeuge und

Turbinen als auch Verkaufsobjekte, Kunstgegenstände oder Forschungsobjekte. Das Aufnahmeprinzip und die Assistenztools ermöglichen die Durchführung der Datenerfassung mit wenig Vorkenntnissen innerhalb kurzer Zeit.

Die erreichbare Rekonstruktionsqualität hängt zum einen von den Umgebungsbedingungen, am Messort, zum anderen auch von den Oberflächeneigenschaften der Objekte selbst ab. Große homogene Bildbereiche können teilweise nicht mit der gewünschten Robustheit erfasst werden. Hier sollen zukünftig Verbesserungen durch die Entwicklung neuer Aufnahmeregime und Algorithmen erzielt werden.

Weiterhin soll an der Reduzierung des Gesamtgewichts des Scanners gearbeitet werden, um die Handhabung noch benutzerfreundlicher zu gestalten. Verbesserungspotenzial besteht außerdem in der Benutzerführung und Automatisierung. Hierfür werden momentan weitere Assistenztools entwickelt und getestet. Weiterhin wäre eine signifikante Reduzierung der Rechenzeit bis zum Vorliegen des vollständigen hochaufgelösten 3D-Modells wünschenswert. Hieran wird momentan unter Verwendung verschiedener Lösungsansätze gearbeitet.

Literatur

Agisoft Metashape (2024): https://www.agisoft.com.

Artec Leo (2024): https://www.artec3d.com.

Breitbarth, A., Dittmann, J., Ramm, R., Preißler, M. & Notni, G. (2024): *Messtechnische Charakterisierung des Photogrammetriesensors goSCOUT3D nach VDI2634*. In Luhmann, T. & Sieberth, T. (Hrsg.): Photogrammetrie – Laserscanning – Optische 3D-Messtechnik. Beiträge der Oldenburger 3D-Tage und des BIMtages 2024. Wichmann, Berlin/Offenbach.

Creaform Go!SCAN 3D (2024): https://www.creaform3d.com.

Granshaw, S. I. (2020): *Photogrammetric terminology: fourth edition*. The Photogrammetric Record, 35 (170), S. 143-288.

Luhmann, T., Robson, S., Kyle, S. & Boehm, J. (2023): Close-Range Photogrammetry and 3D Imaging. De Gruyter, Berlin.

Meshroom (2024): https://github.com/alicevision/Meshroom.

Ramm, R., Heinze, M., Kühmstedt, P., Christoph, A., Heist, S. & Notni, G. (2022): *Portable solution for high-resolution 3D and color texture on-site digitization of cultural heritage objects*. Journal of Cultural Heritage, 53, S. 165-175, 10.1016/j.culher.2021.11.006.

RealtiyCapture (2024): https://www.capturingreality.com.

RealityScan (2024): https://www.unrealengine.com/de/realityscan.

Szeliski, R. (2011): *Computer Vision – Algorithms and Applications*. Springer, London.

VDI/VDE (2008): VDI/VDE 2634. *Optical 3D-measuring systems*. VDI/VDE guidelines, Parts 1-3.

Yousif, K., Bab-Hadiashar, A. & Hoseinnezhad, R. (2015): *An Overview to Visual Odometry and Visual SLAM: Applications to Mobile Robotics*. Intell. Ind. Syst. 2015, 1, S. 289-311.

Messtechnische Charakterisierung des Photogrammetriesensors goSCOUT3D nach VDI 2634

Andreas BREITBARTH, Jan DITTMANN, Roland RAMM, Marc PREISSLER und Gunther NOTNI

Zusammenfassung

Optische 3D-Sensoren mithilfe aktiver Musterprojektion ermöglichen die dreidimensionale Erfassung auch schwach bis überhaupt nicht texturierter Objektoberflächen. Ist diese Einschränkung im adressierten Anwendungsbereich nicht gegeben, kann der Musterprojektor im Sinn der Bauraumverkleinerung des 3D-Sensors sowie aus Kostengründen weggelassen werden und die Erfassung photogrammetrisch erfolgen. Der vom Fraunhofer-Institut für Angewandte Optik und Feinmechanik entwickelte, mobile goSCOUT3D-Sensor bietet mit seiner hochaufgelösten Farbkamera sowie einer integrierten Inertialsensorik die Option, sowohl ein vollständiges metrisches 3D-Abbild großer Objekte (mehrere Quadratmeter) zu ermöglichen als auch gleichzeitig eine hochaufgelöste Farbtextur zur Detektion und Erkennung von Labels und anderen Texturen bereitzustellen. Die Objektoberfläche lässt sich dabei durch ein zusätzlich enthaltenes Ringlicht homogen beleuchten. Zur Bereitstellung messtechnischer Vergleichswerte zu aktiv messenden 3D-Sensoren sowie zu beispielhaft in Highend-Smartphones verbauter Consumer-Sensorik wurde der goSCOUT3D-Sensor mithilfe der VDI-Richtlinie 2634 charakterisiert. Dabei liegen sowohl die Antast-, als auch Kugelabstands- und Ebenheitsmessabweichung mit geringer Streuung im unteren einstelligen Millimeterbereich bei Zugrundelegung eines 1,5 m³ umfassenden Messvolumens. Vergleichend dazu wurden mit einem Apple iPhone 14 Pro Max ebenfalls Kennwerte nach VDI 2634 ermittelt.

1 Mobile Digitalisierungs- und Messsysteme

1.1 Handscanner goSCOUT3D

Zur schnellen, mobilen sowie simultanen zwei- und dreidimensionalen Digitalisierung großvolumiger Objekte wurde am Fraunhofer IOF der Handscanner goSCOUT3D entwickelt. (FRAUNHOFER IOF 2023) Er besteht primär aus einem Sensorkopf (Abb. 1), der mit einem ergonomischen Handgriff ausgestattet ist und ein Gesamtgewicht von ausschließlich 1,3 kg aufweist. Die Rückseite ist mit eine 5,5 Zoll großen Touchscreen ausgestattet, die dem Anwender sowohl eine einfache Bedienung als auch die Echtzeitüberwachung der Datenaufnahme ermöglicht. Für die eigentliche Datenaufnahme ist auf der Vorderseite des Sensorkopfes eine 20 Megapixel Farbkamera verantwortlich, die bei einem typischen Messabstand von 1 Meter eine laterale Auflösung von < 0,25 mm in der Messebene bereitstellt. Zur Ermöglichung kürzerer Belichtungszeiten und einer homogeneren Szenenausleuchtung dient ein konzentrisches LED-Ringlicht mit einer Leistung von 25 W. Der Sensorkopf ist über ein Kabel mit einem Gehäuse verbunden, welches einen Schultergurt für den mobilen Einsatz besitzt und als Recheneinheit des Gesamtsystems einen Intel NUC („Next Unit of Computing“) sowie den Akku für die Stromversorgung aller Komponenten enthält.

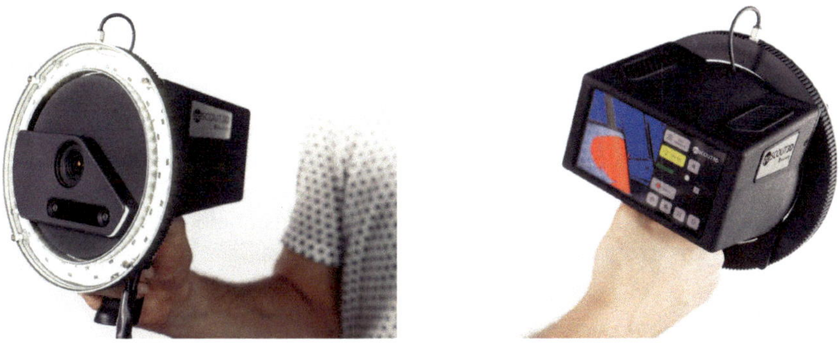

Abb. 1: Handscanner goSCOUT3D von der Vorderseite (links) mit 20 Megapixel Farbkamera, Intel® RealSense™ Tracking Camera T265 sowie einem konzentrischen Ringlicht und von der Rückseite (rechts) mit 5,5 Zoll Touch-Display

Nach dem Starten des Systems erfolgt die Parametrierung sowie der eigentliche Messvorgang über die systemeigene Software „Scanner UI for goSCOUT3D". In der Livebildvorschau werden zur Unterstützung unterbelichtete Szenenbereiche blau überlagert, überbelichtete Bereiche erhalten eine Rotfärbung. Während der eigentlichen Datenaufnahme lassen sich bereits gescannte Objektbereiche grün eingefärbt visualisieren, um als Nutzer eine Rückkopplung zu noch ausstehenden Bereichen zu erhalten. Die technischen Eigenschaften des Handscanners ermöglichen die Erfassung von bis zu 6 m^2 pro Minute. Bewegt der Anwender den Sensorkopf zu ruckartig oder allgemein zu schnell, erscheint im Display die Meldung „Speed fast!", sodass für die nachfolgende Datenverarbeitung aufgrund von Bewegungsunschärfe ungeeignete Bilddaten vermieden werden können.

Die eigentliche Ermittlung dreidimensionaler Objektoberflächendaten erfolgt nach dem passiven Triangulationsprinzip der Photogrammetrie. Hierzu werden alle Aufnahmedaten auf einen leistungsstarken Desktopcomputer übertragen und im konkreten Fall mithilfe der kommerziellen Software Agisoft Metashape über einen dualen Grafikkartenverbund verarbeitet (FRAUNHOFER IOF 2023). Zur Grobausrichtung der Einzelaufnahmen zueinander sowie einer signifikant beschleunigten Auswertung werden ergänzend Orientierungs- und Positionsdaten einer sensorintegrierten IMU („Inertial Measurement Unit") herangezogen. Diese IMU-Daten werden beim goSCOUT3D-Handscanner durch die Intel® RealSense™ Tracking Camera T265 (INTEL 2022) mit einer Latenzzeit < 6 ms generiert.

Die Verwendung einer RGB-Farbkamera ermöglicht nicht nur die Ermittlung von 3D-Oberflächendaten, sondern auch deren passgenaue Überlagerung mit der Farbtextur. Des Weiteren ist durch die direkte Zuordnung von 3D-Daten und deren 2D-Farbbildursprung gerade im Qualitätssicherungsbereich eine hochaufgelöste Analyse von Abweichungen oder Fehlstellen ohne einen Orientierungsverlust bei großvolumigen Messobjekten gegeben.

Der Handscanner goSCOUT3D besitzt keinen integrierten absoluten Maßstab. Die Messgrößen basieren auf den Bewegungsdaten der Intel® RealSense™ T265. Für eine signifikant verbesserte Maßhaltigkeit empfiehlt sich die Verwendung mindestens eines Skalierstabes in der Messszene. Im konkreten Fall wird die Kombination von zwei gefüllten Kreisen genutzt, deren Mittelpunkte einen bekannten Abstand zueinander besitzen. Eine Nachskalierung der 3D-Daten im Bezug zu diesem bekannten Abstand ist direkt in Agisoft Metashape möglich.

1.2 Vergleichssensorik

Als Vergleichssensor wird mit dem iPhone 14 Pro Max (APPLE 2022) ein System aus dem Consumerbereich genutzt. Diese Wahl wurde aufgrund der einfachen Handhabung, der vergleichsweise geringen Anschaffungskosten und einer Vielzahl an Gesprächen mit potenziellen Interessenten an einer mobilen 2D-/3D-Digitalisierung getroffen. Das iPhone 14 Pro Max ist zum Zeitpunkt der Untersuchungen das bezüglich verbauter Sensorik hochwertigste Smartphone auf dem Markt und ermöglicht die dreidimensionale Objekterfassung mithilfe drei verschiedener Ansätze: LiDAR, Point Cloud und Fotos.

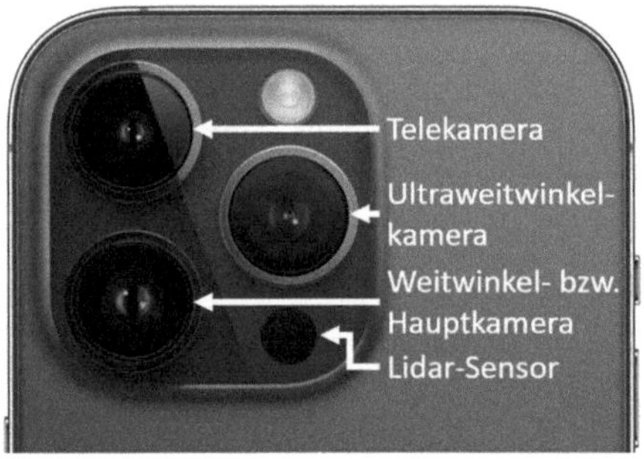

Abb. 2: Rückseitenansicht des iPhone 14 Pro Max (APPLE 2022)

Im sogenannten LiDAR-Modus werden die Daten mithilfe des eingebauten Flash-Lidar-Sensors (Abb. 2) und einer Bildwiederholrate von 15 fps gewonnen (LUETZENBURG et al. 2021). Die aktive Mustererzeugung erfolgt dabei mithilfe eines diffraktiven optischen Strahlenelements (DOE), welches im kurzwelligen Nahinfrarotbereich um 940 nm ein Array von 576 Punkten erzeugt. Gewonnene Tiefendaten werden automatisiert und nicht parametrierbare zu einem Oberflächenmodell weiterverarbeitet, bei dem die Zahl potenzieller Ausreißer durch Glättungsalgorithmen signifikant verringert ist.

Zur Untersuchung der mithilfe des Lidar-Sensors gewonnenen Rohdaten muss der Modus „Point Cloud“ Anwendung finden. Hierbei wird auf die Dreiecksvermaschung sowie weiterführende Optimierungen durch Filter verzichtet. Das Ergebnis ist eine 3D-Punktwolke, welche nach (LAAN LABS 2022) ein „unruhigeres Endergebnis“ liefert, dafür aber zu einer „geringeren CPU-Belastung während der Aufnahmen“ führt.

Vom photogrammetrischen Ansatz her direkt mit dem goSCOUT3D vergleichbar ist der iPhone-Modus „Photos“. Hierfür wird die rückwertige Hauptkamera mit einer Sensorauflösung von 12 Megapixel genutzt (die nativen 48 Megapixel sind zur Rauschreduktion mit Ausnahme des ProRAW-Modus standardmäßig reduziert (LUX 2022)), welche in einem Dauermodus fortlaufend RGB-Bilder im Smartphonespeicher ablegt. Aufgrund der hohen Auflösung ist hiermit auch die Erfassung kleinerer Objekte und Objektdetails möglich. Zur 3D-Modellerstellung ist allerdings ein geeignetes externes Auswerteprogramm notwendig, womit eine direkte Ergebnisvorschau im iPhone nicht gegeben ist.

Die Datenaufnahme erfolgt in allen genannten Modi aufgrund von Vergleichsstudien (PLAß & KLAUER 2022, TEPPATI LOSÉ et al. 2022) mithilfe der kostenfrei über den App-Store von Apple zugänglichen 3dScannerApp™ in der Version 2.0.17. Die weiteren verfügbaren Aufnahmemodi „LiDAR Advanced“ und „TrueDepth“ finden im Rahmen der getätigten Untersuchungen keine Anwendung. Der Modus „LiDAR Advanced“ bietet zwar eine erweiterte

Parameterauswahl während des Scans; die Datenqualität ist laut LAAN LABS (2022) aber identisch zum Standard-Lidar-Modus. Der sogenannte „TrueDepth“-Modus nutzt den vorderseitigen Tiefensensor und ist „für schnelle Scans“ sowie „das Scannen im Dunkeln“ gut geeignet (LAAN LABS 2022). Nachteilig sind der während des Scans ausgeschaltete Smartphone-Bildschirm, womit keine Aufnahmekontrolle durch den Nutzer möglich ist, sowie eine Tiefenbeschränkung zwischen 0,3 und 1,4 m zwischen Sensorebene und Messobjekt.

2 Messtechnische Charakterisierung nach VDI 2634

2.1 Messumgebung

Alle im Folgenden beschriebenen Messungen wurden in einem Laborraum der TU Ilmenau durchgeführt. Zum Ausschließen von Einflüssen durch sich zwischen den Messungen verändernde Tageslichtbedingungen wurden alle Fenster durch Jalousien oder farblich neutrale Vorhänge verdunkelt. Die Raumbeleuchtung erfolgt damit weitgehend stabil ausschließlich künstlich mithilfe von Niederdruck-Gasentladungsröhren mit elektronischem Vorschaltgerät bei einer Farbtemperatur im Bereich 3300 bis 5300 K (HAKE 2020). Die relative Luftfeuchtigkeit im Bereich 40 bis 60 %, sowie die Durchschnittstemperatur von 22 ± 1 °C liegen dabei im üblichen Bereich von Arbeits- und Messräumen.

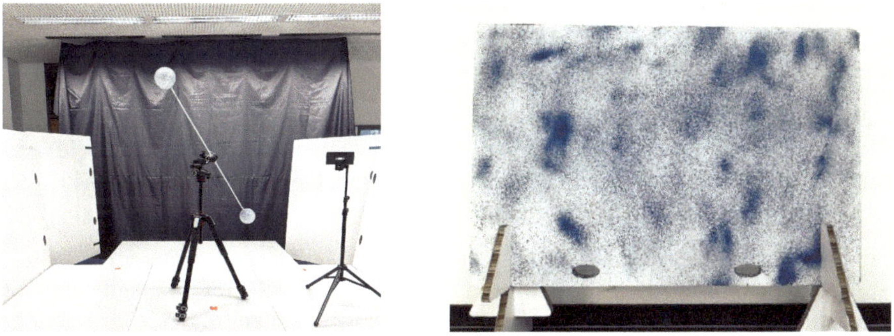

Abb. 3: Verwendete Messobjekte Kugelstab (links) und Ebene (rechts)

Zum Fokus auf die Messobjekte und Ausschluss von Störeffekten durch Laborequipment im Bildhintergrund wurde der Messaufbau wie in Abbildung 3 links mithilfe weißer Trennwände sowie einem grauen Vorhang umgeben. Voruntersuchungen zeigten, dass besonders im LiDAR-Modus des iPhone 14 Pro Max die Algorithmik des ARKit (Augmented Reality Kit Framework) dem eigentlichen Messobjekt unpassende Optimierungen zuführt.

Als Messobjekte kommen sowohl eine Kugelhantel (Kugeldurchmesser D_P = 99,18 mm; Abstand zwischen Kugelmittelpunkten L_P = 995,72 mm) als auch eine etwa 1 m² große Ebene aus Pappmaschee mit glatter Beschichtung zum Einsatz. Beide Messobjekte besitzen eine matt-weiße Oberfläche, welche für die photogrammetrische Auswertung mit einem weitgehend stochastischen blauen Punktmuster besprüht ist. Die Feinheit des Punktmusters ist dabei auf die Sensorauflösung der zwei verwendeten Messsysteme abgestimmt.

2.2 Systemparameter und Messablauf

Eine Messsystemcharakterisierung bedarf entsprechend der VDI-Richtlinie 2634 (VDI 2012) ein wohldefiniertes Messsetup, bei welchem ein minimaler Messabstand zwischen Sensor und Messvolumen definiert wird sowie das Messvolumen entsprechend der Messobjektgrößen fixiert ist. Im konkret vorliegenden Fall definiert sich der minimale Messabstand aus den Systemspezifikationen des goSCOUT3D-Handscanners mit 1000 mm. Das Messvolumen wird würfelförmig mit einer Kantenlänge von 1500 mm festgelegt.

Für matte Objektoberflächen nachteilsfrei und zur besseren, weitgehend homogenen Ausleuchtung der Messszene, wird der goSCOUT3D zu allen Messungen mit aktivem Ringlicht betrieben. Die mit der systemeigenen App gesteuerte Belichtungsdauer wird auf die Helligkeitsstufe 4 eingestellt. Aufseiten des iPhone 14 Pro Max ist zum Erzielen der bestmöglichen Resultate der Energiesparmodus deaktiviert.

Wie in Abschnitt 2.3 näher beschrieben, erfolgt die Systemcharakterisierung nach Blatt 2 und damit grundsätzlich von einem statischen Setup ausgehend. Der photogrammetrische Triangulationsansatz benötigt für die Bestimmung dreidimensionaler Objektkoordinaten allerdings mindestens zwei Bilder verschiedener Perspektiven. Als Kompromiss erfolgt die Aufnahme einer Mehrzahl an Einzelbildern durch langsames Bewegen des jeweiligen Messsystems parallel zur Messvolumenvorderseite entlang einer Trajektorie, die einem Unendlichkeitszeichen entspricht. Die Gesamtbewegung kann im Verhältnis zum Messfeld mit $< 10\ \%$ als klein bezeichnet werden.

2.3 Datenanalyse nach der VDI-Richtlinie 2634

Die VDI-Richtlinie 2634 definiert drei Abweichungswerte: Die Antastabweichung *P*, die Kugelabstandabweichung *SD* und die Ebenheitsmessabweichung *F*. Dabei wird die Antastabweichung, die sich auf Differenzen zwischen gemessenen 3D-Daten und einer idealen Kugel bezieht, in die zwei Teile Formabweichung P_F und Maßabweichung P_S untergliedert.

Während die Kugelabstandabweichung *SD* ausschließlich die Differenz aus Istwert und Sollwert widerspiegelt, müssen für die Antastabweichung Form P_F sowie die Ebenheitsmessabweichung *F* die punktweisen Residuen betrachtet werden. Dabei gelten folgende formale Zusammenhänge:

$$P_F = R_{max} - R_{min} \qquad (1)$$

$$F = R_{max} - R_{min} \qquad (2)$$

In Gleichung (1) steht R_{max} für den maximalen positiven Abweichungswert (von der Idealkugel), R_{min} für die maximale negative Abweichung. Ähnliches gilt für Gleichung (2), wobei R_{max} für die maximale Abweichung in positiver Richtung der Ebenennormale und R_{min} für die maximale Abweichung in negativer Normalenrichtung stehen.

Entsprechend den Vorgaben der VDI-Richtlinie 2634 sind zur Bestimmung der drei bzw. vier Abweichungswerte jeweils eine Mehrzahl verschiedener Positionen vom entsprechenden Messobjekt innerhalb des Messvolumens einzunehmen. Für die Ebenheitsmessabweichung wird hierzu das Objekt Ebene wie in Abbildung 4 rechts dargestellt in sechs Lagen und Ausrichtungen positioniert. Zur Vereinfachung der experimentellen Durchführung wird sowohl für die Antastabweichung als auch die Kugelabstandsabweichung das Messobjekt

Kugelstab genutzt und im konkreten Fall an neun möglichst gleichverteilten Stellen im Messvolumen arrangiert (Abb. 4 Mitte) (3DSENSATION 2016). Für die Antastabweichung erfolgt die Auswertung jeder einzelnen Kugel, sodass hierbei die Resultate von 18 verschiedenen Positionen zurate gezogen werden. Für die in Kapitel 3 dargestellten Ergebnisse wurden zur repräsentativen Betrachtung pro Position des jeweiligen Messobjektes mit jedem Sensor fünf voneinander unabhängige Einzelmessungen durchgeführt (LINß 2018).

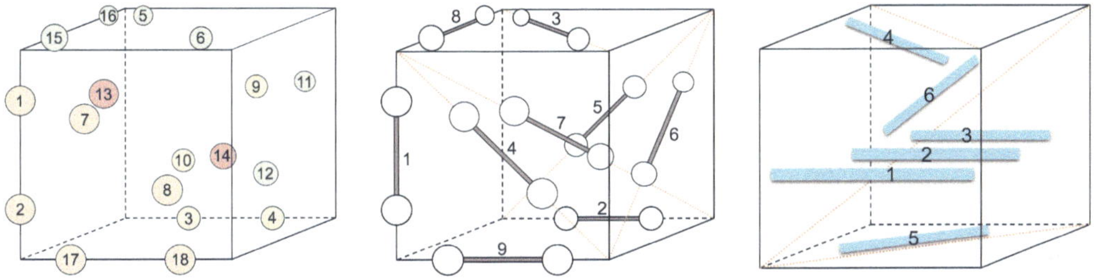

Abb. 4: Positionierung der jeweiligen Messobjekte innerhalb des Messvolumens: Kugel (links), Kugelstab (Mitte) und Ebene (rechts) (nach NGUYEN 2017). Die Farbfüllung bei der Kugelpositionierung gibt die grobe Lage an: orange für vorn, hellgrün für seitlich und oben, hellgelb für hinten sowie hellrot für eine innenliegende Position.

3 Charakterisierungsergebnisse nach VDI 2634

Tabelle 1 zeigt die je Objektposition bezüglich des Messvolumens gemittelten Absolutabweichungen. Dabei lässt sich mit Betrachtung der Antastabweichung ein Trend von geringen Abweichungen im vorderen und linken Teil des Messvolumens hin zu größeren Abweichungen für den hinteren und rechten Teil des Messvolumens beobachten. Dies ist für die Resultate der Kugelgröße eindeutiger als für die Kugelform. Im Durchschnitt ergibt sich für die Formabweichung ein Absolutwert von $P_F = 8{,}402$ mm, was im Verhältnis zum Kugeldurchmesser einem Fehler von 8,5 % entspricht. Die Größenabweichung liegt mit $P_F = 3{,}962$ mm und damit einem Relativfehler von 4 %.

Für die Kugelabstandabweichung ist kein klarer Trend erkennbar. Ausschließlich Position 7, die Raumdiagonale ist um Faktor 3 schlechter als alle anderen Werte. Für Position 6 konnte kein Abweichungswert ermittelt werden, da die zugehörigen Kugeln auf der rechten Seite des Messvolumens nicht messbar sind. Die durchschnittliche Absolutabweichung besitzt mit $SD = 3{,}762$ mm einen Relativfehler von 0,4 % zur Solllänge des Kugelstabes.

Die Mittelwerte nahezu aller Ebenheitsmessabweichungen befinden sich in einem sehr engen Bereich zwischen $F = 5{,}268$ und $F = 5{,}977$ mm. Äquivalent zur Kugelabstandsabweichung existiert auch hier ein starker Ausreißer (Faktor 5) an der Position der Raumdiagonale.

Vergleichswerte zum ebenfalls nach der VDI-Richtlinie 2634 charakterisierten iPhone 14 Pro Max sind der Abbildung 5 zu entnehmen. Die erzielten Ergebnisse für den Modus „Photos“ sind in den Boxplots nicht mit aufgeführt, da signifikant höhere Abweichungen als bei den Resultaten der beiden Modi „LiDAR“ und „PointCloud“ aufgetreten sind und damit die grafische Aussagekraft des goSCOUT3D-Boxplots deutlich verschlechtern würden.

Tabelle 1: Über jeweils fünf Einzelmessungen gemittelte Abweichungswerte (Betrag) nach VDI-Richtlinie 2634 für den Handscanner goSCOUT3D. Farblich hervorgehoben sind die kleinste mittlere Abweichung (grün) sowie größte mittlere Abweichung (rot).

Position	P_F **[mm]**	P_S **[mm]**	***SD* [mm]**	***F* [mm]**
1	6,047	1,511	1,361	5,268
2	4,824	0,903	3,740	5,827
3	7,200	10,346	2,188	5,843
4	6,845	9,646	1,898	5,977
5	13,085	1,193	2,346	5,515
6	8,652	2,625	–	27,376
7	8,885	1,976	12,163	
8	9,809	1,668	3,483	
9	4,907	7,056	2,915	
10	9,567	7,802		
11 / 12	–	–		
13	7,541	2,180		
14	9,856	5,496		
15	5,791	3,053		
16	19,169	7,216		
17	6,411	0,316		
18	5,849	0,407		

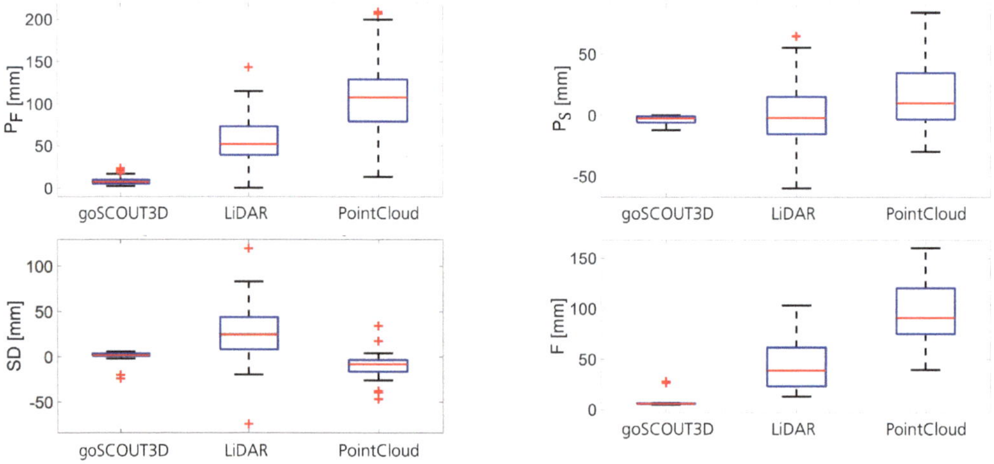

Abb. 5: Zusammenfassende Übersicht aller Messergebnisse. In den P_S- und SD-Diagrammen ist die Verschiebung der Nulllage zu beachten. Aufbau der Boxplots: Median – roter Strich, 25-%- bis 75-%-Quartil – blaue Box, 10-%- und 90-%-Quantile – Whisker, Ausreißer – rote Pluszeichen.

Während die Medianabweichungen der Kugelgröße P_S zwischen goSCOUT3D und iPhone 14 Pro Max vergleichbar sind, liefert der goSCOUT3D-Handscanner für alle anderen Abweichungsarten deutlich bessere Werte. Herauszuheben ist zusätzlich die signifikant kleinere

Streuung aller Abweichungswerte beim goSCOUT3D gegenüber den Resultaten des iPhone 14 Pro Max. Sowohl die 25-%- bis 75-%-Quantile, als auch die 10 %- und 90 %-Quantile sind beim iPhone 14 Pro Max wesentlich größer ausgeprägt. Einzelne Ausreißer existieren bei beiden getesteten Sensorsystemen. Ein Vergleich der Resultate des iPhone 14 Pro Max untereinander zeigt, dass der Modus „LiDAR" die im Vergleich zum Modus „PointCloud" besseren Ergebnisse liefert. Dies kann an der automatisierten Filterung liegen, die primitive Formen wie Kugeln und Ebenen den optimalen 3D-Punktverteilungen annähert.

Literatur

3Dsensation (2016): *Erläuterung der Kenngrößen des Sensordatenblattes – Kenngrößen und Messpläne.* https://www.3dsensation.de/content/dam/3dsensation/de/documents/3Ds_Sensordatenblatt_Kenngroessenerlaeuterungen_(V280928).pdf.

Apple (2022): *Apple stellt iPhone 14 Pro und iPhone 14 Pro Max vor.* https://www.apple.com/de/newsroom/2022/09/apple-debuts-iphone-14-pro-and-iphone-14-pro-max/.

Fraunhofer IOF (2023): *Mobiler 3D-Scanner misst Objekte im Handumdrehen.* https://www.iof.fraunhofer.de/de/presse-medien/pressemitteilungen/2023/mobiler-3d-scanner-misst-komplexe-objekte-.html.

Hake, C. (2020): *Anwendungsorientierte Charakterisierung und Beurteilung des Intel RealSense Lidars L515 nach VDI 2634.* Bachelorarbeit, Technische Universität Ilmenau.

Intel (2022): *Intel® RealSense™ Tracking Camera T265.* https://www.intelrealsense.com/tracking-camera-t265/.

Laan Labs (2022): *3d Scanner App™*, Version2.0.17.

Linß, G. (2018): *Qualitätsmanagement für Ingenieure.* 4. Aufl. Hanser, München.

Luetzenburg, G., Kroon, A. & Bjørk, A. A. (2021): *Evaluation of the Apple iPhone 12 Pro LiDAR for an Application in Geosciences.* https://www.nature.com/articles/s41598021017 63-9.

Lux (2022): *iPhone 14 Pro Camera Preview: The Hardware Changes.* https://www.lux.camera/iphone-14-pro-camera-preview-the-hardware-changes/.

Nguyen, M. (2017): *Messtechnische Evaluierung von Consumer-3D-SensorSystemen nach VDI 2634.* Masterarbeit, Technische Universität Ilmenau.

Plaß, B. & Klauer, T. (2022): *Digital Flash LiDAR Punktwolken – Consumer-Produkt oder geodätische Zukunftstechnologie?* In: DVW e. V. (Hrsg.): Terrestrisches Laserscanning 2022 (TLS 2022). DVW-Schriftenreihe, Wißner, Augsburg, S. 39-62.

Teppati Losè, L., Spreafico, A., Chiabrando, F. & Giulio Tonolo, F. (2022): *Apple LiDAR Sensor for 3D Surveying: Tests and Results in the Cultural Heritage Domain.* https://www.mdpi.com/2072-4292/14/17/4157.

VDI (2012): VDI/VDE 2634 Blatt 2: „*Optische 3-D-Messsysteme: Bildgebende Systeme mit flächenhafter Antastung*". VDI, Düsseldorf.

2 Kulturerbe

Die Bronzehand von Prêles – 3D-Dokumentation eines bedeutenden fragilen archäologischen Fundes

Kirsten BUßE und Sabine BRECHBÜHL

Zusammenfassung

Im schweizerischen Berner Jura auf dem Plateau über dem Bielersee wurde ein außergewöhnlicher und archäologisch sehr wertvoller bronzezeitlicher Fund bestehend aus einer annähernd lebensgroßen rechten Hand aus Bronze mit Goldverzierungen am Armansatz, einem Dolch, einer Keulenkopfnadel, einem Lockenring, Goldblechfragmenten sowie den Überresten des Skeletts eines Mannes mittleren Alters entdeckt und geborgen. Vor allem die fragile Bronzehand von Prêles wurde dreidimensional dokumentiert mittels Oberflächenscanning und Photogrammetrie und umfangreich untersucht, um den Fund aus dem 15. Jahrhundert v. Chr. bestmöglich erhalten und präsentieren zu können.

1 Einleitung

Im Herbst 2018 wurden im schweizerischen Berner Jura durch Sondengänger auf einem Feld auf dem Plateau über dem Bielersee eine goldverzierte Hand aus Bronze und weitere Objekte ausgegraben (SCHAER 2021). Nach der Übergabe an den Archäologischen Dienst des Kantons Bern wurde der Fund genauer untersucht und auf seine Echtheit überprüft (Abb. 1a). Es wurde vermutet, dass es sich um ein archäologisches Objekt handelt. Um mehr über den Fund zu erfahren, wurde von April bis Juni 2018 eine Nachgrabung durch den Archäologischen Dienst Bern und die Forensische Anthropologie des Instituts für Rechtsmedizin der Universität Bern durchgeführt. Dabei wurden weitere Objekte aus Bronze, u. a. der Kleinfinger, und Gold, sowie die Überreste eines Skeletts geborgen. Proben der Knochen und der Hand wurden mittels Radiocarbonmethode (C14-Analyse) ins 15. Jahrhundert v. Chr. datiert.

2 Material und Methode

2.1 Die Bronzehand von Prêles

Nach Reinigung präsentierte sich eine fast lebensgroße rechte Hand aus Bronze mit Goldverzierungen am Armansatz. Der Armansatz ist als Tülle gestaltet, die jedoch aufgebrochen ist. Alle Finger der Hand sind abgebrochen. Ring-, Mittel und Zeigefinger wurden von den Detektorgängern ausgegraben, der kleine Finger wurde bei der Nachgrabung geborgen.

Ohne Finger ist die Hand etwa 17.8 cm hoch, etwa 9 cm breit und wiegt etwa 502 g (Abb. 1b bis 1d).

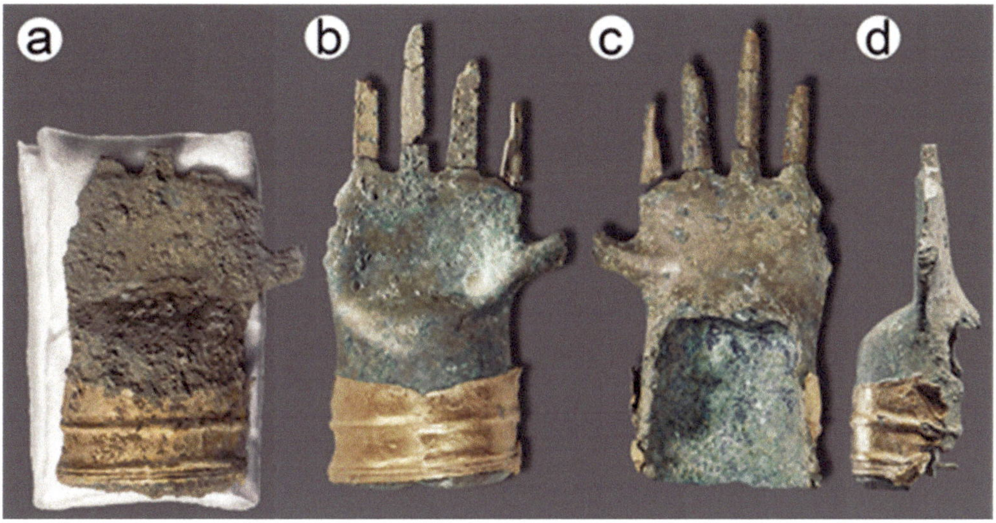

Abb. 1: Die Bronzehand von Prêles zum Zeitpunkt ihrer Abgabe beim Archäologischen Dienst Bern (a), später in gereinigtem Zustand mit Blick auf die Handinnenfläche (mit Fingern) (b), auf den Handrücken (mit Fingern) (c) und aus Richtung des Daumens (ohne Finger) (d) (Quelle: Archäologischer Dienst des Kantons Bern)

2.2 Anforderungen an die 3D-Dokumentation

Viele archäologische Objekte sind anspruchsvoll in der Handhabung und bedürfen einer gezielten Absprache, Planung und Vorbereitung der 3D-Dokumentation.

Die Bronzehand von Prêles wird trocken konserviert. Während der Dokumentation sollte auf die Feuchte und Temperatur der Raumluft geachtet werden, was meist keine Intervention bedeutet. Andere Objekte werden beispielsweise nass konserviert. Diese Objekte müssen während der Dokumentation stets befeuchtet werden.

Durch eine vorangegangene Untersuchung mittels Computertomographie (CT) war bekannt, dass die Hand von Rissen durchzogen ist und sich Hohlräume im Inneren befinden. Diese Fragilität musste bei der Planung der 3D-Dokumentation berücksichtigt werden. Außerdem sollte die Dokumentation zwingend berührungslos erfolgen. Das heißt, weder durften Referenzpunkte an das Objekt angebracht werden, noch durfte es zwecks Brechung des Glanzes behandelt werden.

Das resultierende 3D-Modell sollte hochauflösend sowie metrisch präzis und farblich korrekt sein.

2.3 Durchführung der 3D-Dokumentation

HEINZ (2010) beschreibt die Anwendung des GOM-Scanners im archäologischen Kontext. Der Artec-Scanner findet heute nicht nur Verwendung in der Archäologie, sondern auch in der Anthropologie (BRAUN 2023). Zur Anwendung kam hier der Handscanner Space Spider der Fa. Artec und der Streifenlichtscanner ATOS III mit dem MV 150 der Fa. GOM. Beide Systeme sind kalibriert und liefern metrisch korrekte Ergebnisse. Die Dokumentation erfolgte im Archäologischen Dienst des Kantons Bern.

Bei der Dokumentation der Hand mit dem Handscanner wurde das Objekt zum einen stabil auf einen Drehteller positioniert, zum anderen in der Hand gehalten. Bei der Dokumentation mit dem Streifenlichtscanner wurde die Hand stabil in mehreren Lagepositionen auf einem mit Referenzpunkten versehenen Drehteller positioniert. Innerhalb der Herstellersoftware GOM Inspect Professional V7.5 SR2 wurden die einzelnen Lagen automatisch zueinander orientiert.

Bei der Dokumentation der vier Finger kam nur der Streifenlichtscanner zum Einsatz. Die Finger wurden einzeln und nacheinander kontaktarm in einem Referenzpunktrahmen fixiert. Durch Befestigen innerhalb des Rahmens an einer zweiten, der ersten Position gegenüber leicht verschobener Position, konnte der ganze Finger erfasst werden.

In der Nachbearbeitung wurden alle Störobjekte (Handschuh vom manuellen Halten, Drehteller, Referenzpunktrahmen) entfernt sowie die Ausreißer reduziert. Nach der Vermaschung der dichten Punktewolke wurde das 3D-Modell zwecks Rauschminderung geglättet. Alle Nachbearbeitungsschritte erfolgten in ständiger Rücksprache mit der Konservatorin.

Die photogrammetrischen Aufnahmen wurden im Fotolabor des Archäologischen Dienst durch den Fotografen unter Anleitung gefertigt. Das Objekt wurde optimal ausgeleuchtet und auf einem Drehteller auf einem Aufnahmetisch stabil positioniert. Die Spiegelreflexkamera wurde eingerichtet und anschließend abwechselnd die Kamera ausgelöst und der Drehteller mit dem Objekt ein kleines Stück weitergedreht. Dies wurde für mehrere Lagepositionen des Objekts durchgeführt.

Die fertigen farblosen 3D-Modelle, erfasst mittels Streifenlicht- und Handscanner, wurden in eine Auswertesoftware für photogrammetrische Aufnahmen (Agisoft Metashape Professional und 3DF Zephyr) importiert und dort mit den photogrammetrischen Aufnahmen texturiert.

2.4 Herausforderungen während der Dokumentation

Zum Zeitpunkt der 3D-Dokumentation war die Fragilität des Objekts ein großes Thema. Es wurde darauf geachtet, das Objekt möglichst flächig zu lagern, um eine gewisse Stabilität zu erhalten und die allgemeine Belastung des Objekts gering zu halten. Diese flächige Lagerung hatte zur Folge, dass pro Lage des Objekts große Bereiche durch die Lagerung nicht einsehbar waren. Es mussten mehrere Lagen des Objekts dokumentiert werden, um seine Gesamtheit zu erfassen. In den einzelnen Lagen gab es viele, nicht dem Objekt zugehörige Flächen, die bei der Nachbearbeitung entfernt werden mussten, um zielführend ein gutes Matching der Lagen zu erreichen.

Der als Tülle gestaltete Armansatz der Hand bot zwei Herausforderungen in der Dokumentation:

- Der Glanz des Goldes auf der Außenseite;
- die Hinterschneidung auf der Innenseite.

Meist kann man etwas zu Glänzendem entgegenwirken, indem man es durch Aufbringen eines Sprays oder Staubartigem mattiert. Solch eine Behandlung war bei diesem Objekt nicht zulässig. Durch geschickte Parameteranpassung beim Scanner konnte dennoch eine geometrische Erfassung des Goldblechs erreicht werden. Der Innenbereich der Tülle konnte nicht in optimaler Konfiguration gescannt werden, weil keine (ansatzweise) rechtwinklige Sicht auf die Fläche möglich war. Kleine Flecken hinter pickelartigen Erhebungen konnten aufgrund der flachen Winkel beim Scannen nicht dokumentiert werden.

3 Ergebnisse

Für alle vier Finger und die Hand (Abb. 2) konnten die gewünschten 3D-Modelle erzeugt werden. Da die Verwendung der Modelle vielfältig sein kann, wurden unterschiedliche Nachbearbeitungsgrade, Vereinfachungen sowie Varianten mit und ohne Farbe in unterschiedlichen Datenformaten (.stl, .obj, .pdf) abgegeben. Zusätzlich wurden alle relevanten Informationen zur Erfassung (Scanner, Software, Auflösung, Genauigkeit etc.) dokumentiert und gespeichert.

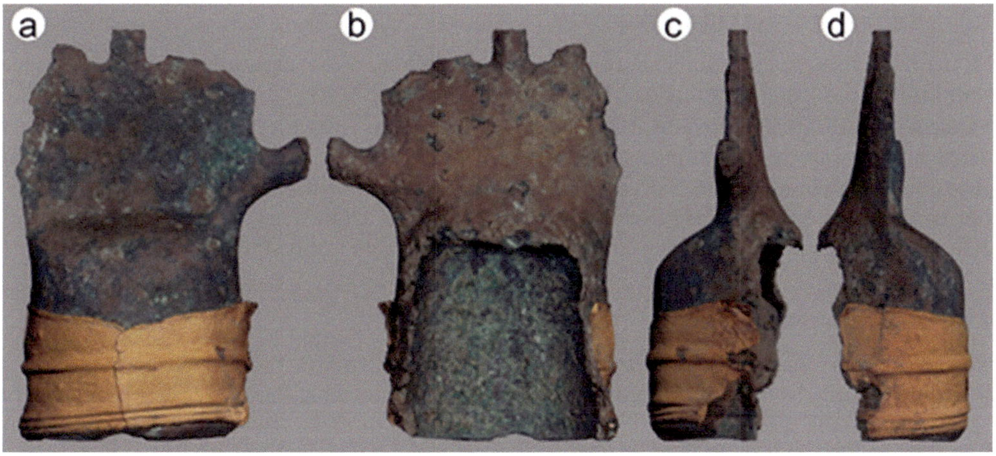

Abb. 2: Maßstabs- und farbgetreues 3D-Modell der Bronzehand von Prêles mit der Ansicht auf die Handinnenfläche (a), den Handrücken (b), vom Daumen her (c) und vom Kleinfinger her (d)

4 Diskussion

Die maßstabs- und farbgetreue 3D-Dokumentation von archäologischen Objekten ist eine sinnvolle Ergänzung zu herkömmlichen Dokumentationsmethoden. Es ermöglicht eine Reihe von modernen Anwendungen und Möglichkeiten, die nach klassischer Dokumentation nicht möglich wären.

4.1 Verpackung

Für die Bronzehand und die Finger war es von großer Wichtigkeit, eine Transport- und Lagerverpackung zu erstellen, die das Objekt für einen mutmaßlichen Transport zu Ausstellungen maximal schützt und schont und die der Fragilität des Objekts Rechnung trägt. Von der Verwendung von Luftpolsterfolie wird meist abgesehen, da meist nicht klar ist, mit welchem Gas die Kammern gefüllt sind. Außerdem würde das Ein- und Auswickeln ein zu großes Risiko im Umgang mit dem Objekt bedeuten. Styroporkügelchen gefüllte Säckchen werden zur temporären Stützung des Objekts bei der Arbeit verwendet. Für archäologisch besonders wertvolle Objekte wird im Archäologischen Dienst Bern zur dauerhaften Verpackung meist per Hand ein Negativ des Objekts in Polyethylen (PE)-Schaum geschnitten. Bei einem geometrisch anspruchsvollen Objekt wie der Bronzehand von Prêles mit den Fingern war dies keine Option.

Die 3D-Datensätze der Hand mit den Fingern wurden zusammengeführt, um Unterschneidungen bereinigt und um Griffmulden ergänzt. Das Negativ der Hand mit den Fingern konnte so in zwei Blöcke von museumstauglichem beständigem feinporigem PE-Schaum gefräst werden: eine Unterseite und eine Oberseite. Dies gewährleistet eine perfekte flächige Lagerung und dadurch eine maximale Entlastung der Objekte. Diese Verpackung des Fundes war zwar teurer, hat sich jedoch bewährt und wird sehr geschätzt.

4.2 Robustes Objektduplikat

Mit dem Ziel das fragile Objekt weniger beanspruchen zu müssen, wurde ein 3D-Druck der Hand (ohne die Finger) gefertigt. Dabei kam ein Zortrax M200 Drucker zum Einsatz. Als Material wurde Z-ABS gewählt. Bei diesem gedruckten Objekt ging es nicht um eine möglichst hochgenaue Nachbildung, sondern schnell ein robustes Objektduplikat zur Hand zu haben. Es kam vor allem bei Vorbereitungshandlungen zum Einsatz; Beispiele sind das Einstellen von Maschinen zur Beprobung, Einrichten des Schaukastens, praktische Überlegungen zur damaligen Verwendung, Übungen zur Handhabung mit dem Objekt etc.

4.3 Expertenaustausch

Nach heutigem Wissensstand gibt es neben der Bronzehand von Prêles kein vergleichbares so altes archäologisches anthropomorphes metallenes Objekt aus Europa. Daher gibt es viele Ansatzpunkte für Wissenschaftler weltweit, sich näher mit dieser Bronzehand aus Prêles zu beschäftigen. Sie alle verbindet, dass die wenigsten sie jemals real in die Hand nehmen werden können. Der 3D-Datensatz bietet eine Lösung, die Daten zu teilen und gemeinsam zu betrachten. So kann die einheitliche Grundlage für einen fruchtbaren Austausch unter den Experten gelegt werden.

4.4 Museum

Es muss nicht unbedingt der Expertenaustausch sein, der das 3D-Modell am anderen Ende der Welt benötigt, es kann beispielsweise auch ein Museum sein, dass sich auf die kommende Ausstellung der Bronzehand von Prêles vorbereitet. Sie können selbst ein 3D-Modell drucken und so die Vitrine vorbereiten, ohne das Ausstellungsobjekt selbst zu verwenden.

Eine weitere Anwendungsmöglichkeit ist eine interaktive Ausstellung mit dem gezeigten Objekt. Durch AR/VR-Anwendungen kann die Hand dem Besucher lebensnäher erlebbar gemacht werden. Hier könnten frei wählbare neue Perspektiven eingenommen und so eine direktere Sicht und Beziehung zum ausgestellten Objekt aufgenommen werden.

4.5 Replik

Da es sich bei der Bronzehand von Prêles um ein einzigartiges Objekt handelt, könnte es sein, dass es gewünscht wird, sie an mehreren Orten gleichzeitig auszustellen. Zu diesem Zweck können Abformungen des Objekts erstellt werden. Typischerweise wird dafür Silikon verwendet. Bei der Bronzehand birgt das Verfahren mindestens zwei Gefahren. Zum einen blieben durch den direkten Kontakt Silikonreste am Objekt hängen. Diese Kontamination würde spätere Analysen beeinträchtigen. Dieses Verfahren birgt auch das Risiko, dass Teile des dünnen, teils losen Goldblechs abgerissen würden und dadurch die Hand unwiederbringlich beschädigt würde. Der hochpräzise 3D-Druck bietet eine Alternative. Hier kam der Drucker Stratasys J7050 mit dem Material VeroTM color und SUP706B als Supportmaterial zum Einsatz (ROCHAT 2024). Die gewählte Schichtdicke betrug 0,014 mm. Die gedruckten einfarbigen hellen Repliken wurden anschließend mit natürlichen Pigmenten und Zinnpulver, mit Mowilith 35/37 als Bindemittel in Handarbeit coloriert. An der Tülle am Armansatz wurde Blattgold 18K mit gelbfarbiger wasserlöslicher Mixion von Kölner Instacoll verwendet. Dadurch glänzt das Gold am Armansatz genauso echt wie beim Original. Die nachträgliche Kolorierung und Vergoldung wurden gewählt, da der 3D-Farbdruck weder die Farbnuancen der korrodierten Bronze noch das Gold in genügender Qualität reproduzieren konnte.

Es hat sich gezeigt, dass es nicht einfach ist, beim Duplikat den richtigen Farbton zu treffen. Die gefertigten Fotos als auch die farbigen 3D-Modelle geben immer nur den damaligen aktuellen Farbzustand wieder. Bei sich verändernden Farbnuancen beim Metall während der Konservierung muss bei der Kolorierung das Originalobjekt als Farbreferenz verwendet werden. Natürlich wird damit auch wieder nur der aktuelle Zustand kopiert.

In einem weiteren Schritt wurde diese Replik mit dem Streifenlichtscanner ATOS Q der Fa. GOM mit dem MV 100 gescannt und das Ergebnis mit dem zum Druck verwendeten 3D-Datensatz verglichen (Abb. 3). Es zeigt sich, dass es Abweichungen bis zu etwa 0,5 mm gibt, die hauptsächlich auf der Innenseite der Armtülle zu finden sind (Abb. 3b). Vom Verteilungs-

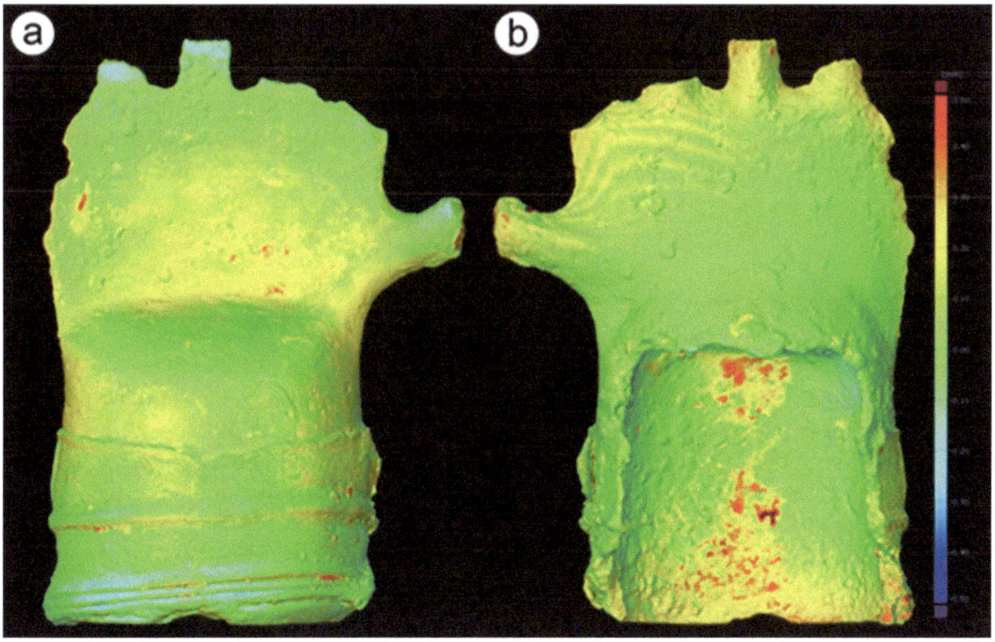

Abb. 3: Ansicht auf die Handinnenfläche (a) und den Handrücken (b) mit Darstellung der Abweichungen der 3D-Daten der gescannten Replik zum 3D-Datensatz, der zum Druck der Replik verwendet wurde

muster her wäre es denkbar, diese Abweichungen durch akkumulierte Partikelansammlungen beim Kolorieren zu erklären. Auf dem Handrücken sind zwischen Daumen und Mittelfinger linienartige Abweichungen erkennbar, die in ihrer Form an Isohypsen erinnern. Hier könnte die Ursache im Druckmechanismus liegen. Über das ganze Objekt gesehen, konnte eine gute Qualität erreicht werden.

4.6 Zustandsmonitoring

Die Bronzehand von Prêles ist ein bisher einzigartiges archäologisches Objekt, das nach bestem Wissen und Gewissen nach heutigen Standards konserviert und dokumentiert wird. Wie wird sich die Hand in Zukunft verändern, wird sie sich überhaupt verändern? Werden die pickelartigen Erhebungen wachsen oder entwickeln sie sich sogar weiter? Gibt es Deformationen? Werden sich die bestehenden Risse weiten? Ist die Hand, z. B. nach der Verleihung an ein Museum, noch vollständig und unbeschädigt? In der Zukunft werden diese und viele weitere Fragen u. a. die Konservatorin beschäftigen. Bei der Beantwortung der Fragen könnte die erneute (regelmäßige) 3D-Dokumentation des Objekts helfen. Durch Vergleich von Sollzustand zum Zeitpunkt X mit dem Istzustand können Veränderungen detektiert und quantifiziert werden.

Im unwahrscheinlichen Fall einer Zerstörung oder dem Verlust der Bronzehand von Prêles und der Finger wäre der maßstabs- und farbgetreue 3D-Datensatz eine Sicherung des Objekts.

Zur Reproduktion, nicht nur im Schadensfall, könnte man überlegen, Gussformen zu fertigen, um die Hand in Bronze gießen zu können. Diese Form der Reproduktion könnte durch die praktische Umsetzung neue Erkenntnisse zur Herstellung und Gründen für die Qualität des Bronzegusses der Originalhand liefern.

Falls man die Bronzehand von Prêles wegen ihrer Einzigartigkeit der Öffentlichkeit frei zugänglich machen wollte, könnte man sie beispielsweise als 3D-Datensatz zum Download anbieten oder den 3D-Datensatz zum Ansehen und Erleben durch ein Betrachtungstool anbieten.

5 Zusammenfassung und Ausblick

Die präzise maß- und farbgetreue 3D-Dokumentation von archäologisch wertvollen Objekten kann, bedingt z. B. durch die Einschränkungen des Objektzustands, anspruchsvoll sein. Die Daten finden vielfältige und sehr hilfreiche Anwendung in der Praxis: sie helfen die Qualität des Originals zu bewahren, Vorbereitungshandlungen zu vereinfachen, Informationen zum Objekt schneller und einfacher zu erfassen und zu verbreiten und das Objekt durch unterschiedliche digitale Präsentationsmöglichkeiten einer breiten Masse zugänglich zu machen.

Literatur

Braun, S., Schwendener, N., Kanz, F., Lösch, S. & Milella, M. (2023): *What we see is what we touch? Sex estimation on the pelvis in virtual anthropology*. International Journal of Legal Medicine 137/2023, S. 1839-1852, https://doi.org/10.1007/s00414-023-03034-w.

Heinz, G. (2010): *Kopien berührungslos erstellen-virtuell und zum Anfassen*. Restaurierung und Archäologie, 3/2010, S. 137-150.

Rochat, M. & Brechbühl, S. (2024): *Plateau de Diesse, Prêles, les Combettes. Réaliser des copies d'objets archéologiques aujourd'hui – entre technologies modernes et artisanat.* In: Archäologie Bern 2024, Jahrbuch des Archäologischen Dienstes des Kantons Bern, Bildungs- und Kulturdirektion des Kantons Bern, Archäologischer Dienst, Bern (in Druck).

Schaer, A., Brechbühl, S., Senn, M., Beck, B., Cattin, F., Ballmer, A., Bär, B., Brunner, M., Hafner, A., Prado, E., Znoj, H. & Meller, H. (2021): *Das Bronzezeitliche Grab und die Bronzehand von Prêles.* Bildungs- und Kulturdirektion des Kantons Bern, Archäologischer Dienst, Bern, ISBN 978-3-9525057-6-2.

3D und FDM: Beispiele für semantische 3D-Annotation und -Modellierung im Datenqualifizierungsprozess in Konsortien der Nationalen Forschungsdateninfrastruktur (NFDI)

Florian THIERY, Timo HOMBURG, Anne-Karoline DISTEL und Peter THIERY

Zusammenfassung

Dieser Beitrag beschreibt Use Cases zur semantischen Modellierung von Annotationen in 3D-Daten mittels Linked-Open-Data-(LOD-)Technologien. Dazu werden Beispiele im Kontext der Nationalen Forschungsdateninfrastruktur (NFDI) genutzt, insbesondere des Konsortiums NFDI4Objects, eine Forschungsdateninfrastruktur für die materiellen Hinterlassenschaften der Menschheitsgeschichte. Der Beitrag nimmt Projekte zu African Red Slip Ware (ARS), Keilschrifttafeln, Nassholzkonservierung und mittelalterlichen irischen Ogham Steinen in den Blickpunkt und zeigt aktuelle technische Lösungsmöglichkeiten und Limitation, insbesondere im Bereich der Citizen Science auf.

1 Einleitung

Forschungsdatenmanagement (FDM) nimmt insbesondere auch in den Geistes- und Kulturwissenschaften eine immer größere Wichtigkeit ein. Insbesondere in diesen oft interdisziplinären Projekten spielen die Dokumentation, Verarbeitung und Annotation von 3D-Daten eine große Rolle. Ob in der Archäologie, Architektur und Bauforschung, Kunstgeschichte oder Denkmalpflege, überall müssen (3D-)Daten mit Metadaten versorgt und verknüpft werden, interoperable für Menschen sowie Maschinen verständliche Community-basierte Standards geschaffen und Research Tools entwickelt werden, um die FAIRifizierung (WILKINSON et al. 2016) (Findable – Accessible – Interoperable – Reusable) dieser Daten gerecht zu werden. Innerhalb der deutschen Forschungslandschaft geschieht dieser Schritt über die von der DFG geförderte Nationale Forschungsdateninfrastruktur (NFDI). Innerhalb der NFDI haben sich einzelne Fachkonsortien gebildet die verschiedenste Themenfelder abdecken, so z. B. für das Ingenieurswesen und die Geodäsie NFDI4Earth und NFDI4Ing, sowie für die Humanities insbesondere NFDI4Objects (N4O) (BIBBY et al. 2023) und NFDI4Culture (N4C) (ALTENHÖNER et al. 2020). Beide Konsortien beschäftigen sich mit Objekten (materielle Hinterlassenschaften) zu Kulturgütern der Menschheitsgeschichte. In einzelnen Arbeitsbereichen (Task Areas) spielen insbesondere die 3D-Dokumentation (jeweils TA1), die qualifizierte Verarbeitung mithilfe von Standards (jeweils TA2) und die Bereitstellung von FAIRification Tools (N4C: TA3; N4O: TA5) eine entscheidende Rolle.

In NFDI4Culture wird insbesondere am 3D-Annotationstool „Semantic Kompakkt“ gearbeitet. Hier setzt die TIB – Leibniz-Informationszentrum Technik und Naturwissenschaften und Universitätsbibliothek insbesondere auf den 3D-Viewer „Kompakkt“, sowie die von Wikimedia Deutschland vorangetriebene Open-Source-Graphdatenbank „Wikibase“, die für die

Wissensdatenbank Wikidata entwickelt wurde. In der N4C TA 1 Capture & Enrichment wird die grundlegende Idee der Verbindung einer Wikibase-Instanz für die LOD-Verwaltung mit dem Kompakkt-Viewer für 3D-Ansicht und -Annotation implementiert (ROSSENOVA et al. 2022).

In Zusammenarbeit der Hochschule Mainz (i3mainz – Institut für Raumbezogene Informations- und Messtechnik), dem Leibniz-Zentrum für Archäologie (LEIZA), ehemals Römisch-Germanisches Zentralmuseum (RGZM) und dem Mainzer Zentrum für Digitalität in den Geistes- und Kulturwissenschaften (mainzed) entstand ein Metadatenschema und Ontologiemodell für die Aufnahme und Prozessierung von 3D-Modellen des Kulturellen Erbes (HOMBURG et al. 2021). Dies ist eine erste Data-driven-basierte Initiative zur Entwicklung eines Community-basierten Schema und Ontologie (HOMBURG & MARA 2021) zu semantischer und maschinenlesbarer Bereitstellung der Digitalisierungsprozesse. Diese Initiative führt zur Nachvollziehbarkeit und FAIRifizierung der Forschungsdaten und ermöglicht so eine bessere Einschätzung der Qualität im Forschungsprozess. Des Weiteren ist in N4O zurzeit eine Temporary Working Group (TWG) zur 3D-Annotation im Aufbau, deren Ziel es ist, eine Empfehlung und ggf. eine Spezifikation für die Annotation von digitalen 3D-Objekten des kulturellen Erbes zu erstellen.

Die Objekte stehen in vielfältigen Beziehungen innerhalb ihrer Materialität, den verschiedenen beteiligten Akteuren, sowie den Räumen und Zeiten, die mit ihnen verbunden sind. Die Objekte und ihre Beziehungen verändern sich ständig und verursachen individuelle Biografien. Zu den zentralen Aufgaben von N4O gehören daher (a) das Verstehen von 3D-Darstellungen physischer Objekte als Forschungsdaten, (b) sie auf individuelle Kontexte zu beziehen, (c) sie adäquat in den digitalen Raum zu transformieren und (d) sie entsprechend den domänenspezifischen Anforderungen zu kuratieren. Folglich geht der NFDI4Objects Forschungsdatenlebenszyklus mit der Objektbiografie einher (Abb. 1). Daraus kann ein Paradigma aus dem FAIRification Workflow abgeleitet werden: (i) 3D-Erfassung, (ii) Semantische (Meta-) Datenmodellierung und Qualifizierung, (iii) Applikationsanalysen, (iv) Teilen der Daten durch Visualisierung und Veröffentlichung und (v) Einbindung von Linked Open Data (LOD) (vgl. u. a. SCHMIDT et al. 2022 und THIERY 2013) in die LOD-Cloud (THIERY et al. 2023a).

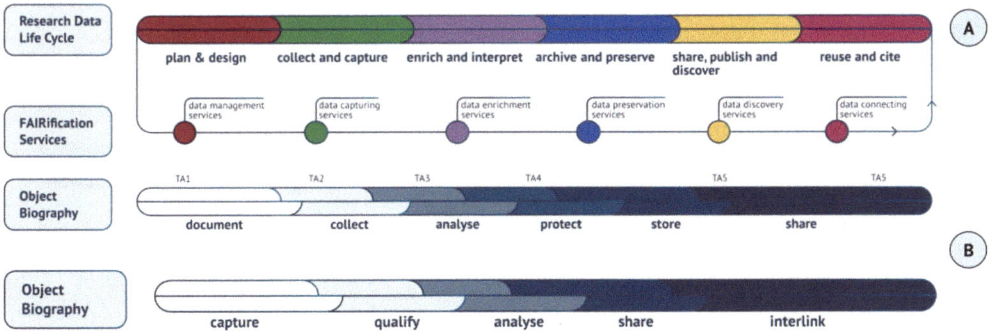

Abb. 1: A: N4O-RDLC (V. Liebler, F. Thiery, F. F. Schäfer, H. Senst, D. Wintergrün, CC BY-SA 4.0); B: N4O-Paradigma (V. Liebler, F. Thiery, CC BY-SA 4.0)

2 Use Cases aus der aktuellen Forschung

Dieses Kapitel beschreibt drei Use Cases aus der aktuellen Forschung, welche sich mit der semantischen 3D-Annotation und -Modellierung im Datenqualifizierungsprozess auseinandersetzen und unterschiedliche Lösungsstrategien aufzeigen. Dies betrifft zum einen das BMBF-geförderte ARS3D-Projekt zu African Red Slip Ware (Kap. 2.1), das DFG-geförderte Projekt zur digitalen Edition der Keilschrifttexte aus Haft Tappeh (Kap. 2.2), sowie das von der Kulturstiftung des Bundes und der Kulturstiftung der Länder im KUR-Programm zur Konservierung und Restaurierung von mobilem Kulturgut geförderte Projekt zur fachgerechten Verfahrung zur Massenversorgung archäologischer Eisen- und Feuchtholzfunde (Kap. 2.3).

2.1 3D-Annotationen auf African Red Slip Ware im 3DHOP-Viewer

Im BMBF-geförderten Projekt African Red Slip Ware digital (ARS3D) wurde eine interaktive 3D-Annotation von „features" in 3DHOP implementiert (THIERY et al. 2023b; THIERY et al. 2022). Hierbei wurde mittels JavaScript die Möglichkeit geschaffen, ein 3D-Polygon durch Auswahl von Punkten auf dem 3D-Modell zu zeichnen, das semantisch mit kontrollierten Vokabularen auf einem RDF4J Triplestore verknüpft werden kann (Abb. 2). Die dadurch entstandenen Annotationen können dann ebenfalls im Triplestore gespeichert werden. Abbildung 2 zeigt hierbei einen (der zwei) Hasen auf der Schale mit der RGZM/LEIZA Inventarnummer O.39450 und dem sprechenden Namen „bowl with hare and branch". Das Umringspolygon kann im lokalen Koordinatensystem als veröffentlicht werden (vgl. https://t1p.de/cwpe4 und https://t1p.de/p56xz) und im Sinne des R in FAIR weitergenutzt werden (siehe z. B. Kap. 3.1).

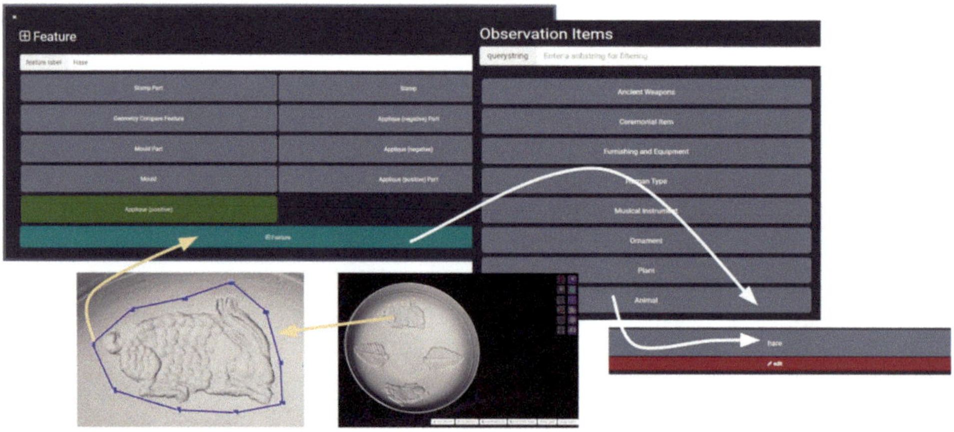

Abb. 2: Schematisches Abbild der semantischen Annotation des „Hasen-Features" (vgl. https://t1p.de/cwpe4) auf der „bowl with hare and branch", RGZM/LEIZA-Inventar- und Objektnummer O.39450 (vgl. https://t1p.de/26vl9)

2.2 Digitale Edition der Keilschrifttexte aus Haft Tappeh

Im Forschungsprojekt „Die Digitale Edition der Keilschrifttexte aus Haft Tappeh", einem Kooperationsprojekt zwischen der Universität Mainz und der Hochschule Mainz, werden 3D-Scans von Keilschrifttafeln verarbeitet (HOMBURG et al. 2022a). Ein Teilaspekt des Projektes betrifft die Annotation von Keilschriftzeichen auf den Oberflächen der gescannten Keilschrifttafeln. Aktuell wird diese Annotationen aus Ermangelung von interoperablen 3D-Annotationstools für Flächen auf Renderings der Tafelseiten erstellt (Abb. 3). Diese können anschließend auf 3D-BoundingBox-Annotationen oder 3D-Volumina, u. a. auch als RDF modelliert, rückprojiziert werden (HOMBURG et al. 2022b). Annotationen werden anschließend beispielsweise für Machine-Learning-Tasks für die Zeichenerkennung angewendet (vgl. STÖTZNER et al. 2023a und STÖTZNER et al. 2023b).

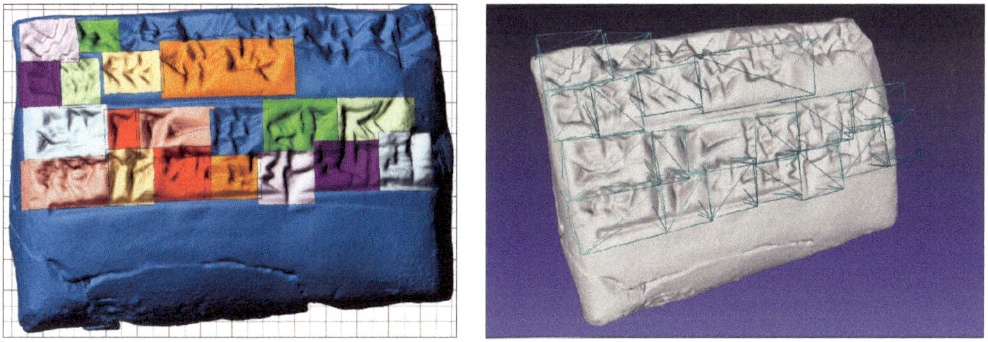

Abb. 3: Links: 3D-Zeichen-Annotationen auf der Keilschrifttafel HT 07-31-95 als Beschriftungen des 3D-Modells; rechts: 3D-Zeichen-Annotationen auf der Keilschrifttafel HT 07-31-95 als singuläre Bounding-Box-3D-Modelle. (Homburg / Zwick / Mara / Bruhn, CC BY 3.0)

2.3 Semantische Modelliierung des Schwundverhaltens am Beispiel der Nassholzkonservierung im „KUR-Projekt"

Im „KUR-Projekt" zu Massenfunden in archäologischen Sammlungen wurden von 2008-2011 mehrere Versuchsreichen zur Nassholzkonservierung durchgeführt. Verschiedene interdisziplinäre und internationale Institutionen haben hierbei Konservierungsmethoden durchgeführt und deren Ergebnisse in einer Onlinedatenbank veröffentlicht. In Versuchsreihe „V08" wurde z. B. eine mittelalterliche (14. Jhd.) Kiefer-Schiffsplanke aus der Mecklenburger Bucht (Ostsee, Salzwasser) mit dem Abbaugrad 2 und einem durchschnittlichen Wassergehalt von 371 % untersucht (KUR 2011a). Diese Versuchsreihe wurde mit 35 unterschiedlichen Konservierungsmethoden behandelt (KUR 2011b), u. a. „V08_005" mit Meaminharz Konservierung (KUR 2011c) mit Kauramin 800 am RGZM in Mainz. Aus einem geometrischen Vergleich zwischen Vorzustand und Endzustand lassen sich nun Schwunde ermitteln (vgl. auch Abb. 4). Hier kann mit der analogen Messschiebermethode ein Volumenschwund von 2.5 % ermittelt werden (radial: 0.6 %; tangential 1.7 %; longitudinal: 0.2 %). Nimmt man den 3D-Scan (Abb. 4, links) zeigt sich ein Volumenschwund von 3.7 % (radial: 0.7 %; tangential 2.2 %; longitudinal: 0.1 %). Zur FAIRen Bereitstellung dieser Schrumpfungen kann hier auch LOD dienen. Ähnliche Phänomene sind am Beispiel von Bogenschützenpunkten erkennbar, welche mit dem Academic Meta Tool (AMT) modelliert wurden (UNOLD et al. 2019). In der AMT-Modellierung besteht ein Statement aus einem Quadrupel (blank node – rdf:subject – rdf:predicate – rdf:object und amt:weight). Das „weight“ wird als „degree of connection“ angesehen und kann hier den Schrumpfungsgrad beschreiben [0;1]. Eine beispielhafte Modellierung für den 3D-Volumenschwund könnte somit lauten, wie in Abbildung 4 (rechts) gezeigt.

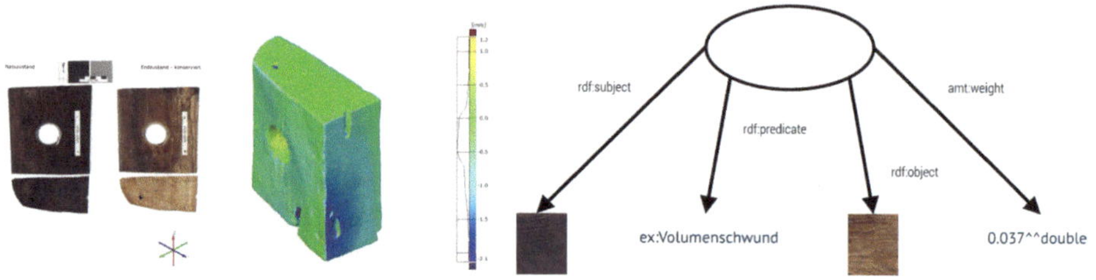

Abb. 4: Links: Darstellung der Probe „V08_005“ vor und nach der Konservierung (RGZM/LEIZA, CC BY 4.0); rechts: Darstellung eines Quadrupels zum Volumenschwund mit dem Academic Meta Tool (F. Thiery, CC BY 4.0)

3 Bereitstellung von 3D-Annotationen mit dem SPARQL Unicorn Ontology Documentation Research Tool

Das Ziel von vielen Forschungsprojekten ist es, im Projekt erhobene Forschungsdaten inter- und transdisziplinär für die Forschung und Öffentlichkeit bereitzustellen. Verschiedenartige Daten werden hierbei oft durch Wissensgraphen (Knowledge Graph) miteinander in Beziehung gesetzt, sodass neben der Bereitstellung z. B. der Messdaten auch eine adäquate Bereitstellung der Daten im Knowledge Graph erfolgen muss. Während die Konstruktion des Knowledge Graphs eine projektbezogene Aufgabe darstellt, kann die Aufgabe des Datendeployments von RDF-Daten als eine wichtige, aber oftmals vernachlässigte Aufgabe angesehen werden.

Hier ermöglicht das SPARQLing Unicorn QGIS Plug-in (THIERY & HOMBURG 2023) neben der Integration von Geodaten aus LOD-Ressourcen wie Wikidata, auch die Erstellung von Ontologie-Dokumentationen und HTML-Seiten für RDF-Daten (HOMBURG & THIERY 2023), so wie sie beispielsweise in Forschungsprojekten anfallen. Das Plug-in ermöglicht hierbei die Erstellung eines Datendeployments das den maschinenlesbaren Graphen in RDF, bestimmte statische APIs für die Datenverbreitung von domainspezifischen Daten (z. B. Geodaten und 3D-Daten) und eine für Menschen leichter erschließbaren Zugang zu den Daten über das HTML-Deployment im Webbrowser.

Die bereits in den Kapiteln 2.1 und 2.2 vorgestellten Anwendungsfälle des ARS3D und des Projekts der digitalen Edition von Keilschrifttexten stellen beispielhaft Projekte dar, welche mittels des SPARQL Unicorn Ontologie Dokumentation Tools visualisiert werden können (Abb. 5). Als weiteres Beispiel zeigen wir in Kapitel 3.1, wie eine Darstellung von 3D-Annotationen von irischen Ogham-Steinen z.T. aus den Citizen Science über LOD modelliert und mittels des SPARQL Unicorns auch bereits im Webbrowser visualisiert werden kann.

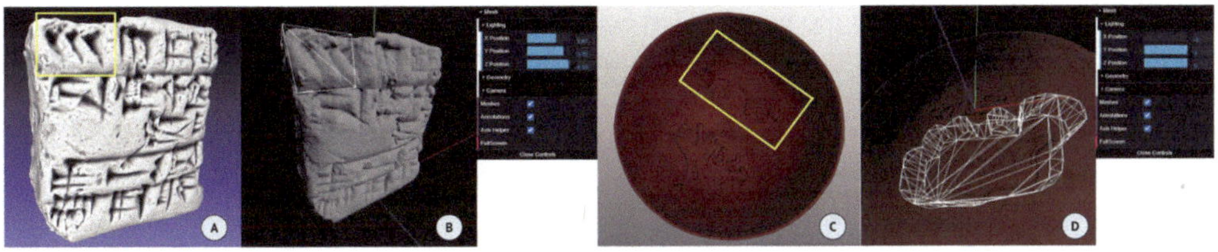

Abb. 5: A: Glyphe auf HS1174, obverse, line 4, char 1, Zahl 3, 3(disz) (T. Homburg CC BY 4.0); B: Viewer-Repräsentation der Annotation auf der Keilschrifttafel, via https://t1p.de/kipwq; C: Objekt O.40575 mit einer Annotation einer Löwin (ARS3D Projekt, CC BY-SA 4.0); D: Viewer-Repräsentation der Annotation auf der Keilschrifttafel, via https://t1p.de/6x434

3.1 Use Case: Ogham-Steine und Citizen Science

Auch 3D-Modelle aus „Structure from Motion"-Aufnahmen (SfM) der Citizen-Science-Community (z. B. Research Squirrel Engineers Network) und von anderen Forschungsprojekten (z. B. das Ogham in 3D-Projekt) können mithilfe des SPARQL Unicorn Research Tools bereitgestellt werden. Ein Beispiel hierfür ist der Ogham-Stein Tullaherin II, Co. Kilkenny (Wikidata No. Q106674357, OSM Node 5965037771, SMR No. KK024-062009-, O3D-Projekt: https://ogham.celt.dias.ie/Tullaherin_II). Citizen Scientist A.-K. Distel (b-unicycling) erzeugte hier mithilfe des Smartphones und der KiriEngine aus 136 Bildern ein SfM-Modell, das über Sketchfab zu Verfügung gestellt wurde (https://skfb.ly/oRsN8). Mithilfe von Meshlab kann nun der erste Teil der Inschrift D[...]T in der Dreiecksvermaschung markiert werden und die resultierende Bounding Box über das SPARQL Unicorn visualisiert (Abb. 6) und als HTML zur Verfügung gestellt werden: https://t1p.de/zu4y5. Dabei wird die BBox im lokalen Koordinatensystem mit GeoSPARQL angegeben (https://t1p.de/s0irx): POLYGON Z((1.029469 -4.003649 1.592225, ..., 1.029469 -2.618507 1.592225))"^^oa:wktLiteral.

Abb. 6: A: Tullaherin II Ogham Stone mit ᚉ[…]ᚈ Ogham-Markierung, via https://skfb.ly/oRsN8 (b-unicycling, CC BY 4.0); B: Detailansicht der Ogham-Annotation (F. Thiery, CC BY 4.0); C: 3D-Ansicht des Tullaherin II Ogham Stone im SPARQL Unicorn Documentation Tool (F. Thiery / T. Homburg, CC BY 4.0)

Forschungsexkursionen wie die von Citizen Scientists Peter und Florian Thiery ermöglichen die Integration von Forschungsdaten in Community Repositories und Hubs wie Open Street Map und Wikidata, sowie Medien in das Wikiversum, z. B. über Wikimedia Commons. Beispielhaft sei hier ein Ogham-Stein der zwei Tullygarran / Chute Hall Ogham Steine (OSM Nodes 11677113764 für CIIC 152 und 11677109638 für CIIC 153, Wikidata Q-Identifier Q106680819 und Q106680820, sowie IE SMR No. KE042-057010- und KE042-057010-) in der Nähe von Tralee, Co. Kerry genannt (OSM Node 7082266109; Abb. 7). Diese Ogham Steine wurden Mitte des 19. Jhd. von Lord Ventry dorthin versetzt. Gefunden wurden diese im Townland Ballinrannig, Co. Kerry (Q85394310), als ein Sturm sie zusammen mit 6 anderen Steinen freigelegt hatte (DIAS 2013). Diese zwei Ogham-Steine wurden vom Ogham im 3D-Projekt 2017 von Helena Zacharias mit SfM-Technologie digital erfasst und über Sketchfab zur Verfügung gestellt: https://skfb.ly/6yxKX und https://skfb.ly/6yxQA.

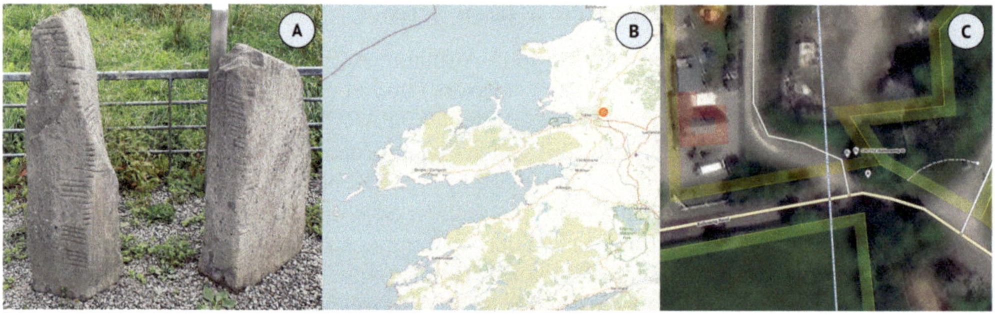

Abb. 7: A: Tullygarran Ogham Stones (F./P. Thiery, CC BY 4.0, via Wikimedia Commons): B: OSM-Karte, Node 7082266109 (OSM-Mitwirkende, ODbL); C: OSM-Editoransicht mit der Lage der Ogham Nodes (OSM-Mitwirkende, ODbL)

Einer der Tullygarran Ogham Steine, CIIC No. 153, Ballinrannig VI (BAILE AN REANNAIGH), zeigt eine Inschrift in Ogham-Schrift, die MACALISTER (1945) als „CCICAMINI MAQQI CATTINI“ und CUPPAGE & BENNETT (1986) als „CCICAMINI MAQQ[I] C[A]TTIN“ liest. Dies bedeutet ungefähr „'of C? son of Caitne'“. Der Name des Vaters CATTINI (später Caitne) ist ebenfalls auf einer Inschrift des Steins CIIC No. 157, Ballintaggart III (Baile an tSagairt) zu finden (OBJ-File downloadbar via https://ogham.celt.dias.ie/157._Ballintaggart_III), dessen Fundort ebenfalls auf der Dingle-Halbinsel liegt. Die Inschrift lautet: DOVETI MAQQI/ CATTI/NI, engl. 'of Duibthe? son of Caitne'. Dieser Stein datiert in die erste Hälfte oder frühe zweite Hälfte des 5. Jhd. (MCMANUS 1991). Diese Inschriften lassen somit den Aufbau eines Personen-Netzwerkes zu und bieten daher auch einen Mehrwert diese im 3D-Modell zu annotieren. Hier kann die Open-Source-Software Meshlab helfen. Beispielhaft wurden die Meshes der ersten drei Zeichen der Inschrift ᚉᚉᚔ markiert und deren Bounding Boxes exportiert (Abb. 8, A/B). Dies kann für die weiteren Zeichen der Inschrift ᚉᚉᚔᚉᚐᚋᚔᚅᚔ (Abb. 8, C, gelb) und ᚋᚐᚊ (Abb. 8, C, rot) fortgeführt werden. Die aus den BBoxen zu ermittelnden Polygonen ergeben den Input für das Unicorn Tool. Dabei besteht die „annotation target selector bounding box“ aus einem WKT POLYGON Z((minX minY maxZ, maxX maxY maxZ, minX maxY maxZ, minX minY minZ, maxX minY minZ, maxX maxY minZ, minX maxY minZ)) wobei die erste Koordinate das Polygon schließt.

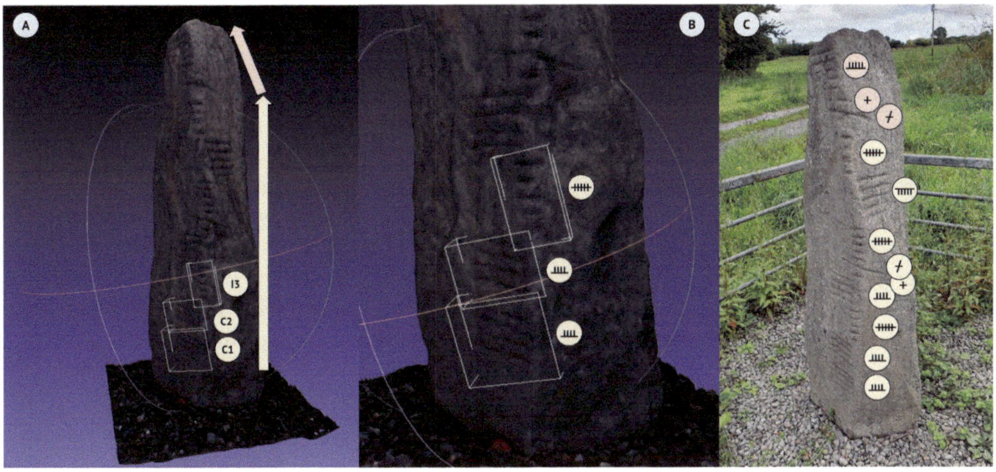

Abb. 8: A/B: Ogham Stone CIIC 153 mit den ersten drei Zeichen "CCI" bzw. ᚉᚉᚔ; C: Aufnahme des CIIC 153 in Chute Hall mit den annotierten Zeichen „CCICAMINI" (gelb) und MAQ (rot), bzw. ᚉᚉᚔᚉᚐᚋᚔᚅᚔ (..) ᚋᚐᚊ (F./P. Thiery, CC BY 4.0, via Wikimedia Commons).

Die semantische Modellierung der Annotation selbst folgt dem Open-Annotation-Modell der Web Annotation Ontology (SANDERSON et al. 2017), bestehend aus einem body und target. Das Target verweist auf das 3D-Modell und besitzt eine Selector-Instanz, die als sf:Polygon und oa:WKTSelector definiert ist. Dieser beschreibt nun mit der zuvor erwähnten Form das Annotations-Polygon (THIERY & HOMBURG 2024). Die hier gezeigten Beispiele sind im GitHub Repository zu finden: https://t1p.de/cx75u. In Abbildung 9 sind die drei zuvor gezeigten Zeichen ᚉᚉᚔ im 3D-Viewer des HTML-Rendering mit dem SPARQL Unicorn Ontology Documentation Tool dargestellt. Zu sehen ist das 3D-Modell des Ogham Steins, die weiße Bounding Box des Zeichens, sowie das 3D-Mesh aus Meshlab.

Abb. 9: 3D-Visualisierung im SPARQL Unicorn Ontology Documentation Tool mit den drei Ogham-Zeichen ᚉᚉᚔ inkl. einer Detailansicht des Mesh aus der Open-Source-Software Meshlab (Florian Thiery, CC BY 4.0)

4 Ausblick

In diesem Beitrag haben wir Anwendungsfälle für Annotationen auf 3D-Medien und erste existierende Ansätze für die Dokumentation dieser mittels Linked-Open-Data-Vokabularien aufgezeigt. In den NFDI-Konsortien wird es in der nächsten Zeit vermehrt darum gehen, diese verschiedenen Ansätze zu bewerten, 3D-Annotationen zu standardisieren und Anreize zu schaffen Applikationen für die Erstellung von Annotationen nativ in 3D zu fördern. Hierbei gibt es erste Ansätze von Implementierungen bereits mit dem Semantic-Kompakkt-Viewer, aber auch bereits Entwicklungen in der Software Gigamesh. Die ersten Ansätze zeigen auch, dass Citizen Scientists in diese Entwicklungen einbezogen werden sollten, um so auch ihre (3D-)Daten als FAIRe Daten im Sinne der Open Science zur Verfügung zu stellen.

Literatur

Altenhöner, R., Blümel, I. & Boehm, F. et al. (2020): *NFDI4Culture – Consortium for research data on material and immaterial cultural heritage*. RIO, 6, e57036. doi: 10.3897/rio.6.e57036.

Bibby, D., Bruhn, K. C., Busch, A. W. et al. (2023): *NFDI4Objects – Proposal*. Zenodo. doi: 10.5281/zenodo.10409227.

Cuppage, J. & Bennett, I. (1986): *Archaeological survey of the Dingle Peninsula*. Ballyferriter: Oidhreacht Chorca Dhuibhne.

DIAS (2023) *CIIC 153. Ballinrannig VI (BAILE AN REANNAIGH), Co. Kerry*. Ogham in 3D. https://ogham.celt.dias.ie/153._Ballinrannig_VI.

Homburg, T., Cramer, A., Raddatz, L. & Mara, H. (2021): *Metadata schema and ontology for capturing and processing of 3D cultural heritage objects*. Heritage Science, 9 (1), 91. doi: 10.1186/s40494-021-00561-w.

Homburg, T. & Mara, H. (2021): *Mainzed 3D Metadata Ontology*. GitLab RLP. https://mainzed.pages.gitlab.rlp.net/homepages/mainzedmetadata/index.html.

Homburg, T., Zwick, R., Bruhn, K. C. & Mara, H. (2022a): *3D Data Derivatives of the Haft Tappeh Processing Pipeline*. CDLJ 2022:1. https://cdli.mpiwg-berlin.mpg.de/articles/cdlj/2022-1.

Homburg, T., Zwick, R., Mara, H. & Bruhn, K. C. (2022b): *Annotated 3D-Models of Cuneiform Tablets*. JOAD. Vol. 10, Page/Article 4. doi: 10.5334/joad.92.

Homburg, T. & Thiery, F. (2023): *SPARQL Unicorn Ontology Documentation*. Squirrel Papers (5), 2, No. 5. doi: 10.5281/zenodo.8190763.

KUR (2011a): *Versuchsreihe V08*. LEIZA/RGZM. https://t1p.de/qndfz.

KUR (2011b): *Konservierte Probekörper der Versuchsreihe V08*. LEIZA/RGZM. https://t1p.de/sof89.

KUR (2011c): *Detailansicht Probekörper V08_005*. LEIZA/RGZM. https://t1p.de/srmei.

Macalister, R. A. S. (1945): *Corpus inscriptionum insularum Celticarum*. Dublin, Stationery Office.

MacManus, D. (1997): *A guide to Ogam*. Maynooth, An Sagart.

Rossenova, L., Schubert, Z., Vock, R., Sohmen, L., Günther, L., Duchesne, P. & Blümel, I. (2022): *Collaborative annotation and semantic enrichment of 3D media: a FOSS toolchain.* Proceedings of the 22nd ACM/IEEE Joint Conference on Digital Libraries, Article No. 40, S. 1-5. doi: 10.1145/3529372.3533289.

Sanderson, R., Ciccarese, P. & Young, B. (2017): *Web Annotation Vocabulary.* W3C Recommendation, 23 February 2017. https://www.w3.org/TR/annotation-vocab/.

Schmidt, S. C., Thiery, F. & Trognitz, M. (2022): *Practices of Linked Open Data in Archaeology and Their Realisation in Wikidata.* Digital 2022, 2 (3), S. 333-364. doi: 10.3390/digital2030019.

Stötzner, E., Homburg, T. & Mara, H. (2023a): *CNN based Cuneiform Sign Detection Learned from Annotated 3D Renderings and Mapped Photographs with Illumination Augmentation*, 2023 IEEE/CVF (ICCVW), Paris, France, S. 1672-1680. doi: 10.1109/ICCVW60793.2023.00183.

Stötzner, E., Homburg, T., Bullenkamp, J. P. & Mara, H. (2023b): *R-CNN based Polygonal-Wedge Detection Learned from Annotated 3D Renderings and Mapped Photographs of Open Data Cuneiform Tablets.* In: Bucciero, A. et al. (Ed.): Eurographics Workshop on Graphics and Cultural Heritage, The Eurographics Association. doi: 10.2312/gch.20231157.

Thiery, F. (2013): *Semantic Web und Linked Data: Generierung von Interoperabilität in archäologischen Fachdaten am Beispiel römischer Töpferstempel.* Squirrel Papers, (4), 1, No. 3. doi: 10.5281/zenodo.774861.

Thiery, F., Raddatz, L. & Boochs, F. (2022): *Close-to-the-Original-Erfassung archäologischer Objekte und ihre webbasierte semantisch modellierte Bereitstellung zur fachwissenschaftlichen Analyse.* In: Luhmann, T. & Schumacher, C. (Hrsg.): Photogrammetrie – Laserscanning – Optische 3D-Messtechnik. Beiträge der Oldenburger 3D-Tage 2022. Wichmann, Berlin/Offenbach.

Thiery, F. & Homburg, T. (2023): *SPARQLing Unicorn QGIS Plugin.* Squirrel Papers, (1), 1, No. 5. doi: 10.5281/zenodo.3786814.

Thiery, F. & Homburg, T. (2024): *3D Annotation Example.* GitHub. https://github.com/Research-Squirrel-Engineers/3dannotation_example/.

Thiery, F., Mees, A. W., Weisser, B., Schäfer, F. F., Baars, S., Nolte, S., Senst, H. & von Rummel, P. (2023a): *Object-Related Research Data Workflows Within NFDI4Objects and Beyond.* 1st CoRDI conference, Vol. 1. doi: 10.52825/cordi.v1i.326.

Thiery, F., Veller, J., Raddatz, L., Rokohl, L., Boochs, F. & Mees, A. W. (2023b): *A Semi-Automatic Semantic-Model-Based Comparison Workflow for Archaeological Features on Roman Ceramics.* ISPRS Int. J. Geo-Inf., 12 (4), 167. doi: 10.3390/ijgi12040167.

Unold, M., Thiery, F. & Mees, A. W. (2019): *Academic Meta Tool. Ein Web-Tool zur Modellierung von Vagheit.* In: Kuczera, A. et al. (Hrsg.): Die Modellierung des Zweifels. ZfdG Sonderband 4. doi: 10.17175/sb004_004.

Wilkinson, M. D., Dumontier, M., Aalbersberg, U. J. et al. (2016): *The FAIR Guiding Principles for scientific data management and stewardship.* Scientific Data, 3, 160018. doi: 10.1038/sdata.2016.18.

3 UAV

UAV-Photogrammetrie für den Einsatz in der Katastervermessung

Thomas P. KERSTEN, Frederik PREUß, Dagmar TETEN und Maren LINDSTAEDT

Zusammenfassung

Im Rahmen einer Projekt-Zusammenarbeit mit dem Landesamt für Vermessung und Geoinformation Schleswig-Holstein in Elmshorn wurde der Einsatz von UAV-Photogrammetrie für Aufgaben in der Katastervermessung untersucht. Das Gebäudeensemble eines Bauernhofes in Tensbüttel-Röst bei Albersdorf wurde mit dem UAV-System DJI Phantom 4 Pro KlauPPK in verschiedenen Bildflugkonfigurationen photogrammetrisch aufgenommen. Ziel war es, die erreichbare geometrische Genauigkeit für eine photogrammetrische Katastervermessung zu untersuchen und zu analysieren.

Die Genauigkeit der Aerotriangulation wurde anhand verschiedener Passpunkt- und Kontrollpunktkonfigurationen mit der Software Agisoft Metashape analysiert. Die Bestimmung der Gebäudekoordinaten erfolgte durch verschiedene Verfahren mittels Punktmessungen. Als zusätzliche Produkte wurden die Dachlandschaften der Gebäude und die 3D-Gebäude erfasst und modelliert. Außerdem wurde ein digitales Orthophoto mit entsprechender Bodenauflösung generiert. Die Genauigkeit, Vollständigkeit und Wirtschaftlichkeit der Ergebnisse der UAV-Photogrammetrie werden im Vergleich zur klassischen tachymetrischen Gebäudeaufnahme diskutiert. Es wurde festgestellt, dass eine photogrammetrische Katastervermessung technisch und wirtschaftlich durchführbar ist. Allerdings sind die gesetzlichen Rahmenbedingungen dafür noch nicht gegeben.

1 Einführung

Unmanned Aerial Vehicles/Systems (UAV/UAS) haben sich in den letzten Jahren als typisches Arbeitsgerät in der geodätischen Praxis etabliert. Die Relevanz dieser Technologie in der heutigen Zeit wird durch den stetig wachsenden UAV-Markt und die zunehmende Anzahl von Nutzern deutlich. Aktuell sind in der Bundesrepublik Deutschland über 400.000 UAV-Systeme im Einsatz. Davon werden 15 % im kommerziellen Bereich genutzt, wobei ca. 80 % für Vermessungszwecke eingesetzt werden (KLEISNY 2023). Der Bestand an UAVs wächst weiter an. Der Grund für die zunehmende Nutzung von UAVs, auch im geodätischen Bereich, liegt in den vielseitigen Vorteilen beim flexiblen Einsatz und der rasanten Entwicklung der UAV-Technologie. Doch obwohl die Vorteile dieser Erfassungsmethode in vielen geodätischen Bereichen erkannt und genutzt werden, gibt es in deutschen Vermessungs- und Katasterverwaltungen immer noch Vorbehalte aufgrund eng gefasster Anweisungen, beispielsweise zur Gebäudeeinmessung. Viele Bundesländer beschränken sich hierbei auf Tachymetrie und GNSS-Lösungen in Verbindung mit SAPOS. Für einen generellen Einsatz von UAV in der Katastervermessung wären Anpassungen der gesetzlichen Regelungen und Anweisungen notwendig. In der Praxis haben sich bereits einige Autoren mit dem Einsatz von UAV im Liegenschaftskataster und im amtlichen Vermessungswesen beschäftigt (DANKMEYER et al. 2019, REMBOLD 2020, SCHLÖSSER & KUHNT 2020, UNGER 2023).

Maier (2020) beschreibt den Einsatz von UAVs für kommunale Anwendungen. Manyoky et al. (2011) haben bereits sehr früh den erfolgreichen Einsatz von UAV-Photogrammetrie in der schweizerischen Katastervermessung demonstriert. Rose & Zurhorst (2013) zeigen ebenfalls Einsatzmöglichkeiten von UAVs in einem Vermessungsbüro eines ÖbVI (Öffentlich bestellter Vermessungsingenieur) in Form eines Businessplans auf. Vor zehn Jahren berichtete Rose (2014) über praktische Erfahrungen beim Einsatz von UAVs bei der Durchführung von Liegenschaftsvermessungen.

Um Bewegung in die Behördenlandschaft zu bringen, sind zunächst Untersuchungen zur Thematik notwendig. Dabei soll der Einsatz von UAV-Photogrammetrie hinsichtlich der Aspekte Qualität der generierten Daten und Wirtschaftlichkeit bei der Gebäudeeinmessung mit dem traditionellen Aufnahmeverfahren verglichen werden. Im Rahmen einer gemeinsamen Projektarbeit der HafenCity Universität Hamburg (HCU) und des Landesamts für Vermessung und Geoinformation Schleswig-Holstein (LVermGeo SH) in Elmshorn wurde ein Vergleich zwischen der traditionellen Gebäudeeinmessung und einer Aufnahme durch UAV-Photogrammetrie durchgeführt.

Nach der Vorstellung des Aufnahmegebietes in Kapitel 2, einem Bauernhofensemble in Dithmarschen (Schleswig-Holstein), wird in Kapitel 3 die Objektaufnahme sowohl durch klassische Tachymetrie als auch durch UAV-Photogrammetrie detailliert vorgestellt. Kapitel 4 beschreibt die Datenauswertung und die erreichten Ergebnisse, die schließlich in Kapitel 5 analysiert und mit einander verglichen werden. Abschließend werden in Kapitel 6 Empfehlungen für den Einsatz von UAVs gegeben.

Abb. 1: Lageplan des Bauernhofes mit Gebäudefunktionen (links) und orthogonale Ansicht der farbigen Punktwolke des Aufnahmegebietes (rechts)

2 Das Aufnahmegebiet

Als Aufnahmegebiet für die Gebäudeeinmessung wurde ein Bauernhof in Tensbüttel-Röst bei Albersdorf in Dithmarschen (Schleswig-Holstein) ausgewählt (Abb. 1). Der Hof besteht aus einem Gebäudeensemble mit einem Wohnhaus sowie mehreren Ställen und Schuppen. Die Ställe sind unterschiedlicher Bauart und umfassen sowohl offene als auch geschlossene Ställe sowie gemauerte Gebäude und einen Stall in Stahlgerüstbauweise. Das Pilotprojekt konnte auf verschiedene Gebäudetypen mit unterschiedlichen Bauweisen angewendet werden. Das gesamte Areal des Hofes umfasst eine Fläche von etwa zwei Hektar. Da der Hof außerhalb von Betriebsverbotszonen für UAV liegt und die Eigentümer angrenzender Grundstücke bekannt waren, konnten problemlos deren Zustimmungen zur UAV-Befliegung und Aufnahme eingeholt werden.

3 Objektaufnahme

Die amtliche Gebäudeeinmessung wurde am 15.11.2022 mit einem Tachymeter und GNSS durchgeführt. Eine Woche später, am 24.11.2022, fand die UAV-Befliegung statt. In den folgenden Unterkapiteln werden beide Aufnahmemethoden und das jeweils eingesetzte Instrumentarium vorgestellt.

3.1 Amtliche Gebäudeeinmessung

Die amtliche Gebäudeeinmessung erfolgte mit Geräten des LVermGeo SH, die für ihren Einsatz in der Katastervermessung alle zwei Jahre überprüft werden. Das eingesetzte Tachymeter ist ein Leica Viva TS16 mit einer maximalen Genauigkeit der Winkelmessung von 0,3 mgon und einer Distanzmessgenauigkeit von 2 mm + 2 ppm bei beliebigen Oberflächen. (LEICA GEOSYSTEMS 2024a) Dies wurde in Kombination mit einem Leica GS16 GNSS-Empfänger genutzt, der ein Multifrequenz-Empfänger (GPS, Glonass, Galileo und Beidou) ist und eine Positionsgenauigkeit für eine Einzel-Basislinie von 8 mm +1 ppm horizontal und 15 mm+1 ppm vertikal für kinematische Messungen in Echtzeit angibt (LEICA GEOSYSTEMS 2024b).

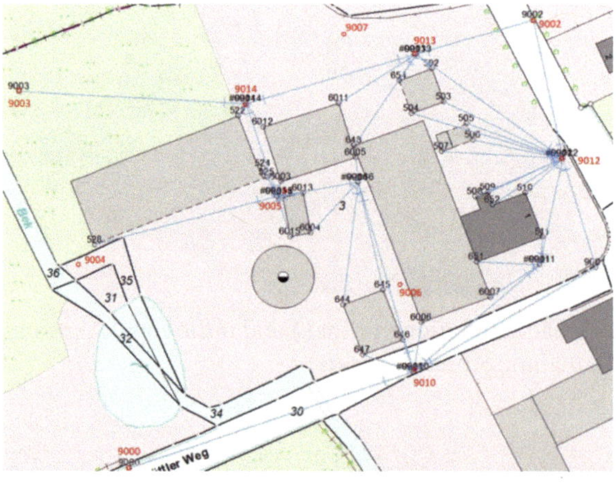

Abb. 2: Verteilung der gelegten Datumspunkte und Standpunkte für die Tachymetermessung sowie die aufgenommenen Gebäudepunkte (PREUß 2023)

Für die Aufnahme vor Ort wurden vier GNSS-Punkte (9000, 9001, 9002 und 9003) gelegt und gemessen, die das Messgebiet umschließen. Die Messung dieser Punkte erfolgte mithilfe des SAPOS-HEPS-Dienstes. Jeder Punkt wurde zweimal zu unterschiedlichen Zeiten mit einer Beobachtungsdauer von jeweils 30 Sekunden gemessen. Diese Punkte wurden in der nachfolgenden 2D-Ausgleichung im 3A-Editor als Referenzpunkte verwendet. Die Tachymetermessungen wurden über freie Stationierungen an diese Punkte angeschlossen. Die Gebäude wurden von insgesamt sieben Standpunkten aus polar aufgenommen (Abb. 2).

3.2 UAV-Photogrammetrie

Die Befliegung wurde mit insgesamt drei UAV-Bildflügen durchgeführt. Für die Messungen wurde eine DJI Phantom 4 Pro V2.0 eingesetzt. Diese verfügt über eine Zenmuse X4S Kamera mit einer Brennweite von 8,8 mm und einer Auflösung von 20 MPixel. Das UAV wurde über ein Apple iPad mit der Software DJI GroundStation Pro gesteuert. Die Bildflugplanung vor Ort wurde mit dieser Software unter Verwendung der eingestellten Parameter durchgeführt. Dazu gehören Flughöhe, Anzahl der Fluglinien, Bild- und Streifenüberlappung, Fluggeschwindigkeit sowie Belichtungszeit, Blende, Sensorempfindlichkeit und Fokussierung. Die technischen Spezifikationen des UAVs sind unter DJI (2024) zu finden. Das UAV ist mit einem KLAU PPK-Modul von Klau Geomatics (Nowra, Australien) ausgestattet. Das Modul besitzt ein NovAtel 7700-Board und zeichnet Satellitendaten mit einer Frequenz von 20 Hz auf (KLAU GEOMATICS 2024). In Tabelle 1 sind die Parameter der drei Bildflüge zusammengefasst. Die Flüge wurden in verschiedenen Flughöhen durchgeführt und hatten jeweils eine Längs- und Querüberdeckung (L/Q) von 80 %/60 %. Ein dritter Flug wurde für Schrägaufnahmen durchgeführt.

Tabelle 1: Parameter der drei durchgeführten Bildflüge

Parameter	**Längsbefliegung (Flug 1)**	**Querbefliegung (Flug 2)**	**Schrägaufnahme (Flug 3)**
Flughöhe	40 m	50 m	45 m
Aufnahmewinkel	Nadir	Nadir	Schräg (30°)
GSD (Bildmitte)	10,9 mm	13,7 mm	12,3 mm
Überlappung L/Q	80 % / 60 %	80 % / 60 %	80 % / 60 %
Flugdauer	13 min	3 min	3,5 min
Anzahl Bilder	219	68	83

Bei der Bildflugplanung wird die Flughöhe vorgegeben, die in Kombination mit der festen Brennweite von 8,8 mm den Bildmaßstab ergibt. Dieser wird mit der Pixelgröße im Bild (hier 2,4 µm) multipliziert, um die Pixelgröße am Boden (GSD = Ground Sampling Distance) zu erhalten, die ungefähr der Messgenauigkeit im Objektraum entspricht. Eine hohe Überlappung von 80 %/60 % ist generell erforderlich, um eine dichte Punktwolke zu berechnen. Zur Gewährleistung einer zuverlässigen und signifikanten Bestimmung der Kamerakonstante empfiehlt es sich, zwei verschiedene Flughöhen in um 90 Grad verdrehten Flugrichtungen (Kreuzbefliegung) einzusetzen. Ein weiterer Flug mit Schrägaufnahmen ermöglicht aufgrund der unterschiedlichen Perspektiven eine genauere Kamerakalibrierung und eine bessere Sicht unter die Dachüberstände. Dadurch können die Hausecken zuverlässig im Bild bzw. in der Punktwolke abgebildet und ausgewertet werden. Für weitere technische Informationen zum Thema Aufnahmekonfigurationen von Bildflügen sei auf PRZYBILLA (2020) verwiesen.

Während der Tachymeteraufnahme wurden zusätzlich zu den vier Datumspunkten über GNSS-Messungen weitere Punkte bestimmt. Insgesamt standen somit acht Vollpasspunkte und drei Lagepasspunkte für die Photogrammetrie zur Verfügung (Abb. 3). Vor der UAV-Befliegung wurden diese mit schwarz-weißen Zielmarken signalisiert. Es ist wichtig, dass die Größe der Zielmarken zur gewählten Flughöhe passt, damit sie im Bild gut erkennbar und messbar sind.

Abb. 3:
Verteilung der signalisierten Passpunkte für die UAV-Befliegung

Auf die rechtlichen Aspekte einer UAV-Befliegung für Vermessungsarbeiten wird hier nicht näher eingegangen. Die Befliegung fand 2022 statt, jedoch haben sich die rechtlichen Grundlagen seitdem wieder geändert. REMBOLD (2023) gibt einen ausführlichen und kritischen Überblick über den aktuellen Stand aus Sicht des Luftverkehrsrechts und der Vermessungsbehörde.

4 Datenauswertung und Ergebnisse

In diesem Kapitel werden die beiden Auswertemethoden beschrieben.

4.1 Auswertung der Tachymetermessungen

Die Tachymeterdaten wurden mithilfe des 3A-Editors von Verti-GIS ausgewertet. Dieser Editor gehört zur 3A-Produktlinie und basiert auf der ArcGIS-Plattform von ESRI. Er dient als Erhebungs-, Bearbeitungs- und Qualifizierungskomponente für die AFIS-ALKIS-ATKIS-Daten. Im 3A-Editor werden die Messdaten ausgeglichen, wobei die vier GNSS-Punkte als Datumspunkte dienen. Die 2D-Ausgleichung ergab Standardabweichungen von 6 mm für die 2D-Punkte. Die Gebäude und Bauteile wurden anhand dieser Gebäudepunkte in den ALKIS-Bestand überführt. Nicht gemessene Gebäudepunkte wurden rechnerisch bestimmt, indem die Längen der Gebäudeseiten im Feld ermittelt wurden.

4.2 Auswertung der UAV-Bildflüge

Die Berechnung der Bildorientierungen und der Punktwolken erfolgte mit der Software Agisoft Metashape Professional 1.8.4. Zuvor wurden die während des Fluges aufgezeichneten GNSS-Beobachtungen mit der Software KlauPPK prozessiert, um die Kamerapositionen zu bestimmen. Die gewünschten Positionen können mithilfe von RINEX-Daten einer Basisstation im Post-Processing (PPK) berechnet werden, anstatt eine RTK-(Real-Time Kinematic-)Lösung zu verwenden. Hierfür können entweder ein eigener GNSS-Empfänger auf einem bekannten Punkt im Objektgebiet oder Daten von einer nahen SAPOS-Station genutzt werden. Die berechneten Kamerapositionen wurden mit der Software KlauPPK bestimmt und in das gewünschte Referenzsystem (ETRS89/UTM32 und DHHN2016) transformiert. Die Positionsgenauigkeit variiert zwischen 3 cm (Fixed) und 25 cm (Float). Die Koordinaten der Projektionszentren wurden in der Bündelblockausgleichung unter Berücksichtigung der Standardabweichungen mit entsprechender Gewichtung verwendet. Grundsätzlich können Bilder auch ohne RTK- oder PPK-Lösung mit ausreichender Anzahl von Passpunkten orientiert werden. Allerdings ist es einfacher, die gewünschte Genauigkeit zu erreichen, wenn man eine solche Lösung verwendet, da man dann weniger Passpunkte benötigt und somit Zeit im Außen- und Innendienst einspart.

Da zwischen den einzelnen Bildflügen keine großen Unterschiede der Aufnahmebedingungen herrschten, wurden alle Bilder der drei Flüge gemeinsam in einer Ausgleichung orientiert. Dafür wurden die signalisierten Punkte in den Bildern manuell gemessen, was bei geeigneten Lichtverhältnissen und Signalisierungen auch automatisch durchgeführt werden kann. Die Genauigkeit der zehn Passpunkte wurde für die Ausgleichung auf 5 mm gesetzt. Um den Einfluss der Passpunkte auf die erreichbaren Genauigkeiten der Ausgleichung einschätzen zu können, wurden mehrere Ausgleichungen mit unterschiedlichen Passpunkt- (GCP = Ground Control Point) und Kontrollpunktkonfigurationen (CP = Check Point) gerechnet (V1-V4), die in Abbildung 4 zusammengefasst sind.

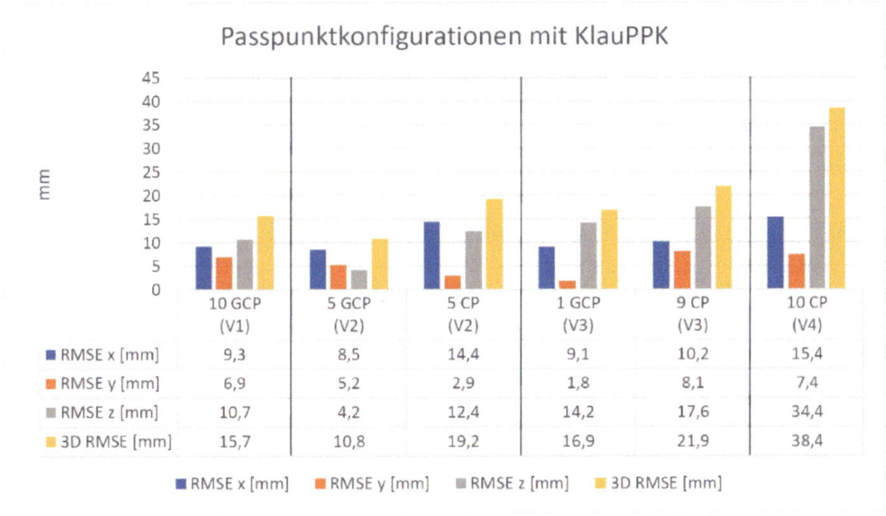

Abb. 4: Ergebnisse der verschiedenen Passpunktkonfigurationen in der Bündelblockausgleichung (GCP: Passpunkte, CP: Kontrollpunkte)

Für die weitere Auswertung wurde letztlich nur ein zentral gelegener Passpunkt genutzt, um eine direkte Verbindung zwischen Bild- und Objektraum herzustellen. An den neun Kontrollpunkten ergab sich ein RMSE (Root Mean Square Error) in 3D von 22 mm. Die größten Differenzen traten an zwei Punkten jeweils in der Z-Koordinate mit 3,1 cm und 3,3 cm auf. Der Einsatz aller zehn Passpunkte zeigt in der V1 (Abb. 4) kein signifikant besseres Ergebnis. Mit nur einem Passpunkt und einer PPK-Auswertung ist somit eine für die Gebäudeeinmessung ausreichende Genauigkeit der Bildorientierung zu erreichen. Somit kann ein auftretender Höhenversatz durch Lagerung nur auf die Bildpositionen wie in V4 vermieden werden. Zur Bedeutung von Passpunkten bei der Aerotriangulation UAV-basierter Bildflüge berichten LINDSTAEDT & KERSTEN (2018). Weitere Ausführungen zum Thema RTK-Bildflüge unter Berücksichtigung unterschiedlicher Passpunktkonfigurationen sind in KERSTEN & LINDSTAEDT (2022) zu finden.

Im Anschluss wurde eine dichte, farbige 3D-Punktwolke mit 110 Millionen Punkten erstellt, in der die Messungen der Gebäudepunkte durchgeführt wurden. Es wurden drei verschiedene Methoden verwendet. Methode 1 war die direkte Messung in der dichten Punktwolke, Methode 2 ein räumlicher Vorwärtsschnitt in den orientierten Bildern und Methode 3 ein Geradenschnitt bzw. der Schnitt zweier Ausgleichsebenen. Auf Messungen in der Dreiecksvermaschung ist verzichtet worden, weil die Gebäudeecken aufgrund des Punktrauschens abgerundet sind (Abb. 5) und da erste Messversuche bereits lineare Raumvektoren zu den Sollwerten von mehr als 5 cm verursachten.

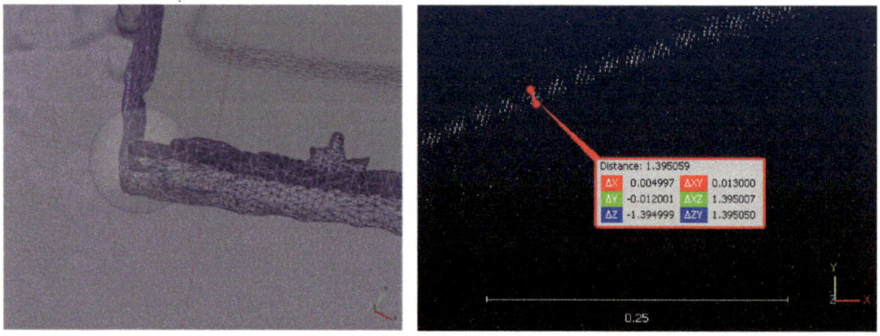

Abb. 5: Punktmessung in einer Dreiecksvermaschung (links) und Rauschen von ca. 1-2 cm in der Punktwolke (rechts)

Die direkten Messungen in der Punktwolke lieferten das beste Ergebnis. Als Referenz dienten 32 Gebäudepunkte, die mit dem Tachymeter bestimmt wurden. Insgesamt wurden 87,5 % der gemessenen Ecken innerhalb der zulässigen Abweichung von 5 cm bestimmt. Die durchschnittliche lineare Abweichung betrug 1,4 cm. Für jeden Gebäudepunkt wurden die Koordinaten durch drei Messungen in der Punktwolke ermittelt und anschließend gemittelt. Als Ursachen für die größeren Abweichungen wurden mehrere Faktoren identifiziert. Eine Seite des Gebäudes wurde aufgrund fehlender Schrägaufnahmen im Randbereich kaum abgebildet (Abb. 6 links). Die Messung wurde durch bodentiefe Fensterfronten erschwert und eine Innenecke war ebenfalls schwierig zu definieren. Abb. 6 zeigt Punktmessungen in der Draufsicht (Mitte) und in der Schrägansicht (rechts).

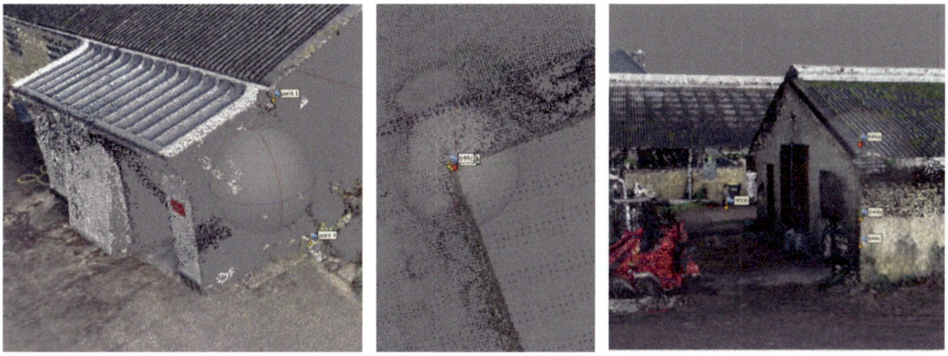

Abb. 6: Fehlende Punktwolke an einer Fassade (links), Draufsicht (Mitte) und Schrägansicht (rechts) der Punktmessungen einer Gebäudeecke in der Punktwolke

Die Methode des Geradenschnitts erreichte 78 % der Punkte innerhalb der Fehlertoleranz und lieferte somit ein gutes Ergebnis. Allerdings ist die Methode aufwendiger als die direkte Messung in der Punktwolke und sollte daher nur als Ergänzung empfohlen werden, wenn diese nicht möglich ist. Die Methode des räumlichen Vorwärtsschnitts führte hier nicht zum gewünschten Ergebnis. Die Messungen in den Bildern konnten nicht zufriedenstellend durchgeführt werden und die Abweichungen waren außerhalb der Toleranz. REMBOLD (2020) zeigt jedoch, dass sich mit diesem Verfahren auch lineare Abweichungen von unter 3 cm erreichen lassen.

Zusätzlich zur Einmessung der Gebäude für das Liegenschaftskataster wurde außerdem getestet, wie gut sich die Gebäude aus der dichten Punktwolke modellieren lassen. Zunächst wurden die Dachlandschaften modelliert (Abb. 7 links). Die Messungen der Eckpunkte der Dächer wurden erneut in der Punktwolke durchgeführt. Anschließend wurden die Koordinaten in AutoCAD importiert. Aus den Punkten wurden Polylinien und Volumenkörper konstruiert. Anschließend wurden 3D-Gebäudemodelle erstellt, die sowohl LoD1 als auch LoD2 entsprechen (Abb. 7 Mitte und rechts). Die Punktwolke wurde im RCP-Format in AutoCAD eingelesen und direkt für die Konstruktion verwendet. Das Ergebnis ist in Abb. 5 zu sehen.

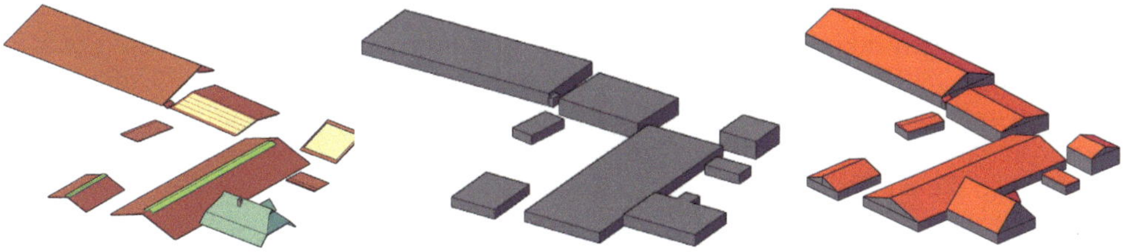

Abb. 7: Konstruierte Dachlandschaften (links), 3D-Gebäudemodelle LoD1 (Mitte) und LoD2 (rechts)

Als Abschluss wurden noch detaillierte 3D-Gebäudemodelle mit Fenstern, Türen und weiteren Elementen konstruiert, um auszutesten, ob die Auflösung der dichten Punktwolke hierfür ausreichend ist. Abb. 8 zeigt die Gebäude des Bauernhofes als detaillierte 3D-Gebäudemodelle, die mit diesem Detailreichtum ungefähr dem LoD3 entsprechen.

Abb. 8: Detaillierte in der Punktwolke konstruierte 3D-Gebäudemodelle des Bauernhofes, die ggf. dem Standard LoD3 entsprechen

5 Vergleich beider Aufnahmeverfahren

Zum Abschluss werden die beiden Aufnahmeverfahren verglichen. Bei der tachymetrischen Aufnahme betrug die Standardabweichung für die 32 Gebäudepunkte 6 mm. Bei der UAV-Photogrammetrie ergaben die Messungen in der Punktwolke eine Standardabweichung von 8,4 mm für die Gebäudepunkte. Bei 28 der 32 Punkte konnte die vorgegebene Messtoleranz eingehalten werden (87,5 %). Die mittlere Abweichung des Raumvektors betrug 14 mm (maximal 37 mm). Die übrigen Punkte waren nicht eindeutig zu definieren und daher schwer zu messen. Der Fehler lag in fehlenden Schrägaufnahmen des UAV-Bildfluges im Bereich dieser Punkte. Durch eine optimierte Bildflugplanung könnte das Ergebnis deutlich verbessert werden.

Betrachtet man die geleisteten Arbeitsstunden, so betrug der zeitliche Aufwand für die Tachymetermessungen inklusive Auswertung etwa acht Stunden pro Person. Diese Stunden wurden je zur Hälfte auf den Außendienst und den Innendienst aufgeteilt. Für die UAV-Messung wurde eine Stunde für die GNSS-Passpunktmessungen und Bildflüge vor Ort kalkuliert, ebenfalls mit zwei Personen. Dazu kommen noch etwa 10 Stunden für die Auswertung, nämlich die Bildorientierung, die Berechnung der Punktwolken und die Vermessung der Gebäudepunkte.

Somit benötigt die herkömmliche Gebäudeeinmessung etwa acht Arbeitsstunden, während die UAV-Einmessung zwölf Stunden in Anspruch nimmt. Es ist jedoch zu beachten, dass sich der Einsatz von UAVs umso mehr lohnt, je mehr Gebäude auf einmal erfasst werden können bzw. je größer das aufzunehmende Gebiet ist. Dies erfordert zwar mehr Bilder, aber die Auswertungsschritte bis zur Messung in der Punktwolke sind so automatisiert, dass sich hier hauptsächlich nur die Rechenzeiten erhöhen und nicht der manuelle Aufwand.

Wenn man die Kosten vergleicht, sind vor allem die Gerätekosten zu berücksichtigen. Diese unterscheiden sich hauptsächlich durch das Tachymeter, das in diesem Fall (Leica TS16)

etwa 30.000 € kostet. Im Gegensatz dazu ist die DJI Phantom 4 Pro + PPK-Modul bereits für etwa 5.000 € erhältlich. Der GNSS-Rover (Leica GS16) wird in beiden Verfahren mit etwa 16.000 € angesetzt.

6 Empfehlungen für den Einsatz von UAV-Photogrammetrie

Aus den Untersuchungen werden nun einige Empfehlungen für den Einsatz von UAV-Photogrammetrie in der Gebäudeeinmessung abgeleitet. Für die Einmessung eines einzelnen Gebäudes ist die Verwendung dieses Verfahrens im Vergleich zur klassischen Einmessung mit dem Tachymeter nicht wirtschaftlich. Jedoch bei Gebäudeensembles oder Neubaugebieten mit vielen Gebäuden wird die UAV-Photogrammetrie effizienter sein. Bei der Planung von Bildflügen sollte eine GSD von 1 – 1,5 cm nicht überschritten werden, um die geforderten Genauigkeiten (zulässige Abweichung [d] < 5 cm mit Nachweis der Identität bei Mehrfachbestimmung) gewährleisten zu können. Die Bildflüge sollten sowohl als Kreuzbefliegung mit unterschiedlichen Flughöhen als auch mit zusätzlichen Schrägaufnahmen durchgeführt werden, um optimale Sichten auf die Gebäudefassaden und -ecken zu garantieren. Um eine Kontrolle zu haben und um einen Höhenversatz zu vermeiden, sollte neben der Nutzung von GNSS-RTK für die Bestimmung der Bildpositionen mindestens ein Passpunkt im Zentrum des Aufnahmegebietes genutzt werden. Es ist empfehlenswert, signalisierte Kontrollpunkte zu verwenden, um die Qualität der Ergebnisse der Bündelausgleichung und Kamerakalibrierung beurteilen zu können. Die Abweichungen an den Kontrollpunkten können dann auch als Genauigkeitsnachweis genutzt werden. Für den Bildflug und die Auswertung der UAV-Bilddaten empfiehlt es sich, Personal mit photogrammetrischer Fachkenntnis einzusetzen.

7 Fazit und Ausblick

In diesem Beitrag wurde die herkömmliche Gebäudeeinmessung mittels Tachymeter mit einer Gebäudeeinmessung in UAV-Bilddaten verglichen. Dabei hat sich die UAV-Photogrammetrie als ein geeignetes Verfahren für die Katastervermessung gezeigt, da die geforderten Genauigkeiten eingehalten werden konnten. Je nach Anzahl der aufzunehmenden Gebäude und der Ausdehnung des Gebiets könnte eine Ergänzung oder effiziente Alternative zur traditionellen Einmessung per Tachymeter zur Verfügung stehen. Aufgrund des hohen Informationsgehalts der erzeugten Bilddaten können weitere Produkte wie 3D-Gebäudemodelle, Orthophotos, Geländemodelle und Oberflächenmodelle generiert werden. Allerdings gibt es in vielen Bundesländern vermessungstechnische Vorschriften und Anweisungen, die bisher nicht auf den Einsatz von UAV ausgelegt sind. Auch die rechtlichen Anforderungen an einen UAV-Betrieb für eine Behörde ohne Sicherheitsaufgaben sind problematisch. Dennoch sollte der Einsatz von UAV in der amtlichen Vermessung vorangetrieben werden, um dieses Messverfahren auch bei deutschen Vermessungsbehörden zu etablieren und seine Vorteile zu nutzen.

Literatur

Dankmeyer, U., Fassenbender, K., Fischer, D., Metzler, F., Schmidt, S., Schmidt, S., Siemens, M., Feldmann, A. & Stramm, H. (2019): *Einsatz von Unmanned Aerial Vehicles in der Vermessungsverwaltung der Kommunen: Moderne flächenhafte 3D-Vermessung mit UAV-Systemen.* Handreichung des Deutschen Städtetages, Deutscher Städtetag Berlin und Köln (Hrsg.). https://www.staedtetag.de/files/dst/docs/Publikationen/Weitere-Publikationen/2019/uav-einsatz-vermessungsverwaltung-handreichung-2019.pdf (31.03.2024).

DJI (2024): *Technische Daten der Phantom 4 Pro 2.0.* https://www.dji.com/de/phantom-4-pro-v2/specs (29.03.2024).

Kersten, T. & Lindstaedt, M. (2022): *UAV-basierte Bildflüge mit RTK-GNSS – brauchen wir da noch Passpunkte?* UAV 2022 – Innovation und Praxis. DVW-Schriftenreihe, Band 100, DVW e. V. (Hrsg.), Augsburg, S. 39-58.

Klau Geomatics (2024): *UAV Hardware.* https://geomatics.com.au/uav_hardware/ (29.03.2024).

Kleisny, H. (2023): *Drohnen in Deutschland.* FlugundZeit, Das Luft- und Raumfahrt-Magazin. https://flugundzeit.blog/drohnen-in-deutschland/ (29.03.2024).

Leica Geosystems (2024a): *Leica Viva TS16 Totalstation – Einfach vermessen.* https://leica-geosystems.com/de-de/products/total-stations/robotic-total-stations/leica-ts16 (29.03.2024).

Leica Geosystems (2024b): *Leica Viva GS16 GNSS-Rover – Leichte GNSS Smartantenne für präzise Positionsbestimmung.* https://leica-geosystems.com/de-de/products/gnss-systems/smart-antennas/leica-viva-gs16 (29.03.2024).

Lindstaedt, M. & Kersten, T. (2018): *Zur Bedeutung von Passpunkten bei der Aerotriangulation UAV-basierter Bildflüge.* UAV 2018 – Vermessung mit unbemannten Flugsystemen. DVW-Schriftenreihe, Band 89, DVW e. V. (Hrsg.). Wißner, Augsburg, S. 81-101.

Maier, T. (2020): *UAV im kommunalen Einsatz.* UAV 2020 – The Sky is the Limit? DVW-Schriftenreihe, Band 97, DVW e. V. (Hrsg.), Wißner, Augsburg, S. 197-217.

Manyoky, M., Theiler, P., Steudler, D. & Eisenbeiss, H. (2011): *Unmanned aerial vehicle in cadastral applications.* International Archives of the Photogrammetry, Remote Sensing and Spatial Information Sciences, XXXVIII-1/C22, S. 57-62.

Preuß, F. (2023): *Einsatz von UAV im amtlichen Vermessungswesen – Nutzen und Einsatzmöglichkeiten.* Unveröffentlichte Bachelorarbeit an der HafenCity Universität Hamburg.

Przybilla, H.-J. (2020): UA*V-Befliegung – Alles klar? Über den Einfluss der Aufnahmekonfiguration.* UAV 2020 – The Sky is the Limit? DVW-Schriftenreihe, Band 97, DVW e. V. (Hrsg.). Wißner, Augsburg, S. 61-76.

Rembold, M. (2020): *Einsatz von unbemannten Luftfahrtsystemen im Liegenschaftskataster.* Zeitschrift für Geodäsie, Geoinformation u. Landmanagement (zfv), 145 (6), S. 357-363.

Rembold, M. (2023): *Rechtliche Aspekte beim UAS-Betrieb durch Katasterbehörden in Nordrhein-Westfalen.* Zeitschrift für Geodäsie, Geoinformation und Landmanagement (zfv), 148 (6), S. 379-386.

Rose, A. (2014): *Praktische Erfahrungen beim Einsatz von UAV bei der Durchführung von Liegenschaftsvermessungen.* Multi-Sensor-Systeme – Bewegte Zukunftsfelder. DVW-Schriftenreihe, Band 75, DVW e. V. (Hrsg.). Wißner, Augsburg.

Rose, A. & Zurhorst, A. (2013): *UAVs im Vermessungsbüro: Kommt der ÖbVI in den Himmel?* Forum 39, Zeitschrift des Bundes der Öffentlich bestellten Vermessungsingenieure e. V. www.bdvi-forum.de, 3/2013, S. 24-29.

Schlösser, L. & Kuhnt, S. (2020): *Einsatz von UAV im amtlichen Vermessungswesen – ein Werkstattbericht aus dem Zukunftskonzept VKV 2025.* UAV 2020 – The Sky is the Limit? DVW-Schriftenreihe, Band 97, DVW e. V. (Hrsg.). Wißner, Augsburg, S. 39-58.

Unger, J. (2023): *UAV-Einsatz in der Niedersächsischen Vermessungs- und Katasterverwaltung.* UAV 2023 – Geodaten nach Maß, DVW-Schriftenreihe, Band 105, DVW e. V. (Hrsg.). Wißner, Augsburg, S. 75-94.

Anmerkungen zur Qualitätssicherung von UAV-Messungen

Heinz-Jürgen PRZYBILLA

Zusammenfassung

Qualitätssicherung ist im Bereich der Geodäsie und Photogrammetrie seit Langem ein relevanter Themenkomplex, was durch eine Vielzahl von Normen und Richtlinien dokumentiert ist (SCHWIEGER & ZHANG 2019). Entsprechende Regelwerke/Empfehlungen sind für UAV-basierte Messsysteme eher nicht verfügbar. Im Beitrag werden einige Möglichkeiten und Rahmenbedingungen angesprochen, die die Qualität von UAV Anwendungen (Bild- und LiDAR-basiert) verbessern können.

1 UAVs – (Autonome) Multi-Sensor-Systeme

Der aktuelle Markt der Unmanned Aerial Vehicle (UAV) bietet eine bisher unerreichte Anzahl unterschiedlichster Systemlösungen. Neben Koptern in diversen Ausführungen und Gewichtsklassen sowie klassischen Fixed-Wing-Systemen sind vor allem hybride Systeme mit der Fähigkeit des „Vertical Take Off And Landing“ (VTOL) von besonderem Interesse. Sie verbinden die Eigenschaft des Senkrechtstartens mit der Fähigkeit eines Flächenflugzeuges große Räume in kurzer Zeit zu erfassen. Grundsätzlich ist dieser UAV-Typus auch sehr für die Nutzung in Anwendungen „Beyond Visual Line Of Sight“ (BVLOS) geeignet.

Zur geometrischen Datenerfassung etablieren sich – neben dem Sensor „Digitalkamera“ – vermehrt Airborne Laserscanner, die z. B. durch Gewichtsoptimierung für eine Nutzung auf UAV-Systemen adaptiert wurden. Daneben bieten etablierte Hersteller auch spezielle Neukonstruktionen oder integrieren preiswerte Industrie-Scanner in ihre Systeme (Abb. 1 und 2).

Abb. 1: Auswahl aktueller UAV-Messsensoren (Intergeo 2023)

Abb. 2: UAV-Plattformen … Größer – Schneller – Weiter … Autonomer?

Ein UAV kann grundsätzlich als ein Multi-Sensor-System betrachtet werden. Hierzu gehören:

- Basis-Sensoren zur Stabilisierung der Flugplattform,
- Sensoren zur Orientierung und Positionierung im Raum,
- Sensoren zur Kollisionsvermeidung sowie
- Aufnahmesensoren (Kameras, Laserscanner) zur gezielten Erfassung ausgewählter Objekte und deren Eigenschaften.

Die Gesamtheit der aufgeführten Komponenten ist bestimmend für die Flugeigenschaften des UAV, die Qualität der Navigation im Raum sowie die Methode der geometrischen Datenerfassung. Die Optimierung aller Systemeigenschaften steht hier im Vordergrund, wobei insbesondere die Autonomie der Systeme angestrebt wird (Abb. 3).

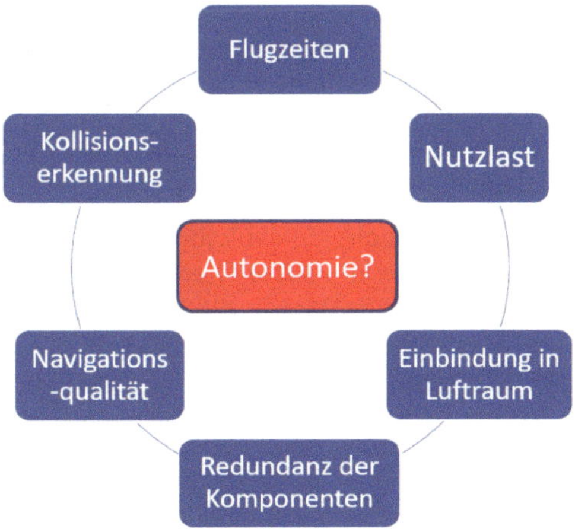

Abb. 3: Qualitätsentwicklungen in der UAV-Technologie

In diesem Kontext dürfen die Begriffe Automatisierung und Autonomie nicht austauschbar verwendet werden, da sie sehr unterschiedliche Konzepte implizieren.

Ein „autonomes System“ ist ein solches, das seine Mission selbst bestimmt, während der Mission eigene Entscheidungen trifft und seine eigene strategische Planung vornimmt – das heißt, es ist völlig selbstbestimmt und beherrscht sich selbst (ECA 2020).

Autonome UAV/UAS im obigen Sinne sind demzufolge bisher nicht am Markt und voraussichtlich kurz- bis mittelfristig nicht realisierbar. Eine Einordnung des derzeitigen Status quo zeigt Abbildung 4, wobei die Level 2 und 3 den aktuellen Automationsgrad der überwiegenden Anzahl verfügbarer UAV widerspiegelt.

LEVEL / *AUTONOMIE*	0 / **Keine**	1 / **Pilotengestützt**	2 / **Partiell**	3 / **Bedingt**	4 / **Hoch**	5 / **Voll**
Piloten Einbindung	Pilot hat volle Kontrolle über den Steuerknüppel	Pilot hat volle Kontrolle über den Steuerknüppel	Pilot startet und fliegt das UAV	Pilot legt die POI fest	Pilot legt das Interessensgebiet fest	Pilot definiert die zu erfassenden Objekte
System Einbindung	Kontrolle der Höhenlage	Stabile vertikale Position	Stabile vertikale und horizontale Position	Fliegt unter begrenzten Bedingungen	Fliegt unter begrenzten Bedingungen und legt eigenständig POI fest	Fliegt unter allen Bedingungen
Systemebene des Verstehens	Keine	Bestimmt Orientierung und Höhe	Bestimmt Orientierung und Position	Erkennt Hindernisse	Erkennt die 3D-Umgebung	Umfassendes Verstehen
Beispiel	UAV stürzt ohne Piloten ab	UAV bleibt ohne Piloten in der Luft	UAV nutzt Sensoren zur Stabilisierung und erkennt Hindernisse	Das System fliegt und umfliegt Hindernisse	Das System fliegt und erkundet ohne GNSS	Das System fliegt in jeder Umgebung und identifiziert Objekte

Abb. 4: Autonomie-Level gemäß SAE (2018)

2 (Direkte) Georeferenzierung

Die Georeferenzierung ist eine zentrale Grundlage, vor allem bezüglich der Qualität der Punktwolke. Beim Verfahren der „Direkten Georeferenzierung“ (DG) wird die Position und Ausrichtung eines luftgestützten Sensors direkt gemessen (GNSS und IMU/INS), ohne dass zusätzliche bodenbezogene Messungen (Passpunkte) genutzt werden.

Die Qualität der Direkten Georeferenzierung ist in der Regel nicht gleichbleibend, da sie von einer Vielzahl von Komponenten abhängig ist (Abb. 5). Diese können während einer Messkampagne Schwankungen unterliegen (z. B. atmosphärische Einflüsse), die infolge die erreichbaren Genauigkeiten der Positionsbestimmung variieren. Neben zufälligen sind vor allem systematische Abweichungen (z. B. Offsets) kritisch. Die Verwendung zusätzlicher Pass- und Kontrollpunkte kann derartige Effekte aufdecken bzw. reduzieren und stellt somit ein probates Mittel der Qualitätskontrolle dar (PRZYBILLA & BÄUMKER 2020).

Der RTK/PPK-Technologie kommt beim UAV-Einsatz eine besondere Bedeutung zu:

- präzisere Positionierung der UAV-Plattform im 3D-Raum (±2-3 cm);
- direkte Georeferenzierung;

- Aufwandsreduzierung bei den örtlichen Arbeiten (Passpunktsignalisierung und -bestimmung);
- der Einsatz von Airborne Scannern (auf UAV) ist unmittelbar von der Qualität der gemessenen Trajektorie abhängig.

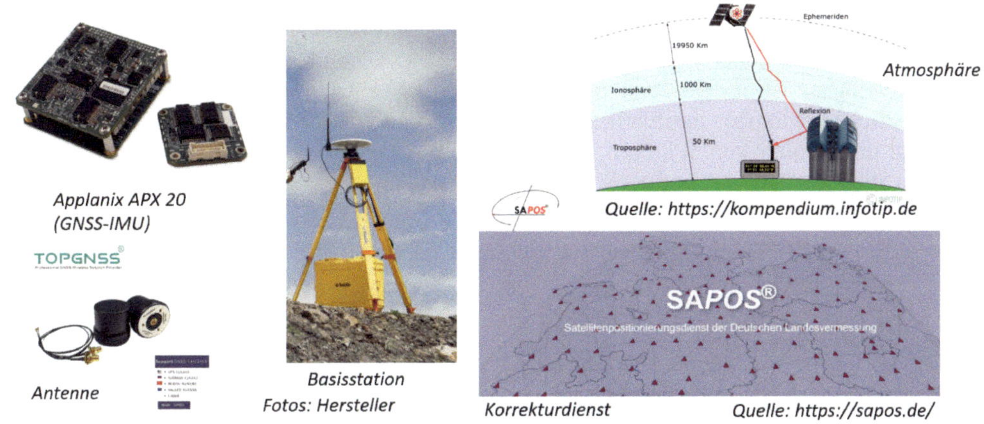

Abb. 5: Komponenten der Direkten Georeferenzierung

Abbildung 6 zeigt (partiell) den Verlauf einer Trajektorie sowie die geometrischen Zusammenhänge zwischen Orientierungs- und Geometrie-Sensoren (Kamera bzw. Laserscanner). Eine präzise Kenntnis der Hebelarme (lever arms), des Misalignments (Rotationswinkel zwischen IMU/INS und Sensor) sowie bei kamerabasierten Systemen der Inneren Orientierung ist zwingend notwendig bzw. durch Selbstkalibrierung zu ermitteln.

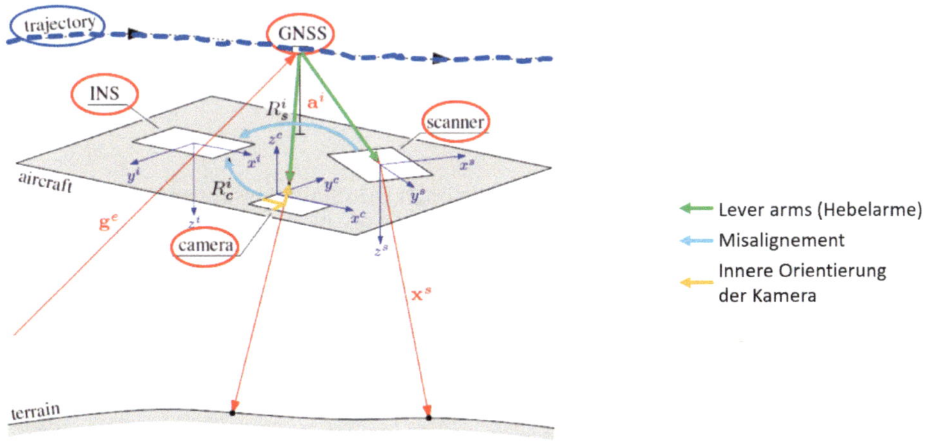

Abb. 6: Sensoranordnung auf einer luftgestützten Plattform (Quelle: GLIRA et al. 2019)

3 Bild- und LiDAR-basierte Punktwolken

Objektvermessungen auf der Grundlage von kamerabasierten UAV-Systemen haben sich in den zurückliegenden Jahren – vor allem aufgrund der Verfügbarkeit stark automatisierter Verfahren (Structure from Motion und Dense Image Matching) – etabliert. Die Nutzung von LiDAR-basierten UAV-Systemen steht hingegen erst am Anfang, wird aber durch die Entwicklung UAV-tauglicher Systeme stark forciert. Ein besonderes Argument für den Laserscanner-Einsatz ist in dem Prinzip der Abtastung zu sehen. Während das Kamerasystem ausschließlich (sichtbare) Oberflächenpunkte erfasst, kann der Laser Oberflächen durchdringen (z. B. im Bereich von Wäldern) und durch die Auswertung von Mehrfachreflexionen (Returns) auch die darunter befindliche Geländeoberfläche messen (Abb. 7).

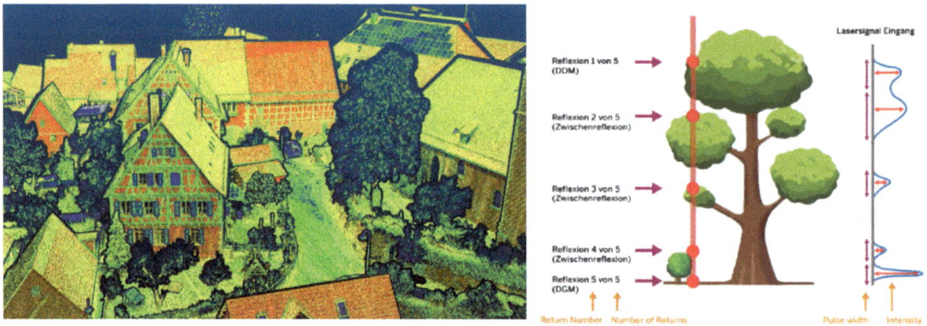

Abb. 7: LiDAR-Punktwolke (links, Quelle: HAALA et al. 2019, Sensor: RIEGL VUX1-LR) und Abtastprinzip (rechts, Quelle: GEOBASIS NRW 2020)

Eine Fusion der 3D-Punktwolken beider Methoden führt in der Regel zu einer Optimierung des Gesamtresultats, z. B. hinsichtlich der Punktwolkendichte und Vollständigkeit bzw. der Reduzierung von Lücken.

3.1 Qualität bildbasierter Punktwolken

Abbildung 8 zeigt das Prinzip der Objekterfassung beim Bildflug. Messungen erfolgen punktuell in einer definierten Aufnahmefolge, bei gleichzeitiger flächenhafter Erfassung durch den Kamerasensor. Durch Synchronisation der Bildaufnahme mit den Navigationssensoren (GNSS als Zeitgeber) wird der Aufnahmeort in Lage und Orientierung ermittelt (Äußere Orientierung im Rahmen der Direkten Georeferenzierung).

Qualitätsbeeinflussende Faktoren ergeben sich insgesamt durch die Wahl der Konfiguration im Rahmen der Bildflugplanung (GERKE & PRZYBILLA 2016):

- Kreuzbefliegungen und Befliegungen in unterschiedlichen Höhen verbessern die Möglichkeiten der notwendigen Kamerakalibrierung und erhöhen die Gesamtgenauigkeit der Bildorientierung (Abb. 9, linkes Bild).
- Ebenso verbessern Flüge mit Schrägaufnahmen die Kamerakalibrierung aufgrund der größeren Tiefe der Bildblöcke (Abb. 9, rechtes Bild).

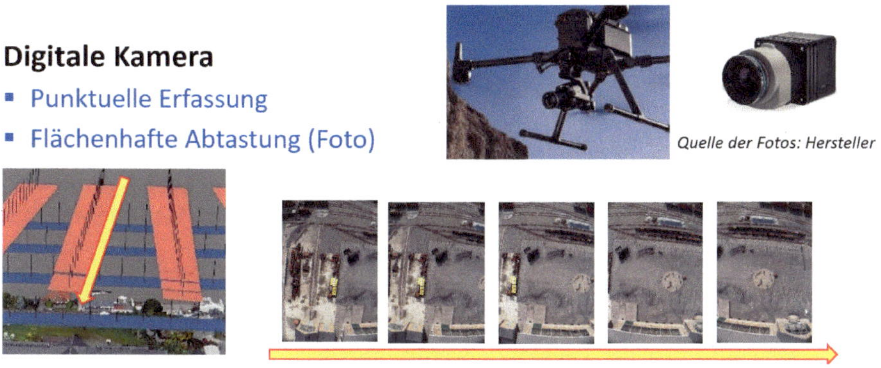

Abb. 8: Prinzip der Objekterfassung mittels Kamera

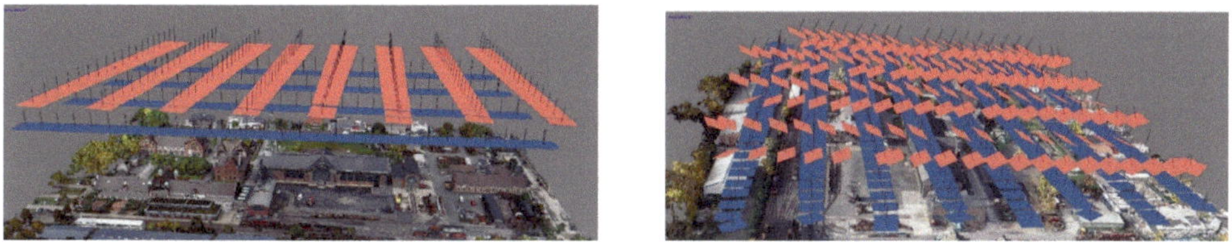

Abb. 9: Beispiele für die Konfiguration von UAV-Bildflügen

3.2 Qualität LiDAR-basierter Punktwolken

Im Gegensatz zur Objekterfassung mittels Kamera erfassen LiDAR-Systeme das Objekt in einem kontinuierlichen Modus (unter Verwendung unterschiedlicher Abtastmodi, Abb. 10). Das hat somit unmittelbaren Einfluss auf die gleichfalls kontinuierlich zu messende Trajektorie.

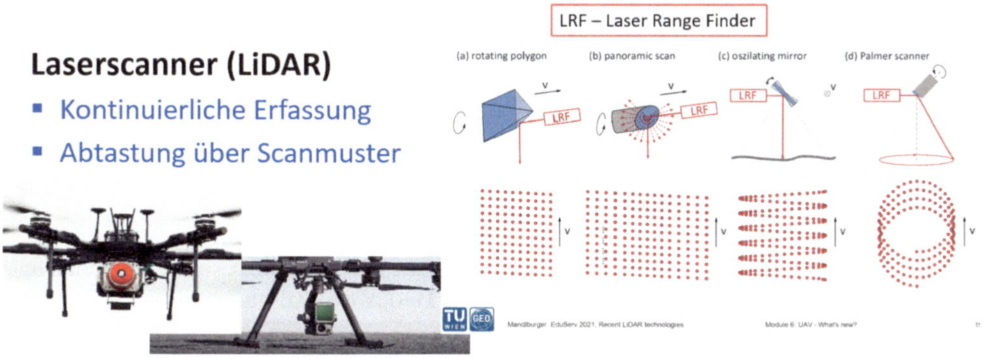

Abb. 10: Prinzip der Objekterfassung mittels konzeptionell verschiedener LiDAR-Sensoren (Quelle: G. MANDLBURGER, TU Wien)

3.3 Laserscanner Werkskalibrierung und dynamische Fehler

Multi-Sensor-Systeme werden im Werk einer (strengen) Systemkalibrierung unterzogen. Diese Kalibrierung bestimmt die intrinsischen Beziehungen zwischen den Elementen der Sensorplattform (Abb. 6). Beim Betrieb der Plattform können zusätzliche dynamische Fehler auftreten. Ursachen sind i. d. R. in den im UAV verbauten MEMS-Navigationssensoren – mit reduzierter Genauigkeit – zu finden. Dynamische Fehler sind daher in jedem Projekt vorhanden und können variieren. Zudem haben sie im Gegensatz zu statischen Kalibrierungsparametern die Tendenz, dass sie zeitabhängig sein können.

In der Folge ergeben sich z. B. Auswirkungen auf die Trajektorien verschiedener Flüge an verschiedenen Tagen, die in einem Versatz oder einer Verschiebung zwischen den Flugstreifen resultieren. Abweichungen in der Trajektorie werden als Diskrepanzen in der Punktwolke sichtbar, wenn mehrere Scans denselben physischen Bereich abbilden (überlappende Bereiche).

Eine Kompensation dieser negativen Effekte ist durch eine nachträgliche Streifenanpassung (-ausgleichung) möglich. Diese nutzt Überlappungen, um Fehler der gemessenen Trajektorie zu reduzieren und ermöglicht eine Selbstkalibrierung während des Fluges. Die Streifenausgleichung verbessert die Georeferenzierung durch Schätzung

- der Scanner Mounting Kalibrierung sowie von
- Korrekturparametern für die GNSS/IMU-Trajektorienlösung.

Normalerweise wird für jeden Streifen ein konstanter Offset (ΔX, ΔY, ΔZ, Δroll, Δpitch, Δyaw) geschätzt. Alternativ dazu können zeitabhängige Korrekturen für jeden dieser sechs Parameter durch Splines modelliert werden.

Abbildung 11 zeigt die Resultate eines Streifenausgleichs am Beispiel einer Bearbeitung mit der Software TerraMatch. Doppelabbildungen der Punktwolkenprofile werden hier durch Minimierung der Punktwolkenabstände wirkungsvoll reduziert.

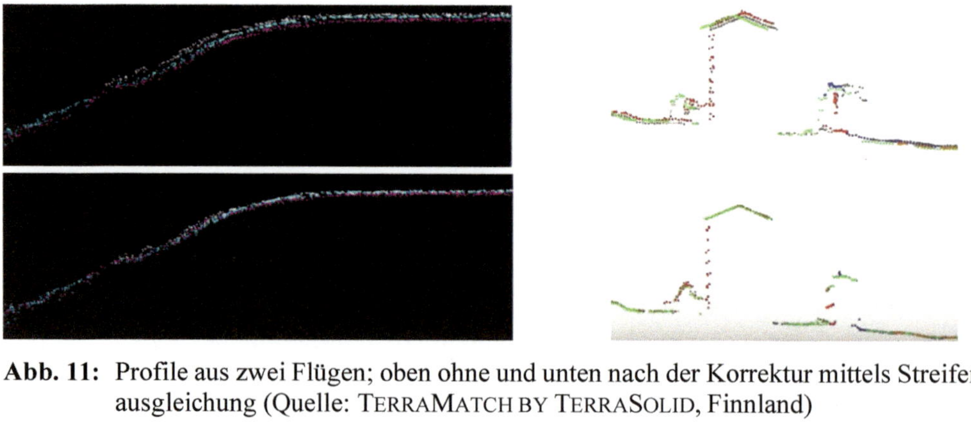

Abb. 11: Profile aus zwei Flügen; oben ohne und unten nach der Korrektur mittels Streifenausgleichung (Quelle: TERRAMATCH BY TERRASOLID, Finnland)

4 Beispiele 3D-LiDAR-Punktwolken

Die Qualität der LiDAR-Punktwolken wird primär durch die geometrische Qualität des eingesetzten Scanners beeinflusst. Abbildung 12 zeigt die Qualität seines Auflösungsverhaltens sowie seine Eigenschaften Daten zu verrauschen.

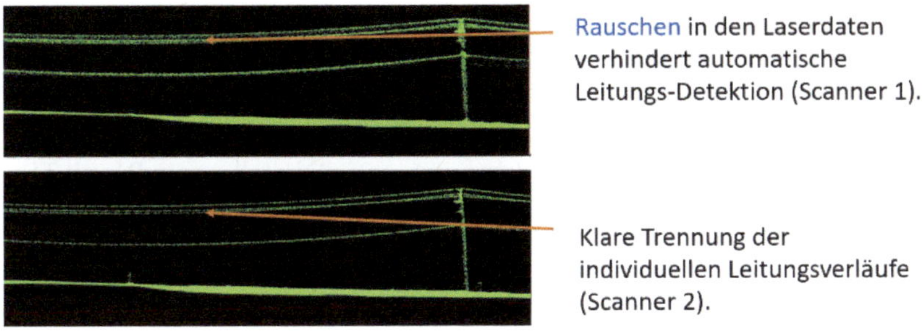

Abb. 12: Einflussfaktoren LiDAR-Punktwolke: Sensor (Auflösung und Rauschverhalten). (Quelle: G. MANDLBURGER, TU Wien)

Darüber hinaus werden die Punktwolken i. d. R. durch Filteralgorithmen vorverarbeitet. Ein Negativbeispiel für die Anwendung eines Glättungsfilters ist in Abbildung 13 dargestellt.

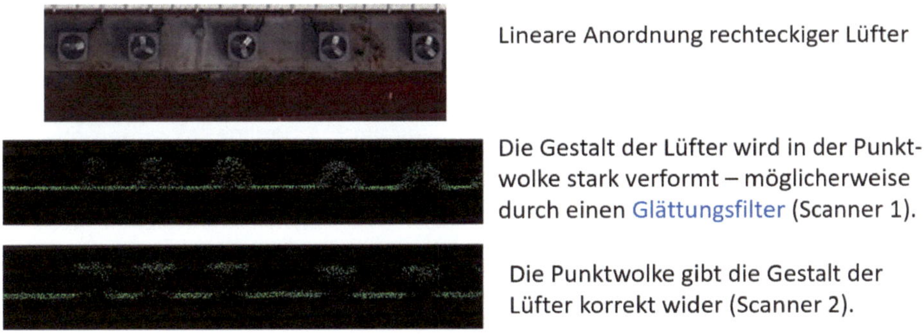

Abb. 13: Einflussfaktoren LiDAR-Punktwolke: Sensor und Filterung (Quelle: G. MANDLBURGER, TU Wien)

Von KERSTEN et al. (2022) durchgeführte vergleichende Untersuchungen verschiedener UAV-Sensoren im UAV-Testfeld Hamburg Inselpark sind in Abbildung 14 dargestellt. Als Referenz für die hier untersuchten Profile dient die Aufnahme mit einem terrestrischen Laserscanner (FARO Focus3D X330). Das erfasste Stufenprofil ist kantenscharf und in den linearen Verläufen glatt. Ein ähnliches Bild liefern die Profile, die aus der bildbasierten Punktwolke mit der Digitalkamera DJI P1 abgeleitet wurden, wenngleich hier die Rechtwinkligkeit der Stufenstruktur leicht verfälscht wird. Der Airborne Laserscanner DJI Livox L1 liefert im Vergleich die schlechtesten Resultate. Die Struktur ist verrauscht und offensichtlich sind in der eingesetzten Software DJI Terra auch Glättungsfilter eingesetzt worden, die zu einer Verrundung der Stufen führt.

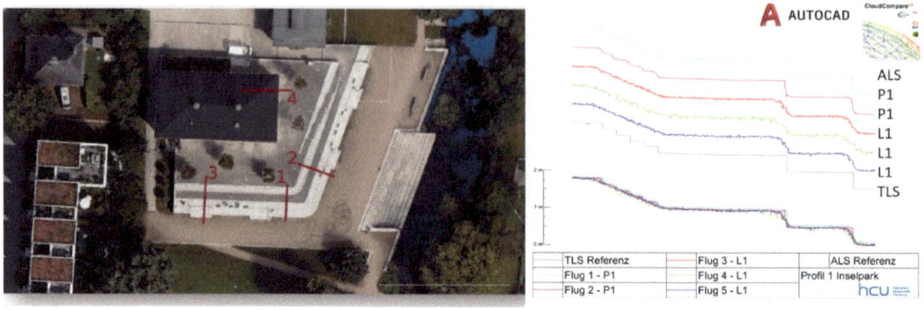

Abb. 14: Vergleich ausgewählter Profile aus DJI Livox L1 sowie Digitalkamera P1 mit TLS Referenzdaten (FARO Focus3D X330) (Quelle: KERSTEN et al. 2022)

5 Fazit und Ausblick

Die Qualität von 3D-Punktwolken wird durch alle Komponenten der Prozesskette beeinflusst (Abb. 15), auch wenn sich die Einflüsse einzelner Faktoren mit unterschiedlicher Gewichtung im Resultat widerspiegeln.

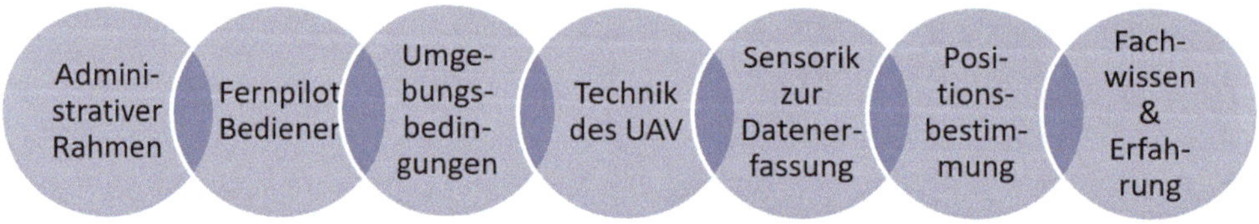

Abb. 15: Elemente der UAV-Prozesskette

Die nachfolgenden Empfehlungen sollten bei UAV-basierten Projekten Berücksichtigung finden:

- Die simultane Kalibrierung der UAV-Messsensoren ist zwingend.
- Geeignete Flugkonfigurationen (z. B. Kreuzbefliegung in unterschiedlichen Höhen) sind notwendig, wenn eine Simultankalibrierung der nicht-metrischen UAV-Kamera durchzuführen ist.
- Die Kalibrierung von LiDAR-Systemen durch die Hersteller ist nur eine Grundlage, die für weniger wertige Anwendungen genutzt werden kann.
- Die Streifenausgleichung bietet die Möglichkeit Systemparameter zu kalibrieren, die zu einer Verbesserung der Punktwolkenqualität führen.
- Am Markt verfügbare geodätische Sensoren bieten unterschiedlichste Leistungsmerkmale, die direkten Einfluss auf die Qualität des Ergebnisses haben.

Wünschenswert ist darüber hinaus, dass Systemprüfungen neuer Sensoren durch unabhängige Einrichtungen (z. B. Universitäten/Hochschulen) (auch) zukünftig gewährleistet sind. Dies gilt in gleicher Weise für die Wirkweisen eingesetzter Software.

Literatur

ECA (2020): European Cockpit Association: *Automation_Autonomy_ECA_Briefing_Paper.* https://www.eurocockpit.be/sites/default/files/2020-04/Automation_Autonomy_ECA_Briefing_Paper_20_0423_F.pdf.

Geobasis NRW (2020): *Nutzerinformationen für die 3D-Messdaten aus dem Laserscanning für NRW.* https://www.bezreg-koeln.nrw.de/geobasis-nrw.

Gerke, M. & Przybilla, H.-J. (2016): *Accuracy analysis of photogrammetric UAV image blocks: Influence of onboard RTK-GNSS and cross flight patterns.* PFG – Photogrammetrie, Fernerkundung, Geoinformation, 1/2020, S. 17-30.

Glira, P., Pfeifer, N. & Mandelburger, G. (2019): *Hybrid Orientation of Airborne LiDAR Point Clouds and Aerial Images.* ISPRS Annals of the Photogrammetry Remote Sensing and Spatial Information Sciences, IV-2/W5, S. 567-574. DOI: 10.5194/isprs-annals-IV-2-W5-567-2019.

Haala, N., Mandlburger, G., Cramer, M., Laupheimer, D. & Kölle, M. (2019): *Kombinierte Analyse hochpräziser Punktwolken aus UAV-Photogrammetrie und-Laserscanning im Hinblick auf Setzungsmessungen.* In: Hanke, K. & T. Weinold (Hrsg.): 20. Internationale Geodätische Woche Obergurgl 2019. Wichmann, Berlin/Offenbach. https://www.uibk.ac.at/vermessung/obergurgl/obergurgl_2019/beitraege/vo_haala.pdf.

Kersten, T., Wolf, J. & Lindstaedt, M. (2022): *Genauigkeitsuntersuchungen des UAV-Systems DJI Matrice 300 RTK mit den Sensoren P1 und L1 im Hamburger Testfeld.* In: Luhmann, T. & Schumacher, C. (Hrsg.): Photogrammetrie – Laserscanning – Optische 3D-Messtechnik. Beiträge der Oldenburger 3D-Tage 2022. Wichmann, Berlin/Offenbach, S. 298-313.

Przybilla, H.-J. & Bäumker, M. (2020): *RTK and PPK: GNSS-Technologies for Direct Georeferencing of UAV Image Flights.* FIG Proceedings Working Week 2020. https://fig.net/resources/proceedings/fig_proceedings/fig2020/papers/ts01b/TS01B_przybilla_manfred_10801.pdf.

SAE (2018): *SAE J3016 Levels of Driving Automation standard for consumers.* https://www.sae.org/standards/content/j3016_201806/.

Schwieger, V. & Zhang, L. (2019): *Qualität in der Ingenieurgeodäsie – Begriff und Modellierung.* Qualitätssicherung geodätischer Mess- und Auswerteverfahren 2019, DVW-Schriftenreihe, 95. Wißner, Augsburg, S. 9-30.

Direkte Georeferenzierung von UAV-Bildflügen: Ein Praxistest im glazialen Terrain

Steffen ISFORT, Melanie ELIAS, Anette ELTNER und Hans-Gerd MAAS

Zusammenfassung

Die vorgestellte Forschungsarbeit untersucht verschiedene Strategien zur Erfassung hochpräziser digitaler Höhenmodelle (DHMs) von komplexem und unzugänglichem Gelände mithilfe eines Realtime-Kinematic-(RTK-)GNSS-fähigen unbemannten Luftfahrzeugs (UAV) und Structure-from-Motion. Unter anderem werden der Einfluss unterschiedlicher Flugkonfigurationen (Regulär-, Kreuz- und Obliquebefliegungen), Flughöhen (relativ zum Ellipsoid oder zum Gelände) und die damit verbundenen Variationen der Bodenauflösung, fortgeschrittene Techniken zur Selbstkalibrierung der Kamera und Georeferenzierungsstrategien bei der Bildblockverarbeitung (direkt und integriert) auf die Genauigkeit der resultierenden DHMs untersucht. Zufällige und systematische Fehler werden anhand von unabhängigen Kontrollpunkten quantifiziert. Diese umfassende Analyse liefert wertvolle Erkenntnisse für die UAV-basierte Analyse von komplexem Gelände mit verbesserter Genauigkeit bei der DHM-Erstellung und nachfolgenden Anwendungen wie der Erkennung von Veränderungen.

1 Einleitung

Mit Kameras ausgestattete UAV sind wichtige und bewährte Instrumente für die flexible raumzeitlich hochauflösende Überwachung von Umweltprozessen in vielen geowissenschaftlichen Anwendungen, z. B. in der Glaziologie (BELLONI et al. 2022), bei relativ geringen Kosten. Techniken der Mehrbildverarbeitung wie Structure-from-Motion (SfM) und Multi-View-Stereo (MVS), die in zahlreichen Softwarepaketen implementiert sind, ermöglichen die Berechnung von DHMs. Durch den Vergleich multitemporaler DHMs lassen sich Veränderungen in Abhängigkeit der Bodenauflösung (GSD) vierdimensional analysieren.

Die Kommerzialisierung kostengünstiger Vermessungs-UAV mit fest integrierten Kameras und RTK-GNSS, wie z. B. die DJI Phantom 4 RTK, hat die UAV-Photogrammetrie in den Geowissenschaften gefördert. Allerdings führen die Kamerakonstruktion und native Bildvorverarbeitungsroutinen zu Objektivverzeichnungen, die von den Standard-Kamerakalibrierungsmodellen, die in vielen SfM-Softwarepaketen integriert sind, nicht ausreichend beschrieben werden können (LIEBOLD et al. 2023, HASTEDT et al. 2021). Dies führt zu räumlichen Fehlern bei der DHM-Berechnung, die als Doming/Bowling bezeichnet werden und z. B. durch gut verteilte Passpunkte (GCPs), die Befliegung in zwei gekreuzten Regulärflügen mit Höhenversatz, die Vorkalibrierung der Kamera oder die Verwendung zusätzlicher Schrägaufnahmen reduziert werden können (z. B. STARK et al. 2021, JAMES et al. 2020, NESBIT & HUGENHOLTZ 2019, GERKE & PRZYBILLA 2016, ELTNER & SCHNEIDER 2015, JAMES & ROBSON 2014). Zudem trägt die Verwendung eines integrierten Zweifrequenz GNSS-Empfängers zur Erhöhung der Genauigkeit bei und ermöglicht die gleichzeitige Georeferenzierung des Bildblocks. Die direkte Georeferenzierung kann während des Fluges im RTK-

GNSS-Modus oder nach dem Flug mittels Post-Processed-Kinematic (PPK) erfolgen. Die Bildpositionen, die bis auf wenige Zentimeter genau bestimmt werden, verbessern die Schätzung der inneren Orientierungsparameter (IOP) und stabilisieren den Bildblock in der Bündelblockausgleichung (z. B. KERSTEN & LINDSTAEDT 2022, PRZYBILLA et al. 2020). Ein wichtiger Aspekt, der in vielen dieser Studien hervorgehoben wird, ist die Verfügbarkeit eines präzisen und konsistenten GCP-Netzes.

Die Messung von GCPs ist zeitaufwendig, widerspricht der Idee der flexiblen UAV-Vermessung oder ist in steilem und unzugänglichem Terrain nicht möglich. Dies wirft die Frage auf, ob die Zahl der GCPs durch den Einsatz fortschrittlicher Bildaufnahme- und Analysestrategien erheblich reduziert werden kann, ohne dabei die Genauigkeit zu beeinträchtigen. SCHULZE et al. (2022), LIU et al. (2022) und PRZYBILLA et al. (2020) untersuchten SfM generierte DHMs mit PPK georeferenzierten Bildern. Sie fanden heraus, dass ein GCP notwendig ist um systematische Fehler wie Höhenversatz und Doming zu korrigieren. Die Untersuchungen konzentrierten sich jedoch hauptsächlich auf Gelände mit mäßigem Relief, wo systematische Fehler aufgrund der Korrelationen von Kamerakonstante und Tiefenrichtung zu erwarten sind. BELLONI et al. (2022) bewerteten die Verwendung der PPK-Georeferenzierung in der UAV-Photogrammetrie für die 3D-Vermessung von Gletschern in den Alpen und zeigten Genauigkeiten von einigen Zentimetern in den resultierenden DHMs, selbst wenn ohne GCPs gearbeitet wurde. Allerdings erfordert PPK eine eigene Basisstation und fortschrittliche Verarbeitungsstrategien, während die Verwendung von RTK-GNSS nur eine stabile mobile Verbindung zu einem Korrekturdatendienst erfordert, z. B. KERSTEN & LINDSTAEDT (2022).

Diese Studie bietet eine angewandte Meta-Analyse der in der Literatur erwähnten Ansätze, die sich auf die DHM-Generierung in unzugänglichem, glazialem Terrain fokussiert. Das Augenmerk liegt dabei auf der inneren Präzision der 3D-Punktwolkenrekonstruktion sowie auf der Analyse zufälliger und systematischer Fehler. Die Auswertungen umfassen Bilddaten, die mit der DJI Phantom 4 RTK in zwei Epochen am norwegischen Bøverbreen unter verschiedenen Beobachtungsbedingungen aufgenommen wurden.

2 Daten und Methoden

2.1 Studiengebiet

Als Studiengebiet diente der Bøverbreen im norwegischen Jotunheimen-Nationalpark (s. Abbildung 1). Er ist durch loses Geröll und freiliegende Felsen gekennzeichnet. Die Zugänglichkeit ist auf ein kleines Gebiet am Gletscherende beschränkt, vor allem nach Tagen mit starken Niederschlägen, wenn die von Gletscherschliff geprägten Felsen schwer zugänglich sind. Aufgrund der Topographie sind hohe Windgeschwindigkeiten und schnell wechselnde Wetterbedingungen zu erwarten. Daher ist der Bøverbreen ein ausgezeichneter Ort, um den Einfluss verschiedener UAV Flug- und Georeferenzierungsstrategien auf die DHM-Genauigkeit zu untersuchen.

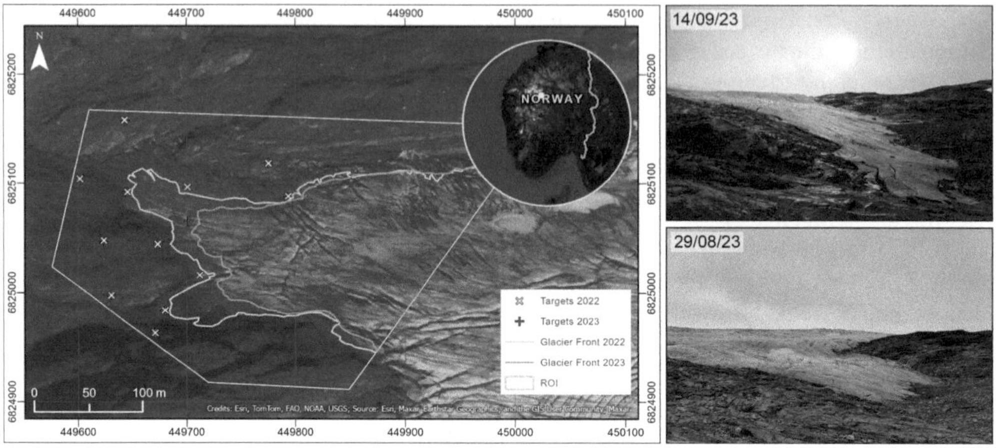

Abb. 1: Studiengebiet: Bøverbreen, Norwegen

2.2 UAV und Flugmuster

Die Befliegung wurde mit der DJI Phantom 4 RTK durchgeführt. Die Bildflugplanung erfolgte mit der zugehörigen Flugsteuerungs- und -planungssoftware DJI GS RTK. Der integrierte Zweifrequenz-RTK-GNSS-Empfänger wurde zusammen mit dem norwegischen Korrekturdatendienst CPOS verwendet. In die Untersuchungen wurden drei Flugmuster einbezogen: Regulär- (PA), Kreuz- (CG) und Obliquebefliegungen (O) (siehe Tabelle 1). Daraus wurden vier Bildblockkonfigurationen abgeleitet und untersucht: PA, CG, PAO und CGO. Die Flugstreifen sind in Abbildung 2 dargestellt. Weiterhin wurden die direkte Georeferenzierung ohne GCP und die integrierte Georeferenzierung mit wenigen GCP getestet.

Tabelle 1: Konfiguration der drei Bildblöcke

Flugmuster	**Kameraausrichtung**	**Flughöhe** 2022 / 2023	**Referenzfläche** 2022 / 2023	**Überlappung** 2022 / 2023
Regulär (PA)	Nadir	115 m / 50 m	Ellipsoid / DGM	(90/80) / (80/70)
Kreuz (CG)	Nadir	100 m / 50 m	Ellipsoid / DGM	(80/70) / (80/70)
Oblique (O)	45°	115 m / 50 m	Ellipsoid / DGM	

Mitte September 2022 fanden die ersten UAV-Flüge statt. Es wurden 12 uncodierte, kreisförmige Zielmarken (schwarz/weiß, Ø 20 cm) im zugänglichen Frontbereich des Gletschers verteilt (Abb. 1). Sie dienten als Pass- und Kontrollpunkte und wurden mit dem Emlid Reach RS2 RTK-GNSS-Empfänger unter Verwendung von CPOS vermessen (Beobachtungszeit pro Ziel ca. 15 Sekunden). Der mittlere Root Mean Square Error (mRMSE) der Zielkoordinaten beträgt 1,1 cm in XY- und 1,5 cm in Z-Richtung. Die GSD liegt zwischen 0,5 cm und 3,6 cm im Nadir. Die Genauigkeiten der Bildpositionen liegen im Bereich weniger Zentimeter (gemessen an den Standardabweichungen (STDs) der DJI Metadaten). Die zweiten UAV-Flüge fanden Ende August 2023 statt. Es wurden 10 uncodierte Ziele in fast identischer Konfiguration wie im Jahr 2022 platziert und vermessen, mit kleinen Abweichungen aufgrund der stark veränderten Gletscherfront (Abb. 1). Die Genauigkeiten der Bildpositionen liegen in der Lage im Bereich weniger Zentimeter, haben in der Höhenkomponente mit ca. 10 cm aber eine große Unsicherheit im Vergleich zur Vorepoche.

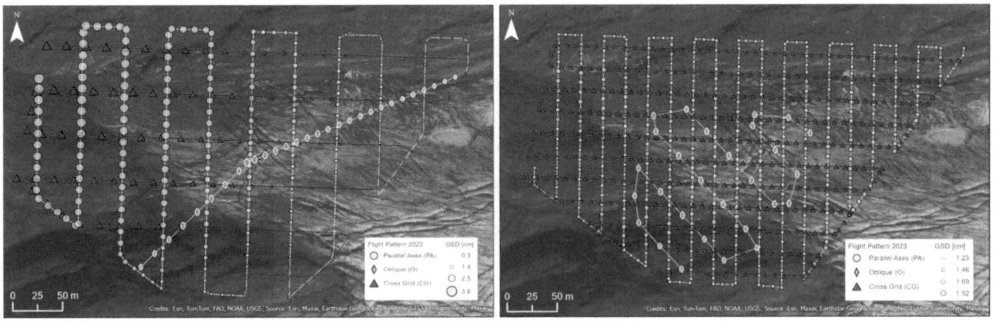

Abb. 2: Flugmuster in 2022 (links) und 2023 (rechts)

2.3 Datenprozessierung

Ein automatischer SfM-MVS-Workflow wurde mit der Agisoft Metashape Python API (Version 2.0.2) implementiert, um die Verarbeitung für alle zu analysierenden Bildblockkonfigurationen und Georeferenzierungsstrategien zu automatisieren. Die Bildmessung der GCPs erfolgte im Voraus durch interaktive Punktmessung in allen Bildern einer einzelnen Konfiguration. Insgesamt wurden 16 Bildblockkonfigurationen verarbeitet; vier Bildblöcke (PA, PAO, CG, CGO) mit vier Georeferenzierungsstrategien: direkte Georeferenzierung ohne GCPs, integrierte Georeferenzierung mit einem GCP am Startpunkt der UAV und die integrierte Georeferenzierung mit vier und neun gleichmäßig im Bildblock verteilten GCPs. Alle nicht als GCPs verwendeten Ziele dienten als CPs. Soweit möglich, wurden in beiden Epochen die gleichen Zielpositionen verwendet (Abb. 1).

Die Orientierungsinformationen der Bilder aus RTK-GNSS und IMU sowie die Kamerakalibrierungsparameter des Herstellers dienten als anfängliche Schätzung für die Selbstkalibrierung und Bündelblockausgleichung in SfM. Die Selbstkalibrierung der Kamera wurde mithilfe der Standardmodellierung der IOP und Verzeichnungsparameter nach BROWN (1971) durchgeführt. Außerdem wurde die Fourier-Reihen-Modellierung verwendet, die in Metashape basierend auf TANG et al. (2012) seit Version 1.6.0 implementiert ist, da sie nach HASTEDT et al. (2021) die Modellierung von asphärischen Verzeichnungen erlaubt, wie sie bei der in dieser Studie verwendeten Kamera auftreten.

3 Ergebnisse und Diskussion

Im folgenden Abschnitt wird die Qualität der SfM-basierten 3D-Rekonstruktion analysiert, einschließlich der geschätzten IOP und äußeren Orientierungsparameter (EOP) und die GCP-Residuen als Maß für die innere Genauigkeit (nur integrierte Georeferenzierung). Zufällige und systematische Fehler werden auf der Grundlage der CPs analysiert.

3.1 Punktwolken

Die Rückprojektionsfehler wurden anhand der in die Bilder zurückprojizierten rekonstruierten 3D-Punktkoordinaten der Verknüpfungspunkte berechnet. In diesem Zusammenhang wurden Ausreißer mithilfe eines 95-%-Perzentil-Filters eliminiert. In allen untersuchten Bildblöcken lag der Median der Rückprojektionsfehler bei etwa 0,25 Pixeln. Die Rückprojektionsfehler sind in den 2023er-Daten etwas geringer als in den 2022er-Daten. Dies ist wahrscheinlich auf die nahezu konstante GSD durch den Flug in gleichbleibender Höhe über dem Gelände, höher aufgelöste Bilder und stabilere Bildblockkonfigurationen zurückzuführen. Flugmuster und Georeferenzierungsstrategie haben keinen signifikanten Einfluss auf die Rückprojektionsfehler und damit die innere Präzision der berechneten 3D-Punktwolke. Dies ist wahrscheinlich auf die gut ermittelten IOP und Objektivverzeichnungsparameter unter Verwendung vorkalibrierter Kameraparameter und Fourier-Reihen-Modellierung zusätzlich zur Standardmodellierung in der SfM-Selbstkalibrierung zurückzuführen. Es könnte auch auf die guten Näherungswerte der EOP aus den RTK-GNSS-Messungen zurückzuführen sein.

3.2 Innere Orientierung

Wie in Hastedt et al. (2021) dargelegt, kann die Verwendung von Fourier-Reihen-Modellierungen höherer Ordnung in der SfM-Selbstkalibrierung systematische Fehler im Bildraum erheblich reduzieren und die Schätzungen der EOP im Objektraum verbessern. Zugleich können höhere Korrelationen zwischen den Verzeichnungsparametern nach Brown und der Kamerakonstante auftreten. Diese Aussage kann für die geschätzten Kameraparameter bestätigt werden.

In Abbildung 3 sind für alle Flugmuster unabhängig von der Georeferenzierungsstrategie höhere Residuen an den Rändern der Kamerabilder zu sehen. Sie liegen jedoch weit unter einem Pixel und sind damit deutlich niedriger als in den Arbeiten von STARK et al. (2021) und PRZYBILLA et al. (2020), die eine Standardmodellierung für die Kamera nutzten mit verbleibenden Restwerten von mehr als einem Pixel aufgrund der asphärischen Linsenkonstruktion. Die Fehler an den Rändern sind hauptsächlich auf die geringe Abbildungsqualität des Linsensystems zurückzuführen, die sich auch in einer starken Unschärfe an den Bildrändern widerspiegelt.

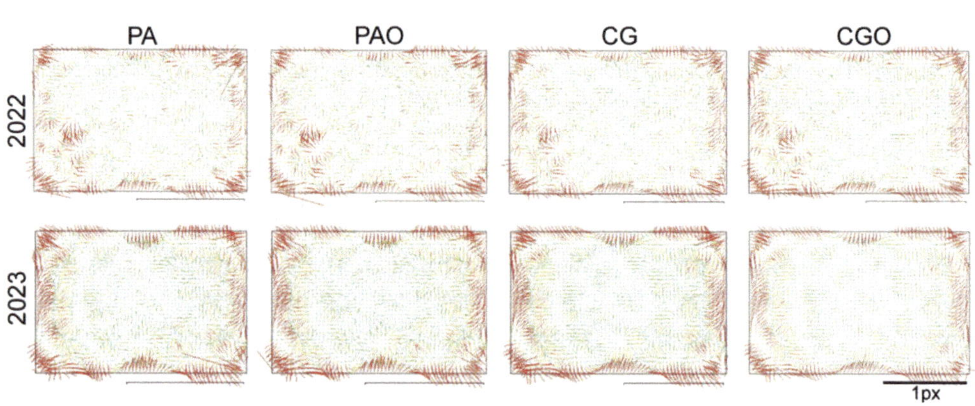

Abb. 3: Restverzeichnungen bei direkter Georeferenzierung

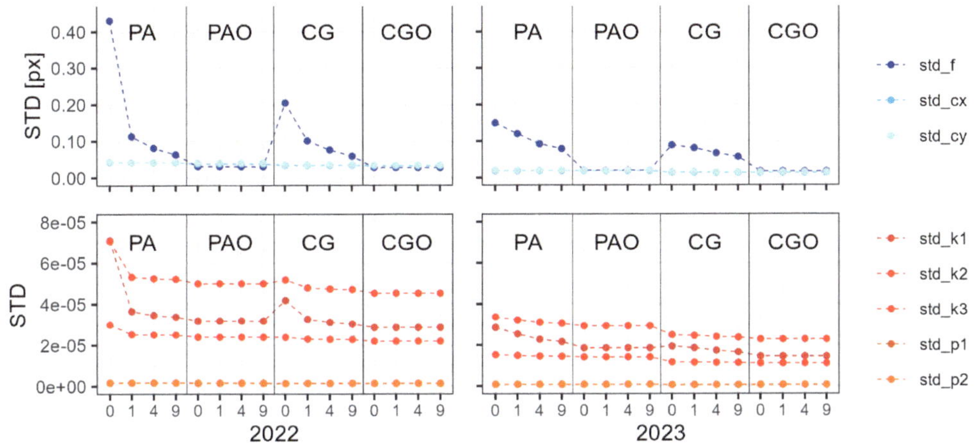

Abb. 4: STDs der IOP und Verzeichnungsparameter; Nummerierung der X-Achsen verweist auf die Georeferenzierungsstrategie (direkt: 0 GCPs, integriert: 1, 4, 9 GCPs)

Der Einfluss der Flugkonfiguration, der GSD und der gewählten Georeferenzierungsstrategie wird deutlicher an den STDs der gemessenen IOP- und Verzeichnungsparameter, die in Abbildung 4 dargestellt sind. Es wurde festgestellt, dass die Kamerakonstante am zuverlässigsten bestimmt werden kann, wenn Schrägaufnahmen in den Bildblock integriert werden.

3.3 Passpunkte

Abbildung 5 zeigt die Residuen an den GCPs für jede Konfiguration der integrierten Georeferenzierung. Die Kästen stellen den Interquartilsbereich (IQR) zwischen dem 25 % Perzentil/1. Quartil (Q1) und dem 75 % Perzentil/3. Quartil (Q3) dar. Die Vertikalstriche zeigen den minimalen/maximalen Wert, berechnet durch Q1/Q3 ± 1,5*IQR, unter Vernachlässigung von Ausreißern (schwarze Punkte).

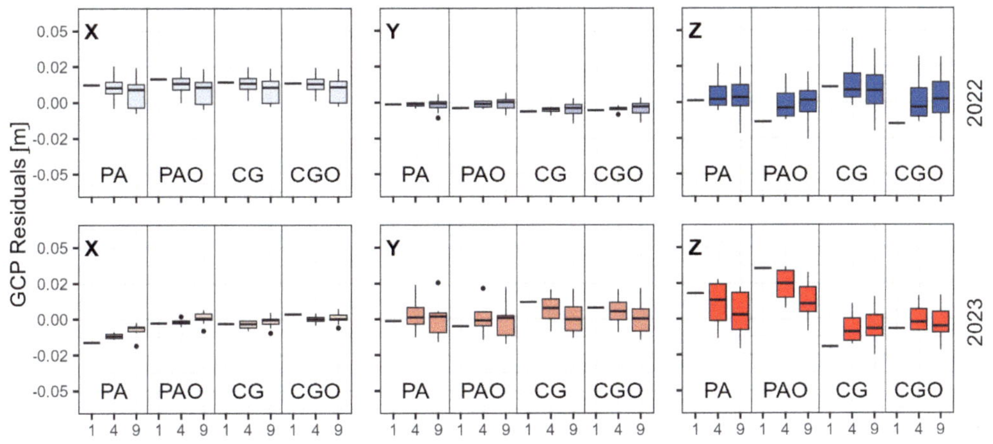

Abb. 5: Residuen an den Passpunkten; Y-Achsen ±5 cm

STARK et al. (2021) weisen darauf hin, dass unterschiedliche Bildüberlappungen innerhalb eines Bildblocks zu Fehlern bei der Schätzung der EOP und zu großen Abweichungen an den GCPs führen können. Dies konnte für die Bildblöcke in der Epoche 2022 nicht bestätigt werden, wahrscheinlich aufgrund guter Näherungen der EOP, die in den Studien von STARK et al. (2021) nicht verfügbar waren, da sie eine indirekte Georeferenzierung über GCPs durchgeführt haben. In der Epoche 2023, in der die Bildblöcke eine konstante GSD haben, sind höhere Residuen zu erkennen, insbesondere in Z-Richtung. Die Gründe hierfür könnten in den approximierten Werten der EOP liegen, insbesondere in den Positionsschätzungen. Die GCP-Residuen liegen jedoch immer noch im Bereich von wenigen Zentimetern oder weniger, was innerhalb der Toleranz der gemessenen GCP-Koordinaten liegt, die mit Genauigkeiten zwischen 1-2 cm in Lage (XY) und Höhe (Z) gemessen wurden.

3.4 Äußere Orientierung

Die Untersuchung der Residuen für die berechneten Bildpositionen mit den gemessenen RTK-GNSS-Daten gibt Aufschluss über Unsicherheiten, insbesondere in der Höhenkomponente. Im Vergleich zur Epoche 2022 treten in der Epoche 2023 relativ große Residuen in Z-Richtung auf (s. Abb. 6).

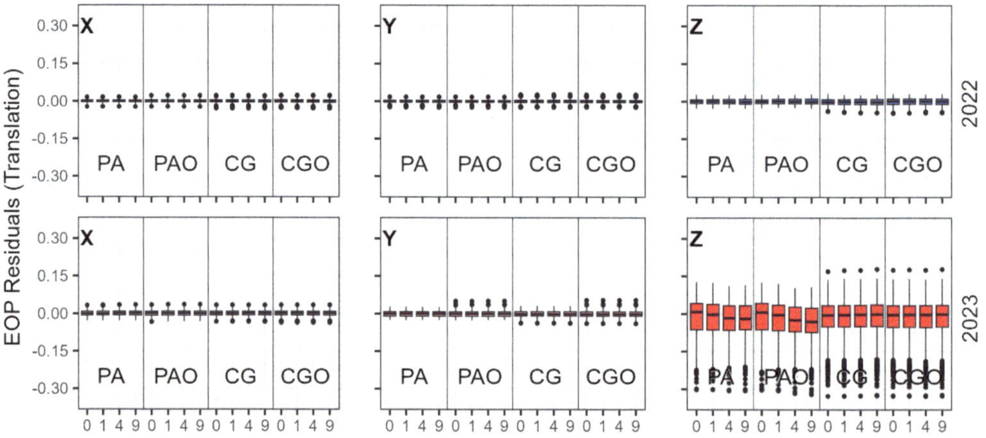

Abb. 6: Residuen an den EOP in XYZ; Y-Achsen ±30 cm

Diese resultieren aus den RTK-GNSS-Messungen und nicht aus der gewählten Bildflugkonfiguration oder der Georeferenzierung. Die Gründe für den Genauigkeitsabfall, der beim ersten PA-Flug auftrat, konnten bislang nicht bestimmt werden. Während die hohe RTK-GNSS-Genauigkeit in der Epoche 2022 höchstwahrscheinlich sicherstellten, dass Flugmuster und Georeferenzierungsstrategie praktisch keinen Einfluss auf die Größenordnung der EOP-Residuen hatten, zeigt sich der große Nutzen von Kreuzbefliegungen in den Residuen der Epoche 2023 (Median ca. 0 m, geringere Streuung). Die Verwendung von GCPs (und mit zusätzlichen Schrägaufnahmen) verbesserte die EOP-Residuen bei Regulärbefliegung in 2023. Es gibt keine signifikanten Unterschiede in den Rotationsparametern zwischen den Epochen

2022 und 2023 und den jeweiligen Bildblockkonfigurationen und Georeferenzierungsstrategien (mediane Residuen < 1° für Pitch und Roll und ~ 0° für Heading in allen Szenarien).

3.5 Kontrollpunkte

Je nach Georeferenzierungsstrategie waren 12 (direkt, 0 GCPs), 11 (integriert, 1 GCP), 8 (integriert, 4 GCPs) oder 3 (integriert, 9 GCPs) Ziele übrig, die in der Epoche 2022 als Kontrollpunkte verwendet werden konnten. Ebenso wurden 10, 9, 6 und 1 Ziel(e) als Kontrollpunkte (CPs) in der Epoche 2023 verwendet. Die Ergebnisse der Konfigurationen mit mindestens 3 CPs werden im Folgenden ausgewertet.

Die Beschreibung der Varianz in den Daten durch die STD erfordert normalverteilte Werte, während der IQR besser geeignet ist, wenn potenzielle Ausreißer vorhanden sind. Daher wird die IQR anstelle der STD als Maß für zufällige Fehler verwendet. Der IQR in X- und Y-Richtung liegt in beiden Epochen bei etwa 1 cm für alle Konfigurationen (min/max im Jahr 2022: 1,1/1,4 cm; im Jahr 2023: 0,7/1,1 cm, s. Abb. 7). Der IQR in Z-Richtung schwankt zwischen 1,7 cm und 2,4 cm im Jahr 2022 und 1,4 cm und 3,4 cm im Jahr 2023. Letzteres ist höchstwahrscheinlich auf besagte Probleme bei den RTK-GNSS-Messungen der UAV zurückzuführen. Der IQR und damit das Ausmaß zufälliger Fehler wird kleiner, sobald eine Kreuzbefliegung durchgeführt wird.

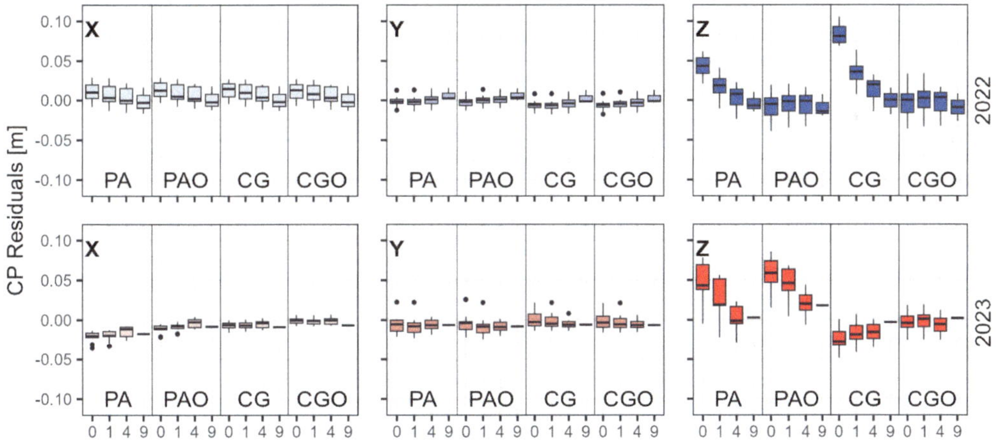

Abb. 7: Residuen an den Kontrollpunkten; Y-Achsen ±10 cm

Systematische Fehler lassen sich z. B. durch den Median der IQR feststellen. Im Jahr 2022 lag der Median der CP-Abweichungen in X- und Y-Richtung bei etwa 0,2 cm, fast unabhängig von der Bildblockkonfiguration, aber geringfügig besser, wenn wenige GCPs einbezogen wurden (max: 0,5 cm [0 GCPs], min: < 0,1 cm [4 GCPs]). Im Jahr 2023 wurden die besten lateralen Genauigkeiten mit Schrägaufnahmen erreicht, ohne nennenswerten Einfluss der GCPs. Der Median der CP-Abweichungen lag bei < 0,5 cm (max: 0,6 cm [CG], min: 0,2 cm [CGO]). In beiden Jahren sind die Genauigkeiten in Z-Richtung stark von der Bildblockkonfiguration und der Georeferenzierungsstrategie beeinflusst.

Im Jahr 2022 zeigt die alleinige Nutzung von Nadir-Bildern (PA, CG) im Median Höhenabweichungen im Bereich von 4,5-8,0 cm, was sich durch Verwendung nur eines GCP erheblich verbessern ließ. Ähnliche Ergebnisse wurden von SCHULZE et al. (2022) festgestellt. Dieser Höhenversatz kann offenbar auch vollständig korrigiert werden, indem nur Schrägaufnahmen ohne GCPs hinzugefügt werden: Median der CP-Residuen etwa 0,3 cm; max: 0.5 cm (PAO), min: 0,1 cm (CGO).

Im Jahr 2023 zeigt sich ebenfalls eine Verbesserung, wenn zusätzlich zu Nadiraufnahmen Schrägaufnahmen im Block verwendet wurden. Die größte Verbesserung wurde jedoch durch die Kreuzbefliegung erreicht. Bei den PA-Flügen liegen die Höhenabweichungen im Bereich von 4,0 cm (PA) und 6,0 cm (PAO) ohne und 2,0 cm (PA) und 5,0 cm (PAO) bei Verwendung eines GCPs. Ohne GCPs, nur durch Hinzufügen von CG-Bildern, wurde der Höhenversatz auf 0,2 cm (CGO) und 0,4 cm (CG) reduziert.

4 Zusammenfassung

Diese Studie bestätigt zum einen die Ergebnisse früherer Studien (z. B. SCHULZE et al. 2022, KERSTEN & LINDSTAEDT 2022, PRZYBILLA et al. 2020), die meist in flachem oder moderatem Gelände unter günstigen Bedingungen durchgeführt wurden, und liefert andererseits wichtige neue Erkenntnisse: Die Erfassung von 3D-Punktwolken von komplexem Gelände mit Genauigkeiten von wenigen Zentimetern wird durch die Nutzung geeigneter Bildverarbeitungsstrategien, die direkte Bildpositionsmessung und komplexe Flugmuster wie Kreuzbefliegungen und Schrägaufnahmen ermöglicht. Diese Strategien umfassen die Selbstkalibrierung durch Standard- und Fourier-Reihen-Modellierung. Es ist bemerkenswert, dass diese Genauigkeiten auch ohne Einsatz von GCPs erreicht werden können, selbst wenn die RTK-GNSS-Positionierung Unregelmäßigkeiten aufweist. Schwankungen der GSD aufgrund der Flughöhe (relativ zum Ellipsoid/ zum Boden) scheinen keinen signifikanten Einfluss auf die resultierenden Genauigkeiten zu haben. Allerdings wird die Stabilität des Bildblocks bei nahezu konstanter GSD verbessert und die Dichte der resultierenden Punktwolken ist homogener.

Dies zeigt auch das Potenzial von relativ preiswerten UAVs, wie der DJI Phantom 4 RTK, für die Überwachung schwer zugänglicher Untersuchungsgebiete, in denen die Verwendung von GCPs nahezu unmöglich ist. Dennoch wird nicht von der Verwendung von GCPs abgeraten und die Integration von mindestens einem GCP, z. B. am Startpunkt des UAV, in die Auswertung empfohlen. Darüber hinaus ist die Verwendung von CPs für eine unabhängige Kontrolle der Ergebnisse ratsam.

Literatur

Belloni, V., Fugazza, D. & Di Rita, M. (2022): *UAV-based Glacier Monitoring: GNSS Kinematic Track Post-Processing and Direct Georeferencing for Accurate Reconstructions in Challenging Environments.* The International Archives of the Photogrammetry, Remote Sensing and Spatial Information Sciences, XLIII-B1-2022, S. 367-373.

Brown, D. (1971): *Close-Range Camera Calibration.* Photogrammetric Engineering, 37, S. 855-866.

Eltner, A. & Schneider, D. (2015): *Analysis of Different Methods for 3D Reconstruction of Natural Surfaces from Parallel-Axes UAV Images.* The Photogrammetric Record, 30 (151), S. 279-299.

Gerke, M. & Przybilla, H.-J. (2016): *Accuracy Analysis of Photogrammetric UAV Image Blocks: Influence of Onboard RTKGNSS and Cross Flight Patterns.* Photogrammetrie – Fernerkundung – Geoinformation, 1/2016, S. 17-30.

Hastedt, H., Luhmann, T., Przybilla, H.-J. & Rofallski, R. (2021): *Evaluation of Interior Orientation Modelling for Cameras with Aspheric Lenses and Image Pre-Processing with Special Emphasis to SFM Reconstruction.* The International Archives of the Photogrammetry, Remote Sensing and Spatial Information Sciences, XLIII-B2-2021, S. 17-24.

James, M. R., Antoniazza, G., Robson, S. & Lane, S. N. (2020): *Mitigating systematic error in topographic models for geomorphic change detection: accuracy, precision and considerations beyond off-nadir imagery.* Earth Surface Processes and Landforms, 45 (10), S. 2251-2271.

James, M. R. & Robson, S. (2014): *Mitigating systematic error in topographic models derived from UAV and ground-based image networks.* Earth Surface Processes and Landforms, 39 (10), S. 1413-1420.

Kersten, T. P. & Lindstaedt, M. (2022): *UAV-basierte Bildflüge mit RTK-GNSS – brauchen wir da noch Passpunkte?* DVW-Schriftenreihe, 100, „UAV 2022 – Innovation und Praxis“, DVW e. V. Wißner, Augsburg, S. 39-58.

Liebold, F., Mader, D., Sardemann, H., Eltner, A. & Maas, H.-G. (2023): *A Bi-Radial Model for Lens Distortion Correction of Low-Cost UAV Cameras.* Remote Sensing, 15 (22).

Liu, X., Lian, X., Yang, W., Wang, F., Han, Y. & Zhang, Y. (2022): *Accuracy Assessment of a UAV Direct Georeferencing Method and Impact of the Configuration of Ground Control Points.* Drones, 6 (2), 30.

Nesbit, P. & Hugenholtz, C. (2019): *Enhancing UAV-SfM 3D Model Accuracy in High-Relief Landscapes by Incorporating Oblique Images.* Remote Sensing, 11 (3), 239.

Przybilla, H.-J., Bäumker, M., Luhmann, T., Hastedt, H. & Eilers, M. (2020): *Interaction Between Direct Georeferencing, Control Point Configuration and Camera Self-Calibration for RTK-Based UAV Photogrammetry.* The International Archives of the Photogrammetry, Remote Sensing and Spatial Information Sciences, XLIII-B1-2020, S. 485-492.

Schulze, R. G., Mader, D. & Eltner, A. (2022): *Genauigkeitspotential direkt georeferenzierter UAS-Messungen am Beispiel eines Bahnhaltepunktes.* Beiträge der 42. Wissenschaftlich-Technischen Jahrestagung der DGPF in Dresden, Publikationen der DGPF e.V., 30, Hrsg. v. Kersten, T. P. & Tilly, N. Hamburg/Köln, S. 243-255.

Stark, M., Heckmann, T., Piermattei, L., Dremel, F., Kaiser, A., Machowski, P., Haas, F. & Becht, M. (2021): *From consumer to enterprise grade: How the choice of four UAS impacts point cloud quality.* Earth Surface Processes and Landforms, 46 (10), S. 2019-2043.

Tang, R., Fritsch, D. & Cramer, M. (2012): *New rigorous and flexible Fourier self-calibration models for airborne camera calibration.* ISPRS Journal of Photogrammetry and Remote Sensing, 71, S. 76-85.

Automation der Anlagenvermessung – Potenziale und Anwendungsmöglichkeiten von KI und UAS

Lukas HART, Jakob SCHEPPACH, Stefan KNOBLACH und Michael MÖSER

Zusammenfassung

Zur Isolierung von Rohrleitungen in Industrieanlagen ist ein Aufmaß notwendig, um anschließend eine passgenaue Dämmung zu fertigen. Die Anlagenvermessung mittels Laserscanning konnte sich im Bereich der Industrieisolierung aufgrund der hohen Hardwarekosten und des komplexen Auswerteprozesses mit BIM- oder CAD-Paketen nicht durchsetzen. Vor allem für größere Anlagen wird in diesem Beitrag daher eine kostengünstige Aufnahme mit einem Unmanned Aircraft System (UAS) aufgezeigt. Die Orientierung der Bilder und die Rekonstruktion der Rohre erfolgen zeitgleich. Hierfür wurde ein Ausgleichungsansatz entwickelt, welcher anstelle von Passpunkten auf Basis der Rohrkanten arbeitet. Die Berechnung einer Punktwolke entfällt und die Rekonstruktion erfolgt direkt über die Bilder. Zur Automation werden die Rohre mittels Instanzsegmentierung in den Bildern extrahiert. Als Startwerte für die Ausgleichung sind die Messdaten des UAS aus dem Flug ausreichend. Eine gesonderte Vororientierung ist nicht notwendig. Das Verfahren liefert für die Orientierung gegenüber einer Berechnung über Passpunkte um den Faktor zwei bis drei schlechtere Genauigkeiten. Für die Rekonstruktion der Rohre selbst werden dennoch Genauigkeiten von circa 5 mm erreicht.

1 Einführung

Zur Fertigung passgenauer Dämmungen für Rohrleitungen wird ein Aufmaß der unisolierten Rohre benötigt. Dies geschieht in der Isolierbranche aktuell noch in Handarbeit mit Maßband und Zollstock. In der Geodäsie dagegen ist die Anlagenvermessung mittels Terrestrischem Laserscanning (TLS) und die Objektmodellierung anhand der Punktwolke gängige Praxis. Diese Verfahren hat sich im Bereich der Industrieisolierung jedoch nicht durchgesetzt. Gerade für fachfremde und nicht geschulte Anwender stellt insbesondere die Auswertung und Modellierung der Objekte eine Herausforderung dar. Trotz Automationsansätzen aus der Forschung ist die Rekonstruktion mit kommerzieller Software aufwendig und geprägt von manueller Arbeit. Bei der Aufnahme von spiegelnden Oberflächen, zum Beispiel an Edelstahlrohren, entsteht zudem die Gefahr von Reflektionen und Falschmessungen. Auch die Hardwarekosten können, vor allem für kleiner Handwerksbetriebe, als Problem angesehen werden. Entsprechend naheliegend ist die Verwendung der Photogrammetrie als kostengünstiges Aufnahmeverfahren.

Die Rekonstruktion von Rohren aus photogrammetrischen Aufnahmen gelingt auch ohne die Erzeugung einer Punktwolke. Die Berechnung ist auf Grundlage der Rohrkante in den Bildern möglich (Abb. 1). Der Einsatz des Verfahrens in Industrieanlagen ist vielfach erprobt und wird unter anderem von DINGLE (1998), HILGERS et al. (1998) oder BÜRGER (1999) beschrieben. Die Berechnung ist beispielsweise durch Erweiterung der Linienfunktion von MULAWA (1989) möglich (VELDHUIS & VOSSELMAN 1998). Zur Genauigkeitssteigerung der initialen Rekonstruktion nutzen ERMES & VOSSELMAN (1999) und TANGELDER et al. (1999) einen Ausgleichungsansatz.

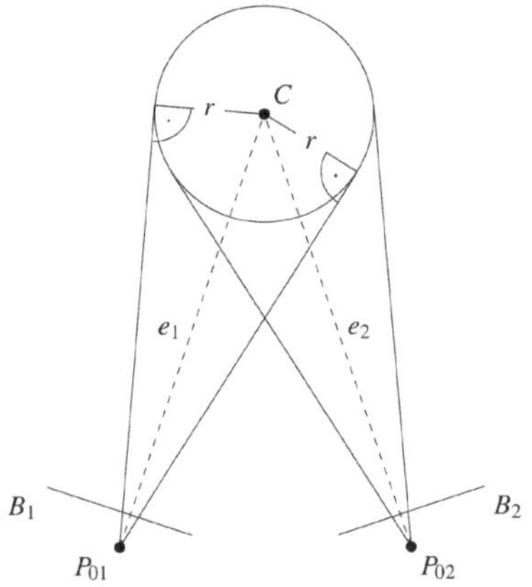

Abb. 1:
Kantenbasiertes Rekonstruktionverfahren für Rohre anhand eines Stereobildes (aus HART et al. 2022)

Bei allen genannten Ansätzen wird eine bekannte Kameraorientierung vorausgesetzt. Die Berechnung der Orientierung erfordert jedoch Fachwissen, welches bei den Isolierern als Zielgruppe nicht vorausgesetzt werden kann. Lösbar ist dieses Problem durch die Verwendung eines vorkalibrierten Mehrkamerasystems (HART et al. 2022, HART et al. 2023a). Dieses System ist jedoch für kleiner Anlagenteile ausgelegt. Die Aufnahme größerer Objekte ist aufgrund des kleinen Sichtfeldes und des beschränkten Arbeitsbereiches weniger wirtschaftlich und sinnvoll.

Auch durch handgeführte Kameras mit einem größeren Sichtfeld ist eine effektive und präzise Rekonstruktion von größeren Anlagenteilen nur in Einzelfällen möglich. Während sich bei einer Punktrekonstruktion auch gute Schnitt mit horizontal verteilten Aufnahmepunkten erzielen lassen, müssen für horizontal verlaufende Rohre die Aufnahmepunkte in vertikaler Richtung variieren (HART et al. 2022). Mit einer handgeführten Kamera sind jedoch nur bodennahe Aufnahmen möglich. Ein Lösungsansatz bietet sich durch die Kombination des photogrammetrische Rekonstruktionsverfahren mit UAS-Aufnahmen.

Damit stellt sich jedoch erneut das Problem der Bildorientierung. BÜRGER & BUSCH (2000) und RABBANI & VAN DEN HEUVEL (2004) beschrieben als Alternative zur Orientierung über Passpunkte die Berechnung anhand von Rohren beziehungsweise Zylindern. Für die Orientierungsberechnung analog zum Rückwärtsschnitt müssen diese allerdings vorab als 3D-Objekte vorliegen. Bei einer Reduktion des Problems auf die Rohrachse als 3D-Linie ist auch eine zeitgliche Rekonstruktion möglich. FINSTERWALDER (1991), STRUNZ (1993) und SCHWERMANN (1995) beschreiben eine solche Orientierung über Linien, wobei diese vorab nicht als 3D-Objekte vorliegen müssen. Ein solcher Ansatz ist jedoch dahin gehend inkonsistent, dass zunächst die Achsen aus den Rohrkanten abgeleitet werden müssen. Eine elegantere Lösung zeigen NAVAB & APPEL (2006). Sie nutzen eine erweiterte Plücker-Darstellung und lösen die Bildorientierung simultan zur Rekonstruktion der Rohre. Das Verfahren kommt dabei ohne Näherungswerte aus. Eigene Tests haben aber gezeigt, dass die Berechnung sehr empfindlich in Bezug auf die Kanten ist. Treten an den Kanten größere Abweichungen auf, versagt das Verfahren. Diese Erkenntnis deckt sich mit den Aussagen von NAVAB & APPEL, die auf Probleme bei weit entfernten oder schlanken Zylindern hinweisen.

Für die Aufnahme von Rohrleitungen mit UAS und auch zur Automation der Auswertung existieren bereits Ansätze. GOMEZ & GREEN (2017) erläutern verschiedene, UAS-basierte Messverfahren, darunter auch Laserscanning und Photogrammetrie, zur Aufnahme von Öl- oder Gas-Pipelines. Die Detektion der Rohre erfolgt auf Basis der Bilder mittels Deep Learning, die anschließende Zylindereinpassung über die Punktwolke. Eine direkte Rekonstruktion der Rohre auf Basis der Bilder findet nicht statt. Die Aufnahmen dienen stattdessen nur zur Bereitstellung der Semantik. Eine automatisierte Rekonstruktion mittels Instanzsegmentierung und ohne Punktwolke zeigen wir in HART et al. (2023b). Hierbei wird jedoch ebenfalls eine bekannte Orientierung vorausgesetzt.

Basierend auf dem dargestellten Stand der Forschung zeigt der Beitrag die direkte Rekonstruktion von Rohrleitungen anhand von UAS-Aufnahmen auf. Der existierende Ausgleichungsansatz wird erweitert, sodass dieser analog zu einer Bündelblockausgleichung auch die Orientierungsparameter für die Bilder liefert. Zur automatischen Extraktion der Rohre in den Bildern kommt eine Instanzsegmentierung zum Einsatz. Aufgrund der damit einhergehenden Abweichungen in den Rohrkanten versagen existierenden Berechnungsverfahren zur Orientierung über die Rohrkanten. Um dennoch den nichtlinearen Zusammenhang zu lösen, ist die Integration der Messdaten des UAS als Näherungswerte in die Berechnung angedacht. Außerdem wird eine Berechnung ohne Passpunkte untersucht, um die Anlage eines Passpunktfeldes im Vorfeld zu vermeiden.

2 Simultane Rohrrekonstruktion und Bildorientierung

Die Rekonstruktion eines Zylinders aus einem Stereobildpaar mit bekannter Orientierung anhand der zwei Kanten pro Bild stellt ein überbestimmtes Problem dar. Mit zwei Zylindern als Minimalkonfiguration kann zeitglich zur Rekonstruktion auch die Bildorientierung gelöst werden. Der Maßstab muss dabei jedoch separat definiert werden. (NAVAB & APPEL 2006)

Ähnlich wie für die Orientierung über Passpunkte gilt es für eine solche Berechnung Näherungswerte zu beschaffen. Durch die Bildaufnahme mit einem UAS stehen aus dem Flug bereits Daten für die Projektionszentren und Drehwinkel zur Verfügung. Sofern das UAS nicht über ein Real-Time-Kinematik-(RTK-)Modul verfügt, ergibt sich für die GNSS-Einzellösung nur eine Genauigkeit von 5-10 m. Die Relativgenauigkeit ist aufgrund der gleichbleibenden systematischen Fehlereinflüsse deutlich größer (vgl. Kap. 4). Zur Datumsdefinition beziehungsweise Lagerung der Berechnung bieten sich verschiedene Möglichkeiten. Es wurde eine Variante im lokalen System gewählt. Dieses definiert sich durch die Näherungswerte einer Kamera. Die anderen Bilder werden relativ dazu orientiert.

Durch den Verzicht auf ein Passpunktfeld ergibt sich eine Arbeitserleichterung im Vorfeld der Befliegung. Gleichzeitig fehlt jedoch der Maßstab. Bei einer Auswertung ohne RTK oder Post-Processing Kinematic (PPK) ist eine Maßstabsdefinition über die GNSS-Positionen ebenfalls nicht möglich. Zur Lösung werden daher zwei Verknüpfungspunkte durch Targets am Objekt platziert und der Maßstab durch eine Streckenmessung (z. B. mittels Bandmaß) eingeführt. Eine 3D-Einmessung mittels Tachymetrie oder GNSS ist nicht nötig. Die gemessene Strecke wird als Beobachtung L_s in die Ausgleichung integriert. Die zweite Beobachtunggruppe L_v bilden die Bildkoordinaten der Verknüpfungspunkte. Primäres Ziel der Ausgleichung ist jedoch die Minimierung der Abstände zwischen der Rohrprojektion und Kanten im Bild. Die Kanten werden anhand der Masken der Rohre aus der Instanzsegmentierung abgeleitet (Abb. 2). Anschließend können für die dritte Beobachtungsgruppe L_d die Distanzen quer und längs zu den Kanten gemäß Abbildung 2 (rechts) ermittelt werden. Die Formulierung von Distanzbeobachtungen über die Kantenpixel (rot in Abb. 2, links) wird erst während der letzten Iterationen praktiziert, wenn die Projektion in der Nähe der Maske liegt. Die letzte Beobachtungsgruppe L_p bilden die Startwerte der Rohrparameter. Diese können anhand der Kanten und der initialen Orientierungsparameter berechnet werden. Sie sollen das Berechnungsverfahren stabilisieren, werden aber aufgrund der Abweichungen nur mit sehr kleinem Gewicht eingeführt (TANGELDER et al. 2003).

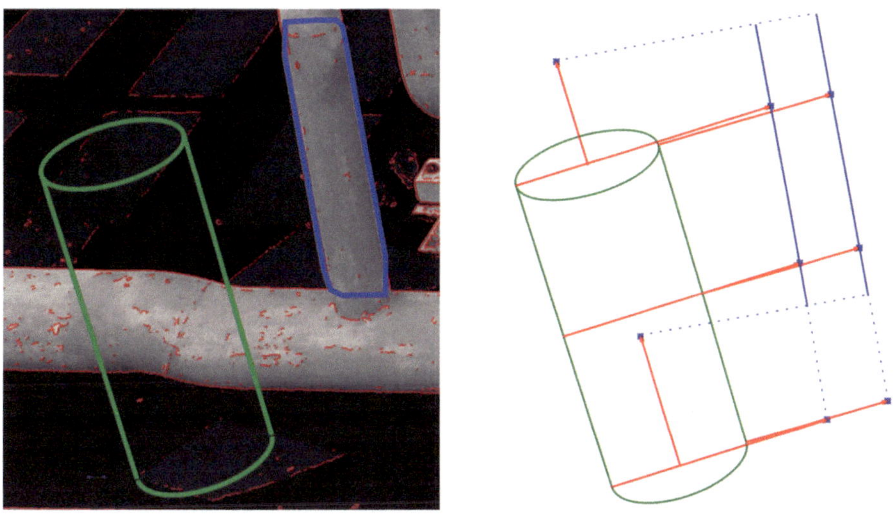

Abb. 2: Links: Detektiertes Rohr (blau) und Rohprojektion (grün) nach einer Rekonstruktion mit initialer Orientierung; rechts: Distanzbeobachtungen (rot) zwischen der Projektion (grün) und den Rohrkanten (blau)

Im Rahmen des Berechnungsverfahrens gilt es einerseits die Parameter der Rohre zu schätzen, andererseits auch die Orientierung der Kameras. Abgesehen von einer fixierten Kamera ergeben sich jeweils sechs Unbekannte (drei Translationen, drei Rotationswinkel). Pro Rohr werden acht Parameter (drei Translationen, drei Rotationen, Länge, Durchmesser) ermittelt. Ähnlich wie im Falle der klassischen Bündelblockausgleichung werden darüber hinaus für die zwei Verknüpfungspunkte je drei Koordinaten ermittelt. Somit setzt sich der Unbekanntenvektor aus drei Untergruppen zusammen: den Rohrparametern X_P, den Orientierungsparametern X_O und den Objektkoordinaten der Verknüpfungspunkte X_V.

Der funktionale Zusammenhang wird anhand der A-Matrix (Tab. 1) modelliert. Die Berechnung der partiellen Ableitungen $\frac{\partial L_d}{\partial X_P}$ beschreiben ERMES & VOSSELMAN (1999). Im Falle von

$\frac{\partial L_P}{\partial X_P}$ liegt ein direkter Zusammenhang vor, sodass die partiellen Ableitungen den Wert eins annehmen. Für $\frac{\partial L_d}{\partial X_O}$ wird zunächst der zugehörige 3D-Punkt auf dem Rohr ermittelt. Dazu wird anhand des Endpunkts der Distanzbeobachtung auf der Rohrprojektion ein Bildstrahl erzeugt und dieser mit dem 3D-Rohr verschnitten. Der resultierende 3D-Punkt kann anschließend in die Kollinearitätsgleichungen eingesetzt werden. Die Ableitungen sind dann in gewohnter Weise durchzuführen. Die verbleibenden Ableitungen $\frac{\partial L_v}{\partial X_O}, \frac{\partial L_v}{\partial X_V}, \frac{\partial L_s}{\partial X_V}$ sind aus photogrammetrischen Ansätzen mit Passpunkten bekannt und können weitestgehend über die Kollinearitätsgleichungen ermittelt werden.

Tabelle 1: Schematischer Aufbau der A-Matrix für die simultane Ausgleichung

	Rohre		**Kameras**		**Verknüpfungspunkte**	
	X_{P1}	X_{P1}	X_{O2}	X_{O3}	X_{V1}	X_{V2}
L_{d1}	x		x	x		
L_{d1}		x	x	x		
L_{p1}	x					
L_{p2}		x				
L_{v1}			x	x	x	
L_{v2}			x	x		x
L_s					x	x

3 Testmessungen

Zur Erprobung des Verfahrens wurden zwei Testmessungen durchgeführt. Hierzu fand ein Feldversuch im Müllheizkraftwerk Würzburg statt, um die Berechnung unter realen Bedingungen zu testen. Der Fokus bei dieser Messung lag in erster Linie auf der Beurteilung der Ergebnisse der Orientierung und der Qualität im Vergleich zu einer Orientierung über Passpunkte. Die Untersuchung der Rekonstruktionsgenauigkeit im Rahmen des Feldversuches fällt jedoch schwer, sofern man diese mit einigen Millimetern ansetzt. Eine TLS-Messung als Referenz ist zur Genauigkeitsanalyse nur bedingt aussagekräftig, da diese selbst mit Abweichungen in ähnlicher Größenordnung versehen ist. Die Rückführbarkeit der Differenzen auf das neue Berechnungsverfahren ist damit nicht gegeben. Daher wurde ein zweiter Test im Labor durchgeführt und die Sollgeometrie der Rohre mit höherer Genauigkeit bereitgestellt.

3.1 Feldtest im Müllheizkraftwerk Würzburg

Eine Messung zur Erprobung des entwickelten Verfahrens unter realen Bedingungen wurde auf dem Dach des Müllheizkraftwerkes in Würzburg durchgeführt. Zum Vergleich mit einer Orientierung über Passpunkte wurde zunächst ein lokales Passpunktfeld angelegt. Die Einmessung der Schachbrett- und Inpho-Targets erfolgte reflektorlos mittels Tachymeter. Die 3D-Genauigkeit des lokalen Passpunktfeldes kann mit 3 mm angegeben werden.

Für die eigentliche Aufnahme kam die DJI Inspire 2 in Kombination mit der Zenmuse X4S Kamera zum Einsatz. Die technischen Daten der Zenmuse X4S sind in Tabelle 2 aufgeführt. Die Befliegung erfolgte manuell mit einem Aufnahmeabstand von 5-15 m. Für gute Schnittkonstellationen wurden die Flughöhe und der Blickwinkel der Kamera variiert. Der Flug resultierte in 41 Oblique-Aufnahmen mit den zugehörigen Näherungswerten der Bildorientierung (GNSS-Einzellösung und Drehwinkel) in den Metadaten.

Tabelle 2: Technische Daten der Zenmuse X4S Kamera

Parameter	**Wert**
Auflösung	5472 × 3648
Sensorgröße	1“
Pixelgröße	2,4 μm
Brennweite	8.8 mm
Öffnungswinkel	84°

Die Kalibrierung der Kamera erfolgt vor der Befliegung am Kalibrierfeld für Nahbereichsphotogrammetrie der THWS. Die Stabilität der Kamera wurde durch zwei Kalibrierungen in einem zeitlichen Abstand von mehreren Tagen sichergestellt.

Die Auswertung wurde für einen Abschnitt in der Minimalkonfiguration mit drei Bildern und vergleichsweise auch mit acht Bildern erprobt. In Abbildung 3 ist exemplarisch eine Aufnahme mit neun detektierten Rohren (a – h) und vier Targets dargestellt. Für die Berechnung wurden jedoch nur die Targets 3 und 4 verwendet.

Abb. 3: Aufnahme aus dem Feldversuch mit neun detektierten Rohren und vier Targets (Verknüpfungspunkte)

3.2 Genauigkeitsuntersuchung im Labor

Die Untersuchung der Rekonstruktionsgenauigkeit an den Rohren fand im Rahmen einer Testmessung im Labor statt. Die Aufnahmeszene ist in Abbildung 4 dargestellt. Enthalten sind dort 13 Rohre in unterschiedlichen Konfigurationen sowie mehrere Passpunkte. Die Rohre wurden mit dem Leica Lasertracker AT 960 und dem T-Scan 5 gescannt. Die Messunsicherheit (2σ) des Scanners gibt HEXAGON (2021) mit 60 µm an. Die Einpassung der Rohre in die Punktwolke erfolgte mit Polyworks, wobei der durchschnittliche RMS-Wert der Einpassung bei 0,2 mm lag. Für eine spätere Transformation der photogrammetrischen Rekonstruktion wurden die Passpunkte ebenfalls mit dem T-Scan nach dem Verfahren von FIEDLER et al. (2019) gescannt. Damit konnten die Rohre, wie auch die Passpunkte in einem gemeinsamen Koordinatensystem mit übergeordneter Genauigkeit bereitgestellt werden.

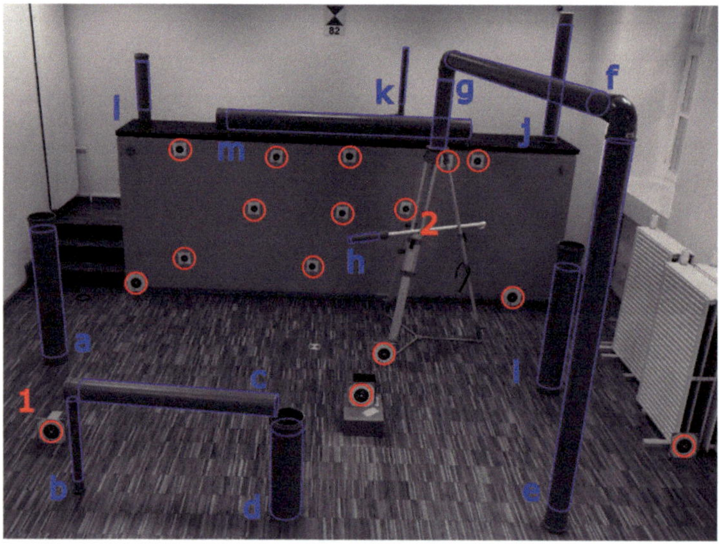

Abb. 4: Aufnahmeszene im Labor zur Genauigkeitsuntersuchung mit 13 Rohren

4 Ergebnisse

Im Feldversuch wurde die Orientierung der Bilder zunächst klassisch über Passpunkte mit der Pictran-Software und anschließend über die Rohre für drei beziehungsweise acht Bilder berechnet. Die Differenzen zur Orientierung über Passpunkte sind in Tabelle 3 aufgelistet. Dort finden sich auch die Standardabweichungen aus der Pictran-Berechnung. Es ist erkennbar, dass die Abweichungen aus der Orientierung über Rohre die von Pictran angegebene Standardabweichungen für die Projektionszentren und Drehwinkel um den Faktor zwei bis drei übersteigen. Für die Berechnung mit acht Bildern resultieren gegenüber der Auswertung mit drei Bilder um circa 30 % kleinere Abweichungen. Dies legt die Vermutung nahe, dass der Einfluss von Abweichungen in den Rohrkanten durch mehr Bilder reduziert werden kann.

Tabelle 3: Abweichungen Δ in der Orientierung gegenüber der Pictran-Berechnung über Passpunkte

		$\sigma_{Pictran}$	**Δ (3 Bilder)**	**Δ (8 Bilder)**
Projektions-zentren	RMS [mm]	5,2	12,5	9,2
	Max. [mm]	6,1	29,0	23,8
Rotationen	RMS [°]	0,03	0,06	0,04
	Max. [°]	0,05	0,23	0,10

Eine zweite Untersuchung diente der Genauigkeitsermittlung der Näherungswerte für die Orientierung aus dem Flug. Die relative 3D-Genauigkeit der Projektionszentren aus der GNSS-Einzellösung kann mit circa 50 cm – 80 cm angegeben werden. Die Drehwinkel weisen zufällige Abweichungen von circa 1° auf. Die Ausgleichung zeigte sich robust gegenüber diesen Werten. Auch für noch schlechter Näherungswerte wurde das Konvergenzverhalten erprobt. Es zeigte sich, dass eine Konvergenz auch mit einer 3D-Abweichung für die Projektionszentren von 1,4 m und Rotationabweichungen von bis zu 5° erreicht wird. Bei kleinräumigeren Aufnahmen sinkt jedoch die Robustheit.

Im Labortest zeigte sich ein ähnliches Bild wie für die Orientierung im Feldversuch (Tab. 4). Gegenüber der Rekonstruktion nach einer passpunktbasierten Orientierung (mit Pictran) liegt die Genauigkeit der simultanen Berechnung etwas zurück. Während die Berechnung mit allen Rohren etwa dreimal so große Abweichungen liefert, kann durch eine sorgfältige Auswahl der Rohre und einen Ausschluss solcher mit mehrdeutigen Kanten das Ergebnis verbessern werden. In diesem Fall ergeben sich nur noch doppelt so große Abweichungen. Werden die Kanten anstelle der automatischen Extraktion manuell definiert, sind die Abweichungen zur Sollgeometrie nahezu vergleichbar mit den Ergebnissen nach einer Orientierung über Passpunkte und liegen im Mittel bei circa 2 mm.

Tabelle 4: 3D-Abweichungen der rekonstruierten Rohre zur Referenzgeometrie für verschiedene Orientierungsverfahren

	Pictran	**Rohre (alle)**	**Rohre (Auswahl)**	**Rohre (man. Kanten)**
RMS [mm]	1,9	5,8	3,7	2,3
Max. [mm]	3,6	9,0	5,6	4,6

5 Zusammenfassung und Ausblick

Das kantenbasierte photogrammetrische Rekonstruktionsverfahren kann auf UAS-Aufnahmen angewandt werden. Im Gegensatz zur Aufnahme mit einer handgeführten Kamera lassen sich damit auch an größeren Objekte gute Schnitt erzeugen. Die Anlage eines Passpunktfeldes kann durch die simultane Rekonstruktion und Orientierung anhand der Kanten entfallen, sofern der Maßstab zum Beispiel durch zwei Verknüpfungspunkte definiert wird. Die Konvergenz der Ausgleichung ist durch die Integration der Orientierungsdaten aus dem Flug und auch ohne die Verwendung von RTK oder PPK gegeben.

Im Hinblick auf die Genauigkeit ist die Verwendung von mehr als drei Bildern zu empfehlen. Durch eine großräumige Verteilung der Aufnahmepunkte werden Fälle vermieden, in denen Rohre in Tiefenrichtung verlaufen und sich schlechte Schnitte ergeben. Durch die Verwendung von größeren Bildverbänden wird auch der Einfluss von zufälligen Abweichungen in den Kanten reduziert und die Genauigkeit gesteigert. Abhängig von der Konfiguration ist eine Rekonstruktionsgenauigkeit von 2-6 mm erreichbar. Sofern höhere Genauigkeitsanforderungen gestellt werden, empfiehlt sich jedoch eine Vorab-Orientierung über Passpunkte.

Insgesamt ist Rekonstruktionsgenauigkeit mit einer Modellierung aus einer TLS-Punktwolke vergleichbar. Für die Messung ergibt sich jedoch eine Zeit- und Kostenersparnis. Die UAS-basierte Aufnahme ist außerdem unempfindlich gegenüber Vibrationen und kann somit auch während des Anlagenbetriebs durchgeführt werden.

Literatur

Bürger, T. (1999): *Entwicklung eines Systems für CAD-gerechte As-Built Dokumentation-verfahrenstechnischer Anlagen unter Nutzung der digitalen Nahbereichsphotogrammetrie.* Dissertation, TU Clausthal.

Bürger, T. & Busch, W. (2000): *Using knowledge about shape and position of plant elements in photogrammetric as-built-documentation.* International Archives of Photogrammetry and Remote Sensing. Vol. XXXIII, Part B5, S. 107-113.

Dingle, M. (1998): *Determining the parameter of cylinders using digital photogrammetry for application to pipe measurement in industrial plants.* Dissertation, University of Cape Town.

Ermes, F. & Vosselman, G. (1999): *A photogrammetric measurement method using CSG Models.* International Archives of Photogrammetry and Remote Sensing. Vol. XXXII, Part 5W11.

Fiedler, S., Knoblach, S., Werthmann, H. & Brunn, A. (2019): *A Novel Method for Digitalisation of Test Fields by Laser Scanning.* PFG – Journal of Photogrammetry, Remote Sensing and Geoinformation Science, 4/2019, S. 191-204.

Finsterwalder, R. (1991): *Zur Verwendung von Paßlinien bei photogrammetrischen Aufgaben.* Zeitschrift für Vermessungswesen, 2/1991, S. 66-66.

Gomez, C. & Green, D. (2017): *Small unmanned airborne systems to support oil and gas pipeline monitoring and mapping.* Arabian Journal of Geosciences, 9/2017, S. 202.

Hart, L., Knoblach, S. & Möser, M. (2022): *PhoTo3D – 3D-Digitalisierung von Industrieanlagen zur Herstellung passgenauer Dämmlösungen.* In: Luhmann, T. & Schumacher, C. (Hrsg.): Photogrammetrie – Laserscanning – Optische 3D-Messtechnik. Beiträge der Oldenburger 3D-Tage 2022. Wichmann, Berlin/Offenbach, S. 334-343.

Hart, L., Knoblach, S. & Möser, M. (2023a): *Automation strategies for the photogrammetric reconstruction of pipelines.* PFG – Journal of Photogrammetry, Remote Sensing and Geoinformation Science, 1/2023, S. 313-334.

Hart, L., Knoblach, S. & Möser, M. (2023b): *Automated pipeline reconstruction using deep learning & instance segmentation.* ISPRS Open Journal of Photogrammetry and Remote Sensing, S. 100043.

Hexagon (2021): *T-Scan 5 Key features.* https://hexagon.com/de/products/le ica-t-scan-5?accordId=9B612B757C1F4B D48A4CB2E5261E9721.

Hilger, G., Przybilla, H.-J. & Woytowicz, D. (1998): *The digital photogrammetric evaluation system Phaust for as-built documentation.* International Archives of Photogrammetry and Remote Sensing. Vol. XXXII, Part 5, S. 226-229.

Mulawa, D. (1989): *Estimation and photogrammetric treatment of linear features.* Dissertation, Purdue University.

Navab, N. & Appel, M. (2006): *Canonical Representation and Multi-View Geometry of Cylinders.* International Journal of Computer Vision, 2/2006, S. 133-149.

Rabbani, T. & van den Heuvel, F. (2004): *3D Industrial Reconstruction by Fitting CSG Models to a Combination of Images and Point Clouds.* The International Archives of Photogrammetry, Remote Sensing and Spatial Information Sciences. Vol. XXXV, S. 7-15.

Schwermann, R. (1995): *Geradengestützte Bildorientierung in der Nahbereichsphotogrammetrie.* Dissertation, RWTH Achen.

Strunz, G. (1993): *Bildorientierung und Objektrekonstruktion mit Punkten, Linien und Flächen.* Dissertation, Technische Universität München.

Tangelder, H., Vosselman, G. & van den Heuvel, F. (1999): *Measurements of curved objects using gradient based fitting and CSG models.* International Archives of Photogrammetry and Remote Sensing. Vol. XXXII, S. 23-30.

Tangelder, H., Ermes, P., Vosselman, G. & van den Heuvel, F. (2003): *CAD-Based Photogrammetry for Reverse Engineering of Industrial Installations.* Computer-Aided Civil and Infrastructure Engineering 18, S. 264-274.

Veldhuis, H. & Vosselman, G. (1998): *The 3D reconstruction of straight and curved pipes using digital line photogrammetry.* ISPRS Journal of Photogrammetry and Remote Sensing, 53 (1), S. 6-16.

4 Laserscanning und Mobile Mapping

Kombinierter Einsatz von statischem und kinematischem Laserscanning für die 3D-Gebäudeerfassung – Untersuchungen zur Wirtschaftlichkeit und geometrischen Genauigkeit

Nicolas HOFMAIER, Daniel WUJANZ, Kevin KURZMANN, Frank GIELSDORF und Tilmann MÜLLER

Zusammenfassung

Kinematisches Laserscanning ist bezüglich der reinen Erfassungsgeschwindigkeit dem statischen Laserscanning klar überlegen und wird daher landläufig auch per se als wirtschaftlicher angesehen. Die Einschätzung, welches Verfahren gesamtheitlich zur Gebäudeerfassung günstiger ist, stellt sich jedoch als nicht trivial dar. Der wesentliche Grund, warum höhere Betriebskosten für das kinematische Laserscanning anzusetzen sind, ist im erhöhten Aufwand für die im Vergleich zum statischen Scanning dichtere Einbringung von koordinierten Anschlusspunkten zu finden. Somit stellt sich die Frage, unter welchen Bedingungen, welche Messstrategie für einen Dienstleister am günstigen umzusetzen ist. Im Rahmen eines Sanierungsprojektes wurden drei Erfassungsstrategien angewandt: rein statisch, rein kinematisch als auch kombiniert. Die Kosten zur Erfassung des 6500 m² großen Kasernengebäudes wurden hinsichtlich nötigen Aufwands und erreichter Genauigkeit verglichen.

1 Einleitung

Die realistische Bewertung von Dienstleistungen, Prozessen oder Sensoren hinsichtlich der Wirtschaftlichkeit spielt eine zentrale Rolle in der Privatwirtschaft, die in der Konsequenz unmittelbar über Gewinn oder Verlust eines Unternehmens entscheidet. Im Bereich der geometrischen 3D-Dokumentation, z. B. von Architektur, Infrastruktur oder geomorphologischen Effekten, haben sich statische Laserscanner am Markt etabliert. Dennoch ist die Erfassung mittels dieser Technik auch nach mehr als zwei Dekaden der kommerziellen Nutzung mit einem hohen personellen Aufwand und langen Zeiträumen der Datenverarbeitung verbunden, die in einem hohen finanziellen Aufwand münden. Als vermeintliche Heilsbringer wurden in jüngster Zeit kinematische Laserscanner am Markt positioniert, da deren reine Erfassungsgeschwindigkeit klar den statischen Systemen überlegen sind. Das dabei vielfach genutzte Attribut „schneller“ suggeriert dabei eine ebenso günstigere Datenerfassung. Diese Sichtweise lässt jedoch einen wesentlichen Aspekt außer Acht. Zunächst einmal setzen sich die Gesamtbetriebskosten unter anderem aus einmaligen und laufenden Kosten zusammen. Zu den letztgenannten Kosten zählen zum Beispiel Wartungsbeiträge für Hard- und Software oder sogenannte Subscriptions, die für die Prozessierung oder der Datenspeicherung in der Cloud anfallen. Ein Kostenfaktor, der bei der Wirtschaftlichkeitsbetrachtung von kinematischen Scannern oft unterschätzt wird, ist der im Vergleich zum statischen Laserscanning höhere Aufwand zur geodätischen Bestimmung eines vergleichsweise dichteren Passpunktfeldes. Folglich können die dafür eingesetzten höheren Aufwände die Geschwindigkeitsvorteile der kinematischen Systeme überwiegen.

1.1 Verwandte Arbeiten

Einen Vergleich verschiedener kinematischer Laserscanner stellen ZHANG et al. (2022) vor. Ziel dieser Untersuchung ist es, die Positionierungsgenauigkeit von autonom agierenden Robotern unter Nutzung von SLAM-Systemen (Simultaneous Localisation and Mapping) zu bestimmen. Als Referenzdaten dienen statische Laserscans. GIELSDORF et al. (2022) stellen einen Algorithmus vor, der es einerseits erlaubt, Widersprüche zwischen mehreren kinematischen Laserscans zu minimieren oder kombinierte Messkampagnen aus statischen und kinematischen Systemen zu kombinieren. MARSMANN & KERSTEN (2024) vergleichen die Daten aus einem kinematischen Navvis VLX 2 Scanner mit statischen Referenzdaten aus einem Zoller + Fröhlich IMAGER 5016. Eine Analyse der Aussagekraft von Datenblättern für statische und kinematische Laserscanner findet sich in WUJANZ & GIELSDORF (2022).

1.2 Motivation

Ziel dieser Untersuchung ist zum einen ein qualitativer Vergleich von statischem und kinematischem Scanning hinsichtlich der erreichbaren Genauigkeit. Des Weiteren soll das Potenzial der synergetischen Nutzung der beiden Erfassungsstrategien untersucht werden. Schließlich werden die drei eingesetzten Messstrategien (statisch, kinematisch & kombiniert) hinsichtlich Ihrer Wirtschaftlichkeit untersucht.

2 Eingesetzte Sensorik und Beschreibung des Untersuchungsobjekts

2.1 Eingesetzte Sensorik

Es gibt eine Vielzahl an Systemen und Geräten, die sich für die 3D-Erfassung und Einmessung der Passpunkte eignen. Bei den Scannern gibt es in der Praxis relevante Unterschiede in der Aufnahmedauer und der Eignung für den Innen- oder Außenbereich. Realistisch betrachtet ist es entscheidend, welche Geräte für die Vermessung tatsächlich zur Verfügung stehen. Die GeodatIQ GmbH ist mit vielseitig einsetzbaren und modernen Scannern ausgestattet. Die verwendeten Geräte umfassten einen statischen Scanner, den Trimble X7, sowie einen kinematischen Scanner, den GeoSLAM ZEB Horizon RT, und eine Trimble SX10 zur Erstellung des Referenzpunktfeldes.

Statischer Scanner (Trimble X7)

Der Trimble X7 ist ein hochpräziser Laserscanner, der für die statische 3D-Erfassung von Gebäuden und Umgebungen verwendet wird.

Mit diesem Scanner wurden umfassende Aufnahmen des Kasernengebäudes durchgeführt, um detaillierte Punktwolken für die Referenzdaten zu generieren. Dank eines schwenkbaren Neigungssensors, der vor der Messung automatisch in zwei Lagen horizontiert wird, kann die Geräteneigung exakt, zuverlässig und physikalisch begründbar bestimmt werden (VOGEL et al. 2020) Außerdem zeichnet sich statische Scanner durch eine automatische Kalibrierung aus, die bei Bedarf vor jedem Scan durchgeführt wird. Diese umfasst die Winkelkalibrierung durch eine Korrektur der Kollimationsfehler sowie eine Distanzkalibrierung, bei der in Abhängigkeit vom Rückstrahlvermögen der Oberflächen eine Signalstärkenanpassung durchgeführt wird (TRIMBLE 2020). Für die statische Erfassung mit dem Trimble X7 wurde der Scanner an insgesamt 1212 Standpunkten im und um das Gebäude platziert.

Kinematischer Scanner (GeoSLAM ZEB Horizon RT)

Der ZEB Horizon RT ist ein kinematischer Handscanner von GeoSLAM, der für die mobile 3D-Erfassung konzipiert ist. Mit seiner handgeführten Bedienung, den zwei Weitwinkelkameras (ZEB Vision Modul) für 360°-Panoramen, dem Datenaufzeichner mit Akku und Festplatte, sowie der Möglichkeit zur Echtzeit-Datenvisualisierung über einen Webbrowser, bietet der ZEB Horizon RT eine Reichweite von 100 Metern und eine Scanrate von bis zu 300.000 Punkten pro Sekunde (GeoSLAM Ltd. 2021). Diese Eigenschaften machen ihn zu einem flexiblen Werkzeug für die schnelle 3D-Erfassung. Das Gerät wurde freundlicherweise von der Laserscanning Europe GmbH zur Verfügung gestellt.

2.2 Untersuchungsobjekt

Das Untersuchungsobjekt, ein leerstehendes Kasernengebäude im Konversionsareal Donaueschingen, wurde ausgewählt, da es bestimmte Voraussetzungen erfüllte.

Abb. 1: Gebäude 03, fotografiert aus Nord-West-Richtung

- Das Gebäude ist groß genug, um aussagekräftige Ergebnisse zu liefern.
- Es bietet unterschiedlich herausfordernde Bereiche für die Scanner, wie lang gestreckte Gänge, große Räume, verwinkelte Zimmer und sowohl weite übersichtliche als auch enge Treppen.
- Es verfügt über zwei Treppenhäuser, die in jeder Etage über Flure miteinander verbunden sind, was es ermöglicht, mit dem kinematischen Scanner sowohl einen horizontalen als auch einen vertikalen Schleifenschluss durchzuführen.

Die Auswahl dieses Gebäudes (s. Abb. 1) als Testobjekt ermöglichte es, verschiedene Aufnahmekonstellationen zu erproben und die Auswirkungen auf die Genauigkeit der Scans zu untersuchen.

2.3 Erstellung des Referenzpunktfeldes

Um die Laserscanpunktwolken zuverlässig registrieren zu können, sind unabhängig eingemessenen Passpunkte erforderlich. Ziel soll sein, ein möglichst spannungsfreies Netz aus Passpunkten zu erhalten. Die Datumsfestlegung erfolgte sowohl in auf das Gebäude bezogenen Lokalkoordinaten als auch in Gauß-Krüger-Koordinaten.

Zu Beginn wurden im gesamten Gebäude Schachbrettmuster aufgehängt und Klebemarken für die Kugeln angebracht. Normalerweise wird bei der GeodatIQ GmbH ausschließlich mit Kugeln gearbeitet. Da der neuartige kinematische Scanner allerdings Referenzkugeln nur mit einer Zusatzsoftware detektieren kann, wurden zusätzlich Schachbrettmuster verwendet. So soll sichergestellt werden, dass die Scans auf jeden Fall ausgewertet werden können. Außerdem bietet sich so noch eine weitere Möglichkeit die Daten zu vergleichen.

Es wurden pro Stockwerk acht Klebemarken für die Referenzkugeln geometrisch sinnvoll verteilt angebracht. Ausnahmen bilden hierbei das Untergeschoss (UG) und der Dachstuhl (DS), da Fenster teilweise verbaut waren oder es schlichtweg in manchen Bereichen keine Gebäudeöffnungen gab. Außerdem wurden im Erdgeschoss (EG) in den beiden Eingängen zwei weitere Klebemarken angebracht.

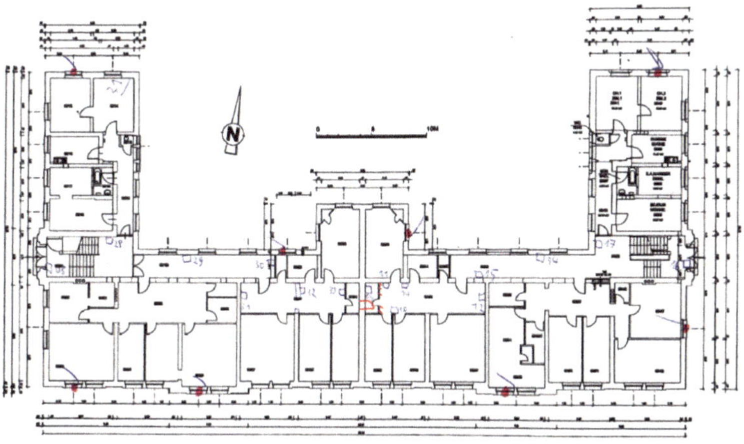

Abb. 2: Feldbuch des 1. OGs. Klebemarken für Referenzkugeln sind als rote Punkte eingezeichnet und Schachbrettmuster als blaue Quadrate

Im Feldbuch in Abbildung 2 sind die platzierten Kugeln als rote Kreise und die Schachbrettmuster als blaue Quadrate eingezeichnet. Die Referenzkugeln sollen hier dazu dienen, das Gebäude georeferenzieren zu können, einen Zusammenhang zwischen Innen- und Außenscans zu schaffen und die grundsätzliche geometrische Richtigkeit der Registrierung zu validieren. Die Messungen wurden mit einer Trimble SX10 Totalstation durchgeführt.

3 Vergleich der Genauigkeit und Wirtschaftlichkeit

Im folgenden Abschnitt wird erklärt, wie die Daten der beiden Scanner prozessiert wurden. Anschließend folgt ein Genauigkeitsvergleich mehrerer verschiedener Kombinationsmöglichkeiten. Abschließend wird auf die Wirtschaftlichkeit von statischem, kinematischem und kombiniertem Laserscanning im Berufsalltag eingegangen.

3.1 Genauigkeitsvergleich der verschiedenen Lösungen

Sowohl die statischen als auch die kinematischen Scans wurden mit dem Programm SCANTRA (TECHNET 2024) von der technet GmbH registriert. Hierfür mussten die Rohdaten mit Trimble Realworks (statisch) und GeoSLAM Connect (kinematisch) vorprozessiert werden, um E57-Punktwolkendateien zu erhalten. GeoSLAM Connect versucht mittels eines SLAM-Algorithmus die Drift der Trajektorie zu korrigieren. Wenngleich der Schleifenschluss am Ende gelingt und das Programm und Genauigkeitswerte genannt werden, kann letztendlich keine Aussage darüber getroffen werden, wie belastbar, zuverlässig und genau das Ergebnis (die Punktwolke) tatsächlich ist. Deswegen wurden auch die kinematischen Scans nochmals mit SCANTRA registriert.

3.1.1 Registrierung der statischen Laserscans

Begonnen wurde mit der Registrierung der statischen Scans als Referenz für die weiteren Konfigurationen. SCANTRA detektiert automatisch alle Ebenen, Kugeln und Schachbrettmuster in den Punktwolken der 1212 Stationen. Anschließend werden Stationen, welche dieselben geometrischen Elemente aufweisen, halbautomatisch miteinander verknüpft. Es findet eine paarweise Ausgleichung jeweils zweier verknüpfter Stationen statt. Außerdem ist es möglich Punktidentitäten zum geodätischen Passpunktfeld zu bestimmen. Abschließend erfolgt eine Blockausgleichung, welche die Widersprüche zwischen allen Beobachtungstypen unter Berücksichtigung der jeweiligen Gewichtungen minimiert.

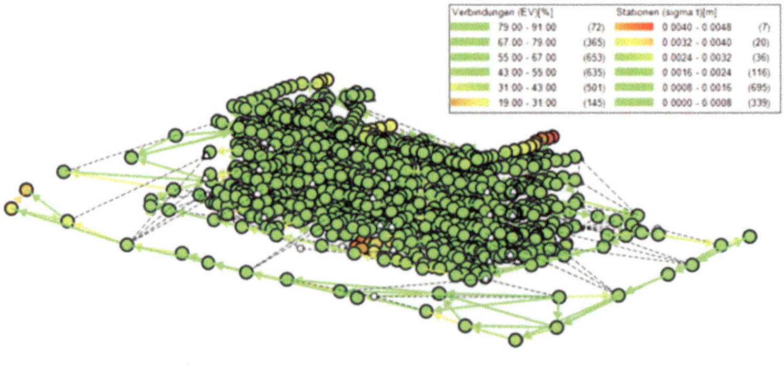

Abb. 3: Perspektivische Ansicht des finalen Netzes

Abbildung 3 zeigt das ausgeglichene Netz perspektivisch. Kreise stellen einzelne statische Scans dar, Pfeile kennzeichnen paarweise Registrierungen, während die Füllfarben der Kreise die jeweiligen Stationierungsgenauigkeiten der Scans in Bezug auf das Tachymeternetz darstellen. Ein Histogramm der Stationierungsgenauigkeiten ist im rechten Teil der Legende abgebildet. Diese zeigt, dass etwa 95 % der Stationen unter 2,4 mm genau positioniert wurden. Die verbleibenden ~ 5 % liegen in Bereichen, in denen die Abstände zu Passpunkten deutlich zunehmen, wie etwa im Dachstuhl oder Teilen des Kellers.

3.1.2 Homogenisierung der kinematischen Scans

Die Homogenisierung der kinematischen Scans erfolgte im SCANTRA-Modul KINEMATIC, dass den in GIELSDORF et al. (2022) vorgestellten Algorithmus nutzt. Die Grundidee des Algorithmus ist die Zerlegung von (monolithischen) kinematischen Punktwolken in zeitliche Segmente, um deren unausweichliche Drift zu kompensieren. Durch diese Maßnahme werden semi-statische Scans erstellt, die im weiteren Prozess durch Nutzung redundant erfasster Bereiche optimiert werden. Semi-statische Scans werden in der weiteren Prozessierung wie statische Scans behandelt und können dadurch auch mit ebensolchen kombiniert werden (siehe Abschnitt 3.1.3).

Nach dem Scannen des gesamten Gebäudes mit dem GeoSLAM ZEB Horizon wurden auf zwei Stockwerken mehrere Versuche durchgeführt. Ziel der Untersuchungen war es, zum einen herauszufinden, ob die einzelnen Strategien Zeitvorteile bieten und zum anderen, ob sich geometrische Unterschiede zeigen. Dafür werden drei verschiedene Bewegungsmuster einander gegenübergestellt:

- Versuch I: Einfaches Durchlaufen
- Versuch II: Zickzack-Bewegung
- Versuch III: Schleifen-Bewegung (Nach Vorgabe des Herstellers).

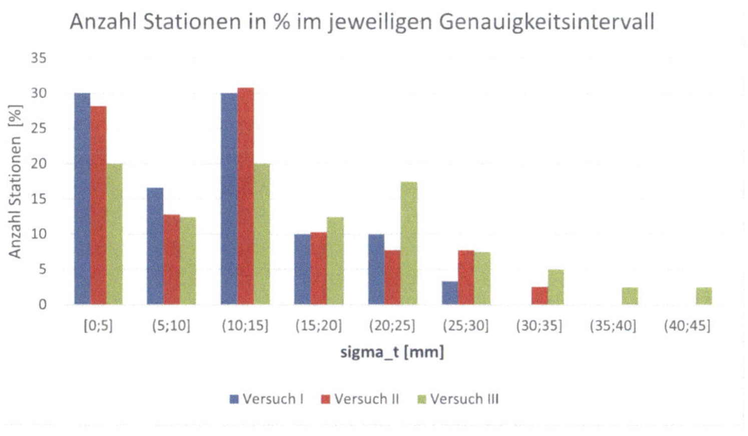

Abb. 4: Histogramm der Stationierungsgenauigkeiten basierend auf den drei Versuchen

Abbildung 4 illustriert erzielten Ergebnisse. Auf der horizontalen Achse finden sich Genauigkeitsklassen in 5 mm Intervallen, während auf der vertikalen Achse die prozentuale Zugehörigkeit zu einer Klasse darstellt. Zunächst ist festzustellen, dass alle Scans der statischen Referenzergebnisse in der ersten Klasse zwischen 0 und 5 mm verortet wären. Die Ergebnisse zwischen Versuch I und Versuch II sind geometrisch gesehen nicht signifikant unterschiedlich. Auffällig ist, dass die Ergebnisse des dritten Versuchs in Klassen mit einer niedrigeren Stationierungsgenauigkeit vordringen. Dies ist verwunderlich, da mit dieser Strategie die genausten Ergebnisse zu erwarten wären. Ein Vergleich der mittleren Stationierungsgenauigkeiten verdeutlicht dies: Versuch I lag bei einem Wert von 10,2 mm, Versuch II bei 11,6 mm und Versuch III schließlich bei 15,7 mm.

3.1.3 Kombinierte Auswertung und Vergleich der Strategien

Neben der „sortenreinen" Auswertung, die in den beiden vorherigen Abschnitten beschrieben wurden, wurde eine dritte Strategie untersucht, die sowohl statische als auch kinematische Daten in der Kombination nutzte. Durch Berechnung von semi-statischen Scans nach GIELSDORF *et al.* (2022) ist es nunmehr möglich, redundant erfasste Bereiche aus beiden „reinen" Aufnahmestrategien zu gemeinsam nutzen, um Widersprüche zwischen diesen zu minimieren. Tabelle 1 fasst die erzielten Ergebnisse in Form von statischen Eckdaten zusammen. Wie zu erwarten, lieferte das statische Laserscanning (VK1) mit Abstand das genauste Ergebnis, das am wenigsten genaue das reine kinematische Scanning (VK2). Die Kombination aus den beiden Aufnahmestrategien (VK3) liefert deutlich verbesserte Metriken im Vergleich zur reinen Anwendung.

Tabelle 1: Vergleich der untersuchten Strategien

	VK1	VK2	VK3
Median Stationierungsgenauigkeit [mm]	0,9	12,7	5,1
Mittelwert Stationierungsgenauigkeit [mm]	1,1	14,6	8,3
Modalwert Stationierungsgenauigkeit [mm]	0,8	10,0	3,4
Anzahl von statischen & semistatischen Scans	1212	579	616

3.1.4 Vergleich der Ergebnisse mit den Anforderungen

Der Einsatz eines Laserscanners für ein Projekt ist nur sinnvoll, wenn das zu erwartende Ergebnis des Scans den Genauigkeitsanforderungen genügt. Soll ein neues Gerät in den Arbeitsablauf integriert werden, muss dieser Aspekt vorher grundsätzlich überprüft werden. Einen international gültigen branchenüblichen Standard gibt es in diesem Sinne nicht. Verschiedene Normungsbehörden und Fachkreise haben allerdings Leitlinien erlassen, auf die man sich beziehen kann. Bei Liegenschaften des Bundes kommt z. B. die baufachliche Richtlinie für Vermessung zum Einsatz. Hierin werden verschiedene Genauigkeitsklassen definiert, die nach Lage und Höhe getrennt sind. Die Klasseneinteilung der Standardabweichungen leitet sich hierbei von der DIN 18710-1 Ingenieurvermessung Teil 1 ab. (BMI 2018). Für die Dokumentation von Bauwerken sind die Klassen OGL3 mit Standardabweichungen der Lage zwischen 5 und 15 mm sowie OGH3 mit Standardabweichungen der Höhe von 2 bis 5 mm maßgeblich. Ein Vergleich dieser Vorgaben mit den Untersuchungsergebnissen dieses Kapitels zeigt, dass lediglich das statische Laserscanning sicher einzusetzen ist. Durch Kombination der Verfahren kann die Genauigkeit merklich gesteigert werden. Diesbezüglich ist anzumerken, dass hier noch Optimierungspotenzial hinsichtlich der Aufnahmekonfiguration besteht. Des Weiteren ist damit zu rechnen, dass technische Weiterentwicklungen der kinematischen Scanner zukünftig Genauigkeiten liefern, die für die besagte Anwendung durchaus interessant sein könnten. Problematisch bleibt weiterhin der qualitative Nachweis der erzielten Ergebnisse bei kinematischen Systemen, die zurzeit weitestgehend eine Black-Box sind.

3.2 Wirtschaftlichkeitsbetrachtung

Um eine Aussage treffen zu können, ob der kinematische Scanner nicht nur hinsichtlich der erreichbaren Genauigkeit sinnvoll eingesetzt werden kann, sondern auch, ob sich die Anschaffung wirtschaftlich rechnet, wurden die anfallenden Kosten und benötigten Bearbeitungszeiten verglichen. Zur Abschätzung der anfallenden Kosten wurden wirtschaftliche Kennzahlen basierend auf marktüblichen Preisen geschätzt, die schließlich normiert wurden.

Abbildung 5 illustriert die Ergebnisse des Vergleichs dreier Erfassungsstrategien, rein statisch, rein kinematisch und kombiniert, jeweils mit und ohne die Erfassung von Farbinformationen. Wie zu erwarten, ist die Erfassung von Farbinformationen mit einem erhöhten Aufwand im Feld als auch im Post-Processing verbunden, was sich in der Wirtschaftlichkeit widerspiegelt. Die Strategie, die den höchsten wirtschaftlichen Einsatz erfordert, ist die kombinierte Erfassung mit Farbe. Das am günstigsten umzusetzende Ergebnis ist die rein kinematische Datenerfassung ohne Farbe. Allerdings fällt der Unterschied zur zweit- und drittgünstigsten Lösung nicht so deutlich aus, wie es landläufig der Fall ist. Diesbezüglich ist anzumerken, dass die geometrische Genauigkeit der Ergebnisse signifikant verschieden ist. Um etwa die kinematischen Daten auf das gleiche Niveau zu heben, wie die kinematischen Daten bedürfte es einer hohen Zahl weiterer Passpunkte, die sich natürlich negativ auf die Wirtschaftlichkeit auswirken.

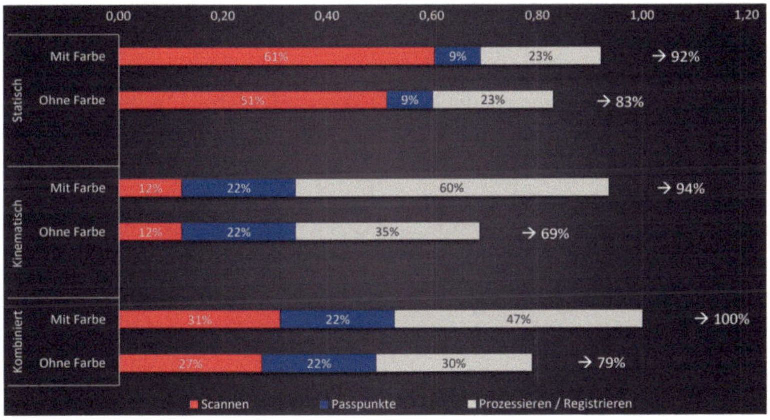

Abb. 5: Relativer Kostenvergleich zwischen drei Erfassungsstrategien

4 Zusammenfassung

Das Ziel dieser Arbeit war es, die Einsatzmöglichkeiten eines kinematischen Laserscanners in Kombination mit statischem Laserscanning für die 3D-Erfassung von Bestandsgebäuden zu evaluieren. Neben Untersuchungen zur geometrischen Genauigkeit verschiedener Messkonfigurationen wurde eine Wirtschaftlichkeitsbetrachtung auf Basis der Gesamtprozesskosten durchgeführt, um eine mögliche Investitionsempfehlung für die GeodatIQ GmbH in die Technologie des kinematischen Laserscannings abzuleiten.

Als Untersuchungsobjekt wurde ein historisches Kasernengebäude mit einer Grundfläche von ca. 6500 m² gewählt, um praxisübliche Bedingungen zu realisieren. Zunächst wurden Pass- und Kontrollpunkte gleichmäßig im Gebäude verteilt und mittels Tachymetrie eingemessen und in einer freien Netzausgleichung mit Jag3D optimiert, um Netzspannungen zu reduzieren. Als Vergleichsstandard wurde das Gebäude mit einem statischen Laserscanner (Trimble X7) mit 1212 Standpunkten in einer Arbeitswoche erfasst. Die Durchführung des kinematischen Laserscans mit dem GeoSLAM ZEB Horizon RT erfolgte bereichsweise in 8 Abschnitten an nur einem Arbeitstag, was einen signifikanten Zeitvorteil im Außendienst darstellt.

Die intuitive Bedienbarkeit des Handscanners und die Möglichkeit, den Scanfortschritt in Echtzeit zu verfolgen, wurden positiv bewertet. Allerdings erfordert der erfolgreiche Einsatz des Geräts eine merkmalsreiche Umgebung, die für eine SLAM-basierte Registrierung geeignet ist. Zudem ist die Durchführung von Scans in Schleifen und die regelmäßige Rückkehr zu bereits erfassten Bereichen für eine erfolgreiche Registrierung essenziell.

Die anschließende Datenregistrierung- und Auswertung der kinematischen Scans auf einer lokalen Rechnerinfrastruktur erwies sich als rechen- und zeitintensiv. Im Rahmen dieser Arbeit wurde der Fokus auf eine kombinierte Verwendung und Ausgleichung von statischen und kinematischen Scandaten unter Verwendung der Registriersoftware SCANTRA der Firma technet gerichtet. Die Einführung von Passpunkten in kinematischen Scans war zum Zeitpunkt der Untersuchung nicht ohne Weiteres möglich, weshalb hier ein Workaround mithilfe von statischen Scans gefunden werden musste, der zeitaufwendig ist.

Die Untersuchung der absoluten Translationsgenauigkeit und der Vergleich verschiedener Mess- und Passpunktkonfigurationen lieferten wichtige Erkenntnisse zur Optimierung der Scanprozesse. Insbesondere die Kombination von statischen und kinematischen Scans stellte sich als vielversprechend heraus, um die Genauigkeit zu maximieren und gleichzeitig den zeitlichen Aufwand zu minimieren. Die Analyse der Bewegungsmuster und der Einfluss von Schleifenschlüssen auf die Translationsgenauigkeit unterstreicht die Notwendigkeit einer sorgfältigen Planung und Durchführung kinematischer Scankampagnen.

Die Wirtschaftlichkeitsanalyse verdeutlichte, dass eine kombinierte Anwendung beider Verfahren zeitliche Vorteile im Vergleich zu rein statischen Scans ermöglicht, insbesondere bei Verzicht auf Farbaufnahmen, deren Bearbeitung sich als besonders ressourcenintensiv erwies. Dieser Effekt wird jedoch aufgrund der hohen Anschaffungskosten von kinematischen Laserscansystemen, einer in der Regel aufwendigeren Passpunktkonfiguration und des Aufwandes zur Nachbearbeitung kinematischer Scans teilweise konterkariert.

Zusammenfassend zeigt die Arbeit, dass kinematische Laserscanner unter bestimmten Voraussetzungen und bei sorgfältiger Planung und Durchführung eine effiziente Ergänzung zu traditionellen statischen Scanning-Methoden darstellen können. Die Einschränkungen bezüglich der Umgebungsanforderungen für SLAM-basierte Scans und die aktuelle Herausforderung bei der Passpunktverarbeitung begrenzen jedoch die universelle Anwendbarkeit und erfordern eine gezielte Betrachtung spezifischer Einsatzszenarien, um Schlüsse auf eine sinnvolle Investitionsentscheidung zu ermöglichen.

Die Ergebnisse dieser Arbeit bieten einen vielversprechenden Einblick in das Potenzial von kombinierten Einsatzmöglichkeiten kinematischer und statischer Laserscannern für die 3D-Bestandserfassung von Gebäuden und geben wertvolle Anregungen für mögliche Weiterentwicklungen in diesem Feld.

Literatur

BMI (2018): *Bundesministerium des Innern, für Bau und Heimat, Bundesministerium der Verteidigung. Baufachliche Richtlinien Vermessung (BFR Verm): Grundlagen für Vermessungsleistungen auf Liegenschaften des Bundes.* https://www.bfrvermes-sung.de/bfr-verm/download (25.07.2023).

GeoSLAM Ltd. (2021): *ZEB Horizon Spec Sheet.* https://geoslam.com/wp-content/uploads/2021/03/Horizon_Spec_Sheet.pdf (29.03.2023).

Gielsdorf, F., Rabisch, B., Wujanz, D., Bergholz, E. & Clemen, C. (2022): *Synergetische Nutzung von statischen und kinematischen Laserscans.* In: Luhmann, T. & Schumacher, C. (Hrsg.): Photogrammetrie – Laserscanning – Optische 3D-Messtechnik. Beiträge der Oldenburger 3D-Tage 2022. Wichmann, Berlin/Offenbach.

Marsmann, M. & Kersten, T.P. (2024): *Geometrische Genauigkeitsuntersuchungen des Aufnahmesystems NavVis VLX 2.0 für Innenraum-Anwendungen.* In Luhmann, T. & Sieberth, T. (Hrsg.): Photogrammetrie – Laserscanning – Optische 3D-Messtechnik. Beiträge der Oldenburger 3D-Tage und des BIMtages 2024. Wichmann, Berlin/Offenbach.

technet (2024): *SCANTRA Produktseite.* https://www.technet-gmbh.com/produkte/scantra/ (26.02.2024).

Trimble (2020): *Trimble X7 Datenblatt: 3D-Laserscanning-System.* https://de.geospatial.trimble.com/sites/geospatial.trimble.com/files/2020-10/Datasheet%20-Trimble%20X7%20System%20-%20German%20-%20Screen_0.pdf, (28.03.2023).

Vogel, M., Bader, M., Jackson, G., Lezennec, A. & Lepere, G. (2020): *Inside the Trimble X7: Deep Dive into Trimble X-Drive Technology* (28.03.2023).

Wujanz, D. & Gielsdorf, F. (2022): *Not quite capturing reality – Über Datenblätter und Qualitätssicherung im statischen und kinematischen Laserscanning.* avn – allgemeine vermessungs-nachrichten, 6/2022.

Zhang, L., Helmberger, M., Fu, L. F. T., Wisth, D., Camurri, M., Scaramuzza, D. & Fallon, M. (2022): *Hilti-oxford dataset: A millimeter-accurate benchmark for simultaneous localization and mapping.* IEEE Robotics and Automation Letters, 8 (1), S. 408-415.

Überblick im Boden – Unterstützung beim Baggern durch Laserprojektion

Luca ANTEUNIS und Andreas NÜCHTER

Zusammenfassung

Jedes Jahr entstehen mehrere Millionen Euro an Schaden durch Bagger. Dies liegt unteranderem an den fehlenden Verlaufsplänen auf den Baustellen. Das Projekt „Digitalisierung und Smart Services im Tiefbau" untersucht, inwiefern die Visualisierung von Leitungen mithilfe eines Laserprojektors zum Einsatz kommen kann. Hierbei kommt ein Livox-Laserscanner zum Einsatz, um die Umgebung in der Projektion zu berücksichtigen. Um die Projektion unverzerrt darstellen zu können führt der Algorithmus ein Raytracing-Verfahren durch, um die Projektion anzupassen. Dies setzt jedoch die extrinsische Kalibrierung zwischen dem Laserscanner und -projektor voraus. Die Experimente zeigen, dass die hier vorgestellte Methode den Projektor und Laserscanner erfolgreich kalibrieren und dass mit einem „root mean squared error" von weniger als 40 mm eine genaue Projektion möglich ist. Die Projektionen im DigSmart-Projekt dürfen maximal 100 mm abweichen.

1 Einleitung

Im Februar 2023 beschädigt ein Bagger bei Arbeiten der Deutschen Bahn eine Glasfaserleitung. Infolgedessen muss der Frankfurter Flughafen den Flugverkehr einstellen. Das ist nur ein Beispiel von vielen, in welche die Beschädigung durch einen Bagger größere Konsequenten mit sich zieht. Allein in Hamburg gibt es 200 Beschädigungen von Gasleitungen pro Jahr (HAGEBAU 2020). „Die Versicherungen verzeichnen jährlich etwa 100.000 Schadensfälle, für die sie Zahlungen in Höhe von rund 500 Mio. Euro leisten müssen" (HAGEBAU 2020). Solche Schäden sind nicht nur eine finanzielle Belastung, sondern auch eine Gefahr, denn z. B. kann entströmendes Gas aus einer Gasleitung sich entzünden und Menschen verletzten. „Wie die Schadensermittlung ergab, lagen bei mehr als der Hälfte dieser Schäden den Verantwortlichen auf der Baustelle keine Lagepläne vor" (HAGEBAU 2020). Es gibt die Genossenschaft „Bundesweites Informationssystem zur Leitungsrecherche", die es sich zur Aufgabe gemacht hat, diese Daten zu sammeln und zur Verfügung zu stellen. Offen ist aber, wie die Leitungen, während der Arbeiten sichtbar gemacht werden. Üblicherweise werden diese mit Farbe am Boden sichtbar gemacht. Dies ist aber fehleranfällig und setzt eine genaue Verortung der Rohre voraus. Anhand der Verlaufspläne des Bauamtes Würzburgs lässt sich z. B. die Position der Rohre als GNSS-Koordinaten ermitteln. Dies nutzt das Projekt „Digitalisierung und Smart Services im Tiefbau" (DigSmart), um den Verlauf der Rohre sichtbar zu machen. Ein GNSS-System auf dem Bagger bestimmt dessen Position. Anschließend macht ein Laserprojektor den Verlauf der Leitungen sichtbar. Da der Erdboden nicht eben ist und beim Graben ein Loch entsteht, verändert sich die Projektion, wenn der Projektor die Projektion nicht an die Umgebung anpasst. Abbildung 1 stellt dieses Problem dar. Der Laserprojektor projiziert den Tannenbaum, ohne die Umgebung mit einzubeziehen. Das Hineinlegen einer Tasche sorgt dafür, dass der Tannenbaum einen Knick erhält. Dies ist ein Problem, falls die Projektion eine Leitung darstellen soll. Bei Grabungen mit dem Bagger kann das einen falschen Eindruck vermitteln und somit zu Beschädigungen führen. Um die Umgebung mit einzubeziehen, nutzt das DigSmart-Projekt einen 3D-Laserscanner. Hierfür wendet der hier vorgestellte Algorithmus ein Raytracing-Verfahren an, um die Projektion anzupassen. Das Raytracing bestimmt, wie der Projektor die Leitungen in die Umgebung projizieren muss, damit diese unverzerrt sind. Die Berücksichtigung der Laserscannerdaten setzt die Kalibrierung zwischen Laserprojektor und Laserscanner voraus. Die Ergebnisse der hiervorgestellten Experimente zeigen, dass die Kalibrierung zwischen dem Laserprojektor und dem Laserscanner möglich ist und dass die Projektion für die Anwendung im DigSmart-Projekt genau genug ist. Für das DigSmart-Projekt darf die Projektion maximal 100 mm abweichen.

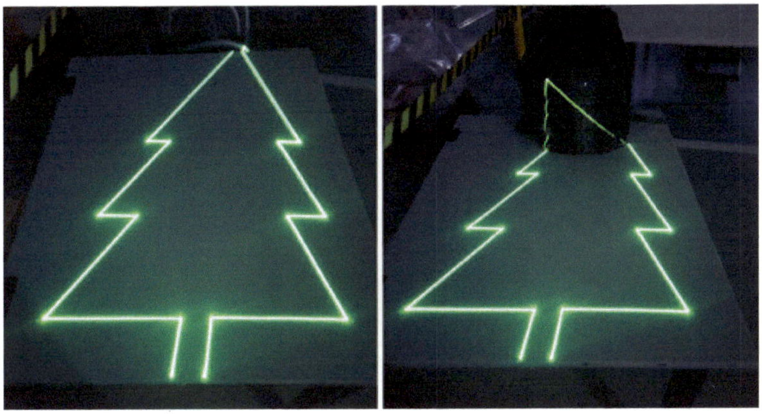

Abb. 1: Auf beiden Bildern ist die Projektion eines Tannenbaums zu sehen. Links sieht man die Projektion ohne Tasche im Projektionsbereich, rechts mit. Die Tasche verformt die Projektion.

Der restliche Beitrag ist wie folgt gegliedert: Abschnitt 1 stellt die verschiedenen Sensoren und deren Funktionsweise vor. Anschließend geht Abschnitt 2 darauf ein, wie die Visualisierung der Verlaufspläne funktioniert. Während Abschnitt 3 sich mit der Kalibrierung der Sensoren befasst, stellt Abschnitt 4 vor welche Qualität die Kalibrierung hat. Abschnitt 5 fasst die Ergebnisse dieser Arbeit kurz zusammen und gibt einen kurzen Ausblick auf weitere Aufgaben.

2 Systemkomponenten

Zur Projektion der Verlaufspläne auf den Boden wird der ZLP 1-Projektor von dem Unternehmen Z-Laser eingesetzt. Die technischen Spezifikationen stammen aus (Z-Laser 2022) Der Projektor hat eine Genauigkeit von ±3 mm in einem Arbeitsbereich zwischen ein bis drei Metern. Die prinzipielle Funktionsweise ist in Abbildung 2 dargestellt. Für die Projektion verwendet der Projektor zwei Spiegel: Spiegel x steuert den Laser entlang der x-Achse, Spiegel y entlang der y-Achse. Sei das Koordinatensystem rechts-händisch und die z-Achse deute in Richtung Projektionsebene und die y-Achse nach oben. Spiegel x ist der erste Spiegel, auf den der Laserstrahl trifft. Dieser ist nur in der Lage sich um die z-Achse zu drehen. Der Spiegel lenkt den Laserstrahl nach oben ab und der Strahl trifft anschließend auf Spiegel y.

Spiegel x ist so angebracht, dass die Ausrichtung festlegt, welchen x-Wert der Auftrittspunkt des Lasers auf Spiegel y und somit auch auf der Projektionsebene hat. Der zweite Spiegel kann sich nur um die x-Achse drehen, d. h. der Spiegel lenkt den Laserstrahl je nach Ausrichtung in die positive bzw. negative y-Richtung ab. Somit ist Spiegel y für den y-Wert des Auftrittspunktes verantwortlich. Im Allgemeinen kann nach (LEUTERT 2021) der Laserprojektor als eine inverse Kamera modelliert werden. Anstelle 3D-Koordinaten auf 2D-Koordinaten abzubilden, also die Umgebung auf ein Bild abzubilden, bildet der Laserprojektor 2D-Koordinaten auf 3D-Koordinaten ab. Die Werkskalibrierebene des Projektors ist 3.5334 m entfernt und parallel zu diesem. Die 2D-Koordinaten entsprechen der Position des Laserstrahls auf dieser Ebene. Der Projektor kann nur auf Flächen projizieren, d. h. die Projektion ist abhängig von der Geometrie der Projektionsfläche, in welchem Winkel der Projektor zur Fläche steht und wo sich der Beobachter befindet. Je nach Position des Beobachters und Flächenform kann die Projektion verzerrt oder sogar lückenhaft sein. Die 3D-Koordinate ist also abhängig davon, wo der Laserstrahl als erstes auftrifft.

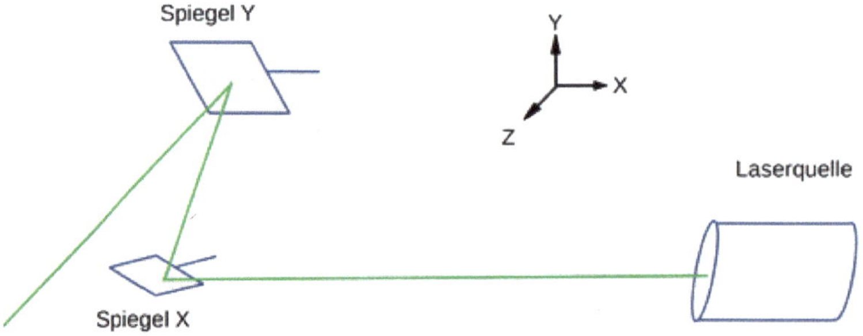

Abb. 2: Funktionsweise des Laserprojektors: Spiegel x lenkt den Laserstrahl so ab, dass er entlang der X-Achse verschoben auf dem Spiegel y auftrifft. Spiegel Y lenkt diesen wiederum ab, sodass dieser verschoben entlang der Y-Achse nach außen gelangt.

Um die Umgebung für die Projektion zu berücksichtigen, erfasst ein Laserscanner die Form der Umgebung. Ein Livox Mid 40 scannt kontinuierlich den Arbeitsbereich des Baggers, um die Umgebung zu erfassen. Der Laserscanner verwendet eine Laserwellenlänge von 905 nm und hat (bei 100.000 Lux) eine Reichweite von 90 m (bei 10 % Remission) (LIVOX). Der Livox scannt den Bereich mit einem sich nicht wiederholenden Muster. Für die grobe Lokalisierung sind auf dem Dach des Baggers drei GNSS-Antennen montiert, die zusammen mit den Empfängern eine 6 Freiheitsgrade Pose liefern, d. h. es sind die X-, Y-, Z-Koordinaten bekannt sowie die Ausrichtung Roll, Pitch und Yaw. Hierdurch ist es möglich je nachdem in welche Richtung der Bagger orientiert ist, die richtigen Rohre mittels des Laserprojektors anzuzeigen. Da Gebäude, Bäume etc. das GNSS-System negativ beeinflussen, sind zusätzlich dazu noch vier Blackfly S GigE Kameras (Model: BFS-PGE-23S3C-C) montiert, die im späteren Verlauf die Lokalisierung verbessern sollen. Ebenfalls befindet sich ein Ouster-OS1-64-Laserscanner oben auf der Kiste der Elektronik, welcher zur Verbesserung der Lokalisierung dient. Er hat eine vertikale Auflösung von 64 Strahlen und eine hat eine konfigurierbare horizontale Auflösung von 512, 1024 und 2048. Dieser hat eine Reichweite von mindestens 45 m bei 100.000 Lux. Die Experimente nutzen den Ouster-Laserscanner als Referenz für die Kalibrierung zum Projektor.

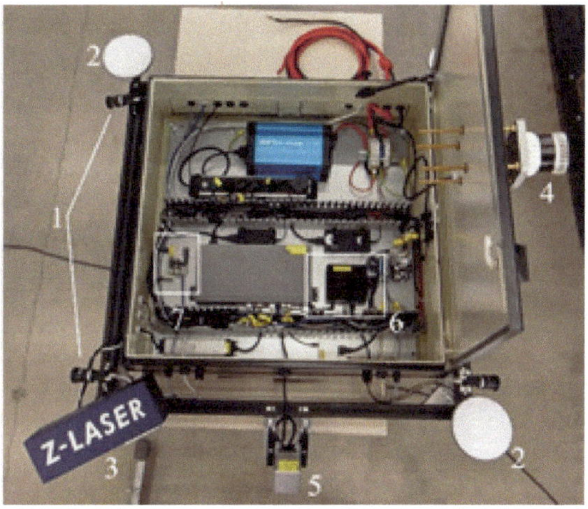

Abb. 3: Modifikation des Baggers – (1) Blackfly S GigE Kameras, (2) GNSS-Antennen & -Empfänger, (3) ZLP1 Laserprojektor, (4) Ouster OS1 Laserscanner, (5) Livox Mid 40 Laserscanner, (6) Intel NUC, (7) Raspberry PI 4

3 Datenverarbeitung

Der Verlauf einer Leitung ist in viele kleine Abschnitte eingeteilt. Dabei hat jeder Abschnitt ein Anfang und ein Endpunkt, welche als GNSS-Koordinate angegeben sind. Der Projektor stellt einen Abschnitt immer als eine Linie dar. Da der Bagger ebenfalls ein GNSS-System verwendet, transformiert der Algorithmus Verlaufsdaten und die Punktwolke des Livox-Laserscanners in dasselbe lokale Koordinatensystem. Damit der Projektor die Umgebung und Position der Augen korrekt in die Projektion miteinbezieht, führt der Algorithmus für jeden Anfang- und Endpunkt der Abschnitte ein Raytracing durch. Dabei geht der Strahl von der Position der Augen zu dem jeweiligen Punkt. Die Position der Augen liegt in der Baggerkabine ungefähr auf Höhe des Kopfes eines Durchschnittbürgers. Der Schnittpunkt mit der Punktwolke entspricht dem Punkt, den der Projektor für die Projektion verwenden muss. Dabei erzeugt der Projektor dann eine Linie zwischen den jeweiligen Schnittpunkten. Der Algorithmus verwendet für das Raytracing Octomap (HORNUNG et al. 2013). Octomap unterteilt den 3D-Raum in sogenannte Voxel, welche Würfel gleicher Größe sind. Ein Voxel kann zum Beispiel alle Punkte umfassen, die sich zwischen (–0.5, –0.5, –0.5) cm und (0.5, 0.5, 0.5) cm befinden. Der Voxel hat in diesem Fall eine Größe von einem Zentimeter. Liegt ein Punkt der Punktwolke in diesem Voxel, so ist dieser Voxel belegt. Ausgehend von der Position der Augen geht der Algorithmus alle Voxel durch, die in Richtung des Abschnittspunktes liegen. Beim Raytracing prüft der Algorithmus, ob der aktuell betrachtete Voxel belegt ist. Ist dies der Fall, so hat der Algorithmus den Schnittpunkt mit der Punktwolke gefunden. Der Projektor kann dann mittels dieser Punkte den Verlauf der Rohre projizieren. Abbildung 4 zeigt, wie das Prinzip funktioniert. Dies setzt voraus, dass bekannt ist wo sich der Projektor in Relation zum Laserscanner befindet. Dies lässt sich durch die Kalibrierung der beiden Sensoren zueinander ermitteln.

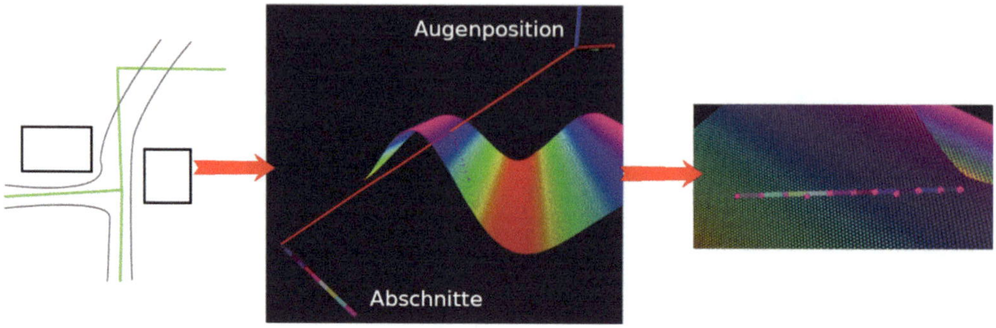

Abb. 4: Links ist ein Verlaufsplan zu sehen. Die grüne Linie repräsentiert z. B. den Verlauf eines Rohres. Der Verlauf des Rohres verkleinert das Programm in viele kleine Abschnitte. Diese sind im mittleren Bild links unten zu sehen. Die Augenposition ist oben rechts zu sehen.

4 Kalibrierung

Im Allgemeinen lässt sich die Kalibrierung in zwei Bereiche aufteilen: die intrinsische und extrinsische Kalibrierung. Die intrinsische Kalibrierung beschäftigt sich hier mit der Bestimmung der internen Projektionseigenschaften des Projektors und die extrinsische Kalibrierung bestimmt hier die geometrischen Eigenschaften zwischen dem Projektor und dem Lidar. Der Projektor ist werkskalibriert auf eine Ebene die 3,5334 m entfernt liegt. Der Projektor hat eine maximale Projektionshöhe und -breite von 2,1 m. Die Abbildung eines Punktes $p \in \mathbb{R}^3$ in das Koordinatensystem des Projektors lässt sich wie in Gleichung (1) beschreiben:

$$P = Ap = \begin{bmatrix} 3{,}5334 & 0 & 2{,}1 \\ 0 & 3{,}53342{,}1 & \\ 0 & 0 & 1 \end{bmatrix} p = \begin{bmatrix} 3{,}5334 & 0 & 2{,}1 \\ 0 & 3{,}53342{,}1 & \\ 0 & 0 & 1 \end{bmatrix} \begin{bmatrix} X \\ Y \\ Z \end{bmatrix}. \tag{1}$$

Die Kalibrierung zwischen Laserscanner und Projektor benötigt gemeinsame Punkte in deren jeweiligen lokalen Koordinatensystemen. Hierbei verwendet der Projektor ein 2D-Koordinatensystem und der Laserscanner ein 3D-Koordinatensystem. Um diese gemeinsamen Punkte zu finden, kommt ein Kalibrierobjekt zum Einsatz (siehe Abb. 5). Auf diesem Kalibrierobjekt befinden sich Reflektoren, die das Licht des Projektors reflektieren können und deren Reflektion die Sensoren des Projektors wahrnehmen können. Diese sind für die Verbesserung der Genauigkeit gedacht. Der Nutzer muss für die Kalibrierung manuell die Reflektoren mit dem Projektor anvisieren. Damit legt er auch automatisch die Position der Reflektoren im 2D-Koordinatensystem des Projektors fest. Da die Position der Reflektoren fix am Kalibrierkörper ist, bestimmt der Algorithmus deren Position im Laserscanner-Koordinatensystem über die Position des Kalibrierkörpers, welche sich mit dem folgenden Algorithmus bestimmen lässt. Der Algorithmus ist in zwei Phasen aufgeteilt: die Bestimmung der Initialen Pose und das Anpassen des Models an die Punktwolke des Livox-Laserscanners. Um die initiale Pose zu bestimmen, schneidet der Algorithmus zunächst die Punktwolke mittels einer vom Nutzer definierten Begrenzung zu, dass nur der Kalibrierkörper in der Punkwolke verbleibt. Anschließend reduziert der Algorithmus die Anzahl der Punkte mittels dem Voxel-Down-Sampling-Verfahren von (Zhou et al. 2018). Daraufhin bestimmt der Algorithmus die drei Ebenen des Kalibrierkörpers und deren Ausrichtung. Je Ebene bestimmt der Algorithmus zunächst mittels des RANdom-Sample-Consensus-(RANSAC-)Algorithmus eine Ebene und deren dazugehörigen Punkte. Der Algorithmus reduziert wiederum die Anzahl der Punkte mittels des Voxel-Down-Sampling-Verfahrens und mittels des DBScan-Algorithmus. Der Algorithmus verwendet DBScan, um die Punktwolke einheitlicher zu machen. Für die verbleibenden Punkte bestimmt der Algorithmus die Normalen durch die Hauptkomponentenanalyse. Der Mittelwert der Normalen ergibt die Normale der Ebene. Der Mittelpunkt und die Normalen des Körpers nutzt der Algorithmus als initiale Pose für den ICP-Algorithmus (CHEN & MEDIONI 1991), der die finale Pose liefert. Damit ist die Position des Kalibrierkörpers bestimmt und es lässt sich die Kalibrierung zwischen Projektor und Lidar durchführen.

5 Experimente

Die Güte der Projektorkalibrierung lässt sich wie in Gleichung (2) mittels des „Root Mean Squared Errors" (RMSE) berechnen:

$$RMSE = \sqrt{\frac{\sum_{i=0}^{n}\sum_{j=0}^{m}\left\|x_{ij}-\Pi_P(X_{ij})\right\|^2}{nm}} \text{ mit } \Pi_P(X_{ij}) = \begin{pmatrix} x \\ y \\ 1 \end{pmatrix} = AE\begin{pmatrix} x \\ y \\ z \\ 1 \end{pmatrix}. \quad (2)$$

Hierbei bildet $\Pi_P(X_{ij})$ den Punkt X_{ij} vom Koordinatensystem des Lidars in das Koordinatensystem des Projektors ab, n entspricht der Anzahl an Scans, m der Anzahl an Punkten je Scan und x_{ij} dem Punkt im Projektorkoordinatensystem, A der intrinsischen Matrix des Projektors und E der extrinsischen Matrix. Die Matrix E setzt sich aus Translation und Rotation zusammen.

Abb. 5: Projektor projiziert zwei Linien für die Auswertung der Kalibrierung

Um die Kalibrierung des Laserprojektors zum Laserscanner auszuwerten, kommen hier zwei Experimente zum Einsatz. Experiment 1 verwendet zur Kalibrierung das SDK der Firma Z-Laser für die Kalibrierung und betrachtet die Kalibrierung in drei Teilexperimenten. Hierbei steht in jedem Teilexperiment der Kalibrierkörper für die Kalibrierung an einer von drei verschiedenen Positionen. Die Position „vorne" hat einen Abstand von 3 – 3,6 m zum Laserscanner, „mittig" hat einen Abstand von 4,4 – 5 m und „hinten" hat einen Abstand von 6,5 – 8 m. Zur Auswertung projiziert der Laserprojektor zwei Linien auf das Schachbrettmuster des Kalibrierkörpers, wobei nur die Start- und Endpunkte der Linie für die Auswertung relevant sind. Diese vier Punkte markieren die Mitte der äußeren, weißen Felder des

Schachbrettmusters, welche in Abbildung 4 gestrichelt umrandet sind. Wie diese Projektion aussehen kann, zeigt Abbildung 4. Die Abweichung des projizierten Punktes von der tatsächlichen Mitte wird mithilfe eines Geodreiecks abgemessen. Jedes Teilexperiment untersucht mittels der gleichen Methode die Abweichung der Projektion in den anderen zwei Bereichen. Für die Teilexperimente verwendet der Ouster-Laserscanner eine horizontale Auflösung von 512 bei den Positionen „vorne“ und „mitte“, jedoch verwendet er eine Auflösung von 1024 für die Position „hinten“ als Ausgleich für die geringere Anzahl an Punkten, die mit der Position einhergeht. Experiment 2 verwendet für die Kalibrierung eine eigene Implementierung, welche auf OpenCV basiert. OpenCV verwendet den DLT-Algorithmus, um eine initiale Pose zu bestimmen und verbessert diese mittels der Levenberg-Marquardt-Optimierung. Da der Livox-Laserscanner im Gegensatz zum Ouster-Laserscanner ein viel kleineres Sichtfeld hat kann der Kalibrierkörper nur in einer Entfernung von 1,7 – 2,3 stehen. Hierbei erfasst der Laserscanner den Kalibrierkörper nur zu einem gewissen Teil, sodass die obere Seite z. B. nur zum Teil zu sehen ist. Das Experiment kann die Qualität der Kalibrierung nur in diesem Bereich überprüfen. Im Experiment hat der Kalibrierkörper drei verschiedene, unterschiedlich ausgerichtete Posen 1, 2 und 3.

Die Ergebnisse von Experiment 1 sind in Tabelle 1 aufgelistet. Die Kalibrierung im Bereich „hinten“ ist fehlgeschlagen, da der Projektor die Reflektoren nicht alle erkennen konnte, weshalb hier keine Ergebnisse vorliegen. Tabelle 1 zeigt, dass die Projektion mit einem RMSE von 1,6 und 2,41 mm am Kalibrierort am genausten ist. Die Ergebnisse zeigen, dass die Kalibrierung im Bereich „vorne“ die besten Ergebnisse auch außerhalb des Kalibrierortes liefert, da der RMSE im Vergleich zum Kalibrierort „Mitte“ um ca. 15 mm besser ist. Dies lässt sich durch die Dichte der Punkte im Laserscan erklären, da diese beim Ouster-Laserscanner im hinteren Bereich geringer ist. Hinzu kommt noch, dass der empfohlene Arbeitsbereich des Laserprojektors zwischen ein bis drei Meter ist und dieser somit außerhalb von diesem Bereich arbeitet.

Tabelle 1: Kalibrierergebnisse Ouster OS1-64 – RMSE in mm

Kalibrierort	**Vorne**	**Mitte**	**Hinten**	**Insgesamt**
vorne	1,60	16,61	28,15	18,89
Mitte	43,51	2,41	40,28	34,26

Tabelle 2: Kalibrierergebnisse Livox Mid 40 – RMSE in mm – Kalibrierort vorne

Pose	**1**	**2**	**3**	**Insgesamt**
RMSE	23,5	21,3	23,8	22,9

Wie die Ergebnisse des Experiments 2 in Tabelle 2 zeigen, liegen der RMSE zwischen 21,3 und 23,8 mm. Dies lässt sich damit erklären, dass sich der Kalibrierkörper sehr nah zum Laserscanner befindet und dadurch ein stärkeres Rauschen entsteht. Die Ergebnisse sind im Vergleich zum Experiment 1 ähnlich gut, jedoch lassen sich die beiden Experimente nur teilweise vergleichen. Der Livox Mid 40 hat im Vergleich zum Ouster ein viel kleineres Sichtfeld, weshalb der Kalibrierkörper sich in Experiment 2 nur im Bereich vorne befindet. Der RMSE ist wie bei Experiment 1 geringer als 100 mm. Somit sind beide Experimente erfolgreich und zeigen, dass das System genau genug für die Anwendung im DigSmart-Projekt ist.

6 Zusammenfassung und Ausblick

Was die Kalibrierung des Laserprojektors betrifft, so zeigen die Experimente, dass die Kalibrierung mit dem SDK und dem Ouster OS1-64 Projektionen ermöglichen, die eine Abweichung von maximal 40 mm ermöglichen. Ebenfalls zeigen die Experimente, dass der Livox Mid 40 und die eigene Implementierung mit OpenCV ähnliche gute Ergebnisse liefern. Im Vergleich zur Größe eines Baggers sind die Projektionsfehler von 40 mm gering. Die Versuche zeigen also das Potenzial des Systems zur Visualisierung von Rohren und Leitungen für den Baggerführer. Somit ist das hier vorgestellte System aktuell in der Lage die Verlaufspläne unverzerrt aus der Augenposition zu visualisieren. Das GNSS des Baggers liefert die erste Pose des Baggers. Jedoch beeinträchtigen z. B. Gebäude und Bewegung die Genauigkeit. Das nächste Ziel ist es, die Genauigkeit der Lokalisierung mittels der Kameras und des Ousters OS1-64 zu verbessern. Hierfür ist geplant, dass das System zum einen Visual Odometry und zum anderen den Ouster-Laserscanner für die Lokalisierung in einer großen Punktwolke eines hochauflösenden Mobile Mapping System verwendet.

Danksagung

Bedanken möchte ich mich bei Dieter Ziegler für seine Hilfe mit der Elektronik, sowie Sven Jörissen, Michael Bleier und Helge Andreas Lauterbach für jegliche Hilfe und Ratschlag.

Literatur

Chen, Y. & Medioni, G. (1991): *Object Modeling by Registration of Multiple Range Images*. IEEE International Conference on Robotics and Automation Proceedings, Vol. 3, S. 2724-2729. https://doi.org/10.1109/ROBOT.1991.132043.

Hagebau (2020): *Wenn Bagger daneben greifen*. Tiefbau + Strassenbau Aktuell, S. 4-6. https://www.hagebau.com/content/wissen/downloads/brosch%C3%BCrencenter/tiefbau/fachbl%C3%A4tter/fb_tief_strassenbau_2_2020_web.pdf.

Hornung, A., Wurm, K.M., Bennewitz, M., Stachniss, C. & Burgard, W. (2013): *OctoMap: An Efficient Probabilistic 3D Mapping Framework Based on Octrees*. Auton Robot 2013, 34 (3), S. 189-206, https://doi.org/10.1007/s10514-012-9321-0.

Leutert, F. (2021): *Flexible Augmented Reality Systeme für robotergestützte Produktionsumgebungen*. Universität Würzburg, https://doi.org/10.25972/OPUS-24972.

Livox: *Mid LiDAR Technische Daten – Livox*. https://www.livoxtech.com/de/mid-40-and-mid-100/specs (03.07.2023).

Zhou, Q.-Y., Park, J. & Koltun, V. (2018): *Open3D: A Modern Library for 3D Data Processing*. arXiv, January 29, 2018. https://doi.org/10.48550/arXiv.1801.09847.

Z-Laser (2022): *Datasheet ZLP1*. https://z-laser.com/wp-content/uploads/_download/Datasheets/English/Z-LASER_Datasheet_ZLP1.pdf (02.05.2023).

Straßenvermessung mit dem RIEGL VZ-600i Laserscanner

Nikolaus STUDNICKA und Jacob ZURL

Zusammenfassung

Der Straßenbau hat sich in den letzten Jahrzehnten rasch weiterentwickelt. Die manuelle Arbeit wird größtenteils von Maschinen übernommen. Bevor das dreidimensionale Asphalt-Fertigen einer Fahrbahn möglich ist, ist eine hochgenaue Vermessung der existierenden Straßenoberfläche notwendig. Die dabei eingesetzte Laserscanning-Technologie kann sowohl von bewegten Fahrzeugen aus (Mobile Laserscanning – MLS, auch Mobile Mapping genannt) als auch im „Stop-&-Go“-Verfahren (terrestrisches Laserscanning – TLS) angewandt werden. Für die Vermessung von kilometerlangen Straßenzügen hat sich das Mobile Mapping breit durchgesetzt, vor allem weil es mit der üblichen Fahrgeschwindigkeit durchgeführt werden kann und der Verkehr nicht beeinträchtigt wird. Um jedoch die Genauigkeit des resultierenden 3D-Modells eines kürzeren Straßenstücks zu maximieren, wurde für das in diesen Aufsatz beschriebene Projekt die Verwendung eines terrestrischen Laserscanners gewählt. So wird gezeigt, dass die Vermessung von wenigen Kilometern Autobahn in einem Baustellenbereich rasch, effizient und hoch präzise durchgeführt werden kann.

Das mittels Laserscanning gewonnene Oberflächenmodell kann sowohl für eine modellbasierte Abrechnung des Abtrags als auch für eine automatisierte Maschinensteuerung verwendet werden.

Als praxisnahes Beispiel wird die Vermessung einer realen Autobahnbaustelle behandelt – von der Datenaufnahme über die Auswertung bis zum Digitalen Geländemodell werden die Bearbeitungsschritte betrachtet, beschrieben und analysiert. Dabei wird deutlich, dass beim abschließenden 3D-Asphaltfertigen die resultierende Fahrbahn basierend auf den TLS-Daten exakt erstellt werden kann. Die Genauigkeiten der Vermessung und der Fertigung wurden durch Tachymeter-Messungen auf die Fahrbahnoberfläche überprüft.

1 Laserscanner

Die typische Vermessung einer langgestreckten Umgebung mit einem terrestrischen Laserscanner läuft so ab, dass ein sogenannter Panoramascan nach dem anderen aufgenommen wird. Bei dem hier eingesetzten augensicheren *RIEGL* VZ-600i Laserscanner (Tabelle 1) ist man in der Lage bis zu 60 hochauflösende Laserscans pro Stunde aufzunehmen.

1.1 Datenaufnahme

Für das hier beschriebene Projekt wurde das Baulos Knoten Steinhäusl in Niederösterreich gewählt. Dieses Teilstück der Autobahn A1 wurde zwischen den Knoten Steinhäusl und St. Christophen einer Generalsanierung unterzogen. Noch bevor die Autobahn gesperrt wurde, hat ein Messfahrzeug mit einem mobilen Laserscanner eine Bestandsaufnahme der zu erneuernden Fahrbahnoberfläche durchgeführt.

Tabelle 1: Spezifikation eines *RIEGL* VZ-600i Laserscanners (RIEGL 2024)

Laserscanner-Modell	***RIEGL* VZ-600i**
Scangeschwindigkeit	60 Scanpositionen pro Stunde 2,2 MHz PRR, 400 Scans/sec 6 mm Punktauflösung in 10 m Distanz/Scan
3D-Genauigkeit	3 mm @ 50 m, 5 mm @ 100 m
Horizontaler Scanbereich Vertikaler Scanbereich	360° 105° (–40° bis +65°)
Reichweite (2,2 MHz PRR)	0,5 – 220 m (90 % Reflexionsgrad) 0,5 – 100 m (20 % Reflexionsgrad)
Reichweite (140 kHz PRR)	1 – 1000 m (90 % Reflexionsgrad) 1 – 450 m (20 % Reflexionsgrad)
Gewicht	< 6 kg
Kameraoptionen	interne Kameras (mit KI unterstützter Gesichtserkennung), aufgesetzte Systemkamera (optional), aufgesetzte Panoramakamera (optional)
GNSS-Empfänger	intern (L1), optional aufgesetzter *RIEGL* RTK-GNSS-Empfänger
Laserklasse	1 (augensicher)
Geräteschutzklasse	IP64, staub- und spritzwassergeschützt
Registrierung der Scanpositionen	während des Scanvorgangs in Echtzeit im Scanner und/oder mit RiSCAN PRO auf einem Laptop/PC

Nachdem die Asphaltoberfläche und die darunterliegenden Betonflächen abgebrochen waren, wurde der 3,1 Kilometer lange Autobahnabschnitt im September / Oktober 2023 mit dem terrestrischen Laserscanner vermessen. Die präzisen Laserscans erzeugen eine Punktwolke mit ca. 30 Millionen Messpunkten pro Scanposition. Dies entspricht einer Punktauflösung von 6 Millimeter in 10 Meter Distanz zum Laserscanner. Ein Tastenklick auf den Touch-Screen des Scanners startet die Aufnahme einer Scanposition. Die anschließende Bewegung des Scanners zum neuen Aufstellungsort bewirkt, dass das Gerät automatisch in die nächste Scanposition weiterschaltet. Auf die gleichzeitige Aufnahme von kalibrierten Fotos wurde bei diesem Projekt verzichtet, da die abgesicherte Autobahnbaustelle ausschließlich in der Nacht vermessen wurde, wie Abbildung 1 zeigt.

Auf der bereits abgebrochenen Fahrbahnoberfläche wurden etwa alle 15 Meter „Panorama_6mm"-Scans aufgenommen. Diese Vorgehensweise ermöglicht eine zuverlässige und effiziente Vermessung auch von großen Projekten in komplexen Umgebungen. Der *RIEGL* VZ-600i Laserscanner ermöglicht das automatische Registrieren der Scanpositionen schon während weitere Daten aufgenommen werden.

Abb. 1: Terrestrischer Laserscan einer Autobahnbaustelle mit einem *RIEGL* VZ-600i Laserscanner. Auf der linken Seite erkennt man die abgebrochene Fahrbahn, auf der rechten Seite die in Betrieb befindliche Autobahn.

Die Firmware des Scanners arbeitet automatisiert ohne Einwirken des Benutzers einen mehrstufigen Registrierungsprozess ab (ULLRICH & FÜRST 2017). Dieser automatische Registrierungsalgorithmus funktioniert auch im Dunkeln, im Wald, oder wenn bewegte Objekte oder immer wiederkehrende Strukturen vorhanden sind. Mittels der „Project Map"-App (Abb. 2) kann auf einem mobilen Gerät mitverfolgt werden, wie das Projekt Gestalt annimmt. Dort werden sowohl die registrierten Scanpositionen als auch eine ausgedünnte Punktwolke von oben dargestellt.

Abb. 2: Links: *RIEGL* VZ-600i Laserscanner. Rechts: „VZ-i Project Map" am Mobiltelefon mit den bereits registrierten Scanpositionen.

In zwei Nächten wurden in knapp fünf Stunden insgesamt 261 Scanpositionen auf einer Autobahnlänge von 3,1 Kilometern aufgenommen. Pro Scanposition kann man mit etwas mehr als einem halben Gigabyte Speicherbedarf rechnen. Die Daten werden geräteintern sowohl auf einer SSD (Solid-State-Drive) Festplatte gespeichert als auch kontinuierlich auf eine steckbare „CF-express" Karte synchronisiert.

Tabelle 2: Projektdaten

Ort	Westautobahn bei Neulengbach/Österreich	
Datum	30. September 2023	16. Oktober 2023
Zeit	01:12 – 04:12	20:39 – 22:31
Scanpositionen	157	104

Kreisrunde Reflektorfolien können mit einem dafür entwickelten Reflektor-Messprogramm (mit angepasster Laserleistung) fein abgetastet und für das Ausmessen von Festpunkten verwendet werden.

Abb. 3: Links: Feinscan eines Retro-Reflektors. Mitte: Anbringen eines Reflektors auf einem Bodenpunkt. Rechts: Verteilung der Reflektoren entlang der Autobahn.

Der *RIEGL* VZ-600i Laserscanner hat eine IP64 Geräteschutzklasse, ist also staubfest und spritzwassergeschützt. Dies ist bei einer Straßenvermessung wichtig, damit die Arbeiten zügig und witterungsunabhängig durchgeführt werden können.

1.2 Datenauswertung

Direkt nach Abschluss der Vermessung im Feld steckt man die „CF-express" Speicherkarte in einen Laptop oder PC, auf dem mithilfe des sogenannten „One Touch Processing Wizards" der Software RiSCAN PRO die Daten prozessiert werden. Dabei werden verschiedene Arbeitsschritte automatisch abgearbeitet: Datenfilterung, simultaner Blockausgleich aller Scanpositionen, Entfernung bewegter Objekte und das Homogenisieren der Scandaten zu einer Gesamtpunktwolke. Die resultierende (homogenisierte) Auflösung der Punktwolke des vermessenen Autobahnabschnitts beträgt typischerweise 10 Millimeter und die Anzahl der Messpunkte beträgt typischerweise mehrere hundert Millionen. Das Exportformat ist üblicherweise das LAS-Format (für eine Gesamtpunktwolke) oder das E57-Format (mit Detailinformationen der einzelnen Scanpositionen).

Tabelle 3: Standardabweichung nach dem Blockausgleich

	dX [m]	**dY [m]**	**dZ [m]**
Standardabweichung	0.0045	0.0062	0.0051

Alle Hundert Meter war ein Reflektor an der Leitschiene angebracht. Mit ein paar Bodenpunkten wurde das Festpunktfeld verdichtet. Insgesamt wurden 32 Festpunkte im MGI / Austria Gauß Krüger / Zone Ost 3 (EPSG-Code: 31256) Koordinatensystem verwendet, die Abweichungen (in kurzen Residuen) betrugen nach dem Blockausgleich (Multi-Station-Adjustment „MSA") rund 5-6 Millimeter.

1.3 Datenweiterverarbeitung

Im nächsten Schritt gilt es aus der immens großen Punktwolke ein 3D-Modell der Autobahnoberfläche zu genieren. Die Herausforderung dabei ist es jene Punkte der Punktwolke zu löschen, die für die Beschreibung und Struktur vernachlässigbar sind und jene zu behalten, die die Oberfläche präzise beschreiben. In den ebenen Abschnitten verbleiben nach der „Triangulation" der Datenpunkte relativ wenige große, an Geländekanten relativ viele kleine Dreiecke. Das Ergebnis dieser sogenannten Dreiecksvermaschung wurde in der Software Magnet Collage (Topcon) erstellt und anschließend im .xml Format (Extensible Markup Language) gespeichert. Da die Software der 3D gesteuerten Straßenbaumaschinen bei sehr großen Datenmengen rasch an ihre Leistungsgrenzen kommt, ist hier eine ausreichende Ausdünnung durchzuführen. Je nach Baulosgröße und Anforderung sollte die Dreiecksvermaschung eine maximale Seitenlänge von 10 bis 40 cm aufweisen.

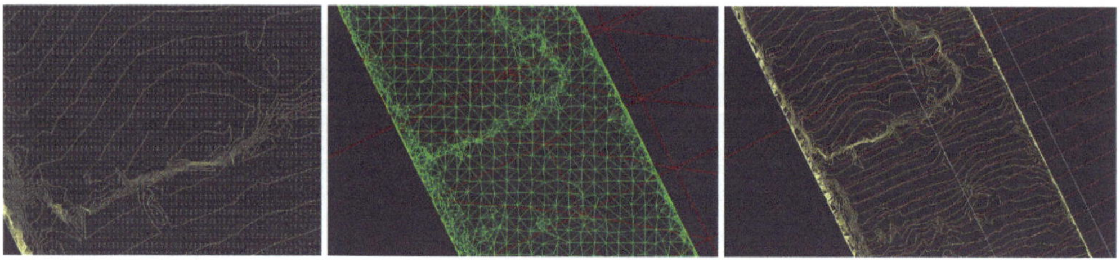

Abb. 4: Links: Die grünen Punkte stellen die Messwerte aus dem Laserscan dar, gelb das ausgedünnte Modell. Mitte: Dreiecksvermaschung der Oberfläche. Rechts: Die Höhenschichtlinien im Zentimeterabstand repräsentieren die Qualität der Vermaschung und das Ergebnis der Oberfläche.

1.4 Modellbasierte Abrechnung

Das resultierende Oberflächenmodell kann für eine modellbasierte Abrechnung herangezogen werden. Dafür wurde das Bestandsmodell (vom mobilen Laserscan MLS) mit dem Abtragsmodell (vom terrestrischen Laserscan TLS) verschnitten. Als Ergebnis wurden 5.450,6 m³ Abtrag auf einer Straßenoberfläche von 21.500 m² ermittelt (Abb. 5).

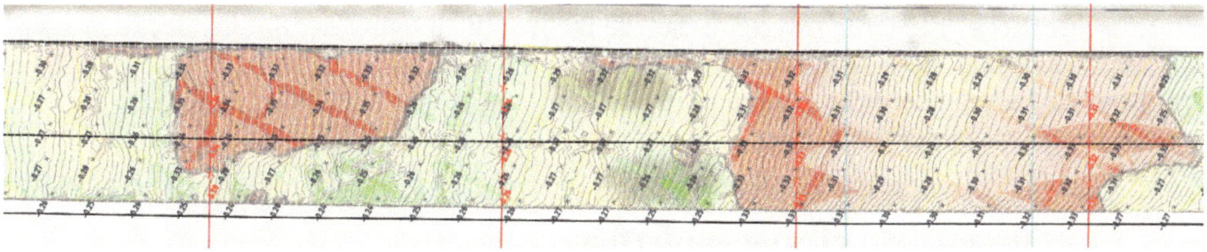

Abb. 5: Mengenverschnitt Bestandsmodell (MLS) & Abtragsmodell (TLS)

Dieses Ergebnis wurde durch einen Vergleich der herkömmlichen Methode mit Profilmessungen überprüft. Der Modellverschnitt vom Urgelände (Profilvermessung vor Baustart durch einen unabhängigen Vermesser) mit dem Vergleichsmodell: (Profilvermessung nach Abtrag durch einen unabhängigen Vermesser) hat auf einer Fläche von 677 m² einen Abtrag von 187,64 m³ ergeben. Auf derselben Fläche ergab der Modellverschnitt vom MLS-Modell vor Baustart und dem TLS-Modell nach dem Abtrag ein Abtragsvolumen von 185,17 m³.

Der Vorteil der modellbasierten Abrechnung gegenüber der profilbasierten Abrechnung ist die raschere Vermessung vor Ort und die Einbeziehung der gesamten Fläche, und nicht nur der Fahrbahnoberfläche an den Orten der Profile. In diesem Beispiel betrug der Abstand zwischen den Profilen 12,5 m.

2 3D-Fräse/3D-Asphaltfertiger für die Autobahn

Ein weiterer Vorteil der schnellen und präzisen Vermessung der Fahrbahnoberfläche durch einen terrestrischen Laserscanner ist die Möglichkeit das resultierende 3D-Geländemodell für eine 3D-Asphaltfräse und/oder für einen 3D-Asphaltfertiger verwenden zu können.

Im Gegensatz zur Arbeit mit herkömmlichen Asphaltfräsen ermöglicht der Einsatz der 3D-Technologie eine präzisere und effizientere Profilierung der Straßenoberfläche. Die Verwendung einer 3D-Asphaltfräse trägt dazu bei, den Straßenbau präziser, effizienter und kosteneffektiver zu gestalten, da sie die Notwendigkeit von manuellen Eingriffen minimiert und gleichzeitig genaue Ergebnisse liefert.

Abb. 6: Links: 3D-Asphaltfräse, rechts: 3D-Asphaltfertiger

Ein 3D-Asphaltfertiger ermöglicht einen exakten und effizienten Asphalteinbau und trägt dazu bei, hochwertige Straßenoberflächen mit genauen Profilen zu schaffen. Er verfügt über ein fortschrittliches Steuerungssystem, das die Höhe und Neigung der Straßendecke in Echtzeit überwacht und steuert. Zusätzlich lässt sich auch die Einbaubreite in 3D steuern. Dies ermöglicht eine präzise Anpassung an die gewünschten Höhen- und Neigungswerte für eine genaue Profilierung der Straße.

2.1 Maschinendaten: 3D-Asphaltfertiger

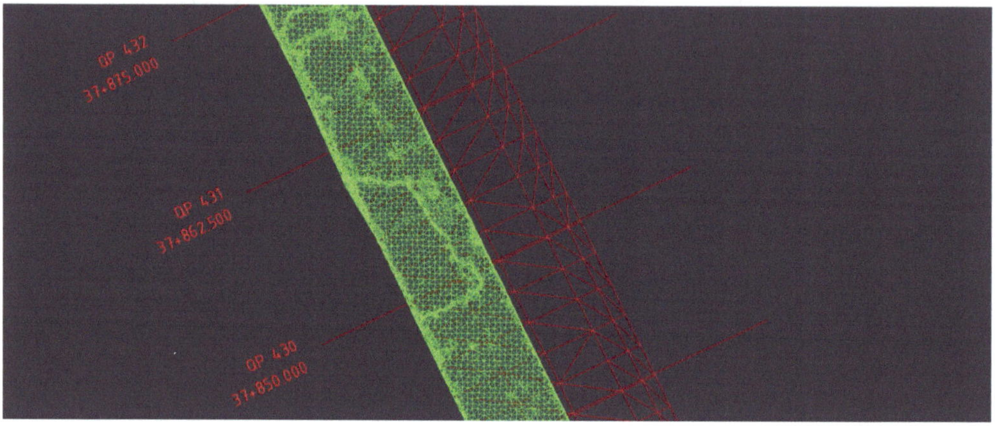

Abb. 7: Grün: Bestandsmodell der zu asphaltierenden Oberfläche. Rot: Planungsmodell der fertigen Asphaltoberfläche. Zusätzlich Querprofillinien als Information für den Maschinisten.

Aus den Planungsunterlagen wie Lage- und Querprofilplänen wird ein digitales Geländemodell der fertigen Asphaltoberkante (Deckenbuch) erstellt. Im Magnet Office (Topcon) wird nun das Bestandsmodell aus dem Laserscan und das Planungsmodell (Deckenbuch) als .xml eingelesen und die fertige Datei für den 3D-Asphaltfertiger exportiert.

3 Bauausführung

Erstmalig hat die Firma STRABAG (YouTube 2024) im Zuge eines Pilotprojektes die fortschrittliche und innovative Technologie des 3D-Aspahlteinbaus getestet und angewendet. Im Zuge der Sanierung sollte die gesamte Betondecke und alle darunterliegenden beschädigten Asphaltschichten abgetragen werden. Im Sinne von Nachhaltigkeit, Qualität und Kosteneffizienz wurden nach Rücksprache mit der örtlichen Bauaufsicht schadhafte Stellen ausgesucht und nachträglich abgefräst. Wie in Abbildung 1 ersichtlich wies die Oberfläche nach den Abtragsarbeiten ein sehr inhomogenes Bild auf. Im nächsten Arbeitsschritt galt es eine Ausgleichsschicht mit variablen Einbaustärken und konstantem Versatz zum fertigen Deckenbuch herzustellen. Dieser Arbeitsschritt wird auch Profilierung genannt und bei der herkömmlichen Arbeitsmethode durch zeitintensive terrestrische Vermessungen mit Absteckungen nach dem Geländemodell des Deckenbuchs und „Anspritzen" der variablen Einbaustärken durchgeführt. Auf diesem Streckenabschnitt von 3.1 km wären so ungefähr 20 Aufstellungen mit 930 Höhenpunkten für die variable Asphaltierung notwendig gewesen.

Abb. 8: 3D-Asphaltfertiger

Durch den auf den erforderlichen Scans basierenden Einsatz des 3D-Asphaltfertigers kann in einem Arbeitsschritt ein exaktes Modell für die Maschine bereitgestellt werden, welches aufgrund des hohen Detailgrades einen viel genaueren Einbau ermöglicht, potenzielle Fehlerquellen des händischen Einbaues verringert und sogar die Arbeitsbelastung der Einbaupartie reduziert. Für den 3D-Einbau wurde ein herkömmlicher Asphaltfertiger von Vögele mit einer 3D-Maschinensteuerung ausgerüstet. Diese umfasst einen Steuerungscomputer mit der Software 3DMC, zwei GNSS-Antennen, zwei Ultraschallsensoren sowie die Anbindung der Topcon-Steuerung in die Maschinensteuerung von Vögele. Letztlich zeigten sich Polier, Einsteller und auch die Asphaltier-Mannschaft von der 3D-Methode begeistert. Ein weiterer Pluspunkt ist, dass mit dem Scan auch die Basis für die Abrechnung gelegt ist und so schnell und genau über 3D-Modelle erfolgen kann.

Die beiden GNSS-Antennen (1) dienen zur genauen Positionierung des 3D-Fertigers in der Lage, die beiden Ultraschallsensoren (2) messen den Bestand und können so der Oberfläche folgen und der Steuerungscomputer (3) verarbeitet die 3D-Modelle und die Informationen daraus und leiten sie weiter an die Steuerungseinheit (4). Das Ergebnis ist ein exakte Bauausführung nach den gewünschten Vorgaben durch das digitale Deckenbuch.

Abb. 9: Ausrüstung des Super 1800-3i Straßenfertiger (WIRTGEN GROUP 2024) von Vögele mit 3D-Maschinenssteuerung

Abbildung 10 macht die Arbeit des eingesetzten 3D-Asphaltfertigers sichtbar. Die Asphaltschicht ist unterschiedlich stark, die resultierende Fahrbahnoberfläche aber sehr glatt und eben.

Abb. 10: Ausführung der Asphaltaufbringung mithilfe des 3D-Asphaltfertigers

4 Kontrolle Bauausführung

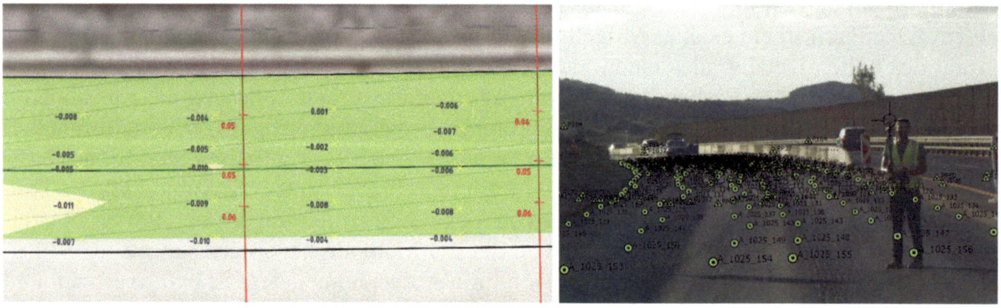

Abb. 11: Links: Überprüfung der Einbaugenauigkeit des Bauloses. Rechts: Vor-Ort-Überprüfung mit einer Ein-Mann-Totalstation.

Zur Kontrolle und Überprüfung der Einbaugenauigkeit wurde ein größerer Abschnitt des Bauloses terrestrisch vermessen und mit dem digitalen Deckenbuch verschnitten (Abb. 11). Dabei lag die Einbaugenauigkeit – trotz der variablen Einbaustärken zwischen 3 cm und 12 cm – zu 93 % unter 1 cm und auch die restlichen 7 % lagen unter 2 cm.

5 Zusammenfassung

Der Einsatz des schnellen terrestrischen Laserscanners *RIEGL* VZ-600i hat gezeigt, dass eine 3 km lange Autobahnbaustelle rasch und effizient vermessen werden kann. Das aus dieser Vermessung gewonnene Oberflächenmodell kann im Straßenbau sowohl für die modellbasierte Abrechnung, als auch für die automatisierte Maschinensteuerung verwendet werden. Sowohl eine 3D-Asphaltfräse also auch ein 3D-Asphaltfertiger sind heute bereits in der Lage intelligent ausgedünnte Geländemodelle zu verwenden. Mit dem hier beschriebenen Workflow ist eine exakte Bauausführung bei gesteigerter Effizienz möglich.

Literatur

RIEGL (2024): *RIEGL VZ-600i Datenblatt*: http://www.riegl.com/uploads/tx_pxpriegl-downloads/RIEGL_VZ-600i_Preliminary-Datasheet_2023-05-24.pdf (02/2024).

Ullrich, A. & Fürst, C. (2017): *Vollautomatischer Ansatz für die Onboard-Datenregistrierung im terrestrischen Laserscanning*. Beiträge zum 165. DVW-Seminar am 11. und 12. Dezember 2017 in Fulda.

YouTube (2024): *STRABAG: Scannen und 3D-Fräsen*. Video. https://www.youtube.com/watch?v=KiRgflFzFYw.

WIRTGEN GROUP (2024): *SUPER 1800-3i Raupenfertiger*. https://www.wirtgen-group.com/ocs/de-de/voegele/super-1800-3i-204-p/.

Bordsteinerkennung und Höhenbestimmung in 3D-LiDAR-Daten mittels eines mobilen Kartierungssystems

Simon PFEIL, Thomas WIEMANN, Marcel STORCH und Isaak IHORST

Zusammenfassung

Dieser Beitrag präsentiert einen Ansatz zur Detektion von Bordsteinen und zur Abschätzung ihrer Höhe in 3D-LiDAR-Punktwolken mittels eines Ouster OS1-128 Sensors. Die entwickelte Methodik kombiniert effektiv verschiedene Techniken im 3D- und 2D-Raum und ist in der Lage, auch verrauschte Daten zu prozessieren. Dabei wird die Punktwolke in einem 2D-Raster organisiert, bevor die Bodenpunkte durch RANSAC bestimmt werden. Anschließend wird mittels Region Growing eine Straßensegmentierung durchgeführt. Mit der Canny-Methode werden die Kanten der Straße extrahiert, um sie auf Bordsteine zu untersuchen. In der Evaluation wird gezeigt, dass diese Methodik auf einer Strecke von 3000 Metern 92 % der vorhandenen Bordsteine identifiziert, insgesamt wurden 96 % der Bordsteinpunkte korrekt klassifiziert. Darüber hinaus zeigt der Ansatz vielversprechende Ergebnisse bei der Höhenschätzung und konnte die Bordsteinkategorien 3-7 cm und größer als 7 cm effektiv klassifizieren.

1 Einleitung

In den meisten Fällen dienen Bordsteine dazu, die Fahrbahn von angrenzenden Gehwegen zu trennen. An Kreuzungen und Fußgängerüberwegen werden Bordsteine oft abgesenkt, um es Menschen leichter zu machen, die Straße zu überqueren. Insbesondere im Kontext der Barrierefreiheit ist die genaue Höhe von Bordsteinen entscheidend, da sie die Zugänglichkeit und Sicherheit für Menschen mit Behinderungen direkt beeinflusst. Für Personen, die auf Hilfsmittel wie Rollstühle oder Gehhilfen angewiesen sind, sollten Kreuzungen idealerweise niedrige und abgeflachte Bordsteine haben. Für Menschen mit Sehbehinderungen oder Blindheit sollten Bordsteinhöhen eine erkennbare und nutzbare Orientierung gewährleisten. Zu niedrige Bordsteine können schwer zu erfühlen und ein gefährliches Hindernis sein. Um den unterschiedlichen Interessen verschiedener Nutzergruppen gerecht zu werden und die Mobilität im öffentlichen Raum zu verbessern, wird automatisch und präzise erfasste geometrische Information über den Verlauf vorhandener Bordsteine benötigt. Leider sind diese Daten weder von den zuständigen Behörden noch in räumlichen Datensätzen verfügbar.

Seit mehr als zwei Jahrzehnten werden verschiedene Techniken zur automatisierten Bordsteinerkennung eingesetzt und untersucht. Abhängig von der Anwendung oder den Forschungszielen wird eine Vielzahl von Sensoren verwendet. Die häufigste Anwendung stammt aus dem Bereich des autonomen Fahrens mit Kamera- oder Light Detection and Ranging (LiDAR)-basierten Systemen. Obwohl viele Studien die Detektion von Bordsteinen bereits behandeln, schließen sie die Erfassung der Bordsteinhöhen größtenteils aus.

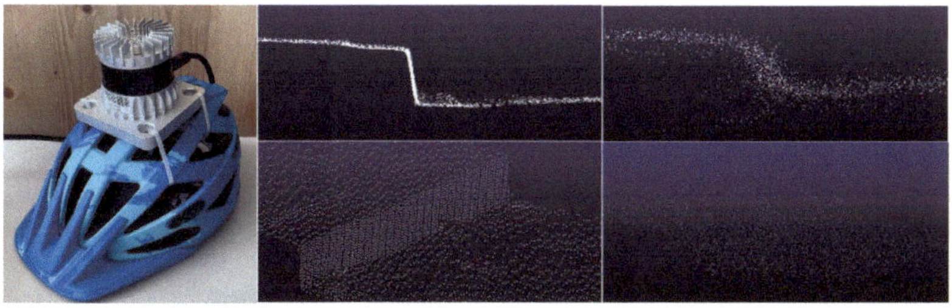

Abb. 1: Der auf einem Fahrradhelm montierte 3D-Scanner und Punktwolken zur Borsteinerkennung. Das Bild in der Mitte zeigt die Punktwolke eines terrestrischen Scanners, das rechte die mit dem mobilen Messsystem erzeugten Daten.

In diesem Beitrag wird ein Verfahren zu Extraktion von Bordsteinen und zur Bestimmung der Bordsteinhöhen vorgestellt. Als Eingangsdaten dienen LiDAR-Punktwolken, die mit einem mobilen Kartierungssystem erfasst wurden. Die Evaluation zeigt, dass das vorgestellte System in der Lage ist, großräumig den Verlauf von Bordsteinen zu erfassen und deren Höhe zuverlässig zu bestimmen.

2 Das mobile Kartierungssystem

Zur Aufnahme der 3D-Eingangsdaten wird ein Ouster OS1-128 LiDAR-Sensor eingesetzt. Dieses System scannt in 128 Scanlinien mit 1024 Punkten pro Ring in einem vertikalen Öffnungswinkel von 45°. Die Aufnahmefrequenz beträgt dabei 20 Hz. Aufgrund seines geringen Gewichts von 500 Gramm kann der Laserscanner leicht von einem Menschen auf einem Helm montiert getragen werden. Dieser Aufbau ermöglicht eine kostengünstige und flexible mobile Kartierung in von Menschen zugänglichen urbanen Umgebungen. Im Gegensatz zum Scannen von Fahrzeugen oder Drohnen werden hier die Daten somit direkt in der für den Anwendungskontext relevanten Domäne aufgenommen.

Für die Datenerfassung wird eine TSDF SLAM-Software verwendet (EISOLDT et al 2022). Dabei werden die eingehenden LiDAR-Scans gegen eine implizite flächige Repräsentation der gescannten Oberflächen registriert, einem sogenannten Truncated Signed Distance Field (TSDF), das auf einem Voxelgitter repräsentiert wird. Dies erlaubt mittels GPU-beschleunigten Algorithmen eine Datenintegration in Echtzeit. Dazu kommt ein NVIDIA Jetson Orin zum Einsatz.

Die Verbindung zwischen dem Ouster-Sensor und dem auf Ubuntu basierenden Host erfolgt über das Robot-Operation-System (ROS). Die Speicherung der registrierten LiDAR-Daten erfolgt in ROS Bag-Dateien. Um die Qualität der zu erwartenden Daten zu beurteilen, wurden zunächst die Eingangsdaten des Ouster Scanners mit einem hochauflösenden RIEGL VZ-400i verglichen. Das mobile Scanning-System und die verglichenen Punktwolken sind in Abbildung 1 dargestellt. Es zeigt sich, dass die Daten des Ouster im Vergleich zum terrestrischen Laserscanner deutlich mehr Rauschen aufweisen. Aufgrund der dennoch gut zu erkennbaren Straßen- und Gehwegebenen ist eine Segmentierung und Höhenbestimmung unter Verwendung robuster Klassifikationsverfahren möglich, wie in den folgenden Abschnitten dargelegt.

3 Stand der Technik und angewendete Methoden

Eine häufig verwendete Methode zur Bordsteinerkennung ist die Hough-Transformation. Diese kann innerhalb der Punktwolke, einer Scanlinie oder auf einem DEM-Modell angewendet werden. Da der Sensor, der in diesem Beitrag verwendet wird, kreisförmige Scanlinien aufzeichnet, kann die Detektion der längsten Geraden innerhalb einer Scanlinie nicht angewendet werden. Die Linienabschnittsanalyse von SHIN et al. (2010) hat das gleiche Problem. Darüber hinaus ist eine Ausrichtung der Linien zur Fahrtrichtung erforderlich, was ein weiteres Ausschlusskriterium für die hier dargestellte Anwendung ist. Bild- oder DEM-basierte Hough-Ansätze wie die von LIU et al. (2013) sind ebenfalls ungeeignet, da nur gerade Bordsteine erkannt werden, während gebogene Bordsteine nicht sicher detektiert werden können.

Im Gegensatz zu den linienbasierten Analysen stützen sich die auf „Conic Section Compression" basierenden Verfahren, z. B. GUERRERO et al. (2020), auf Daten von 3D-Sensoren, die kreisförmige Scanlinien aufzeichnen – analog zu dem in diesen Beitrag verwendeten Sensor. Die Schwäche dieser Herangehensweise besteht allerdings darin, dass bei geneigtem und nicht horizontalem Boden sowie bei unebenem Gelände wie grobem Kopfsteinpflaster, elliptische und verformte Scanlinien anstelle der kreisförmigen Scanlinien erzeugt werden. Dies schränkt die Zuverlässigkeit der Methode stark ein. In Bezug auf das eingesetzte Kartierungssystem dieser Arbeit besteht der größte Nachteil bei diesen Ansätzen jedoch darin, dass ein fester Winkel relativ zur Sensorplattform die Grundvoraussetzung ist. Das in diesem Beitrag eingesetzt Helmsystem befindet sich jedoch aufgrund der natürlichen Kopfbewegung während der Vermessung in einer ständig wechselnden Orientierung relativ zum Boden, was bedeutet, dass erstens keine idealen kreisförmigen Scanlinien erzeugt werden und zweitens keine Merkmale wie Winkel oder die Abstände zwischen je zwei benachbarten Ringen vorberechnet werden können.

Für den Klassifikationsansatz unter Verwendung von Bayes-Filtern sind vordefinierte Bordsteinmodelle mit fester Breite und Höhe erforderlich. Die Haar-Wavelet-Transformation von PETERSON et al. (2008) beispielsweise erfordert explizites Wissen über Kreuzungen und ihre Geometrie, wobei die Autoren auf GIS-Daten verweisen. Andere Bordsteinerkennungen wie die von ZAI et al. (2018) verwenden häufig Trajektoriendaten aus dem mobilen Scanningsystem zur Straßenextraktion. In ONIGA et al. (2008) wird eine zeitliche Filterung unter Verwendung mehrerer Frames angewendet, bei der die Autoren ein DEM aus mehreren Frames erstellen, um Fehler und Rauschen zu reduzieren und die Genauigkeit des DEM zu verbessern. Dieser Ansatz wäre mit dem in diesem Beitrag verwendeten System kompatibel, jedoch müssten diverse Metadaten, z. B. Zeitstempel, vorgehalten werden. Wir bevorzugen aus zwei Gründen eine Bordsteinerkennungsmethode, die nur 3D-Koordinaten verarbeitet. Erstens kann sie einfacher auf andere Sensoren und mobile terrestrische LiDAR-Systeme angewendet werden. Zweitens kann eine solche Methode bereits gesammelte Daten für die Bordsteinerkennung aus anderen Anwendungen aufbereiten.

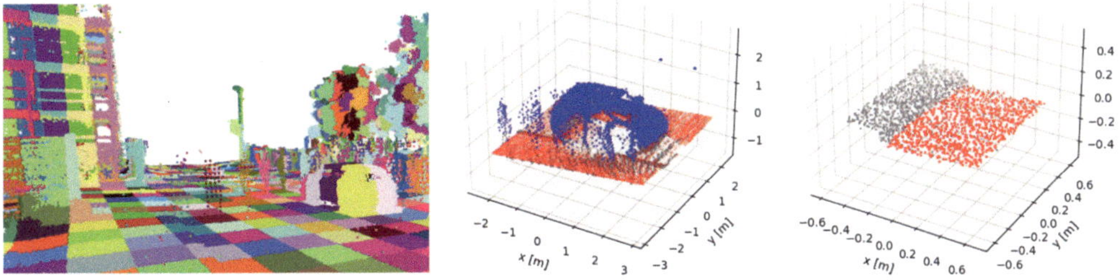

(a) (b) (c)

Abb. 2: 3D-Punktewolke in 2D-Rasterstruktur (a); Zellenweise grobe Selektion der tieferen Punkt (blau) (b); Zellenweise RANSAC-Inlier (rot) und Outlier (grau) (c)

4 Algorithmus zur Bordsteinextraktion

Bordsteinerkennungspipelines sind Abfolgen von Schritten, die zur Bordsteinerkennung eingesetzt werden. Zu Beginn der Pipeline werden häufig Techniken zur Rauschfilterung und zur Segmentierung zwischen Boden und Nicht-Bodenpunkten eingesetzt. Teilweise wird auch eine präzisere Unterscheidung zwischen Straße und Nicht-Straße vorgenommen. Anschließend werden die geometrischen Merkmale selektiv für einen begrenzten Satz von Punkten, häufig Straßen- oder Bodenpunkte, extrahiert. Danach folgt eine Auswahl von sogenannten Kandidatenpunkten, die potenziell Teil eines Bordsteins sein könnten. Die Auswahl der Kandidatenpunkte erfolgt oft basierend auf verschiedenen Annahmen, wie Bordsteine in der Umgebung angeordnet sind. Zum Beispiel könnten Kandidatenpunkte solche sein, die sich entlang der Kanten der Straße befinden oder eine bestimmte Höhenschwelle überschreiten. Diese Punkte werden dann weiteren Analyse- und Verarbeitungsschritten unterzogen, um festzustellen, ob sie tatsächlich zu einem Bordstein gehören. Die geometrischen Merkmale Krümmung, Normalenvektoren und abrupte Höhenänderungen sind die häufigsten Merkmale, die bei der Bordsteinerkennung verwendet werden. Alle drei geometrischen Merkmale können sowohl in Scanlinien als auch in einer registrierten Punktwolke, Gittern oder in Voxeln verwendet werden

Die in dieser Arbeit verwendete Methodik basiert auf dem Verfahren aus BELTON et al. (2010). Darin schlagen die Autoren eine Methode vor, um den 2D-Querschnitt des Bordsteins in terrestrischen LiDAR-Daten zu extrahieren. Durch den Einsatz des mobilen Kartierungssystems ist es notwendig, einzelne Verarbeitungsschritte anzupassen und zu erweitern. Im Folgenden werden nur die wichtigsten methodischen Unterschiede zum Basiskonzept von BELTON et al. (2010) genauer erläutert.

Aufgrund der instabilen Position des mobilen Kartierungssystems und der im Vergleich zu TLS-Daten geringen Genauigkeit kann der ursprüngliche Ansatz, der auf der Analyse der Änderungen der Punktdichte entlang der vertikalen Achse basiert, nicht genutzt werden. Stattdessen erfolgt zunächst eine grobe Selektion der tieferen Punkte und anschließend ein RANSAC-Filter, um zellenweise planare Punkte zu finden (siehe Abb. 2). Hierbei wird ein strenger Distanz-Schwellenwert verwendet. Dadurch werden in Zellen, welche Straßen- und Gehwegpunkte beinhalten, beide Höhenebenen voneinander getrennt, da entweder die Straßenpunkte oder die Bordsteinpunkte als RANSAC-Inlier extrahiert werden. Hiernach

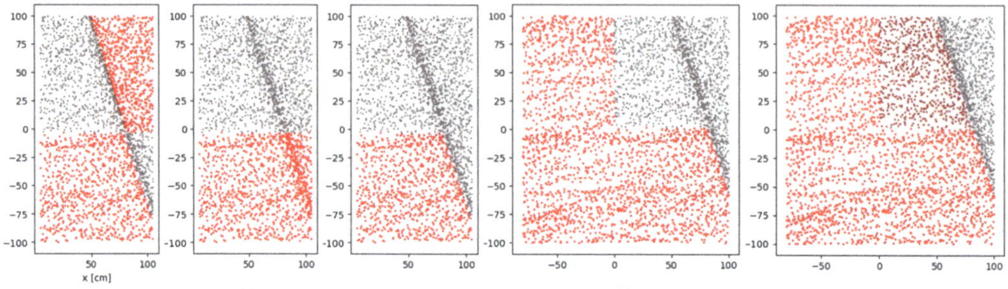

Abb. 3: Bodenpunkte (a), Punkte einer Straßenzelle (b) und Straßenpunkte (c), jeweils markiert in Rot. Straßenpunkte in Rot und dunkelrot vor (d) und nach (e) der Klassifizierung im Hinblick auf die Eigenschaften der Bodenpunkte in benachbarten Zellen

wird die Punktwolke in kontinuierliche Regionen unterteilt. Benachbarte Zellen werden iterativ miteinander verglichen. Wenn die Normalenrichtungen der RANSAC-Inlier ähnlich sind und die Punktebenen nominell ausgerichtet sind, werden die Zellen als dieselbe Region gekennzeichnet. Sobald dieses Region Growing abgeschlossen ist, werden die Zellen der größten Region als Straßenregion und alle darin befindlichen Bodenpunkte als Straßenpunkte klassifiziert. Dieses Verfahren ist in Abbildung 3 (a) bis (c) dargestellt.

Im nächsten Schritt werden alle Zellen, die nicht als Straße markiert sind, aber an mindestens einer Straßenzelle angrenzen, hinsichtlich der Eigenschaften der RANSAC-Inlier in benachbarten Straßenzellen untersucht. Jeder Punkt innerhalb eines definierten Abstands zur RANSAC-Ebene der als Straße markierten Zelle wird dabei ebenfalls als Straßenpunkt gekennzeichnet (siehe Abb. 3(d) und (e)).

Nachdem die Straße identifiziert wurde, erfolgt die Identifikation potenzieller Bordsteinpunkte, sogenannter Kandidatenpunkte, die auf der Annahme beruht, dass sie sich am Straßenrand befinden. Hierfür werden die 3D-Punktdaten in die binären Klassen Straße und Nicht-Straße eines 2D-Rasters überführt, woraufhin die Canny-Methode zur Kantendetektion angewendet wird (siehe Abb. 4). Danach wird die extrahierte Kante in die 3D-Punktwolke überführt.

Anschließend werden im geringen Zentimeterabstand geglättete Punktnachbarschaften entlang der Kante gebildet, welche genauer auf Bordsteine und deren Höhe untersucht werden, wie in Abbildung 5 skizziert. Jede Punktnachbarschaft wird zunächst anhand der Straßenpunkte parallel zur XY-Ebene ausgerichtet. Anschließend werden punktweise Normalen und deren Winkel zum Einheitsvektor $(0,0,1)^T$ berechnet. Wenn die Normalenausrichtung eines Punktes von der Normalenausrichtung der horizontalen Straßenpunkte abweicht, wird dieser als Bordstein identifiziert.

Sind die Bordsteinpunkte entlang der Straßenkante gefunden, werden wie in BELTON et al. (2010) beschrieben 2D-Querschnitte für jede Punktnachbarschaft erzeugt. Daraufhin wird eine gerade Linie durch die beiden Punkte gezogen, die im Querschnitt am weitesten voneinander entfernt liegen. Der Punkt, der am weitesten über der geraden Linie liegt (P_u), wird als oberer Bordstein identifiziert, während der Punkt, der am tiefsten unterhalb der geraden Linie liegt, als unterer Bordstein (P_l) bezeichnet wird. Die Bordsteinhöhe wird dann durch

Berechnung der Differenz zwischen den z-Werten von P_u und P_l bestimmt. Abbildung 6 skizziert dieses Verfahren.

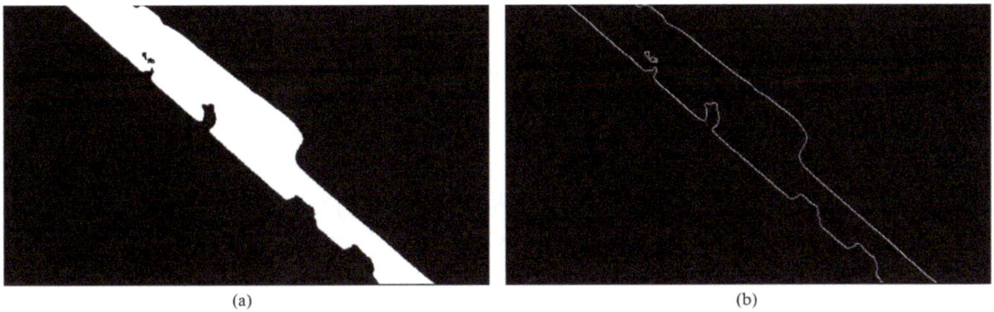

Abb. 4: Das Raster nach der Medianfilterung mit binären Klassen (a); die extrahierten Kanten unter Verwendung der Canny-Methode (b)

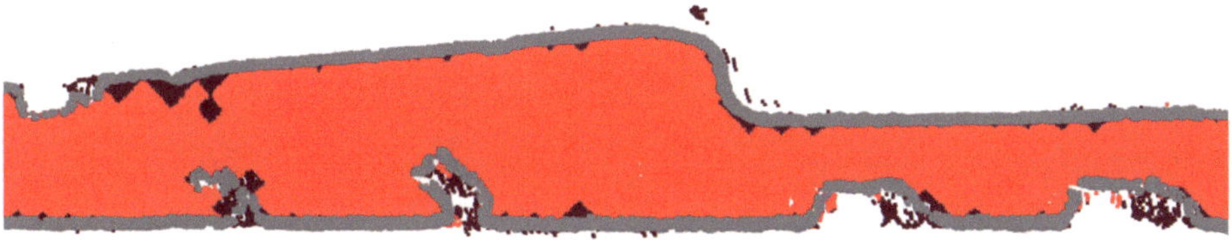

Abb. 5: Straßenpunkte in Straßenzellen (rot) und Straßenpunkte in benachbarten Nicht-Straßenzellen (dunkelrot); Kandidatenpunkte (grau) nach Rücktransformation der extrahierten Kante in die Punktwolke

Neben der 2D-Querschnitts-Höhenbestimmung wurde zusätzlich eine alternative Höhenbestimmung getestet. Diese verwendet den Durchschnitt der z-Werte der Straßenpunkte und den Durchschnitt der z-Werte der RANSAC-Inlier der Nicht-Straßenzelle. Es ist wichtig zu beachten, dass die Auswahl einzelner Punktesegmente an dieser Stelle nur aufgrund der vorherigen Schritte möglich ist.

5 Methodik zur Evaluation

Zur Evaluation der Bordsteinerkennung wurden sieben Punktwolken aufgenommen. Alle Daten wurden von April bis Juni 2023 in Osnabrück aufgezeichnet. Um sicherzustellen, dass die vorgeschlagene Bordsteinerkennung in städtischen Szenarien weitverbreitet eingesetzt werden kann, wurden komplexe Szenen mit unterschiedlichen Eigenschaften aufgezeichnet, um eine große Variabilität in den Daten abzudecken. Die Gesamtlänge der erfassten Bordsteinkanten beträgt mehr als 3000 Meter. Für jeden der sieben Datensätze wurde eine Ground Truth erhoben. Dazu wurden die Punktwolken in der Software CloudCompare dargestellt und Polylinien entlang der Bordsteine als Referenzdaten gezeichnet. Zusätzlich wurden für drei Datensätze vor Ort Punktmessungen in Abständen von etwa 1-2 Metern durchgeführt, um die Höhe des Bordsteins zu bestimmen. Zur Bewertung der Bordsteinerkennung wird ein Vergleich der über die entwickelte Methodik extrahierten Bordsteine mit den zuvor gesam-

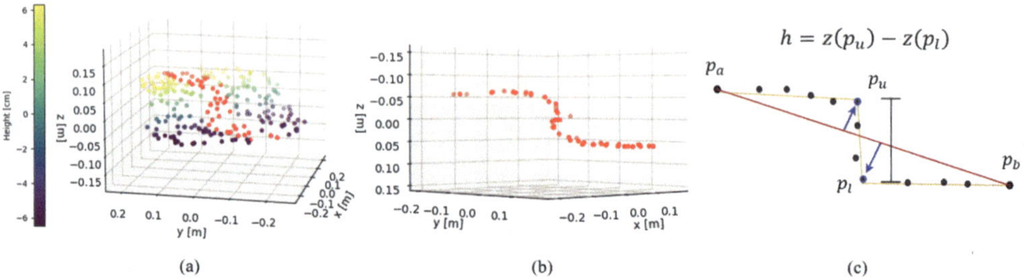

Abb. 6: Beispiel für segmentierte Bordsteinpunkte entlang des Straßenzugs (a, b) und die modifizierte Berechnung der Bordsteinhöhe nach BELTON et al. (2010) anhand der höchsten und niedrigsten Punkte (c)

melten Ground-Truth-Daten durchgeführt. Dies erfolgt durch die Verwendung von zwei Genauigkeitsmetriken, die üblicherweise bei binären Klassifikationsproblemen verwendet werden, nämlich Korrektheit und Genauigkeit:

$$Korrektheit = \frac{\text{Anzahl getroffener Bordsteinpunkte}}{\text{Anzahl Bordsteinpunkte}} = \frac{\text{TP}}{\text{TP+FP}} \quad (1)$$

$$Vollständigkeit = \frac{\text{Länge getroffener Referenzlinie}}{\text{Länge Referenzlinie}} = \frac{\text{TP}}{\text{TP+FN}} \quad (2)$$

Um die Indizes zu berechnen, wird entlang der Bordsteine der Ground-Truth-Polylinie ein Puffer gebildet. Für die Korrektheit werden die Punkte der erkannten Bordsteine, die innerhalb des Puffers liegen, abgeglichen und als „true positive" (TP) markiert. Die Punkte außerhalb des Puffers stellen Fehlklassifikationen dar und werden daher als „false positive" (FP) bezeichnet. Analog wird das Prinzip zur Ermittlung der „false negatives" (FN) angewendet und die Vollständigkeit errechnet. Die Pufferbreite für den Abgleich wurde auf 25 cm festgelegt, um eine angemessene Balance zwischen der Berücksichtigung gültiger Treffer und

der Ablehnung von ungültigen Punkten zu gewährleisten. Abbildung 7 skizziert dieses Vorgehen. Bordsteine, die durch geparkte Fahrzeuge blockiert sind, wurden manuell aus der Bewertung ausgeschlossen. Um die Höhenschätzung zu bewerten, werden die korrekt extrahierten Bordsteinpunkte und deren Höhenkategorie mit der vor Ort gemessenen wahren Höhe verglichen. Vor dem Hintergrund der Barrierefreiheit wurden folgende Kategorien verwendet: niedrig (kleiner als 3 cm), mittel (3 bis 7 cm) und hoch (mehr als 7 cm).

6 Auswertung der Messergebnisse

Unterschiedliche Straßenumgebungen und Bordsteine wurden in verschiedenen Datensätzen erfasst, was eine umfassende Bewertung der Leistung und Robustheit des entwickelten Algorithmus ermöglicht. Es werden quantitative Resultate zur Vollständigkeit und Korrektheit des Algorithmus sowie Karten zur qualitativen Auswertung dargestellt. Die geschätzte Höhe der Bordsteine wird farblich dargestellt. Die Farben repräsentieren die Höhenklassen wie folgt: Blau für niedrige, Grün für mittlere und Rot für hohe Bordsteine.

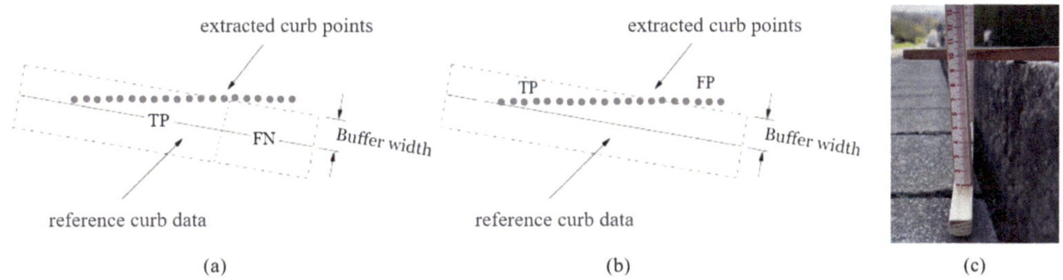

Abb. 7: Das Abgleichprinzip zur Klassifikation von Borsteinen, reproduziert nach BOLTON et al. (2010) und das verwendete Messinstrument

Die Ergebnisse zeigen, dass der Algorithmus in verschiedenen Szenarien zuverlässig funktioniert. Getestet wurden: flache Bordsteine bis hohe Bordsteine, quadratische Profile bis runde Profile, verschiedene Bordsteinzustände und Texturen, glatte asphaltierte Oberflächen bis unbehauene Kopfsteinpflaster, horizontale bis geneigte Straßen, schmale und breite Gehwege, Straßen-angrenzende Vorgärten und Vegetation, dynamische Hindernisse wie Fußgänger und Autos und schließlich statische Hindernisse wie geparkte Autos (siehe Abb. 8).

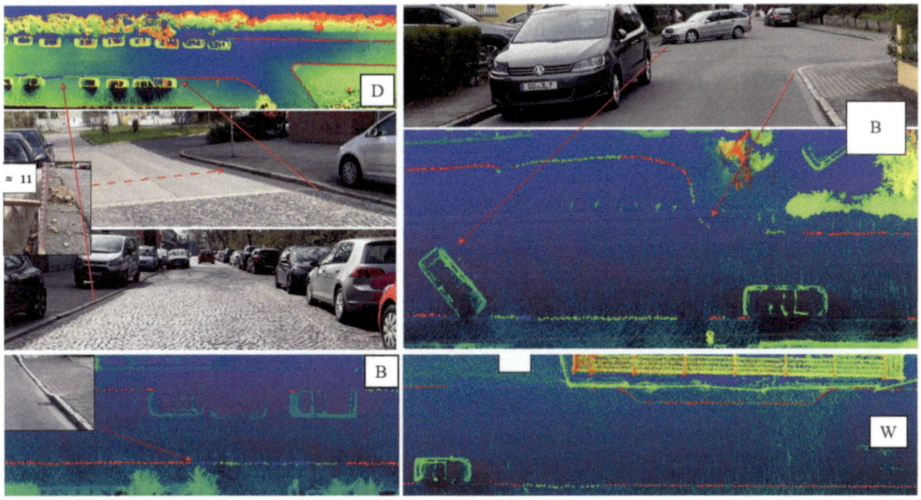

Abb. 8: Ergebnisse der Bordsteinerkennung und Höhenschätzung der Dammstraße (D), Beethovenstraße (B) und Winkelhausenstraße (W)

In den Datensätzen „Richardstraussweg“ und „Beethovenstraße“ wurden über 92 % der Bordsteinpunkte korrekt erkannt, wobei etwa 97 % der klassifizierten Punkte mit den Ground-Truth Daten übereinstimmten. Für die Datensätze „Mendelssohnweg“ und „Loeweweg“ mit hohen Bordsteinen um 8-10 cm erreichte der Algorithmus eine Genauigkeit von über 97 % bei der Bordsteinerkennung. Die Ergebnisse sind vergleichbar mit denen aus der „Beethovenstraße“, obwohl die Datensätze „Mendelssohnweg“ und „Beethovenstraße“ mehr Fahrzeuge enthielten. Der Datensatz „Dammstraße“ mit unebenem Kopfsteinpflaster wurde ebenfalls erfolgreich verarbeitet, wobei über 95 % der Bordsteinpunkte korrekt erkannt wurden. Weitere Ergebnisse sind in Tabelle 1 zusammengefasst.

Bei der Höhenschätzung des „Flohrstraße"-Datensatzes erreicht die Durchschnittsmethode eine Genauigkeit von etwa 90 %, während die 2D-Querschnittsmethode niedrigere Werte von etwa 70 % aufwies. Die Höhengenauigkeit des „Winkelhausenstraße"-Datensatzes mit ideal gestalteten Straßenoberflächen ist nahezu identisch für beide Methoden, wobei etwa 98 % der als hoch klassifizierten Bordsteine mit den Referenzdaten übereinstimmten. Die „Mendelssohnweg"-Daten sollten ursprünglich für die Bewertung der Bordsteinhöhen dienen, jedoch ergab die Datenerhebung Schwierigkeiten bei der eindeutigen Zuordnung von Bordsteinabsenkungen der niedrigen oder mittleren Kategorien. Die Bewertung konzentriert sich daher auf die Hochkategorie, bei der etwa 95 % der als hoch klassifizierten Bordsteine korrekt identifiziert wurden. Generell verdeutlichen die Ergebnisse die Herausforderungen bei der Detektion der oberen und unteren Bordsteinkanten innerhalb des 2D-Querschnitts, was vor all em durch die Punktdichte und Datenqualität sowie die Abhängigkeit vom Profil der Bordsteine und den jeweils angrenzenden Gehwegen begründet ist. Dies führt bei der 2D-Querschnittsmethode im Vergleich zur Durchschnittsmethode zu schlechteren Ergebnissen. Unter idealen Bedingungen jedoch sind beide Höhenbestimmungsmethoden als gleichwertig anzusehen.

Tabelle 1: Quantitative Ergebnisse der Bordsteinerkennung und Höhenschätzung (Vollständigkeit, Korrektheit, Ground-Truth-Daten, 2D-Querschnittsmethode (QS), Durchschnittsmethode)

Datensätze	**Bordsteinerkennung**			**Höhenbestimmung**		
	Vollst. [%]	**Korr. [%]**	**GT [m]**	**Höhe**	**2D-QS**	**Durchsch.**
Richardstraussweg	89.19	92.45	860.5			
Beethovenstraße	92.54	97.97	556.5			
Loeweweg	93.35	97.71	406.5			
Dammstraße	89.98	95.78	279,5			
Flohrstraße	96.26	96.38	374.5	3-7 cm	70 %	90 %
Winkelhausenstraße	94.72	94.79	227.5	> 7 cm	98 %	98 %
Mendelssohnweg	93.65	98.91	441	> 7 cm	86 %	95 %

7 Zusammenfassung und Ausblick

Insgesamt zeigt dieser Beitrag, dass der vorgestellte Algorithmus für die Bordsteinerkennung und Höhenschätzung in verschiedenen Umgebungen robust und leistungsfähig ist. Die Ergebnisse bieten Einblicke in die Einsatzmöglichkeiten des Algorithmus und dienen als Grundlage für die Weiterentwicklung von Methoden zur Verbesserung der Genauigkeit und Anwendbarkeit in unterschiedlichen städtischen Szenarien.

Zukünftige Forschungen sollten darauf abzielen, die Identifizierung von Straßenregionen aus dem Region Growing zu automatisieren, anstatt den aktuellen Ansatz zu verfolgen, die größte einzelne Region automatisch als Straße zu kennzeichnen. Diese Anpassung hätte das Potenzial, die Robustheit des Algorithmus zu steigern und seine Anwendbarkeit signifikant zu erweitern, insbesondere für umfangreiche und komplexe städtische Umgebungen. Weitere Aspekte zukünftiger Forschung können die Untersuchung der Leistungsfähigkeit unter Verwendung unterschiedlicher Sensoren, die Prüfung der Anpassungsfähigkeit des Algorithmus an andere Datensätze wie den KITTI-Datensatz und die Erkundung potenzieller Anwendungen in Innenräumen umfassen. Darüber hinaus ist eine Vektorisierung der Bordsteinpunkte anzustreben, um Lücken, welche durch Hindernisse entstanden sind, zu schließen und um eine einfache Zusammenführung dieser Daten mit frei nutzbaren Geodatensätzen wie OpenStreetMap, zu ermöglichen. Dadurch könnten die Bordsteininformationen in verschiedene Open-Source-Routing-Engines für barrierefreie Navigation integriert werden.

Literatur

Belton, D. & Bae, K. H. (2010): *Automating post-processing of terrestrial laser scanning point clouds for road feature surveys.* International Archives of Photogrammetry, Remote Sensing and Spatial Information Sciences, Vol. XXXVIII, Part 5.

Eisoldt, M., Gaal, J., Wiemann, T., Flottmann, M., Rothmann, M., Tassemeier, M. & Porrmann, M. (2022): *A Fully Integrated System for Hardware-accelerated TSDF SLAM with LiDAR Sensors (HATSDF SLAM).* Robotics and Autonomous Systems (RAS), Vol. 106., Elsevier.

Guerrero, J. A., Chapuis, R., Aufrère, R., Malaterre, L. & Marmoiton, F. (2020): *Road Curb Detection using Traversable Ground Segmentation: Application to Autonomous Shuttle Vehicle Navigation.* 16th International Conference on Control, Automation, Robotics and Vision (ICARCV), IEEE.

Liu, Z., Wang, J. & Liu, D. (2013): *A New Curb Detection Method for Unmanned Ground Vehicles using 2D Sequential Laser Data.* Sensors, 13 (1). MDPI.

Oniga, F., Nedevschi, S. & Meinecke, M. M. (2008): *Curb Detection Based on a Multi-Frame Persistence Map for Urban Driving Scenarios.* 11th International IEEE Conference on Intelligent Transportation Systems.

Peterson, K., Ziglar, J. & Rybski, P. E. (2008): *Fast Feature Detection and Stochastic Parameter Estimation of Road Shape using Multiple LIDAR.* IEEE/RSJ International Conference on Intelligent Robots and Systems (IROS).

Shin, Y., Jung, C. & Chung, W. (2010): *Drivable Road Region Detection using a Single Laser Range Finder for Outdoor Patrol Robots.* 2010 IEEE Intelligent Vehicles Symposium, S. 877-882.

Zai, D., Li, J., Guo, Y., Cheng, M., Lin, Y., Luo, H. & Wang, C. (2017): *3-D Road Boundary Extraction from Mobile Laser Scanning Data via Supervoxels and Graph Cuts.* IEEE Transactions on Intelligent Transportation Systems, 19 (3), S. 802-813.

KI-gestützte Kartierung und Bewertung überwärmungsgefährdeter Bereiche im städtischen Straßennetz basierend auf Mobile-Mapping-Daten

Carolin RÜNGER, Maximilian SESSELMANN, Thorsten NABER und Andreas GROSSMANN

Zusammenfassung

Der vorliegende Beitrag beschäftigt sich mit der Überwärmung städtischer Gebiete und damit verbundenen Klimaanpassungsmaßnahmen. Ein wichtiger Bereich dieser Maßnahmen betrifft den Straßenraum, wo die Aufhellung der Fahrbahnoberfläche, Flächenentsiegelung und Begrünung als Lösungsansätze diskutiert werden, um die Klimaresilienz von Städten zu verbessern. Um effektive Maßnahmen im Straßenraum zu planen, ist die Identifizierung überwärmungsgefährdeter Bereiche auf den Straßen notwendig. Ziel der im Beitrag vorgestellten Untersuchungen ist es, diesen Prozess mithilfe von Mobile-Mapping-Daten zu ermöglichen. Die verfügbaren Daten des Mobile-Mapping-Systems I.R.I.S umfassen Bilder des Straßenraums sowie Laserscans der Straßenoberfläche und der Umgebung. Diese Daten dienen als Grundlage für die Entwicklung eines KI-gestützten Ansatzes zur Kartierung und Bewertung von überwärmungsgefährdeten Bereichen im Straßennetz. Im Rahmen des Analyse-Workflows erfolgt eine bildbasierte Erfassung des Straßenbegleitgrüns und Klassifikation der Deckschichtart mithilfe von Deep Learning sowie die Quantifizierung der Fahrbahnoberflächenhelligkeit aus der Reflexionsintensität eines LiDAR-Sensors. Zusätzlich wird GIS-basiert eine Solarpotenzialanalyse mit einem Digitalem Oberflächenmodell aus Laserscandaten durchgeführt, um die direkte Sonneneinstrahlung auf der Straße zu berechnen. In Anlehnung an die Systematik der Zustandserfassung und -bewertung von Straßen werden die Analyseergebnisse der einzelnen Module auf 10 m Abschnitte des Straßennetzes projiziert und bewertet. Dabei werden die einzelnen Indikatoren zunächst mithilfe von Normierungsfunktionen in Notenwerte von 1 (Idealzustand) bis 5 (Maßnahmen dringend erforderlich) überführt und anschließend gewichtet zu einem Gesamtindex verknüpft. Dieser Index zeigt als Ziel der Arbeit, wo Maßnahmen gegen die Überwärmung auf der Straße notwendig sind.

1 Einleitung

Der Wärmeinseleffekt ist ein typisches Phänomen des städtischen Raums, welcher durch höhere Oberflächentemperaturen im Vergleich zu ländlichen Regionen gekennzeichnet ist. Die Überwärmung in der Stadt gefährdet nicht nur die menschliche Gesundheit, sondern führt auch zu einem Anstieg des Energieverbrauchs und der Treibhausgasemissionen durch den vermehrten Einsatz von Klimaanlagen. Um diesen Herausforderungen zu begegnen, sind gezielte Maßnahmen zur Klimaanpassung von entscheidender Bedeutung. Den Straßenraum betreffend zählen dazu die Aufhellung der Fahrbahnoberfläche, die Entsiegelung von Verkehrsflächen und die Begrünung des Straßenraumes (DENCK 2023). Für eine effektive Planung dieser Maßnahmen müssen überwärmungsgefährdete Straßenbereiche zunächst lokalisiert werden. Klassischerweise werden diese Bereiche auf Basis von Klimastations- oder

Fernerkundungsdaten identifiziert (ALMEIDA et al. 2021). Jedoch haben diese eine geringe räumliche und zeitliche Auflösung, weshalb die Komplexität städtischer Strukturen nur begrenzt abgebildet werden kann (GANGWISCH et al. 2023). Mobile-Mapping-Systeme bieten hier den Vorteil, dass sie den Straßenraum in hoher räumlicher Auflösung aufnehmen und Befahrungen in kurzen Zeitabständen realisiert werden können. Sie können daher eine wertvolle Ergänzung zu den konventionellen Erfassungsmethoden sein.

In diesem Kontext konzentriert sich der Beitrag auf die Kartierung und Bewertung überwärmungsgefährdeter Bereiche im städtischen Straßennetz basierend auf Mobile-Mapping-Daten und präsentiert einen ersten Arbeitsstand. Im Fokus dieser Untersuchung stehen insbesondere zwei Maßnahmenkomplexe: die Aufhellung der Fahrbahnoberfläche (Konzept „Weiße Stadt") und die Erhöhung des Vegetationsanteils (Konzept „Grüne Stadt") (DENCK 2023). Es werden die bildbasierte Erfassung des Straßenbegleitgrüns und Klassifikation der Deckschichtart mithilfe von Deep Learning sowie die Quantifizierung der Fahrbahnoberflächenhelligkeit aus den Reflexionsintensitätsmessungen eines LiDAR-Sensors thematisiert. Ferner werden erste Überlegungen für einen Bewertungsansatz vorgestellt, der in der kommunalen Planung als Entscheidungsgrundlage dienen kann, um geeignete städtebauliche Maßnahmen zur Vermeidung von Überwärmung zu entwerfen.

2 Mobile-Mapping-System I.R.I.S

Das Mobile-Mapping-System I.R.I.S der Firma LEHMANN+PARTNER GmbH dient der bildhaften und dreidimensionalen Erfassung des Straßenraumes (siehe Abb. 1). Zur Verortung aller Sensordaten ist I.R.I.S mit einem inertialen Positionierungssystem aus globalem Navigationssatellitensystem (GNSS), inertialer Messeinheit und Wegstreckenmesser ausgerüstet. Das eingesetzte System ist bei GNSS-Abdeckung mit 2 cm und bei einem einminütigen GNSS-Ausfall mit 12 cm Lagegenauigkeit spezifiziert (TRIMBLE APPLANIX 2022). Das Fahrzeug verfügt über bis zu acht Kameras, die alle 5 m Bilder von der Straße und der Umgebung aus verschiedenen Perspektiven aufnehmen. Außerdem befindet sich am Fahrzeugheck neben einem 350°-Laserscanner auch ein auf die Fahrbahnoberfläche ausgerichteter Laserscanner (FRAUNHOFER IPM 2022). Der im nahen Infrarotbereich arbeitende Pavement Profile Scanner Plus (PPS) scannt die Straßenoberfläche quer zur Vorwärtsbewegung des Messfahrzeugs mithilfe eines rotierenden Polygonspiegels und erzeugt dabei 800 Querprofile pro Sekunde. Die Entfernung zur Straßenoberfläche wird mit 1 Mio. Punkte pro Sekunde gemessen, sodass jedes Profil aus ca. 900 Messpunkten besteht. Für jede Entfernungsmessung wird der Scanwinkel, Zeitstempel und die Reflexionsintensität aufgezeichnet. Über die zeitliche Synchronisierung der Messungen des Positionierungssystems und des Laserscanners entsteht eine 3D-Punktwolke von ca. 4,2 m Breite, bei der jeder 3D-Punkt einen entsprechenden Reflexionsintensitätswert als Attribut besitzt. Im Zuge regelmäßiger Systemwartungen wird der PPS auf einem Prüfkörper so kalibriert, dass auch der scanwinkelabhängige laterale Intensitätsabfall, dessen Ursache ein flacher werdender Auftreffwinkel des Lasers auf die Fahrbahnoberfläche in den Randbereichen des Laserscans ist, kompensiert werden kann. Als aktiver Sensor sind die Messungen des PPS nicht von den vorherrschenden Lichtverhältnissen beeinflusst, was ihn für eine verlässliche Erfassung der Oberflächenhelligkeit qualifiziert (siehe Kapitel 3.2).

Abb. 1: Mit Kameras und Laserscannern ausgerüstetes Mobile-Mapping-System I.R.I.S 13 (links oben). Im fließenden Verkehr werden alle 5 m Bilder des Straßenraumes und ein kontinuierlicher Laserscan entlang der Fahrlinie aufgenommen (links unten). Mit dem PPS erfasster Laserscan, bei dem jeder Messpunkt mit seiner Reflexionsintensität dargestellt ist (rechts).

3 Methodik

3.1 Deckschichtart und Vegetationsanteil

Das Wissen über die Deckschichtart der Fahrbahn ist für die Kartierung von überwärmungsgefährdeten Straßenbereichen wichtig, da Straßenbeläge unterschiedliche thermische Eigenschaften aufweisen und gewisse Beläge dadurch zum Entstehen von Wärmeinseln beitragen können. Fahrbahnoberflächen in Beton- und vor allem Asphaltbauweise tragen stark zur Erwärmung bei. Hingegen können Pflasterflächen eine Aufheizung städtischer Gebiete bremsen (DELUKA-TIBLJAŠ et al. 2015). Auch die Erhöhung der Vegetationsbedeckung verringert die bodennahen Oberflächen- und Lufttemperaturen (TAHA 1997). Grund dafür sind die Beschattung durch Bäume und die Evapotranspiration (LOUGHNER et al. 2012).

Die Bestimmung der Deckschichtart einer Straße und des Anteils ihres Begleitgrüns basieren auf einem Deep Learning Ansatz zur semantischen Bildsegmentierung. Grundlage sind Bilder der photogrammetrisch kalibrierten Kameras des I.R.I.S Messfahrzeugs. Für die semantische Segmentierung wird DeepLabv3+ verwendet (CHEN et al. 2018). Eine Transfer Learning Strategie wird angewendet, um ein DeepLabv3+ Modell mit einem zu unterschiedlichen Jahreszeiten in verschiedenen Regionen Deutschlands aufgenommenen Datensatz zu trainieren. Der Trainingsdatensatz besteht aus ca. 750 Bildern und den zugehörigen manuell gelabelten Pixelmasken (siehe Abb. 2). Das Modell unterscheidet die Deckschichtarten Asphalt, Beton, Betonsteinpflaster, Natursteinpflaster und unbefestigte Oberflächen sowie die Vegetationstypen niedrige (Gras), mittlere (Sträucher) und hohe Vegetation (Baumkronen) sowie Baumstämme. Zusätzlich werden diverse Hilfsklassen, wie z. B. mobile Objekte trainiert.

Abb. 2: Beispiel für ein mit Labelmasken überlagertes Frontkamerabild (links); Lageskizze der Trainingsdaten (rechts)

Ergebnis der Anwendung des trainierten Modells sind segmentierte Bilder der Front-, Heck- und Seitenkameras. Um Redundanzen bei der Bildauswertung zu vermeiden, werden jene Bildbereiche maskiert, die aus einer nachfolgenden Bildaufnahmeposition besser erfassbar sind (siehe Abb. 3). Die Informationen zur Deckschichtart und des Anteils des Begleitgrüns werden als Punkt-Geometrie georeferenziert, sodass im Ergebnis für jede Kamera eine Punktfolge im 5-m-Intervall mit den entsprechenden Attributen vorliegt (siehe Abb. 4). Für die Bestimmung des Vegetationsanteils wird die Pixelanzahl der jeweiligen Vegetationsklasse aus den Seitenkameras ins Verhältnis zur Anzahl der Bildpixel abzüglich des maskierten Bildbereichs gesetzt. Auf Basis der Segmentierungsergebnisse aus der Front- und Heckkamera wird die Materialart ermittelt, die pro Bild vorherrschend ist.

Abb. 3: Kamerabilder einer Aufnahmeposition aus drei Perspektiven (oben) und die vom KI-Modell erzeugte semantische Segmentierung (unten). Die weißen Masken blenden Bildbereiche aus, die bei der nächsten Aufnahmeposition besser erfasst sind.

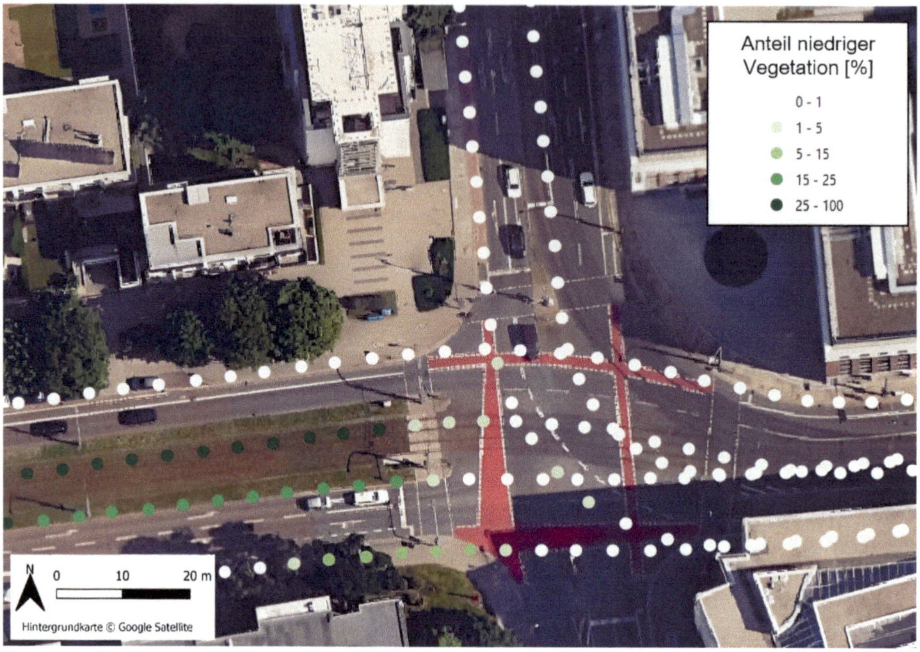

Abb. 4: Als Punktfolge georeferenzierte Ergebnisse der Bildauswertung der linken und rechten Seitenkamera basierend auf Deep Learning. Dargestellt ist der Anteil niedriger Vegetation (Gras) im für die Aufnahmeposition relevanten Bildausschnitt.

3.2 Oberflächenhelligkeit

Die Helligkeit von Oberflächen spielt eine wesentliche Rolle bei der Absorption von Sonnenlicht. Dunkle Materialien absorbieren mehr Licht als helle und heizen sich in der Folge stärker auf (McGown & Bockris 1980). Die Oberflächenhelligkeit lässt demnach Rückschlüsse auf thermische Eigenschaften zu und ist damit für die Analyse des städtischen Mikroklimas wichtig.

Wie in Kapitel 2 beschrieben, ist das Messfahrzeug I.R.I.S mit dem Laserscanner PPS ausgerüstet, der als primäres Datenprodukt 3D-Punktwolken der Straßenoberfläche liefert. Jeder einzelne Lasermesspunkt ist direkt georeferenziert und mit der gemessenen Reflexionsintensität als 12 bit-Wert attribuiert. Diese Intensitätsdaten erweisen sich als äußerst nützlich, da die Stärke des rückgestreuten Lasersignales u. a. von der Oberflächenhelligkeit beeinflusst wird (Kaasalainen et al. 2005). Bei dunklen Oberflächen gelangt nur ein geringer Anteil der von der Laserquelle ausgesandten Photonen wieder zurück zur Detektoreinheit des Scanners, da viel Licht absorbiert wird. Demzufolge sind dunkle Oberflächen durch niedrige Intensitätswerte charakterisiert. Je heller dagegen eine Oberfläche ist, desto höher ist die Intensität der im Scanner detektierten Messung.

Im Rahmen der Arbeiten zu diesem Beitrag wird untersucht, wie robust die Oberflächenhelligkeit durch die Reflexionsintensität abbildet wird und welche Intensitätsniveaus im Straßennetz typischerweise vorkommen. Die Reflexionsintensität (Mittel über einen Laserscan von 10 m Länge und 4,2 m Breite) auf kommunalen Straßen liegt zwischen 1.500, z. B. Asphaltdecke nach Einbau, und 2.500, z. B. helles Betonsteinpflaster. Decken in Betonbauweise, wie sie auf Bundesautobahnen eingebaut werden, erreichen Intensitätswerte um 3.200. Um den Fremdlichteinfluss zu quantifizieren, werden die Intensitätswerte von Oberflächen im Schatten und im direkten Sonnenlicht untersucht. Straßenoberflächen gleicher Helligkeit schwanken in ihrem mittleren Intensitätswert um weniger als 1 % des verfügbaren Wertebereichs (siehe Abb. 5). Mit Unterstützung der Bundesanstalt für Straßenwesen sind Untersuchungen im Tagesgang unternommen worden, bei denen dieselben Oberflächen auf der Bundesautobahn A48 und A38 wiederholt aufgenommen und im Hinblick auf ihre Reflexionsintensität ausgewertet wurden. Die festgestellten Schwankungen liegen im Bereich von 2 bis 5 % des verfügbaren Wertebereichs. Dasselbe gilt für Oberflächen, die an verschiedenen Tagen aufgenommen wurden. Aus den genannten Experimenten lässt sich schlussfolgern, dass die mit dem PPS erfasste Reflexionsintensität ein robuster Indikator für die Helligkeit einer Oberfläche ist.

Für die Analyse dieses Beitrages wird der PPS Datenstrom in 10 m lange Punktwolkenabschnitte unterteilt. Für jeden Abschnitt wird der Median der Reflexionsintensitäten gebildet und als Information auf den Mittelpunkt des Abschnittes georeferenziert (siehe Abb. 6).

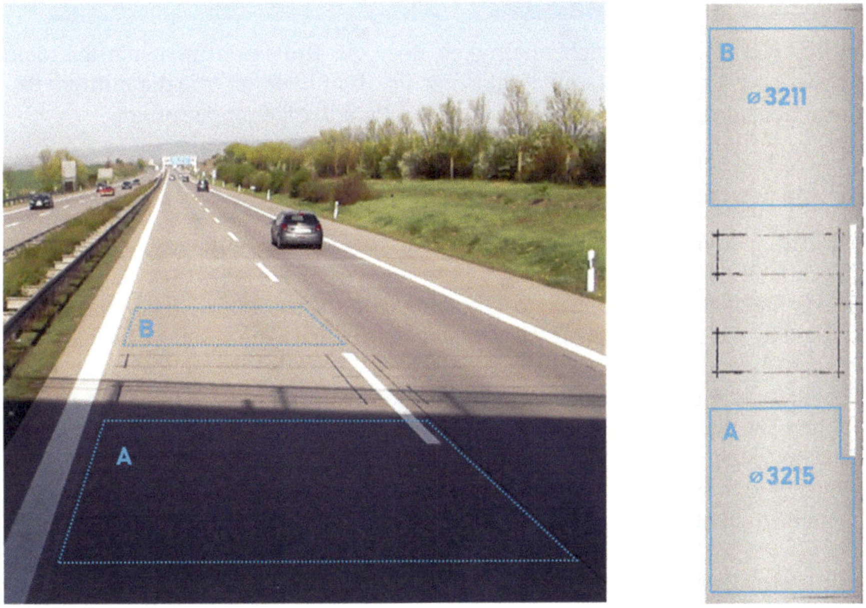

Abb. 5: Untersuchung der Schwankungen des Intensitätswertes durch Schatten. Situation im Frontkamerabild (links) und im Laserscan aus der Vogelperspektive (rechts). Die Werte beschreiben den mittleren Intensitätswert für die Betonplatte A und B.

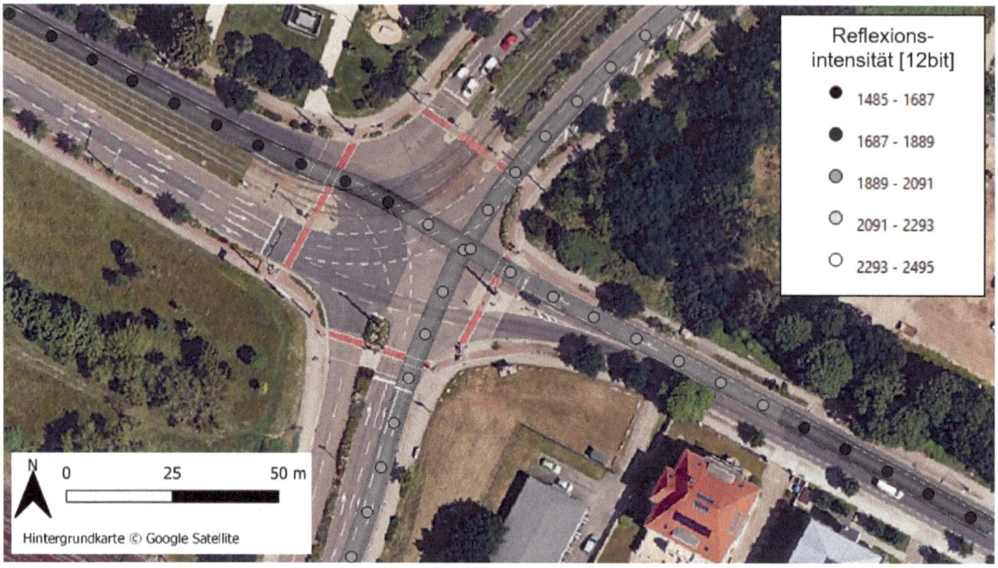

Abb. 6: Quantifizierung der Oberflächenhelligkeit über die Reflexionsintensität aus dem PPS Laserscan. Ergebnis ist eine Punktfolge im 10 m Intervall, die die mittlere Reflexionsintensität der zugrunde liegenden PPS-Punktwolke repräsentiert.

3.3 Direkte Sonneneinstrahlung

Der Wärmeinseleffekt wird u. a. durch die Sonneneinstrahlung bestimmt, weshalb diese mit dem Modul „Potential Incoming Solar Radiation" von SAGA GIS berechnet wird (HOFIERKA & SURI 2002). Als Datengrundlage wird ein Digitales Oberflächenmodell (DOM) mit 1 m Auflösung verwendet, wie es bspw. vom Landesamt für Geobasisinformation Sachsen aus Airborne Laserscans bereitgestellt wird. Das resultierende Direct Insolation Raster zeigt an, wieviel Sonneneinstrahlung in kWh/m² in einem bestimmten Zeitraum zu erwarten ist und modelliert u. a. den Einfluss von Gebäuden oder Bäumen auf die Beschattung von angrenzenden Flächen. Im Zuge der Datenaufbereitung wird das Raster mit den PPS-Punktwolkenumringen verschnitten und statistisch ausgewertet, sodass alle 10 m eine Information zur mittleren Sonneneinstrahlung auf der Straßenoberfläche vorliegt.

3.4 Bewertungskonzept

In Anlehnung an das Vorgehen bei der messtechnischen Straßenzustandsbewertung im kommunalen Straßennetz werden die einzelnen Indikatoren Oberflächenmaterial, Vegetationsanteil, Oberflächenhelligkeit und direkte Sonneneinstrahlung auf 10 m lange Auswerteabschnitte des Straßennetzes projiziert (FGSV 2012). Mithilfe von empirisch bestimmten Normierungsfunktionen werden die Messwerte dann in dimensionslose Zustandswerte (Noten von 1 bis 5) überführt. Dieses etablierte Bewertungsschema ist so ausgelegt, dass Notenwerte über 3,5 anzeigen, dass die betroffenen Abschnitte intensiver beobachtet und geeignete Gegenmaßnahmen eingeleitet werden sollten. Abschließend findet eine Wertesynthese statt, bei der die einzelnen normierten Indikatoren gewichtet-additiv zu einem Gesamtindex verknüpft werden. Dieser Index hebt Straßenabschnitte hervor, in denen eine Situation vorherrscht, die eine Überwärmung potenziell begünstigt. Das können zu dunkle Straßenoberflächen, ungünstige Deckschichtart, Fehlen von Vegetation oder Fehlen von Abschattung sein.

4 Erste Ergebnisse und Ausblick

Abbildung 7 zeigt am Beispiel der Stadt Dresden das Ergebnis der beschriebenen Verarbeitungsschritte als vorläufigen Entwurf. Es ist der Gesamtindex dargestellt, welcher mit noch nicht finalen Normierungsfunktionen und Gewichtungsfaktoren berechnet wurde. Dieser Index lokalisiert potenzielle Überwärmungsbereiche. Über den verwendeten Bewertungsansatz kann einfach nachvollzogen werden, welcher Indikator die Bewertung maßgeblich beeinflusst. Da die Indikatoren so gewählt sind, dass sie ein Defizit beschreiben, können direkt Anpassungsmaßnahmen mit den Ergebnissen abgeleitet werden.

Das Beispiel links in der Abbildung betrifft den Altmarkt, der mit der Gesamtnote 4,1 bewertet ist. Dies weist darauf hin, dass dieser Straßenraum eine Überwärmung begünstigt und Anpassungsmaßnahmen erforderlich sind. Die Teilnoten zeigen, dass vor allem ein Defizit an Vegetation vorherrscht. Begrünung wäre hier demnach eine adäquate Maßnahme. Das Beispiel auf der rechten Seite zeigt eine Straße entlang des Parks „Großer Garten". Die asphaltierte Straße wird zwar für den Indikator Deckschichtart mit der Note 5 bewertet, da Asphalt die Temperaturen in einer Stadt im Gegensatz zu anderen Deckschichtarten am stärksten erhöht (DELUKA-TIBLJAŠ et al. 2015). Jedoch gibt es ausreichend Begleitgrün, welches Schatten spendet und somit auch die Sonneneinstrahlung auf der Straße reduziert. So resultiert eine gute Gesamtnote von 2,7 für diesen Straßenabschnitt.

Abb. 7: Vorläufiges Ergebnis der Datenverarbeitung am Beispiel von Dresden

Der vorliegende Arbeitsstand legt den Grundstein für zukünftige Entwicklungen im Bereich der Kartierung und Bewertung von überwärmungsgefährdeten Straßenbereichen in städtischen Gebieten aus Mobile-Mapping-Daten. Einer der nächsten Schritte ist, die Solarpotenzialanalyse mit einem eigens entwickelten DOM, welches auf dem mit dem I.R.I.S Messfahrzeug erfassbaren 350°-Laserscans des Straßenraumes basieren soll, anstatt mit einem amtlichen DOM durchzuführen. Des Weiteren bedarf es einer kontinuierlichen Verbesserung und Weiterentwicklung des KI-Modells, um die Leistungsfähigkeit und Zuverlässigkeit der Analyse in den verschiedensten urbanen Situationen zu steigern. Außerdem müssen die Normierungsfunktionen und die Gewichtungsfaktoren für die Berechnung des Gesamtindexes optimiert und seine Aussagekraft in der Praxis validiert werden.

Danksagung

Besonderer Dank gilt Barbara Jungen und Alexandra Spilker vom Referat Betonbauweisen der Bundesanstalt für Straßenwesen (BASt) für die Bereitstellung von Klimastationsdaten an den Bundesautobahnen A48 und der A38.

Literatur

Almeida, C.R. d., Teodoro, A. C. & Goncalves, A. (2021): *Study of the Urban Heat Island (UHI) Using Remote Sensing Data/Techniques: A Systematic Review.* Environments, 8 (10), S. 1-39.

Chen, L.-C., Zhu, Y., Papandreou, G., Schroff, F., Adam, H. (2018): *Encoder-Decoder with Atrous Separable Convolution for Semantic Image Segmentation.* European Conference on Computer Vision (ECCV), S. 833-851.

Deluka-Tibljaš, A., Šurdonja, S., Babić, S. & Cuculić, M. (2015): *Analyses of Urban Pavement Surface Temperatures.* The Baltic Journal of Road and Bridge Engineering, 10 (3), S. 239-246.

Denck, C. (2023): *Aufgehellte Deckschichten: Verbesserung des städtischen Mikroklimas? Teil 1.* Straße und Autobahn, 74 (9), S. 712-717.

FGSV – Forschungsgesellschaft für Straßen- und Verkehrswesen (2012): *Empfehlungen für das Erhaltungsmanagement von Innerortsstraßen.* FGSV Verlag, Köln.

Fraunhofer IPM (2022): *Pavement Profile Scanner. Measuring road surfaces.* https://www.ipm.fraunhofer.de/content/dam/ipm/en/PDFs/product-information/OF/MTS/Pavement-Profile-Scanner-PPS.pdf (06.02.2024).

Gangwisch, M., Saha, S. & Matzarakis, A. (2023): *Spatial neighborhood analysis linking urban morphology and green infrastructure to atmospheric conditions in Karlsruhe, Germany.* Urban Climate, 51, 101624.

Hofierka, J. & Suri, M. (2002): *The Solar Radiation Model for Open Source GIS: Implementation and Applications.* Proceedings of the Open Source GIS-GRASS Users Conference, S. 1-19.

Kaasalainen, S., Ahokas, E., Hyyppä, J. & Suomalainen, J. (2005): *Study of Surface Brightness from Backscattered Laser Intensity: Calibration of Laser Data.* IEEE Geoscience and Remote Sensing Letters, 2 (3), S. 255-259.

Loughner, C. P., Allen, D. J., Zhang, D.-L., Pickering, K. E., Dickerson, R. R. & Landry, L. (2012): *Roles of Urban Tree Canopy and Buildings in Urban Heat Island Effects: Parameterization and Preliminary Results.* Journal of Applied Meteorology and Climatology, 51 (10), S. 1775-1793.

McGown, L. B. & Bockris, J. O'M. (1980): *Converting Solar Energy to Useful Fuel.* How to Obtain Abundant Clean Energy, S. 125-139.

Taha, H. (1997): *Urban climates and heat islands: albedo, evapotranspiration, and anthropogenic heat.* Energy and Buildings, 25 (2), S. 99-103.

Trimble Applanix (2022): *Applanix POS LV. Designed for Integration, Built for Performance.* https://www.applanix.com/downloads/products/specs/POS-LV-Datasheet.pdf (16.06.2020).

Geometrische Genauigkeitsuntersuchungen des Aufnahmesystems NavVis VLX 2.0 für Innenraum-Anwendungen

Malte MARSMANN und Thomas P. KERSTEN

Zusammenfassung

Mit der mobilen Mapping-Technologie von NavVis GmbH können Gebäude und Innenräume schnell und präzise erfasst und digitale Zwillinge erstellt werden. Mit dem NavVis VLX 2.0 wurde ein Aufnahmesystem für Innenräume an der HafenCity Universität (HCU) Hamburg getestet. Dazu gehörten auch geometrische Genauigkeitsuntersuchungen anhand eines 3D-Testfeldes im Geodätischen Labor der HCU Hamburg. Bei den Untersuchungen wiesen die Raumstrecken im 3D-Testfeld mittlere Abweichungen von 6 mm und eine maximale Abweichung von 18 mm für eine Ausgleichung ohne Passpunkte sowie 4 mm mit einer maximalen Abweichung von 14 mm mit Passpunkten auf. In verschiedenen Simulationen wurden grobe Fehler von bis zu 20 cm in einzelnen Passpunktkoordinaten in die Ausgleichung einbezogen, die teilweise detektiert werden konnten. Das NavVis VLX 2.0 erwies sich in den Laborversuchen als ein sehr effizientes und einfach zu bedienendes Erfassungssystem für Innenräume.

1 Einführung

Die fortschreitende Digitalisierung von Gebäuden und Infrastrukturen hat die Geodäsie in den letzten Jahren stark verändert. Insbesondere das Building Information Modeling (BIM) und die Entwicklung digitaler Zwillinge gewinnen sowohl auf Anwender- als auch auf Herstellerseite zunehmend an Bedeutung. Vor diesem Hintergrund präsentiert die 2013 in München gegründete NavVis GmbH mit dem NavVis VLX 2.0 eine Technologielösung zur effizienten und präzisen Erfassung von Gebäuden und Innenräumen. In Verbindung mit der Software NavVis IVION stellt der NavVis VLX 2.0 ein hochwertiges, hochauflösendes und benutzerfreundliches Erfassungssystem dar, das als Antwort auf die steigende Nachfrage im Bereich Building Information Modeling und Digital Twins positioniert ist (NAVVIS 2021).

Aktuell zeichnet sich ein Paradigmenwechsel ab. In einer Umfrage von NAVVIS (2021) gaben 72 % der Dienstleister im Vermessungswesen an, dass Laserscanning am häufigsten im Bereich der dreidimensionalen Bestandsdokumentation und im Building Information Modeling eingesetzt wird. Am zweithäufigsten werden 3D-Modelle bzw. BIM-Modelle geliefert, wie NavVis 2021 dokumentiert.

Zu Beginn des Mobile Mappings wurden vor allem Kraftfahrzeuge für Vermessungszwecke genutzt. Heutzutage ermöglichen jedoch auch personengetragene Systeme wie die von NavVis eine flexible und effiziente Datenerfassung. Es gibt bereits einen erkennbaren Trend zur vollständig automatisierten Datenerfassung, wie von GEBERT (2023) beschrieben. Eine Einführung und einen Überblick für die Kartenerstellung und gleichzeitige Lokalisierung mobiler Sensorplattformen gibt STACHNISS (2017).

Im Rahmen des Projektes Indoor-Navigation an der HafenCity Universität Hamburg haben ASKAR et al. (2023) die Leistungsfähigkeit des modernen mobilen Indoor-Mapping-Systems (NavVis VLX) im Vergleich zu einem terrestrischen Laserscanner (Z+F IMAGER 5016) für die Gebäudedokumentation in einer komplexen Innenraumumgebung bewertet. Der Schwerpunkt der Untersuchungen lag auf der geometrischen Genauigkeit der gescannten Innenräume. Die Ergebnisse zeigen, dass das Mobile Mapping System NavVis VLX mit einer Genauigkeit von besser als 2,5 cm beim Vergleich der Punktwolken mit der Referenz und einem geringen Rauschen vielversprechend für komplexe Innenraumaufnahmen ist.

Diese Entwicklungen zeigen, dass sich die Methoden der Geodäsie paradigmatisch verändert haben. Sie bewegen sich weg von konventionellen Ansätzen hin zu innovativen Technologien. In diesem Beitrag werden Untersuchungen zur geometrischen Genauigkeit des Systems im Labor vorgestellt. Dadurch soll das Potenzial dieser neuen Technologie für geodätische Anwendungen beleuchtet werden.

2 Das NavVis-System VLX 2.0

Das Aufnahmesystem NavVis VLX 2.0 stellt die zweite Generation des tragbaren mobilen Kartierungssystems der Firma NavVis GmbH aus dem Jahr 2021 dar (Abb. 1). Zur Datenaufnahme werden insgesamt zwei senkrecht zueinander positionierte Laserscanner, vier Kameras und eine inertiale Messeinheit eingesetzt. Bei den eingesetzten Laserscannern handelt es sich um zwei Puck Lite (VLP-16) der Firma Velodyne LiDAR. Der Velodyne Puck Lite ist ein kompakter LiDAR-Sensor, der für die präzise 3D-Umgebungserfassung in autonomen Fahrzeugen, Robotern und ähnlichen mobilen Plattformen entwickelt wurde. Der LiDAR-Sensor zeichnet sich durch sein robustes und leichtes Design aus (VELODYNE LIDAR 2020). Die wichtigsten technischen Daten des VLP-16 sind in Tabelle 1 zusammengefasst.

Tabelle 1: Technische Spezifikationen des Laserscanners Velodyne Puck Lite (VLP-16)

Distanzmessgenauigkeit	3 cm
Maximale Reichweite	100 m
Messrate pro Scanner	300.000 P/s
Distanzmessung	Impulslaufzeitverfahren (ToF), 905 nm
Field of View	horizontal 360°, vertikal 30°
Gewicht	590 g

Im NavVis VLX 2.0 ist die inertiale Messeinheit IMU VN-100 von VectorNav integriert. Diese IMU besteht aus einem 3-Achsen-Beschleunigungssensor, einem Drehratensensor, einem Magnetometer, einem barometrischen Drucksensor und einem 32-Bit-Prozessor. Sie ist in einem kompakten Aluminiumgehäuse untergebracht (VECTORNAV TECHNOLOGIES 2020). Die wichtigsten technischen Daten der IMU VN-100 sind in Tabelle 2 zusammengefasst.

Tabelle 2: Technische Spezifikationen der Inertialen Messeinheit des VectorNav VN-100

Maße	36 × 33 × 9 mm
Gewicht	15 g
Datenfrequenz	800 Hz
Drehratensensor – Heading	2 Grad
Drehratensensor – Roll/Pitch	0,5 Grad
Drehratensensor – Drift	5-7 Grad/h
Beschleunigungssensor —Drift	0,4 mm/s²

Die insgesamt vier Kameras, die jeweils um 90 Grad zueinander ausgerichtet sind, befinden sich am Kopf des NavVis VLX 2.0. Durch die Anordnung der Kameras sowie der Fisheye-Objektive mit einer Brennweite von 3,3 mm können 360-Grad-RGB-Aufnahmen mit jeweils 20 MPixel erzeugt werden. Bei der Bildgenerierung (Blende f/2,4) wird HDR (High Dynamic Range) verwendet, um optimal belichtete Bilder zu erhalten (NAVVIS 2022).

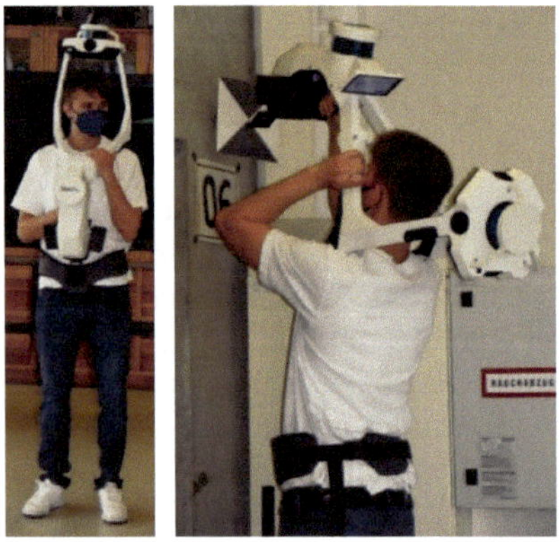

Abb. 1:
Das Aufnahmesystem NavVis VLX 2.0 auf den Körper des Operateurs aufgeschnallt (links) sowie bei einer Passpunktmessung im 3D-Testfeld (rechts)

Die gesamte Sensorik des VLX 2.0 ist in einem Rahmen aus Kohlefaser und eloxiertem und pulverbeschichtetem Aluminium untergebracht. Das Gesamtgewicht des Systems beträgt 8,7 kg bei einer Höhe von 108 cm, einer Breite von 33 cm und einer Länge von 56 cm. Vor der Brust des Benutzers befindet sich ein AMOLED-Multitouch-Display, das bereits während der Messung eine erste Übersichtskarte des Aufnahmebereichs anzeigt. Diese dient der groben Orientierung im Raum und gibt während der Aufnahme einen Überblick über den bereits erfassten Datensatz. Gleichzeitig erfolgt über dieses Display die Steuerung und Eingabe von Passpunkten oder separaten Punkten, den sogenannten Point Of Interest (POI). Das System wird von zwei Akkupacks betrieben, die jeweils aus zwei Lithium-Ionen V-Mount Micro-Akkus bestehen. Diese können während der Messung ohne Unterbrechung der Aufzeichnung gewechselt werden. Die Betriebsdauer der beiden Akkus wird mit 1,5 Stunden angegeben. Zur Speicherung wird eine portable SSD mit 1 TB Speicher verwendet.

3 Geometrische Genauigkeitsuntersuchungen im Labor

Die Untersuchungen zur geometrischen Genauigkeit fanden im Geodätischem Labor der HCU Hamburg statt, in dem das NavVis-System hinsichtlich seiner Messgenauigkeit im 3D-Testfeld ohne und mit Passpunkten getestet wurde. In verschiedenen Simulationen wurde auch untersucht, wie der Ausgleichungsalgorithmus mit möglichen Fehlern in den Passpunktkoordinaten umgeht. Als Ergebnis wurden nicht nur Ausgleichungen ohne und mit Verwendung von Passpunktkoordinaten untersucht, sondern auch insgesamt drei weitere Experimente bzw. Simulationen mit fehlerbehafteten Passpunktkoordinaten durchgeführt (Tabelle 3).

Experiment 1 beschreibt einen Übertragungsfehler in der Passpunktdatei, bei dem die X-Koordinate des Passpunktes 1 um +10 cm verfälscht wurde. Das zweite Experiment simuliert einen Fehler in einem zuvor gemessenen Polygonzug, der zur Bestimmung der Passpunktkoordinaten im Zielsystem verwendet wurde. Im dritten und letzten Experiment wird die Ausgleichung durch willkürliche und grobe Fehler manipuliert. Dazu wurden mehrere Punkte in verschiedene Richtungen verändert (siehe Tabelle 3).

Tabelle 3: Zusammenfassung der Experimente mit fehlerbehafteten Passpunktkoordinaten

Experiment	Punkt	Art der Manipulation	ΔX [cm]	ΔY [cm]	ΔZ [cm]
1	P1	Eingabefehler	+10	0	0
2	P6	Polygonzugfehler	+4	+10	–3
3	P1	Willkürlicher Fehler	+10	0	0
3	P6	Willkürlicher Fehler	0	0	–20
3	P10	Willkürliche Fehler	–2	+2	+2
3	P11	Willkürlicher Fehler	0	–4,4	0

4 Datenerfassung

Der Erfassungsbereich der geometrischen Genauigkeitsuntersuchungen erstreckt sich auf den Nordflügel des Gebäudes im zweiten und dritten Obergeschoss der HafenCity Universität Hamburg (Abb. 2). Für die Untersuchungen wurden sowohl das Geodätische Labor als auch die beiden Flure mit den verbindenden Treppenhäusern erfasst. Die Laufwege des NavVis-Systems sind in Abbildung 2 gelb markiert. Besonderes Augenmerk wurde bei der Datenerfassung auf das Geodätische Labor gelegt, da es jeweils als Start- und Endpunkt der Messungen diente. Im Geodätischen Labor befinden sich die Zielmarken der verwendeten Passpunkte im 3D-Testfeld zur Georeferenzierung der Scans und das mobile Testfeld. Die Flure im zweiten und dritten Obergeschoss zeichnen sich durch schmale, langgestreckte Gänge mit geringer Textur und vielen Glasfassaden aus.

In der nachfolgenden Tabelle 4 sind Informationen zur Aufnahme mit dem NavVis VLX 2.0 und dem terrestrischen Laserscanner Z+F IMAGER 5016 dargestellt. Tabelle 4 gibt einen Überblick über die Aufnahmezeit, die Datenprozessierung, das benötigte Instrumentarium, das Dateivolumen und die erzeugten Produkte der beiden Aufnahmesysteme.

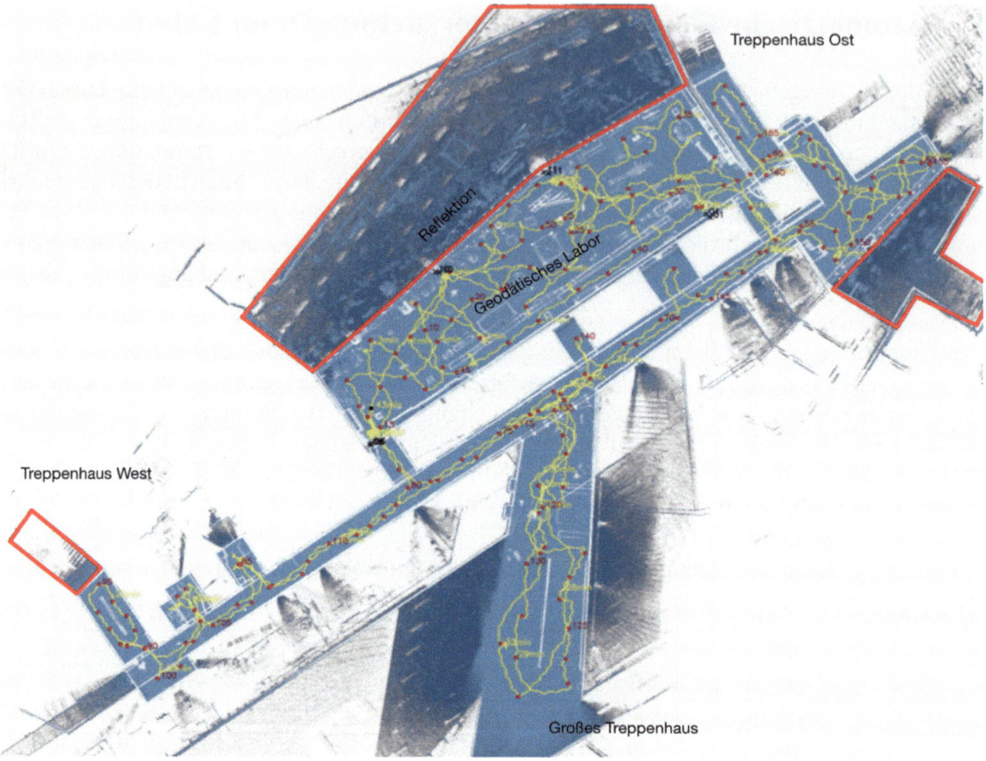

Abb. 2: Übersicht über das Aufnahmegebiet in dem Gebäude der HafenCity Universität Hamburg (rote Rahmen stellen Reflexionen an Fensterscheiben dar)

Tabelle 4: Informationen zur Aufnahme des Testgebietes

System	NavVis VLX 2.0	Z+F IMAGER 5016
Aufnahmedauer	< 1 h	ca. 5 h
Datenprozessierung	automatisiert	teilweise automatisiert
Instrumentarium	NavVis VLX 2.0	Scan-Kugeln, Stativ, Scanner
Dateivolumen	1,87 GB	0,93 GB
Produkte	3D-Punktwolke (RGB) & Panoramen	3D-Punktwolke (RGB optional)

5 Datenauswertung und Ergebnisse

Das folgende Kapitel 6 wird hinsichtlich der unterschiedlichen Auswertemethoden in vier Abschnitte unterteilt. Die ersten drei Abschnitte befassen sich mit Raumstrecken in zwei Testfeldern, während es im vierten Abschnitt um einen Vergleich der Punktwolken mit Referenzdaten geht. Die Datenprozessierung der Punktwolken erfolgte mit der cloudbasierten Softwarelösung NavVis IVION.

5.1 Analyse der Raumstrecken im 3D-Testfeld

Die Analyse des NavVis-Systems erfolgte über unterschiedliche Passpunktkonfigurationen im 3D-Testfeld des Geodätischen Labors (Abb. 3). Die für die Auswertung zugrunde liegende Referenzmessung der Pass- und Kontrollpunkte wurde mit einem Leica ATR 960 Lasertracker im Jahr 2019 in übergeordneter Genauigkeit durchgeführt. Das Testfeld wird auch für regelmäßige Untersuchungen von terrestrischen Laserscannern verwendet (KERSTEN et al. 2021). Die Koordinaten der 20 Zielmarken wurden jeweils in CloudCompare gemessen.

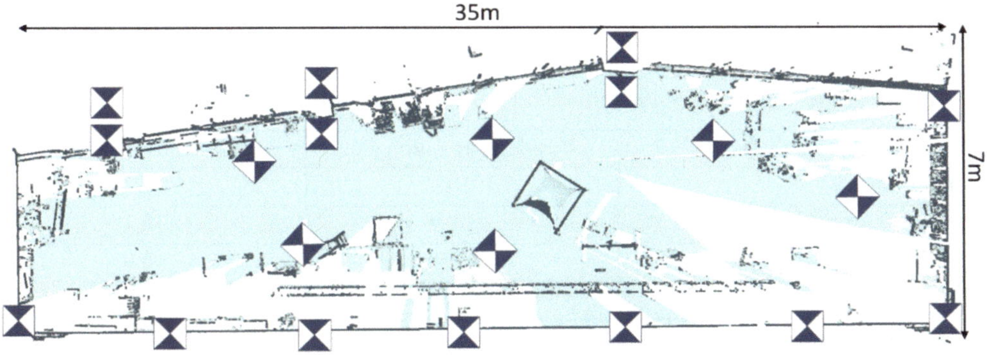

Abb. 3: 3D-Testfeld im Geodätischen Labor der HafenCity Universität Hamburg mit 20 Referenzpunkten an der Decke (rotierte Zeichen) und an den Wänden

Die Ausgleichung ohne Passpunkte lässt aufgrund fehlender Georeferenzierung nur eine Betrachtung der Strecken zwischen den Referenzpunkten zu. In Abbildung 4 ist ersichtlich, dass die Abweichungen der ermittelten 105 Raumstrecken besser als zwei Zentimeter sind. Die höchste festgestellte Abweichung beträgt –18 mm, während die Standardabweichung der Streckendifferenzen 5,9 mm beträgt und nur zwei Werte außerhalb des 95-%-Vertrauensintervalls liegen.

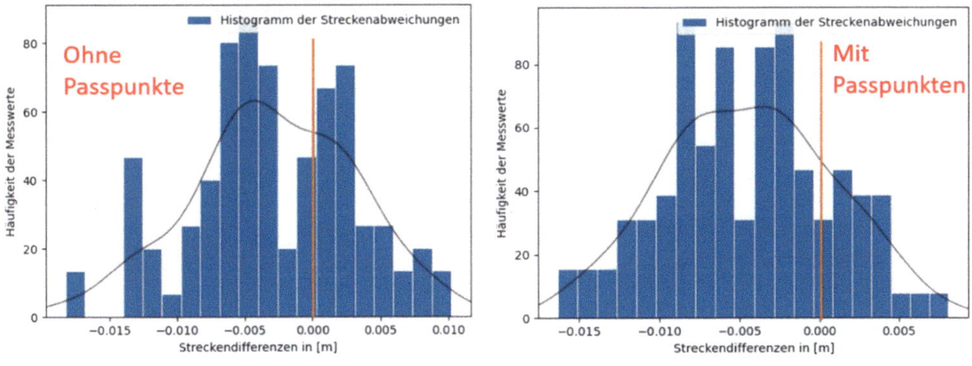

Abb. 4: Differenzen der Raumstrecken (Ausgleichung ohne und mit Passpunkten)

Bei der Ausgleichung mit vier Passpunkten, wobei zwei doppelt gemessen wurden, lagen die Verbesserungen der Passpunktkoordinaten bei 1-2 mm und die höchsten Abweichungen der Raumstrecken bei -15,1 mm und +6,0 mm. Die Spanne als absolute Summe der beiden maximalen Abweichungen liegt bei 21,2 mm. Der Mittelwert der Abweichungen von –3,8 mm (Tab. 5) zeigt wie auch die Abb. 4 (rechts) an, dass die meisten Strecken mit dem NavVis-System systematisch leicht zu kurz gemessen wurden. Insgesamt ist eine leichte Steigerung der Genauigkeit durch die Verwendung von Passpunkten in der Ausgleichung erkennbar, wodurch bei beiden Ausgleichungen mit den mittleren Abweichungen der Raumstrecken die Angaben in den technischen Spezifikationen des Herstellers angegebenen mit einer Genauigkeit von 6 mm eingehalten werden.

Tabelle 5: Abweichungen für die 3D-Strecken des NavVis VLX 2.0 bei einer Ausgleichung ohne und mit vier Passpunkten

Streckenvergleich (3D)	Ausgleichung ohne PP	Ausgleichung mit PP
Anzahl Strecken	105	105
Max. neg. Abweich. [mm]	–18,1	–15,1
Max. pos. Abweich. [mm]	9,9	6,0
Spanne [mm]	28	21,2
Mittelwert [mm]	–2,5	–3,8
Std.abw. Mittelwert [mm]	0,5	0,4

5.2 Untersuchungen zum Einfluss fehlerhafter Koordinaten

In den folgenden Untersuchungen wurden fehlerhafte Koordinaten der Passpunkte in den Ausgleichungen simuliert, um den Einfluss fehlerbehafteter Beobachtungen abschätzen zu können. Die Lagerung in der Ausgleichung erfolgte auf vier Passpunkte (Abb. 5 links, grüne Kästchen). Im ersten Experiment wurde ein Fehler in der X-Koordinate des Passpunktes P1 um +10 cm simuliert. Diese fehlerhafte Eingabe wurde von der Ausgleichungssoftware nicht erkannt, da die Verbesserungen in den Passpunkten bei maximal 6 mm liegen. Auffällig ist hier, dass der Fehler im Passpunkt 1 nicht auftaucht, da die zweifache Messung dieses Punktes offensichtlich eine höhere Gewichtung der Koordinaten in der Ausgleichung ergibt. Erst bei unabhängigen Folgemessungen der Kontrollpunkte inklusive der zur Lagerung verwendeten Passpunkte 1 und 11 in CloudCompare fallen die Abweichungen in den Koordinaten der an Punkt 1 naheliegenden Punkten auf (Tab. 6 rechts), was auch in den Vektoren der Abweichungen in der Abbildung 5 zu sehen ist. Somit wirkt sich dieser Fehler als streckenabhängiger Einfluss auf die Koordinaten der anderen Punkte und damit auch auf die Punktwolke aus.

Im zweiten Experiment wurde der Passpunkt 6 als Polygonzugfehler in allen Koordinatenrichtungen wie folgt verändert: X = +4 cm, Y = +10 cm, Z = –3 cm. In dem Ergebnis der Ausgleichung zeigen sich Abweichungen bis zu 8 cm im Punkt 6 (Tab. 7 links), die einen Fehler in diesem Punkt vermuten lassen. Somit kann der Fehler im Passpunkt 6 detektiert und lokalisiert werden, was in diesem Fall auch dadurch beeinflusst wird, dass der Punkt nur einmal vom NavVis-System gemessen wurde. In den Koordinaten der Kontrollpunkte und zwei Passpunkten sind zwar Abweichungen bis zu 11 mm in Koordinaten von drei Punkten (Tab. 7 rechts) sichtbar, die aber keine eindeutige Zuordnung des Fehlers erlauben, was auch in den geringen Fehlervektoren dokumentiert wird (Abb. 6 rechts).

Tabelle 6: Experiment 1: Abweichungen an den Passpunkten (links) nach der Ausgleichung und an den Kontrollpunkten KP sowie an zwei Passpunkten (rechts) nach Messungen in CloudCompare

Passpunkt	ΔX	ΔY	ΔZ
	[mm]		
P1_1	2	–1	0
P1_2	3	–1	0
P6	–6	–3	–2
P10_1	0	1	0
P10_2	–2	1	4
P11	3	4	–3

KP	ΔX	ΔY	ΔZ
	[mm]		
P1	94	–5	9
2	63	–16	7
3	39	–10	–3
4	19	–9	9
7	–7	8	2
8	–2	9	–16
9	15	12	10
P11	55	24	1
12	57	36	2
13	108	28	7
14	115	–5	5
15	107	22	–6
16	84	21	0
17	50	–4	2
18	30	21	3

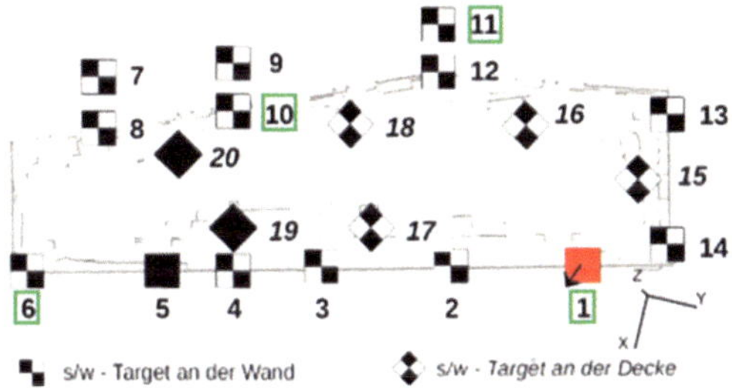

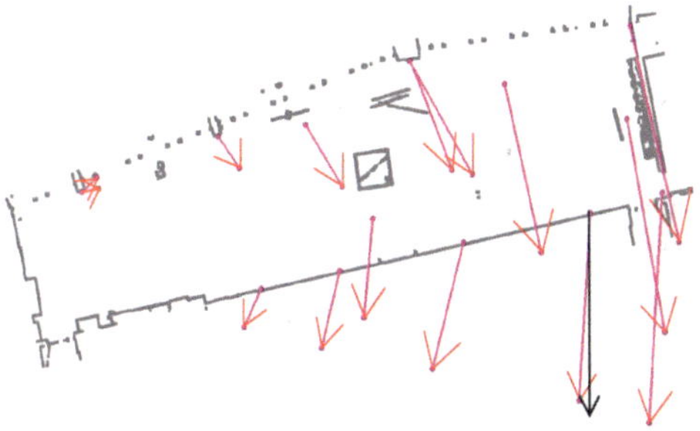

Abb. 5: Passpunkte (grüne Kästchen) und fehlerbehafteter Punkt 1 (links) sowie Raumvektoren der Koordinatendifferenzen in Lage und Höhe (rechts, 10-fache Vergrößerung) nach der Ausgleichung mit dem fehlerbehafteten Passpunkt 1

Das dritte Experiment umfasst mehrere Koordinatenfehler in folgenden Passpunkten: $P1_X = +10$ cm, $P6_Z = +20$ cm, $P10_X = -2$ cm, $P10_Y = +2$ cm, $P10_Z = +2$ cm, $P11_Y = +4{,}4$ cm. Nach der Ausgleichung werden hohe Abweichungen in den Passpunkten 6 und 11 entdeckt (Tab. 8 links und Abb. 7 rechts), während in Passpunkt 1 und 10 keine Fehler auftreten. Dieses bestätigt nochmals, dass Passpunkte mit zweifacher Messung ein höheres Gewicht in der Ausgleichung bekommen. Auch die Messungen der Kontrollpunkte sowie zweier Passpunkte in CloudCompare dokumentieren Fehler von bis zu 12 cm in einigen Koordinaten. Somit lässt sich in diesem manipulierten Datensatz ein Fehler detektieren, aber aufgrund der vielen Fehler kann er nicht lokalisiert werden. Die Einflüsse der Manipulationen wirken sich daher auch die geometrische Qualität der Punktwolke aus.

Tabelle 7: Experiment 2: Abweichungen an den Passpunkten (links) nach der Ausgleichung und an den Kontrollpunkten KP sowie an zwei Passpunkten (rechts) nach Messungen in CloudCompare

Passpunkt	ΔX	ΔY	ΔZ
	[mm]		
P1_1	14	–28	0
P1_2	14	–30	1
P6	–37	78	0
P10_1	7	–24	–5
P10_2	6	–22	–2
P11	16	–26	5

KP	ΔX	ΔY	ΔZ
	[mm]		
P1	0	–9	–7
2	–2	0	2
3	–1	–3	–5
4	3	3	7
7	–2	1	–4
8	3	6	–8
9	8	–6	–1
P11	–1	–8	6
12	7	11	9
13	1	–8	1
14	0	–11	5
15	1	–3	–5
16	–3	1	1
17	–3	–5	8
18	–3	11	1

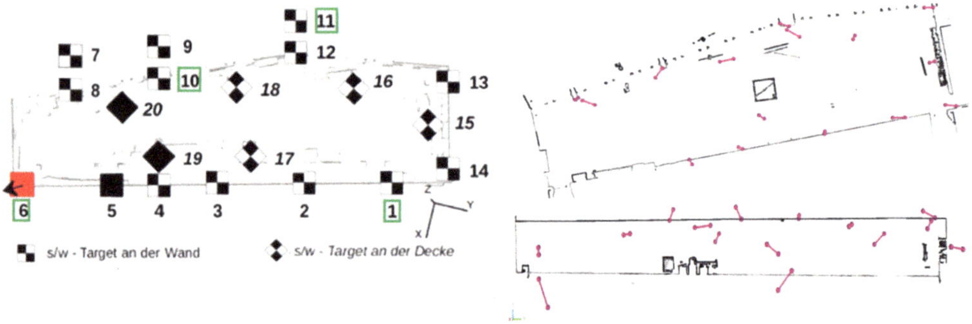

Abb. 6: Passpunkte (grüne Kästchen) und fehlerbehafteter Punkt 6 (rot, links) sowie Raumvektoren der Koordinatendifferenzen in Lage und Höhe (rechts oben und unten, 10-fache Vergrößerung) nach der Ausgleichung mit Passpunkt 6

6 Bewertung der Ergebnisse

In diesem Kapitel werden die Ergebnisse auf Grundlage einer detaillierten Analyse des untersuchten Systems bewertet. Dabei werden für eine umfassende Beurteilung im Folgenden unterschiedliche Kriterien herangezogen.

Bei der Aufnahme zeichnet sich das NavVis-System durch eine schnelle und effiziente Erfassung unterschiedlicher und komplexer Innenraumumgebungen aus. Das geringe Gewicht des Aufnahmeinstrumentes ermöglicht eine einfache Handhabung, während die Fähigkeit zur simultanen Aufnahme von farbigen Panoramen und 3D-Punktwolken vielfältige Anwendungsmöglichkeiten eröffnet. Durch den einfachen Bedienungsablauf und die Steuerung über AMOLED-Multitouch-Display wird eine effiziente Datenerfassung ermöglicht.

Tabelle 8: Experiment 3: Abweichungen an den Passpunkten (links) und an den Kontrollpunkten KP sowie zwei Passpunkten (rechts)

Passpunkt	ΔX	ΔY	ΔZ
	[mm]		
P1_1	–1	–1	1
P1_2	0	–1	1
P6	–62	–27	–176
P10_1	4	0	–9
P10_2	1	1	–1
P11	49	476	12

KP	ΔX	ΔY	ΔZ
	[mm]		
P1	98	–3	7
2	61	–18	6
3	25	–17	–6
4	5	–17	0
7	–49	5	0
8	–46	1	–13
9	–3	12	8
P11	47	41	15
12	48	41	4
13	115	45	15
14	122	2	–1
15	111	24	4
16	72	22	13
17	38	–2	2
18	12	31	17

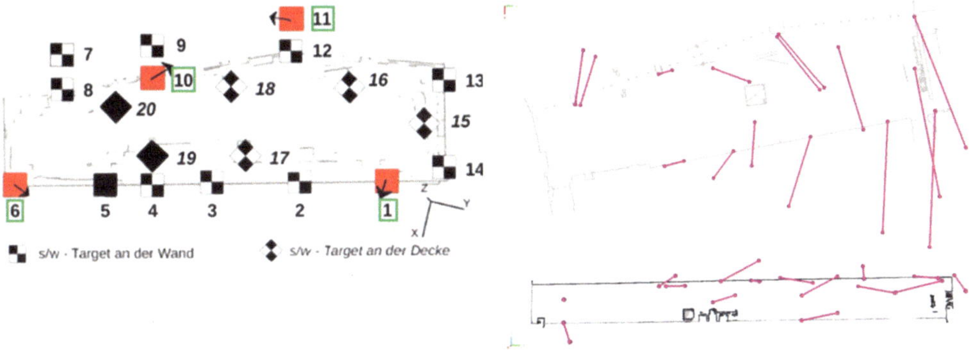

Abb. 7: Passpunkte (grüne Kästchen) und fehlerbehaftete Passpunkte (rot, links) sowie Raumvektoren der Koordinatendifferenzen in Lage und Höhe (rechts oben und unten, 10-fache Vergrößerung) nach der Ausgleichung mit den Passpunkten 1, 6, 10 und 11

Durch die weitestgehend vollautomatisierte Prozessierung der Daten mit der Software IVION in der Cloud werden die eigenen Computerressourcen geschont, aber mancher Anwender könnte dabei die Sicherheit der Daten in der Cloud gerade bei hoheitlichen Aufgaben anzweifeln. Die geringe Anzahl einzustellender Parameter und die automatische Filterung tragen zur Effizienz des Auswerteprozesses bei, beeinflussen aber wahrscheinlich auch die Qualität der Punktwolken wie z. B. „gerundete Ecken". Die cloudbasierte Software IVION ist jedoch eine Blackbox, da der Anwender keine Optionen hat, andere Filter einzuschalten.

Die Präsentation der Ergebnisse erfolgt über eine umfassende Webplattform. Dabei sind Aussagen über die erreichte Genauigkeit eher begrenzt und beschränken sich im Wesentlichen auf die Residuen der Passpunktkoordinaten. Als Produkte können nach der Ausgleichung eine gefilterte Punktwolke, 360°-Panoramen und Schnitte ausgegeben werden.

In der durchgeführten Untersuchung konnte gezeigt werden, dass Fehler in den Passpunktkoordinaten einen kritischen Aspekt darstellen, da sie nur unter bestimmten Bedingungen detektiert, lokalisiert und eliminiert werden können. Ein wichtiger Faktor ist die gleichmäßige Gewichtung von Passpunkten in der Ausgleichung bei einfacher oder mehrfacher Messung, da sonst ein Fehler an den höher gewichteten Punktkoordinaten weder detektiert noch lokalisiert werden kann.

Die Ergebnisse der geometrischen Untersuchung haben die technischen Spezifikationen des Herstellers mit einer Genauigkeitsangabe von 6 mm größtenteils nachgewiesen. Allerdings ist die erreichte Genauigkeit des NavVis VLX 2.0 abhängig von der räumlichen Verteilung der Passpunkte und der Entfernung zu den Passpunkten. Ein Schleifenschluss ist ein zusätzlich wichtiger Faktor zur Stabilisierung der Ausgleichung. So konnte im Bereich des Geodätischen Labors die Genauigkeit von 6 mm eingehalten werden, während die von den Passpunkten weiter entfernten Flurabschnitte in der Lage und in der Höhe höhere Abweichungen zum Referenzsystem aufweisen. Daher ist für die Einhaltung der angegebenen Genauigkeit eine umfassende Planung und Durchführung einer tachymetrischen Einmessung von gut verteilten Passpunkten erforderlich.

7 Fazit und Ausblick

In diesem Beitrag werden Ergebnisse der geometrischen Genauigkeitsuntersuchungen mit dem Aufnahmesystem NavVis VLX 2.0 im Labor vorgestellt. Das System erweist sich als effizientes und benutzerfreundliches Instrument für die Vermessung von Innenräumen. Die effiziente Datenerfassung, die einfache Handhabung und die Vielseitigkeit bei der Aufnahme von farbigen Panoramen und Punktwolken sind wichtige Eigenschaften für einen unkomplizierten Einsatz des Systems. Die automatisierte Datenprozessierung und die webbasierte Ergebnispräsentation tragen zur Effizienz des Gesamtsystems bei.

Die geometrischen Untersuchungen des Systems zeigen eine erhebliche Verbesserung und Zuverlässigkeit der Genauigkeit durch die Verwendung von Passpunkten. Die Einhaltung der vom Hersteller angegebenen Genauigkeit von 6 mm (1 Sigma) wurde durch die Untersuchungen bestätigt. Es wurde jedoch auch deutlich, dass die Systemgenauigkeit stark von der Verteilung und dem Abstand der Passpunkte sowie der Anzahl und Verteilung der Schleifenschlüsse abhängt.

Insgesamt bietet das System NavVis VLX 2.0 eine gute Genauigkeit und hohe Flexibilität für den Einsatz im Bereich Building Information Modeling (BIM). Die farbigen Punktwolken und 360°-Panoramen liefern sehr gute Daten für eine zuverlässige Interpretation der Materialien in der Auswertung. Die Ergebnisse dieser Untersuchungen haben auch gezeigt, dass die Verwendung von tachymetrisch eingemessenen Passpunkten bei der mobilen Erfassung von Innenräumen eine wichtige Voraussetzung ist, um die hohen Genauigkeitsanforderungen zuverlässig erfüllen zu können.

Dank

Wir bedanken uns bei Dipl.-Ing. Thorsten Klaus und Dipl.-Ing. Harald Saeger (beide NavVis GmbH), die uns freundlicherweise das Aufnahmesystem NavVis VLX 2.0 zur Verfügung gestellt und uns bei der Datenerfassung unterstützt haben. Ebenso möchten wir uns bei Herrn

Dr.-Ing. Daniel Wujanz (Technet GmbH, Berlin) bedanken, der uns bei der Auswertung der Scans des IMAGER 5016 unterstützt und gute Ideen zur Untersuchung des NavVis VLX 2.0 beigesteuert hat.

Literatur

Askar, C., Scheider, A. & Sternberg, H. (2023): *Evaluation of a State-of-the-Art Indoor Mobile Mapping System in a Complex Indoor Environment.* Zeitschrift für Geodäsie, Geoinformation und Landmanagement (zfv), 148 (5), S. 300-309. https://doi.org/10.12902/zfv-0445-2023.

Digital Twin Consortium (2020): Definition of a Digital Twin. https://www.digitaltwinconsortium.org/hot-topics/the-definition-of-a-digital-twin/ (10.02.2024).

Gebert, F. (2023): *Development of an Autonomous Mobile Mapping Robot by Combining the NavVis VLX with the Boston Dynamics SPOT.* Masterarbeit, Hochschule für Angewandte Wissenschaften München. https://opus4.kobv.de/opus4-hm/frontdoor/index/index/docId/450 (09.12.2023).

Kersten, T., Stange, M. & Lindstaedt, M. (2021): *Geometrische Genauigkeitsuntersuchungen aktueller terrestrischer Laserscanner im Labor und im Feld.* allgemeine vermessungs-nachrichten (avn), 128 (2), S. 59-67.

NavVis (2021): *State of Mobile Mapping.* NavVis Website. https://f.hubspotusercontent40.net/hubfs/3339696/211116_NavVis_Mobile_Mapping_Survey_DE.pdf?hsCtaTracking=9cf02bdd-438f-4d5a-a848-3e83e9364356%7C93874dd8-d0f7-4cfc-90c8-8600598ff722 (09.12.2023).

NavVis (2022): *NavVis VLX 2nd Generation – Jederzeit bereit.* NavVis Website. https://www.navvis.com/de/vlx (09.12.2023).

Stachniss, C. (2017): *Simultaneous Localization and Mapping.* In: Heipke, C. (Hrsg.): Photogrammetrie und Fernerkundung. Handbuch der Geodäsie (Hrsg. Willi Freeden, W. & Rummel, R.). Springer, Berlin/Heidelberg, S. 293-320. https://doi.org/10.1007/978-3-662-46900-2_37-1.

VDI/VDE 2634 (2012): *Optische 3D-Messsysteme – Bildgebende Systeme mit flächenhafter Antastung.* VDI/VDE 2634 Blatt 2:2012-08.

VectorNav Technologies (2020): *VN-100 IMU/AHRS.* https://www.vectornav.com/docs/default-source/datasheets/vn-100-datasheet-rev2.pdf?sfvrsn=8e35fd12_10 (09.12.2023).

Velodyne Lidar (2020): *Velodyne Lidar Sensors Power 3D Data Capture in New NavVis VLX Mapping System.* https://velodynelidar.com/press-release/velodyne-lidar-puck-lite-navvis-vlx-mapping-system/ (09.12.2023).

5 Punktwolken

Exploiting Large-Scale Pretrained Vision Foundation Models in 3D Point Cloud Segmentation

Keno MOENCK and Thorsten SCHÜPPSTUHL

Abstract

The recent upstream of large-scale pretrained Vision Foundation Models (VFM) follows the success of Large Language Models (LLM), e. g., the GPT series. Projects that result in, e. g., the Segment Anything Model (SAM) or techniques like Contrastive Language-Image Pretraining (CLIP) show strong generalization capabilities and open a new area of tasks, also enabling various downstream tasks. The research vision community mainly focuses on the 2D and text modality, resulting in textual or visual promtable models capable of zero-shot object recognition or segmentation, which applications but also transfer to the 3D domain are subject to current research. This work overviews recent approaches in leveraging large-scale pretrained vision foundation models in the 3D domain. Moreover, we dive deeper into the application of the Segment Anything Model (SAM) and propose a new method.

1 Introduction

3D scans of an environment representing a geometric as-is state serve different purposes ranging from, e. g., progress monitoring to retrofit in various domains like remote sensing, archaeology, or Building Information Modeling (BIM). However, the inherent information richness of this data often falls short for autonomous applications, necessitating additional post-processing by tasks such as object recognition, segmentation, and classification. Although traditional rule-based processing methods were predominant, learnable techniques, particularly in 3D contexts, have gained traction following the introduction of the PointNet model (QI et al. 2016). Learning-based applications typically surpass traditional computer vision methods in accuracy and generalization, essential in changing, non-deterministic, or dynamic environments. Approaches working on 3D data often derive from 2D concepts, themselves influenced by other domains like Natural Language Processing (NLP). The key distinction lies in data structure: images are regularly organized, whereas 3D data, like point clouds, are unstructured. Methods preserving this unstructured format tend to outperform those using discretized representations, like voxels since the original underlying geometric is preserved better.

However, applying these applications in specialized fields is hindered by limited training data. Most datasets cover everyday objects and scenarios, necessitating custom data for fine-tuning in specific domains. To mitigate this, recent efforts focus on synthetic data, domain adaptation, and transfer learning. One-shot, few-shot, and zero-shot learning strategies are also emerging to reduce domain-specific dataset needs. The effectiveness of these models largely depends on their pre-training, with larger models and datasets significantly enhancing performance, as seen in the recently termed foundation models.

Foundation models have markedly advanced different areas of Artificial Intelligence (AI), particularly in enhancing complex tasks but also enabling various downstream tasks with exceptional performance. However, models trained on datasets at web-scale are accompanied by significant challenges. The intensive resource requirements for training limit accessibility for smaller organizations or research institutions. On the one hand, the dissemination of language models in the last year showcases foundation models' huge potential; however, the application on other modalities and also in unique domains requires further investigation, to which we contribute here.

The remainder of this document is organized as follows: First, we review state-of-the-art methods, focusing on Vision Foundation Models (VFM). Next, in Section 3, we explore the adaptation of these models to the 3D domain and identify the limitations of training-free approaches. Section 4 introduces our novel approach leveraging the SAM model in 3D, with experimental findings presented in Section 5. We conclude in Section 6.

2 Fundamentals

Vision Foundation Models (VFMs) are deep learning models pre-trained on large-scale/web-scale datasets following the rule of increased training data and model size, resulting in higher sophisticated, learned representations and increased performance as well as generalization capabilities. The term foundation model originated in 2021 (BOMMASANI et al. 2021), trying to mainly summarize a paradigm shift in machine learning with also the technical and sociological impact and the characteristics of a pretrained model, which can later be used in different downstream tasks, naming tasks the model has not seen during training. This versatility led to groundbreaking changes in people's everyday lives, e. g., the widespread use of ChatGPT.

2.1 Contrastive Language-Image Pretraining (CLIP)

Contrastive learning aims to bring positive samples close together in the feature/representation space, while dissimilar/negative samples should be far apart. The technique is typically used when targeting unsupervised or semi-supervised learning to learn meaningful data representations by contrasting the positive and the negative pairs. The project CLIP (RADFORD et al. 2021) demonstrated this technique by directly learning from raw text-image pairs of a dataset of 400 million samples acquired from the internet. During the training, a text encoder and image encoder were trained to maximize the cosine similarity between the embeddings of positive samples while minimizing the rest. The model learns some form of textual-visual concepts from the data.

On the one hand, using text as an input, the model can be fed with unorganized data from the web; on the other hand, the model is not constrained to a fixed set of classes. Zero-shot capabilities result from using different prompts, enabling a set of downstream tasks. Possible tasks are generating captions for images, doing classification tasks, or doing reverse image searches.

Meanwhile, a set of textual-visual models are published, e. g., Flamingo (ALAYRAC et al. 2022), PaLI (CHEN et al. 2022), or also included in GPT-4 (ACHIAM et al. 2023). What is interesting about these zero-shot models is the fact that they outperform partially conventional deep networks or Vision Transformers (ViT), which were supervisedly trained.

2.2 The Segment Anything Project (SAM)

The Segment Anything project (KIRILLOV et al. 2023), published in April 2023, introduced a promptable 2D segmentation task, a model for partitioning images class-agnostic into semantically meaningful regions, including three mask levels representing an object's whole/part/sub-part partitions. The model consists of a prompt encoder, an image encoder, and a lightweight mask decoder. In conjunction with the model's release, the project introduced the SA-1B dataset consisting of 11 million images and 1+ billion masks. As the annotation of all these masks in a totally manual manner would be too expensive, the project used a three-folded iterative process, in which, at first, datasets that already contained masks as ground-truth annotations were used for pretraining the model. This pretrained model was then used to assist humans in generating additional ground truth data for new images. After this model-assisted stage, a semi-automatic stage followed in which humans refined masks and annotated additional unannotated objects. Finally, in a fully automatic stage, the model re-predicted masks for all images based on a new set of parameters.

The amount of data used to train the model resulted in its outstanding generalization capabilities, even referred to as the „GPT-3 moment“ of computer vision (FAN 2023). The model learned a general concept of objects and their parts, as we outlined in previous work in the industrial manufacturing/production industry (MOENCK et al. 2023). With the new concept of visual prompts, the model mimics a human‘s intuitive gesture of pointing at objects.

3 Vision Foundation Models for 3D Scene Perception

To categorize the individual approaches that utilize a VFM in the 3D domain, we introduce two subsections in the following, focusing on (semi-) or supervised methods and training-free approaches. The first category needs some form of training data to either fine-tune the model or train additional heads. In contrast, the training-free methods directly exploit the VFM’s learned knowledge. The latter is especially interesting in segregated domains, where domain-specific datasets are not available or too expensive to create.

3.1 (Semi-)Supervised

Contrastive learning, as demonstrated by CLIP, can be further extended with a 3D modality. In the project OpenScene, the authors created a model that learns 2D and 3D features to be close to CLIP embeddings to allow prompting for 3D points given arbitrary text queries during inference (PENG et al. 2022). The most interesting here is that textual prompts that are conceptually close in our language are also close in the CLIP feature space, meaning one can prompt for classes or use words that are not included in the ground truth nor used during training. That means, e. g., prompting with the word „*sit*“ will highlight 3D points representing a chair or sofa since the embedding of this textual prompt is close to the ground truth annotation naming these object categories. WANG et al. (2023) and XIAO et al. (2024) follow a similar approach, exploiting the CLIP model in the 3D domain.

Projecting 2D masks generated by SAM to the 3D domain is a further approach to utilizing a VFM's learned knowledge in the 3D domain. The Segment3D project builds a 3D class-agnostic segmentation model trained on projecting generated SAM masks into the 3D domain (HUANG et al. 2023). GUO et al. (2023) use SAM's image encoder in a graph cut approach to train an instance segmentation method, which generalizes exceptionally well.

3.2 Training-Free

Contrasting the necessity of training, there exist a few training-free methods that project SAM-generated masks into the 3D domain by exploiting the camera pinhole projection principle. DONG et al. (2023) and YIN et al. (2023) even pre-process the masks with CLIP such that querying for semantics is possible. A training-free method combined with CLIP is only strong in domains that are sufficiently covered by CLIP's learned knowledge. We observed that for everyday objects and scenes, this performs well, but, e. g., in segregated domains like industrial manufacturing facilities, CLIP performs rather poorly. On the other hand, class-agnostic segmentation based on SAM generalizes exceptionally well to this date. Three approaches demonstrate this, namely *SAM3D* (YANG et al. 2023), *SAMPro3D* (XU et al. 2023), and *Segment Anything 3D* (POUX 2023).

Segment Anything 3D demonstrated that the SAM model even performs on point clouds that are projected back to 2D images. However, the information density is rather low, and the author does not propose any method of merging multiple viewpoints. *SAM3D,* conversely, iteratively merges single-frame segmentations, which works well on large-scale scenes. Nonetheless, smaller objects will be "eaten" during the merging of the views. In addition, for more satisfactory results, they propose to ensemble the results with an unsupervised segmentation approach that does not utilize a VFM. The most recent method, *SAMPro3D*, introduces a voting method based on all frames and masks against all points in the point cloud. This is tremendously resource-hungry and not applicable in large-scale scenes. In the rest of this work, we contribute by developing an approach capable of working on large-scale scenes with millions of points, requiring no training, and not introducing, voting, or merging, which could potentially discard, e. g., minor objects. We will demonstrate that we achieve comparable performance.

4 Segment Anything in 3D Point Clouds

With the deficits outlined in the previous section, we developed a novel approach to segment point cloud data along with their 2D images. Hereby, we target large-scale massive acquired 3D data, e. g., as the Stanford 3D Indoor Dataset (S3DIS) provides (ARMENI et al. 2017). The dataset is acquired using a Matterport 3D scanner that is equipped with three structured-light sensors to capture 18 RGB and depth images during a 360° rotation. Per viewpoint, the dataset provides equirectangular projected panorama images as well as post-processed point clouds. It is divided into six different areas, whereas we focus on area 3 after minor equidistant subsampling to 16+ million points. In the following subsections, we first outline the procedure of segmenting individual viewpoints and subsequently describe the process of propagating existing masks throughout the scene.

4.1 Individual Viewpoint Projection

In its original form, the authors provide the dataset as a benchmark, sampling 2D RGB images from the panorama images based on different distributions in yaw and pitch directions as well as varying camera intrinsics. We found out that this does not sufficiently cover the overall scene, so we sampled additional data, images of 1000×800 pixels, from the panorama images with 30° and 15° steps in yaw and pitch, respectively, resulting in 3060 images for area 3. In addition to the cleaned and post-processed point cloud per area, the dataset also provides the point clouds per viewpoint, which we additionally sampled per newly sampled 2D image. Passing the images to the SAM using automatic prompting by a defined grid of 48x48 points and projecting all masks to the 3D point cloud after applying Non-Maximum Suppression (NMS) with an additional constrained that no mask is allowed to overlap another mask while preserving smaller masks will result in individual 3D segments as exemplarily depicted in Figure 1.

Fig. 1: Segmentation of individual frames through automatically prompting the 2D images and projecting the 2D masks into the 3D domain

Fig. 2: Mask propagation through four consecutive frames (order: t. l., t. r., b. l., b. r.)

4.2 Mask Propagation

With the goal of not voting or conducting any fusion without the necessary semantics in the 3D domain, we formulated the requirement that no new mask is allowed to overlap with previous masks. Therefore, masks are first always propagated. On the one hand, we achieve this by continuously sliding through the panorama images; on the other hand, we project already existing masks into the 2D domain and prompt a set of the points contained in this mask to expand the existing mask (s. Fig. 2). We determine the next frame in the same order we sampled new ones from the scan point while switching between viewpoints by filling a queue with the closest viewpoints in terms of the Euclidean distance. In the rare case of frames that do not have any existing masks, they are skipped. This might be the case when 2D images show parts of the scene that are not included in the 3D domain, e. g., a sampled image shows parts of the level below through a staircase.

4.3 Method

The overall method of first propagating existing masks and subsequently prompting new masks with the constraint that new masks are discarded when they overlap existing masks is shown in Figure 3. We additionally had to introduce a post-processing step of the segmented point cloud based on one reason. While projecting the 2D masks onto the point clouds, we observed various minor alignment errors between the 2D and 3D data. This can be reasoned by error propagation and increase during the overall 2D data processing. The raw 2D sensor data is stitched together to equirectangular panorama images on which we again sampled the new 2D frames. Besides the errors or interpolation through the stitching and sampling, the camera calibration errors also account for additional misalignment. Therefore, we had to apply binary erosion onto the masks to prevent the errors from propagating into the 3D domain. In the post-processing, we applied a region-growing algorithm to the masks such that points without labels inherit the most superior labels in their neighborhood.

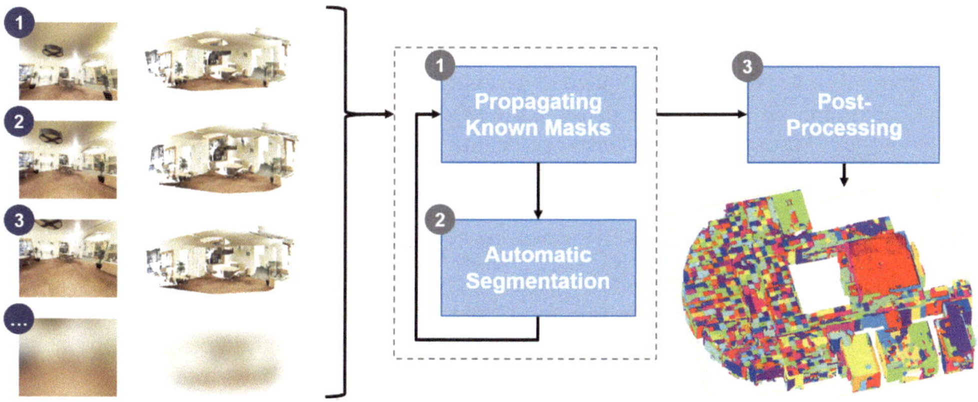

Fig. 3: Approach of first propagating existing masks and subsequently prompting for new masks in an iterative process followed by a post-processing step

5 Experimental Results

We conducted extensive experiments on the area 3 of the S3DIS dataset. To be able to state quantitative results, we adopted a metric for deriving a class-agnostic mean Intersection over Union ($mIoU_\delta$). The $mIoU$ is the ratio of the intersection and union of the predicted and ground truth data. If the prediction equals the ground truth, the $mIoU$ equals one. Since our predictions are class-agnostic but also obey a much higher granularity, we had to estimate which of these belongs to the specific ground truth class or object instance. Therefore, we used the same metric as proposed in (XU et al. 2023), which is depicted in Figure 4. A prediction belongs to a ground truth instance if it overlaps with it to a certain threshold δ. This metric is two-folded: if δ is very low, the intersection is large, while on the other hand, the union is also large. Conversely, if δ is high, the ratio of intersection and union also decreases. We found out that $\delta = 0.7$ is a reasonable traid-off.

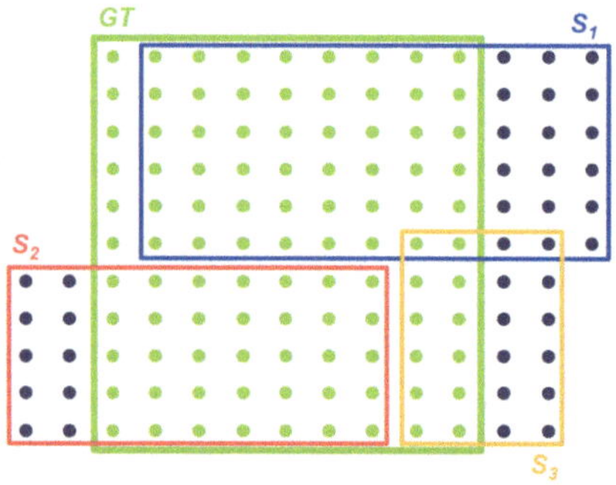

$$\mathbf{S_x} = \mathbf{M}_x,\ if\ \frac{|\boldsymbol{M}_x \cap GT|}{|\boldsymbol{M}_x|} > \delta\,,$$

$$\boldsymbol{S} = \boldsymbol{S}_1 \cup \boldsymbol{S}_2 \cup \boldsymbol{S}_3 \cup\ \dots,$$

$$\boldsymbol{mIoU}_\delta = \frac{|\boldsymbol{S} \cap GT|}{|\boldsymbol{S} \cup GT|}$$

Fig. 4: Modified mean Intersection over Union ($mIoU$) for class-agnostic segmentation task (based on XU et al. 2023)

We report results as listed in Table 1. Typically, area 5 of the S3DIS dataset serves as the test split. Up to this date, we only conducted experiments on area 3, which we will further extend in the near future. Given the task of semantic segmentation, we can report a $mIoU_{\delta=0.7} =$ 76,9% and 62,1% on the task of instance segmentation. Our class-agnostic semantic segmentation framework yields results that are on par with contemporary learnable state-of-the-art models, albeit with limitations in direct comparability owing to the divergence in task specifications and evaluated areas. However, these outcomes suggest a performance range.

Further, looking at the task of instance segmentation, the $mIoU_{\delta=0.7}$ is significantly lower. Here, classes like *Wall* and *Column* perform especially poorly. We assume that this results from the per-room annotation of the ground truth data, which contradicts our approach of propagating masks through the overall scene, which includes multiple rooms.

Table 1: Results ($mIoU$) of our approach and comparison to class-full segmentation approaches PTv3 (WU et al. 2023) and PointNet (QI et al. 2016)

		Mean	Ceiling	Floor	Wall	Beam	Column	Windows	Door	Table	Chair	Sofa	Bookcase	Board
Semantic Segmentation	**PTv3** area 5	**74,7**												
	PointNet area 5	**41,1**												
	Ours area 3 [$\delta = 0.7$]	**76,9**	89,3	90,9	74,4	60,0	47,7	88,3	74,7	72,0	68,4	88,5	86,1	85,4
Instance Segmentation	**Ours** area 3 [$\delta = 0.7$]	**62,1**	76,5	76,3	47,4	57,5	46,2	87,9	56,0	68,2	63,3	87,6	78,8	79,7

5.1 Qualitative Results

To further investigate the quality of the results, we used the ground truth/instance prediction estimations from the $mIoU$ calculation to visualize the individual classes. The estimations for the classes *Floor*, *Wall*, and *Ceiling* are depicted in Figure 5. What stands out is that the *Ceiling* and *Floor* are well-predicted with regard to completeness. While the class *Wall* is sometimes fragmented. We assumte that due to our constraint that masks are discarded when they overlap existing masks, a segment for the class *Wall* will often be rejected since many objects occlude it. We additionally assume that based only on the 2D images, a complete segmentation of all classes, especially including the *Wall* class, is infeasible based on the given viewpoints.

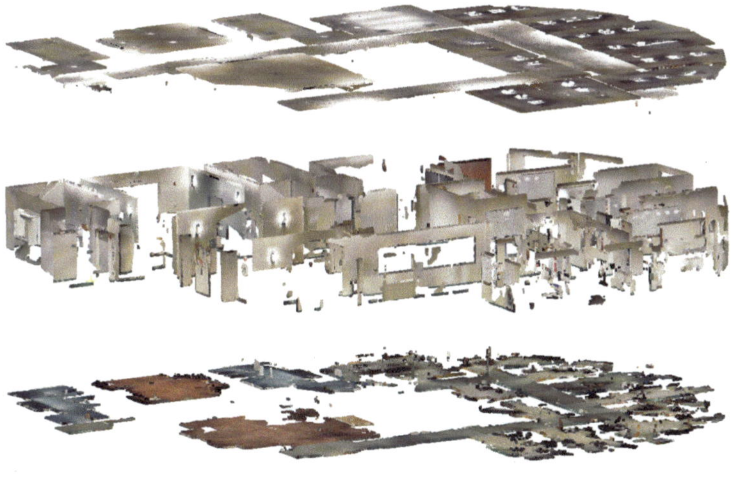

Fig. 5: Qualitative results of classes *Floor*, *Wall*, and *Ceiling*

6 Discussion and Conclusion

In the presented work, we outlined current, state-of-the-art methods using VFMs in the 3D domain for the task of segmentation. We revisited applying the SAM within the 3D domain and proposed a novel method that circumvents the need for extensive training data and showcases comparable performance in large-scale scene perception based on experiments on the challenging S3DIS dataset.

Training-free class-agnostic segmentation can be leveraged in different applications, e. g., in annotating 3D point clouds or as an assistance to interact with segments instead of points manually. Such a feature was most recently introduced in *Trimble RealWorks* (PATTON 2024). Besides using the class-agnostic segments, methods based on superpoints can leverage the segments to learn or add further semantics. We estimate a rise back for methods like, e. g., ontology-based approaches, which were otherwise outperformed by learning-based models.

We will publish a preprint in the near future with more insights and further supplementary material.

Acknowledgment

This work is part of the research project *Intelligent Digital Cabin Twin (InDiCaT)*, supported by the *Federal Ministry for Economic Affairs and Climate Action* as part of the *Federal Aeronautical Research Programme LuFo VI-1*.

Further, we thank Arne WENDT and Philipp PRÜNTE for the helpful discussion during the course of this work.

References

Achiam, J., Adler, S., Agarwal, S., Ahmad, L., Akkaya, I., Aleman, F. L. Almeida, D. et al. (2023): *GPT-4 Technical Report,* http://arxiv.org/pdf/2303.08774.pdf.

Alayrac, J.-B., Donahue, J., Luc, P., Miech, A., Barr, I., Hasson, Y., Lenc, K. et al. (2022): *Flamingo: A Visual Language Model for Few-Shot Learning.* http://arxiv.org/pdf/2204.14198.pdf.

Armeni, I., Sax, S., Zamir, A. R. & Savarese, S. (2017): *Joint 2D-3D-Semantic Data for Indoor Scene Understanding.* https://arxiv.org/pdf/1702.01105.

Bommasani, R., Hudson, D. A., Adeli, E., Altman, R., Arora, S., von Arx, S., Bernstein, M. S. et al. (2021): *On the Opportunities and Risks of Foundation Models.* http://arxiv.org/pdf/2108.07258.pdf.

Chen, X. Wang, X., Changpinyo, S., Piergiovanni, A. J., Padlewski, P., Salz, D., Goodman, S. et al. (2022): *PaLI: A Jointly-Scaled Multilingual Language-Image Model.* http://arxiv.org/pdf/2209.06794.pdf.

Dong, S., Liu, F. & Lin, G. (2023): *Leveraging Large-Scale Pretrained Vision Foundation Models for Label-Efficient 3D Point Cloud Segmentation.* http://arxiv.org/pdf/2311.01989v2.

Fan, J. (2023): *"GPT-3 moments" in computer vision.* https://twitter.com/DrJimFan/status/1643647849824161792.

Guo, H., Zhu, H., Peng, S., Wang, Y., Shen, Y., Hu, R. & Zhou, X. (2023): *SAM-Guided Graph Cut for 3D Instance Segmentation.* http://arxiv.org/pdf/2312.08372v2.

Huang, R., Peng, S., Takmaz, A., Tombari, F., Pollefeys, M., Song, S., Huang, G. & Engelmann, F. (2023): *Segment3D: Learning Fine-Grained Class-Agnostic 3D Segmentation Without Manual Labels.* http://arxiv.org/pdf/2312.17232v1.

Kirillov, A., Mintun, E., Ravi, N., Mao, H., Rolland, C., Gustafson, L., Xiao, T. et al. (2023): *Segment Anything.* https://arxiv.org/abs/2304.02643.

Moenck, K., Wendt, A., Prünte, P., Koch, J., Sahrhage, A., Gierecker, J., Schmedemann, O. et al. (2023): *Industrial Segment Anything – a Case Study in Aircraft Manufacturing, Intralogistics, Maintenance, Repair, and Overhaul.* https://arxiv.org/abs/2307.12674.

Patton, N. (2024): *#AI for #Construction – Now available in Trimble RealWorks 2024.00!.* 2024. https://www.linkedin.com/posts/nathan-n-patton_ai-construction-realworks2024-activity-7155275245610799104-7cGQ.

Peng, S., Genova K., Jiang C., Tagliasacchi A., Pollefeys M. & Funkhouser T. (2022): *OpenScene: 3D Scene Understanding with Open Vocabularies.* https://arxiv.org/pdf/2211.15654.

Poux, F. (2023): *Segment Anything 3D for Point Clouds: Complete Guide (SAM 3D).* https://towardsdatascience.com/segment-anything-3d-for-point-clouds-complete-guide-sam-3d-80c06be99a18.

Qi, C. R., Su, H., Mo, K. & Guibas, L. J. (2016): *PointNet: Deep Learning on Point Sets for 3D Classification and Segmentation.* http://arxiv.org/pdf/1612.00593.pdf.

Radford, A. Kim, J. W., Hallacy, C., Ramesh, A., Goh, G., Agarwal, S., Sastry, G. et al. (2021): *Learning Transferable Visual Models from Natural Language Supervision.* https://arxiv.org/pdf/2103.00020.pdf.

Wang, Y., Huang, S., Gao, Y., Wang, Z., Wang, R., Sheng, K., Zhang, B. & Liu, S. (2023): *Transferring CLIP's Knowledge into Zero-Shot Point Cloud Semantic Segmentation.* http://arxiv.org/pdf/2312.07221v1.

Wu, X., Jiang, L., Wang, P.-S., Liu, Z., Liu, X., Qiao, Y., Ouyang, W., He, T. & Zhao, H. (2023): *Point Transformer V3: Simpler, Faster, Stronger.* http://arxiv.org/pdf/2312.10035.pdf.

Xiao, Z., Jing, L., Wu, S., Zhu, A. Z., Ji, J., Jiang, C. M., Hung, W.-C. et al. (2024): *3D Open-Vocabulary Panoptic Segmentation with 2D-3D Vision-Language Distillation.* http://arxiv.org/pdf/2401.02402v1.

Xu, M., Yin, X., Qiu, L., Liu, Y., Tong, X. & Han, X. (2023): *SAMPro3D: Locating SAM Prompts in 3D for Zero-Shot Scene Segmentation.* https://arxiv.org/abs/2311.17707.

Yang, Y., Wu, X., He, T., Zhao, H. & Liu, X. (2023): *SAM3D: Segment Anything in 3D Scenes.* https://arxiv.org/abs/2306.03908.

Yin, Y., Liu, Y., Xiao, Y., Cohen-Or, D., Huang, J. & Chen, B. (2023): *SAI3D: Segment Any Instance in 3D Scenes.* http://arxiv.org/pdf/2312.11557v1.

Qualitätsbeurteilung von Punktwolken und 3D-Modellen für unterschiedliche Anwendungen

Lars SÖRENSEN

Zusammenfassung

Die Vermessung von Bauwerken und anderen Objekten mittels Abbildung durch Punktwolken ist seit vielen Jahren gängige Praxis. Auf Grundlage der 3D-Scans entstehen in der Regel 3D-Modelle für unterschiedliche Anwendungen.

Doch wird die Qualität der Punktwolken und der daraus resultierenden Modelle häufig nicht untersucht oder dokumentiert. Wie weit die Ergebnisse aus unterschiedlichen Verfahren der Aufnahme und Modellierung von der gebauten Realität abweichen ist aber von zentraler Bedeutung für die Nutzbarkeit der Ergebnisse. Es soll nicht nur ein Überblick über die Qualitätsbeurteilung von Vermessungsergebnissen, sondern auch über Verfahren, mit denen sich höchstmögliche Genauigkeiten erreichen lassen, gegeben werden.

Hierbei werden die wesentlichen Faktoren, die die dreidimensionale Erfassung und den Aufbau eines 3D-Modells beeinflussen, dargestellt. Dazu zählen der verwendete Sensor, seine Kalibrierung, die Aufnahmekonfiguration, die Prozessierung der Daten bis zur fertigen Punktwolke und zu guter Letzt das verwendete Verfahren der Modellierung.

1 Datenerfassung

1.1 Ausgangssituation und Aufnahmekonfiguration

Die 3D-Vermessung beginnt mit der Erfassung eines Objekts. Die Aufgabenstellung folgt in der Regel aus den Anforderungen zur weiteren Verwendung des endgültigen Vermessungsergebnisses. Die geforderte Genauigkeit ergibt sich aus den Toleranzen der Zielanwendung. Alles zusammen führt zur Auswahl der geeigneten Sensoren, Auswertesoftware und endgültigen Dateiformate.

Für die Aufnahmekonfiguration ist sicher zu stellen, dass der verwendete 3D-Sensor korrekt kalibriert ist und fehlerfrei arbeitet. Eine Prüfung der Messgeräte kann wichtiger sein als die Rekalibrierung im regelmäßigen Zyklus. Bei einigen 3D-Scannern gibt es die Möglichkeit, zu Beginn einen Messablauf zur Ermittlung von Korrekturen der Kalibrierung durchzuführen, um eine möglichst präzise Erfassung sicher zu stellen. In der Regel ist hierfür eine mehrlagige Messung erforderlich. Optimal ist es, hierfür einen geeigneten Messaufbau vorzusehen oder eine Kalibrierumgebung zu verwenden (GOTTWALD et al. 2009). Für industrielle Messeinsätze wird dieser Vorgang teilweise von den Auftraggebern gefordert.

Für den Einsatz von terrestrischem Laserscanning müssen in der Messumgebung ausreichend vielen Referenzen vorhanden sein. Diese können sich aus der Geometrie der Objekte ergeben und sind bei Bedarf durch Kugeln und Zielmarken zu ergänzen. Die geometrische Qualität der Punktwolken ergibt sich zunächst aus der Einstellung der Scanparameter mit Auflösung, Geschwindigkeit, Reichweite etc. Zu berücksichtigen sind die systematischen Fehler, die Strahlenausweitung des Lasers und das Entfernungsrauschen auf unterschiedlichen Oberflächen. Die Auflösung auf den zu erfassenden Oberflächen sollte nicht größer sein als die Summe aller Fehler, in die auch die Orientierung und Registrierung der Scandaten mit eingeht (USIBD Level of Accuracy Specification Guide). Ansonsten ergeben sich diffuse Unschärfen in der Abbildung der Objekte.

2 Aufbereitung der Messdaten

Nach Abschluss der Datenerfassung erfolgt der Import der Scandaten. In der Regel wird eine erste Filterung der Punktwolken beim Einlesen der Rohdaten durchgeführt. In der Software der Scannerhersteller kann man auf die Filterung in den meisten Fällen keinen Einfluss nehmen. In der herstellerunabhängigen Software LupoScan (Hersteller LUPOS3D) lassen sich alle Filter manuell konfigurieren und beliebig kombinieren, hier kann man auch die Standardfilter der Hersteller bei Bedarf deaktivieren. Zu den wichtigsten Filtern zählen Auftreffwinkel, maximaler Abstand zu den Nachbarn, minimale und maximale Entfernungen sowie die oberen und unteren Grenzen der Intensitäten. Mit einer sinnvollen Einstellung und Kombination erfolgt eine deutlich erkennbare Bereinigung der Einzelscans und späteren Gesamtpunktwolken (BURGER et al. 2017).

Für die Registrierung der Laserscans führt die Kombination von Referenzen wie Zielmarken und Kugeln und die Verwendung von Ebenen aus der Umgebung zu einem besonders guten Ergebnis. Diese Vorgehensweise funktioniert gut in Scantra mit der Schnittstelle zu LupoScan. In LupoScan erfolgt eine manuelle Detektion der Referenzen. Scantra (TECHNET GmbH) kann diese zur Vororientierung verwenden, wobei mindestens drei Merkmale in beliebiger Kombination aus Ebenen und Zielmarken benötigt werden. Alternativ kann eine Vororientierung aus dem Scanner verwendet werden. Danach werden hunderte bis tausende von Ebenen in Scantra für die Feinorientierung genutzt und anschließend bei geschlossenen Polygonen bzw. durch die Überbestimmung aller Standortbeziehungen eine Netzausgleichung berechnet und angewendet. Grundvoraussetzung ist eine ausreichende Überlappung zwischen den Scanstandorten. Im Ergebnis wird eine extrem stabile Orientierung erreicht. Im Grunde ist diese durch die Verwendung der Ebenenormalen sogar subvoxelgenau, da diese aus ausgeglichenen Teilebenen bestimmt werden. Die in der Praxis am weitesten verbreitete Orientierung mittels ICP (= Iterative Closest Point zur Cloud to Cloud Registrierung) ist deutlich ungenauer und fehleranfällig. Das Messen von Zielmarken in LupoScan ist ebenfalls subvoxelgenau, da die Richtung und Strecke zum Zentrum unter Berücksichtigung der benachbarten Koordinaten ausgeglichen werden. Das Zentrum einer Zielmarke wird über eine binäre Matrix bestimmt und Kugeln werden ausgeglichen.

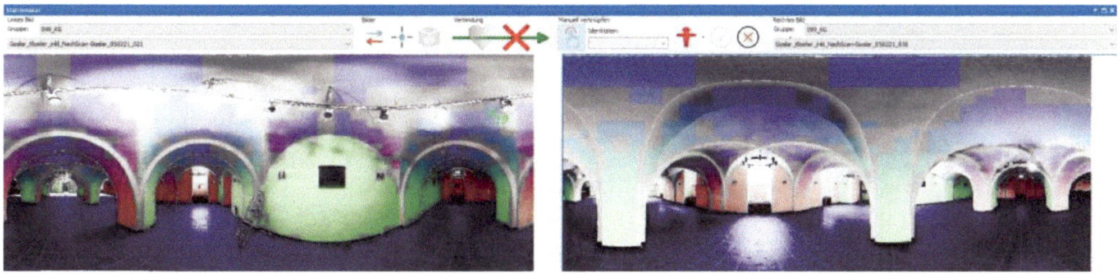

Abb. 1: In Scantra detektierte Ebenen zur Registrierung benachbarter Laserscans

Im nächsten Schritt wird eine Transformation der Punktwolken durchgeführt. Hierbei ist zu unterscheiden zwischen einem lokalen Objektkoordinatensystem oder einem globalen z. B. amtlichen Koordinatensystem. Ersteres ergibt sich aus der Geometrie des Objektes, die sich aus vorhandenen geometrischen Merkmalen ableiten. Für ein übergeordnetes Koordinatensystem sind Zielmarken und Festpunkte mittels GPS, Tachymeter etc. einzumessen bzw. zu deren Erfassung mit einem 3D-Scanner entsprechend zu signalisieren.

Abb. 2: Objektkoordinatensystem eines Schiffsrumpfes mit Wasserebene, Mittschiffsebene und Ruderachse

Zu unterscheiden ist eine stabile von einer dynamischen Transformation. Die stabile Transformation erfolgt nach der Orientierung und Netzausgleichung auf die Festpunkte. Bei der dynamischen Transformation werden die Festpunkte in die Orientierung und Ausgleichung mit eingebracht, was bei größeren Objekten zu einer besseren Kontrolle der Genauigkeit führt. Hierfür sollte aber die Einmessung der Festpunkte genauer sein, als die Orientierung der Laserscans.

2.1 Prozessierung der Punktwolken

Anschließend an die Referenzierung und Transformation kommt die Erzeugung von Gesamtpunktwolken für die weitere Bearbeitung von CAD-Zeichnungen in 2D und 3D-Modellen. Der erste Schritt ist die strukturierte Segmentierung in sinnvolle Teilbereiche. Bei Gebäuden können das Innenraum, Außenraum, Geschosse oder einzelne Räume sein. Bei industriellen Anlagen sind Teilpunktwolken gemäß der Maschinen- und Produktionsgliederung sinnvoll.

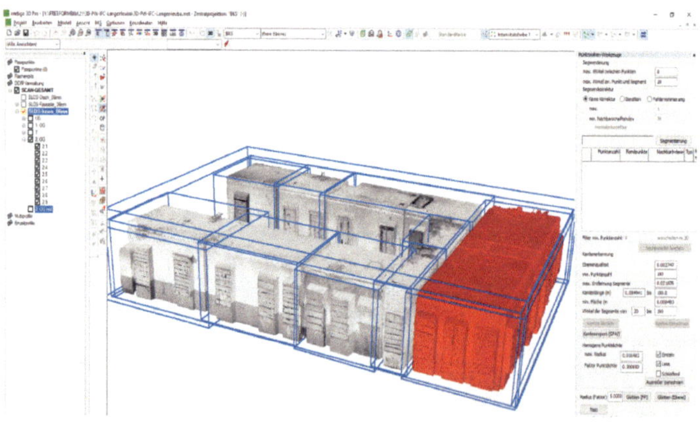

Abb. 3: Segmentierung einer Punktwolke nach Räumen und Geschossen in metigo 3D

In der Software metigo MAP 3D (fokus GmbH Leipzig) ist eine hierarchisierte Filterung beim „Verschmelzen" der Einzelscans zu einer Gesamtpunktwolke möglich. Hierbei werden mit einstellbaren Parametern die Priorisierung nach Entfernung, Auftreffwinkel, Intensität sowie eine Umgebungsprüfung der Nachbarschaften möglich. Bei Bedarf kann eine Ausgleichung, d. h. Voxelfilterung durch Mittelwertbildung, erfolgen. Die sinnvolle Zielauflösung ist in Abhängigkeit der Objekte und Aufgabenstellung festzulegen, wobei die Auflösung nicht kleiner sein darf als die Summe aller Fehler, die in die Gesamtpunktwolke mit eingehen. Zur Reduzierung der Datenmenge ist eine dynamische Reduzierung der Auflösung in Abhängigkeit der Ebenheit ähnlich wie in Software zur Vermaschung aus Punktwolken möglich, sowohl die Segmentierung als auch eine Filterung der Punktwolken ist in LupoScan und metigo 3D auf Grundlage unterschiedlicher und anpassbarer Schnittstellen mit Punktwolken beliebiger Herkunft möglich.

Zuletzt erfolgt der Export in ein geeignetes Format zur Nutzung in der jeweils nächsten Software. Besser und flexibler ist die Nutzung einer Software mit einer interaktiven Schnittstelle zwischen Punktwolke und CAD zur Nutzung der Einzelscans, Teil- und Gesamtpunktwolken. Insbesondere durch interaktives Messen in den Panoramascans lassen sich geometrische Merkmale zuverlässiger ableiten. Für 3D-Modelle mit Freiformflächen und höheren Genauigkeiten eignen sich LupoScan in Kombination mit Rhinoceros (CAD).

3 Modellierung im CAD

Nachdem fertig prozessierte Punktwolken vorliegen erfolgt die Modellierung im CAD. Hiermit wird eine Rückführung der Punktwolken zu CAD Objekten und Körpern durchgeführt (MILKAU et al. 2024). Die Entscheidung über das zulässige Maß der Generalisierung ergibt sich aus der Aufgabenstellung und wird sehr vom Verfahren des Modellaufbaus beeinflusst. Die höchstmögliche Kontrolle über die Flächenrückführung erfordert das direkte Arbeiten auf der Punktwolke für den geometrischen Aufbau des Modells ohne den üblichen Umweg über Vermaschungen. Der gängigere Weg mit Mesh-Werkzeugen führt zu einer nicht kontrollierbaren Neusortierung der 3D-Punktwolken und einem daraus resultierenden Kontrollverlust.

Der Aufbau von Freiformflächen für CAD Modelle funktioniert mit Kurvennetzwerken, die erforderlichen Kurven werden durch Punktwolkenprofile aufgebaut. Aus der Festlegung der Kurvengrade ergibt sich u. a. die Steifigkeit und Ableitbarkeit der Einzelkurven, was für die Weiterverarbeitbarkeit von Konstruktionsmodellen eine große Rolle spielt. Die aufgebauten Flächenverbände definieren dann Volumenkörper zur Abbildung der Bauteile und Baugruppen eines Bauwerks, einer Anlage oder Maschine.

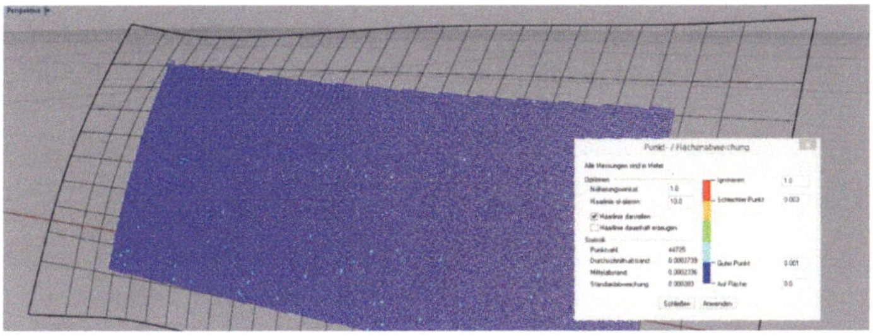

Abb. 4: Freiformfläche aus Punktwolken in Rhinoceros mit einer Standardabweichung von 0,2 mm

Während der Bearbeitung sollte eine iterative Modellprüfung durch den fortlaufenden Abgleich mit der Punktwolke erfolgen, um die Zielgenauigkeit zu kontrollieren und bei Überschreitung der festgelegten Toleranz das Modell weiter zu optimieren. Eine abschließende Prüfung des Modells erfolgt ebenfalls durch den Vergleich der Modelloberflächen mit der Punktwolke. Hierdurch lassen sich die Standardabweichung und maximalen Fehler bestimmen. Bei Bedarf kann eine Visualisierung der Prüfung erfolgen.

4 Dokumentation der Ergebnisse

Die Dokumentation der Ergebnisse spielt für viele Anwendungen eine wichtige Rolle, da ohne dies keine Beurteilung zur Verwendbarkeit der Vermessungsergebnisse möglich ist. Bei Bauwerken mit Verformungen und Sonderkonstruktionen ist z. B. eine Untersuchung der Tragfähigkeit anders nicht möglich oder sogar fahrlässig. Zur Konstruktion von Fertigteilen oder Bauteilen für industrielle Anlagen ist die zuverlässige Dokumentation der Modellergebnisse eine wesentliche Grundvoraussetzung.

Zunächst ist die Qualität der Punktwolken zu beschreiben. Hierzu zählen der Aufnahmezeitraum, die verwendeten Sensoren und vor allem die Qualität der Registrierung und Netzausgleichung. Zur Abschätzung der Genauigkeit der Einzelkoordinaten ist auch die Beschreibung der systematischen Fehler, wie Rauschen und weiteres, erforderlich. Aus der Beschreibung der Transformation ergibt sich das Objektkoordinatensystem als lokales oder globales Koordinatensystem.

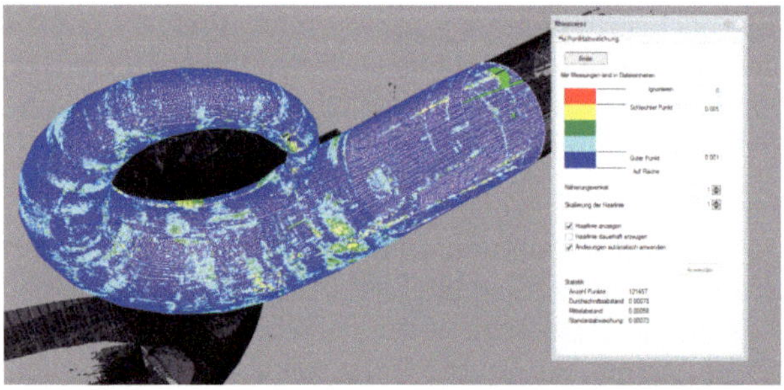

Abb. 5:
3D-Modell der Spirale einer Wasserturbine, Standardabweichung von 0,7 mm, max. Fehler 3 mm

Durch den Vergleich der Punktwolke zum Modell erfolgt eine Beschreibung der Qualität der Modelle zur Angabe der Standardabweichungen, durchschnittlicher Fehler und maximaler Fehler.

Zuletzt ist eine Einordnung zur Verwendung der Dateiformate wichtig. Mit der protokollarischen Dokumentation erfolgt eine schriftliche Zusammenfassung der Ergebnisse in übersichtlicher Form, die mit den Ergebnissen dem Auftraggeber geliefert wird.

5 Fazit

Die Qualität der aus den Punktwolken resultierenden Modelle hängt vom Gesamtsystem, von der Datenerfassung bis hin zum fertigen Ergebnis, ab. Folgende Aspekte beeinflussen das Ergebnis: die Aufnahme der 3D-Punktwolken, die Verarbeitung der 3D-Punktwolken und die Modellierung auf Grundlage der Punktwolken.

Die Qualitätsbeurteilung und Dokumentation der Ergebnisse ist eine Grundvoraussetzung in der 3D-Vermessung. Die Vorgehensweise der Aufnahme und Auswertung hängt in erster Linie von der Aufgabenstellung und den daraus resultierenden zulässigen Gesamtfehlern ab.

Literatur

Burger, M., Wujanz, D. & Neitzel, F. (2017): *Segmentierung von Punktwolken anhand von geometrischen und radiometrischen Informationen.* In: Luhmann, T. & Schumacher, C. (Hrsg.): Photogrammetrie – Laserscanning – Optische 3D-Messtechnik. Beiträge der Oldenburger 3D-Tage 2017. Wichmann, Berlin/Heidelberg, S. 5-9.

Gottwald, R., Heister, H. & Staiger, R. (2009): *Zur Prüfung und Kalibrierung von terrestrischen Laserscanner.* zfv, 134 (2).

Milkau, C., Sörensen, L. & Schneider, D. (2024): *Qualitätssteigerung von 3D-Modellen für BIM durch die Verwendung von Freiformflächen.* In: Luhmann, T. & Sieberth, T. (Hrsg.): Photogrammetrie – Laserscanning – Optische 3D-Messtechnik. Beiträge der Oldenburger 3D-Tage und des BIMtages 2024. Wichmann, Berlin/Heidelberg.

USIBD Level of Accuracy (LOA) Specification Guide; USIBD Document C120TM [Guide] – Version 2.0 – 2016; S. 10, 25.

Freeform4BIM – Teilergebnisse eines FuE-Projektes zur Qualitätssteigerung von 3D-Modellen für BIM durch die Verwendung von Freiformflächen

Cyrill MILKAU und Lars SÖRENSEN

Zusammenfassung

Im Rahmen des Projektes soll untersucht werden, inwiefern sich vorhandene Software eignet, um die verformungsgetreue Modellierung von Bauwerken im Bestandsaufmaß zu realisieren. Maßgeblich ist dabei die zugrunde liegende Datenquelle, welche i. d. R. eine Punktwolke darstellt. Diese wird in den folgenden Schritten segmentiert und als Teilpunktwolke modelliert. Hierfür werden Verfahren aus der Freiformflächenmodellierung automatisiert und angewendet. Abschließend erfolgen eine Untersuchung der erzielten Modellierungsgenauigkeit und die Integration in verschiedene BIM-Software.

1 Hintergrund und Zusammenhang

Zur verformungstreuen, bauteilorientierten Modellierung von Freiformflächen eignen sich verschiedene Konzepte. In diesem Projekt wurden nicht-uniforme rationale B-Splines (*Non-Uniform Rational BSplines* – NURBS) verwendet. Diese ermöglichen einen streng parametrisierten Flächenaufbau, der nicht nur bestmögliche Repräsentation von Oberflächenvariationen zur Folge hat, sondern auch durch intuitive Interaktionsmöglichkeiten durch einen Anwender erlaubt. Grundsätzlich lassen sich NURBS als Kurven C (1) oder Flächen S (2) aus einer Grundmenge an B-Spline Basispolynomen B, Kontrollpunkten P und Knotenvektoren U bzw. V bestimmen:

$$C(u) = \sum_{i=0}^{n} B_i(u) P_i \tag{1}$$

$$S(u, v) = \sum_{i=0}^{mn} \sum_{j=0}^{m} B_{i,j}(u, v)\, P_i \tag{2}$$

Auf eine weiterführende mathematische Beschreibung wird an dieser Stelle verzichtet und auf Literatur (z. B. PIEGL & TILLER 1997) bzw. Online-Inhalte (ISSA 2019) verwiesen, die eine fundiertere Herleitung bieten. Die Verwendung von NURBS und Punktwolken findet im Bereich Laserscanning bereits Anwendung (KERMARREC et al. 2020), hier soll jedoch insbesondere auf die Integration in die *Building-Information-Modeling*-(BIM-)Methode eingegangen werden. Weitere Ansätze sind Vermaschungen oder das Einpassen von Primitiven, wobei sich Letztere nur für Regelgeometrien eignen.

Das Konzept BIM basiert unter anderem auf dem plattformunabhängigen Austausch von Informationen über Gebäudemodelle über den offenen Datenstandart *Industry Foundation Classes* (IFC) (DONAUBAUER et al. 2023). Dieser ist ab der Version IFC4 als offizieller ISO-Standard aufgeführt (DIN EN ISO 16739-1). Unter dem Begriff *Scan2BIM* werden allgemein Ableitungen von BIM-Objekten aus Punktwolkendaten zusammengefasst. Dies geschieht jedoch i. d. R. händisch durch einen Bearbeiter und bedarf daher eines großen Zeitaufwandes.

Der Projektinhalt ist unter folgenden Praxispartnern folgendermaßen aufgeteilt: Scan3D GmbH Berlin (Scan3D) definiert Anforderungen an zu erwartende Modellierung, liefert praxisnahe Datensätze und unterstützt die Entwicklung durch regelmäßige Integration in bestehende Arbeitsabläufe, fokus GmbH Leipzig (fokus) stellt Softwareumgebung bereit und entwickelt bzw. implementiert Algorithmen zur Punktwolken-Strukturierung in diese, AG Geometrische Modellierung und Visualisierung, TU Dresden (GMV) entwickelt Algorithmen zur Modellierung von Freiformflächen und deren Qualitätsanalyse, *ZAFT e. V., HTW Dresden* (ZAFT) entwickelt Algorithmen zur Punktwolken-Vorverarbeitung.

2 Methodik

Die Verarbeitung der Punktwolken erfolgte zum Großteil in der Softwareumgebung *metigo MAP,* welche durch den Projektpartner fokus entwickelt wurde und im Rahmen des Projektes erweitert werden soll. Für die Implementierung von Zwischenergebnissen wurde das Entwicklungsmodul *metigoIPF* (metigo) seitens fokus für die Forschungspartner bereitgestellt.

Für Modellierungsaufgaben ist die CAD-Software *Rhinoceros 7* (Rhino) verwendet worden, nicht zuletzt aufgrund des integrierten grafischen Algorithmen-Editors *Grasshopper*. Über die Implementierung einer Schnittstelle zwischen metigo und Rhino kann ein bidirektionaler Datenaustausch erfolgen. Die Implementierung in Rhino erfolgte über die Entwicklung eines Rhino-Plug-ins durch den Projektpartner fokus.

Die Verwendung von quelloffenen Bibliotheken ist nahezu unumgänglich, wenn es um die Entwicklung neuer Algorithmen geht. Viele Grundfunktionalitäten sind bereits vorhanden, auf denen je nach Anwendungsfall aufgebaut werden kann.

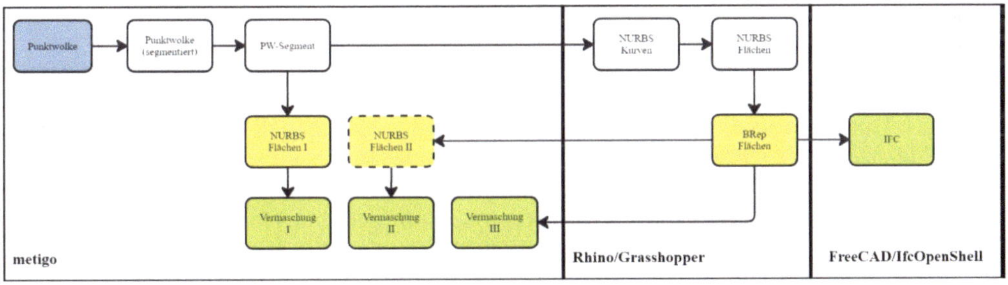

Abb. 1: Ablaufdiagramm zur Erzeugung von parametrisierten Modellen aus der Punktwolke (Start, blau). Die Unterteilung erfolgt zunächst nach den Softwareanwendungen und die Pfeile zwischen den einzelnen Teilergebnissen beschreiben den Zusammenhang. Farblich gelb bzw. grün hervorgehoben sind die wichtigsten Zwischenergebnisse bzw. Ergebnisformate: Vermaschung in metigo und IFC in FreeCAD.

So bieten die *Point Cloud Library* (PCL, RUSU & COUSINS 2011) und *Open3D* (Open3D, ZHOU et al. 2018) bereits eine Vielzahl an Werkzeugen im Umgang mit Punktwolken. Für den Austausch von NURBS-Parametrisierungen werden die *openNURBS* Werkzeuge verwendet (ISSA 2019). Die Integration in kommerzielle Software ist über die entsprechende Lizenzierung geregelt. Um die Modelle final als IFC exportieren zu können, wurde *FreeCAD* mit der implementierten *IfcOpenShell* Softwareschnittstelle verwendet. Für die Visualisierung und Berechnung von Zwischenergebnissen, insbesondere Abstandsberechnungen, wurde *CloudCompare* verwendet. Die metigo-Rhino-Schnittstelle ermöglicht das Übertragen von Punktwolken aus dem metigo-internen Format in das Rhino

Schritt 1: GPW→ Segmente

Die vorhandenen geometrischen (Position) und radiometrischen (Intensität, Farben) punktweisen Primärdaten werden zur Ableitung sekundärer Informationen (Normalen, Krümmungen, …) verwendet. Diese bilden die Grundlage für die nachfolgende Segmentierung der Punktwolke. Dabei wurden verschiedene Verfahren implementiert, um die bauteilorientierte Zerlegung der Gesamtpunktwolke zu ermöglichen. In Tabelle 1 ist eine Kurzübersicht dazu gegeben. Die genannten Vor- und Nachteile beziehen sich in erster Linie auf die Implementierung in PCL und damit die Verwendbarkeit im Rahmen der Aufgabenstellung, als auf die dahinterliegenden theoretischen Grundlagen. Die gewonnenen Erkenntnisse wurden zur Entwicklung eines erweiterten Ansatzes verwendet, in welchem die Nachteile der einzelnen Algorithmen beseitigt werden (DORDINA et al. 2023).

Tabelle 1: Übersicht untersuchter Segmentierungsalgorithmen in PCL

	Random Sample Consensus	**Region Growing**	**(Conditional) Euclidean Clustering**
Beschreibung	Einpassen geometrischer Primitive durch Abstimmung	Aggregation von Punkten aufgrund eines Wachstum-Kriteriums	Bedingtes Zusammenfassen von Punkten mit mehreren Faktoren
Vorteil	Robustheit gegenüber Ausreißern	Erzeugen realer Objektsegmente	Erweiterung um zusätzliche Bedingungen
Nachteil	Beschränkung auf Modelle	Kriterium limitiert auf Normale bzw. Krümmung	Praktische Umsetzung teils erfolglos

Der als *Custom Region Growing* (CRG) bezeichnete Algorithmus nutzt das Wachstumsprinzip der vorangegangenen Algorithmen, erweitert dieses jedoch um zwei Aspekte: die Auswahl nach Unter-/Übersegmentierung und das direkte Überwachen des Wachstums. Die Unterscheidung der erstgenannten Prinzipien hat den Zweck, die unbekannte Punktwolke je nach Beschaffenheit in wenige große Segmente oder viele kleine Segmente zu unterteilen. In der ursprünglichen PCL-Variante werden Regionen mit geringer Normalen-Änderungsrate für das Wachstum zunächst bevorzugt, um großflächige Objekte abzutasten (z. B. Ebenen) und anschließend die weniger homogenen Bereiche zu unterteilen. Die Auswahl eines Startpunktes oder Teilbereiches für das Wachstum ist nicht vorgesehen. Das CRG bietet die Option der manuellen oder automatischen Wahl eines oder mehrerer Startpunkte, um das Wachstum zu optimieren.

Ein weiterer Vorteil des CRG ist die direkte Bestimmung der Segmentnachbarschaft. Durch das überwachte Wachstum werden neben der Segmentzugehörigkeit auch die semantischen Informationen potenzieller Punkte überprüft. Werden Punkte erkannt, die bereits Segmenten zugeteilt sind, wird diese Information als Topologie hinterlegt und die finalen Segmente als potenzielle Nachbarn erkannt. Die kann zum einen genutzt werden, um über-segmentierte Punktwolken zusammenzufassen (s. Abb. 2), oder um nach der Modellierung einen Zusammenhang zwischen BIM-Objekten herstellen zu können. Das Zusammenfassen (*Merging*) ist ein notwendiger Schritt, da im Zuge der Über-Segmentierung bewusst mehr Teilsegmente erzeugt werden, als notwendig. Das Ergebnis der Zusammenfassung ist in Abbildung 3 gezeigt. Über die metigo-Rhino-Schnittstelle können die Punktwolken an Rhino gesendet werden (Abb. 4). Anhand eines ausgewählten Beispiels wird im Folgenden die Modellierung der NURBS-Flächen beschrieben.

Abb. 2: Ausschnitt eines über-segmentierten Wandobjektes durch zwei Teilsegmente (unten links), deren Wachstumsverhalten (oben links; blau zu rot) eine Wachstumsgrenze erzeugt (oben rechts), deren Auswertung die Teilsegmente zu einem Gesamtsegment zusammenfügt (unten rechts)

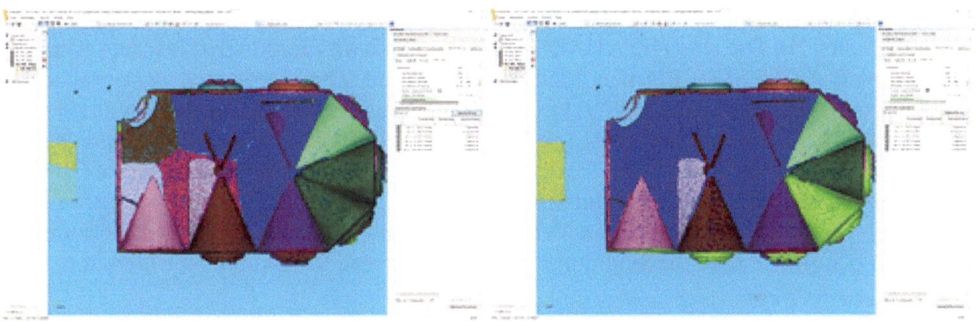

Abb. 3: Zusammenfassen der Teilsegmente zu Gesamtsegmenten

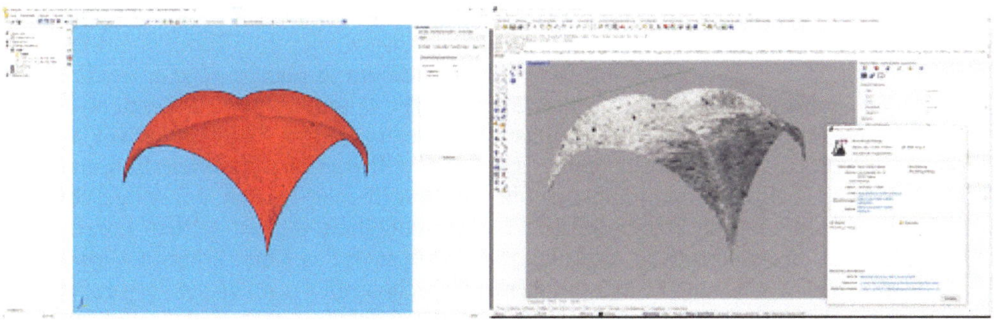

Abb. 4: Übertragung eines ausgewählten Punktwolkensegments von metigo (links) in Rhino (rechts) via metigo-Rhino-Schnittstelle

Schritt 2: Segmente → Flächen

Die Gesamtsegmente der Punktwolke werden über die Schnittstelle in Rhino importiert (Abb. 4). Anschließend werden aus diesen die NURBS-Flächen erzeugt. Die dafür notwendigen Funktionen sind in Rhino bzw. Grasshopper entwickelt worden und sollen im Folgenden kurz skizziert werden. Eine ausführlichere Erklärung ist in DORDINA et al. (2023) zu finden.

Der Flächenaufbau, ob manuell oder automatisch, erfolgt über Leitkurven die zunächst bestimmt werden. Für das Kreuzgewölbe mit vier Segeln ergeben sich sechs Stück: vier Außenkurven und zwei Innenkurven. Durch die Anwendung dichtebasierter Cluster-Verfahren und einer Graphen-basierten Analyse des Segmentes können diese im ersten Schritt bestimmt werden (s. Abb. 5). Im Ergebnis entstehen aus dem Kreuzgewölbe-Segment vier Segel-Segmente die jeweils durch eine Außenkurve und ca. den halben Innenkurven (Eckpunkt bis Scheitelpunkt) begrenzt werden. Aus drei Kurven lassen sich jedoch mit dem in Kapitel 2 beschriebenen allgemeinen Ansatz keine NURBS-Flächen aufbauen, da die u-v-Kurven paarweise ausgewertet werden. Daher müssen in einem zweiten Schritt für jedes Segel drei Hilfskurven bestimmt werden, die eine Unterteilung in drei sphärische Vierecke ermöglicht (s. Abb. 6). Aus den letztlich 12 resultierenden Vierecken kann abschließend eine zusammenhängende Gesamtfläche erzeugt werden. Je nach Anlass kann es aber auch sinnvoll sein, die Einzelflächen für die Weiterverarbeitung beizubehalten (s. Abb. 1, BRep-Flächen).

Die parametrisierte NURBS-Fläche lässt sich nun in metigo zurück übertragen, unter Zuhilfenahme der *openNURBS*-Programmierschnittstellen. Hierfür werden die notwendigen Parameter als aus Grasshopper exportiert und anschließend in metigo eingelesen (s. Abb. 1, NURBS-Flächen II). Die erzeugte NURBS-Fläche kann somit reproduziert werden. Alternativ lassen sich die NURBS-Flächen auch außerhalb von Rhino erzeugen. Entsprechende Funktionalität ist ebenfalls in der PCL enthalten und kann direkt auf die Punktwolke angewandt werden (s. Abb. 1, NURBS-Flächen I). Hierbei wird zunächst die minimal umgebende Box (*Bounding Box*) der Punktwolke bestimmt und eine Hauptkomponentenanalyse (*Principal Component Analysis* PCA) zur Initialisierung und Orientierung der Fläche verwendet. Anschließend wird in einem iterativen Verfahren ein Punkt-Flächen-Abstandskriterium minimiert, um die Fläche abschließend durch eine geschlossene Randkurve zu trimmen.

Schritt 3: Flächen → BIM-konformes Modell

Die aktuelle Version IFC 4.3.2.0 ADD 2 definiert über das Schema *IfcGeometricRepresentations* die notwendigen Ressourcen zur Repräsentation der Geometrie eines BIM-Objektes in diversen Varianten. Die für diesen Modellierungsansatz relevante Repräsentationsmöglichkeit ist die der *IfcManifoldSolidBrep*, welche wiederum in planare (*IfcFacetedBrep*, ab IFC1.0) und Freiformflächen (*IfcAdvancedBrep*, ab IFC4) unterteilt wird. Letzteres eignet sich für das in Schritt 2 modellierte Kreuzgewölbe-Segment. Das Erstellen der IFC4-Datei erfolgt in FreeCAD unter Zuhilfenahme des vorinstallierten *IfcOpenShell* Plug-ins. Die NURBS-Fläche wird aus Rhino importiert und mit fünf Ebenen ergänzt, um ein geschlossenes Volumen zu bilden, da keine offenen Flächen modelliert werden sollten. Dieses wird anschließend als Brep exportiert. Alternativ lässt sich auch das Rhino-Plug-in VisualARQ verwenden, wobei dieses nur IFC2x3 und dementsprechend *IfcFacetedBrep* verwendet.

Für die Weiterverarbeitung in metigo werden alle drei Varianten der NURBS-Flächenerzeugung durch eine abschließende Vermaschung ergänzt. Dies ist notwendig, um im Rahmen der bereits vorhandenen Funktionalität innerhalb der metigo-Umgebung weitere Nachverarbeitungsschritte durchführen zu können (s. Abb. 1, Vermaschung I-III). Im nachfolgenden Kapitel wird der Einfluss dieser Umwandlung untersucht.

Abb. 5: Teilschritte zur Generierung einer NURBS-Fläche für ein Kreuzgewölbe-Segment. Aus der Punktwolke werden Teilpunktmengen bestimmt die die vier Außenkurven (links) und die zwei Innenkurven (mittig) repräsentieren und daraus die Leitkurven berechnet (rechts).

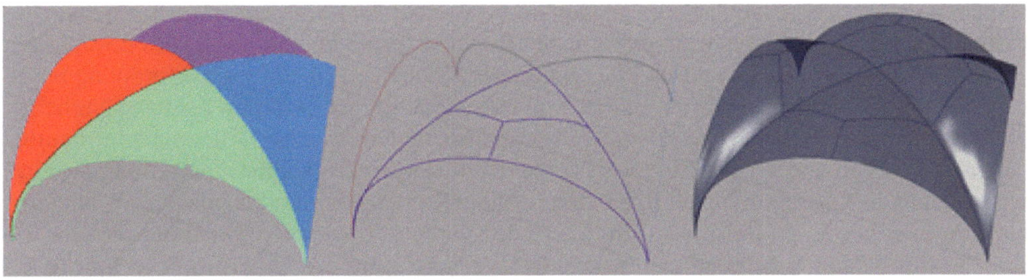

Abb. 6: Teilschritte zur Generierung einer NURBS-Fläche für ein Kreuzgewölbe-Segment. Die Leitkurven unterteilen das Gewölbesegment in vier Segel (links). Da diese anteilig durch die Leitkurven begrenzt werden, der Flächenaufbau jedoch auf sphärischen Vierecken basiert, müssen zusätzliche Hilfskurven bestimmt werden (mittig). Anschließend lassen sich die Flächen aufbauen (rechts).

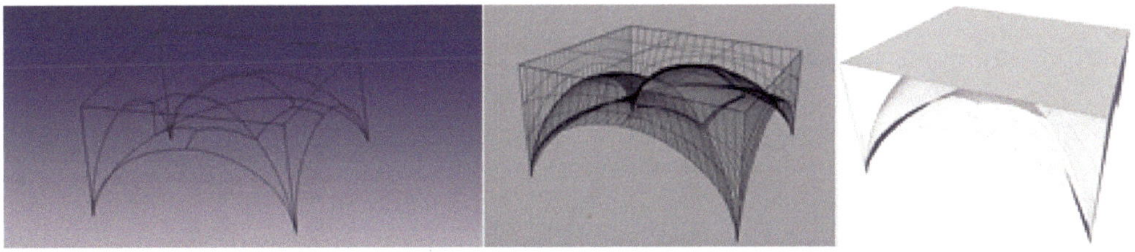

Abb. 7: Visualisierung des modellierten Gewölbesegmentes als IFC4-Modell. Der Viewer von *IfcOpenShell* (rechts) erzeugt zur visuellen Darstellung eine Vermaschung, wohingegen bei FreeCAD (rechts) u. VisualArq (mittig) die Freiformgeometrie bleibt.

3 Genauigkeitsbetrachtung

Für einfache Geometrien (z. B. konvexe Zylinderflächen) sind die resultierenden NURBS-Flächen aus PCL eine gute Annäherung des durch die Punktwolke repräsentierten Objektes, für komplexere Geometrien (z. B. Kreuzgewölbe) liefert dieser Ansatz keine zufriedenstellenden Ergebnisse.

In Abbildung 8 ist dargestellt, dass Zusatzinformationen aus der Punktwolke, wie etwa die Unterteilung in Innenpunkte und Außenpunkte (Grenzpunkte), die Flächenbestimmung zwar positiv unterstützen können, das Gesamtergebnis jedoch stark von Artefakt-Bildung in den Randbereichen überlagert wird. Dies zeigt sich auch in Abbildung 9, wo die Ergebnisse der unterschiedlichen Modellierungsansätze qualitativ gegenübergestellt werden. Starke Abweichungen im Bereich der Flächenextrema sind zu erkennen, was auf eine starke Glättung hinweist. Abbildung 10 wiederum zeigt, dass die Abstände der Punktwolke zur Vermaschung ebenfalls in den stark gekrümmten Bereichen größer sind als auf den flächigen Bereichen. Lokal sind ebenfalls Abweichungen erkennbar.

Neben der visuellen Interpretation können auch quantitative Aussagen zu den Ergebnissen getroffen werden. Die in Abbildung 1 genannten Zwischen- und Endergebnisse sollen im Folgenden analytisch untersucht werden. Dazu sind der Tabelle 2 die lotrechten Abstände verschiedener Geometrien zueinander aufgelistet. Diese werden im Folgenden als Maß für Genauigkeit und Repräsentierbarkeit synonym verwendet. Die Einträge (1) – (3) spiegeln die Konformität der verwendeten ursprünglichen Punktwolkendaten zu den daraus bestimmten NURBS-Flächen wider. Die durch PCL generierte Fläche ist fast eine Größenordnung ungenauer als die in Rhino generierten Flächen. Intern wiederum ist zwischen der ursprünglichen NURBS-Fläche und der aus den Parametern rekonstruierten nur eine Differenz im Submillimeterbereich vorhanden. Die Einträge (4) bis (6) dienen einer Qualitätsbeurteilung der verwendeten PCL-Algorithmik zur allgemeinen Ableitung von Vermaschungen aus NURBS anhand des hier gezeigten Beispiels. Ähnlich zu den vorangegangenen Ergebnissen ist auch die die PCL-Methode (4) deutlich ungenauer. Die Vermaschung der rekonstruierten Fläche (5) weicht minimale Differenzen zur Vermaschung der originalen Fläche auf, jedoch im Rahmen der Standardabweichung vertretbar. Allgemein tritt in diesem Beispiel durch die Vermaschung ein Verlust an Genauigkeit von ca. 1 mm auf. Durch Betrachten der Differenzen in

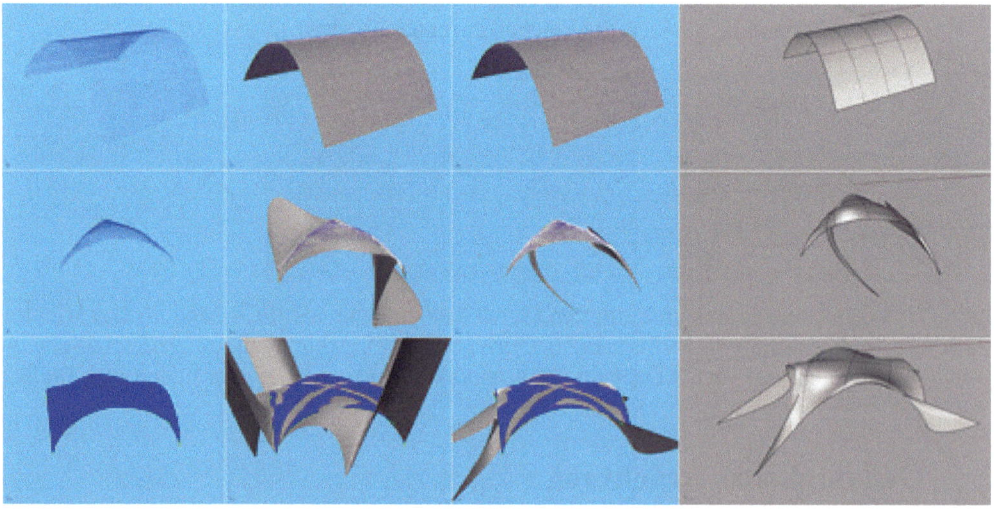

Abb. 8: Generierung von NURBS-Flächen mit PCL aus Punktwolken von Primitiven (o.), Gewölbesegeln (m.) und dem Kreuzgewölbesegment (u.). Die Punktwolken (l.) haben Innenpunkte (blau) und Außenpunkte (grün). Ignorieren (2. v. l) oder Verwenden (2. v. r) dieser Information liefert unterschiedliche Ergebnisse.

den folgenden Zeilen (7) und (8) kann der Einfluss der Approximation der NURBS-Fläche durch die Vermaschung direkt abgeschätzt werden.

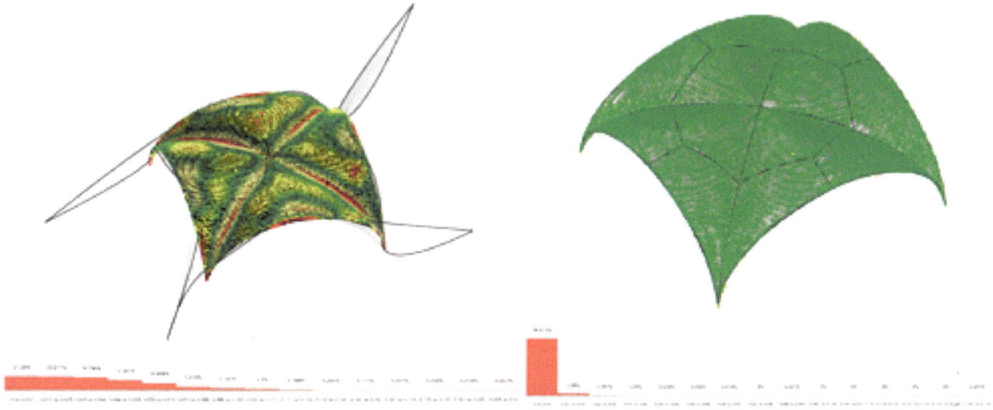

Abb. 9: Abstand Punktwolke zu NURBS-Fläche für das in Rhino (rechts) modellierte und das in PCL (links) generierte Gewölbesegment. Nur ca. 21 % der Punkte liegen näher als 1 cm an der PCL-Fläche, wohingegen 96 % der Rhino-Fläche dies tun.

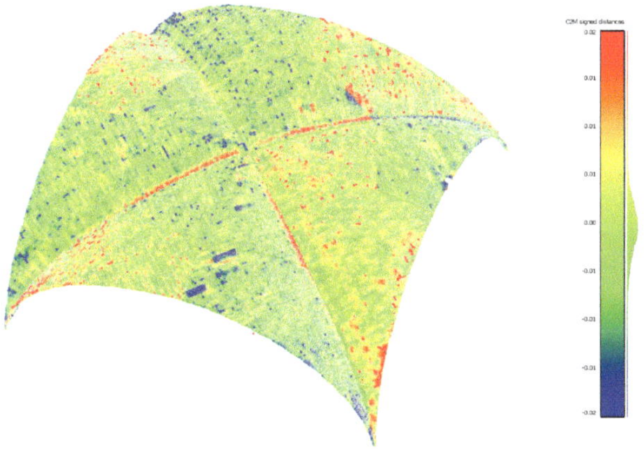

Abb. 10: Abstand Punktwolke zu Vermaschung für das aus der NURBS Fläche abgeleitete Mesh im Bereich von –2 cm (blau) bis 2 cm (rot)

Tabelle 2: Übersicht der Abstandsmaße verschiedener Teilergebnisse zur Beurteilung der Modelliergenauigkeit. Werte mit Index 1 im Exponenten sind arithmetische Mittel aus Mittelwerten der 12 Einzelflächen mit Standardabweichung in Klammern.

		Vergleichs-Geometrien	$\bar{d}$ **[m]**	σ_d **[m]**
(1)	d_{PW-N1}	Punktwolke – NURBS (I)	0.039	0.028
(2)	d_{PW-N2}	Punktwolke – NURBS (II)	0.0035[1] (0.0004)	0.0035[1] (0.0005)
(3)	d_{PW-B}	Punktwolke – BRep	0.0031[1] (0.0003)	0.0032[1] (0.0004)
(4)	d_{PW-M1}	Punktwolke – Vermaschung (I)	0.042	0.029
(5)	d_{PW-M2}	Punktwolke – Vermaschung (II)	0.0045[1] (0.0006)	0.0043[1] (0.0006)
(6)	d_{PW-M3}	Punktwolke – Vermaschung (III)	0.0039[1] (0.0004)	0.0039[1] (0.0006)
(7)	d_{N-M2}	NURBS – Vermaschung (II)	0.0012[1] (0.0003)	0.0020[1] (0.0002)
(8)	d_{B-M3}	BRep – Vermaschung (III)	0.0016[1] (0.0004)	0.0027[1] (0.0006)

4 Diskussion

Die erzielten Genauigkeiten in den NURBS-Flächen liegen im einstelligen mm-Bereich. Unter Betrachtung der Qualitätsstufen nach SÖRENSEN 2019 ist damit ein Detailaufmaß in der Stufe 5 sowohl mit den ermittelten NURBS-Flächen, als auch deren Vermaschungen, durchführbar. Auch wenn im IFC4 die benötigten Klassen bereitgestellt werden, fehlen die Verarbeitungsmöglichkeiten in gängigen BIM-Anwendungen. Dennoch zeigt die Entwicklung, dass Hersteller zunehmend auf die Problematik eingehen. Durch die Verwendung von NURBS können ebenfalls Datenmengen reduziert werden, die durch das Ablegen von Punktdaten entstehen – im Beispiel des Gewölbes um gut 80 % von 2.11 MB für die E57 Punktwolke auf 120 KB für die NURBS-Parameter in einer komprimierten Binärdatei.

Literatur

DIN EN ISO 16739-1: *Industry Foundation Classes (IFC) für den Datenaustausch in der Bauwirtschaft und im Anlagenmanagement – Teil 1: Datenschema* (ISO 16739-1:2018).

Donaubauer, A., Kutzner, T. Gruber, U., Borrmann, A. & Krause, K.-U. (2023): *BIM und GIS-Integration – standardisierte, offene Datenformate.* In: DVW e. V. und Runder Tisch GIS e. V. (Hrsg.): Leitfaden Geodäsie und BIM, Version 3.2 (2023), S. 115-131.

Dordina, D., Milkau, C., Tošić, Z., Lordick, D. & Schneider, D. (2023): *Point Cloud to True-to-Deformation Free-Form NURBS.* In: Dörfler et al. (Hrsg.): Advances in Architectural Geometry 2023. De Gruyter, Berlin, S. 125-136.

Issa, R. (2019): *Essential Mathematics for Computational Design – Fourth Edition.* Robert McNeel & Associates.

Kermarrec, G., Hartmann, J., Faust, H., Hartmann, K., Besharat, R., Samuel, G., Chen, L. & Hamza, A. (2020): *Understanding hierarchical B-splines with a case study: approximation of point clouds from TLS observations.* zfv 4/2020, S. 224-235. DOI: 10.12902/zfv-0313-2020.

McNeel, R. & Associates (2019): *openNURBS.* Version 7.

Piegl, L.A., Tiller, W. (1997): *The NURBS Book.* Springer.

Rusu, R.B. & Cousins, S. (2011): *3D is here: Point Cloud Library (PCL).* IEEE International Conference on Robotics and Automation (ICRA), Shanghai, China.

Sörensen, L. (2019): *Maßstabsabhängige Anforderungen an Genauigkeit und Detaillierung von Vermessungsergebnissen beim Einsatz in der 3D-Vermessung.* In: Luhmann, T. & Schumacher, C. (Hrsg.): Photogrammetrie – Laserscanning – Optische 3D-Messtechnik. Beiträge der Oldenburger 3D-Tage 2019. Wichmann, Berlin/Offenbach.

Zhou, Q.-Y., Park, J. & Koltun, V. (2018): *Open3D: A Modern Library for 3D Data Processing.* http://arxiv.org/pdf/1801.09847v1.

Geodätische Netzplanung für Robotermissionen basierend auf synthetischen Laserscans

Daniel WUJANZ, Felix GRUNER, Vladyslav BURIAKOVSKYI,
Denys GORKOVCHUK, Maria CHIZHOVA, Darius POPOVAS, Eric BERGHOLZ,
Frank GIELSDORF, Christian CLEMEN und Thomas LUHMANN

Zusammenfassung

Geodätische Netzplanungen sind in der Regel der erste Schritt eines jeden Projektes in der Ingenieurvermessung unter Nutzung etablierter Messmittel, wie etwa Tachymetern oder Nivellieren. Im Rahmen dieser wird eine Netzkonfiguration gesucht, die sowohl geometrische Genauigkeits- und Zuverlässigkeitsvorgaben erfüllt als auch Belange der Wirtschaftlichkeit berücksichtigt. Werden Laserscanner zur Datenerfassung eingesetzt, basiert die Planung in der Regel auf reiner Erfahrung. Somit kann das Ergebnis einer Netzplanung, etwa im Rahmen von Ausschreibungen, nicht unabhängig auf Plausibilität geprüft werden.

Im Beitrag wird ein zweistufiges Verfahren vorgestellt, mit dem transparente und realitätsnahe Netzplanungen generiert werden können. Im ersten Schritt werden synthetische Laserscans basierend auf einem vorliegenden 3D-Modell (z. B. Planungsgrundlage eines Bauvorhabens/BIM) und den technischen Spezifikationen eines realen Scanners generiert. Die Anordnung der Scans erfolgt in einem engmaschigen Raster im Objektraum. Anschließend werden im zweiten Schritt die simulierten Scans einer Registrierungssoftware zugeführt und zu einem zusammenhängenden Netz registriert. Um ein möglichst wirtschaftlich umsetzbares Netz zu erhalten, wird die Anzahl der Standpunkte und optional von Anschlusspunkten schrittweise reduziert, was durch die Analyse der Redundanzanteile erfolgt. Ein optimales Netz liegt vor, wenn alle Scans in ein gemeinsames Koordinatensystem überführt werden können und definierte Genauigkeitskriterien für alle Scans eingehalten werden. Das entwickelte Verfahren wird im Rahmen einer Messkampagne zur Vorbereitung einer Robotermission demonstriert.

1 Einleitung

Die Digitalisierung mittels statischem Laserscanning ist auch nach mehr als zwei Dekaden der kommerziellen Nutzung mit einem hohen personellen und somit auch finanziellen Aufwand verbunden. In den letzten Jahren werden kinematische Systeme als vermeintlich kostengünstigere Lösung am Markt angepriesen, da deren reine Erfassungsgeschwindigkeit klar den statischen Systemen überlegen sind. Diesbezüglich ist zu erwähnen, dass gerne weitere Kostenfaktoren, wie etwa das aufwendigere Einbringen von Anschlusspunkten, verschwiegen werden. Eine realistische Wirtschaftlichkeitsabschätzung muss also die Gesamtbetriebskosten unterschiedlicher Systeme gegeneinander abwägen (HOFMAIER et al. 2024). Ein weiterer Trend, der vonseiten des Marketings der großen Hersteller getrieben wird, sind angeblich autonom agierende Roboterplattformen. Prinzipiell bieten Roboter die Möglichkeit, die Kosten für die Erhebung von statischen Laserscans zu senken. Somit könnte ein geometrisch gesehen hochwertigeres Produkt zu einem kompetitiven Preis am Markt agieren. Jedoch werden gerne auch die Nachteile der aktuell verfügbaren Plattformen verschwiegen. Der oft in der Werbung angepriesene Spot (BOSTON DYNAMICS 2024) ist mit einem Anschaffungspreis von ~ 140.000 € nicht ohne Weiteres für den typischen Mittelständler finanzierbar (ROBOTSHOP 2024). Des Weiteren beträgt die Akkulaufzeit ohne Payload gerade einmal 90 Minuten. Weitere Nachteile dieser Roboterbauart sind die noch fehlende Stabilität, selbst ohne Beladung, zum Beispiel auf glatten oder nassen Böden, als auch die geringe Schulterhöhe von etwa 90 cm. Würde ein solcher Roboter mit einem handelsüblichen statischen Laserscanner bestückt, läge die Kippachse des Scanners bei ca. 110 cm, was einen großen perspektivischen Nachteil bedeutet. Damit sich Roboter als sinnvolles Werkzeug im vermessungstechnischen Alltag etablieren können, sollten folgende Probleme gelöst sein:

1. Freie Ansteuerung der Plattform und Ausbau mit beliebigen Aktuatoren und Sensoren über freie Schnittstellen, wie etwa ROS (ROS 2024).
2. Der Preis für eine stabile Plattform (z. B. rad- oder kettenbetrieben) muss auch für mittlere Unternehmen bezahlbar sein, Preis < 50.000 €.
3. Die Akkulaufzeit mit Payload sollte etwa einem halben Arbeitstag entsprechen.
4. Lokale Prozessierung der erhobenen Daten auf der Plattform ohne Cloudlösungen → Datensicherheit, Transparenz, Zeitersparnis
5. Die Planung von Robotermissionen sollte geodätischen Ansprüchen genügen.

Insbesondere der letztgenannte Punkt wird in diesem Beitrag thematisiert, der zwei Aspekte gleichzeitig behandelt:

Wo muss der Roboter positioniert werden,

- um optimale geodätische Netze zu erfassen?
- um die Akkulaufzeit voll ausschöpfen zu können?

1.1 Verwandte Arbeiten

Die bei der Standpunktplanung im Laserscanning zu lösende Aufgabe wird in der Fachliteratur als *Set Cover* bezeichnet und gehört laut KARP (1972) zur Gruppe der NP-vollständigen Probleme. Dabei soll eine Objektoberfläche, die aus n Elementen besteht, von einer minimalen Anzahl an Standpunkten vollständig erfasst werden. Zur Lösung des Problems eignen sich verschiedene Strategien, zum Beispiel sogenannte Greedy-Algorithmen (CHVATAL 1979) die ausgehend von einer Mindestkonfiguration durch Hinzufügen weiterer Scans eine optimale Lösung suchen. Der Gegenentwurf dieser Strategie sind Rückwärtseliminationen, bei der mit allen Scans begonnen wird und schrittweise Punktwolken von der Lösung ausgeschlossen werden, bis eine optimale Lösung gefunden wird. Ein Überblick über Optimierungsstrategien bei der Planung von Laserscannetzen findet sich in NOICHL et al. (2024).

Einen frühen Ansatz zur Standpunktplanung für statische Laserscanner beschreiben SOUDARISSANANE & LINDENBERGH (2011). Als Grundlage der Planung dient jeweils ein 2D-Schnitt einer Szene, da die Autoren ausführen, dass nahezu alle dreidimensionalen Gebäudemodelle auf einen 2D-Grundriss zurückgeführt werden können. Durch diese Approximation wird der Aufwand der nötigen Berechnungen reduziert. Die Standpunktplanung selbst erfolgt auf Grundlage eines Greedy-Algorithmus. Die Frage, ob die Scans untereinander registriert werden können, geschweige denn, wie die resultierende Netzqualität zu bewerten ist, bleibt jedoch unbeantwortet.

1.2 Motivation

Zwar wurde die Problematik der Registrierung in der Netzplanung im Laserscanning bereits in vorherigen Arbeiten berücksichtigt (Z. B. WUJANZ & NEITZEL 2016, NOICHL et al. 2024), jedoch geben die erzielten Ergebnisse lediglich darüber Auskunft, ob einzelne Scans zu einem Gesamtnetz verbunden werden können. Eine qualitative geometrische Aussagekraft über die erreichbare Netzqualität ist nicht möglich. Diese funktionale Lücke soll mit dem in diesem Beitrag vorgestellten Algorithmus geschlossen werden.

2 Geodätische Netzplanung basierend auf synthetischen Laserscans

In Abschnitt 2.1 wird zunächst das Forschungsobjekt sowie die zu erreichenden Ziele definiert. Der entwickelte Algorithmus zur geodätischen Netzplanung wird darauffolgend beschrieben und besteht aus zwei wesentlichen Schritten:

1. Der Simulation von synthetischen Laserscans basierend auf einem geometrischen Modell, die in Abschnitt 2.1 erläutert wird.
2. Der Netzplanung unter Vorgabe einer einzuhaltenden geometrischen Qualität, welche in Abschnitt 2.3 thematisiert wird.

2.1 Forschungsobjekt und Zielsetzung

Das zu dokumentierende Objekt stellt eine industrielle Szene dar, die sich über 47 m × 25 m erstreckt. Die jeweiligen Sichten der einzelnen Standpunkte werden maßgeblich durch u. a. Anlagen, Tanks und Rohrleitungen eingeschränkt. Im linken Teil von Abbildung 1 ist ein Grundriss der Szene dargestellt. Einige der Tanks, Pfeiler und Rohrleitungen sind zu erkennen. Der rechte Teil der Abbildung zeigt ein Rendering der Szene, in der einige der zu simulierenden Scanstandpunkte dargestellt sind.

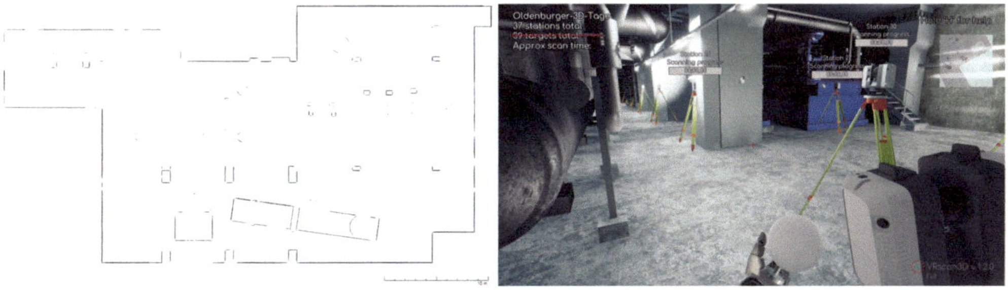

Abb. 1: Grundschnitt der Szene (links) und Blick in das Objekt in VRscan3D (rechts)

Das Ziel der Netzplanung aus geometrischer Sicht ist die Einhaltung einer Stationierungsgenauigkeit von 1 mm (1σ), was im industriellen Bereich ein gängiger Wert ist. Darüber hinaus sollen Widersprüche zwischen paarweisen Registrierungen 1 mm nicht überschreiten.

In Anbetracht der limitierten Akkulaufzeit von robotischen Plattformen gilt es darüber hinaus, ein Netz zu finden, das mit möglichst wenigen Standpunkten auskommt. Des Weiteren soll das Netz mit möglichst wenigen tachymetrischen Anschlusspunkten auskommen, da diese besonders kostenintensiv sind.

2.2 Erzeugung synthetischer Laserscans

Im ersten Schritt gilt es, basierend auf einem vorgegebenen Modell, synthetische Punktwolken abzuleiten. Dazu eignen sich etwa BIM- oder CAD-Modelle. Um realitätsnahen Punktwolken möglichst nahezukommen, muss der eingesetzte Simulator die stochastischen Eigenschaften des verwendeten Sensors unter einer bestimmten Aufnahmekonfiguration nachbilden. Die geometrischen Eingangsgrößen, Distanz zwischen Objektpunkt und virtuellem Scanner sowie Auftreffwinkel des simulierten Laserstrahls, werden mittels Raycasting (APPEL 1968) ermittelt. Hinzu kommen optional radiometrische Eigenschaften der jeweiligen Oberfläche. Geeignete Simulatoren sind z. B. Helios (BECHTHOLD & HÖFLE 2016) oder VRscan3D (CHIZHOVA et al. 2020).

Für diesen Beitrag wurde der Funktionsumfang von VRscan3D erweitert. Die neue Funktionalität ermöglicht es nun, Standpunkte in einem vorgegebenen Raster zu definieren und schließlich Punktwolken zu simulieren. Diese bilden die Grundlage für die anschließende Netzplanung. Für das gewählte Beispiel wurden insgesamt 42 Scans bei einer Rasterweite von 5 Metern simuliert. In einigen Bereichen wurden die Standpunkte leicht verschoben, da diese zu nah an Wänden oder Objekten positioniert waren. Des Weiteren wurden 39 Zielmarken virtuell im Objektraum verteilt, die als tachymetrische Anschlusspunkte dienen. Die räumliche Genauigkeit der Punkte wurde mit hochgenauen 1 mm (3σ) angenommen.

2.3 Netzplanung

Die geometrische Beurteilung von Netzkonfigurationen in WUJANZ & NEITZEL (2016) bzw. NOICHL et al. (2024) erfolgt anhand des Grades an Überlappung sowie des geometrischen Kontrasts. Letzterer gibt Auskunft über die geometrische Verteilung von redundant erfassten Flächen im Raum. Diese Informationen erlauben es jedoch nicht, die zu erzielende Netzqualität zu beurteilen, sondern lediglich die Konnektivität der Einzelscans zu einem Gesamtdatensatz. In diesem Beitrag werden nunmehr geodätische Qualitätsmaße zur Beurteilung der Netzqualität eingeführt.

Die Prozessierung der synthetischen Scans erfolgt im Grundmodul in SCANTRA (TECHNET 2024), analog zu „natürlich" erfassten Laserscans. Zunächst werden alle Scans zu einem Gesamtdatensatz registriert. Das Ergebnis dieses Prozesses ist eine Gesamtpunktwolke bzw. ein hoch redundantes Scan-Netz einschließlich Anschlusspunkten. Im vorliegenden Fall wurden die 42 Punktwolken durch 126 paarweise Registrierungen zwischen den Einzelscans verbunden. Darüber hinaus wurden 288 Punktidentitäten zum virtuellen Tachymeternetz bestimmt. Die maximale Standardabweichung der räumlichen Stationierung beträgt 0,3 mm, der maximale Widerspruch einer paarweisen Registrierung beträgt 0,7 mm. Somit ist klar, dass beide Zielkriterien aus geometrischer Sicht erfüllt sind. Der im Folgenden beschriebene zweistufige Algorithmus versucht nun, das Netz aus wirtschaftlicher Sicht zu optimieren, sodass sowohl die Anzahl der Anschlusspunkte als auch die Anzahl der Standpunkte minimiert wird. Eine Bewertung einzelner paarweiser Registrierungen erfolgt nicht, da diese lediglich Rechenzeit in der Größenordnung von Sekunden im Post-Processing bedeuten, nicht aber einen Aufwand im Feld. In diesem Beispiel wurden die in den virtuellen Objektraum eingebrachten Zielmarken lediglich für den Anschluss an das übergeordnete Werkskoordinatensystem genutzt. Für die schrittweise Optimierung der Anzahl und Lage einzelner Netzkomponenten wird die folgende Sequenz durchlaufen:

1. Optimierung der übergeordneten Anschlusspunkte (siehe Abschnitt 2.3.1),
2. Optimierung der lokalen Zielmarken,
3. Optimierung der Scanstandpunkte (Abschnitt 2.3.2).

Der Algorithmus kann durch Vorgabe der benötigten Stationierungsgenauigkeit $\sigma_{t_{Soll}}$ sowie einem Mindest-Redundanzanteil (siehe 2.3.2) auf andere Szenarien angepasst werden.

2.3.1 Optimierung von Anschlusspunkten

Im ersten Schritt wurde eine Greedy-Strategie verfolgt, die von einer minimalen Anzahl an Anschlusspunkten ausgeht. In diesem Fall wurde mit jenen vier Anschlusspunkten begonnen, die die größtmögliche Fläche über dem Scan-Netz aufspannen. Anschließend wurde das Netz ausgeglichen und hinsichtlich der Stationierungsgenauigkeit einzelner Scans untersucht. Überschreitet mindestens eine der Stationen die zu erreichende Standardabweichung, wird die Lösung verworfen und schrittweise um weitere Anschlusspunkte ergänzt. Dies erfolgt über die Suche des nächstgelegenen Anschlusspunktes zur Station mit der niedrigsten Stationierungsgenauigkeit im Netz. Die zuvor aufgeführten Schritte werden so lange durchlaufen, bis die maximale Stationierungsunsicherheit $\sigma_{t_{max}}$ die zulässige Stationierungsunsicherheit $\sigma_{t_{soll}}$ unterschreitet, wie im Folgenden Pseudo-Code zusammengefasst ist:

1. Starte mit vier Punkten, die eine größtmögliche Fläche aufspannen
2. Suche die Station mit der größten Stationierungsunsicherheit $\sigma_{t_{max}}$
   a) If $\sigma_{t_{max}} > \sigma_{t_{soll}}$: Füge den nächstgelegenen Punkt zur Station mit $\sigma_{t_{max}}$ → Blockausgleichung
   b) Else: Abbruch → Optimale Lösung gefunden

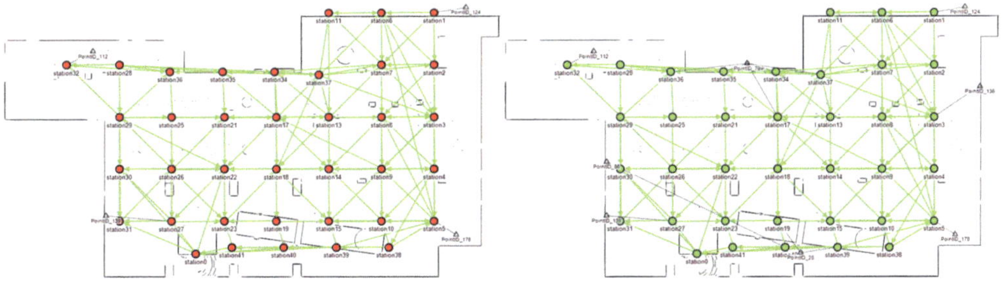

Abb. 2: Lagerung auf vier (links) und acht Anschlusspunkten (rechts)

Abbildung 2 zeigt im linken Bild die erste Netzkonfiguration mit vier Anschlusspunkten. Pfeile zwischen den durch Kreise hervorgehobenen Scans kennzeichnen paarweise Registrierungen. Anschlusspunkte sind durch Dreiecke gekennzeichnet. Für die Füllfarben der

Kreise wurde eine binäre Farbskala verwendet. Rot gefüllte Kreise überschreiten die zulässige Stationierungsunsicherheit von 1 mm (1σ), während grün gefüllte Kreise valide Stationen kennzeichnen. Im rechten Teil der Abbildung ist das Netz nach der Optimierung der Anschlusspunkte zu sehen, bei der vier weitere Anschlusspunkte iterativ hinzugefügt wurden.

2.3.2 Optimierung von Scanstandpunkten

Zur Ausdünnung von geodätischen Netzen werden im Folgenden Redundanzanteile genutzt, die neben der Genauigkeit das zweite zentrale Element der geodätischen Qualitätssicherung darstellen. Diese geben Auskunft über die Zuverlässigkeit einzelner Beobachtungen bzw. Beobachtungsgruppen (NIEMEIER 2008, S. 335). Liegen Redundanzanteile über einem bestimmten Wert, z. B. 70 % (NEITZEL 2017), kann die Beobachtung bzw. Beobachtungsgruppe ohne Verlust an Zuverlässigkeit entfallen. Dieser Umstand bildet die Grundlage des folgenden Algorithmus.

Die Suche nach einer minimalen Anzahl an Standpunkten erfolgt durch eine Rückwärtselimination, die auf dem Ergebnis in Abschnitt 2.3.1 aufbaut und iterativ „unnötige" Standpunkte von der aktuellen Lösung ausschließt. Folglich beginnt der Algorithmus mit den zuvor ermittelten acht Anschlusspunkten und allen Scans. Redundanzanteile können lediglich für Beobachtungen und Beobachtungsgruppen, wie etwa Punktidentitäten oder paarweise Registrierungen berechnet werden. Daher gilt es zunächst eine Metrik zu finden, die es ermöglicht, einem Scanstandpunkt einen Zuverlässigkeitswert zuzuweisen. Zunächst werden für jeden einzelnen Scan die Redundanzanteile der abgehenden paarweisen Registrierungen bestimmt. Anschließend wird der jeweils schwächste Redundanzanteil der angrenzenden Registrierungen dem betrachteten Scan als repräsentativer Redundanzanteil zugewiesen. Schließlich erfolgt der iterative Ausschluss des Scans mit dem größten repräsentativen Redundanzanteil $\bar{r}_{i_{max}}$ im Netz, sofern $\bar{r}_{i_{max}} \geq 50\ \%$.

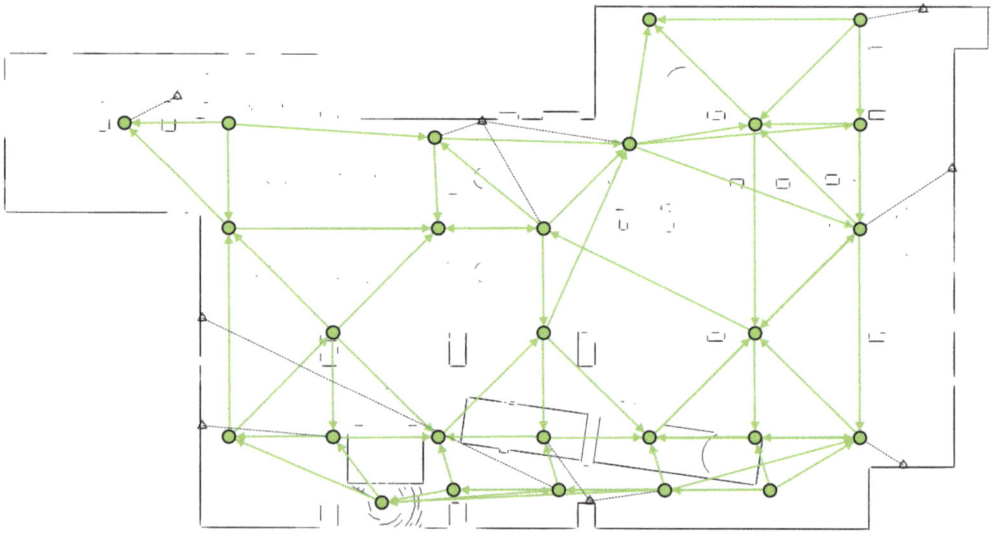

Abb. 3: Finales Netz bestehend aus acht Anschlusspunkten und 27 Laserscans

Abbildung 3 zeigt das Ergebnis der Netzplanung, dass aus acht Anschlusspunkten und 27 Scanstandpunkten besteht. Es zeigt sich, dass die Standpunktdichte im unteren Teil des Netzes am höchsten ist. Dieses Areal liegt in einem schlauchförmigen mit Tanks besetzten Bereich. Der Wegfall einzelner Scans würde unmittelbar zu einer Destabilisierung des Netzes führen.

3 Zusammenfassung

Im vorliegenden Beitrag wird erstmalig eine Methode zur geodätischen Netzplanung von statischen Laserscanning-Projekten vorgestellt. Die vorgestellte Prozesskette generiert anhand eines Modells synthetische Laserscans, die zuvor in einer virtuellen Umgebung rasterförmig platziert wurden. Anschließend werden alle Scans unter Nutzung von künstlichen Anschlusspunkten zu einem hochredundanten Netz verbunden. Ziel der Optimierung ist es einerseits, das wirtschaftlich gesehen günstigste Netz zu finden, das mit einer minimalen Anzahl an Anschlusspunkten und Standpunkten auskommt, und andererseits geodätisch belastbare Zielgrößen einhält. Zur Ausdünnung der Scanstandpunkte wird jedem Scan ein repräsentativer Redundanzanteil zugewiesen. In jedem Iterationsschritt werden Scanstandpunkte entfernt, solange bis entweder der Minimalwert der Redundanz unterschritten oder der Maximalwert der Stationierungsunsicherheit überschritten wird.

Das gewählte Anwendungsszenario zielt auf die Planung von Robotermissionen, in denen die Akkulaufzeit einen limitierenden Faktor darstellt. Denkbar ist es jedoch auch, den Algorithmus auf bereits erfasste statische Netze anzuwenden, um die Wirtschaftlichkeit der gewählten Konfiguration zu bewerten und ggf. in zukünftigen Messkampagnen zu verbessern. Auch die Planung von kinematischen Messkampagnen (LUHMANN et al. 2024) könnten durch Anpassung der Methode in Zukunft durchgeführt werden. In diesem Kontext ist insbesondere die Anzahl der erforderlichen Anschlusspunkte entscheidend für die Wirtschaftlichkeit (HOFMAIER et al. 2024). Zukünftige Entwicklungen werden den vorgestellten Algorithmus um eine Erfassungsprüfung auf Objektebene erweitern, wie sie etwa NOICHL et al. (2024) vorgestellt haben. Diese prüft, welche Scanstandpunkte für die Erfassung eines interessierenden Objekts erforderlich sind, sodass diese im Zuge der Netzoptimierung nicht entfern werden.

Förderungshinweise

Das diesem Beitrag zugrunde liegende Vorhaben wurde mit Mitteln des Bundesministeriums für Wirtschaft und Klimaschutz (BMWK) unter den Förderkennzeichen KK5464201CL2, KK5464601CL2 und KK5057213CL2 im Rahmen des ZIM-Projekts *Energieeffizientes Baustellen-Monitoring mittels autonomer Robotik, Laserscanning und Building Information Modelling (Green3DScan)* gefördert. Bearbeitet wird das FuE-Projekt durch das Zentrum für angewandte Forschung und Technologie e. V. an der Hochschule für Technik und Wirtschaft Dresden, der Laserscanning GmbH sowie der technet GmbH.

Literatur

Appel, A. (1968): *Some techniques for shading machine renderings of solids.* In: Proceedings of the Spring Joint Computer Conference, April 30 – May 2, 1968, S. 37-45.

Bechtold, S. & Höfle, B. (2016): Helios: *A multi-purpose lidar simulation framework for research, planning and training of laser scanning operations with airborne, ground-based mobile and stationary platforms.* ISPRS Annals of the Photogrammetry, Remote Sensing and Spatial Information Sciences, 3, S. 161-168.

Boston Dynamics (2024): *Robot specifications.* https://support.bostondynamics.com/s/article/Robot-specifications (27.02.2024).

Chizhova, M., Popovas, D., Gorkovchuk, D., Gorkovchuk, J., Hess, M. & Luhmann, T. (2020): *Virtual terrestrial laser scanner simulator for digitalisation of teaching environment: concept and first results.* In The international archives of the photogrammetry, remote sensing and spatial information sciences: XXIV ISPRS Congress, Commission V and Youth Forum, Vol. 43, S. 91-97, Copernicus Publications.

Chvatal, V. (1979): *A greedy heuristic for the set-covering problem.* Mathematics of operations research, 4 (3), S. 233-235.

Hofmaier, N., Wujanz, D., Kurzmann, K., Gielsdorf, F. & Müller, T. (2024): *Kombinierter Einsatz von statischem und kinematischem Laserscanning für die 3D-Gebäudeerfassung – Untersuchungen zur Wirtschaftlichkeit und geometrischen Genauigkeit.* In Luhmann, T. & Schumacher, C. (Hrsg.): Photogrammetrie – Laserscanning – Optische 3D-Messtechnik. Beiträge der Oldenburger 3D-Tage 2024. Wichmann, Berlin/Offenbach.

Karp, R. M. (1972): *Reducibility among combinatorial problems.* Springer US, S. 85-103.

Luhmann, T., Chizhova, M., Popovas, D. & Gorkovchuk, D. (2024): *Simulation von mobilem und dynamischem Scanning im virtuellen Simulator VRscan3D.* In: Luhmann, T. & Schumacher, C. (Hrsg.): Photogrammetrie – Laserscanning – Optische 3D-Messtechnik. Beiträge der Oldenburger 3D-Tage 2024. Wichmann, Berlin/Heidelberg.

Neitzel, F. (2017): *Qualitätsparameter in der Ausgleichungsrechnung.* Seminar „Qualitätsanalyse des Liegenschaftskatasters in Theorie und Praxis". Technische Universität Berlin, 12. und 13. Oktober 2017.

Niemeier, W. (2008): *Ausgleichungsrechnung: Statistische Auswertemethoden.* De Gruyter.

Noichl, F., Lichti, D. & Borrmann, A. (2024): *Automating adaptive scan planning for static laser scanning in complex 3D environments.* Automation in Construction (im Druck).

Robotshop (2024): *Boston Dynamics SPOT-Roboter.* https://eu.robotshop.com/de/products/boston-dynamics-spot-robot (27.02.2024).

ROS (2024): *Robot Operating System.* https://www.ros.org/ (27.02.2024).

Soudarissanane, S. & Lindenbergh, R. (2011): *Optimizing terrestrial laser scanning measurement set-up.* ISPRS Workshop Laser Scanning 2011, Calgary, Vol. XXXVIII, S. 1-6.

technet (2024): *SCANTRA Produktseite.* https://www.technet-gmbh.com/produkte/scantra/ (26.02.2024).

Wujanz, D. & Neitzel, F. (2016): *Model based viewpoint planning for terrestrial laser scanning from an economic perspective.* The International Archives of the Photogrammetry, Remote Sensing and Spatial Information Sciences, 41, S. 607-614.

6 KI-Anwendungen

Deep-Learning-Verfahren zur semantischen Segmentierung von photogrammetrischen Punktwolken aus Luftbildern

Markus HÜLSEN

Zusammenfassung

Die semantische Segmentierung von Punktwolken stellt eine herausfordernde Aufgabe dar. In dieser Arbeit wird die Deep-Learning-Architektur *PointNet++* zur semantischen Segmentierung von photogrammetrischen Punktwolken aus Luftbildern angewendet. Es wird ein Arbeitsablauf zur Erstellung eines solchen Modells vorgestellt, der (1) die Annotation einer Punktwolke zur Generierung einer Ground-Truth und (2) die Anwendung von PointNet++ umfasst. Mit dem gewählten Ansatz wird auf einem Validierungsdatensatz eine Genauigkeit von 96,5 % erreicht. Zusätzlich wird jedem Punkt die Wahrscheinlichkeit der Klassenzugehörigkeit zugeordnet. Das Modell bietet eine geeignete Grundlage für weitere Punktwolkenverarbeitungen, wie z. B. die Ableitung von Digitalen Geländemodellen.

1 Einleitung

Punktwolken haben sich als Standardprodukt in der Geodäsie etabliert – ihre effiziente Weiterverarbeitung ist jedoch Gegenstand aktueller Forschung. Insbesondere die semantische Segmentierung, also die punktweise Klassifikation, gewinnt in verschiedenen Bereichen zunehmend an Bedeutung. Anwendung findet sie beispielsweise bei der Ableitung von Gebäudemodellen, bei Veränderungsanalysen oder der Berechnung von Digitalen Geländemodellen (DGM). Während die manuelle Segmentierung zeitaufwendig ist und geometriebasierte Algorithmen schnell an ihre Grenzen stoßen, zeigen verschiedene Deep-Learning-Verfahren vielversprechende Fortschritte. Forschungsbedarf besteht jedoch bei der semantischen Segmentierung von topographischen Punktwolken, wie sie durch Airborne Laserscanning oder durch Dense Image Matching (DIM) von Luftbildern erhoben werden. Insbesondere das Potenzial der photogrammetrischen DIM-Punktwolken wird bisher nur selten ausgeschöpft, obwohl diese Punktwolken mit geringem Mehraufwand während der Orthophotoproduktion erzeugt werden können.

Die Generierung eines trainierten Deep-Learning-Modells zur semantischen Segmentierung umfasst im Allgemeinen drei Hauptaufgaben: (1) die Beschaffung einer geeigneten Ground Truth für Training und Validierung, (2) die Auswahl und Anwendung einer Deep-Learning-Architektur und (3) die Bestimmung einer optimalen Trainingskonfiguration. Im Rahmen dieser Arbeit wird eine Möglichkeit zur Annotation einer geeigneten Ground Truth vorgestellt. Des Weiteren werden die Schritte zur Anwendung einer Deep-Learning-Architektur näher beschrieben. Nach einer kurzen Erläuterung von Deep-Learning-Verfahren zur semantischen Segmentierung von Punktwolken wird im Folgenden die gewählte Implementierung zur praxisnahen Bearbeitung der Aufgabenstellung vorgestellt. Anschließend werden die Ergebnisse des Trainings evaluiert und ein Fazit gezogen.

2 Semantische Segmentierung von Punktwolken

Bei der semantischen Segmentierung wird die Punktwolke in Regionen mit ähnlichen Eigenschaften aufgeteilt und einer semantischen Klasse zugeordnet. Für diese Aufgabe wurden in den letzten Jahren verschiedene Deep-Learning-Architekturen entwickelt. Erste Architekturen überführten die Punktwolken in strukturierte Gitter, wie 3D-Voxelgitter oder zweidimensionale Multi-View-Repräsentationen. Erst mit der Entwicklung von *PointNet* (QI et al. 2016) wurde eine direkte Verarbeitung ohne vorherige Diskretisierung möglich. PointNet ist jedoch nicht in der Lage, lokale Strukturen zu erfassen, was die Fähigkeit einschränkt, feine Strukturen zu erkennen und komplexe Szenen zu generalisieren. Um den Problemen von PointNet entgegenzuwirken wurde PointNet++ (QI et al. 2017) vorgestellt. Hierbei handelt es sich um ein hierarchisches neuronales Netz, das PointNet rekursiv auf überlappende Partitionen von Eingangspunkten anwendet. Die Grundidee von PointNet++ basiert auf *Convolutional Neural Networks*, bei denen Merkmale schrittweise in immer größeren Maßstäben entlang einer Hierarchie mit mehreren Auflösungen erfasst werden. PointNet++ teilt die Punktwolke auf Basis der Distanzmetrik in sich überlappende lokale Regionen auf und extrahiert mittels PointNet lokale Merkmale. Diese Merkmale werden weiter zu größeren Einheiten gruppiert und prozessiert, um Merkmale auf höherer Ebene zu erzeugen.

3 Methodik

3.1 Generierung von Trainingsdaten

Insbesondere Deep-Learning-Modelle erfordern eine große Menge an Trainingsdaten, um das Modell effizient zu trainieren. Dabei ist nicht nur die Datenmenge entscheidend, sondern auch die Homogenität der Klassenzuordnung sowie die Vielfalt an Objekten innerhalb einer Klasse. Die Trainingsdaten sollten die verschiedenen Variationen und Randfälle enthalten, die in der realen Anwendung auftreten können. Die korrekte und konsistente Klassenzuordnung ist entscheidend, da das Modell auf diesen Daten basiert. Gleichzeitig führt eine zu starke Heterogenität innerhalb einer semantischen Klasse zu einer geringeren Performance. Die Objekte innerhalb einer semantischen Klasse sollten daher möglichst ähnliche Eigenschaften aufweisen, um eine optimale Modellperformance zu erreichen.

Für die Annotation von Punktwolken stehen drei Vorgehensweisen zur Verfügung: manuell, semi-automatisch oder durch Generierung synthetischer Punktwolken. Bei der manuellen Annotation werden die Punkte manuell selektiert und einer Klasse zugeordnet. Je nach Datenmenge ist diese Methode, auch mit spezieller Software, sehr zeitaufwendig. Bei der semiautomatischen Annotation werden unüberwachte Clustering-Verfahren eingesetzt, um Punkte mit ähnlichen Eigenschaften zu gruppieren. Die resultierenden Cluster müssen dann manuell der richtigen Klasse zugeordnet werden. Dies kann den Zeitaufwand reduzieren, erfordert jedoch die Auswahl geeigneter Algorithmen und Merkmalskombinationen. Von synthetisch generierten Punktwolken wird gesprochen, wenn die Erhebung von Punktwolken in einem 3D-Modell simuliert wird, häufig auf Basis von Laserscanning. Diese Verfahren befinden sich weitgehend in der Entwicklung und erfordern entsprechende 3D-Modelle.

3.2 Wahl einer geeigneten Deep-Learning-Architektur

Viele punktbasierte Deep-Learning-Architekturen erzielen zufriedenstellende Ergebnisse für Indoor-Datensätze. Für topographische Punktwolken besteht bisher ein Forschungsrückstand. Dies gilt insbesondere für DIM-Punktwolken aus Luftbildern. Es existieren jedoch einige Publikationen, die unterschiedliche Architekturen zur semantischen Segmentierung von ALS-Punktwolken verwenden, die ähnliche Eigenschaften wie DIM-Punktwolken aufweisen. WIDYANINGRUM et al. (2021) adaptieren das DGCNN (*Dynamic Graph Convolutional Neural Network*) für die semantische Segmentierung von ALS-Punktwolken und erreichen eine Gesamtgenauigkeit von 93,3 %. WINIWARTER & MANDLBURGER (2019) untersuchten die Eignung von PointNet++ für die punktweise Klassifikation von ALS-Punktwolken und erreichten eine Gesamtgenauigkeit von 95,8 % für urbane Gebiete. Des Weiteren evaluierten KADA & KURAMIN (2021) die Anwendung von PointNet++ und *KPConv* auf ALS-Punktwolken und erreichten Gesamtgenauigkeiten von 93,1 % bzw. 95,5 %.

In dieser Arbeit wird PointNet++ zur semantischen Segmentierung von DIM-Punktwolken aus Luftbildern verwendet. Obwohl PointNet++ mittlerweile in vielen Experimenten von aktuelleren Netzwerken übertroffen wird, bleibt das Modell relevant, da sein Mechanismus zur Merkmalsextraktion und seine Architektur häufig als Baustein für andere punktwolkenbasierte Netzwerke dienen. Darüber hinaus zeichnet sich PointNet++ aufgrund seiner simplen Architektur durch eine effiziente Klassifikation aus, was es besonders für große Datenmengen geeignet macht.

4 Implementierung

Um eine geeignete Ground Truth zu generieren, wird zunächst eine umfangreiche Punktwolke annotiert, wobei ein semi-automatischer Ansatz aus verschiedenen Machine-Learning-Verfahren entwickelt wird. Anschließend wird die Punktwolke in Trainings- und Validierungsdaten aufgeteilt, ein geeignetes Batching durchgeführt und eine optimale Trainingskonfiguration bestimmt. Der gesamte Quellcode für die Annotation der Ground-Truth-Punktwolke und die Anwendung der PointNet++ Architektur ist in einem GitHub Repository unter https://github.com/mhuelsen/PointNet2ForDIM-PC verfügbar.

4.1 Annotation der Trainingsdaten

Das Landesamt für Geoinformation und Landesvermessung Niedersachsen (LGLN) verfügt über ein internes Testgebiet, das u. a. DIM-Punktwolken enthält, die mit der Software SURE von nFrames/Esri prozessiert wurden. Neben den räumlichen Koordinaten (X, Y, Z) und den Farbinformationen (Intensity, Hue, Saturation; IHS) sind für jeden Punkt weitere photogrammetrische Attribute verfügbar, wie die Punktpräzision ($\sigma \cdot 10.000 \, / \, GSD$) und die Anzahl der Stereomodelle (NFRAMES o. J.). Die Punktwolken umfassen ein heterogenes Gebiet von 12 km² mit 66,7 Mio. Punkten. Im Rahmen einer noch in Arbeit befindlichen Dissertation wurde die Punktwolke auf Basis der Geometrie in folgende Klassen segmentiert: *Gelände*, *Nicht-Gelände*, *Gebäude* und *Brücken*. Die Geländeklasse wurde anhand eines Schwellwertes des vertikalen Abstands zu einem DGM aus dem Jahr 2016 bestimmt, während die Gebäude- und Brückenklasse durch Verschneidung mit den entsprechenden ALKIS-Objekten entstand. Alle verbleibenden Punkte wurden der Klasse *Nicht-Gelände* zugeordnet.

Obwohl diese Annotation einen guten Ausgangspunkt darstellt, ist eine Optimierung erforderlich. Zum einen ist die Qualität der Klassenzuordnung unzureichend und zum anderen enthält die Klasse *Nicht-Gelände* verschiedene Objekte mit sehr unterschiedlichen Eigenschaften, z. B. Fahrzeuge und Vegetation. Da die Performance des Deep-Learning-Modells stark von der Homogenität der Klassenzuordnung innerhalb einer Klasse abhängt, wird diese Klasse in die Klassen „*Vegetation*" und „*Künstliche Objekte*" (engl. *humanmade*) aufgeteilt. Zur Durchführung dieser Optimierung wird ein semi-automatischer Workflow entwickelt, der sowohl unüberwachte als auch überwachte Lernverfahren beinhaltet und in Abbildung 1 visualisiert ist.

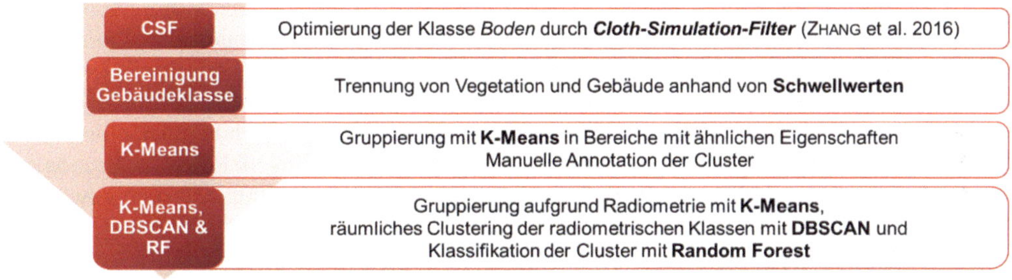

Abb. 1: Semi-automatischer Workflow zur Optimierung der Annotation

Die Auswahl und Kombination geeigneter Algorithmen und entsprechender Parameter ist abhängig vom Inhalt der Punktwolke und der Charakteristik. Mit der hier vorgestellten Vorgehensweise kann mit der vorliegenden Punktwolke eine Ground Truth erzeugt werden, die für ein Training hinreichend korrekt erscheint. Wie in Abbildung 2 zu sehen ist, enthält die resultierende Ground-Truth-Punkwolke verschiedenste Topographien, wodurch sie eine geeignete Grundlage darstellt und eine gute Allgemeingültigkeit zu erwarten ist. Gleichzeitig ist zu anzumerken, dass die Klassen *Künstliche Objekte* und *Brücken* mit einem Anteil von 0,5 % bzw. 0,2 % deutlich unterrepräsentiert sind.

Abb. 2: Ausschnitte des Ground-Truth-Datensatzes. Oben: RGB, unten: Klassifikation.

4.2 Aufteilung der Trainingsdaten & Batching der Punktwolke

Der Ground-Truth-Datensatz ist in zwölf Patches von je 1 km² unterteilt. Um die Leistungsfähigkeit des Modells beurteilen zu können, wird eines der Patches nur für die Validierung verwendet, sodass 11 km² für das Training verbleiben. Bei der Auswahl der Validierungspunktwolke ist darauf zu achten, dass sie sich nicht mit den Trainingsdaten überlappt und alle Objektklassen enthält. Außerdem sollten die Validierungsdaten eine ähnliche Topographie wie die Trainingsdaten aufweisen – Sonderfälle, wie spezielle Gebäudeformen, sollten nicht in den Daten enthalten sein.

Da es aufgrund des Speicherbedarfs nicht möglich ist, große Punktwolken in einem Prozessschritt zu verarbeiten, ist eine weitere Unterteilung der Punktwolke notwendig, was als Batching bezeichnet wird. WINIWARTER & MANDLBURGER (2019) schlagen vor, kreisförmig überlappende Batches zu verwenden, indem für bestimmte Gitterpunkte eine feste Anzahl nächster Punkte (K) gewählt wird. Durch die resultierende Kreisform kann Isotropie gewährleistet werden und durch die Überlappung wird derselbe Punkt mehrfach in unterschiedlichen Kontexten klassifiziert, wodurch eine Mittelung der Klassenwahrscheinlichkeiten möglich wird. In dieser Arbeit wird eine Punktanzahl von $K = 100.000$ gewählt. Mit dem gewählten Parameter wird jeder Punkt in mindestens drei Batches abgebildet; 44 % der Punkte werden in sieben Batches abgebildet.

4.3 Anwendung des Deep-Learning-Modells PointNet++

Die Anwendung von PointNet++ ist im Python-Framework PyTorch umgesetzt. In der Grundkonfiguration werden drei Set-Abstraction (SA)-Layer, sowie drei Feature-Propagation (FP)-Layer verwendet. Abbildung 3 zeigt den Aufbau der Architektur und die verwendeten Parameter. Die Auswahl der Parameter erfolgt hierbei in Anlehnung an WINIWARTER & MANDLBURGER (2019).

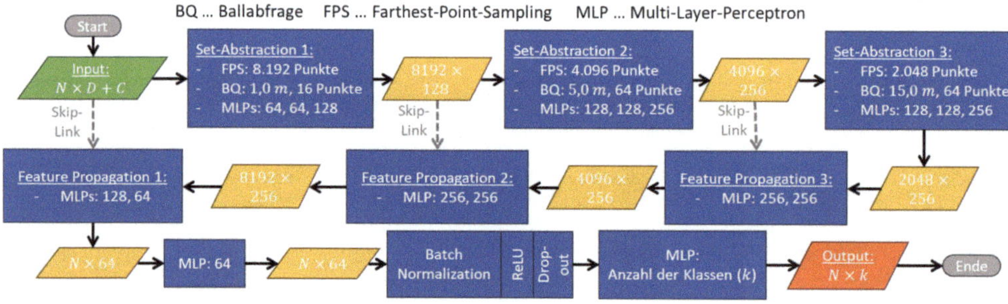

Abb. 3: Prozessablauf des PointNet++ Modells inklusive der gewählten Parameter

Im Folgenden wird der Prozessablauf von PointNet++ kurz zusammengefasst. Zunächst werden drei SA-Layer durchgeführt. In einem SA-Layer wird mittels Farthest-Point-Sampling (FPS) eine bestimmte Anzahl von Punkten selektiert. Für jeden dieser Punkte wird eine Ballabfrage (engl. Ball Query, BQ) durchgeführt, die alle Punkte innerhalb eines festen Radius gruppiert. Die resultierenden Punktnachbarschaften werden anschließend an Multi-Layer-

Perceptrons (MLPs) mit geteilten Gewichten und einer bestimmten Anzahl an Filtern übergeben, um lokale Regionsmerkmale zu decodieren. Diese werden als 2D-Faltung implementiert. Das Ergebnis wird wiederum an einen weiteren SA-Layer übergeben um Merkmale in einer größeren Nachbarschaft zu berechnen. Gefolgt von den drei SA-Layern werden drei FP-Layer angewendet, um die Merkmale zurück auf die Punkte der niedrigeren Ebenen zu propagieren. Im FP-Layer werden die Merkmale mittels einer distanzbasierten Interpolation der drei nächstgelegenen Punkte auf die Punkte des vorhergehenden Layers interpoliert und mit den Merkmalen des entsprechenden SA-Layers verkettet („Skip-Link"). Die resultierende Matrix wird dann an eine vorgegebene Anzahl von MLPs übergeben. Nachdem durch Feature-Propagation für alle Punkte der Eingangspunktwolke Merkmale berechnet sind, wird ein weiteres MLP durchgeführt, gefolgt von einer Batch-Normalisierung, der ReLU-Aktivierungsfunktion und einem Dropout-Layer mit 50 % Dropout. Im finalen Output-MLP werden schließlich die Klassenwahrscheinlichkeiten für jeden Punkt zurückgegeben.

5 Finales Training und Evaluierung

Zur Bestimmung der optimalen Trainingskonfiguration werden verschiedene Tests durchgeführt. Als Verlustfunktion hat sich der *Focal Loss* mit $\gamma = 4$ als vorteilhaft erwiesen. Gleichzeitig wird eine Lernrate von 0,001 verwendet, wobei diese ab der zehnten Epoche durch einen Learning-Rate-Scheduler exponentiell reduziert wird. Unter verschiedenen Dataset-Augmentation-Methoden hat sich nur die Rotation um die Z-Achse als sinnvoll erwiesen. Darüber hinaus konnte in Experimenten gezeigt werden, dass die Verwendung der zusätzlichen photogrammetrischen Informationen (Anzahl der Stereomodelle und Punktpräzision) zu keiner Leistungssteigerung führt. Bei der Rückführung der Batches zu einer Gesamtpunktwolke werden die Klassenwahrscheinlichkeiten jedes Punktes gemittelt. Mit der beschriebenen Konfiguration wird eine Validierungsgenauigkeit von 96,5 % erreicht. Abbildung 4 zeigt beispielhaft den Vergleich zwischen der Ground Truth und der vorhergesagten Klassifikation der Validierungspunktwolke, sowie die Wahrscheinlichkeiten der Klassenzugehörigkeit.

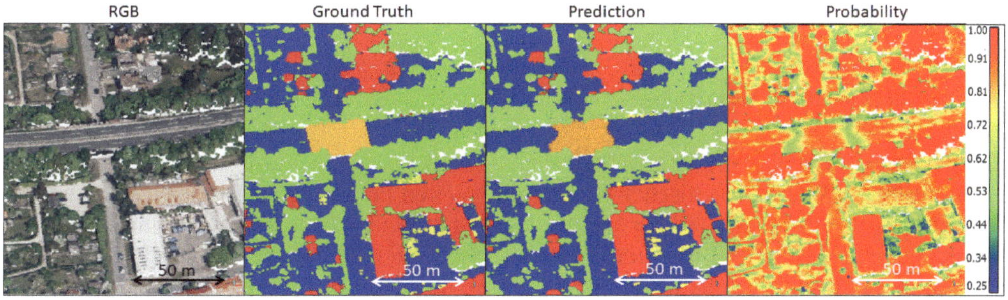

Abb. 4: Visualisierung einer Klassifikation mit zugehöriger Wahrscheinlichkeit

Zunächst zeigt die Abbildung, dass rein visuell eine gute Klassifikation erzielt wird – vom Modell falsch klassifizierte Punkte sind auch für den Menschen schwer zuzuordnen. Im Vergleich zeigen sich nur wenige Unterschiede zwischen Ground Truth und Prädiktion. Teilweise zeigt die Prädiktion Ungenauigkeiten der Ground Truth auf. Lediglich bei der Brückenklasse wirkt der Übergang zwischen Straße und Brücke abgerundet. Es zeigt sich auch, dass für die Klasse *Künstliche Objekte* generell geringere Wahrscheinlichkeiten erzielt werden. In Abbildung 5 sind die Validierungsgenauigkeiten in einer Konfusionsmatrix sowie die ROC-Kurven (*Receiver Operating Characteristics*) der einzelnen Klassen dargestellt.

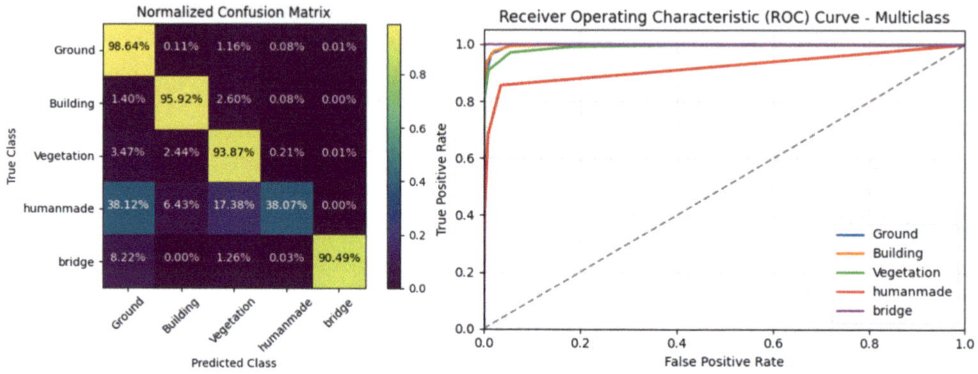

Abb. 5: Konfusionsmatrix und ROC-Kurven des finalen Trainings

Mit Ausnahme der Klasse *Künstliche Objekte* werden für alle Klassen Genauigkeiten im Bereich von > 90 % erreicht. Die höchste Genauigkeit wird von der Klasse Boden mit 98,6 % erreicht, gefolgt von Gebäuden mit 95,9 % und Vegetation mit 93,9 %. Trotz der starken Unterrepräsentation wird für die Klasse *Brücken* eine Genauigkeit von 90,5 % erreicht. Auch die ROC-Kurve zeigt für diese Klasse einen nahezu optimalen Verlauf. Die geringste Genauigkeit erzielt die Klasse *Künstliche Objekte* mit 38,1 % und auch die ROC-Kurve zeigt für diese Klasse einen weniger optimalen Verlauf. Die mangelhafte Performance bei der Klasse *Künstliche Objekte* kann auf verschiedene Ursachen zurückgeführt werden: Die Klasse ist in den Trainingsdaten deutlich unterrepräsentiert, Objekte innerhalb der Klasse sind kleinräumig und sehr heterogen und die Klassenzuordnung in den Trainingsdaten weist zudem ein hohes Rauschen auf.

6 Fazit und Ausblick

Zusammenfassend wird in dieser Arbeit der gesamte Workflow zur Erstellung eines Deep-Learning-Modells zur semantischen Segmentierung von Punktwolken durchlaufen. Zunächst wird mittels verschiedener unüberwachter Verfahren ein umfangreicher Ground-Truth-Datensatz generiert, welcher eine elementare Grundlage für das Training des Modells darstellt. Der auf diese Weise erzeugte Datensatz wird anschließend für das Training und die Validierung einer PointNet++ Architektur verwendet. Durch verschiedene Experimente wird die optimale Trainingskonfiguration ermittelt, mit der eine Validierungsgenauigkeit von 96,5 % erreicht wird. Mit Ausnahme der Klasse *Künstliche Objekte* werden für alle Klassen Genauigkeiten von > 90 % erreicht. Die visuelle Betrachtung der Klassifikation des Validierungsdatensatzes zeigt eine hohe Zuverlässigkeit der Klassifikation. Vom Modell falsch klassifizierte Punkte sind auch für den Menschen schwer zuzuordnen.

Die Ergebnisse dieser Arbeit zeigen, dass die semantische Segmentierung von photogrammetrischen Punktwolken möglich ist und dass mithilfe der PointNet++ Architektur Ergebnisse erzielt werden können, die dem aktuellen Stand der Forschung entsprechen. Allerdings kann im Rahmen dieser Arbeit nicht untersucht werden, ob PointNet++ die optimale Architektur für diese Aufgabenstellung ist, oder ob eine andere Deep-Learning-Architektur bessere Ergebnisse liefern kann. Gleichzeitig erfordert der Einsatz komplexerer Architekturen eine intensivere Rechenleistung, was sie bei großen Datenmengen ineffizient macht. Zudem ist die Klassenzuordnung der Ground-Truth-Daten verrauscht und keineswegs perfekt. Erst eine Optimierung der Ground-Truth-Daten würde den Einsatz komplexerer Strukturen rechtfertigen. Zudem wird das trainierte Modell nur anhand eines Validierungsdatensatzes getestet, der in seiner Topographie dem Trainingsdatensatz sehr ähnlich ist. Es ist zu erwarten, dass das Modell schlechtere Ergebnisse liefert, wenn die Topographie von den Trainingsdaten abweicht. Dennoch bietet das generierte Modell eine geeignete Grundlage, um photogrammetrische Punktwolken aus Luftbildern semantisch zu segmentieren und weitere Verarbeitungen wie die Ableitung von Geländemodellen oder Dachformen durchzuführen.

Literatur

Kada, M. & Kuramin, D. (2021): *ALS Point Cloud Classification using PointNet++ and KPConv with prior knowledge.* The International Archives of the Photogrammetry, Remote Sensing and Spatial Information Sciences, XLVI-4/W4-2021, 16th 3D GeoInfo Conference, 11.-14. Oktober 2021, New York (USA), S. 91-96.

nFrames (o. J.): *Las format definition.* https://docs.nframes.com/input-&-output/output-formats/las-format-definition/ (27.02.2024).

Qi, C. R., Su, H., Mo, K. & Guibas, L. J. (2017): *PointNet: Deep Learning on Point Sets for 3D Classification and Segmentation.* IEEE Conference on Computer Vision and Pattern Recognition (CVPR), 21.-26. Juli 2017, Honolulu (USA), S. 77-85. https://doi.org/10.1109/CVPR.2017.16.

Qi, C. R., Yi, L., Su, H. & Guibas L. J. (2017): *PointNet++: Deep Hierarchical Feature Learning on Point Sets in a Metric Space.* 31st Conference on Neural Information Processing Systems (NIPS 2017), 04.-09. December 2017, Long-Beach (USA).

Widyaningrum, E., Bai, Q., Fajari, M. K. & Lindenbergh, R. C. (2021): *Airborne Laser Scanning Point Cloud Classification Using the DGCNN Deep Learning Method.* Remote Sensing, 13 (5), S. 859.

Winiwarter, L & Mandlburger, G. (2019): *Classification of 3D Point Clouds using Deep Neural Networks.* In Kersten (Hrsg.): Publikationen der Deutschen Gesellschaft für Photogrammetrie, Fernerkundung und Geoinformation e. V., Band 28, 39, Wissenschaftlich-Technische Jahrestagung der DGPF, 20.-22. Februar 2019, Wien, S. 663-674.

Zhang, W., Qi, J., Wan, P., Wang, H., Xie, D., Wang, X. & Yan, G. (2016): *An Easy-to-Use Airborne LiDAR Data Filtering Method Based on Cloth Simulation.* Remote Sensing, 8 (6), https://doi.org/10.3390/rs8060501.

Digitale Landschaften entdecken: KI-gestützte Erkennung von versiegelten Flächen anhand von Luftbildaufnahmen

Malko BISCHKE

Kurzfassung

In Zeiten stetiger Digitalisierung steht der OOWV (Oldenburgisch-Ostfriesischer Wasserverband) sowie seine Tochtergesellschaft Niedersachsen Wasser vor der großen Aufgabe flächendeckende Geoinformationen zur Oberflächenversiegelung ermitteln zu müssen, um die Berechnung und Abführung von Niederschlagswasser im Verbandsgebiet weiterhin bedarfsgerecht durchführen zu können.

Die Herausforderung: Neun Gemeinden im Verbandsgebiet des OOWV, circa 80.000 Verbrauchsstellen und eine zum Großteil nicht erfasste Fläche von über 900 km² im ländlich geprägten Raum.

Mit konventionellen Methoden können solche Datensätze nicht zeit- und kostensparend erfasst werden. Daher wurde eine KI-gestützten Herangehensweise zur Flächenermittlung getestet. Mithilfe von Künstlicher Intelligenz, einer trainierten Maschine und der Nutzung von öffentlichen Luftbildaufnahmen soll nun ein Kataster der versiegelten Flächen im Untersuchungsraum erstellt werden. Eine erste Machbarkeitsstudie hat im Jahr 2023 stattgefunden. Die Erkenntnisse daraus geben Aufschluss über die Durchführbarkeit des Projekts.

Durch die digitale Erkundung dieser Landschaften sollen nicht nur Informationen angehäuft, sondern auch praxisnahe Anwendungen für die Zukunft entwickelt werden. Neben der eigentlichen Verwendung für die Niederschlagswasserberechnung sind weitere Anwendungsfelder wie etwa eine Verknüpfung mit Starkregengefahrenkarten, geologischen Modellen oder urbaner Raumplanung möglich

1 Problemstellung

1.1 Neue Ansätze bei der Entsorgung von Niederschlagswasser

Der OOWV ist in vielen Gemeinden innerhalb seines Verbandsgebietes für die Entsorgung des Niederschlagswassers verantwortlich. Die entstehenden Kosten hierfür werden je nach Gemeinde über eine Gebührenordnung auf die angeschlossenen Haushalte umgelegt.

Die Entwicklung des Versiegelungsgrades in den betroffenen Gebieten hängt stark von der Ausweisung von Bau- und Gewerbegebieten sowie von individuellen Entscheidungen der Eigentümer*innen ab, Flächen zu ver- oder entsiegeln.

Abb. 1: Verbandsgebiet des OOWV. Die Gemeinden, für die eine Neuberechnung der Niederschlagsgebühren durchgeführt werden soll, sind rot umrandet.

In Abbildung 1 sind die zu untersuchenden Gemeinden innerhalb des OOWV Verbandsgebiets abgebildet. Mit über 80.000 Verbrauchsstellen und einem Untersuchungsraum von mehr als 900 km² steht der OOWV vor der großen Herausforderung, den jeweiligen Versiegelungsgrad für die einzelnen Hausanschlüsse zu ermitteln.

Eine regelmäßige visuelle Überprüfung der angeschlossenen Haushalte sowie deren Versiegelungsgrad durch den Außendienst ist aufgrund der Größe des zu untersuchenden Gebiets nicht möglich. Es liegen daher keine aktuellen Informationen zu versiegelten Flächen vor, die Umlage der Kosten auf den Endkunden entspricht daher auch nicht mehr der realen Situation vor Ort.

Es wurde daher nach einer (automatisierten) technischen/digitalen Lösung gesucht.

1.2 OOWV und Niedersachsen Wasser arbeiten mit Kooperationspartnern

Auch andere Wasserversorger stehen vor der Problemstellung, genaue Informationen über den Versiegelungsgrad ihrer Gebiete ermitteln zu müssen. Daher hat der OOWV Kontakt zur Emschergenossenschaft/Lippeverband (EGLV) aufgenommen, um einen gegenseitigen Erfahrungsaustausch zu beginnen.

Im Rahmen eines Proof of Concept (PoC) hatte die EGLV zusammen mit einem externen Dienstleister bereits ein Machine-Learning-Modell (ML-Modell) für die Ermittlung des Versiegelungsgrades erarbeitet. Als Pilotregion wurde dabei die Stadt Gladbeck, im Kreis Recklinghausen im Bundesland Nordrhein-Westfalen ausgewählt. Gladbeck ist eine typische Bergarbeiterstadt mit einem hohen Versiegelungsgrad bei einer Fläche von 35,97 km² und einer Einwohnerzahl von 75.889 (Stand 31.12.2022, IT.NRW 2022).

Im Zuge des Projekts wurden gute Erfahrungen bei der KI-gestützten Verarbeitung von digitalen Orthophotos gesammelt, sodass der OOWV eine Zusammenarbeit mit der ELGV sowie dessen Dienstleister begonnen hat. Dafür hat der OOWV Zugriff auf das ML-Modell von der EGLV erhalten, um zusammen mit dem externen Dienstleister ebenfalls ein PoC für eine Pilotgemeinde im Verbandsgebiet des OOWV (Gemeinde Bakum) zu starten.

2 Umsetzung in der Pilotgemeinde Bakum

2.1 Datengrundlage

Die Pilotgemeinde Bakum befindet sich im ländlich geprägten Raum im Süden des OOWV-Verbandsgebiets (siehe Abb. 2). Sie gehört zum Landkreis Vechta und hat eine Fläche von 78,88 km² sowie einer Einwohnerzahl von 6734 (Stand 31.12.2022, LSN 2022).

Als Eingangsdaten lagen 26 digitale Orthophotos vom Landesamt für Geoinformation und Landesvermessung Niedersachsen (LGLN) vor. Es handelt sich dabei um das Produkt AKTIS-DOP, welches kostenfrei auf der Website des LGLN bezogen werden kann.

Die ATKIS-DOP liegen als Color-Bilder mit den Kanälen Rot, Grün und Blau (RGB) vor. Seit dem Bildflugprogramm 2008 wird auch der infrarote Kanal erfasst und archiviert. Damit können auch Color-Infrarot-(CIR-)Bilder mit den Kanälen Nahes Infrarot (NiR), Rot und Grün zur Verfügung gestellt werden. Auch eine kombinierte Version (RGBI) aller Kanäle ist lieferbar.

Die originäre Bodenauflösung, d. h. die Größe eines Pixels der Aufnahme-Kamera am Boden beträgt standardmäßig 20 cm × 20 cm.

Weitere Infos zu den verwendeten Daten:

- Aufnahmedatum: 25. März 2020
- Sowohl das RGB-Format als auch das RGBI-Format wurden genutzt
- Die RGB-Daten sind komprimiert (15 MB/Bild)
- Die RGBI-Daten sind nicht komprimiert (539 MB/Bild)
- Die Kachelgröße der Orthophotos beträgt 2 km × 2 km

Für das Untersuchungsgebiet lagen keine gelabelten bzw. kategorisierte Daten vor, was die Entwicklung und Validierung von Trainingsdaten für maschinelles Lernen erschwert. Zusätzlich unterscheiden sich die Eingangsdaten von Bakum gegenüber der Pilotregion Gladbeck deutlich (Tabelle 1).

Tabelle 1: Unterschiede der jeweiligen Pilotdatensätze

	Gladbeck	**Bakum**
Anzahl der Orthophotos	97	26
Bodenauflösung	7,5 cm	20 cm
Gelabelte Flächeninformationen	Ja	Nein
Preprocessing Maßnahmen	Ja	Nein
Landschaftsbild	Urban	Ländlich

Im Rahmen des Preprocessing des Pilotdatensatzes für Gladbeck wurde die Bildgröße der Orthophotos angepasst. Dabei wurde in einem iterativen Prozess eine Patchsize von 512 gewählt, sodass jede Luftbildaufnahme aus 361 Bildern bzw. Masken besteht. Somit ergibt sich eine Gesamtzahl von 35.017 Bildern für den Trainingsdatensatz.

Aufgrund der hohen Gesamtzahl der Bilder sowie einem hohen Anteil an vollständig unversiegelten Patches (83 %) wurde ein räumlicher Filter angewendet. Alle Patches die über 95 % zu einer Kategorie zugeordnet wurden, sind aus dem Datensatz entfernt worden. Dieser Filter betraf 13.655 Patches, es konnte somit ca. 61 % der Datenmenge reduziert werden, was zu einer stark verkürzten Trainingsdauer des ML-Modells geführt hat.

2.2 Ergebnisse der ersten Auswertung

Die Kategorisierung der zu erkennenden Flächen wurde analog zum Pilotdatensatz Gladbeck durchgeführt. Folgende Kategorien wurden unterschieden:

- Dachflächen (blau)
- Öffentliche Verkehrsflächen (grün)
- Privat sauber (hellgrün) – z. B. Rasen, nicht versiegelte private Fläche
- Privat schmutzig (gelb) – z. B. Pflastersteine, Beton, versiegelte private Fläche
- Unversiegelte Fläche (lila) – z. B. Landwirtschaftliche Fläche, Grasland, Wald

Nach der ersten Auswertung konnten folgende Ergebnisse beobachtet werden (siehe Abb. 2):

- Große Dachflächen werden gut segmentiert.
- Kleinere Dachflächen werden unterschiedlich gut/schlecht segmentiert.
- Öffentliche Verkehrsflächen werden teilweise gut erkannt, wobei Bereiche mit Schattenwurf dort die Ausnahmen sind.

- Schlechte Unterscheidung zwischen öffentlichen Verkehrsflächen und privaten Flächen sowie nichtversiegelten Flächen im ländlichen Bereich.

Da für die Eingangsdaten Bakum keine gelabelten Flächen (nach den genutzten Kategorien) vorliegen, konnte keine metrikbasierte statistische Auswertung zur Erkennungsrate durchgeführt werden. Die Ergebnisse sind daher rein visuell bewertet worden.

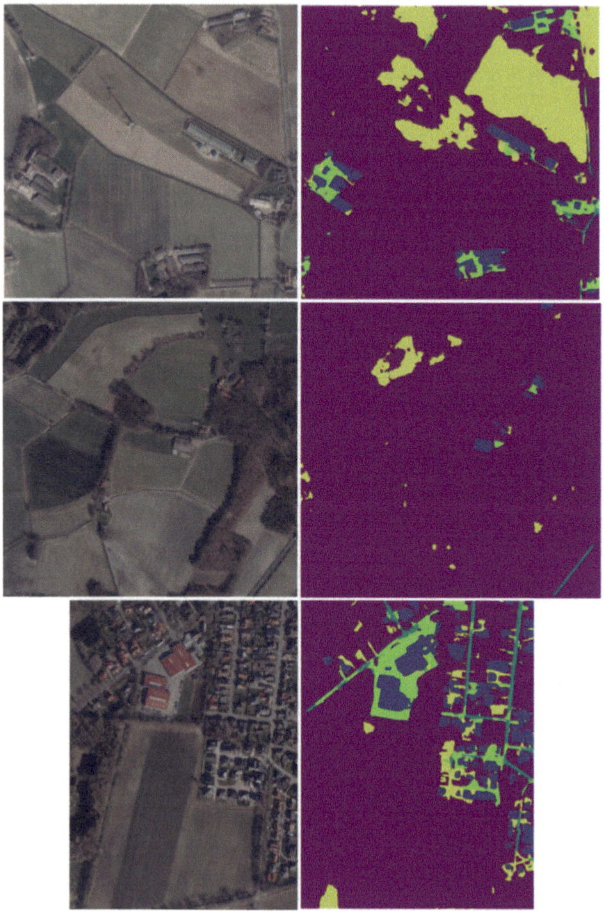

Abb. 2: Ergebnisse der ersten Inferenz für die Pilotregion Bakum. Jeweils links das Original Orthophoto (LGLN 2023) und rechts das Ergebnis. Oben und Mitte zeigen den ländlichen Raum. Unten zeigt einen urban geprägten Raum der Gemeinde. Legende: blau: Dachfläche, grün: Öffentliche Verkehrsfläche, hellgrün: Privat sauber, gelb: Privat schmutzig, lila: Unversiegelt.

2.3 Weitere Optimierungsschritte des Trainingsdatensatzes und Ergebnisse

Auf Basis der ersten Ergebnisse wurden weitere Optimierungsschritte an den Eingangsdaten sowie an dem ML-Modelle vorgenommen. Zusammen mit dem externen Dienstleister wurde ein iteratives Vorgehen bei der Optimierung durchgeführt.

Da im PoC der Gemeinde Bakum für den externen Dienstleister nur wenige Personentage eingeplant wurden, konnten nur folgende Optimierungsschritte durchgeführt werden:

- Nutzung der RGBI-Daten
- Preprocessing: Bildskalierung, Vergrößerung der Orthophotos der Gemeinde Bakum, um die Unterschiede der Bodenauflösung auszugleichen
- Postprocessing: Sliding Window und Smooth Blending
- Retraining: Änderung des Trainingsdatensatzes
    - Patchsize von 512 auf 1024 erhöht
    - Entfernung Schrebergärten aus Trainingsdatensatz

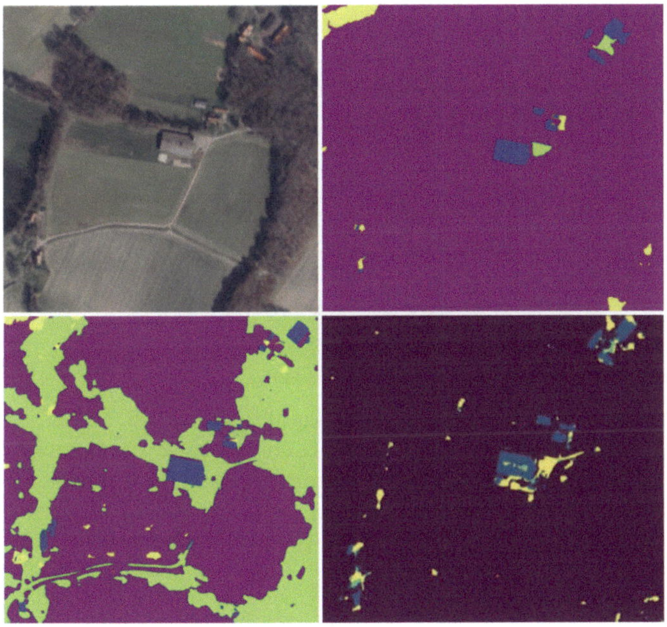

Abb. 3: Ergebnisse nach Optimierung der Eingangs- sowie Trainingsdaten für den ländlichen Raum. Oben links: Original Orthophoto (LGLN 2023); Oben rechts: Erste Inferenz mit 512er Patchsize; Unten links: Vergrößert mit 512er Patchsize; Unten rechts: Vergrößert mit 2014er Patchsize. Legende: blau: Dachfläche, grün: Öffentliche Verkehrsfläche, hellgrün: Privat sauber, gelb: Privat schmutzig, lila: Unversiegelt.

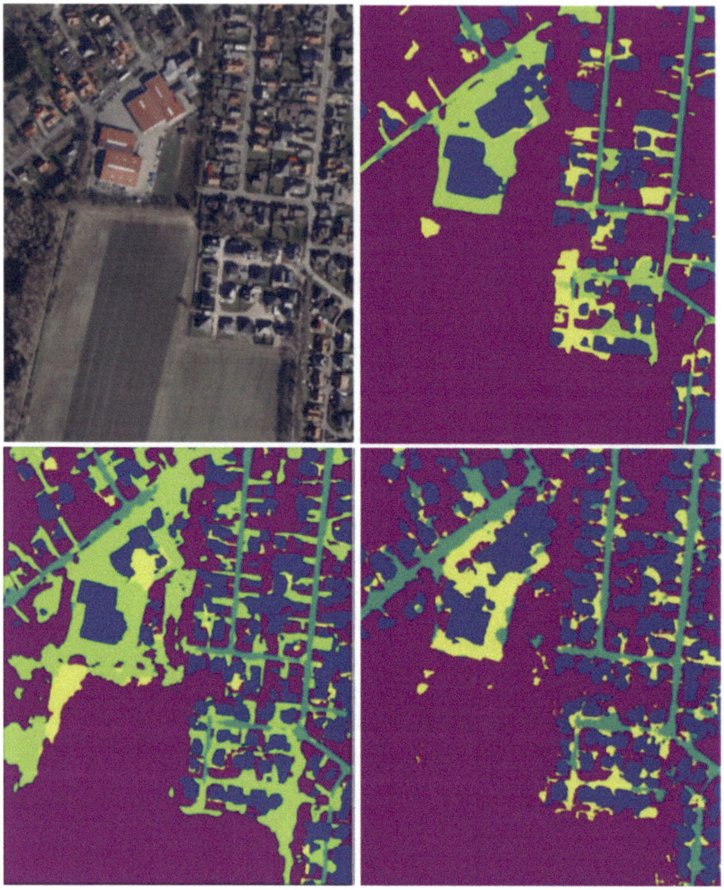

Abb. 4: Ergebnisse nach Optimierung der Eingangs- sowie Trainingsdaten für den urban geprägten Raum. Oben links: Original Orthophoto (LGLN 2023); Oben rechts: Erste Inferenz mit 512er Patchsize; Unten links: Vergrößert mit 512er Patchsize; Unten rechts: Vergrößert mit 2014er Patchsize. Legende: blau: Dachfläche, grün: Öffentliche Verkehrsfläche, hellgrün: Privat sauber, gelb: Privat schmutzig, lila: Unversiegelt

Nach der Optimierung der Eingangsdaten sowie des Trainingsdatensatzes konnten Veränderungen beobachtet werden. Für den ländlichen und den urbanen Raum (Abbildung 3 und 4) führt eine Vergrößerung der Orthophotos zur besseren Segmentierung von kleineren Dächen. Eine Erhöhung des Patchsize verringert die Anzeige von Artefakten (Kategorie Privat Sauber) auf landwirtschaftlichen Flächen sowie zur schlechteren Segmentierung von größeren Dächern. Eine Vergrößerung der Orthofotos sowie eine Erhöhung der Patchsize führt zur besseren Unterscheidung von öffentlichen Straßen und privaten Flächen (Kategorie Öffentliche Verkehrsfläche und Privat sauber)

Das ML-Modell der EGLV kann nicht direkt auf neue Gemeinden angewandt werden. Jedoch haben die durchgeführten Optimierungsmaßnahmen schnell zu einer visuellen Verbesserung der Ergebnisse geführt. Vor allem die Verwendung einer höheren Patchsize führte zu einer deutlich besseren Segmentierung der Kategorien.

3 Zusammenfassung

Der OOWV ist für die Niederschlagswasserentsorgung in vielen Gemeinden seines Verbandsgebiets verantwortlich und erhebt dazu eine Gebühr. Maßgeblich für die Berechnung der erhobenen Gebühr ist der Versiegelungsgrad einer Gemeinde. Die Entwicklung des Versiegelungsgrades ist jedoch stark unterschiedlich und hängt von der Entwicklung von Bau- und Gewerbegebieten sowie individuellen Entscheidungen zur Versiegelung von Flächen ab. Aufgrund der Größe des Gebiets war eine regelmäßige visuelle Überprüfung nicht möglich, weshalb nach einer technischen Lösung gesucht wurde.

In Zusammenarbeit mit der Emschergenossenschaft/Lippeverband (EGLV) sowie Dienstleistern wurde ein Machine-Learning-Modell entwickelt, um den Versiegelungsgrad zu bestimmen. Ein Pilotprojekt der EGLV in der Stadt Gladbeck wurde erfolgreich durchgeführt. Der OOWV begann daraufhin ein ähnliches Projekt in der Gemeinde Bakum.

Für die Pilotgemeinde Bakum wurden 26 digitale Orthophotos verwendet und digital aufbereitet. Es lagen keine kategorisierten Daten für das Training des Modells vor, was die Entwicklung erschwerte. Nach der ersten Auswertung wurden verschiedene Kategorien von Flächen identifiziert.

Um die Ergebnisse zu verbessern wurden weitere Optimierungsschritte durchgeführt, darunter die Nutzung von RGBI-Daten, Preprocessing und Retraining des Modells. Nach der Optimierung konnten Verbesserungen in der Segmentierung der Flächen festgestellt werden.

Das ML-Modell der EGLV konnte nicht direkt auf neue Gemeinden angewendet werden, aber die Optimierungsmaßnahmen führten zu sichtbaren Verbesserungen. Ein Retraining des Modells mit höher aufgelösten Orthophotos und die Prüfung eines neuen Modells mit den vorhandenen Daten sind mögliche nächste Schritte. Der OOWV und Niedersachsen Wasser sind mit den Ergebnissen zufrieden und möchten diesen Ansatz weiterverfolgen.

Quellenangaben

IT.NRW (2022): *Landesdatenbank Nordrhein-Westfalen.* Landesbetrieb Information und Technik Nordrhein-Westfalen: Ergebnis 12411-31iz (nrw.de).

LSN (2022): *LSN-Online Regionaldatenbank.* Landesamt für Statistik Niedersachsen, Tabelle A100001G: Fortschreibung des Bevölkerungsstandes, Stand 31. Dezember 2022.

Orthophotos des LGLN

Landesamt für Geoinformation und Landesvermessung Niedersachsen (LGLN)2023: Auszug aus den Geodaten des Landesamtes für Geoinformation und Landesvermessung Niedersachsen (© 2023).

Untersuchungen zu einem KI-basierten SLAM-Verfahren für ein trinokulares Kamerasystem zur 3D-Erfassung der Knieoberfläche

Arne SCHIERBAUM, Tobias NEISS-THEUERKAUFF, Frank WALLHOFF,
Till SIEBERTH und Thomas LUHMANN

Zusammenfassung

Der Einsatz von computergestützten Operationen hat die Präzision der Knieendoprothetik erhöht. Damit geht die Notwendigkeit einher, optische Marker in das Bein zu verschrauben, um damit die Position des Knies zu bestimmen. Da dies das Patientenwohl durch zusätzliche Eingriffe belastet, werden Alternativen erforscht, um resultierende Komplikationen zu reduzieren. Daher wird in diesem Beitrag ein Verfahren vorgestellt, mit dem eine 3D-Erfassung der Knieoberfläche durch ein trinokulares SLAM-Verfahren durchgeführt wird. Das SLAM basiert auf der Grundlage der Merkmalszuordnung mit SuperGlue. Im Rahmen dieser Arbeit wird die Funktionsfähigkeit dieses Ansatzes untersucht, denn die Anforderungen an ein solches Verfahren sind aufgrund der komplexen Umgebungsbedingungen vielfältig. Die Oberfläche der Knochenelemente ist sehr texturarm, sodass bekannte SLAM-Ansätze nicht die erforderlichen Genauigkeiten bieten. Zur Evaluation des Verfahrens wird das trinokulare SLAM mit Datensätzen von einer Nachbildung eines anatomischen Kniegelenks untersucht.

1 Einleitung

Die Implantation künstlicher Kniegelenke ist ein Standardeingriff der Chirurgie und eine der meist durchgeführten Operationen in Deutschland. Circa 29 % der Operationen in der Knieendoprothetik werden bereits durch assistive, teilweise navigierte Systeme unterstützt (RATH et al. 2011). Computergestützte Eingriffe ermöglichen eine höhere Präzision in der Ausrichtung und Positionierung von Prothesen, allerdings erfordert dies weitere zusätzliche chirurgische Interventionen (MORET & HIRSCHMANN 2021).

Für die intraoperative navigierte Unterstützung des Chirurgen wird die Lage des Kniegelenks zur Beinachse des Patienten ermittelt. Dazu werden Lokatoren im Oberschenkelknochen (Femur) und im Unterschenkelknochen (Tibia) fixiert. Ein stereoskopisches Messsystem verfolgt kontinuierlich die physischen Markierungen, um die Position des Kniegelenks dynamisch zu bestimmen. Vorab wird das Hüft- und Sprunggelenkszentrum festgestellt, um die Lage des Knies im Bezug zur mechanischen Beinachse zu ermitteln. Die Installation der Marker erfordert einen zusätzlichen operativen Eingriff, was für den Patienten mit weiteren Risiken wie Gewebeverletzungen, Infektionsgefahren und Fehlplatzierungen verbunden ist. Zudem verlängern sich die Heilungsprozesse, was die Erholung von der Implantation erschweren kann (STÜBIG et al. 2020, MORET & HIRSCHMANN 2021).

Ein aktuelles Forschungsgebiet zur Lösung dieser Probleme ist die markierungsfreie Navigation in der Knieendoprothetik. Die Herausforderung besteht darin, hochgenaue 3D-Rekonstruktionen der Knieoberfläche in Echtzeit zu erstellen, trotz geringer Textur und Störungen wie beispielsweise Reflexionen. Eine Machbarkeitsstudie von HU et al. (2021) zeigt, dass die markierungsfreie Durchführung von Knieoperationen mit photogrammetrischer Auswertung vielversprechend ist. Bekannte SLAM-Verfahren stoßen jedoch aufgrund der spezifischen Herausforderungen in der Chirurgie an Grenzen. Daher wird untersucht, welche neuen Potenziale sich durch die Integration KI-basierter Methoden für die Bildzuordnung im merkmalsbasierten SLAM ergeben.

2 Trinokulares SLAM-Verfahren

Die Entwicklung eines trinokularen SLAM-Verfahrens ist ein vielfältiger Prozess und wird im Gegensatz zu den monokularen und binokularen Systemen selten umgesetzt. Entscheidende Arbeiten dazu sind die von CONEN et al. (2017) und KAHMEN et al. (2020), auf deren Grundlage die Untersuchungen dieser Arbeit fortgeführt werden. Ein trinokulares System bietet insbesondere im Hinblick auf die Robustheit durch die Integration einer dritten Kamera signifikante Vorteile, insbesondere bei Teilverdeckungen der Umgebung, da durch die zusätzliche Sicht eine Redundanz in der Auswertung entsteht. Allerdings ist eine Umsetzung dieser Aufnahmekonstellation komplexer und daher ihr Einsatz in vielen Bereichen eher selten.

Das trinokulare SLAM-Verfahren nutzt in weiten Teilen die COLMAP Bibliothek (SCHÖNBERGER et al. 2016), in der eine Reihe von grundlegenden Funktionen der photogrammetrischen Bildverarbeitung enthalten sind. Somit wird sich in dieser Arbeit auf die Integration eines trinokularen Kamerasystem in Verbindung mit dem Feature-Matching-Verfahren SuperGlue nach SARLIN et al. (2020) konzentriert. Durch einen modularen Aufbau des Ablaufs, der auf der Arbeit von MORELLI et al. (2023) beruht, lässt sich das System auch zukünftig erweitern, um neue Entwicklungen zu integrieren.

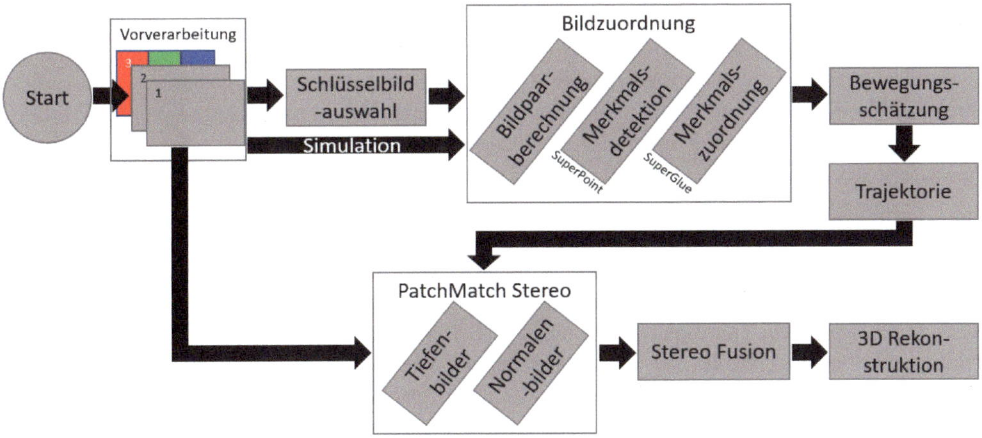

Abb. 1: Schematischer Ablauf des trinokularen SLAM-Verfahren (SCHIERBAUM 2023)

Im Folgenden wird die Umsetzung in einem trinokularen Kamerasystem detailliert vorgestellt (Abb. 1). Nachdem die Vorverarbeitung der Bilder mit einhergehender semantischer Segmentierung der Knieoberfläche näher betrachtet wird, steht die Bildzuordnung im Mittelpunkt dieser Untersuchungen. Die abgeleitete Trajektorie des trinokularen Kamerasystems dient als Grundlage für die nachgestellte dichte Rekonstruktion der Knieoberfläche, die mit dem COLMAP Framework umgesetzt wird.

2.1 Aufbau eines trinokulares Kamerasystem

Das trinokulare Kamerasystem besteht aus zwei baugleichen monochromen Kameras und einer Farbkamera (Abb. 2). Die intrinsischen Kameraparameter und die relative Orientierung der Einzelkameras werden in einer vorab durchgeführten Testfeldkalibrierung bestimmt. Die bekannte Orientierung der Kameras ist notwendig, um die Knieoberfläche maßstabsgetreu zu rekonstruieren.

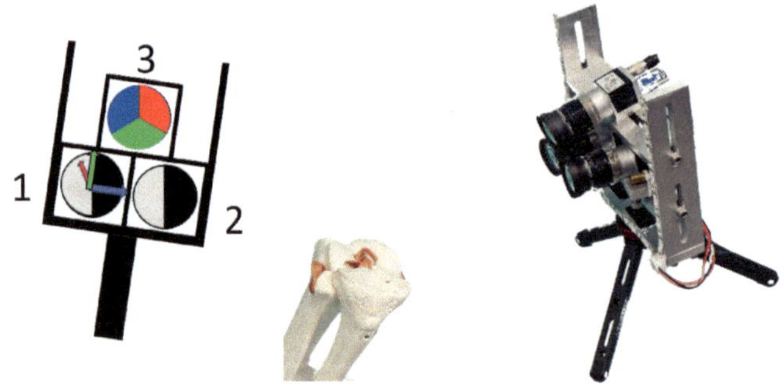

Abb. 2: Schematischer Aufbau der trinokularen Kamera (links, (KAHMEN et al. 2020)) und bei der Ausrichtung auf ein anatomisches Kniemodell (rechts)

Die Kameras sind in einem gleichseitigen Dreieck mit einer Seitenlänge von circa 54 mm angeordnet. Um eine möglichst hohe Bildüberlappung zu erreichen, schlagen KAHMEN et al. (2020) eine Aufnahmekonfiguration vor, bei der die Kameras um circa 14° zueinander geneigt sind. Eine maximale relative Überlappung von 93 % wird bei dieser Anordnung in einer Aufnahmeentfernung von 185 mm erreicht. Bei der Veränderung des Abstandes zum Objekt sinkt der Bereich, der von allen Kameras erfasst wird. Damit verringert sich der Bildausschnitt, in dem potenzielle Merkmalszuordnungen stattfinden können.

2.2 Semantische Segmentierung

Um eine präzise Bildzuordnung zu gewährleisten, ist es erforderlich, die Bilder auf den relevanten Bildausschnitt zu maskieren. Zu diesem Zweck wird das Deep-Learning (DL) Framework Detectron2 von Facebook AI Research (WU et al. 2019) verwendet. Hierbei wird ein Trainingsdatensatz erstellt, der vorsegmentierte und annotierte Bilddaten von Femur und Tibia umfasst. Mithilfe dieses Datensatzes wird das vorhandene Modell trainiert, um es speziell auf die Anwendung der semantischen Segmentierung der Knieoberfläche zu optimieren. Als Ergebnis werden die Bildbereiche des erkannten Knies als Polygone übermittelt, um keine Randeffekte in der folgenden Bildzuordnung zu erhalten (Abb. 3).

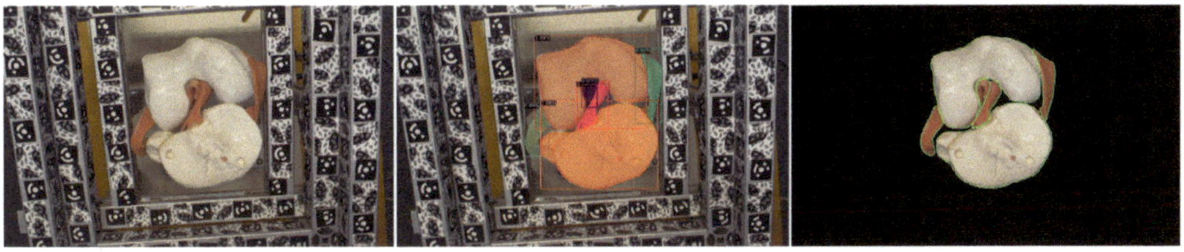

Abb. 3: Eingangsbild der Farbkamera (links), Knieerkennung (Mitte) und maskiertes Bild mit Polygonen (rechts)

2.3 Bildzuordnung

Nach der Maskierung der Eingangsdaten wird in einem ersten Schritt in der Bildzuordnung berechnet, welche Bilder aus der Bildsequenz des trinokularen Kamerasystems untereinander zugeordnet werden. Die Zuordnung von Merkmalen erfolgt immer in Bildpaaren, daher müssen diese zunächst definiert werden. Dabei werden zunächst Bildpaare zwischen allen Bildern der gleichen Epoche festgelegt. Zusätzlich wird jeweils ein Bildpaar zwischen den Bildern derselben Kamera hinzugefügt, um eine Verbindung über die gesamte Bildsequenz hinweg zu ermöglichen.

Nach Berechnung der Bildpaare werden im nächsten Schritt die Merkmale in den Bildern detektiert. Die neuartige Deep-Learning-(DL-)basierte Methode SuperPoint hat klassische Verfahren in der Qualität der Merkmale übertroffen. Das DL-Modell ist ein selbstüberwachtes Convolutional Neural Network (CNN), welches mit synthetischen Daten trainiert und anschließend mit einer homographischen Adaption erweitert ist. Mit dem zweiteiligen Aufbau des CNN werden die Merkmale in verschiedenen Ebenen detektiert und zugleich normalisiert durch die Deskriptoren beschrieben. Beispielhaft dargestellt sind die gefundenen Merkmale in Abbildung 4 als rote Punkte. Die Architektur von SuperPoint ermöglicht es, dass die Größe der Eingangsdaten flexibel ist (DeTone et al. 2018).

Abb. 4: Detektierte und zugeordnete Merkmale mit SuperPoint und SuperGlue bei einem maskierten Kniegelenk (Schierbaum 2023)

Mit der durchgeführten Detektion liegen für alle Bilder der Bildsequenz in den maskierten Regionen Merkmale vor. Unter Berücksichtigung der Bildpaare findet im nächsten Schritt die Merkmalszuordnung mithilfe von SuperGlue statt. Das durch Sarlin et al. (2020) vorgeschlagene Netzwerk berechnet für jede mögliche Merkmalskorrespondenz einen Vertrauenswert, der die Zuordnung dieser Merkmale vorhersagt. Die Besonderheit dieses DL-Modells ist die Verwendung eines Graph Attention Networks, was dem Netzwerk ermöglicht Informationen hinsichtlich der Auffälligkeiten, Ähnlichkeiten, Häufigkeiten oder die relative Lage der Merkmale zu bewerten. Damit gelingt es ein robusteres Matching im Vergleich zu klassischen Verfahren zu realisieren.

Das Resultat von SuperGlue ist eine partielle Matrix, mit der ein normierter Vertrauenswert der Zuordnung ausgegeben wird. Durch einen Schwellwert lassen sich schlechte Zuordnungen verwerfen. Abbildung 4 zeigt die grafische Darstellung des Matchings, bei denen die Merkmale, die über dem Schwellwert von 0,9 liegen, verbunden sind. Dieser Schwellwert hat sich durch Untersuchungen am künstlichen Kniegelenk in Versuchsreihen als optimal ergeben (SCHIERBAUM 2023).

2.4 Bewegungsschätzung

Nach der paarweisen Bildzuordnung wird die Bewegung der Kamera abgeleitet. Diese Bewegung kann sowohl die unterschiedliche Ansicht zwischen den Bildern der gleichen Epoche als auch die Bewegung des Systems, die in aufeinander folgenden Epochen vorliegt, umfassen. Die Transformation zwischen den Bildern wird durch die Übereinstimmungen mithilfe der projektiven Geometrie beschrieben. Die relative Orientierung zwischen der Aufnahmeposition des Bildpaares wird durch die Essentielle Matrix ermittelt, da die intrinsischen Parameter der Kameras vorab bestimmt wurden (LUHMANN 2023).

Aufgrund von Ausreißern im visuellen Erscheinungsbild wird ein RANSAC-Verfahren zur robusten Ermittlung der Essentiellen Matrix genutzt. Diese Schätzung wird für alle vorliegenden Bildpaare durchgeführt, um die Positionen der Bilder im Verbund herzustellen. Widersprüche in der Trajektorie, die durch einfaches Verknüpfen der relativen Orientierungen entstehen, werden durch eine Bündelausgleichung ausgeglichen.

2.5 3D-Rekonstruktion

Mit der merkmalsbasierten Bildzuordnung sind korrespondierende Objektpunkte zugeordnet, sodass unter Kenntnis der inneren Orientierung der Kameras für diese Punkte durch Anwendung eines räumlichen Vorwärtsschnittes die 3D-Position des Objektpunktes berechnet wird. Dies lässt sich nun für alle Zuordnungen in den Bildpaaren durchführen, sodass eine dünne Punktwolke entsteht, die sich aus den gefundenen Merkmalen bildet.

Für die dichte Rekonstruktion wird ein Verfahren zur dichten Bildzuordnung verwendet, das ein Bildpaar ganzheitlich zuordnet. Dabei werden nach dem Multi-View-Stereo Ansatz Bildpaare aus einem orientierten Bildverbund gebildet, bestehend aus Referenz- und Quellbild. Das Referenzbild dient als Grundlage zur Ableitung von Disparitäten und Tiefeninformationen im Vergleich zum Quellbild. Ein PatchMatch inspiriertes Verfahren wird genutzt, um zunächst Disparitätenbilder abzuleiten. Aus den Parallaxen werden dann Tiefen- und Normalenbilder berechnet, indem die Farbähnlichkeit zwischen den Bildbereichen maximiert wird (ZHENG et al. 2014, SCHÖNBERGER et al. 2016).

Die Tiefenbilder repräsentieren die Entfernungen für jeden Bildpunkt im Objektraum. Je weiter ein Punkt im 3D-Raum entfernt ist, desto größer ist der entsprechende Tiefenwert im Bild. Die Normalenbilder stellen die Oberflächennormalen an jedem Punkt im Bild dar und geben somit die Ausrichtung der Oberfläche an. Die Koordinaten der Punktwolke werden durch die Projektion der Bildpunkte unter Einbeziehung der Tiefe berechnet. Die Normalen tragen wesentlich zur genauen Modellierung von Strukturen bei und werden für die Filterung sowie die Oberflächenglättung genutzt. Diese Informationen werden im Schritt der Stereo Fusion kombiniert. Somit ergibt sich eine dichte Punktwolke des aufgenommenen Kniegelenks (SCHÖNBERGER et al. 2016).

3 Genauigkeitsuntersuchung der Systemtrajektorie

3.1 Datengrundlage

Die Untersuchungen werden anhand eines Datensatzes durchgeführt, der im Rahmen der Arbeit von KAHMEN et al. (2020) entstanden ist. In dem Datensatz werden insgesamt fünf Rundumverbände mit dem trinokularen Kamerasystem erzeugt. Dazu wird ein künstliches Kniegelenk als Objekt inklusive eines Referenzrahmens auf einem Drehtisch fixiert, damit es um die vertikale Achse manuell rotierbar ist (Abb. 5). Das trinokulare Kamerasystem erfasst das Objekt von fünf jeweils stabilen Positionen aus. Zwischen zwei Bildaufnahmen wird das Objekt um 1° gedreht, bis ein vollständiger Rundumverband mit 360 Standpunkten entstanden ist. Daraus ergeben sich für die fünf Positionen, die sich von 5° (Runde 1) bis circa 45° (Runde 5) des Beobachtungswinkel bewegen, insgesamt 1800 Bilder pro Kamera, folglich ein Datensatz mit insgesamt 5400 Bildern (KAHMEN et al. 2020).

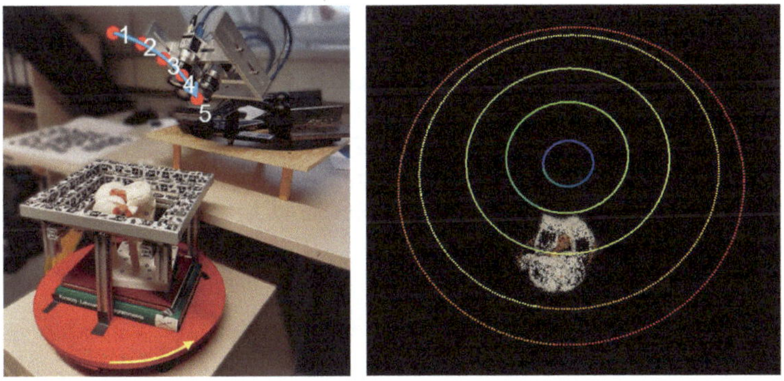

Abb. 5: Versuchsaufbau (links) und Referenzdaten (rechts) des Rundumverbandes (KAHMEN et al. 2020)

Durch die Positionierung des Referenzrahmens im Aufnahmebereich des trinokularen Kamerasystems ist es möglich Referenzdaten für die Kamerapositionen zu erhalten. Dafür wird eine Bündelausgleichung in der Software AICON 3D Studio unter Einbeziehung der kreisförmigen Zielmarken durchgeführt (Abb. 5). Diese liegen mit einer höheren Qualität als 0,01 mm vor. Für die Referenzposition der Bilder ergeben sich aus der Bündelausgleichung damit Genauigkeiten für den Datensatz von 0,02 mm. Die Referenzposition ist stets für die erste Kamera gegeben. Insgesamt liegt die Genauigkeit der Referenz deutlich über der zu erreichenden Qualität des SLAM-Verfahrens.

3.2 Ergebnisse

Aus dem Datensatz wird die erste und fünfte Runde mit dem trinokularen SLAM-Verfahren ausgewertet, da diese die Extrema in dem vorhandenen Datensatz darstellen. Zur Beurteilung der Präzision des vorgestellten Verfahrens wird die Pose des Kamerasystems in jeder Epoche berechnet und mit der Referenz verglichen. Eine weitere Auswertung erfolgt mit dem Datensatz ohne Anwendung der semantischen Segmentierung. Somit werden die Bilddaten unmaskiert ausgewertet.

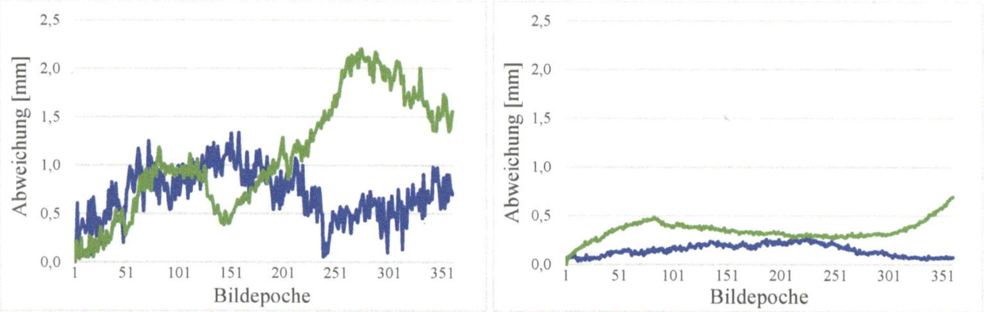

Abb. 6: Abweichungen des SLAM-Verfahren in der Kameratrajektorie zur Referenz mit maskierter (links) und unmaskierter (rechts) Bildsequenz (Schierbaum 2023)

In Abbildung 6 sind die Abweichungen der Trajektorie des trinokularen Kamerasystems im Vergleich zur vorab bestimmten Referenz dargestellt. Die maskierten Bilddaten zeigen insgesamt höhere Abweichungen im Vergleich zu den unmaskierten Bildern, mit einem deutlichen Rauschen zwischen den Epochen. Insbesondere im letzten Drittel des Rundumverbandes steigt die Abweichung der fünften Runde auf maximal 2,2 mm, während die erste Runde unter 1,5 mm bleibt. Die Auswertungen mit den unmaskierten Bildern zeigen eine höhere Präzision, wobei auch hier die erste Runde weniger von der Referenz abweicht als die fünfte Runde (Schierbaum 2023).

Tabelle 1: Mittlere und maximale Abweichungen der Auswertungen mit dem trinokularen SLAM-Verfahren und den Untersuchungen aus Kahmen et al. (2020)

Nr.	Runde	Verfahren	RMS 3D	Max 3D
1	1	Unseres	0,70 mm	1,33 mm
2	1	Unseres, unmaskiert	0,15 mm	0,27 mm
3	1	Kahmen et al. (2020)	0,77 mm	1,59 mm
4	5	Unseres	1,10 mm	2,20 mm
5	5	Unseres, unmaskiert	0,35 mm	0,70 mm
6	5	Kahmen et al. (2020)	2,72 mm	4,26 mm

Auch in der Betrachtung der mittleren Abweichung ist festzuhalten, dass das trinokulare SLAM-Verfahren mit den unmaskierten Bildern die besten Ergebnisse liefert (Tabelle 1).

Beim Vergleich mit KAHMEN et al. (2020), in dem auch maskierte Bilddaten verwendet werden, zeigt sich, dass beide Verfahren bei der ersten Runde vergleichbare Ergebnisse liefern. Bei der fünften Runde ist die mittlere Abweichung des vorgestellten Verfahrens dagegen um mehr als Faktor 2 besser. Auch bei den maximalen Abweichungen ist dieser Zusammenhang zu beobachten.

3.3 Diskussion

Die vorliegenden Ergebnisse bieten einen Einblick in die Leistungsfähigkeit des trinokularen SLAM-Verfahren auf Basis von SuperGlue. Insbesondere bei der Verwendung der unmaskierten Bilddaten ergeben sich präzisere Ergebnisse, was darauf zurückzuführen ist, dass die semantische Segmentierung der Bilddaten die Genauigkeit der Bewegungsschätzung beeinflusst. Eine mögliche Erklärung dafür könnte sein, dass maskierte Bilddaten weniger robust gegenüber verschiedenen Beleuchtungsbedingungen oder Blickwinkeln sind, was zu höheren Abweichungen führt. Außerdem sind die gefundenen Merkmale in den unmaskierten Bildern über das gesamte Bild verteilt und somit weniger anfällig gegenüber Ausreißern. Insgesamt sind durch den Referenzrahmen die Merkmale in den unmaskierten Bildern besser zuzuordnen.

Die deutliche Verbesserung der Ergebnisse gegenüber dem Verfahren von KAHMEN et al. (2020) kann ein Indiz dafür sein, dass unser Ansatz insbesondere bei komplexen Aufnahmebedingungen eine bessere Kameratrajektorie liefert und eine gute semantische Segmentierung hier von höherer Bedeutung ist, da die Bilddaten bei der Maskierung in vorherigen Untersuchungen größere Bereiche des Hintergrunds zeigen.

4 Rekonstruktion anatomischer Kniemodelle

Die Fortsetzung der Untersuchungen ermöglicht die Bewertung der Ergebnisse zur Oberflächenrekonstruktion des vorgestellten Verfahrens anhand von anatomischen Kniemodellen. Obwohl diese Modelle nicht die vollständige Realität einschließlich Gewebe und Blut abbilden, dienen sie als geeignete Testumgebung für die Evaluierung der dichten Bildzuordnung am vorhandenen Datensatz.

4.1 Ergebnisse

Für die Auswertung der Rundumverbände wird die dichte Bildzuordnung mit 36 Bildtripeln durchgeführt. Die Verwendung aller Bildtripel würde zwar eine höhere Auflösung in gut rekonstruierten Bereichen liefern, jedoch nicht signifikant dazu beitragen, dass alle Bereiche der Knieoberfläche gut nachgebildet sind. In Abbildung 7 sind die Punktwolken durch das PatchMatch-basierte Verfahren für die beiden Rundumverbände dargestellt. In beiden Punktwolken sind insbesondere zwei große Löcher im Femur zu erkennen, wo die Rekonstruktion nicht die hohe Auflösung erreicht. Bei einem Vergleich beider Runden zeigt sich, dass die fünfte Runde insgesamt eine höhere Oberflächendichte aufweist. Bezüglich der Abweichungen liegen beide Punktwolken überwiegend im Bereich von wenigen zehntel Millimetern.

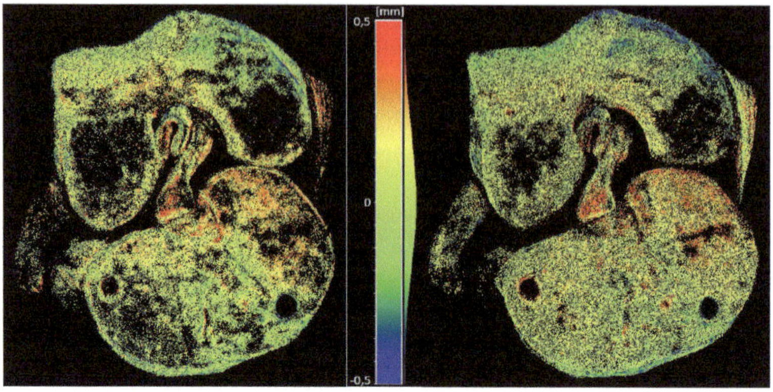

Abb. 7: Kolorierte Punktwolken nach den Abständen zur Referenzpunktwolke bei der ersten (links) und der fünften Runde (rechts)

4.2 Diskussion

Die in den Punktwolken sichtbaren Löcher im Femur können auf Reflexionen in den Bildern zurückzuführen sein, die während der Aufnahme in den entsprechenden Bereichen aufgetreten sind. Diese Reflexionen können die Genauigkeit der Bildzuordnung beeinträchtigen und zu unvollständigen Rekonstruktionen führen. Es ist offen, welche potenziellen Auswirkungen die Löcher in der Rekonstruktion auf die Bestimmung der Beinachse besitzen. Die erhöhte Oberflächendichte in der fünften Runde ist damit zu begründen, dass die Aufnahmekonfiguration des Kamerasystems hier verbessert ist. Insgesamt verdeutlichen diese Ergebnisse die Bedeutung der Planung und Durchführung der Bildaufnahme für die Genauigkeit der dichten Bildzuordnung und die Qualität der Rekonstruktion in der Knieendoprothetik.

5 Ausblick

Das vorgestellte trinokulare SLAM-Verfahren zeigt sowohl in der Bewegungsschätzung als auch in der Rekonstruktion vielversprechende Ergebnisse. Es zeigt sich die Bedeutung einer guten Aufnahmeplanung, da sowohl die Aufnahmekonfiguration als auch die vorkommenden Reflexionen für die Rekonstruktion entscheidend ist. Daher wird in weiteren Untersuchungen eine Strategie gefunden werden müssen, um beide Aspekte zu berücksichtigen. Mit den bereits jetzt auftretenden Reflexionen auf der Knieoberfläche sind noch nicht die realen Bedingungen, die durch Blut und andere Flüssigkeiten auf dem Knie auftreten, erreicht. Daher wird die Testumgebung erweitert werden müssen, um in einem nächsten Schritt das Kniegelenk zu befeuchten und damit die Verhältnisse für das Verfahren zu erschweren.

Eine weitere Verbesserung des SLAM-Verfahren soll dadurch erreicht werden, dass die Rekonstruktion dafür genutzt wird, einen Schleifenschluss zu berechnen und somit die Präzision des gesamten Systems zu erhöhen. Zusätzlich werden Untersuchungen zeigen müssen, welchen Einfluss eine geringe Auflösung der Oberfläche im Hinblick auf die abzuleitende Beinachse darstellt. Insgesamt zeigt das Verfahren das Potenzial auf die Oberfläche des Kniegelenks markierungsfrei zu erfassen.

Literatur

Conen, N., Luhmann, T. & Maas, H.-G. (2017): *Development and Evaluation of a Miniature Trinocular Camera System for Surgical Measurement Applications*. PFG – Journal of Photogrammetry, Remote Sensing and Geoinformation Science, 85 (2), S. 127-138.

DeTone, D., Malisiewicz, T. & Rabinovich, A. (2018): *SuperPoint: Self-Supervised Interest Point Detection and Description.* CVPR 2018 Deep Learning for Visual SLAM Workshop, IEEE, S. 224-236.

Hu, X., Liu, H. & Baena, F. R. Y. (2021): *Markerless Navigation System for Orthopaedic Knee Surgery: A Proof of Concept Study*. IEEE Access, 9, S. 64708-64718.

Kahmen, O., Haase, N. & Luhmann, T. (2020): *Orientation of point clouds for complex surfaces in medical surgery using trinocular visual odometry and stereo ORB-SLAM2*. The International Archives of the Photogrammetry, Remote Sensing and Spatial Information Sciences, XLIII-B2-2020, S. 35-42.

Luhmann, T. (2023): *Nahbereichsphotogrammetrie. Grundlagen – Methoden – Beispiele.* Wichmann, Berlin/Offenbach.

Morelli, L., Ioli, F., Beber, R., Menna, F., Remondino, F. & Vitti, A. (2023): *COLMAP-SLAM: A framework for visual odometry.* The International Archives of the Photogrammetry, Remote Sensing and Spatial Information Sciences, S. 317-324.

Moret, C. S. & Hirschmann, M. T. (2021): *Navigation und Robotik in der Knieendoprothetik.* Arthroskopie, 34 (5), S. 351-357.

Rath, B., Springorum, H.-R., Beckmann, J., Schaumburger, J., Tingart, M., Grifka, J. & Lüring, C. (2011): *Aktueller Stellenwert der Navigation in der Knieendoprothetik in orthopädischen und unfallchirurgischen Kliniken in Deutschland.* Zeitschrift für Orthopädie und Unfallchirurgie, 149 (2), S. 173-177.

Sarlin, P.-E., DeTone, D., Malisiewicz, T. & Rabinovich, A. (2020): *SuperGlue: Learning Feature Matching with Graph Neural Networks.* 2020 IEEE/CVF Conference on Computer Vision and Pattern Recognition (CVPR), IEEE. S. 4938-4947.

Schierbaum, A. (2023): *Entwicklung eines SLAM-Verfahrens für ein trinokulares Kamerasystem zur 3D-Erfassung texturarmer Oberflächen auf Basis von SuperGlue*. Masterarbeit, Jade Hochschule, Oldenburg.

Schönberger, J. L., Zheng, E., Frahm, J.-M. & Pollefeys, M. (2016): *Pixelwise View Selection for Unstructured Multi-View Stereo.* Computer Vision – ECCV 2016, S. 501-518.

Stübig, T., Windhagen, H., Krettek, C. & Ettinger, M. (2020): *Computer-Assisted Orthopedic and Trauma Surgery*. Deutsches Ärzteblatt International, 117 (47), S. 793-800.

Wu, Y., Kirillov, A., Massa, F., Lo Wan-Yen & Girshick, R. (2019): *Detectron2.* https://github.com/facebookresearch/detectron2.

Zheng, E., Dunn, E., Jojic, V. & Frahm, J.-M. (2014): *PatchMatch Based Joint View Selection and Depthmap Estimation.* 2014 IEEE Conference on Computer Vision and Pattern Recognition (CVPR), S. 1510-1517.

Automated Image Rectification of Perspective Distortions Using Machine Learning

Aswin LAL, Baris ÖZCAN, Elisa BERINGMEIER, Chongjie KANG, Steffen MARX and Jörg BLANKENBACH

Abstract

Capturing a scene with a camera often results in perspective distortion of objects caused by the central projection of the camera. This distortion, although reduced when capturing planar object surfaces from a perpendicular viewpoint, remains inevitable from other angles. In many cases, rectified images, corrected for such distortion, are crucial in diverse fields, including architecture, archaeology, remote sensing, construction, and civil engineering. Traditional photogrammetric methods, such as projective transformation, rely on manually selected control points, which allow to determine the transformation parameters for image rectification. Hence, the automation of this rectification process is essential to scale applications and improve efficiency. In this paper, we present two approaches based on deep learning approaches for the automated perspective rectification of planar object surfaces in images. The first one uses monocular depth estimation methods to initially convert a single-frame image into a 3D point cloud. The RANSAC algorithm is then used to identify the best-fitting plane within the point cloud, such as a building façade in the scene. Subsequently, we orthogonally project the point cloud onto the identified plane, which leads to a perspective-corrected version of the original image. The second approach is inspired by the concept of homography. A regression model based on a deep neural network is presented, which learns the homography parameters to perform the rectification without the need to manually determining any control points. The current results indicate that both approaches are fundamentally viable with the outcomes being moderate, but require further refinement to be practically applicable.

1 Introduction

Cameras use the principle of central projection to map a scene from the 3D world onto a 2D image plane. The perspective distortion of objects in images captured from oblique camera angles is often undesirable. This distortion is particularly noticeable for objects with planar surfaces like building façades, when viewed from a non-perpendicular perspective. Linear structures which are parallel in object space, like the edges of windows and doors, appear skewed and seem to meet at vanishing points in the image space. Rectification of such distorted images can be described mathematically using a projective transformation, that maps the points in one plane to another. But such methods require the manual selection of control points to determine unknown transformation parameters.

To address this issue, we present two approaches that automate this rectification process using deep learning, given a monocular image. The first method uses a monocular depth estimation model, which enables the rectification process to be carried out in a 3D space by transforming points on a 2D image plane to a 3D point cloud. The second approach is based on a regression model using neural networks, which takes a distorted image as input and predicts the homography parameters for image rectification.

2 Related Works

In the field of close-range photogrammetry, the use of image data for architectural studies, including modeling building façades has been researched over the past decades (SOYCAN and SOYCAN 2018). SIEWCZYNSKA and ZIOLO (2022) employed the concept of Structure from Motion (SFM) to obtain and evaluate the accuracy of point clouds of buildings from multiple images taken from different viewing points. When it comes to the rectification of images of building façades, VASILEIOS et al. (2017) used stereo images of building façades to create a set of 3D points by determining the fundamental matrix and when needed, the essential matrix. ALIZADEHASHRAFI et al. (2018) employed the use of projective transformation and calibrated camera parameters to rectify terrestrial images of building façades. Semi-automated approaches for image rectification of façade using geometric transformations like homography were given by SOYCAN and SOYCAN (2018), relying however, on the manual determination of ground control points. In the domain of deep learning, (DETONE et al. 2016) trained a regression model based on a deep convolutional neural network to determine the relative homography parameters of a pair of images. The use of artificial neural networks for such rectification tasks is a relatively less researched field, and complete automation of the rectification procedure remains challenging. The methodologies proposed in this paper focus on the use of deep learning methods, allowing for the rectification of monocular images without the need for calibration parameters and ground control points.

3 Background

3.1 Monocular Depth Estimation

Monocular depth estimation is a recent technique in computer vision that derives depth information from a single image, eliminating the need for multiple viewpoints or depth-sensing equipment. This method interprets visual cues like object size, texture, and occlusion to estimate distances within a scene. It employs a convolutional neural network (CNN), to map the input image to a depth map as shown in Eqn. 1:

$$D = f(I; \theta) \tag{1}$$

Here, D is the depth map, I is the input image, and θ represents the weights of the neural network. The training process adjusts θ to align the predicted depth map closely with actual depth data, using a supervised learning approach and loss functions to minimize prediction errors. Once trained, the model can predict depth for new images, adding a three-dimensional perspective to the two-dimensional input.

3.2 Homography

Homography is a fundamental concept in computer vision describing a planar projective transformation that maps points in one image plane to corresponding points in another. It is mathematically described by a 3x3 matrix. The parameters in this matrix represent the geometric distortion between two images of an object taken from different perspectives. It has 8 degrees of freedom as the overall scale is fixed. A point $P_1(x_1, y_1)$ on one image can be mapped to its corresponding point $P_2(x_2, y_2)$ on the second image as $P_2 \sim h \,.\, P_1$, where h is the homography matrix as shown in Eqn. 2:

$$\begin{bmatrix} x_2 \\ y_2 \\ 1 \end{bmatrix} \sim \begin{bmatrix} h_{11} & h_{12} & h_{13} \\ h_{21} & h_{22} & h_{23} \\ h_{31} & h_{32} & h_{33} \end{bmatrix} \begin{bmatrix} x_1 \\ y_1 \\ 1 \end{bmatrix} \tag{2}$$

Note that the points are expressed in their homogenous coordinate forms and the transformation is defined up to a scale as indicated by "~". The parameters h_{31} and h_{32} describe the perspective effects of the transformation and h_{33} is the scaling factor. With the scale parameter set to 1 and at least 4 known point correspondences from two images, the relations given in Eq 2 can be used to set up a system of equations, which can be solved to determine the 8 unknown homography parameters. Adjustment techniques like the least-squares estimation method can be used to approximate the parameters if more than 4-point correspondences are established.

4 Approaches

4.1 Overview of Rectification Strategies

In our study, we explore two strategies for automatically correcting perspective distortions in images: the first utilizes monocular depth estimation, while the second employs a regression network. Both workflows take a single image as input and provide an image with adjusted perspective. An overview of both workflows is given in Figure 1.

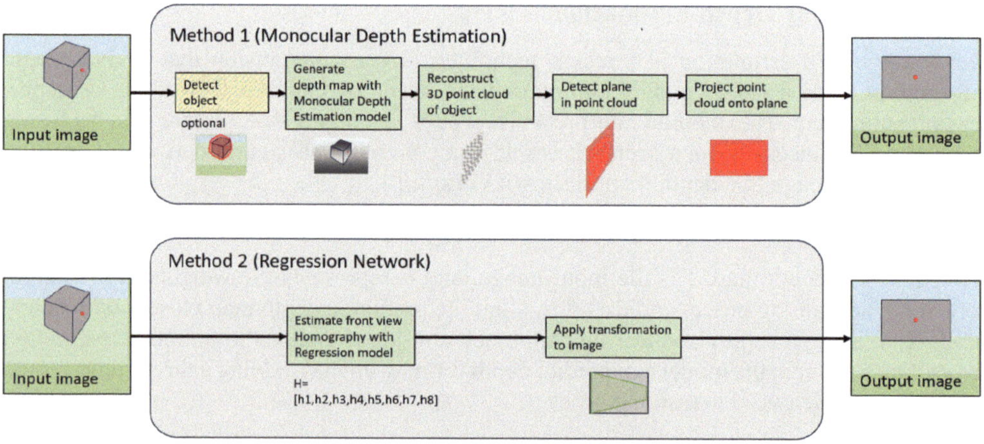

Fig. 1: Overview of both image rectification strategies

4.2 Workflow based on Monocular Depth Estimation

In the first strategy, an initial optional step allows for the detection of the desired target object using an object detection method, such as Mask R-CNN. This step is particularly useful in scenes cluttered with extraneous objects or competing planar surfaces that are not the focus of the rectification. Subsequently, a Monocular Depth Estimation model, specifically the pre-trained Monodepth2 (GODARD et al. 2019), is utilized to generate a depth map for the input image without any fine-tuning. The rationale behind not customizing the model is due to the complex and time-consuming process of creating suitable training data, which requires accurate ground truth depth maps. The depth map produced is then used to construct a 3D point cloud. Following this, the RANdom Sampling and Consensus (RANSAC) method is employed to fit a plane to the target surface within the point cloud, chosen for its resilience to outliers potentially present due to depth estimation inaccuracies. Once the optimal plane is identified, the 3D point cloud is orthogonally projected onto this plane, resulting in the perspective correction of the initial image or the identified target object surface.

4.3 Workflow based on Regression Network

The second strategy for the image rectification uses a regression model based on a CNN. This approach involves the prediction of the homography parameters from monocular images. It has the advantage that it circumvents the need of shifting to a 3D space like in the first method using point clouds and involves less steps, which may lead to propagation of errors.

To address the lack of datasets for building façades rectification, a custom dataset was created using images from the CMP façades database (TYLEČEK 2012). Façade images were artificially distorted to simulate various perspectives, based on parameters derived from photographing a marked rectangular paper from the perpendicular perspective and at 116 different angles. This method produced a comprehensive set of façade images paired with their respective homography parameters for rectification tasks. Figure 2 shows the paper used to generate the homography parameters, from the perpendicular perspective (left) and a perspective from an oblique view (right).

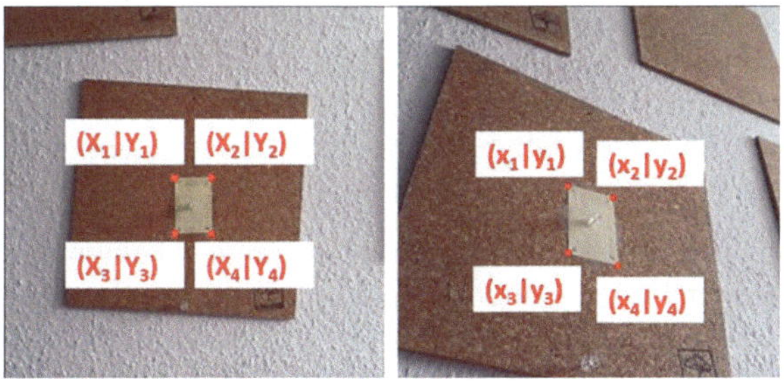

Fig. 2: Perpendicular view (left) and a perspective from an oblique view (right) of the paper

A customized CNN architecture was designed and trained for regression of the homography parameters from a distorted input image, facilitating its rectification to correct geometric perspectives. The input image is fed to three layers of 2D convolutions coupled with max-pooling layers. The features so obtained are then flattened to a dense layer consisting of

128 neurons. The output layer consists of eight neurons corresponding to the eight homography parameters (the scaling factor is hardcoded to be 1). The model was trained using the standard backpropagation algorithm with L2 regularization to minimize overfitting. The mean-squared error was chosen as the loss and the model was compiled using the Adam optimizer. Figure 3 shows an overview of the architecture of the network.

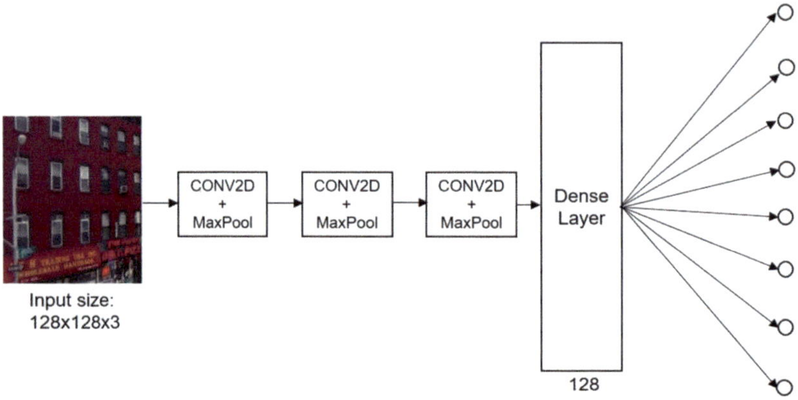

Fig. 3: Architecture of the customized CNN for regression of homography parameters

5 Evaluation

In this chapter, we evaluate the performance of our image rectification strategies, focusing on the monocular depth estimation approach and the regression approach. For both approaches, the results are evaluated both visually and quantitatively.

5.1 Monocular Depth Estimation

For the assessment of the workflow based on monocular depth estimation, a series of building façade images were subjected to the rectification process, with some of the outcomes shown in Figure 4. The visual analysis reveals a range of rectification qualities: the first two images exhibit significant perspective correction, accurately aligning the distorted structures into their rectified views, while the third image achieves moderate success.

Quantitatively, the results of rectification process were measured by examining the alignment of structural lines (e. g., in window and door frames), comparing angles between distorted and rectified images. Ideally, rectification should minimize these angles to near-zero, signifying an accurate alignment to a perpendicular perspective. Here, the first two images demonstrated an adequate correction, adjusting a tilt of 5.6° respectively 18.0° to a minimal discrepancy of 0.2°. However, the third image, with a residual angle of 1.5°, indicates a less effective rectification, underscoring the potential challenges and limitations of the monocular depth estimation approach in some scenarios.

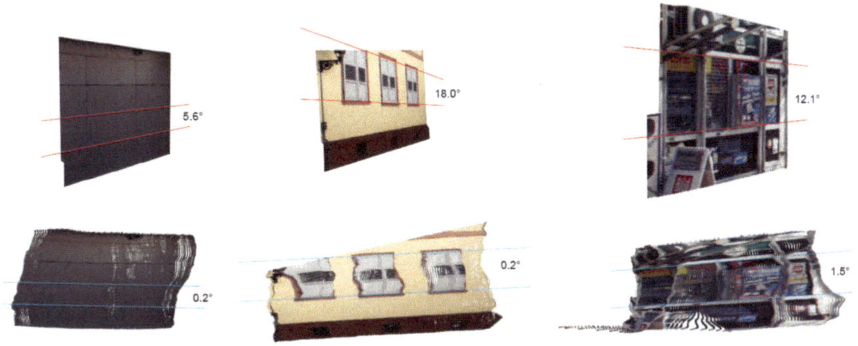

Fig. 4: Results of the monocular depth estimation workflow. Top row: Distorted input images. Bottom row: Rectified versions of the input images. Lines are drawn on both sets of images over edges that correspond to straight lines and the angles between these lines are given in degrees.

5.2 Regression Network

The evaluation of the regression approach involved using the model to predict eight parameters for each distorted image, forming a 3x3 matrix to rectify the image based on predicted homography parameters. Some of the outcomes are shown in Figure 5. The visual results of the rectification procedure varied as well, with the first two examples showing satisfactory correction of perspective distortions and a decline in quality towards the right, culminating in a poorly rectified image. Also here, quantitative evaluation was performed by examining the parallelity of structural lines (like window or door frames) in both distorted and rectified images. Successful rectifications reduced the angles between these lines to near-zero, indicating proper alignment, though the last image exhibited a remaining angle of 1.9°, suggesting inadequate correction.

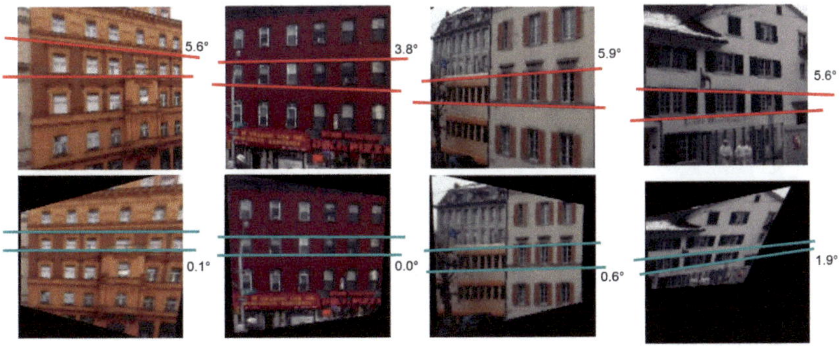

Fig. 5: Results of the regression network. Top row: Distorted input images. Bottom row: Rectified versions of the input images. Lines are drawn on both sets of images over edges that correspond to straight lines and the angles between these lines are given in degrees.

The Root Mean Squared Error (RMSE) obtained for the predicted parameters averaged over all the test images was 0.2028. However, such an analysis can be misleading because, even though the quality of rectification was not always good (as seen in Figure 5), the RMSE was found to be quite low. A parameter-wise analysis is, therefore, essential. It was observed during such an analysis that even slight deviations of the parameters h_{31} and h_{32} from the ground-truth lead to poor rectification results. Figure 6 gives a comparison between the predictions made by the model for the parameters, h_{31} and h_{32} for all the test images.

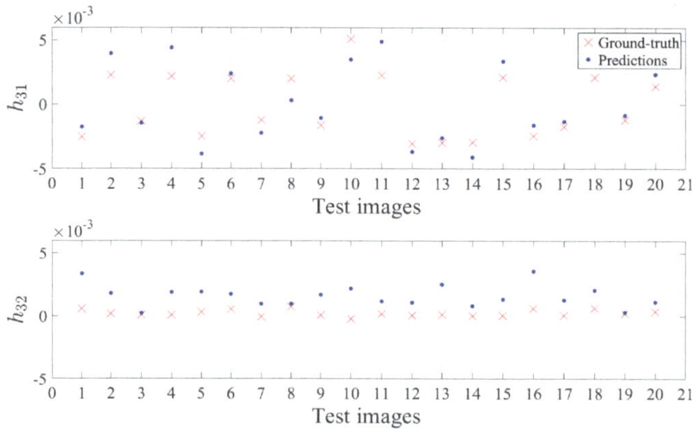

Fig. 6: Comparison of h_{31} (left) and h_{32} (right) predicted by the model with ground-truth

To evaluate how much the deviations of the predictions of these parameters from the ground-truth affect the rectification quality, the results of four test images are shown in Figure 7. A detailed examination of Figure 6 and Figure 7 reveals that the success of image rectification is closely tied to the precision of predictions for the parameters h_{31} and h_{32}. When the predictions for both parameters closely match the ground-truth values, as seen in Test Image 19, the rectification outcome is notably satisfactory. Conversely, Test Images 6 and 8 illustrate scenarios where accurate prediction of one parameter is offset by a less precise prediction of the other, resulting in suboptimal rectification. Test Image 10 exemplifies a case where predictions for both parameters significantly deviate from the ground-truth, leading to inadequate rectification characterized by persistent perspective distortions.

Fig. 7: Comparison of rectification results. From left to right: Test Image 19, 6, 8 and 9

6 Conclusions

In this study, we presented two different strategies for image rectification of perspective distortions in images. The first approach, leveraging monocular depth estimation, utilizes depth maps to reconstruct spatial geometry and correct distortions, while the second employs a regression network to directly predict homography parameters for rectification. Our evaluation revealed that both strategies are capable of effectively addressing perspective distortions to varying degrees of success.

Even though the proposed approaches show promising results, and the automation of the pipelines was achieved, the analysis of the results show room for improvement. The use of more powerful models for producing dense depth maps can, for example, be used to get better point clouds leading to improved results for Method 1. Method 2 needs further investigation on the influence of the parameters, in particular, the parameters that describe the perspective effects.

Literature

Alizadehashrafi, B. & Rahman, A. (2018): *Enhancing textures of 3D building façade.* https://www.researchgate.net/publication/266872193_ENHANCING_TEXTURES_OF_3D_BUILDING_FACADE.

DeTone, D., Malisiewicz, T. & Rabinovich, A. (2016): *Deep Image Homography Estimation.* ArXiv, abs/1606.03798. https://api.semanticscholar.org/CorpusID:13429319.

Godard, C., Mac Aodha, O., Firman, M. & Brostow, G. J. (2019): *Digging into Self-Supervised Monocular Depth Prediction.* The International Conference on Computer Vision (ICCV), October 2019.

Siewczynska, M. & Zioło, T. (2022): *Analysis of the Applicability of Photogrammetry in Building Façade.* Civil and Environmental Engineering Reports, 32, pp. 182-206. 10.2478/ceer-2022-0035.

Soycan, A. & Soycan, M. (2018): *Perspective correction of building facade images for architectural applications.* Engineering Science and Technology, an International Journal, 22. DOI: 10.1016/j.jestch.2018.12.012.

Tsironis, V., Tranou, A., Vythoulkas, A., Psalta, A., Petsa, E. & Karras, G. (2017): *Automatic Rectification of building facades.* ISPRS – International Archives of the Photogrammetry, Remote Sensing and Spatial Information Sciences, XLII-2/W3, pp. 645-650. DOI: 10.5194/isprs-archives-XLII-2-W3-645-2017.

Tyleček, R. (2012): *The CMP Facade Database.* CTU Publishing House, Czech Technical University Prague. http://cmp.felk.cvut.cz/~tylecr1/facade/CMP_facade_DB_2013.pdf.

7 Augmented Reality/Virtual Reality

Interaktives Postprocessing in VR für dynamische Hervorhebungsvisualisierungen von 3D-Stadtmodellen

Helge OLBERDING

Zusammenfassung

Viele Geovisualisierungen werden im Kontext eines VR-Headsets realitätsnah dargestellt, dementsprechend sehen Nutzende eine Vielzahl visueller Informationen. Der Anspruch auf Realitätsnähe erfordert Ansätze zur Hervorhebung von ausgewählten Objekten in einer 3D-Szene. Mithilfe einer solchen Hervorhebung kann der Blick des Nutzenden auf die wichtigsten Informationen gelenkt werden. Hierzu kann als eine Methode das Postprocessing zum Einsatz kommen. Das Postprocessing, das Nachbearbeiten eines Bildes, ermöglicht es, Geovisualisierungen in ihrer Darstellung anzupassen. Postprocessing kann die erzeugte Stimmung einer 3D-Szene drastisch verändern und eine Geovisualisierung zu einer nicht fotorealistischen Visualisierung umwandeln. Des Weiteren ist es auf verschiedenste Arten möglich, nur Teilbereiche oder ausgewählte Objekte visuell zu verändern, ohne die Objekte manuell bearbeiten zu müssen. Die Hervorhebung kann z. B. bei Gebäuden erfolgen, welche zuvor bestimmte Metadaten enthalten. Postprocessing-Materialien können einfach in existierende VR-Projekte in Spiele-Engines integriert werden. Dazu können Postprocessing-Materialien durch Interaktionen von Nutzenden dynamisch veränderbar sein.

1 Einleitung

Spiele-Engines ermöglichen es, interaktive 3D-Städte zu erschaffen. Neben realitätsnahen Visualisierungsmethoden können bei einem Stadtmodell auch alternative Darstellungsmethoden aus Kunst, Videospielen und der 2D- oder 3D-Kartographie eingesetzt werden. Der Einsatz alternativer Darstellungsmethoden bzw. non-photorealistic rendering (NPR) ermöglicht die visuelle Hervorhebung oder die Detailreduzierung von ausgewählten oder allen 3D-Modellen (AKENINE-MÖLLER et al. 2018, GOOCH & GOOCH 2001).

Eine Möglichkeit für die Erstellung von dynamischen Hervorhebungsvisualisierungen ist der gezielte Einsatz von Postprocessing. Postprocessing ist die Nachbearbeitung von digitalen Bildern und kann am Ende des Renderingprozesses in einer Spiele-Engine zum Einsatz kommen. Innerhalb des Postprocessings werden Filter aus der Bildverarbeitung eingesetzt, um Ränder, Objekte oder Flächen zu detektieren und hervorzuheben. Zusätzlich kann auf verschiedensten Weisen festgelegt werden, ob der Einfluss des Postprocessings auf das ganze Bild oder nur auf Ausschnitte eine Wirkung hat.

Hervorhebungsmethoden werden in interaktiven Anwendungen benötigt, um eindeutiger 3D-Objekte auszuwählen, zu platzieren, zu verschieben oder potenziell darzustellen. Dabei können die Hervorhebungsmethoden in ihrer Darstellung für kartographische Zwecke variieren.

Technisch lassen sich die Umsetzungen in ergänzende Objekte oder Filter unterteilen (TRAPP et al. 2011).

3D-Stadtmodelle können mithilfe einer VR-Brille, die das vollständige Blickfeld einnimmt, völlig anders auf Nutzende wirken. Beim Einsatz von Postprocessing mit VR-Headsets müssen zusätzliche Einschränkungen und Darstellungsaspekte beachtet werden, damit beim Nutzenden keine Motion Sickness ausgelöst wird.

2 Vorbereitung

Eine Spiel-Engine oder Spielentwicklungsumgebung ist ein Software-Framework, das die Entwicklung von Anwendungen ermöglicht, die eine Echtzeit-Visualisierung erfordern. Zu diesem Zweck wird eine Vielzahl von Komponenten verwendet. Neben Echtzeit-Visualisierungen ist es auch möglich, Videos und einzelne Bilder zu rendern.

Für die Visualisierung einer VR-Anwendung wurde als Spiele-Engine die Unreal Engine 5 (UE5) eingesetzt. Stadtmodelle und Geodaten können aus größeren Datenmengen bestehen. Die UE5 kann als Engine mehrere tausend Assets gleichzeitig anzeigen, was ideal für das Rendern vieler Gebäudemodelle ist. Mithilfe einer reinen Postprocessing Visualisierung bzw. Hervorhebung werden keine weiteren Objekte zusätzlich in der virtuellen Welt benötigt.

In den darauffolgenden Beispielen wurden Daten der Stadt Berlin verwendet. Diese bestehen aus einem Geländemodell und einem 3D-Stadtmodell im Format CityGML in der Qualität LoD2. Für die Hervorhebungsmethoden können jedoch auch Gebäude in einem anderen Format wie z. B. FBX verwendet werden.

Als Interaktionsoberfläche für die dynamische Hervorhebungsvisualisierung wurde ein Anzeigesystem bzw. Head-up-Display (HUD) eingesetzt. Bei einer Anwendung mit einem VR-Headset sind die Möglichkeiten eines HUDs eingeschränkter. Anders als bei einer Desktop-Anwendung kann sich der Kopf bei einem HMD nicht anders ausrichten, um Randelemente auf den Linsen des VR-Headsets besser zu sehen. Außerdem erfolgt bei einem VR-Headset, wie der eingesetzten HTC Vive Pro 2, die Interaktion mit Motion Controllern. Motion Controller besitzen wenige Knöpfe und sind häufig als digitale Hände in der virtuellen Welt dargestellt. Mit einem HUD-Element, welches sich räumlich in der 3D-Szene befindet, kann eine digitale Hand mithilfe von Berührungen interagieren.

An das HUD kann neben der Visualisierung zum einen die Position des Nutzenden angepasst und zum anderen zusätzliche Informationen wie Statistiken oder Koordinaten angezeigt werden. Es ist ebenfalls möglich, nicht nur die Position zu ändern, sondern andere vorbereitete Szenarien mit anderen Visualisierungen und Interaktionsmethoden zu starten.

Alle Visualisierungsvarianten zur Hervorhebung wurden im Post Process Volume (PP Volume) erstellt. Das PP Volume ist ein Asset, welches in jedem Projekt der UE5 automatisch enthalten ist.

3 Realisierung

3.1 Farbkorrektur

Das Color Grading im PP Volume beinhaltet die Tone Mapping Funktion sowie die Farbkorrektur (Farbtransformation) des Bildes. Der Prozess des Tone Mapping ist eine Art Simulation von Licht auf das fertige Bild. Die Farbkorrektur wird verwendet, um die Gesamtfarbe des Lichts in der 3D-Szene zu verändern oder zu verbessern. Die Steuerelemente für die Farbkorrektur arbeiten im szenenbezogenen linearen Raum, dies bedeutet, dass alle Farben erfasst werden, bevor das Tone Mapping stattfindet. Als Steuerelement, neben der Parametereingabe in RGB oder HSV liegt ein Farbenrad vor. Hierbei kann die Farbe des gesamten Bildes oder nur der Schatten der mittleren oder der hellen Farbwerte verändert werden (Epic Games, Inc. 2020).

Eine andere Variante Color Grading einzusetzen ist mithilfe einer Lookup-Tabelle (LUT). Hierzu wird in der UE5 eine dreidimensionale LUT genutzt. Eine LUT ist eine 256 × 16 Textur, welche aus 16 × 16 × 16 Farben besteht. Dadurch sind komplexere Farbveränderungen möglich, ohne jeden einzelnen Wert manuell anzupassen (Abb. 1) (Epic Games, Inc. 2022).

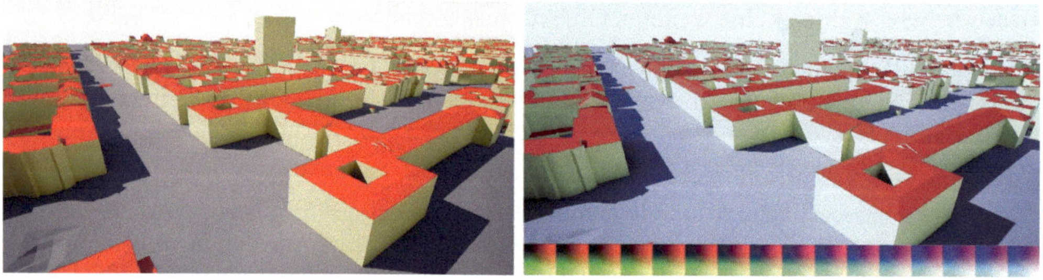

Abb. 1: Links: Ausgangsbild; rechts: Angepasstes bläuliches Bild mit beigefügtem LUD

Mithilfe eines LUT ist es möglich, Farbenblindheit zu simulieren. Hierbei kann es z. B. Deuteranopie sein (Abb. 2). Deuteranopie ist eine verminderte Empfindlichkeit für grünes Licht, die häufigste Form der Farbenblindheit. Ein LUT zu Deuteranopie kann genutzt werden, um Geovisualisierung auf Schwierigkeiten bei einer Farbenblindheit zu überprüfen.

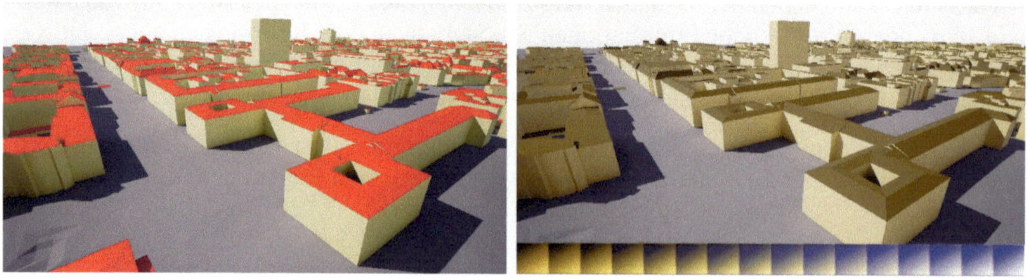

Abb. 2: Links: Ausgangsbild; rechts: Angepasstes Bild mit beigefügtem LUD zur Deuternaopie

3.2 Material

Mithilfe von Post Process Materialien (PP Material) können zusätzliche visuelle Effekte einem PP Volume bzw. dem Rendering hinzugefügt werden. Hierbei kommen zum Teil Mapping Verfahren zum Einsatz, wie bei der Texturierung eines einzelnen Objektes. Dies findet in der UE5 in Form von Materialien statt. Ein Material wird in der 3D-Computergrafik potenziell durch mehrere feste oder dynamische Parameter, Farbwerte oder Texturen definiert. Innerhalb eines PP Volumes ist die Hinterlegung von beliebig vielen PP Materialien möglich (Abb. 3). Und mithilfe eines Parameters von 0 und 1 kann bestimmt werden, ob ein Material aktiv oder deaktiviert im PP Volume ist.

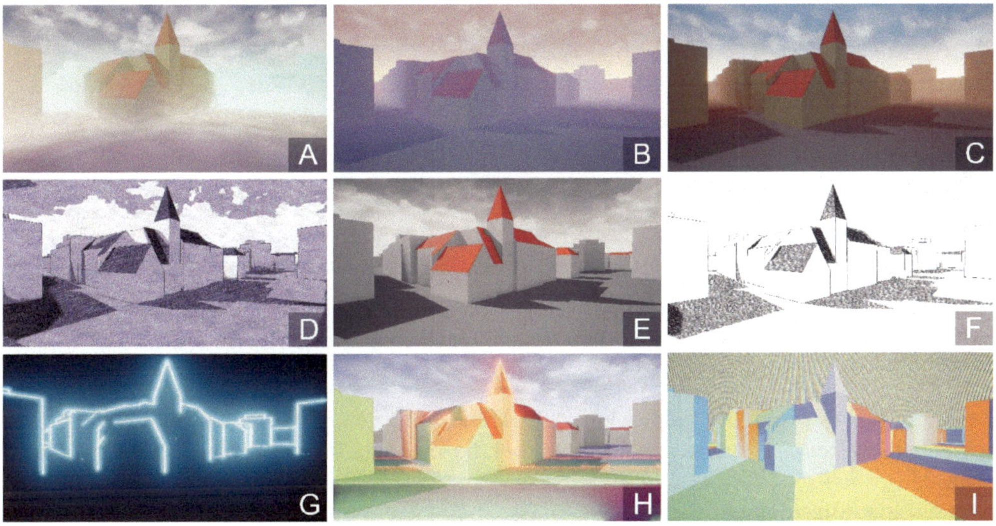

Abb. 3: A bis C: Material mit verschiedenen Werten zu Farbgradienten und Nebel, D und F: Outline mit Cartoon-Shading, E: Entsättigung von ausgewählten Farbinformationen, G: Farbige Outline, H und I: Erstellung von überlappenden neuen Texturen aus dem jeweiligen Material

Durch ein Material besteht die Möglichkeit der 3D-Szene z. B. einen Cartoon-Shader hinzuzufügen, welcher angelehnt ist an kartenähnlichen Darstellungsmethoden. Ein Beispiel ist eine schwarze Kontur, die als eine zusätzliche Umrandung bzw. Outline für 3D-Modelle zum Einsatz kommen kann. Mithilfe von Outlines können 3D-Objekte klarer voneinander abgegrenzt werden. Eine Outline kann auch eine andere Farbe oder Dicke besitzen. Neben der Erstellung von Outlines ist die Erzeugung von Nebel mithilfe von Depth Fog möglich. Hierbei wird abhängig von der Distanz der Kamera zur 3D-Szene das Bild verändert. Dazu lassen sich im Material auch Farbkorrekturen umsetzen.

Ebenfalls kommen Texturen auf zwei Varianten zum Einsatz. Zum einen werden Texturen bei PP Material über die vollständige Kamera gelegt, um Regen, Schnee oder Verzerrungen darzustellen. Zum anderen können Texturen auch bestehende Texturen in der 3D-Szene überlagern.

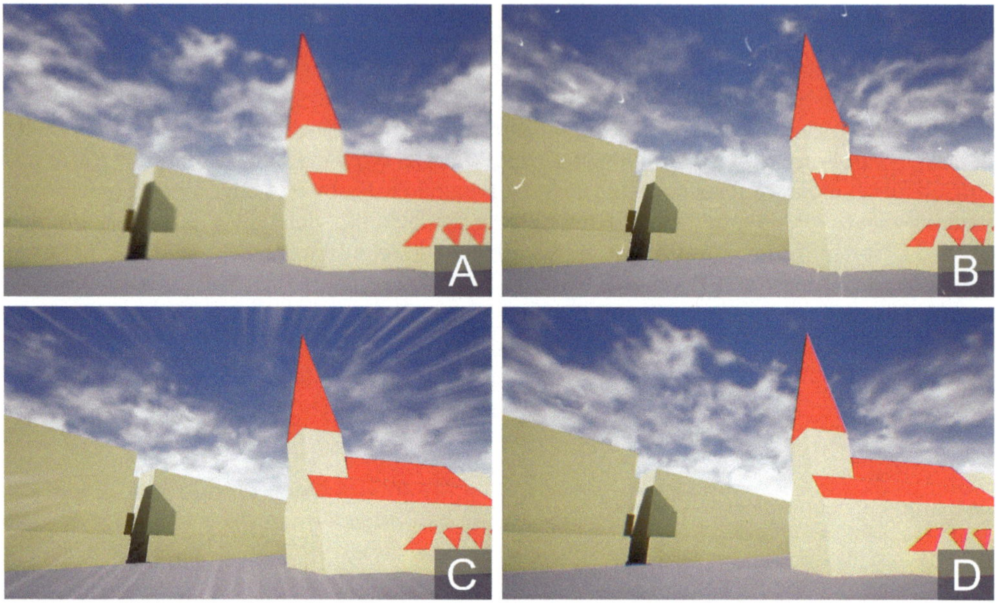

Abb. 4: A: Teile der Szene sind unscharf, B: bewegende Regentropfen auf dem Bildschirm, C: wackelnde Linien von allen Seiten, D: Chromatische Aberration

Bei einer VR-Anwendung kann Motion Sickness auftreten. Der Begriff Motion Sickness wird auch als Reise- bzw. Bewegungskrankheit bezeichnet. Motion Sickness hat physiologische und psychische Gründe. Es ist ein Bewegungs-Adaptionssyndrom, welches sich mit Unwohlsein, allgemeinem Unbehagen, Blässe, Schwitzen, Speichelfluss, Übelkeit und Erbrechen äußern kann. Die Krankheit tritt besonders bei ungewohnten Bewegungen auf. Motion Sickness kann durch visuelle Bewegungen auftreten, vorwiegend wenn keine erwartete Bewegung vorliegt (DOBIE 2019).

Es gibt somit auch Effekte innerhalb eines Postprocessings, die zu vermeiden sind. Hierzu gehören insbesondere Verzerrungen, rauschende Effekte und starke Unschärfe. Nutzende sind beim Einsatz eines VR-Headsets stärker gefährdet unter Motion Sickness zu leiden. Der Blick eines Nutzenden kann sich hierbei nur schwer von den störenden Effekten abwenden (Abb. 4).

3.3 Hervorhebung

Mithilfe von PP Material ist es möglich, nur ausgewählte Objekte visuell zu verändern, hierzu wird in der UE5 der Parameter SceneDepth genutzt. SceneDepth liegt bei jedem Mesh vor und gibt die vorhandene Szenentiefe für das jeweilige Mesh aus. Die Funktion ermöglicht es, die Entfernung einzelner Objekte mit Farbinformationen darzustellen, abhängig von der Szenenposition der Kamera. Hierbei entsteht ein schwarz-weißes Bild mit den Werten 0 oder 1. Dadurch ist die 3D-Szene in zwei Versionen geteilt. Anschließend lassen sich auf eine oder beide Versionen verschiedenste PP Material Effekte anwenden. Danach werden diese wieder zu einem Bild zusammengesetzt (Abb. 5).

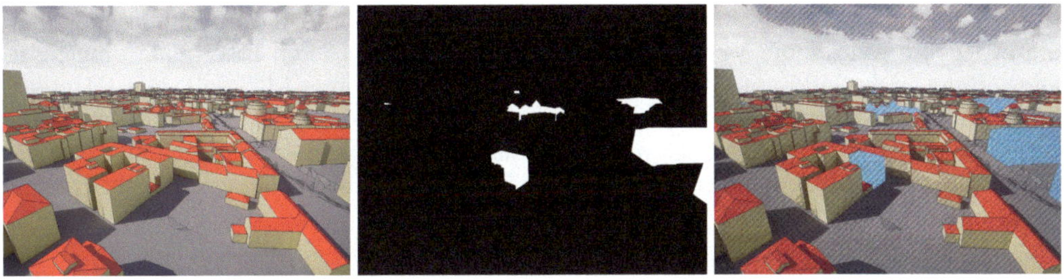

Abb. 5: Links: das Ausgangsbild; Mitte: alle sichtbaren 3D-Objekte mit SceneDepth; rechts: nur auf die SceneDpeth Objekte wurde ein PP Material angewendet

Dabei kann Scene Depth die Tiefe an jeder beliebigen Stelle abtasten, auch wenn z. B. andere Objekte sich vor dem Mesh befinden (Abb. 6). Daraus folgend ist es möglich, Effekte wie eine Variante eines Röntgenblicks zu visualisieren. Für einen Röntgenblick bietet sich ein Outline-Material an, damit nur die Konturen der hervorgehobenen Objekte durch Wände zu sehen sind.

Mithilfe von einem weiteren Parameter, dem Stencil Value ist es möglich, verschiedene Scene Depth Gruppen zu erstellen. Ein Beispiel wäre, dass ein Material alle Objekte Rot einfärbt, die einen Stencil Value von 1 haben und ein anderes Material erstellt eine Outline um alle Objekte mit einem Stencil Value 2. Bei einer interaktiven Anwendung kann z. B. der Wert eines Stencil Values angepasst oder der betrachtete Stencil Value verändert werden. Welches Objekt welchen Stencil Value erhält, kann wiederum Hilfe von Tabellen oder Metadaten bestimmt werden. Hierbei stellt sich der Einsatz von CityGML-Daten mit ihren hinterlegten Metadaten als nützlich heraus.

Abb. 6: Links: das Ausgangsbild; Mitte: alle 3D-Objekte mit SceneDepth unabhängig von den Verdeckungen; rechts: auf alle Objekte, außer die SceneDepth Objekte, wurde ein PP Material angewendet

Es ist möglich, dass ein NPR-Effekt nicht in der gesamten 3D-Szene, sondern nur in einem Bildausschnitt oder definierten Bereich dargestellt wird. So können PP-Materialien neben einer kartenähnlichen Darstellung und der gezielten Reduktion oder Hervorhebung bestimmter Informationen zusätzlich auch Flächensignaturen im 3D-Raum abbilden. Diese Region im 3D-Raum kann eine beliebige Form mit festen Koordinaten besitzen. Ein Beispiel wäre eine Kugel.

In der Anwendung können Nutzende gezielt Kugeln in der Welt platzieren und nur innerhalb dieser Kugeln werden die Veränderungen der Visualisierung durch PP-Effekte umgesetzt. Dies erfolgt in der UE5 mithilfe von SphereMask innerhalb eines Materials. Diese Hervorhebungsmethode kann wiederum mit der vorherigen Hervorhebungsmethode des Scene Depth kombiniert werden. Dadurch würden nur ausgewählte Objekte hervorgehoben werden, wenn diese den Stencil Value erfüllen und sich innerhalb der Kugel befinden (Abb. 7).

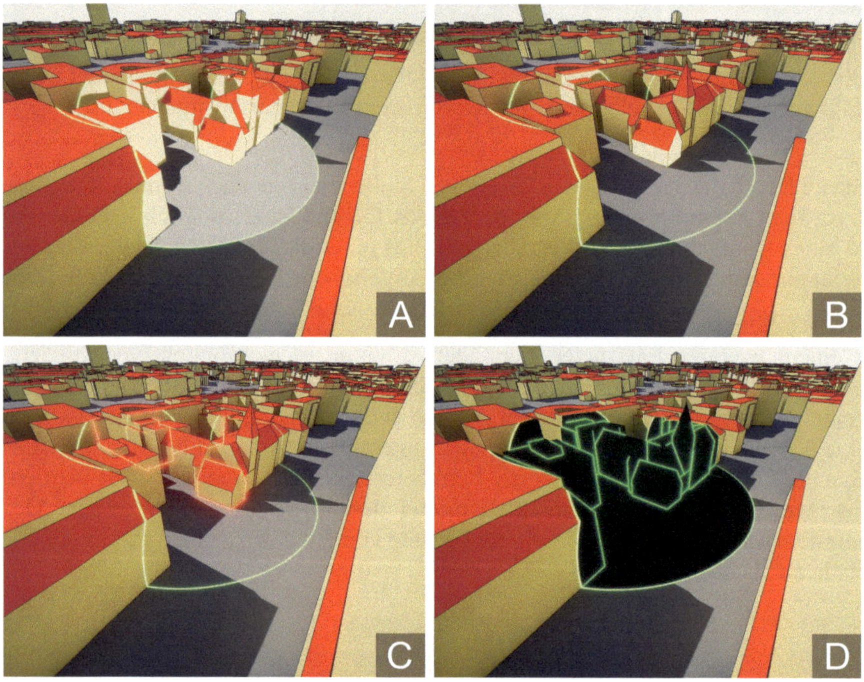

Abb. 7: A: Cartoon-Shading, B: Cartoon Shading mit Scene Depth, C: Outlines mit Scene Depth, D: PP-Material welches die Region erheblich visuell hervorhebt

4 Zusammenfassung und Ausblick

Mithilfe von Postprocessing ist es möglich, eine Vielzahl an NPR zu erschaffen. Hierbei kann dies von einer einfachen Farbkorrektur bis hin zu Bildeffekten und Umrissdetektion eine große Bandbreite abdecken. In Spielen bzw. Spiele-Engines wird Postprocessing insbesondere für das Hervorheben von Zielen oder zur Anpassung der Stimmung der Szene eingesetzt. Die Erfahrungen aus dem Bereich der 3D-Spiele lässt auch auf Geovisualisierungen bzw. 3D-Kartographie übertragen. Hierbei kann das Postprocessing sich auf die ganze Szene, auf eine Region oder nur auf ausgewählte Objekte beziehen. Ein großer Vorteil an der Nutzung von PP Material ist die schnelle Möglichkeit, diese Filter auf das finale Bild zu aktivieren bzw. deaktivieren. Dadurch muss die eigene Geovisualisierung nicht manuell für jeden Filter angepasst werden und eine Anpassung oder ein Austausch der Effekte ist jederzeit möglich.

Bei der Entwicklung und dem Einsatz eines VR-Headsets muss jedoch stets Motion Sickness als potenzielles Problem beachtet werden. Neben der Bewegung des Nutzenden können auch verschwommene, rauschende oder unruhige Postprocessing-Effekte Schwierigkeiten bereiten.

Postprocessing ist dazu eine Alternative neben der Platzierung von Markern und Symbolen, insbesondere wegen dessen grundsätzlich automatisierter Integration in den Spiele-Engines und dessen Flexibilität bezüglich Darstellungsmöglichkeiten und Interaktionen. Es sind Möglichkeiten denkbar, die Postprocessing-Darstellung in den folgenden Untersuchungen mit einer dynamisch veränderbaren Tabelle zu verknüpfen. Ebenfalls gilt es zu Untersuchen andere Formen als die einer Kugel zu erproben, z. B. mit 3D-Splines. Dazu gibt es Fragen, welche eine zukünftige Studie beantworten soll. Die erste Frage ist, in welcher Form diese Darstellungsmethoden qualitativ getestet werden können und die zweite Frage ist, ob eine zusätzliche kartographische Visualisierung zur realistischen Darstellung tatsächlich einen signifikanten Mehrwert bringt.

Literatur

Akenine-Möller, T., Haines, E. & Hoffman, N. (2018): *Real-Time Rendering.* 4th Ed. Chapman and Hall/CRC, Milton.

Dobie, T. G. (2019): *Motion Sickness. A Motion Adaptation Syndrome.* Springer International Publishing, Cham.

Epic Games, Inc. (2020): *Unreal Engine. Color Grading and Filmic Tonemapper.* https://docs.unrealengine.com/4.27/en-US/RenderingAndGraphics/PostProcessEffects/ColorGrading/ (05.10.2023).

Epic Games, Inc. (2022): *Unreal Engine. Using Look-up Tables for Color Grading.* https://docs.unrealengine.com/5.1/en-US/using-look-up-tables-for-color-grading-in-unreal-engine/ (05.10.2023).

Gooch, B. & Gooch, A. (2001): *Non-photorealistic rendering.* A K Peters (ITpro collection).

Trapp, M., Beesk, C., Pasewaldt, S. & Döllner, J. (2011): *Interactive Rendering Techniques for Highlighting in 3D Geovirtual Environments.* In: Kolbe, H. T. et al. (Hrsg.): Advances in 3D Geo-Information Sciences. Springer, Berlin/Heidelberg, S. 197-210. doi: 10.1007/978-3-642-12670-3_12.

DVocean Digital – ein virtuelles Vermessungsschiff

Simon DEGGIM und Thomas P. KERSTEN

Zusammenfassung

Die (praxisnahe) Ausbildung der Studierenden im Masterstudiengang Geodäsie und Geoinformatik in der Hydrographie ist für die HafenCity Universität (HCU) Hamburg eine wichtige und herausfordernde Aufgabe, da die Absolventen auch in Zukunft dringend für die Vermessung der Weltmeere und Binnengewässer benötigt werden. Da die Schiffskapazitäten für die hydrographische Ausbildung der Studierenden des Studiengangs Geodäsie und Geoinformatik zeitlich und räumlich begrenzt sind, wurde eine interaktive 3D-Anwendung entwickelt, die hydrographische Messungen im Hamburger Hafen simuliert. Dieser Beitrag beschreibt die Entwicklung einer Anwendung zur Simulation von hydrographischen 3D-Messungen mit einem Fächerecholot (MBES) in Kombination mit GNSS/IMU-Positionierungssensoren, die in das virtuelle 3D-Modell des Vermessungsschiffes DVocean der HCU Hamburg integriert wurden.

1 Einführung

Die Seeschifffahrt ist ein bedeutender Wirtschaftsfaktor für den Hamburger Hafen. Daher ist die Sicherheit der Schifffahrt eine wichtige Voraussetzung für einen reibungslosen Warenaustausch auf dem Seeweg und im Hafen. Um sichere Schifffahrtswege zu gewährleisten, werden Fahrrinnen, Flusslandschaften und Meere permanent vermessen, um aktuelle Seekarten zu erstellen. Für die Erstellung präziser und aktueller Karten sind moderne Ausrüstung (Schiffe und entsprechende Sensoren) sowie geschultes Personal erforderlich. In der Vertiefungsrichtung Hydrographie des Masterstudiengangs Geodäsie & Geoinformatik an der HafenCity Universität (HCU) Hamburg werden Studierende nach dem Standard der Internationalen Hydrographischen Organisation (IHO) ausgebildet. Die HCU Hamburg nutzt hierfür ihr eigenes Vermessungsschiff namens DVocean, das aufgrund seiner Größe nur sechs Studierende gleichzeitig an Bord nehmen kann. Im Masterstudiengang sind zurzeit über 30 Hydrographie-Studierende pro Jahr eingeschrieben, aber es steht nur begrenzte Schiffszeit für die praktische Ausbildung auf dem Wasser zur Verfügung. Aufgrund der begrenzten Kapazität des Schiffes ist es für die Studierenden schwierig, alle vorgesehenen Ausbildungs- und Lehrkompetenzen während ihres Studiums konsequent zu erarbeiten.

Die Entwicklung einer Anwendung zur Simulation von Vermessungsfahrten mit entsprechender Sensorik im Hamburger Hafen und auf der Elbe ist eine interessante Alternative und eine sinnvolle Ergänzung für die praktische Aus- und Weiterbildung. Das Projekt hatte zum Ziel, eine interaktive Anwendung mithilfe einer geeigneten Programmierumgebung (in diesem Fall der Game Engine Unreal) zu entwickeln. Die App dient nicht nur zur Steuerung des Schiffes, sondern legt besonderen Fokus auf die Steuerung und Simulation der Datenerfassung der Positionssensoren (GNSS und Inertialsystem) sowie der Aufnahmesensoren (z. B. Fächerecholot (MBES) für die erste Version der App). Die simulierten Aufzeichnungen der Vermessungsfahrten erzeugen entsprechende synthetische Daten, die im weiteren Verlauf der Ausbildung für die nachfolgenden Auswertungsprozesse genutzt werden können. Um die jeweilige Sensorik zu beherrschen, ist es wichtig, die entsprechenden Softwareoberflächen (Menüs) in der Simulation zu nutzen. Dabei sollten Hilfefunktionen und Lernvideos (Tutorials) integriert werden.

Nach einer kurzen Zusammenfassung verwandter Arbeiten in Abschnitt 2 wird in Abschnitt 3 das Vermessungsschiff DVocean beschrieben. In Abschnitt 4 werden das Konzept und die zugehörige Datenerfassungsumgebung vorgestellt. Der Hauptteil dieses Beitrags beschreibt die Erstellung des 3D-Modells, den Programmierablauf und die Implementierung der Funktionalität (Abschnitt 5). In Abschnitt 6 werden die Ergebnisse und eine beispielhafte Analyse präsentiert. Abschnitt 7 enthält die Schlussfolgerungen und einen Ausblick.

2 Verwandte Arbeiten

Historische Schiffe wurden bereits als 3D-Modelle rekonstruiert und für den Wissenstransfer in Anwendungen genutzt. Beispiele hierfür sind die Viermastbark ‚Peking' (KERSTEN et al. 2020) sowie repräsentative 3D-Modelle von vier bedeutenden historischen Kriegsschiffen, die 1827 an der Schlacht von Navarino an der Südwestküste des Peloponnes teilnahmen: die britische ‚Asia', die französische Fregatte ‚Armide', die russische ‚Azov' und die osmanische ‚Kuh-I-Revan' (LIASKOS et al. 2022). Terrestrisches Laserscanning wurde bereits genutzt, um die Sensorposition auf einem Schiff zu bestimmen. In Kombination mit Structure-from-Motion-(SfM-)Photogrammetrie wurde es zusätzlich zur Rekonstruktion eines 3D-Schiffsmodells eingesetzt (WUJANZ et al. 2013).

Simulationsprogramme gibt es in verschiedenen Disziplinen. Der Fokus liegt jedoch nicht auf Sensoren für hydrographische 3D-Messungen, sondern auf der Schiffsnavigation. XUE et al. (2011) präsentieren ein automatisches Schiffsnavigationssimulationsprogramm. Dieses Programm ermöglicht es Schiffen, in möglichen Kollisionssituationen sicher zu navigieren, ohne oder mit nur minimalem Eingriff eines menschlichen Navigators. XIUFENG et al. (2004) und CAO (2016) beschreiben frühe Entwicklungen in der Schiffssimulation, die sogar die Technologie der virtuellen Realität nutzen. In letzter Zeit haben einige Autoren Ausbildungsplattformen vorgestellt, die auf virtueller Realität basieren. Diese Plattformen dienen der vollständigen Schiffssimulation (YIN et al. 2021), dem Schiffsnavigationstraining mit Virtual Reality (LVOV & POPOVA 2019) und Augmented Reality (TEMPLIN et al. 2022) zur Unterstützung der sicheren Navigation. Außerdem wurde die Technologie Ship-SEVR (Ship Safety Education with Virtual Reality) entwickelt, um Auswirkungen auf die Schiffs- und Seeverkehrssicherheit durch entsprechende Ausbildung zu optimieren (MARKOPOULOS et al. 2020).

Das Ziel dieses Projekts ist nicht die Simulation der Schiffsnavigation. Stattdessen geht es um die Steuerung und Simulation der Datenerfassung mit verschiedenen Sensoren. Konkret geht es um die Messungen der Positionierungssensoren (GNSS und Inertialsystem) sowie der Aufnahmesensoren (in diesem Fall MBES). LUHMANN et al. (2022) haben in einem ähnlichen Projekt einen Simulator für terrestrische Laserscanner entwickelt, um ihn in der Ausbildung von Laserscanning-Prozessen einzusetzen. In der Literatur ist bisher keine andere Simulationssoftware für geodätische Instrumente verfügbar, abgesehen von dieser Software.

3 Das Vermessungsschiff DVocean

Die DVocean ist das neue Vermessungsschiff der HCU, das sowohl für Forschungsprojekte als auch für die Lehre eingesetzt wird. Das Aluminiumschiff (siehe Tabelle 1) ist etwa 8 Meter lang und 2,6 Meter breit. Es kann leicht mit einem Anhänger zu weiter entfernten Messgebieten transportiert werden. Die Kabine bietet neben dem Skipper ausreichend Arbeitsfläche für sechs Personen. Das Boot ist für den Einsatz in flachem Wasser optimiert worden. Die DVocean verfügt über moderne hydrographische Messsysteme. Diese Geräte umfassen Multibeam-Echolote (MBES), Sedimentecholote, Magnetometer, Trägheitsnavigationssysteme und GNSS-Empfänger. Die Sensorsysteme sind modular aufgebaut und dadurch flexibel einsetzbar. Sie können sowohl am Bug, an den Seiten als auch am Heck montiert werden und somit gleichzeitig Daten erfassen. Auf dem Dach können Laserscanner neben den GNSS-Sensoren angebracht werden. Dadurch ist es möglich, das Gelände oberhalb der Wasserlinie zusätzlich zu erfassen.

Tabelle 1: Technische Daten der DVocean

Antrieb	2 Außenborder + Bugstrahlruder
Anzahl Personen	Max. 10
Schiffswerft	Lübeck Yacht Trave Schiff GmbH
Fertigstellung	2019
Schiffstaufe	28.05.2019
Länge des Rumpfes	8.0 m
Breite des Rumpfes	2.6 m
Maximaler Tiefgang	0.9 m
Höhe über Wasserlinie	2.8 m

4 Konzept und Datenerfassung

Um die Ziele aus Kapitel 1 zu erreichen, wurde ein Konzept mit sechs Kernelementen entwickelt, die für die erste Version der Applikation umgesetzt wurden. Diese Elemente lassen sich wie folgt zusammenfassen: 1) Es soll eine detaillierte 3D-Version des Äußeren der DVocean modelliert werden, die als Standard-Avatar-Schiff für die Simulation verwendet wird. 2) Das grundlegende Verhalten des Schiffs (Schwimmen) und seine Bewegung (Steuerung, Beschleunigung) sollen simuliert werden, um in der 3D-Umgebung navigieren zu können. 3) Eine virtuelle Umgebung mit Unterwasserelementen (dynamische Merkmale des Meeresbodens, Schiffswracks, Kabel) soll gestaltet werden, um verschiedene Simulationsszenarien zu ermöglichen. Außerdem sollen Merkmale über Wasser (Küstenelemente oder Hafen-/Stadtmodelle) zur besseren Orientierung integriert werden. 4) Die Funktionsweise eines MBES soll simuliert werden und verschiedene Parameter in Echtzeit geändert werden können. 5) Zusätzlich sollen Lerninhalte bereitgestellt werden, die sowohl das Verständnis des Programms als auch den Erwerb von allgemeinem Wissen über die hydrographische Vermessung fördern. 6) Des Weiteren soll eine Schnittstelle für den Datenexport entwickelt werden, um die Nachbearbeitung der simulierten Messungen als reale Daten in externen Programmen zu ermöglichen.

Abb. 1: Die sechs Kernelemente für die Entwicklung dieses Projekts

Nach ersten Tests wurde entschieden, das Forschungsschiff Atair (betrieben vom *Bundesamt für Seeschifffahrt und Hydrographie, BSH*) als zusätzliche Option in das Programm zu integrieren. Die Modellierung wurde basierend auf Fotos und einer technischen Zeichnung durchgeführt. Das 3D-Stadtmodell des Hamburger Hafens in der Qualitätsstufe LoD2, bereitgestellt vom *Landesbetrieb für Geoinformation und Vermessung (LGV) Hamburg* (2021), dient als virtuelle Umgebung. Die erfassten Daten werden als ASCII-Datei im einfachen XYZ-Format exportiert und in der Open-Source-Software QGIS bearbeitet und visualisiert. Es ist möglich, neben dem Fächerecholot auch die Sensoren GNSS und INS zu simulieren. Der Prototyp soll nicht nur die Simulationsfunktionalität, sondern auch eine benutzerfreundliche, einheitliche grafische Bedienoberfläche beinhalten. Zusätzlich wird ein Tutorial mit theoretischen Grundlagen zur Messtechnik und Hydrographie für die Ausbildung bereitgestellt. Die Datenquellen für diese Arbeit sind die Vorlesungsinhalte der HCU-Arbeitsgruppe Hydrographie (ADHIKARI 2022; ADHIKARI 2023), sowie Informationen von der ‚International Hydrographic Organization‘ (IHO 2005) und dem BSH (BSH 2023). Bei der Entwicklung des Prototyps wurde darauf geachtet, die Hardware-Anforderungen an die Applikation niedrig zu halten, um eine bessere Benutzbarkeit für einen breiten Anwenderkreis zu gewährleisten.

Am 2. Juni 2021 wurde die DVocean im Hafen von Wedel mit dem terrestrischen Laserscanner IMAGER 5010 von Zoller + Fröhlich gescannt. Dabei wurde eine Auflösung von 6 mm auf 10 m eingestellt. Insgesamt wurden 25 Scans zu einer Gesamtpunktwolke registriert, die als Grundlage für die Erstellung eines 3D-Modells des Schiffes diente (Abb. 2).

Abb. 2: Terrestrisches Laserscanning des Vermessungsschiffs DVocean (oben links und Mitte), die Punktwolke (oben rechts) und der Modellierungsprozess der DVocean: von der groben Dreiecksvermaschung (unten links) zum endgültigen 3D-Modell (unten rechts)

5 Arbeitsablauf bei der Modellierung und Programmierung

Es wurde ein Testprogramm entwickelt, um den Arbeitsablauf zu bestimmen und die Eignung der Programmierumgebung für dieses Projekt zu bewerten. Für dieses Projekt wurde die Unreal Engine 5 (UE5) als integrierte Entwicklungsumgebung (IDE) ausgewählt. Sie verfügt über fortschrittliche Fähigkeiten in den Bereichen 3D-Rendering, Physiksimulation und umfangreiche Toolboxen für die Programmierung interaktiver Elemente. Die Entwicklung der Applikation erfolgte in folgenden Schritten. Zunächst wurden Blockversionen aller 3D-Elemente erstellt. Danach wurden einfache Umgebungsmerkmale wie Meeresboden und Wasser in UE5 gestaltet. Die Physiksimulation, einschließlich Schiffsauftrieb und Wellen, sowie wesentliche Schiffsbewegungen wurden implementiert. Anschließend wurde die Simulation des Fächerecholots (MBES) und der Positionierungssensoren GNSS und IMU programmiert. Anschließend wurden die Datenexportfunktion, die verschiedenen Menüs und alle wichtigen Komponenten der grafischen Benutzeroberfläche hinzugefügt.

Nach diesen Schritten war der Hauptteil des Programms fertiggestellt. Anschließend wurden die Details ausgearbeitet und zusätzliche Funktionen implementiert. Dabei wurden folgende Punkte berücksichtigt: 1) Modellierung detaillierter Versionen der Schiffe DVocean und Atair, 2) Implementierung von Parameterschaltern zur Aktivierung oder Deaktivierung von Instrumenten sowie zur Anpassung von Auflösungseinstellungen, 3) Entwurf zusätzlicher Merkmale des Meeresbodens und Implementierung des LoD2-Modells der virtuellen Umgebung von Hamburg sowie 4) Entwurf und Programmierung der Enzyklopädie und der Tutorials.

Die physikalische Simulation, insbesondere die des Auftriebsverhaltens, wurde mithilfe eines speziellen Plug-ins in UE5 implementiert. Um die Rechenzeit zu reduzieren, behandelt die Simulation die modellierte Geometrie nur als visuelle Darstellung. Die eigentliche physikalische Simulation berücksichtigt nur vier Pontonpunkte – zwei am Bug und zwei am Heck des Schiffes. Die Pontons müssen entsprechend der Größe, der Masse und des Auftriebsverhaltens des realen Schiffes angepasst werden. Größe, Masse und Dämpfungskoeffizienten der Pontons müssen berücksichtigt werden.

Die MBES-Simulation beginnt mit der Messung eines ‚realen' Strahls, der den tatsächlichen Abstand zwischen dem Gerät und dem Reflexionspunkt angibt. Dieser Wert wird auf der Grundlage der Wassereigenschaften in einen Laufzeitwert umgerechnet. Dann wird ein zweiter Strahl simuliert. Diesmal werden jedoch alle Ungenauigkeiten und Fehler, die aus den Parametereinstellungen resultieren, in der simulierten Messung berücksichtigt. So können z. B. falsche GNSS- oder IMU-Werte, ungenaue Werte für das Schallgeschwindigkeitsprofil (SVP) usw. je nach Einstellung simuliert werden. Zusammen mit der Laufzeit des ersten Strahls ergibt sich eine (mehr oder weniger genaue) Punktkoordinate für das simulierte reflektierte Signal. Die Simulation wird für jeden Strahl des Arrays mit den angegebenen Parametern für die Streifenbreite (resultierend vom Öffnungswinkel), die Anzahl der Strahlen pro Ping und die Pingfrequenz wiederholt.

In einer internen Datenbank werden Koordinaten und Zeitstempel zwischengespeichert. Sobald die Datenmenge einen bestimmten Schwellenwert erreicht, werden die Daten automatisch in ein XYZ-Dateiformat exportiert. Zur Identifizierung wird der Zeitstempel der ersten Koordinate verwendet. Der Datenexport kann auch manuell durch den Benutzer erfolgen. Bei jedem Programmlauf werden zusätzlich die realen bathymetrischen Daten des gesamten Vermessungsgebietes in grober Auflösung als Referenz exportiert, um sie später mit den Ergebnissen der Simulation vergleichen zu können.

Als Orientierungshilfe für die Schiffsnavigation wurde ein LoD2-Modell der Gebäude und des Hafens rund um die Elbe in Hamburg vom ‚Elbpark Entenwerder' im Osten bis zur ‚Elbphilharmonie' im Westen implementiert und für die Performance-Optimierung aufbereitet. Abbildung 3 zeigt den Bereich der virtuellen Umgebung des Hamburger Hafens, der für die Simulation aufbereitet wurde. Die bathymetrischen Daten entsprechen in diesem Bereich nicht der Realität. Um für die Messungen eine gewisse Variation der Gewässertopographie zu bieten, wurde der Gewässergrund mit großen Tiefenunterschieden und einer hohen Dichte an Meeresbodenmerkmalen wie Kabeln und Schiffswracks aufbereitet. Diese Umsetzung unterstreicht den didaktischen Charakter des Programms, das eine breite Palette interessanter Objekte im Fluss bereitstellt, die in einer angemessenen Zeitspanne entdeckt und gemessen werden können.

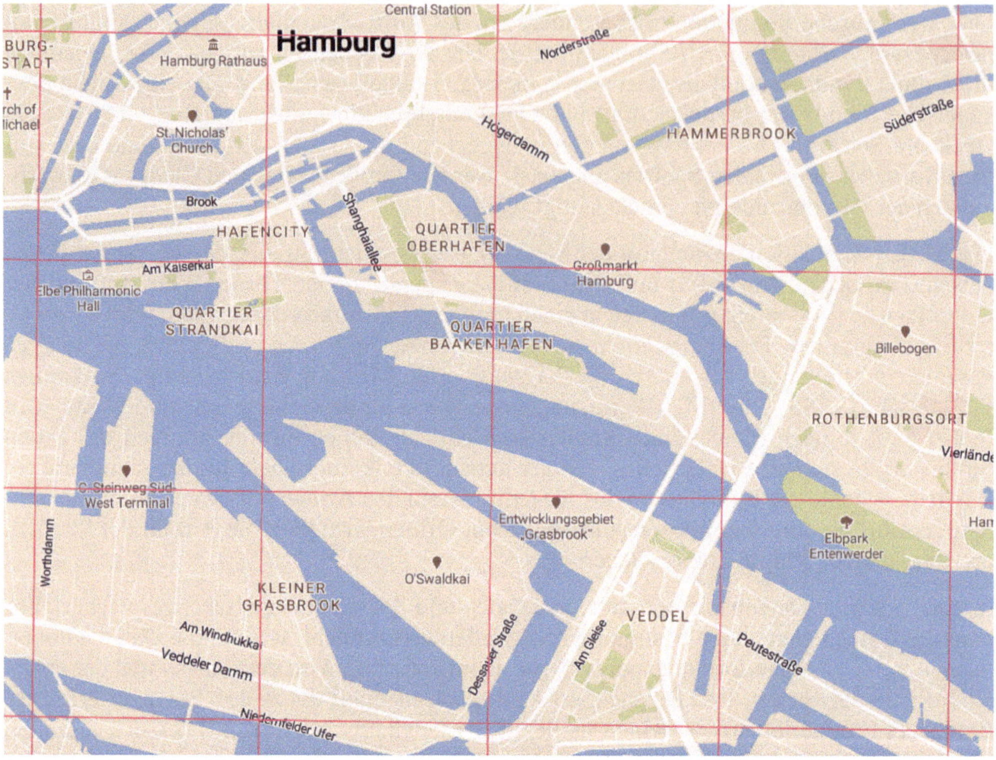

Abb. 3: Das Hafengebiet mit einer Fläche von etwa 10 Quadratkilometern (4 km von Ost nach West und 2,5 km von Nord nach Süd) bestehend aus zwölf Stadtmodellkacheln im DWG-Format mit jeweils einer Größe von 1 km × 1 km (dargestellt als rosa Raster im HCU-Geodatenportal mit OpenStreetMap als Kartenhintergrund)

6 Ergebnisse und Beispielanalyse

Der Prototyp ‚DVocean Digital V1' ist ein eigenständiges, englischsprachiges Programm für die Windows-PC-Plattform mit einer Größe von ca. 800 MB. Zum Betrieb ist keine zusätzliche Software erforderlich. Alle notwendigen Komponenten sind bereits im Programmordner enthalten. Für die Messungen kann der Anwender zwischen zwei Schiffen (DVocean und Atair) wählen, die in die virtuelle Umgebung des Hamburger Hafens integriert sind. Neben der Simulation des Wassers und des Schiffes selbst werden die drei Sensoren GNSS, IMU und vor allem das MBES simuliert. Der Benutzer kann während der Simulation acht verschiedene Sensorparameter in Echtzeit einstellen. Eine Enzyklopädie für hydrographische Themen ist in die Software integriert und kann von den entsprechenden Instrumenten- oder Parameter-Panels aufgerufen werden. Es gibt auch eine Datenspeicherungs- und Exportfunktion, die es dem Benutzer ermöglicht, die gesammelten Daten in XYZ-Dateien zu exportieren, um sie in externen Programmen weiter zu verarbeiten und zu analysieren.

Abbildung 4 zeigt die zentrale Benutzeroberfläche mit erläuternden Informationen. Das Schiff kann mit den Pfeiltasten der Tastatur gesteuert werden. Ein Feld in der linken unteren Ecke liefert dem Benutzer wichtige Informationen über den Kurs und die Geschwindigkeit des Schiffes. Zusätzlich kann die Kameraansicht zwischen dem ‚Back Cam'-Modus (Steuermodus) und dem ‚Bottom Cam'-Modus (Instrumentenmodus) umgeschaltet werden. Letzterer macht die Wasseroberfläche transparent und zeigt jeden einzelnen Strahl des MBES. In der linken oberen Ecke befindet sich ein Panel, das die Menüs für die verschiedenen Instrumente, die Schiffsauswahl, die Enzyklopädie und das Beenden der Simulation enthält. Die Instrumentenmenüs bestehen aus Untermenüs, in denen Parameter ausgewählt und geändert werden können. Die Menüleiste am unteren Bildschirmrand zeigt Informationen über den Status der Datenaufzeichnung, Schaltflächen zum Starten und Stoppen der Datenaufzeichnung, zum Zurücksetzen der Aufzeichnung und zum Exportieren von Messdaten.

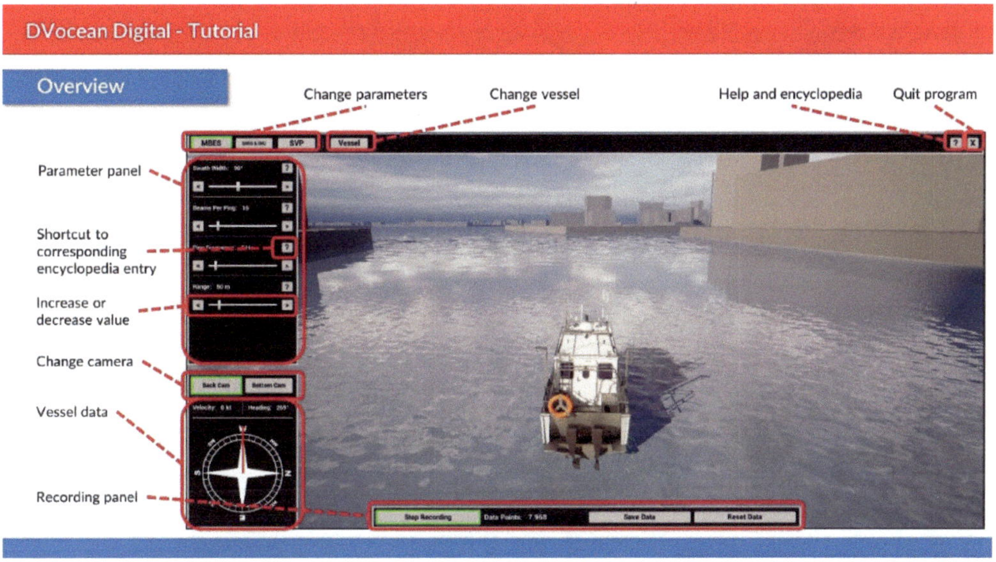

Abb. 4: Übersicht mit Erklärungen der Benutzeroberfläche und Funktionalitäten des Programms

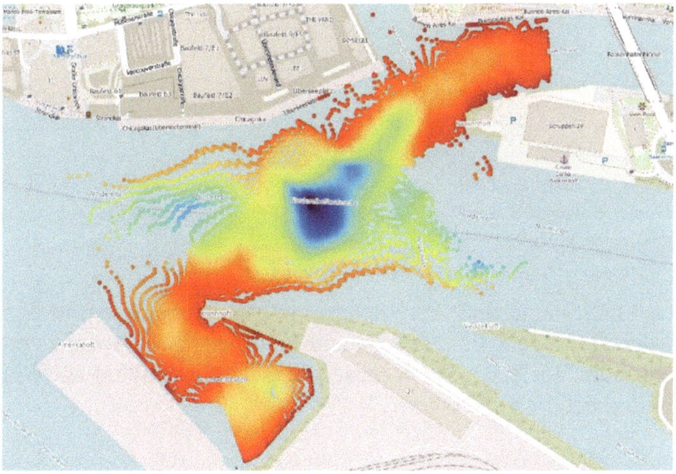

Abb. 5: Beispieldatensatz in QGIS mit den einzelnen simulierten Koordinaten sowie den Auswirkungen der Wellensimulation auf die MBES-Daten (bathymetrische Daten sind nicht realistisch, Kartenhintergrund: OpenStreetMap)

Wie in Kapitel 4 erwähnt, wurde QGIS als Programm für die weitere Datenanalyse ausgewählt, da es einen einfachen Workflow für den Datenaustausch mit anderen Programmen bietet. Abbildung 5 zeigt einen Datensatz aus einem Beispielprojekt in QGIS. Die Anwendung enthält auch eine Anleitung zur Einrichtung von QGIS für den Datenimport, die Visualisierung und die Analyse der Messdaten.

Da die Parameter während der Messungen in der Simulation in Echtzeit geändert werden können, hat der Anwender die Möglichkeit, verschiedene Einstellungen für die Messung eines bestimmten Merkmals auszuprobieren. Abbildung 6 zeigt ein Beispiel für die Messung eines Schiffswracks mit verschiedenen MBES- und SVP-Parametern.

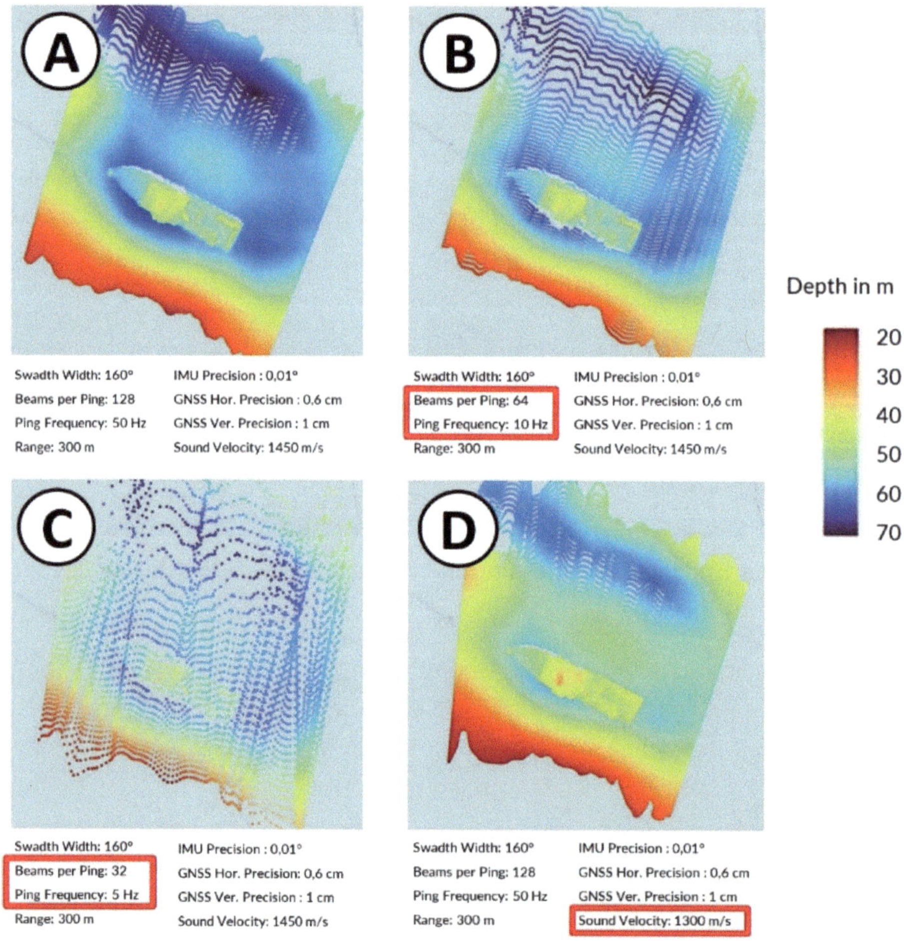

Abb. 6: Unterschiede zwischen MBES- und SVP-Parametern in simulierten Daten. In den Feldern B und C wurden niedrigere Frequenzen und eine geringere Anzahl von Strahlen pro Ping verwendet. In Beispiel D wurde die Schallgeschwindigkeit in Wasser für die Berechnung deutlich verringert.

7 Fazit und Ausblick

Im Projekt ‚DVocean Digital' (Virtuelles Vermessungsschiff) wurde der Prototyp ‚DVocean Digital V1' als eigenständiges Programm entwickelt. Der Prototyp wurde im Wintersemester 2023/24 von Studierenden und Mitarbeitern der HCU-Hydrographie ausgiebig getestet. Das Feedback der Testpersonen wird genutzt, um mögliche qualitative und quantitative Anpassungen in zukünftigen Versionen der Simulationssoftware vorzunehmen.

Die Möglichkeit, verschiedene Parameter in Echtzeit zu verändern und die Auswirkungen zu beobachten, bietet eine direkte Rückmeldung über die vorgenommenen Einstellungen und erweitert somit den Lernprozess. Die Studierenden erhalten ein tieferes Verständnis dafür, wie Änderungen des Öffnungswinkels, der Anzahl der Strahlen oder der Frequenz die Streifenbreite und die Auflösung ihres simulierten Datensatzes beeinflussen. Es wird auch untersucht, was passiert, wenn GNSS oder IMU nicht korrekt kalibriert sind. Wie würde dieser Datensatz mit anderen Schallgeschwindigkeitsprofilen aussehen? Visuelle Einblicke, die normalerweise nicht möglich sind, wie z. B. der Blick unter das Schiff bei klarem Wasser und die Beobachtung des Strahlverlaufs bei Änderung der Parameter, bieten zusätzliche Möglichkeiten, das Verständnis der Studierenden für hydrographische Fragestellungen zu verbessern.

Bei der Verwendung dieses Prototyps sind jedoch einige Einschränkungen zu beachten. Einige wichtige Aspekte der hydrographischen Ausbildung an der HCU sind in der Simulation noch nicht enthalten. Dazu gehört z. B. die Simulation der Wassersäule als ein mehrschichtiges System mit unterschiedlichen Schallgeschwindigkeitsprofilen (SVP) anstelle – wie zurzeit noch simuliert- als eine einzelne Schicht. Darüber hinaus muss das Schwimm- und Steuerverhalten des simulierten Schiffes weiter verbessert werden, um dem realen Verhalten besser zu entsprechen. Auch die Tiefe der Simulation kann qualitativ verbessert werden. Zusätzlich zu den oben genannten Verbesserungen können weitere Parameter und Optionen in die Software aufgenommen werden, um die Steuerung der Instrumente zu optimieren und die Umgebung zu variieren (z. B. andere Messgebiete, einstellbare Tiefe, verschiedene Sedimenttypen am Meeresboden mit unterschiedlichen Reflexionseigenschaften, Salzgehalt und Temperatur). Als weitere Optionen können visuelle Echtzeitdarstellungen, wie z. B. erweiterte Kameraansichten, zusätzliche Visualisierungen der tiefencodierten Strahlen und Reflexionseigenschaften der Messpunkte sowie Datendiagramme, in die Benutzeroberfläche implementiert werden.

Quantitativ kann die Funktionalität der Software durch eine größere Auswahl an Optionen erweitert werden. Dazu gehören z. B. verschiedene Schiffe in unterschiedlichen Gebieten (Flüsse, Häfen, offenes Meer), die Integration weiterer Instrumente wie Side-Scan Sonar, Sedimentecholot und Laserscanner sowie zusätzliche Medien zur Wissensvermittlung wie beispielsweise die Erweiterung der Enzyklopädie durch mehr audiovisuelle Inhalte und weiteres Hintergrundmaterial. Mögliche Zusatzfunktionen sind ein Planungstool für See- und Gewässervermessungen, eine Importfunktion für gesetzte Landmarken aus einem externen Programm, eine Autopilot-Option für die Schiffssteuerung und der Export verschiedener Dateitypen für die Kompatibilität mit anderer Nachbearbeitungssoftware.

Die Autoren sehen in dem umgesetzten Konzept der Simulationssoftware ein großes Potenzial als wertvolle Ergänzung sowohl für die Ausbildung als auch für Forschungsaufgaben in der Hydrographie. Die Software konzentriert sich auf eine visuelle Rückmeldung und erklärt so komplexe Konzepte auf verständliche Weise. Damit bietet sie auch Möglichkeiten für den

Einsatz in der Öffentlichkeitsarbeit und der Wissenschaftskommunikation mit der interessierten Öffentlichkeit.

Dank

Das Projekt ‚DVocean Digital' (ursprünglicher Projekttitel: ‚Virtuelles Vermessungsschiff') wurde von Hamburg Innovation im Rahmen der ‚Calls for Transfer' (C4T) für die Wissens- und Technologietransferbereiche der Hamburger Hochschulen im Format ‚Forschungskooperation mit Industrie, Wirtschaft oder Gesellschaft (B)' gefördert. Das Projekt wurde mit Unterstützung der Hamburg Port Authority (HPA) und des Bundesamtes für Seeschifffahrt und Hydrographie (BSH) beantragt. Die Autoren danken Mona Lütjens, Dilip Adhikari und Ellen Werner von der Arbeitsgruppe Hydrographie der HCU für ihre Beratung in hydrographischen Fragen. Abbildung 1 zeigt Vektorgrafiken von ‚new7ducks' und ‚macrovector' auf Freepik.

Literatur

Adhikari, D. (2022): *Determination of Positions and Water Depths.* Vorlesungsunterlagen im Masterstudienprogramm Geodäsie & Geoinformatik, HafenCity Universität Hamburg.

Adhikari, D. (2023): *Determination of Positions and Water Depths.* Vorlesungsunterlagen im Masterstudienprogramm Geodäsie & Geoinformatik, HafenCity Universität Hamburg.

Bundesamt für Seeschifffahrt und Hydrographie (2023): *Die ATAIR.* https://www.bsh.de/DE/Das_BSH/BSH-Schiffe/Atair/atair_node.html (26.01.2024).

Cao, F. H. (2016): *A Ship Driving Teaching System Based on Multi-level Virtual Reality Technology.* International Journal of Emerging Technologies in Learning, 11 (11), S. 26-31. https://doi.org/10.3991/ijet.v11i11.6249.

HafenCity Universität Hamburg (2023): *Forschungsschiff DVocean.* https://www.hcu-hamburg.de/bachelor/geo/dvocean/ (26.01.2024).

International Hydrographic Organization (2005): *Manual on Hydrography.* International Hydrographic Bureau. 1st Edition, Monaco.

Kersten, T., Trau, D. & Tschirschwitz, F. (2020): *The Four-masted Barque Peking in Virtual Reality as a New Form of Knowledge Transfer.* ISPRS Ann. Photogramm. Remote Sens. Spatial Inf. Sci., V-4-2020, S. 155-162. https://doi.org/10.5194/isprs-annals-V-4-2020-155-2020.

Landesbetrieb Geoinformation und Vermessung (2021): *3D-Stadtmodell LoD2-DE Hamburg.* https://suche.transparenz.hamburg.de/dataset/3d-stadtmodell-lod2-de-hamburg (26.01.2024).

Liaskos, O., Mitsigkola, S., Arapakopoulos, A., Papatzanakis, G., Ginnis, A., Papadopoulos, C., Peppa, S. & Remoundos, G. (2022): *Development of the Virtual Reality Application: "The Ships of Navarino".* Applied Sciences, 12 (7), 3541.

Luhmann, T., Chizhova, M., Gorkovchuk, D., Popovas, D., Gorkovchuk, J. & Hess, M. (2022): *Development of terrestrial laser scanning simulator*. The International Archives of the Photogrammetry, Remote Sensing and Spatial Information Sciences, 46, S. 329-334. https://doi.org/10.5194/isprs-archives-XLVI-2-W1-2022-329-2022.

Lvov, M. S. & Popova, H. V. (2019): *Simulation technologies of virtual reality usage in the training of future ship navigators*. Educational Dimension, 1 (53), S. 159-180.

Markopoulos, E., Luimula, M., Porramo, P., Pisirici, T. & Kirjonen, A. (2020): *Virtual Reality (VR) safety education for ship engine training on maintenance and safety (ShipSEVR)*. Advances in Creativity, Innovation, Entrepreneurship and Communication of Design: Proceedings of the AHFE 2020 Virtual Conferences on Creativity, Innovation and Entrepreneurship, and Human Factors in Communication of Design, Springer International Publishing, S. 60-72. https://doi.org/10.1007/978-3-030-51626-0_7.

Templin, T., Popielarczyk, D. & Gryszko, M. (2022): *Using augmented and virtual reality (AR/VR) to support safe navigation on inland and coastal water zones*. Remote Sensing, 14 (6), 1520. https://doi.org/10.3390/rs14061520.

Wujanz, D., Weisbrich, S., Neitzel, F., Gaitanis, C., Arani, R. M., Krueger, D. & Petrovic, S. (2013): *Fusion of point clouds from TLS and MVS for the generation of a 3D ship model*. allgemeine vermessungs-nachrichten (avn), 120 (3), S. 83-89.

Xiufeng, Z., Yicheng, J., Yong, Y. & Zhihua, L. (2004): *Ship simulation using virtual reality technique*. Proceedings of the 2004 ACM SIGGRAPH international conference on Virtual Reality continuum and its applications in industry, S. 282-285.

Xue, Y., Clelland, D., Lee, B.S. & Han, D. (2011): *Automatic simulation of ship navigation*. Ocean Engineering, 38 (17-18), S. 2290-2305. https://doi.org/10.1016/j.oceaneng.2011.10.011.

Yin, J., Ren, H. & Zhou, Y. (2021): *The whole ship simulation training platform based on virtual reality*. IEEE Open Journal of Intelligent Transportation Systems, 2, S. 207-215. https://doi.org/10.1109/OJITS.2021.3098932.

Eine historische Villa des Neuen Bauens in Virtual Reality – das Landhaus Michaelsen in Hamburg-Blankenese und seine Bauphasen

Thomas P. KERSTEN, Elena SKRIPNIKOVA und Simon DEGGIM

Zusammenfassung

Virtual Reality (VR) gewinnt in vielen Anwendungsfeldern zunehmend an Bedeutung und Beliebtheit. Die Technologie findet in verschiedenen Bereichen wie der Industrie, dem Bauwesen, der Architektur, der Medizin und der wissenschaftlichen Forschung breite Anwendung. Mit der rasanten Entwicklung der VR-Technologie sinken die Kosten für die benötigte Hardware, sodass diese Technologie einem breiteren Nutzerkreis zugänglich wird. VR-Anwendungen bieten zahlreiche Möglichkeiten, verschiedene Themen auf informative und neuartige Weise zu präsentieren und zu visualisieren. In diesem Beitrag wird die Entwicklung einer VR-Anwendung für die ‚Villa Michaelsen' in Hamburg vorgestellt, in der das Puppenmuseum Falkenstein beheimatet ist. Die Anwendung wurde anlässlich des 100-jährigen Jubiläums des Gebäudes entwickelt. In dieser Anwendung ist es möglich, das architektonisch historische Gebäude von 1923 virtuell zu besichtigen und immersiv zu erkunden. Es wurde vom Architekten Karl Schneider entworfen und gebaut, der ein Vertreter der Architekturbewegung ‚Neues Bauen' war. In der VR-Applikation kann der Anwender Informationen über die Geschichte des Bauwerks erhalten sowie Fotos und 3D-Modelle der Bauphasen bzw. eines Entwurfes betrachten.

1 Einführung

In den letzten Jahren haben Virtual-Reality-(VR-)Anwendungen im Bereich der digitalen Rekonstruktion und Darstellung historischer Gebäude an Bedeutung gewonnen. VR-Anwendungen ermöglichen es, virtuelle, künstliche Umgebungen zu schaffen, zu erkunden und immersiv zu erleben (DÖRNER et al. 2019). Insbesondere können Objekte, die nicht mehr existieren oder nur in Plänen und Zeichnungen vorhanden sind, visualisiert werden. Die virtuelle Umgebung kann der Realität sehr nahe kommen und eine breite Palette unterschiedlicher Darstellungen bieten. Durch den Einsatz neuer VR-Technologien können VR-Anwendungen den Nutzern das Gefühl vermitteln, Teil einer künstlichen Umgebung zu sein (KNOLL & STIEGLITZ 2022). Zusätzlich bietet VR neue Möglichkeiten, sich spielerisch in einer virtuellen Umgebung Wissen anzueignen. TRAU et al. (2020) beschreiben die Entwicklung und Umsetzung einer neuen Form der Wissensvermittlung auf Basis von Interaktivität innerhalb eines VR-Systems. Als konkreter Anwendungsfall wird eine VR-Anwendung diskutiert, die sich auf die Viermastbark Peking konzentriert. KULIGA et al. (2015) schlussfolgern, dass VR ein großes Potenzial als empirisches Forschungsinstrument in der psychologischen und architektonischen Forschung hat. Zukünftige Studien könnten die Validierung des Verhaltens ergänzen.

Um ein immersives Erlebnis mit dieser Technologie zu ermöglichen, müssen folgende Voraussetzungen erfüllt sein: (a) Konstruktion und Texturierung einer virtuellen 3D-Umgebung in einer integrierten Entwicklungsumgebung (IDE), wie z. B. einer Game Engine, (b) Verbindung der entwickelten und ausführbaren VR-Anwendung mit einem Head-Mounted Display (HMD) über geeignete Software, wie z. B. Steam VR, und (c) Steuerung und Verfolgung der Bewegungen des Nutzers über den Controller und das HMD.

Einige VR-Applikationen für Gebäude wurden bereits an der HCU Hamburg entwickelt (DEGGIM et al. 2017, KERSTEN et al. 2017, KERSTEN et al. 2018, KERSTEN & WALMSLEY 2020, TSCHIRSCHWITZ et al. 2019). Dieser Beitrag stellt die Entwicklung einer VR-Anwendung für die Villa Michaelsen vor (Abb. 1). Das historische Gebäude wurde 1923 nach den Entwürfen des Architekten Karl Schneider erbaut und gilt als Pionierbauwerk der Architekturbewegung ‚Neues Bauen‘. Seit 1986 steht der gesamte Gebäudekomplex inkl. der weißen, an die Topographie des Geländes angepassten Seitenwände unter Denkmalschutz.

Abb. 1: Historische Villa Michaelsen in Hamburg-Blankenese – Ansicht von Süden (links) und Ansicht von Norden (rechts) mit der Elbe im Hintergrund (Luftbild: F. Bloch)

2 Die historische Villa Michaelsen

Die Villa Michaelsen im Grotiusweg 79 im Hamburger Stadtteil Blankenese wurde im Stil des ‚Neues Bauens‘ errichtet (vgl. Abb. 1). Sie gilt als herausragendes Beispiel dieses Baustils. Neues Bauen ist ein architekturgeschichtlicher Stilbegriff für die formal und technisch fortschrittliche Architektur nach dem Ersten Weltkrieg. Es handelt sich um eine Architekturbewegung der 1910er- bis 1930er-Jahre, die im Allgemeinen durch kubisch-rechteckige Formen und Flachdächer gekennzeichnet ist (LÜBBEKE 2022). Die Villa Michaelsen ist ein L-förmiger Komplex, der aus einem Hauptgebäude, einem viergeschossigen Turm, einer Terrasse, einer Stützmauer und einer Garage besteht (Abb. 2). Das Hauptgebäude hat ein pfannengedecktes Walmdach, was für die damalige neue Architekturbewegung der Zeit untypisch war. Gleichzeitig werden die traditionellen Flachdachelemente der modernen Architektur im gesamten Gebäudekomplex durchbrochen. Die Villa ist vollständig aus Ziegelsteinen errichtet und mit einem strahlend weißen Anstrich versehen. Ein charakteristisches Merkmal des Gebäudes ist das halbrunde Wohnzimmer mit einem großen halbrunden Fenster, das zurzeit der Erbauung einzigartig war.

Abb. 2: Die Villa Michaelsen im Jahr 1930 (Fotos: DRÖSCHER & GRUNERT 2023)

Am 27. März 1923 unterzeichnete Elise Michaelsen den Bauantrag für die Villa. Das Haus wurde von dem Architekten Karl Schneider entworfen und gebaut. Es gilt als Pionierbau der damaligen modernen Architekturbewegung. Bereits in der Entwurfsphase wurden Vorstudien und Varianten erstellt, die später zur Überarbeitung und Veränderung des Gebäudes beitrugen. Die Villa aus den 1920er-Jahren ist ein Paradebeispiel für die Zusammenarbeit zwischen dem Architekten und der Bauherrin Elise Michaelsen. Im Dezember 1923 wurde ein Antrag auf Vergrößerung des Wohnzimmers sowie auf Errichtung eines Ateliers und eines Stallgebäudes gestellt. 1925 wurde das Gebäude um einen Nordflügel mit Doppelgarage erweitert. Der Architekt Karl Schneider war diesmal nicht beteiligt. Zwischen 1925 und 1955 blieb das gesamte Anwesen unverändert. Lediglich an der Westwand des Turmes wurde eine Garage angebaut und 1951 ein großes Fenster an der Südseite des Hauses eingebaut.

Am 17. März 1955 verkaufte Frau Michaelsen das Anwesen mit 2,8 ha Land an Herrn Axel Springer. Dieser ließ bereits 1957 das Stallgebäude abreißen und nahm bauliche Veränderungen vor, u. a. den Einbau eines großen Fensters an der Südseite des Hauses. Am 23. Juli 1970 erging die erste Abrissverfügung für das gesamte Gebäude mit der Begründung der Baufälligkeit, des schlechten Zustands der Grundmauern und der sanitären Anlagen. Der Abriss wurde jedoch nicht fristgerecht durchgeführt. Im Jahr 1980 schenkte Axel Springer den gesamten Gebäudekomplex, der seit über 10 Jahren leer stand, sowie das gesamte 42.000 Quadratmeter große Grundstück der Freien und Hansestadt Hamburg mit der Auflage, die Gebäude für als besonders förderungswürdig anerkannte gemeinnützige Zwecke zu verwenden.

Als Frau Elke Dröscher 1985 der Stadtverwaltung anbot, das fast völlig verfallene Gebäude auf eigene Kosten zu sanieren, befand es sich in einem desolaten Zustand (Abb. 3). Nach Verhandlungen erhielt sie einen Nutzungsvertrag über 75 Jahre und ließ das gesamte Gebäude umbauen und renovieren (WIENSOWSKI 2011). Nach der Renovierung eröffnete Frau Dröscher in dem Gebäude eine Galerie und ein Puppenmuseum. Die Sammlung umfasst ca. 500 Puppen und 60 Puppenstuben. Seit 1986 steht das Gebäude zusammen mit der Gartenmauer unter Denkmalschutz. Die Geschichte und Architektur des historischen Gebäudes wurde von verschiedenen Autoren in DRÖSCHER & GRUNERT (2023) beschrieben.

Abb. 3: Die Villa Michaelsen als Ruine im Jahr 1984 (Fotos: DRÖSCHER & GRUNERT, 2023)

3 Datenerfassung und 3D-Rekonstruktion

Das 3D-CAD-Modell des Gebäudekomplexes, das von Studierenden der HCU Hamburg im Rahmen der Lehrveranstaltung ‚Architekturphotogrammetrie' erstellt wurde, bildet die Grundlage für die VR-Anwendung. Am 25. April 2022 wurde das Gebäude mittels terrestrischem Laserscanning sowie terrestrischer und UAV-Photogrammetrie erfasst. Der Laserscanner Z+F IMAGER 5010 wurde für das Scannen der Außenseite des Gebäudes und seiner Umgebung verwendet. Das Innere des Gebäudes wurde mit dem Faro Focus3D X330 gescannt. Zusätzlich wurde das Gebäude mit einer Nikon D800 und die Umgebung mit einer DJI Mavic 2 Drohne fotografiert. Um die Daten beider Aufnahmemethoden in ein gemeinsames Koordinatensystem zu integrieren, wurden 22 schwarz-weiße Zielmarken gleichmäßig verteilt am Gebäude angebracht. Die Zielmarken wurden mit einer Leica-Totalstation vermessen, um die XYZ-Koordinaten in einem lokalen geodätischen Netz für die Georeferenzierung der Fotos und Scans zu bestimmen. Die IMAGER 5010 Scans wurden mit Z+F LaserControl verarbeitet, während alle Faro Scans in Faro Scene registriert und georeferenziert wurden. Nach der Filterung und Bereinigung der Scans wurde für beide Datensätze eine Punktwolke exportiert. Die Punktwolke aus dem Laserscan ist in Abbildung 4 dargestellt.

Abb. 4: Punktwolke aus terrestrischem Laserscanning – Ansicht von Nordosten (links) und Ansicht von Südosten (rechts)

Die Bearbeitung umfasste die Kalibrierung der Kameras und die Bestimmung der Parameter für die äußere Orientierung der Bilder. Für die photogrammetrische Datenverarbeitung in Agisoft Metashape 1.8.4 wurden folgende Aufnahmen verwendet: 59 Fotos der UAV Mavic 2 (4,5 mm Objektiv), 155 Fotos der Nikon D800 mit 24 mm Objektiv und 159 Fotos mit 20 mm Objektiv. In der Bündelblockausgleichung wurde eine Genauigkeit von 2 cm für die XYZ-Residuen der signalisierten Passpunkte erreicht. Schließlich wurde in Metashape eine dichte Punktwolke mit fast 43 Millionen Punkten erzeugt (Abb. 5). Diese wurde in Kombination mit der Punktwolke aus dem Laserscanning für die digitale 3D-Konstruktion des Gebäudes nach Gebäudeteilen verwendet.

Abb. 5: Zwei Ansichten der farbigen Punktwolke aus terrestrischer und UAV-Photogrammetrie

Die detaillierte 3D-Modellierung des Gebäudekomplexes und seiner Bauphasen wurde in AutoCAD durchgeführt (Abb. 6).

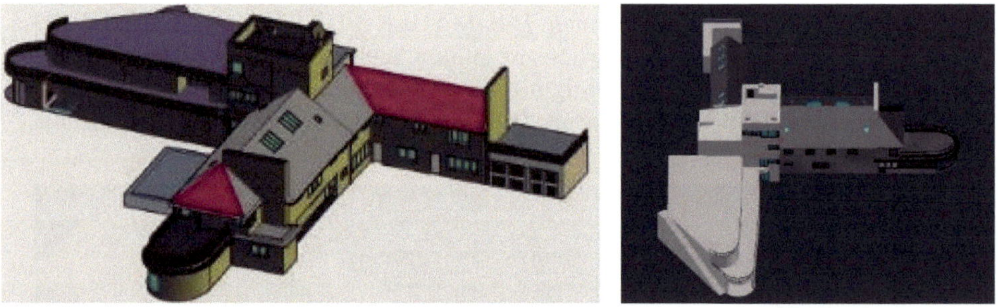

Abb. 6: 3D-CAD-Modell des heutigen Gebäudekomplexes Villa Michaelsen

Zur weiteren Dokumentation des Gebäudes wurden 25 Panoramafotos aufgenommen. Jedes Panoramafoto besteht aus 12-14 Bildern, die aus verschiedenen Richtungen aufgenommen wurden. Mit der Software PTGui (https://ptgui.com/) wurde für jeden Kamerastandpunkt automatisch ein sphärisches Panorama mit einer Auflösung von 11.900 × 5900 Pixel (ca. 12 MB) erzeugt. Die Panoramabilder wurden in sechs Würfelbilder mit einer Gesamtgröße von ca. 5 MB umgewandelt. Mithilfe der Panorama-Verarbeitungssoftware KRpano (https://krpano.com) wurde ein interaktiver virtueller Rundgang für Webbrowser erstellt (Abb. 7).

Der Rundgang ist derzeit unter folgendem Link abrufbar: http://www.geomatik.hamburg/virtual_tours/vtour_puppenmuseum/start_tour.html. Die browserbasierte Tour verlinkt alle Kugelpanoramen über Hotspots oder eine Übersichtskarte (jeweils rechts unten in Abb. 7). Durch Klicken auf das entsprechende Kartensymbol (farbiger Kreis, blau für außen und gelb für innen) kann schnell und komfortabel zwischen den Panoramen innerhalb und außerhalb des Gebäudes navigiert werden.

Abb. 7: Virtueller Rundgang um die Villa Michaelsen (links) und in das Falkensteiner Puppenmuseum (rechts) mit 360°-Panoramabildern

4 Bauphasen

Anhand von Archivdokumenten wie Bauplänen, Skizzen und Fotos wurden zwei Bauphasen und eine Entwurfsplanung identifiziert (Abb. 8). Das 3D-Modell des heutigen Gebäudekomplexes wurde modifiziert und an die Darstellung der einzelnen Bauphasen angepasst. Die Bauphase 1 zeigt den ursprünglichen Gebäudeentwurf von Karl Schneider aus dem Jahr 1923 und weist die größten Unterschiede zum fertigen Gebäude auf. Der augenfälligste Unterschied ist die Sonnenterrasse. Diese wird von zwei Säulen getragen, wodurch der Wohnraum im Erdgeschoss kürzer geplant werden konnte. Abbildung 8 (oben) zeigt Fenster unterschiedlicher Größe. Phase 2 zeigt das Gebäude in seinem heutigen Zustand mit geringfügigen Veränderungen zwischen 1924 und 1957 (Abb. 8 unten links). Hier wurden die Fenstergrößen und -positionen angepasst. Phase 3 ist ein Entwurf von Axel Springer aus dem Jahr 1972 (Abb. 8 rechts unten), der das 3D-Modell des Landhauses Michaelsen mit Flachdach zeigt. Die Fenster auf der Südseite des Gebäudes wurden verändert. Dieser Entwurf wurde allerdings nie realisiert. Auch der Pferdestall wurde modelliert. Es konnten jedoch keine Baupläne oder Informationen über die genaue Größe des Stallgebäudes gefunden werden. Das erstellte einfache Modell basiert auf Archivfotos, die die Lage und das Aussehen des Stallgebäudes zeigen.

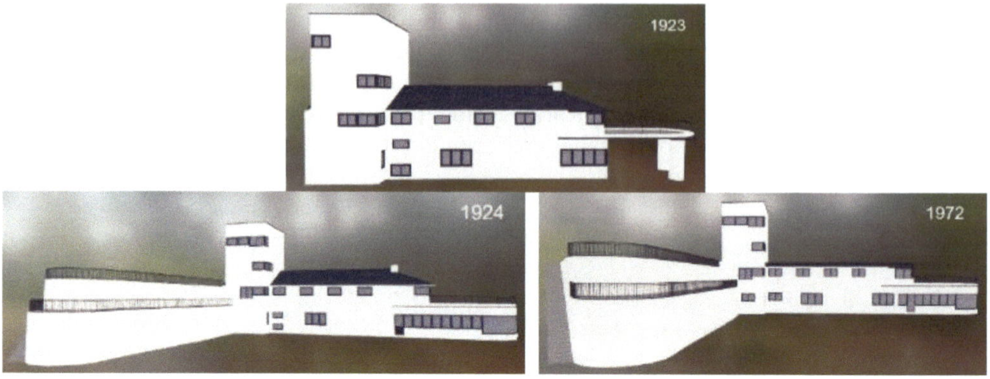

Abb. 8: Bauphasen der Villa Michaelsen – 1923 (oben), 1924 (links unten) und nicht realisierter Entwurf von 1972 (rechts unten) Ergebnisse und Beispielanalyse

5 Die Virtual-Reality-Applikation

Nachdem der Gebäudekomplex und die einzelnen Bauphasen als 3D-Modelle in AutoCAD erstellt wurden (siehe Abb. 6 und Abb. 8), wurden diese im Dateiformat FBX in die Unreal Engine 4.26 importiert. In dieser Engine wurden sowohl der Gebäudekomplex als auch die Umgebung sehr detailliert modelliert, um der realen Situation so nahe wie möglich zu kommen. Um eine realistische virtuelle Umgebung zu schaffen, wurden verschiedene Komponenten integriert. Dazu gehören die Landschaft und Umgebung inklusive Vegetation und Beleuchtung, der Gebäudekomplex, ein texturiertes 3D-Modell mit Innenräumen, eine Bildergalerie mit Archivfotos und Informationen über das Gebäude und seine Bauphasen, Audio mit Umgebungsgeräuschen wie Vogelgezwitscher und begleitenden Tonaufnahmen für jede Bauphase sowie ein Video über die Villa Michaelsen.

Die Anwendung startet vor dem Haus. Auf der linken Seite der Startszene befindet sich eine Informationstafel (Abb. 9), die dem Benutzer Anweisungen und Hilfestellungen zur Steuerung der Anwendung mit den Controllern gibt.

Abb. 9: Infotafel mit Erklärungen der Controller und Funktionalitäten des Programms

Vor dem Gebäude befinden sich zwei Informationstafeln. Die eine beschreibt kurz die Geschichte des Gebäudes (Abb. 10), die andere zeigt Informationen und Archivfotos zum Pferdestall (Abb. 11). Durch Anklicken des Buttons ‚Stall zeigen' erscheint der Pferdestall an seiner ursprünglichen Position.

Abb. 10: Informationstafel zur Geschichte des Gebäudes (links) und detailliere Ansicht in der VR-Anwendung (rechts)

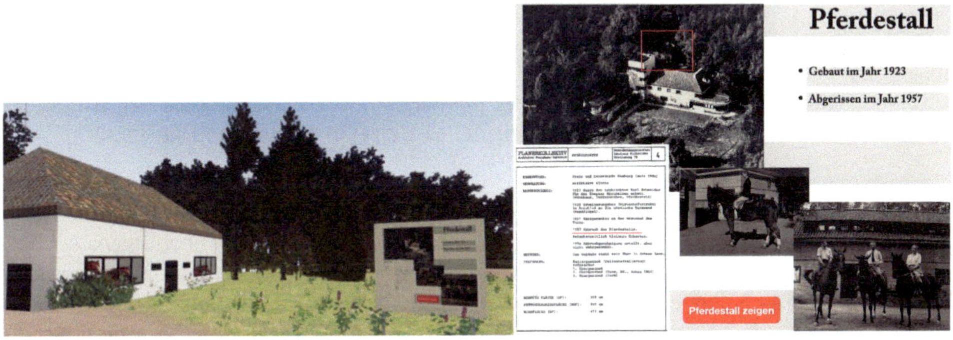

Abb. 11: Pferdestall und Tafel mit Informationen und Archivfotos zum Pferdestall (links) und detaillierte Ansicht der Informationstafel zur Interaktion mit der Positionierung des Stalls in der VR-Anwendung (rechts)

Die Teleportfunktion ermöglicht es dem Benutzer, sich sowohl innerhalb als auch außerhalb des Gebäudes zu bewegen und den Gebäudekomplex von allen Seiten zu betrachten (Abb. 12). Auf der Rückseite des Gebäudes, neben der Stützmauer, befindet sich ein Teleport, der den Benutzer zurück zum Eingang bringt (Abb. 13 links). Eine ähnliche Möglichkeit besteht für einen direkten Teleport vom Eingang zu den 3D-Modellen der Bauphasen (Abb. 13 rechts). So kann man sich schnell zum Eingang oder zu den Modellen teleportieren, ohne um das Gebäude herumgehen zu müssen.

Abb. 12: Teleportation für die Navigation und die Eigen-Bewegung des Benutzers in der VR-Anwendung

Abb. 13: Direkte Teleportation zum Eingang des Gebäudes (links) oder zu den Modellen der Bauabschnitte (rechts) durch virtuelles Betreten der grauen Plattform

Im Stockwerk darüber befindet sich eine weitere Ausstellung. Der Besucher kann entweder die Treppe zur Fotogalerie nehmen oder den Teleporter ‚Zur Fotogalerie' benutzen. An den Wänden hängen Archivfotos und kurze Texte, die dem Besucher mehr Informationen über den Zustand der Villa Michaelsen im Laufe der Jahre geben (Abb. 14 links). Zusätzlich ist auf der rechten Seite der Wand ein Video zu sehen, das durch eine Handbewegung mit dem Controller gestartet werden kann (Abb. 14 rechts). Es dauert zehn Minuten und läuft ohne Unterbrechung. Der Benutzer kann das Video sehen oder im Hintergrund hören, während er sich die Archivfotos ansieht.

Abb. 14: Fotogalerie mit Archivfotos in der VR-Anwendung (links) und Videoplayer an der Wand der Fotogalerie (rechts)

Im Erdgeschoss befindet sich ein großer Raum, in dem die 3D-Modelle der Bauphasen bzw. des Entwurfs ausgestellt sind. Für die Darstellung der Bauphasen wurde die Methode des ‚Modells im Modell' angewandt, die auf der Idee des Alten Segeberger Bürgerhauses basiert

(DEGGIM et al. 2017). Jedes der drei Bauphasenmodelle wurde als kleines Modell im Innenraum platziert und ermöglicht eine detaillierte Betrachtung (Abb. 15).

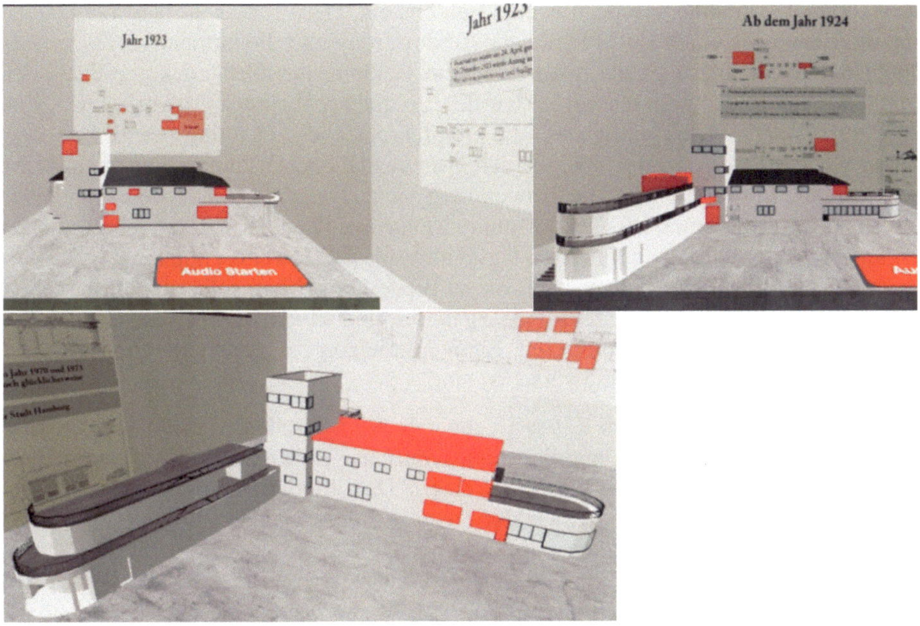

Abb. 15: Die Bauphasen der Villa Michaelsen – 1923 (oben links), 1924 (oben rechts) und der nicht realisierte Entwurf von 1972 (unten) – mit den in der VR-Anwendung rot markierten Veränderungen.

Abbildung 16 veranschaulicht den Gebäudekomplex und die Umgebung der Villa Michaelsen in der VR-Anwendung.

Abb. 16: Verschiedene Ansichten der Villa Michaelsen in der VR-Anwendung – Ansicht von Süden (links) und Ansicht von Norden (rechts)

6 Fazit und Ausblick

Dieser Beitrag beschreibt den Prozess der Entwicklung einer VR-Anwendung für die Villa Michaelsen, heute bekannt als Puppenmuseum Falkenstein. Der Prozess umfasst die Datenerfassung, die Erstellung eines 3D-Modells, die Texturierung und die immersive Visualisierung. Die VR-Anwendung zeigt die historische Entwicklung des Gebäudekomplexes, der vom Architekten Karl Schneider entworfen wurde. Ein nicht realisierter Entwurf wird ebenfalls präsentiert. Die VR-Anwendung stellt die architektonische Bedeutung des historischen Gebäudekomplexes detailliert dar. Dabei werden zwei verschiedene Bauphasen und ein nicht realisierter Entwurf berücksichtigt. Die Anwendung bietet somit eine neue Form der Wissensvermittlung. Mithilfe eines VR-Head-Mounted-Displays kann der Nutzer den gesamten Gebäudekomplex innerhalb des definierten Navigationsbereichs frei erkunden, sowohl von innen als auch von außen. Der Nutzer kann die virtuelle Umgebung selbstständig begehen und sich anhand von Informationstafeln, Bildergalerien und Modellen über die Geschichte und Entwicklung des Gebäudes informieren. Eine Galerie zeigt zahlreiche Archivfotos, die jeweils mit einer kurzen Beschreibung versehen sind.

Die drei Bauphasen werden in einem Raum als separate 3D-Modelle dargestellt. Sie werden von Informationstafeln und Audio begleitet, um detaillierte Informationen zu liefern. Das 3D-Modell des Gebäudekomplexes entspricht einem Detaillierungsgrad von LoD3 bzw. LoD4 für 3D-Stadtmodelle. Die VR-Anwendung wurde anlässlich des 100-jährigen Jubiläums des Gebäudes einem ausgewählten Publikum präsentiert. An geeigneten Stellen in der VR-Anwendung wurden auch aktuelle 360°-Panoramen platziert. Ein virtueller Rundgang durch das Gebäude und in die Umgebung mit 360°-Panoramen ist auch online verfügbar.

Die Ergebnisse des Projekts deuten darauf hin, dass die Wissensvermittlung durch die Präsentation von 3D-Modellen und die Verwendung von kurzen Texten, Audios und Bildern in einer VR-Umgebung eine effektive neue Methode darstellt. VR ist ein wertvolles Werkzeug für die Rekonstruktion und Visualisierung historischer Gebäude. Es ermöglicht die Darstellung ihrer Bauphasen und damit die Veranschaulichung ihrer Entwicklung und Geschichte.

Dank

Wir danken Elke Dröscher vom Puppenmuseum Falkenstein (Landhaus Michaelsen) in Hamburg für die gute Zusammenarbeit und die Bereitstellung von Plänen, Skizzen, Fotos und wichtigen Informationen zum Gebäude.

Literatur

Deggim, S., Tschirschwitz, F. & Kersten, T. (2017): *Entwicklung eines virtuellen Museums für ein historisches Gebäude am Beispiel des Alt-Segeberger Bürgerhauses*. Publikationen der Deutschen Gesellschaft für Photogrammetrie, Fernerkundung und Geoinformation e. V., Band 26, Tagungsband der 37. Wissenschaftlich-Technischen Jahrestagung der DGPF, 8.-10. März 2017 in Würzburg (auf CD), S. 454-463.

Dörner, R., Broll, W., Jung, B. & Grimm, P. (2019): *Virtual und Augmented Reality (VR/AR)*. Springer Vieweg, Berlin/Heidelberg. https://doi.org/10.1007/978-3-662-58861-1.

Dröscher, E. & Grunert, H. (Eds.) (2023): *Und dann der Blick ins Elbtal ... Karl Schneiders Landhaus Michaelsen in Hamburg*. Dölling & Galitz, München/Hamburg.

Kersten, T., Büyüksalih, G., Tschirschwitz, F., Kan, T., Deggim, S., Kaya, Y. & Baskaraca, A. P. (2017a): *The Selimiye Mosque of Edirne, Turkey – An Immersive and Interactive Virtual Reality Experience using HTC Vive*. Int. Arch. Photogramm. Remote Sens. Spatial Inf. Sci., XLII-5/W1, S. 403-409. https://doi.org/10.5194/isprs-archives-XLII-5-W1-403-2017.

Kersten, T., Tschirschwitz, F., Deggim, S. & Lindstaedt, M. (2019): *Das historische Holzmodell des Salomonischen Tempels in Virtual Reality*. In: Luhmann, T. & Schumacher, C. (Hrsg.): Photogrammetrie – Laserscanning – Optische 3D-Messtechnik. Beiträge der Oldenburger 3D-Tage 2019, Wichmann, Berlin/Offenbach, S. 301-313.

Kersten, T. & Walmsley, A. (2020): *Der Kaiserdom in Königslutter als immersives 3D-Erlebnis durch Virtual Reality in Kombination mit 360°-Panoramafotografie*. In: Luhmann, T. & Schumacher, C. (Hrsg.): Photogrammetrie – Laserscanning – Optische 3D-Messtechnik. Beiträge der Oldenburger 3D-Tage 2020. Wichmann, Berlin/Offenbach, S. 252-266.

Knoll, M. & Stieglitz, S. (2022): *Augmented Reality und Virtual Reality – Einsatz im Kontext von Arbeit, Forschung und Lehre*. HMD Praxis der Wirtschaftsinformatik, 59, S. 6-22. https://doi.org/10.1365/s40702-022-00840-5.

Kuliga, S. F., Thrash, T., Dalton, R. C. & Hölscher, C. (2015): *Virtual reality as an empirical research tool – Exploring user experience in a real building and a corresponding virtual model*. Computers, Environment and Urban Systems, 54, S. 363-375. https://doi.org/10.1016/j.compenvurbsys.2015.09.006.

Trau, D., Kersten, T. & Tschirschwitz, F. (2020): *Die Viermastbark Peking in Virtual Reality als neue Form der Wissensvermittlung*. Publikationen der Deutschen Gesellschaft für Photogrammetrie, Fernerkundung und Geoinformation e. V., Band 29, Tagungsband der 40. Wissenschaftlich-Technischen Jahrestagung der DGPF, 4.-6. März 2020 in Stuttgart, S. 514-526.

Tschirschwitz, F., Büyüksalih, G., Kersten, T., Kan, T., Enc, G. & Baskaraca, A. P. (2019): *Virtualising an Ottoman Fortress – Laser Scanning and 3D Modelling for the Development of an Interactive, Immersive Virtual Reality Application*. Int. Arch. Photogramm. Remote Sens. Spatial Inf. Sci., XLII-2/W9, S. 723-729. https://doi.org/10.5194/isprs-archives-XLII-2-W9-723-2019.

Wiensowski, I. (2011): *Drama um die weiße Villa*. Der Spiegel. https://www.spiegel.de/kultur/gesellschaft/denkmal-der-architekturmoderne-drama-um-die-weisse-villa-a-762871.html (04.12.2023).

Simulation von mobilem und dynamischem Scanning im virtuellen Simulator VRscan3D

Thomas LUHMANN, Maria CHIZHOVA, Darius POPOVAS und Denys GORKOVCHUK

Zusammenfassung

Im Rahmen des vom DAAD geförderten Projekts VRscan3D wurde ein terrestrischer Laserscanner-Simulator als Lehrmittel zum Erlernen und Lehren von Laserscan-Prozessen entwickelt. Das auf einer Game Engine basierende virtuelle System ermöglicht es Nutzern, realistische Daten in Abwesenheit eines realen Messgeräts in einer modellierten realen Umgebung (digitaler Zwilling) zu erstellen. Reale Gebäude, städtische Umgebungen oder industrielle Umgebungen können gescannt, modelliert und in den Simulator integriert werden. Dieser Beitrag beschreibt das Projekt VRscan3D, die technischen Funktionen für statisches Laserscanning sowie neue Entwicklungen für die Erfassung dynamischer Szenen und den Einsatz mobiler Scanner.

1 Einleitung

1.1 Motivation

Das Projekt VRscan3D hat zum Ziel, einen virtuellen Laserscanner-Simulator und entsprechende Lehrkonzepte zu entwickeln, um Hochschulen und Nutzergruppen zu unterstützen, die keinen oder nur sehr eingeschränkten Zugang zu realen terrestrischen Laserscanning-Geräten haben. Dies betrifft zum einen Hochschulen und Ausbildungsstellen, die sich aufgrund mangelnder finanzieller Ausstattung keine (kostspieligen) terrestrischen Laserscanner leisten können, wie es in vielen Ländern dieser Welt der Fall ist. Zum anderen können pandemie- oder kriegsbedingte Einschränkungen dazu führen, dass keine Präsenzlehre möglich ist und auf Online-Tools oder digitale Werkzeuge zurückgegriffen werden muss.

Terrestrische Laserscanner (TLS) werden heute in großem Umfang in den Bereichen Geoinformation, Denkmalpflege, Archäologie, Bauwesen und Vermessung eingesetzt. Mit TLS können komplexe Objektgeometrien (historische Gebäude, Industrieanlagen etc.) nahezu beliebiger Form in kurzer Zeit dreidimensional erfasst werden, meist von mehreren Scan-Stationen aus. Moderne Laserscanner verfügen auch über integrierte Kameras, die eine photogrammetrische Bildverarbeitung oder Unterstützung von Registrierungsprozessen ermöglichen.

Die Simulation komplexer Prozesse ist ein Standardverfahren in vielen technischen Bereichen. Auch im Bereich des Laserscannings existieren bereits Simulatoren wie Helios (WINIWARTER et al. 2022, BECHTOLD & HÖFLE 2016) und BlenSor (KWITT & UHL 2021), die sich jedoch konzeptionell stark von VRscan3D unterscheiden.

Der hier beschriebene Simulator zeichnet sich dadurch aus, dass die Möglichkeiten moderner Systeme für Computerspiele und Virtual Reality genutzt werden, um einen möglichst realistischen und immersiven Zugang zu solchen Prozessen zu erlauben, die sonst vom Menschen in der Realität durchgeführt werden. Die simulierten Daten (hier: 3D-Punktwolken) sollten darüber hinaus möglichst nah an realen Daten sein, d. h. mit Messrauschen überlagert sein und das Reflexionsverhaltens des Lasers weitgehend nachbilden.

Abb. 1: Benutzeroberfläche von VRscan3D

Abbildung 1 zeigt beispielhaft die Benutzeroberfläche des Simulators dar, die auf der Game Engine Unreal basiert. Die hier gezeigte 3D-Umgebung besteht aus einem hochaufgelösten BIM-Modell einiger Gebäude des Universitätscampus Bamberg. Der Anwender definiert interaktiv Positionen für Scannerstandorte und Zielmarken, die anschließend für die synthetische Abtastung mit einem gewählten Scannermodell unter den spezifischen technischen Eigenschaften des Gerätes verwendet werden.

1.2 Projektbeschreibung

Das Projekt wird vom DAAD (Deutscher Akademischer Austauschdienst) im Rahmen eines Programms zur Unterstützung der Internationalisierung ukrainischer Hochschulen gefördert: „Unterstützung der Internationalisierung ukrainischer Hochschulen 2019-2021 (Phase 1) und 2021-2023 (Phase 2): Digitale Zukunft gemeinsam gestalten: Deutsch-Ukrainische Hochschulkooperationen". Die Projektgruppe besteht aus zwei deutschen und zwei ukrainischen Universitäten und basiert auf einer langfristigen Zusammenarbeit, die bereits 2002 begonnen hat (KRAVCHENKO et al. 2016, LUHMANN 2020). Die einzelnen Partner sind:

- Jade Hochschule, Institut für Angewandte Photogrammetrie und Geoinformatik (IAPG), Oldenburg
- Otto-Friedrich-Universität Bamberg, Lehrstuhl für Digitale Denkmaltechnologien
- Nationale Universität für Bauwesen und Architektur Kiew (KNUCA), Fakultät für Geoinformationssysteme und Landmanagement, Kiew, Ukraine
- Technische Universität Dnipro, Dnipro, Ukraine

Das Projekt begann 2019 und wurde bereits bei verschiedenen Fachtagungen präsentiert (CHIZHOVA et al. 2020, CHIZHOVA et al. 2021, POPOVAS et al. 2021, LUHMANN et al. 2022). Mit der Corona-Pandemie und dem seit 2022 herrschenden Krieg in der Ukraine wurde die Notwendigkeit und Nachfrage einer virtuellen Lehrumgebung noch einmal deutlich gemacht und gezeigt, dass die Digitalisierung der Lehre nicht nur eine Option, sondern eine unabdingbare Notwendigkeit der heutigen Realität ist.

Die Nachfrage aus der Fachwelt wird mit derzeit etwa 1000 Downloads der kostenlosen Softwareversion belegt. Die Entwicklung erhielt den 1. Platz im CATCON-Wettbewerb beim ISPRS-Kongress Nizza 2022 sowie den Wichmann Innovations Award 2022.

1.3 Studentische Projektwochen

Das Programm VRscan3D wurde in zwei einwöchigen Projektwochen mit Studierenden aus Deutschland und der Ukraine umfangreich getestet. Dabei üben die Teilnehmer zunächst die Simulation mit den Geräten und der 3D-Umgebung, die anschließend auch in realen Feldeinsätzen zur Verfügung stehen. Die erste Projektwoche fand im September 2022 in Bamberg statt, die zweite Projektwoche im November 2023 in Valencia. 2024 wird eine abschließende studentische Projektwoche in Vilnius stattfinden.

Wesentliches Ergebnis der studentischen Arbeiten war, dass bei der Durchführung der realen Messung deutlich weniger Fehler gemacht wurden und Probleme mit der Umsetzung auftraten, da Funktionsweise der Scanner, Positionen von Zielmarken und Scannerstandorten bereits in ähnlicher Weise vorab simuliert worden sind. Daneben konnten jeweils hilfreiche Hinweise zur Fehlerbehebung und Weiterentwicklung der Software gewonnen werden.

Abbildung 2 stellt einige Eindrücke der Projektwochen dar.

Abb. 2: Studentische Projektarbeit während der Projektwochen

2 Virtueller Simulator

2.1 Software-Architektur

Abbildung 3 zeigt den prinzipiellen Aufbau der Software-Architektur des Simulators.

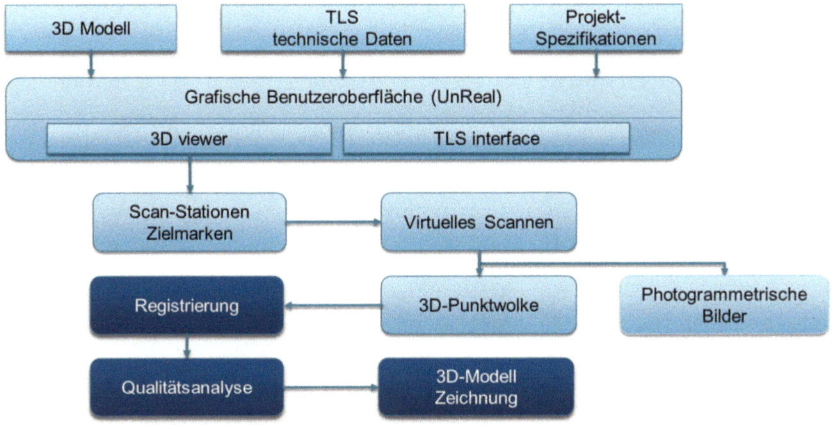

Abb. 3: Software-Architektur

Eingangsdaten sind das 3D-Modell der Umgebung, das Modell des Laserscanners mit seinen technischen Daten sowie weitere Projektspezifikationen. Innerhalb der Unreal-Umgebung wird die Umgebung visualisiert. Jeder implementierte Scanner wird mit seinem realen Aussehen und der am Gerät befindlichen Benutzersteuerung dargestellt. Nach der Definition von Scannerstandorten und optionalen Zielmarken wird das 3D-Objekt virtuell gescannt und die entstehenden Punktwolken exportiert (E57 oder PTX). Die anschließenden Prozesse wir Registrierung oder Modellierung werden in externen Programmen durchgeführt. Neben den eingefärbten Punktwolken werden auch photogrammetrische Panoramabilder berechnet.

2.2 Integrierte Modelle

Derzeit sind folgende 3D-Szenen als BIM-Modelle integriert:

- Campus Bamberg: historische Gebäude, komplexe Dachformen, unterschiedliche Oberflächenmaterialien
- Campus Valencia: moderne Bürogebäude, Innen- und Außenbereiche, einfache geometrische Formen, zahlreiche glatte, spiegelnde und transparente Oberflächen
- Straßenszene Hamburg: Häuserzeilen, bewegte Objekte (Fahrzeuge, Personen)
- Villa: Wohnhaus mit Innen- und Außenbereichen, einfache Materialeigenschaften
- Fabrikhalle: Produktionsumgebung mit komplexen Rohrleitungen, Maschinen und zahlreichen schwer zugänglichen Bereichen.

Abbildung 4 stellt Ausschnitte einiger 3D-Szenen dar.

Der Import benutzerdefinierter 3D-Szenen ist in der nächsten Softwareversion möglich. Hierzu ist es erforderlich, dass vor der Einbindung in das Programm Plausibilitätsprüfungen wie Definition des Koordinatensystems, Gebietsbegrenzungen oder Nullebene vorgenommen werden.

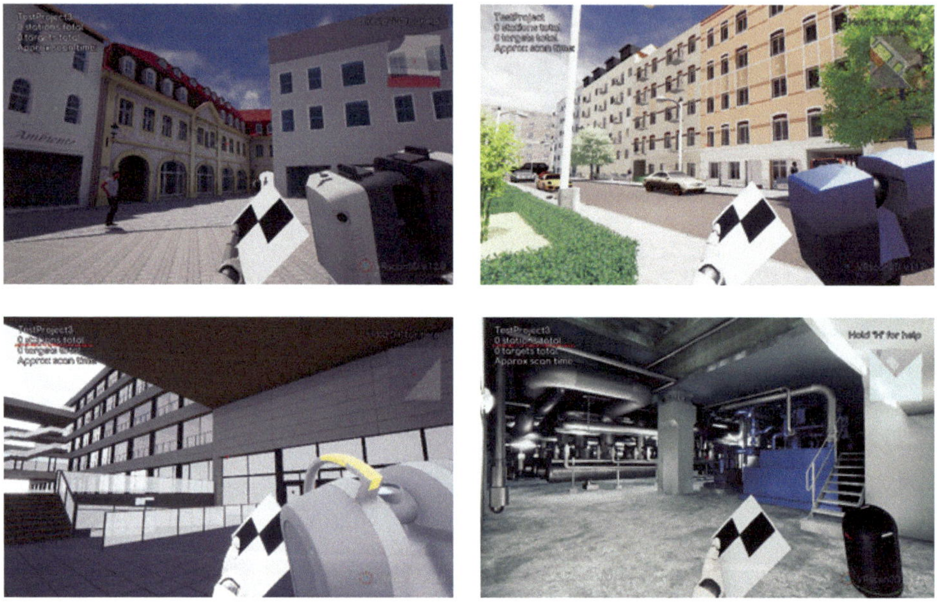

Abb. 4: Integrierte 3D-Szenen

Derzeit sind verschiedene terrestrische Laserscanner mit ihren jeweils öffentlich verfügbaren technischen Spezifikationen (z. B. Reichweite, Scanfrequenz, Auflösung, Genauigkeit) implementiert: Leica BLK 360, Leica BLK 2, Leica RTC 360, Faro Focus, Trimble S8 und S9. Weitere Scannermodelle werden in Absprache mit den jeweiligen Herstellern folgen. Das äußere Erscheinungsbild der Scanner basiert auf einem herstellerabhängigen CAD-Modell des Gerätes sowie Screenshots der jeweiligen Benutzeroberflächen, die dann im Programm realitätsnah bedient werden können.

2.3 Funktionen

Im Folgenden werden die wesentlichen technischen Funktionen des Simulators beschrieben. Ausführlichere Darstellungen können früheren Publikationen der Autoren entnommen werden (CHIZHOVA et al. 2021, POPOVAS et al. 2021, LUHMANN et al. 2022).

- Virtuelle Abtastung: Beim Scanvorgang wird ein virtueller Laserstrahl in einer definierten Winkelauflösung auf das 3D-Modell gerichtet und der jeweilige Schnittpunkt mit der Oberfläche berechnet.
- Rauschsimulation: jeder berechnete 3D-Punkt wird mit einem Zufallsrauschen belegt, das auf den Kenndaten für Distanz- und Winkelgenauigkeit sowie einem materialabhängigen Anteil besteht.

- Intensität und Farbe: die radiometrischen Eigenschaften des simulierten Signals sind winkelabhängig (Auftreffwinkel) und materialabhängig. Die Materialeigenschaften (z. B. Rauigkeit, Transparenz) werden durch die im BIM-Modell hinterlegten Parameter beschrieben.
- Zielmarken: optional können kugel- oder schachbrettförmige Zielmarken verwendet werden, die dann jeweils gescannt und mit ihren Koordinaten und Intensitätsverteilungen in der Punktwolke gespeichert werden. Dadurch sind sie später durch automatische Verfahren erkennbar.
- Echtzeit-Visualisierung: abhängig von der verwendeten Rechner- und Grafikkartenleistung erfolgt die Darstellung des Scanvorgangs nahezu in Echtzeit.
- Export: die simulierten Daten können im E57- oder PTX-Format exportiert und in einer externen Punktwolkensoftware weiterverarbeitet werden. Jede exportierte Punktwolke ist dabei auf ein lokales Scannerkoordinatensystem bezogen, d. h. noch nicht registriert.

Abb. 5: Real gescannte (links) und simulierte (rechts) Punktwolke desselben Objekts

Je genauer und detailreicher das hinterlegte 3D-Modell der zu scannenden Umgebung vorliegt, desto realistischer ist auch das simulierte Ergebnis. Abbildung 5 zeigt den Vergleich zwischen simuliertem und realem Scan eines Gebäudes aus dem Campusmodell Bamberg. Effekte wie Reflexionen an metallischen oder gläsernen Oberflächen oder durch Glas hindurchgehende Laserstrahlen werden mit entsprechenden Fehlmessungen simuliert und müssen wie bei realen Vermessungen anschließend in der Punktwolke oder beim Modellieren korrigiert werden.

3 Dynamisches Scanning

3.1 Dynamische Szenen

Dynamische Objekte in der 3D-Szene sind solche, die sich während des Scanvorgangs bewegen. Dazu gehören simulierte Fahrzeuge oder Fußgänger, die zufällig in der Szene erscheinen und beim Scannen auch entsprechend erfasst werden. Sie können als Störobjekte bezeichnet werden und müssen vor der späteren Auswertung beseitigt werden.

Weiterhin können auch bewegte Objekte, die sich aufgrund ihrer Funktion ständig verändern, enthalten sein, beispielsweise sich drehende Windkraftanlagen oder Maschinenteile. Aufgabe des Scanvorgangs könnte dann z. B. die Bestimmung von Bewegungen oder Deformationen sein. Da dies in der Regel durch statisches Scanning im 3D-Modus zu chaotischen Daten führt, werden hierfür vorrangig 1D- oder 2D-Modi der Scanner verwendet.

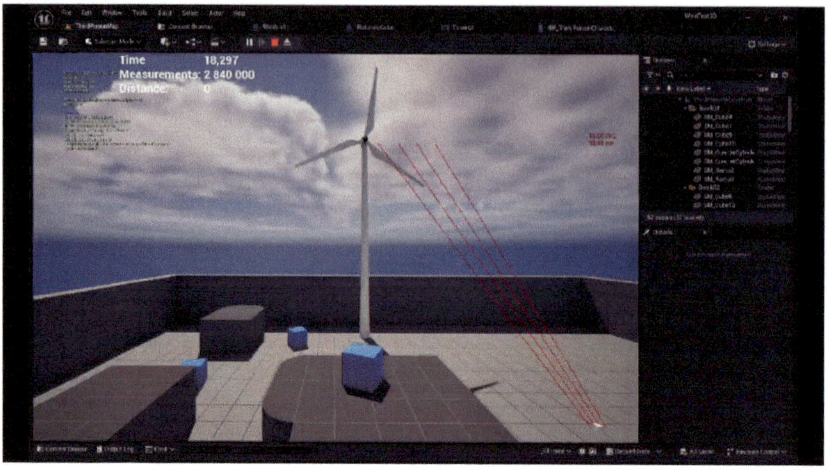

Abb. 6: Simulation der Abtastung einer sich drehenden Windenergieanlage

Abbildung 6 zeigt das Simulationsbeispiel für eine sich drehende Windenergieanlage, die mit vier synchronen Laserdistanzmessern im 1D-Modus erfasst wird. Die 3D-Koordinaten am Rotorblatt entstehen dadurch, dass die Blätter den fest im Raum orientierten Laserstrahl passieren und dabei eine Reflexion auslösen. Dies entspricht dem Ansatz von GÖRING und LUHMANN (2023) zur markerlosen Erfassung von Deformationen an bewegten Rotorblättern in situ.

Die technischen Herausforderungen bei der Simulation liegen vor allem in der Vorgabe realistischer Bewegungs- und Deformationsmodelle der Objekte, der Zeitsynchronisation zwischen Bewegung und Scanfrequenz und der Echtzeit-Visualisierung. Das hinterlegte Rauschmodell muss systematische und unsystematische Abweichungen von der idealen Bewegung sowie material- und formabhängige Einflüsse berücksichtigen.

3.2 Mobiles Scanning

Laserscanner werden immer häufiger auf mobilen Plattformen eingesetzt, häufig zusammen mit anderen Sensoren wie Kameras, Inertialmesseinheiten oder GNSS. Beispiele dafür sind

- Klassische terrestrische Laserscanner auf mobilen Plattformen (z. B. Handwagen, Autos, Trolleys)
- SLAM-basierte Kamera/Scanner-Systeme auf mobilen Plattformen (z. B. Rucksacksysteme)
- Laserscanner an Luftfahrzeugen (UAV, Flugzeuge)
- handgeführte Scanner (z. B. LiDAR an Smartphones, Handscanner mit Laserprojektion)

Der praktische Umgang mit mobilen Scannern eröffnet deutlich mehr Schwierigkeiten und Fehlerquellen als beim Einsatz statischer Scanner. Da die Scanposition dynamisch und frei wählbar ist, kann es leichter zu fehlenden Objektbereichen, mangelnder Überlappung, zu schnellem oder zu langsamen Scannen kommen.

Abb. 7: Simulation eines handgeführten Scanners

Die wesentlichen Herausforderungen bei der Simulation umfassen:

- Simulation des Orientierungsprozesses (SLAM, zusätzliche Sensoren, Kameras)
- Simulation der Scannerbewegung (handgehalten oder auf bewegter Plattform)
- Modell für Fehlerfortpflanzung
- Steuerung des Scanvorganges im Simulator (Joystick, Tastatur, Maus)
- Kollisionsvermeidung

Abbildung 7 zeigt den Screenshot einer prototypischen Simulation mit einem handgeführten Scanner (Leica BLK2Go) mit dem zugehörigen Abtastmuster in einer industriellen Umgebung (siehe auch Abb. 4). In dieser Version steht der Scanner immer exakt senkrecht, ein entsprechendes Bewegungsmodell mit Variation der manuellen Haltung ist noch in Entwicklung. Die damit erfasste 3D-Punktwolke ist in Abbildung 8 wiedergegeben.

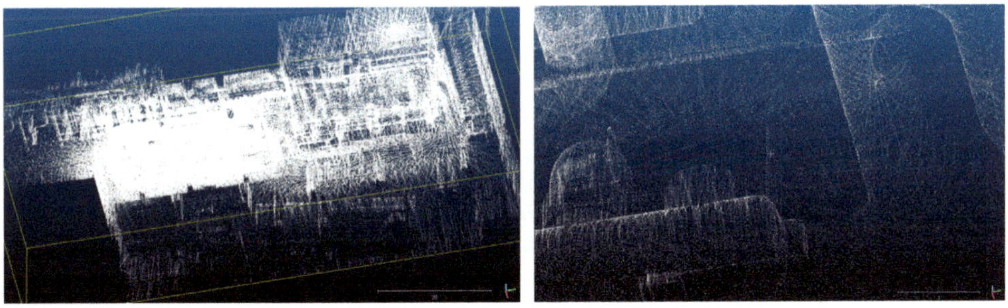

Abb. 8: Simulierte Punktwolken für das Beispiel aus Abbildung 7

4 Ausblick

Zukünftige Arbeiten konzentrieren sich vor allem auf die Integration mobiler Laserscanner, für die bereits eine hohe Nachfrage erkennbar ist. Ein weiterer Schwerpunkt liegt in der Verbesserung der integrierten Rausch- und Fehlermodelle, u. a. durch Simulation des realen Spotdurchmessers des Laserstrahls.

Neben der weiteren Integration in den Lehrbetrieb und die Weiterentwicklung didaktischer Konzepte besteht auch aus der Wissenschaft zunehmendes Interesse an VRscan3D als Forschungswerkzeug. So verwenden WUJANZ et al. (2024) den Simulator zur Erzeugung synthetischer Punktwolken mit gitterartig vorgegebenen Standorten.

Hersteller von Laserscannern können sich aktiv in den Entwicklungsprozess einbringen und damit die weitere Optimierung und Verbreitung des Simulators unterstützen. Mit den Leica-Scannern ist dies in der aktuellen Softwareversion bereits geschehen.

Versionen des Simulators stehen zum Download unter vrscan3d.com zur Verfügung.

Literatur

Bechtold, S. & Höfle, B. (2016): HELIOS: *A Multi-purpose LiDAR Simulation Framework for Research, Planning and Training of Laser Scanning Operations with Airborne, Ground-based Mobile and Stationary Platforms.* ISPRS Ann. Photogramm. Remote Sens. Spatial Inf. Sci., III-3, S. 161-168. doi: 10.5194/isprs-annals-III-3-161-2016.

Chizhova, M., Popovas, D., Gorkovchuk, D., Gorkovchuk, J., Hess, M. & Luhmann, T. (2020): *Virtual terrestrial laser scanner simulator for digitalization of teaching environment: Concept and first results.* Int. Arch. Photogramm. Remote Sens. Spatial Inf. Sci., XLIII-B5-2020, S. 91-97. https://doi.org/10.5194/isprs-archives-XLIII-B5-2020-91-2020.

Chizhova, M., Gorkovchuk, D., Kachkovskaya, T., Hess, M., Popovas, D., Gorkovchuk, J. & Luhmann, T. (2021): *Qualitative testing of an advanced terrestrial laser scanner simulator: users experience and feedback.* Int. Arch. Photogramm. Remote Sens. Spatial Inf. Sci., XLIII-B5-2021, S. 29-35. https://doi.org/10.5194/isprs-archives-XLIII-B5-2021-29-2021.

Göring, M. & Luhmann, T. (2023): *Development of a Procedure for Torsion Measurement Using a Fan-Shaped Distance Meter System.* Sensors, 23 (20), 8603. https://doi.org/10.3390/s23208603.

Kravchenko. J., Luhmann, T. & Schultz, R. (2016): *Concept and practice of teaching technical university students to modern technologies of 3D data acquisition and processing: A case study of close-range photogrammetry and terrestrial laserscanning*. International Archives of the Photogrammetry, Remote Sensing and Spatial Information Sciences, Volume XLI-B6, S. 65-69. doi:10.5194/isprs-archives-XLI-B6-65-2016.

Kwitt, R. & Uhl, A. (2011): *BlenSor: Blender Sensor Simulation Toolbox.* Advances in Visual Computing: 7th International Symposium, (ISVC 2011), Las Vegas, Nevada, USA, September 26-28.

Luhmann, T. (2020): *Development of German-Ukrainian cooperations for education and research in photogrammetry and laser scanning.* Journal for Geo-spatial Information Science, Vol. 24 (1), Special Issue, Heipke & Li (Eds.): Gottfried Konecny: 90 Years of Age and Decades of Scientific Connections. Taylor & Francis.
doi: 10.1080/10095020.2020.1831891.

Luhmann, T., Chizhova, M., Gorkovchuk, D., Popovas, D., Gorkovchuk, J. & Hess, M. (2022): *Development of a terrestrial laser scanner simulator*. 3D Arch, Mantova, Int. Arch. Photogramm. Remote Sens. Spatial Inf. Sci., XLVI-2/W1-2022, S. 329-334. https://doi.org/10.5194/isprs-archives-XLVI-2-W1-2022-329-2022.

Popovas, D., Chizhova, M., Gorkovchuk, D., Gorkovchuk, J., Hess, M. & Luhmann, T. (2021): *Virtual terrestrial laser scanner simulator in digital twin environment.* Proceedings of the joint international event 9th ARQUEOLÓGICA 2.0 & 3rd GEORES, Valencia (Spain), S. 85-92. https://doi.org/10.4995/Arqueologica9.2021.12091.

Winiwarter, L., Anders, K., Schröder, D. & Höfle, B. (2022): *Virtual Laser Scanning of Dynamic Scenes Created from Real 4D Topographic Point Cloud Data.* ISPRS Annals of the Photogrammetry, Remote Sensing and Spatial Information Sciences. Vol. V-2-2022, S. 79-86. doi: 10.5194/isprs-annals-V-2-2022-79-2022.

Wujanz, D., Gruner, F., Buriakovskyi, V., Gorkovchuk, D., Chizhova, M., Popovas, D., Bergholz, E., Gielsdorf, F., Clemen, C. & Luhmann, T. (2024): Geodätische Netzplanung basierend auf synthetischen Laserscans am Beispiel von Robotermissionen. In Luhmann, T. & Sieberth, T. (Hrsg.): Photogrammetrie – Laserscanning – Optische 3D-Messtechnik. Beiträge der Oldenburger 3D-Tage und des BIMtages 2024 . Wichmann, Berlin/Offenbach.

Mixed Reality in der Bauleitplanung

Silke LORENZ, Stefan BÜSCHER und Rainer SCHWERDHELM

Zusammenfassung

Im Verbundprojekt „Energetisches Nachbarschaftsquartier Oldenburg" („ENaQ"), welches vom Bundesministerium für Bildung und Forschung gefördert wurde, war die Jade Hochschule mit dem Teilprojekt: „Von BIM bis zur Energieleitplanung – mehrskalige Planungs- und Informationssysteme für Energetische Nachbarschaftsquartiere" beteiligt.

Ein viel beachtetes – und ursprünglich nicht geplantes – Teilergebnis dieses Forschungsprojektes war die Möglichkeit des Einsatzes der Mixed Reality in der Bauleitplanung.

In diesem Aufsatz werden die im Reallabor „Helleheide" – so wurde das zu überplanende ehemalige Flugplatzgelände in Oldenburg im Laufe des Projektes offiziell getauft – erzielten Ergebnisse beim Einsatz von AR-Brillen in der Partizipation zusammenfassend vorgestellt.

1 Das Projekt „ENaQ"

Unter dem Motto: „Energie von Nachbarn für Nachbarn" soll auf dem Gelände des ehemaligen Fliegerhorstes in Oldenburg eines ein klimafreundliches und zukunftsweisendes Wohnquartier entstehen. Die Idee ist, dass die Energie, welche im Quartier auf verschiedene Art und Weise erzeugt wird, möglichst im Quartier verbleibt und zwischen den verschiedenen Nachbarn auf kurzem Wege geteilt wird. Überschüssige Energie soll gespeichert oder nach außen gegeben werden. Dieses „Energetische Nachbarschaftsquartier" („ENaQ") soll die Energieeffizienz steigern und Verluste durch unnötige Wanderungen der Energie vermeiden.

Das ENaQ-Projekt wird im Rahmen der Förderinitiative Solares Bauen/Energieeffiziente Stadt des Bundesministeriums für Wirtschaft und Energie (BMWi) und des Bundesministeriums für Bildung und Forschung (BMBF) mit rund 18 Mio. Euro gefördert. Im Modul 2 „Energieeffiziente Stadt" geht es um Quartiere, die mit innovativen Ideen Energieeffizienz und erneuerbare Energien kombinieren. Das Projekt startete im Jahr 2018 und wird im Laufe des Jahres 2024 abgeschlossen werden.

Die Jade Hochschule war mit dem Teilprojekt: „Von BIM bis zur Energieleitplanung – mehrskalige Planungs- und Informationssysteme für Energetische Nachbarschaftsquartiere" beteiligt an dem Forschungsprojekt beteiligt.

Eine Aufgabe des Teilprojektes der Jade Hochschule war es, einen digitalen Zwilling des ENaQ zu erstellen.

Unabhängig von den Herausforderungen, welche bei der Erstellung des digitalen Zwillings in Zusammenarbeit mit dem Forschungskonsortium zu bewältigen waren, stellte sich schnell heraus, dass die Modellierung eines solchen Gebietes auch unabhängig von den energetischen Fragestellungen beim Partizipationsprozess der Bauleitplanung mit großem Erfolg eingesetzt werden kann.

2 Der Partizipationsprozess in der Bauleitplanung

2.1 Verfahren

Im Baugesetzbuch ist geregelt, mit welchen Verfahren kommunale Gebietskörperschaften Planungsabsichten realisieren können und welche Schritte dabei in welcher Reihenfolge vorzunehmen sind. Wichtigste Instrumente sind hierbei die Bauleitpläne: der Flächennutzungsplan und der Bebauungsplan.

§ 1(3) BauGb:

„Die Gemeinden haben die Bauleitpläne aufzustellen, sobald und soweit es für die städtebauliche Entwicklung und Ordnung erforderlich ist; die Aufstellung kann insbesondere bei der Ausweisung von Flächen für den Wohnungsbau in Betracht kommen. …“

Eine zentrale Rolle in den Verfahrensvorschriften nimmt die Beteiligung der Öffentlichkeit ein. Die Planungsabsichten werden durch die Kommune in mehreren Stufen öffentlich bekannt gemacht, woraufhin Bürgerinnen und Bürger das Recht haben, ihre Meinung zu den Planungen zu äußern und Änderungsvorschläge einzureichen.

Die Veröffentlichung der kommunalen Planungsabsichten geschieht in den gängigen öffentlichen Medien, wobei die Planauslegung auf der Homepage der Kommune und die Vorstellung der Planung im zuständigen Fachausschuss die inzwischen wichtigsten Methoden sind.

Gängige Praxis für die Darstellung der Planung auf der Homepage ist es, zweidimensionale Fachpläne mit erläuternden Texten hochzuladen. In der Regel werden diese Darstellungen durch einzelne dreidimensionale Animationen unterstützt.

2.2 Problematik

Um sich eine qualifizierte Meinung zu den ausgelegten Plänen zu bilden, muss man die Pläne „lesen“ können. „Lesen“ bedeutet in diesem Kontext, dass die Planzeichen erfasst und in eine dreidimensionale Realität umgesetzt werden.

An dieser Stelle tut sich das Problem auf, dass es Menschen gibt, denen dieser gedankliche Prozess leichtfällt, und andere, die sich damit schwertun.

Es ist allerdings nicht jedermanns Sache zuzugeben, dass der Planinhalt nicht verstanden wurde um dann bei den Planenden um weitere Erläuterungen zu fragen. Insbesondere dann, wenn nach mehrmaliger Bitte um Erläuterung und nachfolgender Erklärung das dreidimensionale Konstrukt im Kopf einfach nicht entstehen will. Es gibt viele Menschen, die dann (innerlich etwas resignierend) vorgeben, den Sachverhalt verstanden zu haben, was aber tatsächlich nicht der Fall ist. Der Partizipationsprozess läuft dann ins Leere.

Ein weiterer Effekt, welcher die Ziele der Partizipation zunichtemacht, kann durch den „Bicycle Drawing Test“ („BDT“) veranschaulicht werden, der in den letzten Jahren (wieder einmal) öffentlichkeitswirksam durch die Medienlandschaft getrieben wurde. Bei diesem Test, dessen Ursprung auf Piaget in den 1930er-Jahren des letzten Jahrhunderts zurückgeht, wird eine Person gefragt, ob sie wisse, wie ein Fahrrad aussehe. In der Regel wird dies bejaht. Dann wird darum gebeten, ein Fahrrad (ohne Vorlage, „aus dem Kopf“) aufzuzeichnen. In vielen Fällen stellt sich dann heraus, dass die Person nur geglaubt hat, zu wissen, wie ein Fahrrad aussehe, denn die Zeichnung misslingt mehr oder weniger gründlich.

Dies ist eine grundlegende menschliche Eigenschaft: man meint nur, Dinge verstanden zu haben: bei einer Überprüfung stellt sich diese – durchaus ehrliche – Meinung als Irrtum heraus.

Es kann daher auch bei der Auslegung von Planunterlagen durchaus geschehen, dass einige Personen kundtun, sie hätten die Planung verstanden, was aber in Wirklichkeit nicht der Fall ist. Nach Realisierung der Planung kommt es dann oft zu einer unangenehmen Konfrontation mit den tatsächlichen Verhältnissen – einschließlich aller sich daraus ergebenden Konsequenzen.

Die Partizipation in der Bauleitplanung daher mit den Herausforderungen konfrontiert:

- Personen können sich die Planung trotz ausführlicher Planunterlagen und Erläuterungen nicht vorstellen.
- Personen sind der festen Überzeugung, sie hätten einen Sachverhalt verstanden, was sich bei Überprüfung aber als Selbsttäuschung herausstellt.

3 Unterstützung der Partizipation durch Mixed Reality

3.1 Mixed Reality durch spezielle Brillen

Eine Kombination aus der Realität und dem Zufügen weiterer Informationen in das Sichtfeld wird schon Jahrzehnte verfolgt und durch verschiedenste Technik umgesetzt und beobachtet.

Im explizitem Untersuchungsaspekt ist das Ziel neben der Umgebung der Baufläche (Realität) die Modelle der geplanten Objekte (virtuelle Elemente) gemeinsam darzustellen und diese dreidimensional erlebbar zu machen. Der Begriff Mixed Reality (engl: „Vermischte Realität"; kurz: „MR") umfasst laut MILGRAM & KISHINO (1994) alle Visualisierungsumgebungen zwischen der vollständigen Realität ohne virtuelle Elemente und der vollständigen Virtualität ohne Elemente aus der Realität und stellt damit unser Zielspektrum dar.

Um das Zusammenspiel der virtuellen Elemente und der Realität zu gewährleisten bietet sich an, sogenannte „Optical See Through" Brillen zu verwenden. Diese bieten neben dem Vorteil der Verschmelzung beider Elementbereichen, dass die Realität wirklich wahrgenommen wird, da sie wie eine Brille mit Zusatzeinblendungen verstanden werden kann. Dies soll dem unerfahrenen Nutzer weniger abschrecken, da er nicht in eine virtuelle Umgebung entführt wird. Eine der bekanntesten MR-Brillen ist die Microsoft Holo-Lens, die bei dieser Untersuchung auch verwendet wurde.

3.2 Einsatz der Brillen auf der Baustelle

Im Verlauf des Forschungsprojektes wurde verschiedenen Personen unterschiedliche Entwicklungsstände der Modelle durch die Brille als MR innerhalb des Quartiers „Helleheide" gezeigt. Hierbei wurde es auf den Maßstab 1:1 skaliert und in der Realität mithilfe von Identifikation dreier rechtwinkliger Ebenen in der Realität und im Modell verankert. Dies erfordert jedoch, dass beispielsweise ein Gebäude sowohl im Modell als auch schon in der Realität existiert und somit als Ankerpunkt dient. Eine andere Option, die hier aber nicht weiter untersucht wurde ist das Verorten über angebrachte Marker in der Realität. Aus diesen Visualisierungen vor Ort, konnten sich folgenden Feststellungen treffen:

Selbst ein sehr einfaches Blockmodell hilft enorm bei der Übertragung des geplanten Vorhabens in die reale Umgebung. Abb. 1 zeigt hierfür ein Beispiel: Obwohl die Gebäude lediglich durch ihre Kubatur dargestellt werden und Oberflächentexturen völlig fehlen, ist sehr gut zu erkennen, wie sie die im Hintergrund liegenden Bäume verdecken. Dies wurde von verschiedenen Personen als sehr hilfreich empfunden.

Abb. 1: Einfaches Kubaturmodell und betrachtende Person

Als äußerst aufschlussreich wurde von den Testpersonen weiterhin die Möglichkeit empfunden, die reale Höhe der Gebäude zu sehen. Neben der Lage des Bauwerkes und der Art und Weise der sich dadurch ergebenden Sichteinschränkungen schien dies ein sehr wichtiger Aspekt der durch die MR-Brille gewonnen Erkenntnisse zu sein. In seiner Dissertation zeigte WIETZEL (2007) auf, dass durch die Minimierung der mentalen Rekonstruktion die Planung erfahrbarer ist. Dies lässt sich in unserem Untersuchungsfall bestätigen.

Eine Betrachtung eines deutlich detaillierteren Modells im verkleinerten Maßstab in einem Büro oder in einem Vortragssaal ohne Realitätsbezug (Abb. 2) hatte bei weitem nicht den „Aha-Effekt" wie eine Positionierung des Modells auf dem realen Baufeld (Abb. 3).

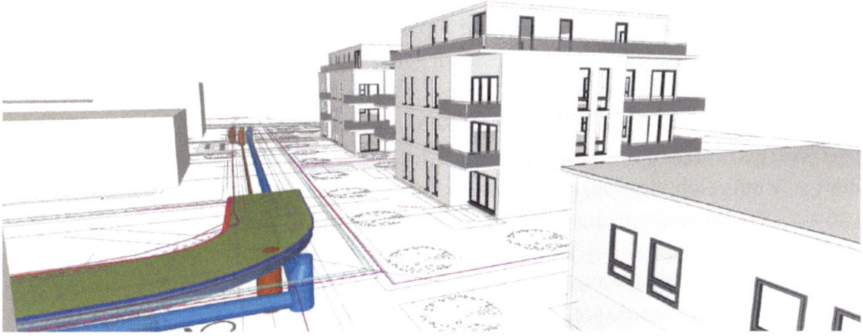

Abb. 2: Detailliertes Modell ohne Information der realen Umgebung

Wurde das Modell mithilfe der MR-Brille in die reale Umgebung projiziert (Abb. 3), so waren die Reaktionen deutlich positiver. Kleinere Fehler im Modell oder kleine Ungenauigkeiten bei seiner Positionierung schienen dabei nicht störend zu sein.

Abb. 3: Detailliertes Modell im Maßstab 1:1 auf der Baustelle

Sobald der Rohbau eines Gebäudes allerdings fertiggestellt war, verlor die Mixed Reality sehr stark an Wert: Die Überlagerung zwischen modelliertem und tatsächlichem Bauwerk wurde eher als störend empfunden. Auch kleine Unterschiede zwischen Modell und Realität durch eine möglicherweise leicht geänderte Bauausführung fielen dann unangenehm auf.

Weitere Dinge, welche beim Einsatz der MR-Brillen beobachtet wurden, waren:

- Bei hellem Wetter und direkter Sonneneinstrahlung kamen die eingesetzten Brillen trotz Sonnenschutz an ihre Grenzen, weil die hellen realen Objekte die dunkleren imaginären Inhalte überstrahlten. Daher bieten sich eher helle Modellfarben an. Neben der Visualisierungsproblematik, scheint die Brille selbst die für die Bedienung erforderlichen Handgesten nicht klar zu erkennen.
- Eine Person mit MR-Brille sollte immer von einer anderen Person begleitet werden, da Hindernisse beim Gehen oft übersehen oder nicht erkannt werden.
- Eine Benutzung von imaginären Treppen und ähnlichen Dingen ist nicht möglich. Der Wunsch hierfür war offensichtlich teilweise deutlich vorhanden.
- Personen, welche beruflich mit Planungen zu tun hatten, zeigten sich in der Regel eher weniger beeindruckt als Personen ohne planerischen Hintergrund.
- Die benutzte Software auf der MR-Brillen waren hinsichtlich der Datenkapazität begrenzt, sodass automatisch Texturen ausgeblendet wurden, wenn die betrachtete Datenfülle zu groß wurde. So musste das Modell datenmengentechnisch klein gehalten werden, wodurch eine realitätsnahe Visualisierung teilweise begrenzt möglich ist. Diese Problematik der Reduzierung durch Limitierungen der Hard- und Software ist laut REINWALD et al. (2013) bekannt und war zu erwarten.

4 Ausblick

Das Anbieten einer Mixed Reality mithilfe von MR-Brillen kann vielen Personen helfen, sich eine noch nicht umgesetzte Planung am Realisierungsort vorzustellen. Offensichtlich können auf diese Weise viele Menschen „mitgenommen werden", welche beim Planungsprozess sonst nicht zu integrieren gewesen wären.

Im Rahmen des Teilprojektes des ENaQ der Jade Hochschule war es nicht möglich, statistisch gesicherte Erhebungen hinsichtlich der quantitativen Wirksamkeit der Mixed Reality in der Bauleitplanung durchzuführen, sodass es an dieser Stelle bei der qualitativen Beschreibung von Beobachtungen bleibt. Der genaue Prozentsatz der Menschen, welche durch diese Methode an der Partizipation teilhaben könnten, und dies vorher nicht konnten, bleibt unklar. Es scheinen aber so viele zu sein, dass eine Weiterverfolgung dieser Methode in jedem Fall lohnenswert scheint.

Die beschreibbaren Ergebnisse lassen allerdings den Schluss zu, dass eine Unwirksamkeit deutlich ausgeschlossen ist und es nur darum gehen kann, den Effekt der „Mitnahme" von Personen zu quantifizieren.

Wichtiger noch wäre allerdings die Glättung des Prozesses von der Modellerstellung und der Integration von Teilmodellen bis zur alltagstauglichen Anwendung der MR-Brillen und ihre Softwareprodukte in der Praxis, sodass diese Methode bei Bedarf als Standard in den Partizipationsprozess integriert werden kann.

Literatur

Büscher S., Lorenz S. (2024): *Mixed Reality Systems in the Participation in Urban Land Use Planning.* Innovations and challenges of the energy transition in smart city districts. De Gruyter, Berlin, S. 108-118.

Milgram, P. & Kishino, F. (1994): *A taxonomy of mixed reality visual displays.* IEICE Transactions on Information Systems, Vol E77-D, No.12.

Reinwald, F., Schober, C., Damyanovic, D. (2013): *From Plan to Augmented Reality – Workflow for Successful Implementation of AR Solutions in Planning and Participation Processes*. REAL CORP 2013, Rom.

Wietzel, I. (2007): *Methodische Anforderungen zur Qualifizierung der Stadtplanung für innerstädtisches Wohnen durch Mixed Reality-Techniken und immersive Szenarien.* Dissertation, TU Kaiserslautern.

8 Beiträge von Studierenden

Genauigkeitsuntersuchung zur Verknüpfung von terrestrischem Laserscanning und UAV-Photogrammetrie

Manuel PIEPER

Zusammenfassung

In dieser Arbeit werden verschiedene Verknüpfungsmethoden für Punktwolken, die durch UAV-Photogrammetrie und terrestrisches Laserscanning erfasst werden, untersucht. Die DJI Phantom 4 RTK wird für die Aufnahmen aus der Luft verwendet, für die Laserscanaufnahmen der RTC360 der Firma Leica Geosystems AG. Die resultierenden Punktwolken werden anschließend anhand derselben Prüfkriterien geprüft. Die Verknüpfung der Punktwolken wird neben der Verknüpfung über identische Passpunkte über die in Cyclone 3DR zur Verfügung stehenden Transformationen umgesetzt. Dazu zählen die Achsen-, die N-Punkte-, die Best-Fit- und die geometrische Registrierung. Die Ergebnisse der einzelnen Transformationen werden in einem Cloud-vs-Cloud-Vergleich geprüft. Anhand der verbleibenden Restabweichungen zwischen TLS- und transformierter UAV-Punktwolke wird untersucht, welche der Registrierungsmethoden für die erfassten Datensätze geeignet ist.

1 Einleitung

Das terrestrische Laserscanning und die UAV-Photogrammetrie sind mittlerweile fest in den Vermessungsalltag etabliert. Beide Verfahren messen im Gegensatz zu den „klassischen“ Verfahren nicht diskrete Punkte, sondern vielmehr flächenhafte Daten. Die Erfassung erfolgt berührungslos und die Methoden ergänzen sich insbesondere im Hinblick auf die messbaren Bereiche sehr gut gegenseitig.

Diese Arbeit befasst sich daher mit dem Prozess der Verknüpfung der Messdaten aus den verschiedenen Erfassungsmethoden. Als Messgebiet dient der Bürostandort des Ingenieurbüro Bertels in Münster mit einer Größe von circa 5.000 m². Das Dach des dreigeschossigen Gebäudes kann nicht betreten werden und ist somit aus der Luft zu erfassen. Die Flächen setzen sich weiterhin aus Park-, Straßen- und kleinen Vegetationsflächen zusammen.

Die Aufnahme des Geländes erfolgt einerseits terrestrisch mit dem Laserscanner Leica RTC 360 und zum anderen aus der Luft mit der DJI Phantom 4 RTK Drohne. Die UAV-basierten Bildflüge werden in zwei unterschiedlichen Flughöhen und als Nadir- und Oblique-Befliegungen, sowie als Kreuzbefliegung durchgeführt. Für die UAV- und die Laserscanner-Aufnahme werden identische Passpunkte verwendet.

Durch die Verwendung identischer Passpunkte während der Aufnahme und bei der Auswertung der jeweiligen Messdaten erfolgt bereits eine erste Ausrichtung der Messdaten zueinander (Verknüpfung über identische Passpunkte). Die beiden Punktwolken werden zunächst anhand diskreter Punkte auf ihre absolute Genauigkeit geprüft.

Neben der Verknüpfung über die identischen Passpunkte werden die vier Verknüpfungsmethoden der Software Cyclone 3DR angewandt. Diese bestehen aus der geometrischen Registrierung, der N-Punkte-Registrierung, der Achsenregistrierung und der Best-Fit-Registrierung. Die daraus resultierenden, zueinander ausgerichteten Punktwolken werden in einem Cloud-vs-Cloud-Vergleich gegenübergestellt. Die verbleibenden Restabweichungen werden näher untersucht und interpretiert.

Neben der Software Cyclone 3DR wird Register 360, ebenfalls Teil der Cyclone Produktfamilie der Firma Leica Geosystems AG, für die Registrierung und Georeferenzierung der Laserscans verwendet. Die Auswertung der Befliegung erfolgt in Agisoft Metashape.

2 Theoretische Grundlagen der Datenerfassung

2.1 Terrestrisches Laserscanning

Ein terrestrischer Laserscanner misst Strecken und die zugehörigen Horizontal- und Vertikalwinkel zu einem Objekt in einer sehr hohen Geschwindigkeit und flächendeckend, sodass daraus eine 3D-Punktwolke abgeleitet werden kann. Zusätzlich wird die Intensität des reflektierten Signales erfasst und aus Bildern können RGB-Werte zur Einfärbung der Punktwolke abgeleitet werden (KUHLMANN & HOLST 2017).

Laserscanner werden nach ihrer Bauart in drei verschiedene Gruppen eingeteilt: Kamera-, Hybrid- und Panoramascanner. Die Streckenmessung erfolgt beim terrestrischen Laserscanner entweder über das Phasenvergleichsverfahren, das Impulslaufzeitverfahren oder das Wave Form Digitising. Die Winkelmessung, also die Laserstrahlrichtung im Bezug zur Rotationsstellung des Scanners um die Steh- und Kippachse, erfolgt aufgrund der hohen Messgeschwindigkeit in einer hohen räumlichen und zeitlichen Auflösung. Tatsächlich wird nur 1 % der Winkel tatsächlich physikalisch abgegriffen, während 99 % der Winkel über zeitliche Interpolation bestimmt werden. Durch eine als konstant angenommene Winkelgeschwindigkeit und der gemessenen Zeit ergibt sich der Winkel. Die Rotationsgeschwindigkeit und die Synchronisation von Winkel- und Zeitabgriff beeinflussen die Genauigkeit. Dieses Verfahren wird auch als Zeitmessverfahren bezeichnet (KUHLMANN & HOLST 2017).

2.2 Structure-from-Motion

Für die dreidimensionale Objektrekonstruktion wird das Verfahren Structure-from-Motion (SfM) angewandt. Hierbei handelt es sich um ein Verfahren aus dem Bereich Computer Vision. Die Aufnahme erfolgt dabei aus der Bewegung heraus, sodass darüber eine Rekonstruktion erfolgen kann. Hohe Überlappungen zwischen den einzelnen Bildaufnahmen sind für dieses Verfahren elementar. In der Längsrichtung sollten die Bilder mindestens 80 % und in der Querrichtung mindestens 60 % überlappen. Weiterhin spielt die ground sample distance (GSD), die durch die Anforderung der Anwendung definiert wird, eine zentrale Rolle. Diese beschreibt, wie groß ein Pixel am Boden ist (Pixelgröße im Objektraum). Die Berechnung der GSD erfolgt durch die Multiplikation der Pixelgrößen der Kamera mit dem Bildmaßstab. Dieser ergibt sich aus der Aufnahmeentfernung geteilt durch die Kamerakonstante. Aufgrund der Tatsache, dass die Pixelgröße und die Kamerakonstante durch die Kamera festgelegt sind, kann die geforderte GSD durch die Anpassung der Flughöhe erreicht werden (LUHMANN 2023).

3 Mess- und Auswerteablauf

Um eine gemeinsame Verknüpfung von UAV-Befliegung und terrestrischen Laserscans zu realisieren, werden zunächst Passpunkte über das Messgebiet verteilt. Diese werden dann für die Verknüpfung und Georeferenzierung der UAV- und TLS-Punktwolke verwendet. Weitere Zielzeichen werden zur Registrierung, also der Verknüpfung der Laserscan-Standpunkte untereinander, angewandt und zusammen mit den Passpunkten eingemessen. Die Passpunkte werden in Form von DIN A3-Targets auf dem Boden fixiert, sodass diese vom Boden und aus der Luft gesehen werden können. Die Einmessung wird über mehrere freie Stationierungen realisiert, die an ein vorhandenes Festpunktfeld anschließen.

Eine grobe Planung der Laserscan-Standpunkte, unter Berücksichtigen der lokalen Begebenheiten und der Verteilung der Passpunkte, wird im Voraus der Messung durchgeführt. Neben den Passpunkten, die auch als Ground Control Points (GCPs) bezeichnet werden, sind jeweils zwei TLS-Standpunkte in unmittelbarer Nähe einzuplanen, sodass gut rekonstruierbare Zielzeichenzentren sichergestellt werden können. Weiterhin sind hohe Überlappungen zwischen den einzelnen Scans wichtig. Hohe Redundanzen zwischen den Standpunkten gewährleisten eine gute Kontrolliertheit. Von jedem Standpunkt sollten weiterhin mindestens drei Zielzeichen zu erkennen sein, um eine zielzeichenbasierte Verknüpfung bzw. Registrierung durchzuführen. Diese Art der Verknüpfung wird aufgrund der höheren Zuverlässigkeit und Genauigkeit einer Cloud-to-Cloud-Methode vorgezogen.

Für die Befliegung wird die Flugplanung zunächst in der durch den Hersteller bereitgestellten Planungsapplikation vorbereitet. Insgesamt werden vier Flüge durchgeführt, drei in einer Höhe von 30 m und einer in 40 m Höhe, darunter eine Nadir- und drei Oblique-Befliegungen mit einer Kameraausrichtung, die um 15 Grad von der Nadir-Befliegung abweicht.

Die Auswertung der Drohnen-Aufnahmen erfolgt in der Software Metashape der Firma Agisoft in der Version 2.0.4. Die Verknüpfungspunkte, die sogenannte dünne Punktwolke, weist einen reprojection error (mittlere Bildmessgenauigkeit) von 0,435 Pixel auf und ist ein Maß für die innere Genauigkeit. Die Bodenauflösung liegt bei 0,856 cm/Pixel. Die Passpunktgenauigkeit liegt bei 1,12 cm (innere Genauigkeit) und die Kontrollpunktgenauigkeit bei 1,22 cm (äußere Genauigkeit). Aus der dünnen Punktwolke wird anschließend eine dichte Punktwolke berechnet.

Die Rohdaten der 63 Laserscan-Standpunkte werden zunächst in die Software Cyclone Register 360 der Firma Leica Geosystems importiert. Die Zielmarken werden automatisch erkannt und durch die anwendende Person kontrolliert und ggf. korrigiert. Anschließend werden die einzelnen Standpunkte durch zielzeichenbasierte Registrierungen miteinander verknüpft. Durch Cloud-to-Cloud-Verknüpfungen werden diese Registrierungen verfeinert. So werden die 63 Laserscanner-Standpunkte über 152 Verknüpfungen zu einer Gruppe verbunden, die einen Fehler von 3 mm und eine Überlappung von knapp 70 % aufweist. Der Fehler setzt sich aus dem Cloud-to-Cloud-Fehler und dem Fehler in den Zielzeichen zusammen. Die Georeferenzierung über die Passpunkte weist einen mittleren Fehler von 7 mm auf.

Die äußere Genauigkeit der resultierenden UAV- und TLS-Punktwolke wird anhand von Kontrollpunkten geprüft. Diese Prüfung erfolgt in Cyclone 3DR, ebenfalls Teil der Cyclone-Produktfamilie. Dafür steht der anwendenden Person die Funktion des Point-vs-Cloud-Vergleiches zur Verfügung. Der Abstand zwischen Punktwolke und Einzelpunkt wird grundsätzlich durch den Abstand zwischen dem Einzelpunkt und einer lokalen Ebene der Punktwolke definiert. Dabei wird die Länge der Normalen zwischen Einzelpunkt und Lotfußpunkt auf der lokalen Ebene berechnet und als 3D-Abweichung bezeichnet (LEICA GEOSYSTEMS AG 2024a). Die daraus resultierenden Abweichungen sind in Tabelle 1 dargestellt. Der Mittelwert der Abweichungen der Kontrollpunkte zur UAV-Punktwolke liegt im Bereich von –5 mm, während die durchschnittliche Abweichung der Kontrollpunkte zur TLS-Punktwolke bei 0,1 mm liegt. Die Standardabweichung des Mittelwertes der UAV-Punktwolke ist circa 1,2 cm groß. Die Abweichungen weisen eine sehr große Streuung auf. Die Standardabweichung des Mittelwertes der TLS-Punktwolke liegt bei 7 mm. Beide Standardabweichungen sind größer als der Mittelwert, sodass keine Systematik in den Abweichungen der UAV- und TLS-Punktwolke zu den Kontrollpunkten nachweisbar ist.

Tabelle 1: Abweichung der UAV- und TLS-Punktwolke zu den Kontrollpunkten in Metern (eigene Darstellung)

Punktnummer	UAV-Abweichung	TLS-Abweichung	Punktnummer	UAV-Abweichung	TLS-Abweichung
165/205	-0,012	0,006	169/209	0,003	0,002
166/206	-0,011	0,005	170/210	-0,011	0,003
180/221	0,003	-0,009	171/212	-0,010	-0,007
182/223	-0,003	-0,001	160/200	-0,009	-0,006
181/222	0,005	-0,004	151/191	-0,001	0,001
183/224	0,003	-0,011	161/201	-0,009	0,002
184/226	0,005	0,000	162/202	-0,009	0,001
185/227	0,003	0,003	163/203	0,004	0,002
178/219	-0,006	-0,002	164/204	-0,019	0,002
177/218	-0,037	-0,029	159/199	-0,014	0,000
175/216	0,012	-0,004	168/208	-0,011	0,000
147/187	0,002	0,000	150/190	-0,007	0,002
179/220	0,016	-0,003	156/196	-0,016	0,007
186/228	-0,005	0,002	173/214	0,025	0,000
149/189	-0,006	0,002	174/215	0,013	-0,001
146/229	-0,006	0,001	157/197	-0,019	-0,006
152/192	-0,011	0,000	167/207	0,009	0,008
154/194	-0,007	0,002	172/213	-0,005	0,008
153/193	-0,013	-0,004	158/198	-0,018	0,009
148/188	-0,007	0,002	155/195	-0,030	0,020

	UAV-Abweichung	TLS-Abweichung
Maximum	0,025	0,020
Minimum	-0,037	-0,029
Mittelwert	-0,0052	0,0001
Standardabweichung	0,0119	0,0072

4 Punktwolken-Verknüpfung

Die verschiedenen Registrierungs- beziehungsweise Transformationsmöglichkeiten der Software Cyclone 3DR werden auf die UAV- und TLS-Punktwolke angewandt. Die UAV-Punktwolke wird dabei aufgrund der Ergebnisse der Punktwolkenprüfung transformiert, während die Punktwolke, die aus der terrestrischen Laserscan-Aufnahme resultiert, festgehalten wird. Bei dem Cloud-vs-Cloud-Vergleich wird ein Schwellenwert von 10 cm gewählt. Abstände, die größer sind als dieser Schwellenwert, werden in der Farbskala als graue Werte dargestellt und nicht mit in die prozentuale Berechnung einbezogen. Alle Werte innerhalb des Skalenbereiches von +10 cm bis –10 cm Abweichung ergeben zusammen 100 %. Es wird keine

Projektionsrichtung erzwungen, von einem UAV-Punkt wird der nächstgelegene TLS-Punkt mit dem geringsten Abstand gesucht. Für den Vergleich werden beide Punktwolken gleichermaßen zugeschnitten. Unbefestigte Flächen, wie Beete, Rasenflächen, Sträucher und Bäume werden ausgeschnitten, um eine bessere Vergleichbarkeit herzustellen. Außerdem werden manche Verknüpfungsmethoden, wie die Best-Fit-Registrierung, negativ durch unbefestigte Flächen, Bäume und Sträucher beeinflusst (LEICA GEOSYSTEMS 2024b).

4.1 Verknüpfung über identische Passpunkte

Die verbleibenden Restabweichungen zwischen UAV- und TLS-Punktwolke nach der Verknüpfung über identische Passpunkte sind insbesondere im Straßenbereich, auf den Parkflächen und Gehwegen nur gering ausgeprägt (Abb. 1, unten rechts). Die Dachflächen, die nur aus der Luft erfasst werden konnten, sind grau dargestellt. An anderen Stellen, wie beispielsweise dem nur zum Teil dargestellten Nebengebäude (blauer Bereich oben rechts), ist zu erkennen, dass die zu vergleichenden Informationen über der Referenz liegen. Dies liegt daran, dass der Dachüberstand des Flachdachs vom terrestrischen Laserscanner von der Unterseite und durch die Drohne von der Oberseite aufgenommen wurde. Dies ist auch bei den leicht vorstehenden Fensterbänken der Gebäudefassade und auch am Parkhaus (linker Rand) teilweise zu erkennen und ist bei allen Registrierungsmethoden gleichermaßen zu beobachten. Anhand der Skala und des Graphen, in Abbildung 1 links dargestellt, ist erkennbar, in welcher Größenordnung die Abweichungen verteilt sind. Bei der Verknüpfung über identische Passpunkte bildet der Graph eine Glockenkurve. Dabei befindet sich der Scheitelpunkt bei ungefähr +5 mm. 65,1 % der Differenzen liegen zwischen +1 cm und –1 cm. Im Bereich von –1 cm bis –2,5 cm liegen 10,6 % der Werte, zwischen +1 cm und +2,5 cm 13,2 %. Der Anteil der Differenzen, die eine größere positive oder negative Ausprägung besitzen, ist sehr gering.

Die rechte Skala in Abbildung 1 (unten rechts) und der entsprechende Graph (schwarz eingerahmt) weisen zwischen –2,5 cm und +2,5 cm eine höhere Auflösung auf. 35,5 % der Abweichungen liegen zwischen –0,5 cm und +0,5 cm. 30,5 % der Abweichungen liegen zwischen +0,5 cm und +1,5 cm. Der Scheitelpunkt liegt bei +5 mm.

4.2 Geometrische Registrierung

Durch die geometrische Registrierung wird ein Hilfskoordinatensystem, dass für die zu transformierende Punktwolke anzulegen ist, auf das übergeordnete Koordinatensystem transformiert. Der Ursprung und die Achse des Hilfskoordinatensystem sind dem bestehenden Koordinatensystem entsprechend anzulegen. Zunächst wird die Translation für das zu verschiebende Objekt festgelegt, indem erst der Startpunkt auf der UAV-Punktwolke und dann der Zielpunkt auf der TLS-Punktwolke gewählt wird. Anschließend sind von diesem Startpunkt aus die Achsen festzulegen, die der Achsenrichtung des vorhandenen, übergeordneten Systems entsprechen. Beim Festlegen der zweiten Achse ist entscheidend, dass diese rechtwinklig zur ersten definiert wird. Ist dies nicht der Fall, korrigiert die Software die Abweichung zur Rechtwinkligkeit automatisch. Über die zwei definierten Achsen kann die dritte automatisch berechnet werden. Anhand des Startpunktes und der Festlegung der zwei Achsen wird die UAV-Punktwolke auf den Zielpunkt der TLS-Punktwolke transformiert und durch Rotation um alle drei Achsen dem Zielkoordinatensystem angepasst (LEICA GEOSYSTEMS 2024b).

Anhand der farblichen Darstellung in Abbildung 1 (oben links) ist erkennbar, dass es zu großflächigen Abweichungen kommt. Besonders im Bereich der Parkflächen am rechten Rand liegt die UAV-Punktwolke etwa zwischen 2,5 cm und 4 cm über der TLS-Punktwolke. Anhand des Graphen wird eine größere Verteilung der Differenzen zwischen den beiden Punktwolken deutlich. Mit 28,1 % liegen die meisten Differenzen im Bereich zwischen –1 cm und –2,5 cm. 19,1 % der Abweichungen liegt in der Größenordnung zwischen 2,5 cm und 4,4 cm. Die großflächigen Abweichungen deuten darauf hin, dass eine Neigung zwischen der für die Transformation definierten und der übergeordneten Y-Achse vorliegt, die sich an den vom Ursprung weit entfernten Parkplatzbereichen feststellen lässt. Die höheren Differenzen sind ähnlich ausgeprägt wie schon bei der Registrierung über identische Passpunkte (vgl. Abschnitt 4.1).

4.3 N-Punkte-Registrierung

Bei der N-Punkte-Registrierung werden *n* identische Punkte in der UAV- und TLS-Punktwolke gewählt, aus denen die Transformationsparameter für die UAV-Punktwolke so bestimmt werden, dass der Abstand zwischen diesen Punkten minimal wird (LEICA GEOSYSTEMS 2024b).

Das Ergebnis der N-Punkte-Registrierung weist für die befestigten Flächen flächendeckende, geringe Abweichungen auf. Der linke Graph beschreibt eine stark ausgeprägte Glockenkurve, deren Scheitelpunkt bei ±0 cm liegt. Innerhalb der Grenzen von –1 cm bis +1 cm befinden sich 74,1 % aller Abweichungen. Zwischen –1 cm und –2,5 cm liegen 9 % der Abweichungen, zwischen +1 cm und +2,5 cm liegen 6,4 %. Die rechte Skala (schwarzer Rahmen) ist im Bereich von –2,5 cm und +2,5 cm höher aufgelöst. 53,6 % aller Restabweichungen sind zwischen –0,5 cm und + 0,5 cm angesiedelt. Zwischen –0,5 cm und –0,15 cm sind 12,3 % und zwischen +0,5 cm und +0,15 cm sind 15,6 % der Restabweichungen vorhanden. Die größeren Abweichungen liegen in derselben Größenordnung vor, wie bei den anderen Registrierungsmethoden (Abb. 1, oben rechts).

4.4 Best-Fit-Registrierung

Bei der Best-Fit-Registrierung werden aus den überlappenden Bereichen Transformationsparameter berechnet, die den Abstand zwischen der UAV- und der TLS-Punktwolke minimieren. Für diese Verknüpfungsmethode muss das bewegliche Objekt (in diesem Fall die UAV-Punktwolke) zwingend vorausgerichtet sein. Da dies bereits über die importierten Punktwolken, die über identische Passpunkte zueinander ausgerichtet sind, gewährleistet ist, ist eine manuelle Vorausrichtung nicht notwendig. Durch einen selbst definierten Schwellenwert kann festgelegt werden, bis zu welchem Abstand ein Punkt der einen Punktwolke mit dem Punkt der anderen Punktwolke mit in die Berechnung der Transformationsparameter einfließt. Ein Schwellenwert von 0,1 m stellt sich als am besten geeignet heraus (LEICA GEOSYSTEMS 2024b).

Die befestigten Flächen weisen bei der Best-Fit-Registrierung nur geringe Abweichungen auf. Diese liegen größtenteils im Bereich von –1 cm bis +1 cm und zwischen –1 cm und –2,5 cm und zwischen +1 cm und +2,5 cm. Die Skala entspricht annähernd einer Glockenkurve, ähnlich wie bei dem Ergebnis der Passpunktverknüpfung. Allerdings ist hier eine Art Sattelpunkt im Bereich von ±0 cm Abweichung erkennbar. Der Scheitelpunkt des Graphen liegt bei circa +9 mm. 52,7 % der gesamten Abweichungen liegen zwischen –1 cm und +1 cm. 24,8 % liegen zwischen +1 cm und +2,5 cm, während nur 11,8 % zwischen –1 cm und –2,5 cm liegen. Insgesamt ist, gegenüber dem Graphen der Passpunktverknüpfung, eine Verschiebung des gesamten Graphen um circa 4-5 mm zu erkennen. Die TLS-Punktwolke liegt also nach der Best-Fit-Registrierung noch weiter oberhalb der UAV-Punktwolke als es bei der reinen Passpunktverknüpfung der Fall ist. Außerdem ist die Glockenform nicht so stark ausgeprägt (Abb. 1, unten links).

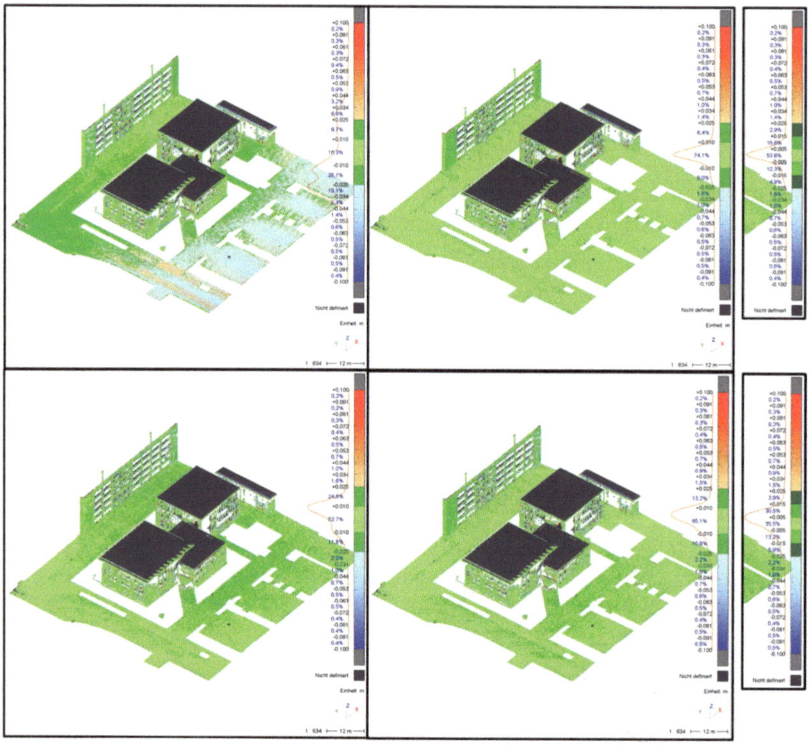

Abb. 1: Ergebnisse der geometrischen (o. l.), der N-Punkte- (o. r.), der Best-fit-Registrierung (u. l.) und der Registrierung über identische Passpunkte (u. r.) (eigene Darstellung)

4.5 Achsen-Registrierung

Bei der Achsen-Registrierung werden über drei identische Punktpaare die Transformationsparameter bestimmt. Dabei legt das erste Punktpaar einen identischen Punkt fest und definiert mit einem zweiten Punktpaar eine Achse. Durch das dritte Punktpaar wird dann eine Ebene bestimmt. Aus diesen Punktpaaren werden die Transformationsparameter durch die Software berechnet. Die Translation wird aus dem ersten Punktpaar bestimmt. Dann wird um den ersten Punkt auf der UAV-Punktwolke (diese wird transformiert) rotiert, sodass die Linie zwischen erstem und zweitem Punkt auf der UAV-Punktwolke der zugehörigen Linie in der

TLS-Punktwolke entspricht. Im letzten Schritt wird der dritte Punkt durch Rotation um die zuvor definierte Achse (zwischen Punkt eins und zwei) in die Referenzebene gedreht (LEICA GEOSYSTEMS 2024b). Die Achsen-Registrierung führt zu sehr hohen Abweichungen zwischen UAV- und TLS-Punktwolke im Vergleich zu den Ergebnissen der anderen Registrierungsmethoden. Teilweise sind die Abweichungen in den ebenen Flächen so groß, dass diese nicht mehr innerhalb des Skalenbereiches von 10 cm liegen und somit grau dargestellt werden. Der mittlere Bereich weist geringere Abweichungen auf. Durch die Verteilung der Abweichungen kann davon ausgegangen werden, dass zwischen den beiden Punktwolken eine Verkippung vorliegt. Aufgrund der Definition über eine Gebäudeecke und -wand wird bei dieser Methode, ähnlich wie bei der geometrischen Registrierung (Abschnitt 4.2), eine Extrapolation durchgeführt. Kleine Abweichungen in der Definition der Punktpaare sorgen dafür, dass die negativen Auswirkungen auf einen Bereich stärker werden, je weiter dieser vom der Achsendefinition entfernt liegt. Nur 17,1 % der Werte liegen innerhalb von –1 cm und +1 cm Abweichung. 60,4 % der Restabweichungen zwischen den beiden Punktwolken sind größer als ±2,5 cm.

5 Vergleich der Ergebnisse

Die geometrische Registrierung und die Achsen-Registrierung weisen die größten verbleibenden Abweichungen zwischen der UAV- und der TLS-Punktwolke auf. Die großen Abweichungen spiegeln sich auch in Tabelle 2 wider. Bei der geometrischen Registrierung liegen nur 18,3 % der Abweichungen innerhalb des Bereiches mit den geringsten Restabweichungen. 43,9 % sind innerhalb des Bereiches mit den größten erfassten Abweichungen zu verorten. Damit verbleiben nach beiden Methoden noch sehr große Abweichungen, die keine weitere Nutzung der verknüpften Punktwolken ermöglichen. Die Definition der Transformationselemente, die anhand des Gebäudes im Zentrum der Messgebietes erfolgt, führt besonders in den Randbereichen zu Extrapolation und damit einhergehend höheren Abweichungen zwischen beiden Punktwolken. Weiterhin ist die Definition der Transformationselemente Grund für größere Abweichungen in weiter entfernten Bereichen. Beispielsweise ist bei der Definition einer Achse entlang der Gebäudeoberkante darauf zu achten, dass die Punkte auch möglichst exakt auf der Kante liegen, was wiederum durch die Eigenschaften von Punktwolken (zufällige Punktverteilung) schwierig umzusetzen ist. Die Wahl und Definition von Ursprung, Achsen und Ebenen ist elementar, um gute Transformationsergebnisse zu erzielen. Weiterhin sollten sich die Transformationselemente möglichst über das gesamte Messgebiet erstrecken, um Extrapolationseffekte zu minimieren.

Die Best-Fit-Registrierung ist die Verknüpfungsmethode, die den geringsten manuellen Aufwand erfordert. Durch die Georeferenzierung über identische Passpunkte sind die beiden Datensätze aus verschiedenen Quellen bereits vorausgerichtet. 52,7 % der Abweichungen sind in der Größenordnung von –1 cm bis +1 cm. Die Qualität der Verknüpfung der beiden Punktwolken ist daher aufgrund der deutlich geringeren Abweichungen im Vergleich zur geometrischen und zur Achsen-Registrierung deutlich besser. Dennoch liegen immer noch 36,6 % der Abweichungen zwischen –1 cm und –2,5 cm und +1 cm und +2,5 cm. Die Verknüpfung über identische Passpunkte und die N-Punkte-Registrierung weisen für das vorliegende Messgebiet die geringsten Restabweichungen auf. Bei der Passpunktmethode liegen 65,1 % aller Abweichungen innerhalb des Bereiches von –1 cm bis +1 cm, bei der N-Punkte-Registrierung 74,1 %. Daraus ergibt sich, dass sowohl die Registrierung über identische Passpunkte als auch die Registrierung über N-Punkte gute Ergebnisse bei der Ausrichtung einer Punktwolke zu einer anderen liefern. Dabei sind die verbleibenden Restabweichungen nicht vollständig auf die Registrierungsmethodik zurückzuführen. Fehlerhaft miteinander verglichene Punkte, wie zum Beispiel bei dem Dachüberstand, der von der Ober- und von der Unterseite aufgenommen und dann miteinander verglichen wird, sorgen für Abweichungen, die bei dem Vergleich der Referenz- mit der Transformationspunktwolke mit in die Statistik einfließen und auch nach einer fiktiven, fehlerfreien Ausrichtung erkennbar wären. Die Ergebnisse der Methode der N-Punkte Registrierung korrelieren selbstverständlich auch stark mit der Qualität der Definition der N identischen Punkte, über die die Transformationsparameter berechnet werden, die wiederum stark anwenderabhängig ist.

Tabelle 2: Prozentuale Ergebnisse der entsprechenden Skalenbereiche der einzelnen Punktwolkenvergleiche zusammengefasst (eigene Darstellung)

	-1 cm bis +1 cm	-1 cm bis -2,5 cm	+1 cm bis +2,5 cm	+/-2,5 cm bis +/-10 cm
Identische Passpunkte	65,1	10,6	13,2	11,1
Geometrische Registrierung	18,3	28,1	9,7	43,9
N-Punkte-Registrierung	74,1	9,0	6,4	10,5
Best-Fit-Registrierung	52,7	11,8	24,8	10,7
Achsen-Registrierung	17,7	12,3	9,6	60,4

6 Fazit und Ausblick

Nach Betrachtung der unterschiedlichen Ergebnisse der einzelnen Verknüpfungsmethoden wird deutlich, dass nicht jede Methode für jede Anwendung geeignet ist. Die geometrische und die Achsen-Registrierung sind vor allem dann geeignet, wenn es sich bei den zu registrierenden Objekten beispielsweise um BIM-Modelle handelt, oder eine klare Definition der Transformationselemente über die gesamte Ausdehnung des jeweiligen Objektes möglich ist. Zudem wären diese beiden Verknüpfungsmethoden geeignet, wenn beispielsweise die fehlerfreie Transformation in einem kleinräumigen Bereich der Punktwolken relevant ist, um nur mit den Daten in diesem Ausschnitt weiter zu arbeiten. Die reine Verknüpfung über identische Passpunkte ist ebenfalls eine gute Möglichkeit zur Punktwolkenverknüpfung. Allerdings nimmt die Verteilung der Passpunkte und die Aufnahme dieser viel Zeit in Anspruch. Für das vorliegende, kleine Messgebiet wurde mit fünf Passpunkten gearbeitet. Für größere Messgebiete ist diese Zahl entsprechend zu erhöhen. Damit steigt, neben der Anzahl, auch die Komplexität und der Aufwand. Die Passpunktvermarkung ist so zu wählen, dass diese dauerhaft und sicher vermarkt ist. Eine gute Planung und Absprache zwischen den Beteiligten sind unabdingbar. Bei ausreichender Überlappung der Punktwolken ist die Best-Fit-Registrierung ebenfalls eine geeignete Methode, da die Abstände zwischen den jeweiligen Punktwolken minimiert werden. Die Best-Fit-Registrierung kann dabei auch als Erweiterung der Verknüpfung über identische Passpunkte gewählt werden. So kann die manuelle Vorregistrierung entfallen. Die Verknüpfung über N-Punkte bietet eine sehr schnelle Möglichkeit der Registrierung. Im Außendienst ist kein Mehraufwand zu betreiben. Die Umsetzung erfolgt mit wenig Zeitaufwand in der Software. Die Anzahl der identischen Punkte, sowie deren Verteilung lässt sich flexibel anpassen. Dabei ist zu berücksichtigen, dass die Ergebnisse der N-Punkte-Registrierung stark mit der jeweils anwendenden Person korrelieren.

Denkbar wäre für die Nutzung von UAV- und TLS-Daten, dass diese in einem gemeinsamen Auswertungsprozess verarbeitet werden, um so noch bessere Ergebnisse zu erzielen. Die entsprechende Software ist bereits auf dem Markt verfügbar. Metashape der Firma Agisoft LLC, Infinity der Firma Leica und der Business Center der Firma Trimble sind Produkte, die diesen Bereich abdecken. Ein Versuch der gemeinsamen Auswertung der Daten in Metashape war leider nicht erfolgreich. In Anbetracht der aktuellen Entwicklungen im Bereich der künstlichen Intelligenz (KI) ist anzunehmen, dass diese auch zu großen Fortschritten bei der automatisierten Registrierung führen könnten. Besonders die Best-Fit-Registrierung könnte durch selbstlernende Prozesse schneller und präziser werden. Aber auch für die anderen Methoden wären Ergänzungen der Algorithmen durch KI denkbar. Beispielsweise könnten die manuell gewählten Punktpaare der N-Punkte-Registrierung durch die Lernalgorithmen automatisch noch präziser bestimmt werden, sodass die Transformationsparameter noch genauer berechnet werden könnten. Im Rahmen dieser Arbeit zeigen die unterschiedlichen Ergebnisse der einzelnen Verknüpfungsmethoden, dass nicht jedes Vorgehen für alle Anwendungsfälle geeignet ist. Schon bei der Planung der Aufnahme des Messgebietes sollte bedacht werden, über welche Registrierungsmethode die Punktwolken aus den verschiedenen Datenquellen miteinander verknüpft werden sollen. So kann ein, an die Verknüpfungsmethode angepasstes, Messkonzept erstellt werden, bei dem optimale Bedingungen für die gewählte Verknüpfungsmethode geschaffen werden und eine wirtschaftliche Umsetzung gewährleistet wird.

Literatur

Kuhlmann, H. & Holst C. (2017): *Flächenhafte Abtastung mit Laserscanning.* In Schwarz, W. (Hrsg.): Ingenieurgeodäsie – Handbuch der Geodäsie. Springer Spektrum, Berlin, S. 167-212.

Leica Geosystems (2024a): *Cyclone 3DR – Help Center.* https://cyclone3dr.leica-geosystems.com/help/2022.1/HelpCenter.html (08.01.2024).

Leica Geosystems (2024b): *Cyclone 3DR – Help Center.* https://cyclone3dr.leica-geosystems.com/help/2022.1/HelpCenter.html (08.01.2024).

Luhmann, T. (2023): *Nahbereichsphotogrammetrie – Grundlagen, Methoden, Beispiele.* 5. Auflage. Wichmann, Berlin/Offenbach.

Meichsner, R. (2014): *Analyse von Strategien und Kostenfunktionen beim Semi-Global-Matching in Luftbildpaaren.* In: DGPF-Tagungsband, Bd. 23, S. 447-454.

Tscharf, A. (2020): *UAV-gestützte Vermessung im Bergbau – Zur Frage der Genauigkeit unter Verwendung von Structure-from-Motion.* Montan Universität Leoben.

Witte, B., Sparla, P. & Blankenbach, J. (2020): *Vermessungskunde für das Bauwesen mit Grundlagen des Building Information Modeling (BIM) und der Statistik.* Wichmann, Berlin/Offenbach.

Automation Ready Laser Tracker Compensation

Manuel DELAVY, Amna QAYYUM, Matthias WOLF and David GRIMM

Abstract

Laser trackers require compensation procedures to ensure accurate measurements. This paper introduces an automated method for Hexagon laser trackers using a 2.3 m bar artefact and a monitoring laser tracker (LT). The automated method requires only a single setup and enables significant time savings compared to the conventional process. It is feasible to substantially automate the compensations of the ADM offset and the Ve-Adjustment, with slight differences in accuracy compared to the manual procedure. The re-compensation capability, robustness, and availability are assessed as satisfactory. Implementing this new compensation approach necessitates further studies on its construction, programming, and optimal location, including data transfer and adjustments in the Tracker Pilot's testing program.

1 Introduction

Laser trackers, developed at the National Institute of Standards and Technology (NIST) in the mid-1980s, are crucial for precise 3D measurements on reflective targets in fields like robotic metrology, manufacturing, and large component assembly. These devices come in different models distinguished by their beam origin: either from a rotating head or a mirrored column holder (CONTE et al. 2013). While newer models commonly require specific calibration corrections, the latter introduces additional geometric errors due to the reflected beam path. Optical misalignments in laser tracker systems can cause systematic errors in measurements, stemming from factors like non-orthogonality of axes, offset in the vertical angle encoder scale, misaligned laser source, and more. These errors can significantly impact measurement accuracy (MURALIKRISHNAN et al. 2015) and therefore require compensation.

Various techniques have been proposed to determine geometrical alignment errors, including methods involving fixed target measurements (HUGHES et al. 2011), software correction models (LOSER & KYLE 1998), displacement measurements to enhance point coordinate accuracy (SAWYER & FRONCZEK 2003), and interim checks for verifying proper tracker functioning (LEE et al. 2014). The increasing industrial use of laser trackers has prompted the development of standardized testing protocols. Standards like ASME B89.4.19, VDI/VDE 2617-10, and ISO 10360-10:2021 offer specific testing guidelines. Additionally, the use of high-precision rotary tables, as described by GASSNER & RULAND (2009), can further aid in calibration by testing horizontal angle encoders.

Accuracy and Uncertainty Specifications

Usually, the uncertainty of LT measurements is given as the Maximum Permissible Error (MPE), which is calculated as expanded uncertainty. The expanded uncertainty is determined by multiplying the combined standard uncertainty by the factor k.

ISO 10360-10:2017-03 stipulates $k = 2$ because, for example, the length test is considered to have passed if 100 out of 105 length measurements fall within the specified tolerances (ISO 2021), which corresponds to 95.2%. In practice, the MPE that applies to statistical evaluations is thus given as with the formula MPE ≈ 2σ (95%) ≈ Tolerance. This provides a more realistic estimate of the measurement uncertainty for the instrument.

The following specifications (Table 1) represent the laser tracker subsystem specification following ISO 10360-10.

Table 1: Accuracy of laser tracker subsystem

Laser tracker subsystem	**Symbol**	**MPE**
Interferometer (IFM)	eIFM	$\pm 0.4\ \mu m + 0.3\ \mu m/m$
Absolute Distance Meter (ADM)	eADM	$\pm 10\ \mu m$
R0 parameter (R0)	eR0	$\pm 3\ \mu m$
Transverse	eT	$\pm 15\ \mu m + 6\ \mu m/m$

Considering the aforementioned standards, Section 2 discusses the automation of the ADM-offset and the Ve-Adjustment by comparing the automated versus non-automated compensation approaches. Section 3 discusses the workflow for the new compensation approach while Section 4 summarizes the results and conclusions.

2 Proposed Compensation Methods

2.1 For ADM Offset: Distance Correction between ADM zero and Tracker Center

The ADM offset has many names in the literature. For instance, MURALIKRISHNAN et al. (2015) term it as "R0", Leica Geosystems as "ADM offset", and MÖLLRING (2023) identifies it as "zero-point correction", categorizing it among opto-mechanical errors. This error emanates from the challenges of manufacturing precision, making it difficult to align the electronic zero point perfectly with the vertical axis.

2.1.1 Non-automated Approach

MURALIKRISHNAN et al. (2015) and Leica Geosystems both employ an inside-outside test to ascertain the R0 parameter (Fig. 1). This test involves measuring the distance between two targets The error can then be adjusted using $d_{corrected} = d_{ADM} - ADM_{Offset}$, where "$d_{ADM}$" denotes the measured distance and "ADM_{Offset} " is the corrective value.

A non-automated approach closely follows the method of MURALIKRISHNAN et al. (2015), requiring approximately 25 minutes for complete compensation. The duration can fluctuate based on operator experience and equipment availability. Throughout this method, the operator's constant presence is essential, but for compensation and evaluation, Hexagon's Tracker Pilot software streamlines the process, eliminating the need for a technical expert.

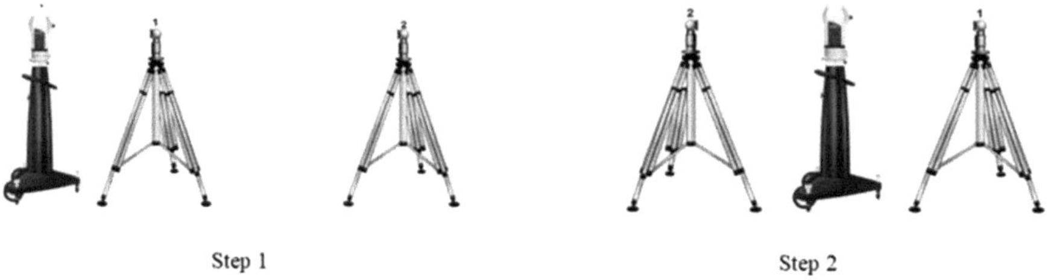

Fig. 1: Inside-Outside test

2.1.2 Automated Approach with an Artefact

The LT is positioned as close as possible to the artefact, which is previously calibrated using the interferometer of the LT and is set up at the same height ±3 mm as the targets. The two Red-Ring Reflector (RRR) targets are measured multiple times to achieve an overdetermination. The artefact's compensation accuracy is determined to be 0.9 µm @ 2σ through an a priori analysis based on the interferometer's accuracy. This is confirmed by an a posteriori analysis, which shows a mean value of 2299.7789 mm with an accuracy of 0.83 µm @ 2σ. This is more accurate than the current compensation method's 1.89 µm @ 2σ.

Over a month, the artefact's length shows a non-linear expansion up to a difference of 23.6 µm, possibly due to external factors like movement and meteorological variations with observed changes in temperature, pressure, and humidity. This means that the artefact cannot be assumed as stable and thus needs to be monitored periodically. Using a different LT and target from the same type produces a negligible difference of –0.4 µm. Rotation and transportation of the artefact affect its consistency, with deviations of –3.2 µm and –2.4 µm respectively.

To determine the compensation accuracy of automation through an artefact, a priori calculations are conducted. Due to positioning constraints, the artefact is offset by a distance 'e' from the LT though it remains at the same height ±3 mm, see Fig. 2. This positioning aids in simplifying calculations using (1)-(4) and enhancing accuracy. The compensation accuracy is influenced by the distance 'e', which introduces angular uncertainties; hence, it is beneficial to minimize this distance. When the offset is 17 cm (minimum distance), the angular measurement uncertainty is 2.3 µm @ 2σ (see Fig. 3). Their relationship with distance 'e' is not linear. If the LT aligns with the tripods, the uncertainty is 7.7 µm @ 2σ. At an offset of 17 cm, it is 7 µm @ 2σ.

$$c\,(P1P3) = \sqrt{a^2 + b^2 - 2ab * cos(\gamma)} \tag{1}$$

$$\frac{d}{d(a)} = \frac{a - b * cos(\gamma)}{\sqrt{a^2 - 2a * cos(\gamma) * b + b^2}} \tag{2}$$

$$\frac{d}{d(b)} = \frac{b - a * cos(\gamma)}{\sqrt{b^2 - 2b * cos(\gamma) * a + a^2}} \tag{3}$$

$$a \text{ and } b_{Distance\ error} = \sqrt{\left(\frac{d}{d(a)} * \frac{ADM}{2}\right)^2 + \left(\frac{d}{d(b)} * \frac{ADM}{2}\right)^2} \tag{4}$$

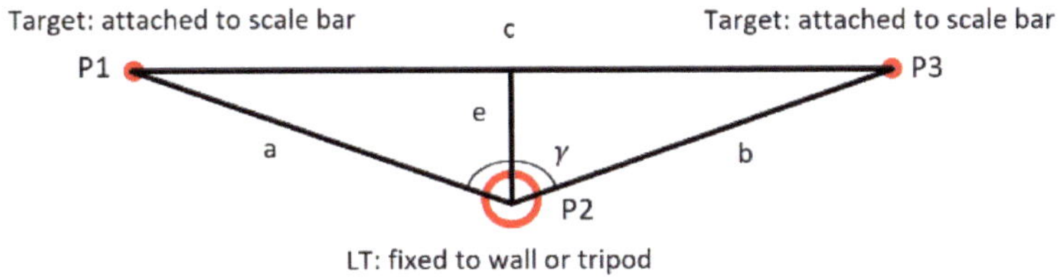

Fig. 2: Triangular section / top view

Distances ‘a’ and ‘b’ also play a role in compensation accuracy calculation using (5)-(7).

$$\frac{d}{d(\gamma)} = \frac{ab*\pi*sin(\gamma)}{\sqrt{-2ab*cos(\gamma)+a^2+a^2}} \quad (5)$$

$$y_{Angular\ error} = \frac{d}{d(\gamma)} * eT_y \quad (6)$$

$$eT_y = \sqrt{\left(\frac{eT_{Constant}}{2} + \frac{eT_{Variable}}{2} * a\right)^2 + \left(\frac{eT_{Constant}}{2} + \frac{eT_{Variable}}{2} * b\right)^2} \quad (7)$$

Upon evaluating all measurement uncertainties with the error propagation law (a, b and γ), the calibration accuracy of the scale bar (casb) (8) shows that as ‘e’ increases, the uncertainty also increases (Fig. 3). With a 17 cm offset, the uncertainty is 7.4 µm @ 2σ. Considering the uncertainty of the RRR target’s construction, which amounts to 3 µm, the total measurement uncertainty becomes 10.4 µm @ 17 cm offset.

Consequently, the angular measurement uncertainty of 2.3 µm @ 2σ contributes only 22% to the overall compensation accuracy of the artefact. Since this uncertainty is only a small part of the total compensation accuracy, this method needs further investigation.

$$casb = \sqrt{\left(\frac{d}{d(a)} * \frac{ADM}{2}\right)^2 + \left(\frac{d}{d(b)} * \frac{ADM}{2}\right)^2 + \left(\frac{d}{d(\gamma)} * eT_y\right)^2} \quad (8)$$

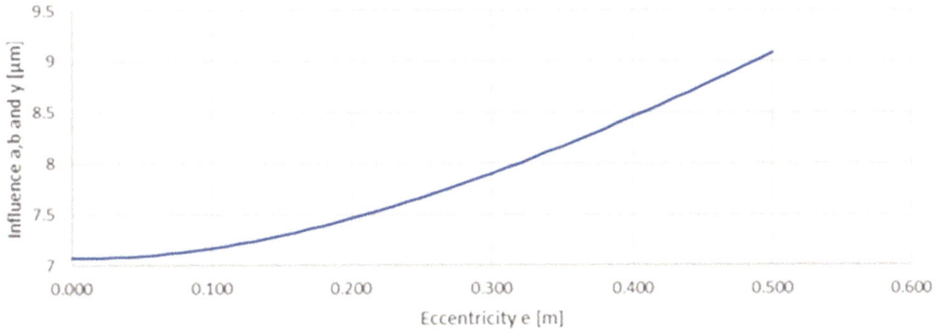

Fig. 3: Influence of the angle γ and distances 'a' and 'b' on the measuring accuracy of the scale bar along with the calibration accuracy due to the enlargement of 'e'

Since the LT cannot be aligned in a straight line with the artefact, as is possible in the non-automated method using two tripods, the calculation of the ADM offset must be done (9).

$$d_0 = \frac{-b-\sqrt{b^2-4ac}}{2a} \tag{9}$$

In comparing automated and non-automated procedures, the automated method matches the accuracy of the non-automated one but offers superior repeatability. Both procedures differ slightly in ADM-Offset corrections, with the automated ranging from –0.6 µm to –0.8 µm and the non-automated from –1.8 µm to 0.7 µm. The maximum difference between them is 1.5 µm, with an average compensation difference of 0.4 µm (Table 2). Despite the R0 parameter's MPE of ±3 µm and part of the ADM MPE ±10 µm (Table 1), both methods exhibit similar accuracy, making the new automated procedure equally accurate.

Table 2: Comparison of automated ADM-Offset with non-automated ADM-Offset. The Automated ADM-Offset results are an average of 4 measurements. The non-automated measurements are performed with the Tracker Pilot.

Automated ADM-Offset in µm	
Correction	**Standard Deviation 2σ**
–0.6	0.1
–0.6	0.4
–0.8	0.4
Non-automated ADM-Offset in µm	
Correction	**Standard Deviation 2σ**
–1.8	1.2
0.7	2.5
0.3	1.6
Mean value automated ADM-Offset in µm	–0.64
Mean value non-automated ADM-Offset in µm	–0.27
Difference between automated vs non-automated ADM-Offset in µm	**0.4**

2.2 For Ve Compensation: Line of Sight Deflection

Mechanical tolerances can cause a slight deflection in the line of sight in the direction of gravity. In the factory, this parameter is referred to as Ve-Adjustment.

2.2.1 Non-automated Approach

To determine the Ve parameter, the LT is positioned at three stations (A, B, and C), each aligned to gravity (Fig. 4). By comparing the height differences between two targets from these stations, the true height difference is determined from station B. The elevation angle is corrected using $v_{corrected} = v + Ve * sin(v)$, where v is the measured angle and Ve is the correction value. The compensation process, involving repositioning the instrument and manual measurements, typically takes approximately 30-40 minutes and requires constant supervision. However, the procedure is simple with the Tracker Pilot software from Hexagon.

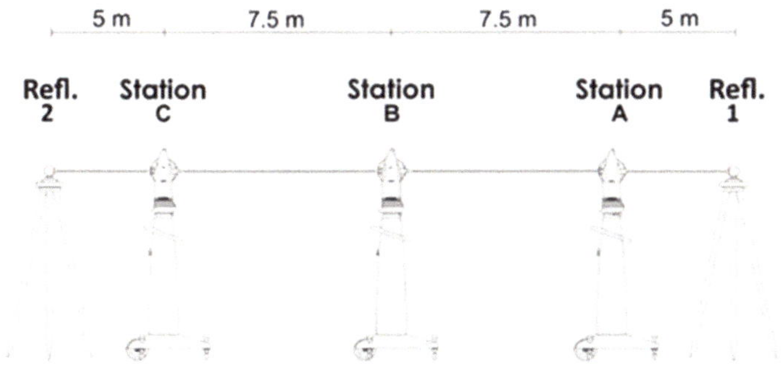

Fig. 4: Ve Compensation

2.2.2 Automated Approach

The LT or digital level, positioned centrally between two targets (±1 cm) measures their height differences (Fig. 5). The monitoring LT is oriented to gravity and measures target P4 and P5 to ascertain height differences. Similarly, the LT for compensation is oriented to gravity and measures the targets. From these measurements, the Ve-Adjustment is derived.

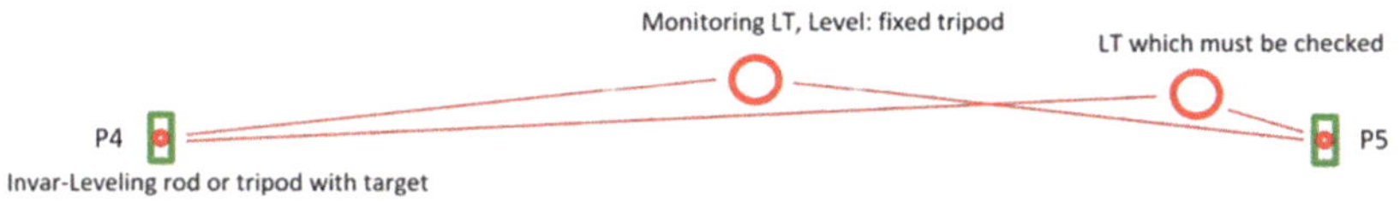

Fig. 5: Revised automatic test procedure for Ve compensation; the fine red line represents the measuring beam / top view

Considering the uncertainty of the compensator and the standard deviation of height measurement per 1 km double levelling of the Leica DNA03 digital level (LEICA GEOSYSTEMS AG 2020), an accuracy of 0.109 mm @ 2σ over 25 m can be expected, while the LT's angular measurement accuracy stands at 0.0825 mm @ 2σ at 25 m, making the LT more precise than the digital level.

In Fig. 6, two levelling tests assess the digital level's accuracy by determining rod zero-point differences with Invar levelling rods, leading to uncertainties like a 14 µm limitation for the rod difference and 3 µm uncertainty from the RRR target construction. The manual operation challenges arising from the digital level's lack of a motor making further exploration using the DNA03 method unfeasible due to these complexities. An a posteriori analysis including measurements on the front and back surfaces at a 7 m distance shows that the height difference ΔH between points P4 and P5 can be measured with an accuracy of 13.2 µm @ 2σ, see Table 3, three times better than the expected a priori accuracy of 40.3 µm @ 2σ. This elevated accuracy aids in pinpointing the Ve-Adjustment.

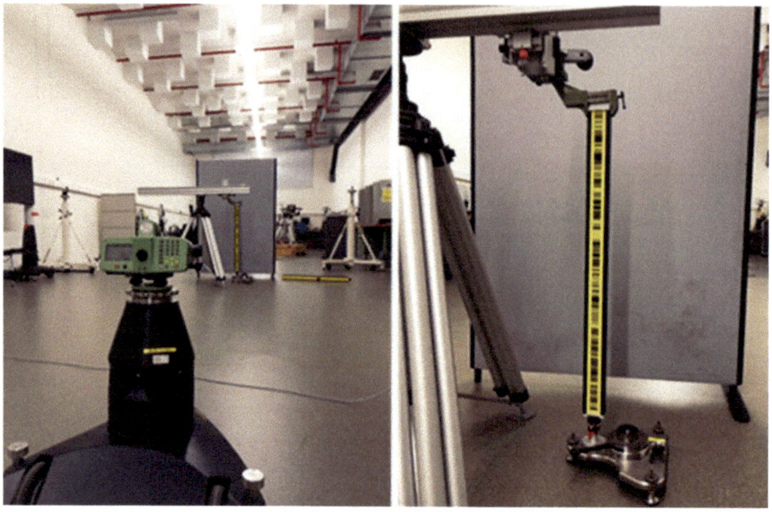

Fig. 6: Determination of the Zero Point Difference for two 0.5 m invar rods with a special attachment for the RRR target

The calculation of the Ve-Adjustment is consistent with the non-automated method (10)-(12). It involves two primary steps: first, determining the height difference ΔH between points P4 and P5 using a verified monitoring LT station, and second, computing the height difference Δh between the same points with the LT under compensation.

Table 3: A posteriori calculation for determining the accuracy of the height difference between P4 and P5

P4 Height in mm	**P5 Height in mm**	**Height difference in mm**
0.1895	0.5158	0.3263
0.1994	0.5105	0.3111
0.1918	0.5226	0.3308
0.1913	0.5192	0.3278
Mean Value P4 in mm		0.1930
Mean Value P5 in mm		0.5170
Standard Deviation P4 2σ in μm		8.6
Standard Deviation P5 2σ in μm		10.1
ΔH: Mean Value Height difference in mm		**0.3240**
ΔH: Standard Deviation Height difference 2σ in μm		13.2

$$\delta h = \Delta H - \Delta h \tag{10}$$

$$\Delta d = Distance_{LT\ to\ P4} - Distance_{LT\ to\ P5} \tag{11}$$

$$Ve = sin^{-1}\left(\frac{\delta h}{\Delta d}\right) \tag{12}$$

Table 4 reveals that the averaged *Ve* from the non-automated method is 0.89 mgon (with a standard deviation of 0.09 mgon @ 2σ), while the automated method averages 0.84 mgon (with a standard deviation of 0.13 mgon @ 2σ). The minimal difference of 0.05 mgon between these two methods, given their similar setup and procedure, establishes the automated method as comparably accurate. Additionally, it indicates that the height difference Δh is determined with an accuracy of 18.7 μm @ 2σ, which surpasses the a priori value by twice its precision.

Table 4: Comparison of automated Ve with non-automated Ve. The non-automated measurements are performed using the Tracker Pilot

Not Automated *Ve*	
First determination of the Ve in mgon	0.91
Second determination of the Ve in mgon	0.84
Third determination of the Ve in mgon	0.92
Mean Value Ve in mgon	**0.89**
Ve Standard Deviation 2σ in mgon	0.09
Automated *Ve*	
Mean Value P4 in mm	1.19
Mean Value P5 in mm	1.38
Standard Deviation P4 2σ in μm	5.4
Standard Deviation P5 2σ in μm	18.0
Δh: Mean Value Height difference in mm	0.18
Δh: Standard Deviation Height difference 2σ in μm	18.7
δh: Mean Value Height difference P4 – P5 in mm	0.14
Δd: Distance to P4 – Distance to P5 in m	10.59
Mean Value Ve in mgon	**0.84**
Ve Standard Deviation 2σ in mgon	0.13
Difference Ve automated vs. Ve not automated in mgon	**0.05**

3 New ADM-Offset and Ve-Adjustment Compensation Workflow

Fig. 7 illustrates the new automated workflow for compensating both ADM offset and Ve-Adjustment together, where all components are at the same height. For the definitive setup, components such as tripods with P4 and P5 RRR Targets, an artefact with P1 and P3 RRR Targets, a Monitoring LT with its tripod, and a tripod for the LT requiring compensation are to be permanently installed. Only the LT, tasked with determining the ADM offset and Ve-Adjustment, needs mounting on its respective tripod. While Fig. 7 depicts the full workflow for determining ADM offset and Ve-Adjustment, this process has not yet been realized programmatically and serves merely as a conceptual representation.

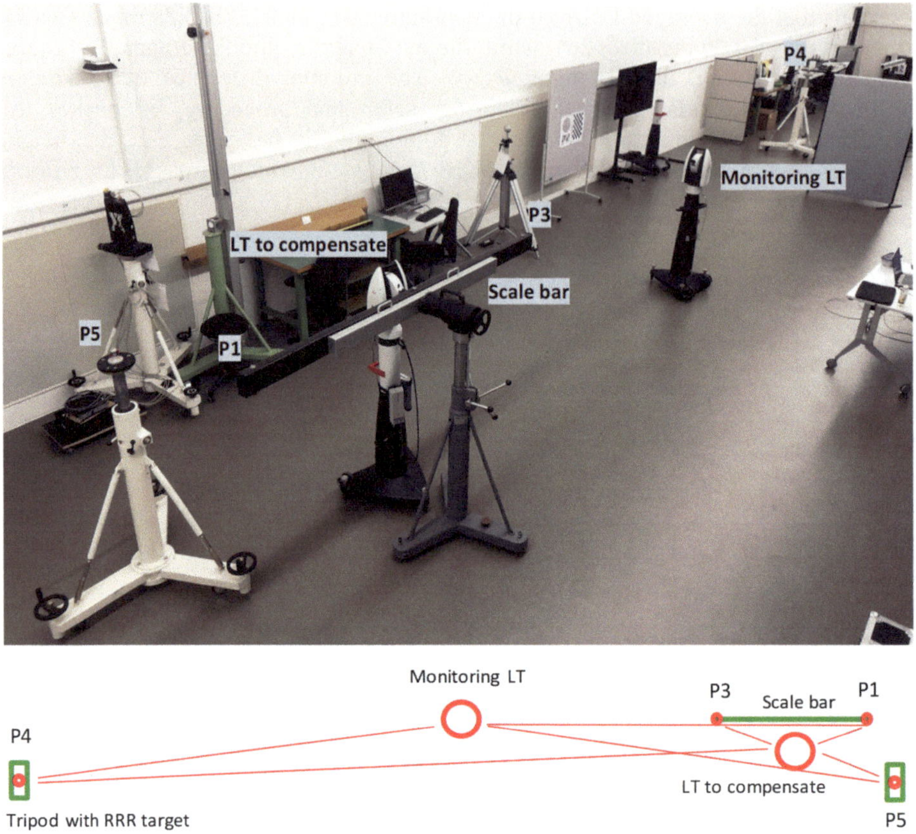

Fig. 7: New ADM offset and Ve-Error compensation workflow

4 Conclusions

The ADM offset compensation method uses a 2.3 m horizontal artefact with attached RRR targets, pre-measured by a monitoring LT to determine the artefact's reference length. Proper alignment with the monitoring LT ensures optimal accuracy and minimal angular errors. The compensation accuracy is confirmed at 0.83 μm @ 2σ through analysis. Despite a 17 cm LT offset, overall angular uncertainty remains minor. The new automated compensation process is more efficient, saving approximately 50 minutes per instrument and ensuring re-compensation capability, robustness, and availability. However, the rate of artefact compensation recurrence remains undetermined. The automated Ve compensation method assesses the height difference between two RRR-targeted tripods 14 m apart, achieving an accuracy of 13.2 μm @ 2σ for height difference ΔH, three times more precise than initially anticipated, aiding in accurate Ve-Adjustment computation. Both manual and automated techniques show minimal variance in average Ve values, separated by only 0.05 mgon, affirming their structural and precision equivalence. The new method requires just one setup, while the non-automated process demands multiple setups and more equipment.

Implementing the new compensation concept entails considerations regarding construction, programming, location evaluation, and system adjustments to enable full automation.

Acknowledgements

Special thanks go to Dr. Angelika Lippitsch, Albert Markendorf. and Matthias Saure (Hexagon Manufacturing Intelligence) for their constant guidance and support in this work.

References

Conte, J., Santolaria Mazo, J., Majarena, A., Brau, A. & Aguilar, J. (2013): *Identification and kinematic calculation of Laser Tracker errors.* María de Luna 3, 50018, Zaragoza, Spain, Elsevier.

D. Lee, V., Blackburn, C., Muralikrishnan, B., Sawyer, D., Meuret, M. & Hudlemeyer, A. (2014): *A Proposed Interim Check for Field Testing a Laser Tracker's 3-D Length Measurement Capability Using a Calibrated Scale Bar as a Reference Artifact.* Kansas City, MO, NIST.

Gassner, R. & Ruland, R. (2009): *Laser Tracker Calibration Testing the Angle Measurement System.* In: Chesi, G. & Weinold, T. (Hrsg.): 15. Internationale Geodätische Woche Obergurgl 2009. Wichmann, Berlin/Offenbach.

Hughes, B., Forbes, A., Lewis, A., Sun, W., Veal, D. & Nasr, K. (2011): *Laser tracker error determination using a network measurement.* Middlesex TW11 0LW, UK: Measurement Science and Technology.

ISO (2021): *ISO 10360-10:2021.* https://www.iso.org/standard/56662.html.

Leica Geosystems AG (2006): *Leica DNA03/DNA10 Gebrauchsanweisung.* Leica Geosystems AG, Heerbrugg, Schweiz. http://www.grad-gon.info/download/manuals/DNA/DNA03_DNA10_UserManual_de.pdf.

Leica Geosystems AG. (2020): *Leica AT930/AT960 User Manual Version 2.2.* Leica Geosystems AG, Schweiz.

Loser, R. & Kyle, S. (1998): *Alignment and field check procedures for the Leica Laser Tracker LTD 500.* Leica Geosystems AG, Unterentfelden, Schweiz.

Möllring, L. (2023): *Messpanda.* https://messpanda.de/strecken/abweichungen-strecken/nullpunktkorrektion-additionskonstante/.

Muralikrishnan, B., Phillips, S. & Sawyer, D. (2015): *Laser trackers for large-scale dimensional metrology: A review.* Engineering Physics Division, National Institute of Standards and Technology, Gaithersburg, MD 20899, United States, Journal of Research of the National Institute of Standards and Technology.

Sawyer, D. & Fronczek, C. (2003): *Laser Tracker Compensation Using Displacement Interferometry.* National Institute of Standards and Technology.

9 Beiträge des BIMtages

Heritage-BIM: Ein Digitalisierungsansatz in der Baudenkmalpflege

Eric EWERT, Ralf W. ARNDT und Thomas HAUSTEIN

Zusammenfassung

Im vorliegenden Beitrag werden Überlegungen zur Anwendung des *Building Information Modeling* (BIM) auf Projekte der Baudenkmalpflege angestellt. Als Grundlage dienen die in der aktuellen Fachliteratur verfolgten Forschungsbestrebungen zum Schlagwort *Heritage-BIM* (HBIM). Entsprechende Veröffentlichungen fokussieren sich vorrangig auf die CAD-basierte und holistische Modellierung von Baudenkmalen, unter anderem durch hochgenaue Modellbildung und die Implementierung fotorealistischer Mappings. Auch der Beschreibung und Bewertung der Modellqualität wird in der Literatur eine außerordentliche Bedeutung beigemessen – was allein aus Gründen der Qualitätssicherung und einer transparenten Leistungsbeschreibung nachvollziehbar ist.

In Anbetracht der weitreichenden Ausrichtung des BIM-Gedankens ist die Anwendbarkeit der Methodik in der Baudenkmalpflege prinzipiell gegeben. Die für ein ganzheitliches BI-Modell benötigten Aufwendungen sind aktuell jedoch nur für wenige Praxisprojekte realisierbar. Zugunsten eines bereits heute verfügbaren und baupraktisch attraktiven Lösungsansatzes, sowie zur Schaffung einer erhöhten Akzeptanz seitens der involvierten Akteure erscheint daher auch aus methodischer Sicht die Titulierung eines spezifizierten *Heritage-BIM*-Ansatzes sinnvoll. Eine solche auf die Baudenkmalpflege ausgerichtete Arbeitsmethodik muss den Anspruch besitzen, die etablierten Prozesse und Anforderungen der Stakeholder durch die Mehrwerte der Digitalisierung zu bereichern, ohne dabei maßgebliche Zusatzaufwendungen zu provozieren. Wenngleich eine Anpassung von Projektprozessen bei Umsetzung des BIM-Ansatzes eine erwartbare Konsequenz ist und auch in der Denkmalpflege zielführend sein mag, so müssen die bewährten fachlichen Herangehensweisen und die Qualität der Projektergebnisse mindestens gleichwertig erhalten bleiben.

Zur Sicherstellung dieses Umstandes ist eine enge Anlehnung der im Handlungsfeld verfolgten BIM-Anwendungsfälle an die bereits vorhandenen Modelle der Bauaufnahme notwendig. Auf Kosten einer Abweichung vom strikt semantischen Geometriemodell gilt es, unter anderem auch die projektbegleitend entstehenden Punktwolken, digitalen Oberflächenmodelle oder Fotodokumentationen regulär im HBIM-Ansatz zu verankern und bei der Erfüllung von planerischen Leistungsbildern aktiv einzubeziehen. Durch die Nutzbarmachung dieser Modelle kann dann eine maßgebliche Verbesserung der Projektergebnisse ermöglicht werden.

1 Einleitung

Die Digitalisierungsbestrebungen im Bauwesen werden auch im deutschen Raum seit nun mehr als einer Dekade durch die Methode des *Building Information Modeling* (BIM) geprägt. Deren erfolgreiche Anwendbarkeit wurde seitdem in verschiedensten Praxisprojekten belegt.

Mit einem ganzheitlichen BIM-Konzept verfolgte Projekte weisen dabei im Regelfall grundsätzliche Gemeinsamkeiten auf. Oftmals werden dort Neubauten behandelt – was auch nahe liegt, da die BIM-Methodik originär aus diesem Handlungsfeld resultiert und sich homogen im Entwurfs- und Bauprozess eingliedert. Die bearbeiteten Objekte zeichnen sich darüber hinaus durch auskömmliche Investitionsrahmen bzw. große Projektteams aus, ermöglichen maßgebliche Vorfertigungsgrade oder profitieren von einer Optimierung und Automatisierung von Prozessen. Auch Lebenszyklusbetrachtungen können, sofern eine Weiternutzung des BI-Modells in der Betriebsphase angestrebt wird, dort sinnvoll integriert werden.

Aufgrund der notwendigen vorangestellten Überführung der realen Bauwerksbedingungen in eine virtuelle Realität existiert bei Projekten des Bauens im Bestand eine zusätzliche Hürde hinsichtlich der Anwendung von BIM. Sowohl bei der Instandsetzungsplanung von Infrastrukturbauwerken als auch bei der Sanierung im allgemeinen Hochbau sind jedoch vielfältige Szenarien vorhanden, bei denen die durch BIM erhaltenen Mehrwerte diese zusätzlichen Aufwendungen rechtfertigen (PETZOLD & RECHENBERG 2022). Da die Zielstellungen und Prozesse von Projekten des Neubaus und der Bestandsplanung eine weitgehende Übereinstimmung aufweisen, ist auch in diesem Handlungsfeld eine umfangreiche Implementierung von BIM lediglich als eine Frage der Zeit einzuschätzen.

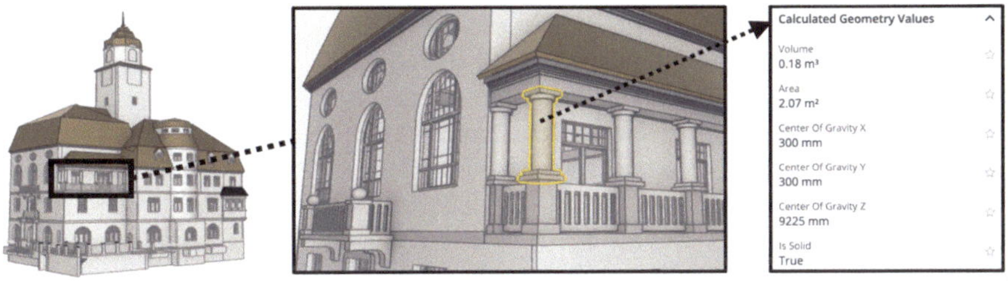

Abb. 1: Hinterlegung von Objektinformationen in IFC-Bauteilen (eigene Darstellung)

In der Baudenkmalpflege sind, im Vergleich zu den bereits beschriebenen Branchen, noch spezifischere Randbedingungen gegeben. Wie auch Abbildung 1 beispielhaft zeigt, können Baudenkmale ebenfalls geometrisch und semantisch modelliert und so in BIM-konforme Objektmodelle überführt werden. Deren qualitative Ausprägung und deren Nutzbarkeit für verschiedene Leistungsbilder ist jedoch stets kontextbezogen zu evaluieren und variiert erheblich je Verwendungszweck. Dabei sind zudem die Anforderungen der Stakeholder, die Zielstellungen und Arbeitsweisen im Handlungsfeld, sowie auch baupraktisch angemessene Aufwendungen bei der Modellbildung zugrunde zu legen. Die Besonderheiten und Abgrenzungsansätze bei der Anwendung von BIM im Kontext der Denkmalpflege, in der Fachliteratur als *Heritage-BIM* (HBIM) bezeichnet, soll im Nachfolgenden weiterführend erläutert werden.

2 Heritage-BIM in der Literatur

Der Begriff *HBIM* wurde bereits als Schlüsselwort in verschiedenen wissenschaftlichen Veröffentlichungen verwendet. Während dahin gehende Überlegungen im deutschsprachigen Raum bis dato in Literatur und auch Umsetzung nur selten anzutreffen sind, wurden hierzu vor allem in Großbritannien, Italien und Spanien bereits zahlreiche Publikationen erstellt.

Ihren Ursprung besitzt die Idee eines spezifizierten Ansatzes für die Denkmalpflege vermutlich in Irland. Hier wurde vor bereits ca. 15 Jahren, damals noch unter der Bezeichnung *Historical-BIM* in (MURPHY et al. 2009) der Versuch unternommen, digitale Modelle der Bauaufnahme in die Methodik des BIM zu überführen. Zur Minimierung des Modellierungsaufwands wurde dort die Erstellung von speziellen HBIM-Bibliotheken angeregt, welche übliche Bauteile der Denkmalpflege beinhalten sollten und durch deren parametrisierte Modellgeometrie eine einfache Implementierung im CAD-basierten Objektmodell möglich wäre.

Mit der staatlich finanzierten und öffentlichen Einrichtung *Historic England* (HEAG) entwickelte sich in Großbritannien parallel eine sehr umfangreiche und leistungsstarke Community. Diese trägt noch heute regelmäßig mit Veröffentlichungen und Leitfäden zum Forschungsstand bei. Unter anderem in (HEAG 2019) wurden so wichtige Grundlagen der Anwendung von BIM in der Denkmalpflege gelegt. Als Schwerpunkte der dabei verfolgten Forschungen können die Implementierung der Modelle in übergeordneten Asset-Systemen, die Anlehnung der Bestandsmodellierung an das LOD-Konzept und die Integration von Modellen der Bauaufnahme im BIM-Kontext herausgestellt werden.

Eine geringfügig andere Ausrichtung des HBIM-Ansatzes ist in den Forschungslandschaften Italiens und Spaniens anzutreffen. Wie in (FREGONESE & ADAMI 2020) umgesetzt, fokussieren sich die Forschenden dort stärker auf die fotorealistische Darstellung von Bauteiloberflächen durch Einbettung von hochauflösenden Texturen im BI-Modell. Dadurch kann die die Nutzbarkeit und Attraktivität der Modelle sowohl für die Denkmalvermittlung als auch für restauratorische Belange gewährleistet werden, ohne dass das zugrunde liegende Bauteil zwangsläufig eine äquivalente geometrische Detailliertheit besitzen muss. Doch auch die Möglichkeiten der hochgenauen Nachmodellierung von Bauteilen werden dort untersucht, wie bspw. in (BRUMANA et al. 2018) dargestellt. Die dabei zur Verfügung stehenden Modellierungsansätze werden in (TOMMASI et al. 2016) in drei Kategorien gegliedert: Die *direkte Modellierung* (Erstellung eines Modells durch manuelle Vektorisierung), die *parametrisch-generative Modellierung* (Verwendung von Algorithmen zur Modellerstellung) und die *parametrisch-objektorientierte Modellierung* (Nutzung von vorgefertigten Bauteilgruppen).

Die beiden erstgenannten Ansätze besitzen einen starken Fokus auf die Auswertung von Bauaufnahmemodellen und gliedern sich nahtlos an die technischen Entwicklungen im Kontext des *Scan-to-BIM*-Ansatzes an. Während der Konstrukteur bei der direkten Modellierung den Prozess aktiv und unter Zuhilfenahme unterstützender Software anleitet, können Bauteile durch Verwendung von Machine-Learning-Algorithmen beim generativen Ansatz automatisiert in den numerischen Rohdaten der Punktwolken detektiert, separiert und modelliert werden. Vor allem bei Details und Modellunstetigkeiten, sowie bei einer angestrebten Abstufung eines Modells in verschiedene Detaillierungsgrade sind jedoch in beiden Ansätzen weiterhin manuelle Korrektureingreife erforderlich. Auch der Qualitätsprüfung ist bei Modellierungsansätzen mit großen Automatisierungsgraden ein besonderes Augenmerk zu widmen. Die Verwendung vorgefertigter Bauteilbibliotheken als dritte Art der Modellbildung ermöglicht dahingegen einen größeren Grad an Kategorisierung und Modularisierung der Bauteile und stellt einen besser prüfbaren, anwenderfreundlicheren und verlässlicheren Ansatz dar. Durch die Notwendigkeit, die Modellparameter bewusst vorzugeben und im Kontext einer semantischen Datenstruktur einzuordnen, kann eine optimale Implementierung im BIM-Ansatz erreicht werden. Unter anderem mit der in (FAI et al. 2013) vorgestellten überregionalen Bibliothek gibt bereits Ansätze, die parametrisch-objektorientierte Modellierung nutzbar zu machen. Als nachteilig ist dabei jedoch zu benennen, dass die Vollständigkeit dieser Bibliotheken in Anbetracht der Vielzahl an möglichen Baukonstruktionen und -Materialien, sowie infolge individueller baulicher Ausbildungen nicht gewährleistet werden kann und daher auch hier oftmals manuelle Anpassungen benötigt werden.

Zur Evaluierung des Modellierungsergebnisses wird in Italien vertiefend die Entwicklung eines Bewertungsschemas für Modellqualitäten forciert. Dabei sind vor allem die Veröffentlichungen von *Fabrizio Banfi* zu nennen, welcher einen Ansatz zur Quantifizierung und Kategorisierung verschiedener Modellierungsgrade (*Grades of Geometrie*, *-Information*, and *-Accuracy*) entwickelte (BANFI 2017). Aber auch Ansätze wie der *Level of Reliability* (NICASTRO 2017) zur Bewertung der Verlässlichkeit von Modellinformationen in Abhängigkeit der Erhebungsdaten tragen zur Einschätzung der Modellqualität bei.

3 BIM oder HBIM – Abgrenzung und Schwerpunkte

Die in der Literatur verfolgten HBIM-Inhalte nähern sich der Thematik durch einen überwiegend technischen Ansatz. Den Forschungen liegt dabei im Regelfall die Intention zugrunde, ein historisches Bauobjekt möglichst ganzheitlich virtuell abzubilden. Zugunsten eines maschinenlesbaren Ansatzes wird versucht, ein semantisch angereichertes, CAD-basiertes Modellergebnis zu erhalten. Als Grundlage dienen dabei meist Bauaufmaße aus terrestrischen Laserscans, Verfahren der Photogrammetrie oder auch Bestandspläne.

In Anbetracht des allgemein anerkannten Status von BIM als Methode der Digitalisierung im Bauwesen ist es nachvollziehbar, dass auch seitens der Denkmalpflege das Bestreben einer Angliederung herrscht. Es stellt sich dabei jedoch die berechtigte Frage, woraus die Notwendigkeit einer Spezifizierung der Methodik, gekennzeichnet durch das vorgestellte Wort *Heritage*, resultiert. Da die BIM-Methodik einen ganzheitlichen Arbeitsansatz darstellt, welcher unabhängig vom betrachteten Anwendungsfeld gültig ist, wäre – unter der Voraussetzung, dass die Methodik hier erfolgreich appliziert wird – auch bei Anwendung in der Denkmalpflege die Verwendung des Begriffs BIM unverändert möglich. Die Erfüllung dieser Voraussetzung wird, kontroverserweise, durch die o. g. Forschungsergebnisse suggeriert.

Nähert man sich der Begrifflichkeit HBIM von einem eher inhaltlich orientierten Blickwinkel, so ist die vorgenommene Abgrenzung schlüssiger. Als Grund hierfür sind u. a. die in der Denkmalpflege verfolgten Projektziele aufzuführen. Hier stehen, anstatt einer Kosten- und Prozessoptimierung, bspw. denkmalpflegerische Belange wie die Maximierung der Substanzerhaltung oder die Reduzierung baulicher Eingriffe im Zentrum der Planungsbemühungen. Anstatt Mehrwerte aus großen Automatisierungsgraden oder maschinenlesbaren Prozessen zu erhalten, sind für die Projektbeteiligten eher Anwendungsfälle von Interesse, welche Entscheidungsprozesse oder die gedankliche Erschließung eines Sachverhaltes unterstützen.

Als weiteres essenzielles Charakteristikum der Denkmalpflege sind die besonders hohen Anforderungen der involvierten Planungs- und Baubeteiligten an die Modellqualitäten aufzuführen. Dabei ist teils die maßliche Korrektheit, teils aber auch die Darstellung der Modelloberfläche oder die Vollständigkeit des verwendeten Modells das ausschlaggebende Nutzungskriterium. Zur qualifizierten Darstellung der üblicherweise geltenden Anforderungen kann der Ansatz für die Erstellung von Bestandsplänen für die Denkmalpflege nach *Günter Eckstein* (ECKSTEIN & GROMER 1990) als Referenz dienen. Wenngleich die dort gegebenen beispielhaften Ausführungen zu Genauigkeitsstufen (siehe Abb. 2) und den zugehörigen Informationsbedarfen hinsichtlich der Forderungen zur maßlichen Korrektheit in Anbetracht der heute zur Verfügung stehenden Messmethoden als überholt anzusehen sind, besitzen die inhaltlichen und darstellerischen Forderungen jedoch weiterhin Gültigkeit und sind daher als Standard im Handlungsfeld etabliert (BRUSCHKE 2013).

Genauigkeitsstufe I	**Genauigkeitsstufe II**	**Genauigkeitsstufe III**	**Genauigkeitsstufe IV**
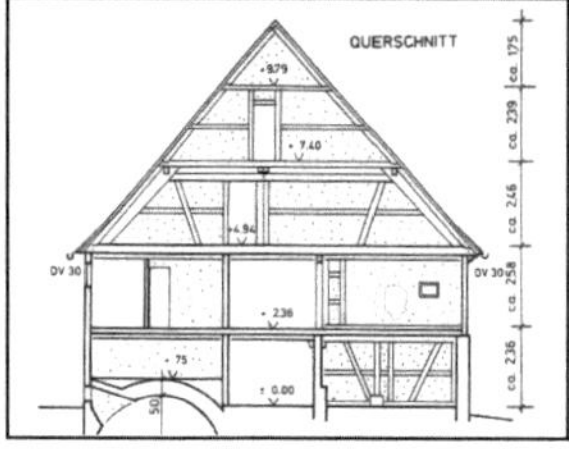	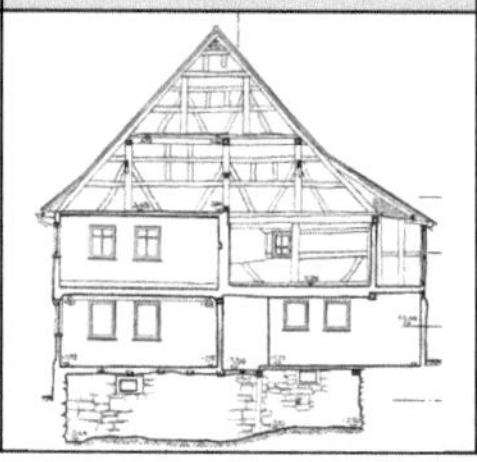	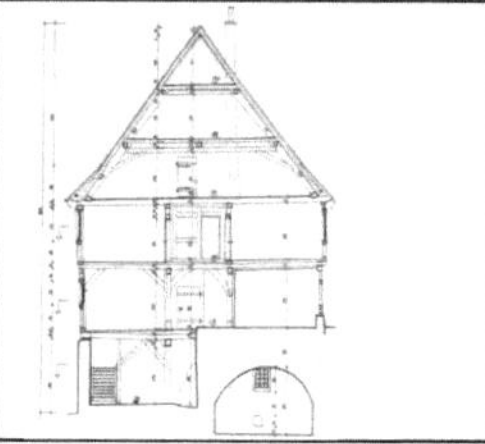	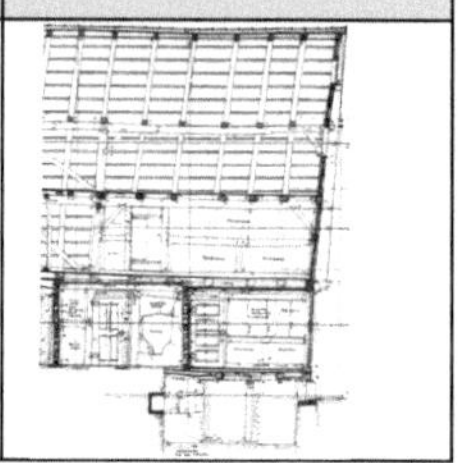

Abb. 2: Genauigkeitsstufen I bis IV nach G. Eckstein (ECKSTEIN & GROMER 1990)

Im Gegensatz zur dreidimensionalen Modellierung profitiert der zweidimensionale Darstellungsansatz nach *Eckstein* unter anderem vom Umstand, das zugehörige Modell direkt auf das Mindestmaß an benötigten Informationen reduzieren zu können. Es wird nur gezeichnet, was bekannt und von Interesse für die Aufgabenstellung ist. Unrelevante Bereiche werden entweder nicht dargestellt oder mit einer inhaltlichen Unschärfe versehen, sodass der Nutzende unmittelbar die Gültigkeit und somit auch die Verwendbarkeit des vorliegenden Modells abschätzen kann. Diese Differenzierung oder Unschärfe ermöglicht zudem die ausschließlich aufgabenorientierte Ausrichtung des Modellergebnisses zugunsten eines geringen Zusatzaufwands der Modellbildung. Mit Blick auf die Kerngedanken des BIM-Ansatzes, aber auch hinsichtlich der technischen Rahmenbedingungen bei der digitalen Modellbildung, ist die Realisierung derartig pragmatischer Ansätze nur bedingt möglich. Ganzheitliche digitale Daten benötigen stets eine gewisse Eindeutigkeit. Ansätze, die Gültigkeit der Daten zu vermitteln, sind noch nicht etabliert und in Anbetracht der üblicherweise angestrebten Verbindlichkeit derartiger Modelle auch argumentativ nur schwer zu rechtfertigen.

Aus den vorstehend benannten Punkten resultieren unmittelbar Zusatzaufwendungen bei der digitalen Modellbildung. Wenngleich die Umsetzung für ausgewählte Objekte mit herausragendem Denkmalcharakter oder langfristigen Bautätigkeiten sinnvoll sein mag, kann dies nicht für die vielzähligen kleinen und mittelgroßen Projekte vorausgesetzt werden. Deren sehr begrenzten finanziellen Mittel können nur in nachhaltige Planungskonzepte und zielgerichtete bauliche Sanierungsmaßnahmen, nicht aber in umfangreiche digitale Modellgrundlagen investiert werden. Die Verfolgung eines holistischen BIM-Ansatzes ist somit für die dortige praktische Umsetzung nur bedingt geeignet.

Ein praxisrelevanter HBIM-Ansatz muss dementsprechend den Anspruch besitzen, die Mehrwerte der Digitalisierung für die Prozesse der Baudenkmalpflege nutzbar zu machen und dabei das dort etablierte Anforderungsniveau mindestens gleichwertig zu bedienen, ohne maßgebliche Mehraufwendungen bei der Modellerstellung zu provozieren. Dabei erscheint es naheliegend, auf die bereits im Prozess entstehenden Bauaufnahmemodelle zurückzugreifen und sie als zentrales Element in einem solchen Ansatz regulär zu verankern. Diese werden oftmals auf eine Konstruktionsvorlage bei der CAD-Modellierung reduziert, stellen das Realobjekt aber formell aus einem eigenen, wenngleich nur beschränkte Gültigkeit besitzenden Blickwinkel dar (GARBALIŃSKA et al. 2023). Abbildung 3 gibt am Beispiel der *Zuckerfabrik Greußen* einen Einblick in die Varianz dieser unterschiedlichen Perspektiven.

Abb. 3: Modelle der Zuckerfabrik Greußen. V. l. n. r.: oben: Foto, Punktwolke und Ansicht; unten: Archivfoto, Geometriemodell & CAD-Schnitt (Bildquellen FH Erfurt).

Jedes Bestandsmodell kann, unabhängig von seiner Ausprägung und Qualität, als eigenständiges Teilmodell im BIM-Kontext verstanden werden. Jede Modellart weist individuelle Stärken und Schwächen auf, unterscheidet sich in Modellerstellung, -Qualität und -Verwendbarkeit und besitzt stets nur eine für eine Nutzungsintention begrenzte Gültigkeit. Die Modellnutzbarkeit kann durch Zusammenführung mehrerer Teilmodelle in Form eines Koordinationsmodells bedarfsweise erweitert werden. Eine Punktwolke aus einem terrestrischen Laserscan stellt bspw. Bauteiloberflächen dar, kann im Bereich von reflektierenden Glasfenstern aber Modellfehler aufweisen. Diese Unstetigkeiten sind in Fotografien nicht vorhanden. Die simultane Verwendung beider Modelle führt entsprechend zu Redundanzen und Widersprüchen. Alternativ wäre eine Erweiterung der Punktwolkendaten im besagten Bereich durch zusätzliche Aufmaßverfahren möglich, was einen nicht unerheblichen Zusatzaufwand in Modellerstellung und -bereinigung bedeutet. Durch die Projektbeteiligten ist dann im Hinblick auf die Projektziele abzuwägen, ob diese Aufwendungen angemessen sind oder ob stattdessen die Arbeit mit nichtkonsistenten Modelldaten toleriert wird.

Eine technologisch integrierte und holistische Lösung zur Vernetzung heterogener Datensätze ist noch nicht etabliert. Dezentrale Multimodellkonzepte (SCHERER & SCHAPKE 2014) bieten hier vielversprechende Ansätze, sind aber als noch nicht anwendungsbereit zu evaluieren. Auch wenn Einzelmodelle bspw. durch eine übereinstimmende Georeferenzierung in inhaltlichen Zusammenhang gebracht werden können, werden durch den beschriebenen Ansatz dennoch nicht-semantische Datensätze im Projektprozess implementiert. Daraus abgeleitet stellt sich die berechtigte Frage, inwieweit diese Herangehensweise mit den Rahmenbedingungen des BIM-Ansatzes übereinzubringen ist. Wenngleich verschiedene Definitionen für den Begriff Building Information Modeling existieren, kann die populäre Auslegung gem. Stufenplan des Bundesministeriums für Digitales und Verkehr (2015, S. 4) zur Beantwortung dieser Frage beitragen. Demnach ist BIM *„eine kooperative Arbeitsmethodik, mit der auf der Grundlage digitaler Modelle eines Bauwerks die für seinen Lebenszyklus rele-*

vanten Informationen und Daten konsistent erfasst, verwaltet und in einer transparenten Kommunikation zwischen den Beteiligten ausgetauscht oder für die weitere Bearbeitung übergeben werden". Als zentraler Bestandteil der Methodik ist also die konsistente Erfassung und Verwaltung der Bauwerksdaten hervorzuheben, mit dem Ziel der Förderung von Kommunikation und der Unterstützung des Projektfortschritts. Während der Einbezug fotorealistischer Modelldaten einen sehr positiven Effekt auf die kommunikativen Ebenen digitaler Modelle besitzen kann, wird die Konsistenz der Modelldaten bei Verwendung unterschiedlicher nicht verknüpfter Einzelmodelle negativ beeinträchtigt.

Entsprechend ist die Sicherstellung einer ausreichenden Modellverwendbarkeit eine zentrale Intention des HBIM-Ansatzes. Wichtig erscheint zudem, dass durch Anlehnung an bekannte BIM-Rahmendokumente, wie an die *Auftraggeber-Informationsanforderungen* (AIA) bzw. an den *BIM-Abwicklungsplan* (BAP), eine Anknüpfung an etablierte Werkzeuge der Methodik gewährleistet wird. Die im Projekt entstehenden Leistungsbilder der Planungs- und Baubeteiligten können dort, sofern sie als BIM-Fachmodelle verstanden werden, in entsprechenden BIM-Anwendungsfällen sinnvoll berücksichtigt und beschrieben werden.

4 Ausblick

Wenngleich die Prozesse der Bauaufnahme und der Modellbildung durch technische Entwicklungen perspektivisch größere Automatisierungsgrade erfahren werden, ist eine vollständige digitale Abbildbarkeit eines Baudenkmals auch in Zukunft als unrealistisch einzuschätzen. Daher erscheint eine bewusste Abgrenzung zum BIM-Ansatz im Handlungsfeld auch dauerhaft sinnvoll. Vor allem Entwicklungen zur Verknüpfung einzelner Datensilos durch Multimodellkonzepte besitzen dahin gehend großes Potenzial. Um diese Konzepte zielführend auf die Denkmalpflege zu applizieren, sind jedoch zuerst noch weiterführende Untersuchungen notwendig – unter anderem zur Evaluation von Modellqualitäten und zu den spezifischen Bedarfen und relevanten Anwendungsfällen im Handlungsfeld.

Die vorstehendend gegebenen Einblicke in die Literatur und die zugehörigen Gedanken zur Nutzbarkeit digitaler Modelle sind lediglich ein Ansatz, der hinsichtlich seiner praktischen Umsetzbarkeit weiter zu prüfen ist. Eine vertiefende Auseinandersetzung hierzu wird zeitnah mit Einreichung der Dissertationsschrift des hier referenzierten Hauptautors erfolgen. Eine weiterführende Durchdringung der Thematik soll im Rahmen der Arbeitsgruppe *Heritage-BIM* in der buildingSMART-Regionalgruppe Thüringen stattfinden.

Literatur

Banfi, F. (2017): *BIM orientation: Grades of Generation and Information for different type of analysis and management process.* The International Archives of the Photogrammetry, Remote Sensing and Spatial Information Sciences, Vol. XLII-2/W, S. 57-64.

BMDV (2015): *Stufenplan Digitales Planen und Bauen – Einführung moderner, IT-gestützter Prozesse und Technologien bei Planung, Bau und Betrieb von Bauwerken.* Bundesministerium für Verkehr und digitale Infrastruktur (Hrsg.), Berlin, Dezember 2015.

Brumana, R., Condoleo, P., Grimoldi, A., Banfi, F., Landi, A. G. & Previtali, M. (2018): *HR LOD based HBIM to detect influences on geometry and shape by stereotomic construction techniques of brick vaults.* Appl. Geomatics, 10 (10), S. 529-543.

Bruschke, A. (2013): *Bauaufnahme in der Denkmalpflege – Teil 1: Anforderungen.* Bausubstanz, 1-2013.

Eckstein, G. & Gromer, J. (1990): *Empfehlungen für Bauaufnahmen – Genauigkeitsstufen, Planinhalte, Kalkulationsrahmen.* Landesamt Baden-Württemberg, 2. Aufl. Stuttgart.

Fai, S., Filippi, M. & Paliaga, S. (2013): *Parametric modelling (BIM) for the documentation of vernancular construction methods: A BIM model for the commissariat building, Ottawa, Canada.* ISPRS Annals of the Photogrammetry, Remote Sensing and Spatial Information Sciences, Vol. II-5/W1, S. 115-120.

Fregonese, L. & Adami, A. (2020): *The 3D Model of St. Mark's Basilica in Venice.* In: Daniotti, et al. (Hrsg.): Digital Transformation of the Design, Construction and Management Processes of the Built Environment, Italien. Research for Development; S. 343-354.

Garbalińska, K., Cech, C. & Ewert, E. (2023): *Die Bestandsaufnahme als Grundlage der modellbasierten Bauzustandsbewertung – Eine Herangehensweise am Beispiel des Kulturspeichers Ollendorf.* Bausubstanz, 3/2023, S. 16-25.

Historic England (2019): *BIM for Heritage – Developing the Asset Information Model.* Historic England, Swindon.

Murphy, M., McGovern, E. & Pavia, S. (2009): *Historic Building Information Modelling – Adding intelligence to laser and image based surveys of European classical architecture.* ISPRS Journal of Photogrammetry and Remote Sensing, 76, S. 89-102.

Nicastro, S. (2017): *L'integrazione dei sistemi di Building Information Modeling nei processi di conoscenza del Patrimonio Culturale – Premesse teoriche, criteri metodologici e introduzione del Level of Reliabili.* Dissertation, Sapienza Università di Roma.

Petzold, F. & Rechenberg, B. (2022): *BIM und Bauen im Bestand.* In: Borrmann/König/Koch/Beetz (Hrsg.): Building Information Modeling – Technologische Grundlagen und industrielle Praxis, 2. Aufl. Wiesbaden, Springer Vieweg, Kap. 2, S. 507-532.

Scherer, R. J. & Schapke, S.-E. (2014): *Multimodellbasierte Zusammenarbeit in Bauprojekten.* In: Scherer/Schapke (Hrsg): Informationssysteme im Bauwesen 1 – Modelle, Methoden und Prozesse. Springer, Berlin/Heidelberg, S. 3-38.

Tommasi, C., Achille, C. & Fassi, F. (2016): *From point cloud to BIM: A modelling challenge in the Cultural Heritage field.* The International Archives of the Photogrammetry, Remote Sensing and Spatial Information Sciences, Vol. XLI-B5, 2016, S. 429-436.

Verformungstreue Modelle für BIM-Anwendungen in der Bestandssanierung – Aspekte aus dem AK3 des DVW

Lars SÖRENSEN

Zusammenfassung

Das Building Information Modeling als Planungsverfahren ist immer wichtiger geworden und wird auch für Bestandsgebäude angewendet. Vorhandene Richtlinien beziehen sich jedoch auf den Neubau und bilden die Anforderungen an ältere Gebäude mit Verformungen und Schäden nicht hinreichend ab. Im Bereich der Denkmalpflege kommen noch architektonische Sonderformen wie Gewölbe, Säulen oder Bauschmuckelemente hinzu.

Um die Anforderungen an eine verformungstreue Modellabbildung zu erreichen und die Ergebnisse für die Planung verwenden zu können, gibt es unterschiedliche Ansätze. Entscheidend ist die Beurteilung der Anforderungen sowie die Dokumentation der Abweichungen des Modells zur gebauten Realität, die infolge einer generalisierten Modellierung entstehen. Ein alternativer Weg zur Generalisierung ist die Verwendung von Freiformflächen, um höhere Genauigkeiten zu erreichen. So wird es möglich, Verformungen und Sonderformen abzubilden, die dann auch den Anforderungen an die Ausführungsplanung genügen.

1 Aktuelle Einordnung

Es liegen folgende Richtlinien vor, die die Anforderungen an Planungsmodelle beschreiben. Bestandsmodelle werden hier abgesehen vom USIBD (USIBD Level of Accuracy Specification Guide 2016) nicht explizit berücksichtigt.

- VDI 2552 „Building Information Modeling" (2020)
- BIM-Leitfaden für Deutschland (2013)
- USIBD Level of Accuracy (LOA) Specification Guide (2019)

Diese Richtlinien unterscheiden die geometrische von der semantischen Qualität. Beim Modellaufbau ist die mit den Werkzeugen erforderliche Generalisierung zulasten der Genauigkeit zu berücksichtigen. Die semantische Qualität beschreibt u. a. die baukonstruktive Strukturierung der Modelle während sich die bautechnische Detaillierung aus der Beschreibung der Funktion z. B. für Elemente der Technischen Gebäudeausstattung ergibt (BIM-Leitfaden für Deutschland 2013). Der Detaillierungsgrad wächst mit dem fortschreitendem LOD (= Level of Development), dem Fertigstellungsgrad des Gebäudes, zunehmend an (VDI 2552, Blatt 1, 2020). Was fehlt ist eine Qualitätsbeschreibung des resultierenden Ergebnisses zur Dokumentation des Produkts.

Da es für die Qualitätsbeschreibung an Merkmalen für Bestandsmodelle insbesondere für historische Gebäude fehlt, legen wir unsere eigene Übersicht zugrunde.

Diese Tabellen beruhen auf bestehenden Normen und Richtlinien, die der Beschreibung von Qualitätsstufen für Bestandsaufmaße dienen und bei Ausschreibungen und Vergabeverfahren verwendet werden. Folgende Grundlagen gehen hier mit ein.

- Empfehlungen für Baudokumentationen (Eckstein) – Genauigkeitsstufen I bis IV für Bestandsaufmaße in Architektur und Denkmalpflege
- DIN 18710 – Klassifizierung der Messgenauigkeiten in Lage und Höhe
- DIN 1356-6 – Informationsdichten für Bestandsaufmaße
- USIBD Level of Accuracy (LOA) Specification Guide – Beschreibung der geometrischen Qualität BIM-fähiger Modelle

Qualitätsstufe	**Q1**	**Q2**	**Q3**	**Q4**	**Q5**
Maßstäbe	**M1:200 / M1:100**	**M1:100 / M1:50**	**M1:50/M1:25**	**M1:20/M1:10**	**M1:5 / M1:1**
Beschreibung	Schematisches Aufmaß / Modell	Einfacher Plansatz Modell	Detailliertes Gebäudeaufmaß / Planungsmodell	Verformungsgetreue Dokumentation / As-Build-Modell	Detailaufmaß / Bauteilmodell
Genauigkeit	**G1**	**G2**	**G3**	**G4**	**G5**
	Genauigkeit <= +/- 5 cm	Genauigkeit <= +/- 2,5 cm	Genauigkeit <= +/- 2 cm	Genauigkeit <= +/- 1cm	Genauigkeit <= +/- 0,25cm
DIN 18710-1	L1	L2/H1	L3/H2	L4/H3	L5/H4-H5
Semantik S1-S5	**S2**	**S2**	**S3**	**S4**	**S4**
DIN 1356-6	Informationsdichte 1	Informationsdichte 1	Informationsdichte 2	Informationsdichte 2	Informationsdichte 2
„Eckstein"	Eckstein Stufe I	Eckstein Stufe II	Eckstein Stufe III	Eckstein Stufe IV	Eckstein Stufe IV
	geringe Detaillierung	mittlere Detaillierung	hohe Detaillierung	sehr hohe Detaillierung	höchste Detaillierung
2D Pläne	**P1**	**P2**	**P3**	**P4**	**P5**
2D-Daten	schematische Zeichnungen	P1 + Grundrisse, Schnitte, Ansichten	P2 + zusätzliche Schnitte	P3 + Detailzeichnungen	P4 + nach Vereinbarung
Bildpläne	**M1:100**	**M1:50**	**M1:25**	**M1:10**	**M1:5**
Auflösung dpi / Maßstab (mm)	100	50	25	10	5
300	8,5	4,2	2,1	0,8	0,4
3D Modelle	**M1**	**M2**	**M3**	**M4**	**M5**
BIM-konforme 3D-Modelle	Schematisches 3D-Modell	BIM (Building Information Modell)	M2 + Verformungstreues Modell	M3 + verformungsgetreues Bauteilmodell mit Freiformflächen	M4 + vollflächig verformungsgetreues Bauteilmodell
HOAI Leistungsphase	LPH1 Grundlagen - LPH2 Vorplanung	LPH3 Entwurf – LPH4 Genehmigungsplanung	LPH5 Ausführungsplanung	LPH5 Ausführung – LPH 6 Vergabe	LPH8 Überwachung + Dokumentation
BIM-Modell LOD (= LoG + LoI)	LOD 100	LOD 100 bis 200	LOD 200 bis 300	LOD 300 bis 400	LOD 400 – 500
LOA (USIBD)	LOA 10 ~ +/- 50 mm	LOA 20 ~ +/- 25 mm	LOA 30 ~ +/- 10 mm	LOA 40 ~ +/- 5 mm	LOA 50 ~ +/- 1mm

Quelle: Diverse Veröffentlichungen set 2006, DGPF Tagungsband 2011, aktuelle Fortführung für BIM (Kurzfassung)

Abb. 1: Qualitätseinteilung von Vermessungsergebnissen (Lars Sörensen, Scan3D 2023)

Die Qualitätseinteilung wird seit 2005 erarbeitet, fortlaufend erweitert und aktualisiert. Die erste Veröffentlichung erfolgte 2006 auf dem INTERGEO-Kongress. Weitere folgten 2011 im DGPF Tagungsband, 2019 im Tagungsband der Oldenburger 3D-Tage und zuletzt 2021 im VDV Magazin 4-2021.

Angewendet wird die Tabelle von Landesdenkmalämtern und wird zitiert in den Baufachlichen Richtlinien des Bundes (BfR Vermessung 2018). Aktuell bringen wir die Einteilung in den Arbeitskreis 3 – BIM – des DVW (Deutscher Verband für Vermessungswesen) sowie den Bund-Länderarbeitskreis Vermessung (AK Verm) mit ein. Im AK Verm wurde der Vorschlag auf der 24. Arbeitskreissitzung vorgestellt und diskutiert. Hierzu gibt es aktuell eine weitere Veröffentlichung.

2 Probleme aus der Praxis

In der Praxis tauchen die aus fehlerhaften Punktwolken und anschließender Generalisierung beim Modellaufbau resultierenden Probleme in der Regel erst in der Ausführungsplanung auf, wenn die für die Bestandssanierung erforderlichen Toleranzen mit dem geometrischen Abbild der Planung nicht erreicht werden.

Im beruflichen Alltag der Auftraggeber und Vermessungsdienstleister, die Bestandsgebäude erfassen und modellieren, geht es oft schon mit einer nicht hinreichenden Leistungsbeschreibung für die Vermessungsergebnisse los. Es setzt sich fort mit dem Einsatz besonders wirtschaftlicher kinematischer Verfahren für das Aufmaß vor Ort. Häufig ist schon die Qualität der Punktwolken nicht nachvollziehbar und wird dann gar nicht oder unzureichend dokumentiert. Wenn überhaupt beschränkt man sich beim Mobile-Mapping mit sogenannten SLAM-Verfahren auf eine isolierte Betrachtung der Genauigkeit bezogen auf die verwendeten Festpunkte, was als Aussage über die Gesamtpunktwolke nicht ausreicht.

Hinzu kommen weitere Abweichungen infolge der Generalisierung beim Modellaufbau. Allzu oft ergibt sich bei vielen Bestandsmodellen ein für Planungsaufgaben zu hoher Gesamtfehler, der in Summe aus den Fehlern der Punktwolke zuzüglich der Abweichungen im Modell resultiert. Nur wenige Auftraggeber fordern Modelle, die über die Leistungsphase 4 nach HOAI (= Honorarordnung für Architekten und Ingenieure) hinaus ausreichen und auch ab Leistungsphase 5 – Ausführungsplanung – vollwertig verwendet werden können. Und wenn bereits die Fehler der Punktwolke zu groß sind, ist eine nachträgliche „Verfeinerung" des Modells nicht mehr möglich, ohne neu zu vermessen. Vor allem fehlt es bei vielen Modellen an einer hinreichenden Dokumentation der Qualität, um dem Architekten und Planer einen Überblick über die Nutzbarkeit der Ergebnisse zu ermöglichen.

Doch selbst wenn ein in Ansätzen verformungsgetreuer Modellaufbau erfolgt ist, dann führt dies wiederum zu Einschränkungen im Datenaustausch über das Dateiformat IFC. Das gilt insbesondere für komplexere Geometrien und Sonderobjekte.

3 Lösungsansätze

Eine mögliche Lösung ist die verformungstreue Modellabbildung. Hier verfolgen verschiedene BIM-Plattformen unterschiedliche Ansätze. Eine Variante ist die Verwendung von Freiformflächen, um höhere Genauigkeiten im Bestandsmodell zu erreichen. Hierdurch wird es möglich Verformungen und Sonderformen in der Architektur ausreichend präzise abzubilden. Ziel sollte es sein, eine Verwendbarkeit für die Leistungsphase 5 (Ausführungsplanung) zu erreichen.

Um sich den Anforderungen an solche Bestandsmodelle zu nähern müssen folgende Aspekte berücksichtigt werden:

- Gemeinsame Beurteilung und Erarbeitung der Anforderungen mit Architekten, Planern und Vermessern
- Festlegung des geeigneten Auswerteverfahrens
- Dokumentation der Abweichungen des Modells zur gebauten Realität

3.1 Anforderungen an Bestandsmodelle

Im Verlauf eines Bauvorhabens erfolgt eine stetige Zunahme der Anforderungen an die geometrische und semantische Qualität der Planungsmodelle, die mit dem Verlauf der Leistungsphasen eines Bauvorhabens einhergehen.

Folgende Aspekte gehen in die Anforderungen mit ein:

- Leistungsphase nach HOAI und daraus resultierender Zielmaßstab für abgeleitete 2D-Pläne
- Ziele und Inhalte der Planungsaufgabe
- Ausführungstoleranzen z. B. für Bestandserweiterungen mit Fertigteilen

Neben den gemeinsam zu erarbeitenden Anforderungen ist die Festlegung des Aufnahmezeitpunktes sehr wichtig. Häufig werden Bestandsaufmaße im noch laufenden Betrieb der Gebäude ausgeführt. Oft sind hier noch leichte Trennwände, abgehängte Decken und Ausbauten für den Brandschutz vorhanden. Wenn das Gebäude später in Teilen zurück gebaut wird, dann fehlen bei frühzeitigem Aufmaß viele für die Planung relevante Informationen. Oft liegen aber gar keine Bestandspläne vor, sodass man sich vorab über ein wirtschaftliche und rudimentäre Bestandsaufnahme Gedanken machen muss.

4 Aspekte aus der Praxis

Grundlage für alle Bestandsmodelle sind Punktwolken als erstes Ergebnis der dreidimensionalen Vermessung der Bauwerke. Die Qualität der Punktwolke hängt nicht nur vom verwendeten Sensor, sondern insbesondere von der Datenverarbeitung ab. Daher sollten nur erfahrene Dienstleister, die ein qualifiziertes Protokoll zum Nachweis der Qualität liefern können, beauftragt werden.

Für den Aufbau höherwertiger Modelle müssen Vermesser, Architekten und Fachplaner enger zusammenarbeiten. Während Vermessungsingenieure die geometrische Qualität der Modelle gut beurteilen können, verfügen Architekten und Fachplaner über die erforderliche Kenntnis für den konstruktiven Aufbau von Gebäudemodellen.

Nur gemeinsam lässt sich eine sinnvolle Entscheidung über das zulässige Maß der Generalisierung des Bestandsmodells treffen. Hiervon hängt dann auch die Auswahl der Software für die Modellierung durch die Rückführung der Punktwolken zu CAD-Objekten ab. Die Software bedingt dann auch den Modellaustausch über das Dateiformat IFC. Bestenfalls kann eine Open-BIM-Kompatibilität gewährt werden, was aber die wenigsten Plattformhersteller unterstützen. Nur ist ohne einen offenen und freien Datenaustausch eine Mitarbeit aller an der Planung und Ausführung beteiligten Architekten, Fachplaner und ausführenden Gewerke kaum möglich.

Zurzeit erscheint folgende Lösung als besonders sinnvoll. Der Zugriff auf das IFC-basierte Datenmodell erfolgt über einen Open-BIM-Server mit unterschiedlichen Plattformen, die dem Bestandsmodell die benötigten Planungselemente hinzufügen.

4.1 Freeform4BIM

Wird ein besonders präzises Modell z. B. von Gewölben, verformten Gebäuden oder einfach vom toleranzbehafteten Rohbau für Fertigteile benötigt, kommt man um die Verwendung von Freiformflächen nicht herum. Ab IFC 4.3 können diese zumindest geschrieben aber nicht von allen Plattformen weiterverarbeitet werden.

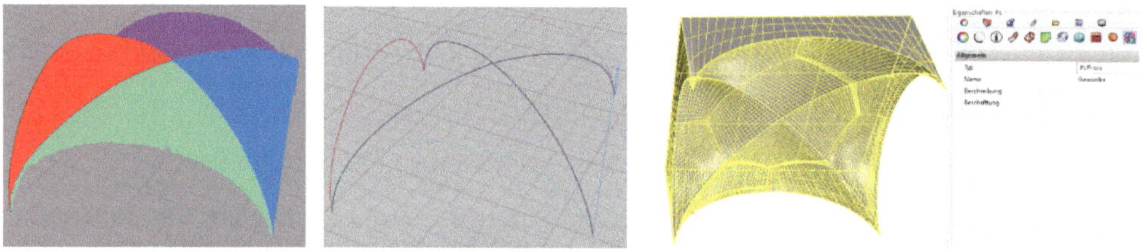

Abb. 2: Automatisierung für Gewölbemodelle zur Nutzung in BIM, Freeform4BIM (Scan3D, TU + HTW Dresden, fokus GmbH)

Im Forschungsprojekt Freeform4BIM (MILKAU et al. 2024) wurden von 2021 bis 2024 in Zusammenarbeit mit der TU und HTW Dresden sowie der fokus GmbH Leipzig Lösungen eines Modellaufbaus für Sonderkonstruktionen mit Freiformen erarbeitet. Im ersten Schritt erfolgt eine automatisierte Ebenensegmentierung, z. B. für Gewölbe und eine Kantenerzeugung zur Begrenzung der Teilflächen. Aus den Flächenverbänden werden anschließend Volumenkörper mit allen erforderlichen Parametern und Attributen erzeugt.

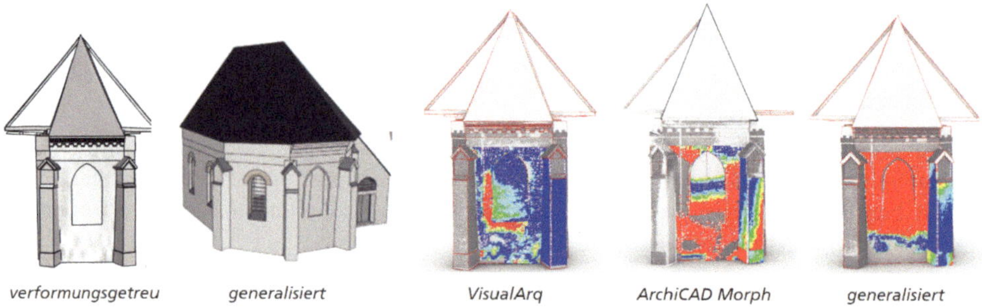

Abb. 3: BIM-fähige Modelle mit unterschiedlichen Verfahren der Modellierung (HASCHKE 2022)

Am Beispiel von Kirchen in Nordfriesland wurden Bestandsmodelle für die statische und baukonstruktive Untersuchung auf diesem Weg aufgebaut. Die in Rhino mit VisualArq und grasshopper entstehenden Architekturelemente können inkl. IFC-Tags zurzeit nur auf Umwegen exportiert werden, um in anderen Plattformen genutzt werden zu können. Direkte Schnittstellen ins ArchiCAD oder RhinoInsideRevit funktionieren hier besser, ermöglichen aber auch keinen flexiblen Austausch der Sonderelemente zurück in andere Software.

Auch für die ehemaligen Knorr-Bremse-Werke in Berlin Friedrichshain konnten Teilbereiche des Modells mit den neuen Verfahren bearbeitet werden. Insbesondere für die unregelmäßig aufgebauten Kappendecken sowie einige verformte Träger und Stützen konnten mit den im Forschungsprojekt erarbeiteten Werkzeugen gute Lösungen erreicht werden.

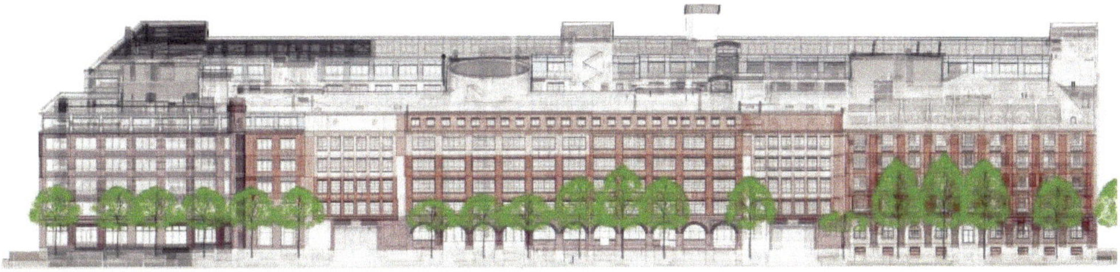

Abb. 4: Bestandsmodell der Knorr-Bremse-Werke (Scan3D GmbH)

Erprobt wurden die möglichen Lösungsansätze, zumindest Teile von Bestandsmodellen für BIM verformungsgetreu aufzubauen, bereits ab 2015 in Kombination mit LupoScan Rhinoceros und ArchiCAD. Die Bauvorhaben für diese Bearbeitungswege erarbeitet wurden waren das Badische Staatstheater in Karlsruhe, die Kaiser Wilhelm Kirche in Bad Ems und der Sockel des Kaiser Wilhelm Denkmals für das Berliner Freiheits- und Einheitsdenkmal.

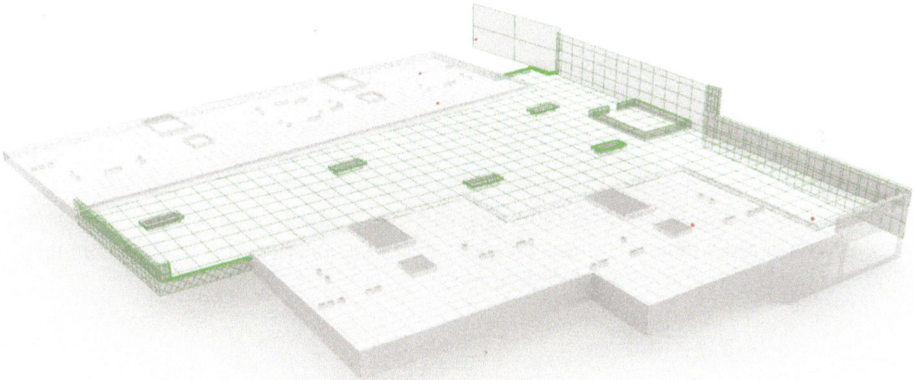

Abb. 5: Rohbaumodell eines Mehrzweckneubaus in Singen für die Planung in Holzrahmenbauweise (Scan3D GmbH)

Eine regelmäßige Anwendung für Freiformen zum Aufbau von Bestandsmodellen für BIM sind die Erfassung von Neubauten zur parametrisierten Anpassung von Holzrahmenbauelementen auf die Toleranzen des Rohbaus aus Stahlbeton.

5 Fazit

Zusammenfassend ist fest zu stellen, dass es keine hinreichende Qualitätsbeschreibung von Bestandsmodellen für BIM gibt. Es fehlt an der Beurteilung und Dokumentation von Fehlern, die sich aus dem Gesamtfehler der Punktwolken und den Modellierungsverfahren durch Generalisierung ergeben. Eine mögliche Lösung aus jetziger Sicht besteht in der Nutzung des generalisierten Modells und die zusätzliche Verwendung der Punktwolken als verformungsgetreues Abbild. Auf dieser Grundlage lässt sich der Aufbau verformungstreuer BIM-Elemente auf die erforderlichen Bereiche beschränken.

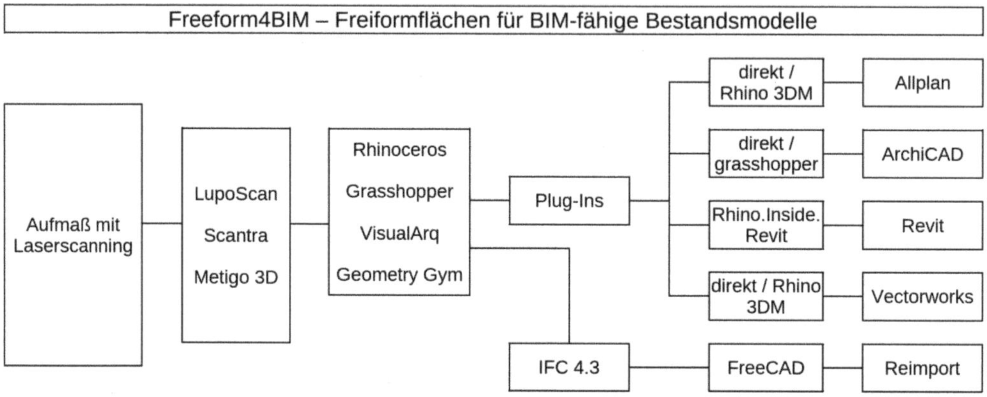

Abb. 6: Organigramm zur Nutzung von Freiformflächen für BIM-Anwendungen, Theo Haschke (Scan3D GmbH)

Der Aufbau verformungstreuer Bestandsmodelle als Alternative zum generalisierten Modell ist nur durch die Nutzung von Freiformflächen möglich. Lösungen stehen mit Rhinoceros und dem BIM-Plug-in VisualArq zur Verfügung. Allerdings bestehen hier Einschränkungen beim Datenaustausch. Freiformflächen werden zwar ab IFC 4.3 unterstützt, sind aber nur eingeschränkt kompatibel in anderen Programmen für BIM-Planung. Ein weiterer Nachteil ist der erhöhte Aufwand in der Modellierung. Die Nutzbarkeit in unterschiedlicher nativer Software ist von deren Unterstützung der Volumenobjekte aus Freiformflächen abhängig und funktioniert über IFC nur mit Einschränkungen.

Literatur

BIM-Leitfaden für Deutschland; ZukunftBAU; *Forschungsprogramm des Bundesministeriums für Verkehr, Bau und Stadtentwicklung*; 2013; Kap. 4.2.3, S. 58-61.

Haschke, T. (2022): *Untersuchung von Softwarelösungen zur verformungsgetreuen BIM-Modellierung historischer Bauelemente*. Masterarbeit, TU Dresden.

Milkau, C., Sörensen, L. & Schneider, D. (2024): *Qualitätssteigerung von 3D-Modellen für BIM durch die Verwendung von Freiformflächen*. In: Luhmann, T. & Sieberth, T. (Hrsg.): Photogrammetrie – Laserscanning – Optische 3D-Messtechnik. Beiträge der Oldenburger 3D Tage und des des BIMtages 2024. Wichmann, Berlin/Offenbach.

USIBD Level of Accuracy (LOA) Specification Guide; 2016.

VDI 2552 (2020): *Building Information Modeling – Grundlagen*. Blatt 1, 2020-07; S. 40, 41, 54.

BIM-Reifegrad Niedersachsen – Ergebnisse der BIM-Cluster-Umfrage

Uwe PFEIFFER, Sebastian HOLLERMANN und Patrick SCHWERDTNER

Zusammenfassung

Im Jahr 2023 führte das BIM-Cluster Niedersachsen eine Umfrage zum BIM-Reifegrad unter verschiedenen Akteuren der Bau- und Immobilienbranche durch. Die Resultate zeigen, dass etwa 62 % der befragten Teilnehmer entweder keine Erfahrung mit Building Information Modeling (BIM) haben oder diese Methode nicht nutzen. Die Hindernisse sind vielfältig. Dennoch besteht offenbar eine Bereitschaft zur Weiterentwicklung. Es werden Maßnahmen wie Schulungsangebote, finanzielle Unterstützung und Netzwerkbildung als geeignet angesehen, um den BIM-Reifegrad zu erhöhen. Die Ergebnisse verdeutlichen, dass in Niedersachsen noch Entwicklungsbedarf besteht, um das volle Potenzial von BIM auszuschöpfen.

1 Einführung

Die Einführung der BIM-Methode wird spätestens mit der Veröffentlichung des BIM-Stufenplans (BMVI 2015) durch das Bundesministerium für Verkehr und digitale Infrastruktur gefördert und forciert. Zwar beschränkte sich der Stufenplan auf die Einführung der BIM-Methode im Infrastrukturbereich der Bundesbauten und hier auf Verkehrsinfrastrukturbauten bei neu zu planenden Projekten, jedoch war mit dem Stufenplan eine Signalwirkung für die gesamte Bau- und Immobilienwirtschaft gegeben.

Das BIM-Cluster Niedersachsen (HOLLERMANN et al. 2023) wollte in einer Umfrage herausfinden, wie es um den Stand der BIM-Anwendung (Reifegrad der BIM-Einführung) in der niedersächsischen Bau- und Immobilienwirtschaft steht. Hierfür wurde ein umfassender Fragebogen ausgearbeitet welcher über die Kammern und die Verbände der zu befragenden Zielgruppe zugänglich gemacht wurden. Der Rücklauf von 624 Fragebögen kann als signifikante Stichprobe angesehen werden. Die Ergebnisse sind somit für Niedersachsen repräsentativ.

2 Umfeld der Befragung

Mit der Befragung wurde gezielt ein breites Spektrum an Akteuren der Bau- und Immobilienwirtschaft angesprochen. Dies zeigt sich auch bei der Branchenabfrage (Abb. 1), wobei die meisten Antworten mit ca. 43 % aus Richtung der Fachplanung/Fachingenieurbereich kamen. Gefolgt von der Beratung / Ingenieurdienstleistungen mit ca. 31 %. Mit einem Rücklauf von ca. 5 % und ca. 18 % wurden jedoch auch die Genehmigungsbehörden und die Öffentliche Hand erreicht.

Abb. 1: Welcher Branche ist Ihre Organisation zuzuordnen? (Mehrfachauswahl möglich)

Gefragt nach der Tätigkeit der Organisation ordneten sich die meisten Teilnehmer dem Hochbau und dem Ingenieurbau zu. Jedoch kamen auch Rückläufer aus dem Straßenbau, dem Ausbau und dem Gleisbau. Somit konnten alle Segmente erreicht werden (Abb. 2).

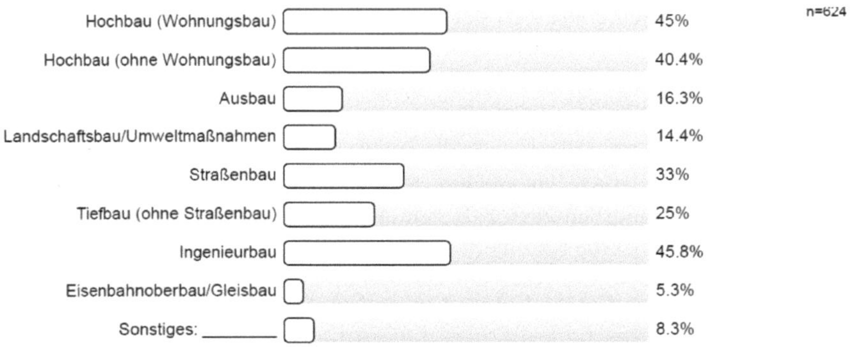

Abb. 2: In welchen Segmenten ist Ihre Organisation tätig? (Mehrfachauswahl möglich)

Aus diversen Untersuchungen und Befragungen im deutschsprachigen Raum ist bekannt, dass die Größe einer Organisation einen Einfluss auf die Herangehensweise und Geschwindigkeit der BIM-Implementierung haben kann. Insofern kann eine Einordnung hier wichtig sein. Positiv hervorzuheben ist, dass an der Umfrage sowohl kleinere Organisationen bis 5 Personen, aber auch größere mit mehr als 1000 Personen teilgenommen haben (Abb. 3).

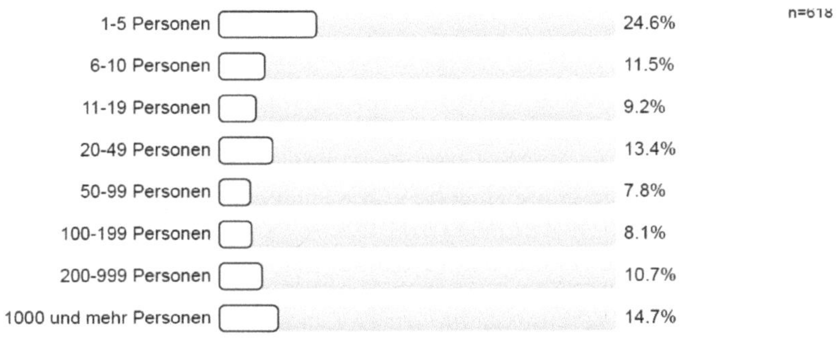

Abb. 3: Wie groß ist Ihre Organisation (Gesamtorganisation)?

Für die Aussagekraft dieser Umfrage kann es entscheidend sein, wer in der jeweiligen Organisation antwortet. In der Regel sollte man davon ausgehen können, dass die Leitungsebene eine entsprechende Kenntnis über die BIM-Einführung oder -Anwendung in der jeweiligen Organisation hat (Top-down Prinzip). Dies vorausgesetzt führt dazu, dass es wichtig ist auch die Leitungsebene mit der Umfrage zu erreichen. In Abbildung 4 ist zu erkennen, dass dies gelang, wobei auch Angestellte geantwortet haben. Auffällig ist, dass nur 3,5 % der Antworten aus dem Bereich der Leitungskräfte der Digitalisierung/BIM kamen. Dies könnte die Vermutung nahelegen, dass es diese Positionen in den befragten Organisationen tendenziell weniger gibt, oder dass die Organisationen weniger fortgeschritten sind in der BIM-Anwendung.

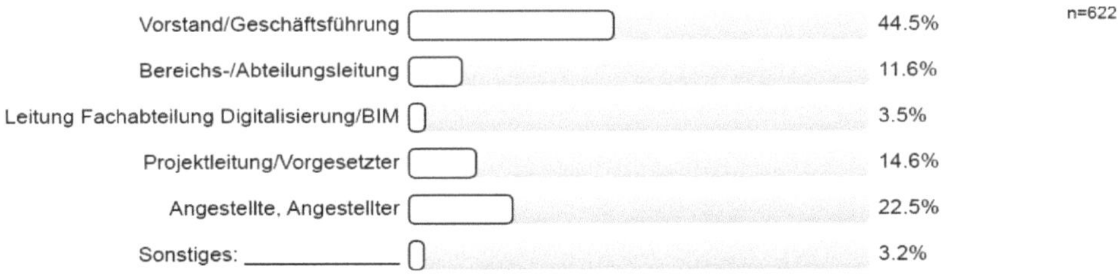

Abb. 4: Welche Position nehmen Sie im Unternehmen ein?

Gefragt nach der regionalen operativen Zuordnung (Abb. 5) hatten die meisten Organisationen ihren Tätigkeitsschwerpunkt in Niedersachsen. Genau diese Region sollte mit der Umfrage erreicht werden. Ca. 21 % der Organisationen waren überregional oder deutschlandweit (24 %) tätig. Einige Organisationen, mit ca. 8 %, auch international.

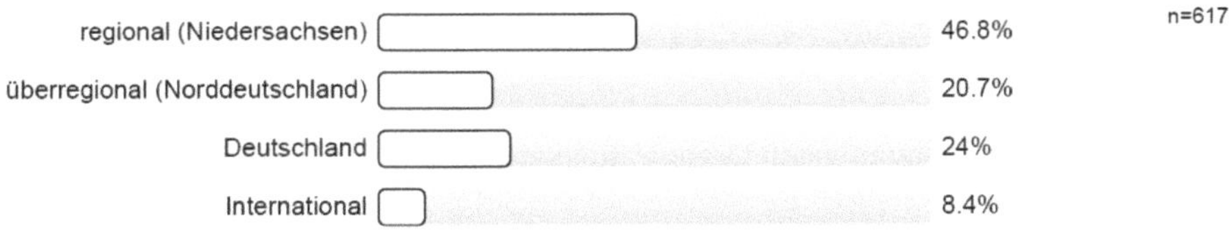

Abb. 5: Regionaler Tätigkeitsbereich der Gesamtorganisation

3 Ergebnisse der Umfrage

Das vielleicht markanteste Ergebnis vorweg: Vom 623 befragten Organisationen, welche mehrheitlich regional im niedersächsischen Raum tätig sind, geben ca. 62 % an die BIM-Methode „noch gar nicht“ zu nutzen (Abb. 6). Und dies, obwohl der Bund seit geraumer Zeit die BIM-Einführung in Deutschland forciert. Stichworte wären unter anderem BIM4INFRA, planen bauen 4.0 (BMVI 2015b), BIM-Deutschland (BIM Deutschland 2022) oder der Stufenplan (BMVI 2015). Weiter ist mit der VDI 2552 (VDI 2020) Reihe eine Richtlinie für die BIM-Anwendung in Deutschland geschaffen worden. Somit sind sowohl auf politischer und normativer Seite die Voraussetzungen bereitet um die BIM-Methode in den jeweiligen Organisationen einzuführen und anzuwenden.

Abb. 6: Seit wann nutzen Sie die BIM-Methode?

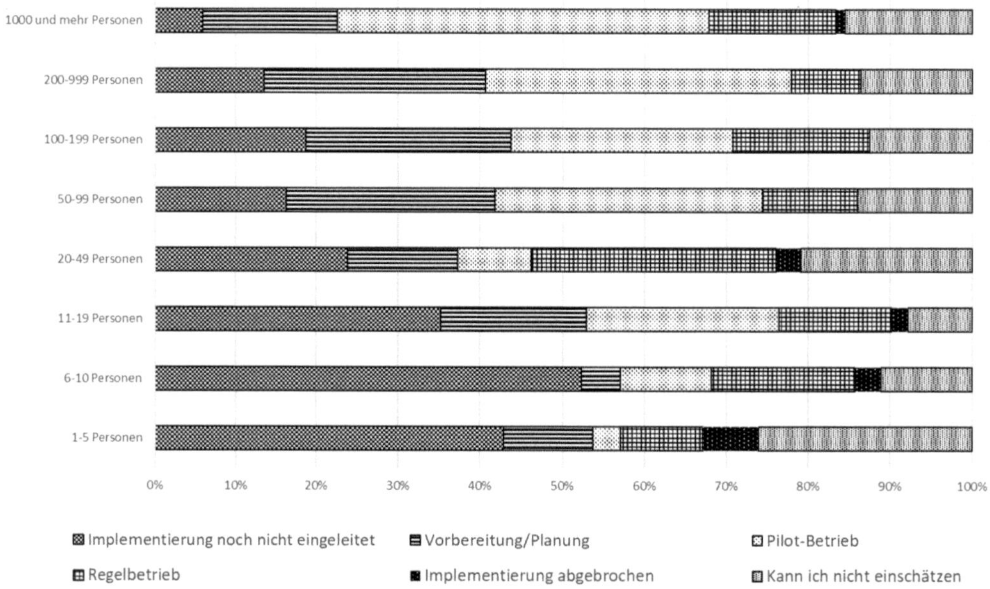

Abb. 7: Stand der BIM-Nutzung nach Organisationsgröße (relativ)

Wertet man die Ergebnisse nach der Größe der Organisationseinheit aus so zeigt sich, dass gerade kleinere Organisationen die BIM-Methode eher weniger nutzen (Abb. 7). Es scheint so zu sein, dass hier stärkere Hemmnisse oder Schwierigkeiten vorliegen. Diese Tendenz wird durch die Fachliteratur gestützt und auch in ähnlicher Form in der Literatur bestätigt (PFEIFFER et al. 2020).

Bei den nachgefragten Hemmnissen ergibt sich kein klares Bild (Abb. 8). So sticht mit ca. 41 % der Antworten die fehlende fachliche Qualifikation der Mitarbeiter heraus, jedoch liegen viele weitere Hemmnisse in einem Bereich von um die 30 %. Die Frage nach der fehelenden Bereitschaft die BIM-Methode anzuwenden erscheint somit vielschichtig.

Neben der fehlenden fachlichen Qualifikation wird mit ca. 33 % eine fehlende fachliche Umsetzung genannt. Jedoch geben nur ca. 17 % der Befragten eine geringe Bereitschaft der Mitarbeiter bei der Erlernung der Methode an. Die fehlende Umsetzung kann somit nicht an der Bereitschaft der Mitarbeiter liegen, sondern lässt sich ggf. mit noch zu erarbeitenden fachspezifischen Standards und Prozessen begründen. Auch die Kosten der Einführung erscheinen mit 23,6 % und die fehlende IT mit 16,8 % eher nachrangig. Das ist insofern bemerkenswert, da andere Studien wiederholt auf eine fehlende Akzeptanz der Mitarbeiter und die hohen Kosten bei der Einführung der Methode hingewiesen haben.

Mit 29 % geben die Befragten an, dass die Methode nicht explizit gefordert wird. Da etwa 26 % keinen Nutzen sehen oder dieser unklar ist, ca. 34 % darauf verweisen, dass kein zusätzliches Honorar gezahlt wird und ca. 27 % keine Zeit haben, wird die Anwendung der BIM-Methode nicht forciert. Verstärkt wird diese Haltung dadurch, dass die AG keine klaren Vorgaben machen (ca. 32 %).

Abschließend sei darauf hingewiesen, dass nur ca. 3 % keine Hemmnisse bei der Einführung der Methode sehen – ein eher geringer Wert.

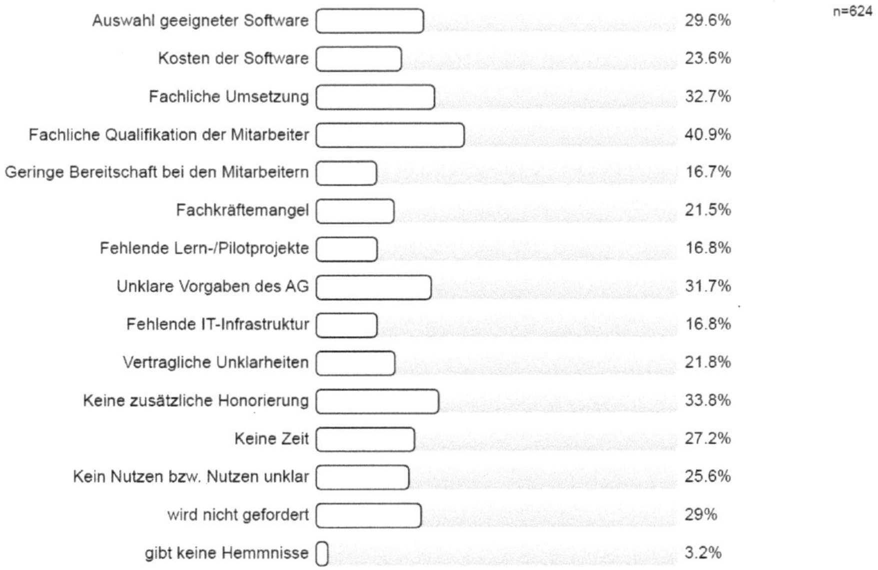

Abb. 8: Wo sehen Sie Hemmnisse bei der Umsetzung der BIM-Methode? (Mehrfachauswahl möglich)

Helfen könnten unter anderem Weiterbildungsangebote. Dies wird so auch in der Umfrage bestätigt (Abb. 9). Fragt man jedoch nach den bekannten Weiterbildungsangeboten (Abb. 10) und den dann genutzten Hilfestellungen (Abb. 11), so fällt auf, dass von ca. 46 % nur noch ca. 29 % tatsächlich Weiterbildungsangebote nutzen. Dies könnte daran liegen, dass entsprechende Angebote nicht bekannt sein könnten. Dem ist jedoch nicht so, da ca. 40 % der Befragten entsprechende Angebote kennen. Es scheint somit andere Gründe für die nicht Inanspruchnahme zu geben.

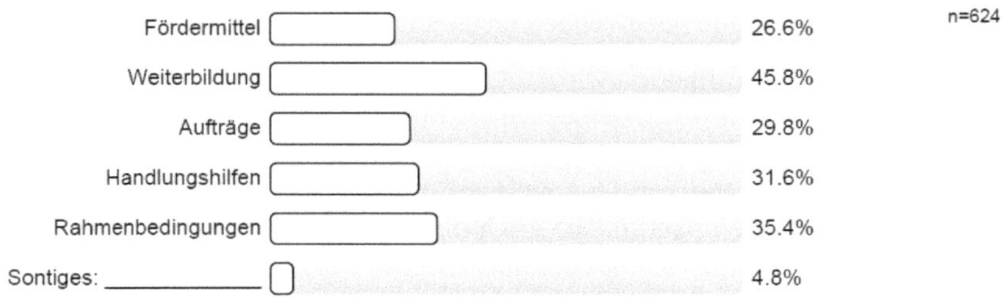

Abb. 9: Was würde Ihnen helfen, um bei der Umsetzung der BIM-Methode in Ihrer Organisation (schneller) voranzukommen? (Mehrfachauswahl möglich)

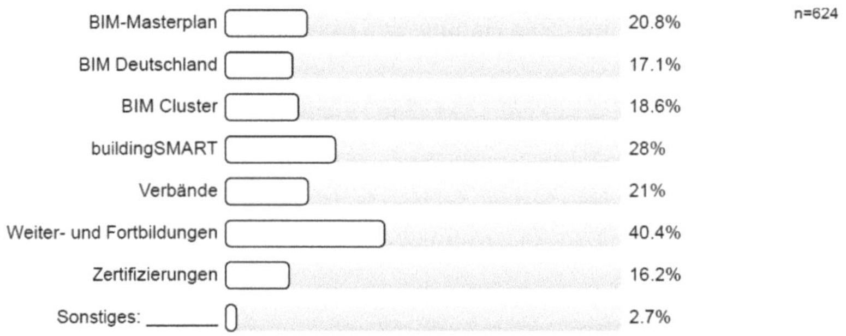

Abb. 10: Welche Hilfestellungen bei der Umsetzung der BIM-Methode sind Ihnen bekannt? (Mehrfachauswahl möglich)

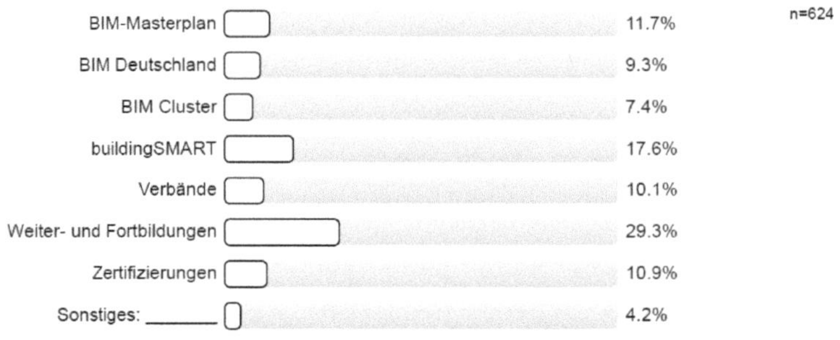

Abb. 11: Welche Hilfestellungen werden durch Ihre Organisation genutzt? (Mehrfachauswahl möglich)

Fragt man diejenigen Organisationen welche die BIM-Methode nutzen nach den verwendeten Anwendungsfällen (AwF) gemäß der Definition von BIM Deutschland (BIM Deutschland 2022), so zeigt sich, dass diese vorrangig die Visualisierung (AwF 040) und die Mengen- und Kostenermittlung (AwF 100) verwenden (Abb. 12). Dies ist insofern nicht überraschend, als dass für beide Anwendungsfälle gemäß (BMVI 2020) vergleichsweise geringe Anstrengungen der Implementierung erforderlich sich. Mit diesen Anwendungsfällen gelingt häufig ein niederschwelliger Einstieg in die Anwendung der BIM-Methode. Hingegen werden komplexere Anwendungsfälle wie beispielsweise die Baufortschrittskontrolle oder das Mängelmanagement (AwF 170) von vergleichsweise wenigen Nutzern verwendet. Dies könnte ein Indiz dafür sein, dass viele Nutzer erst am Beginn der BIM-Einführung stehen. Komplexere Aufgaben müssen noch erlernt und antrainiert werden. Positiv fällt auf, dass die Bestandserfassung von ca. 21 % der Befragten genutzt wird. Dies ist insbesondere wichtig, da ein wesentlicher Teil der Bauleistung im Hochbau im Bestand stattfindet (DBV 2024).

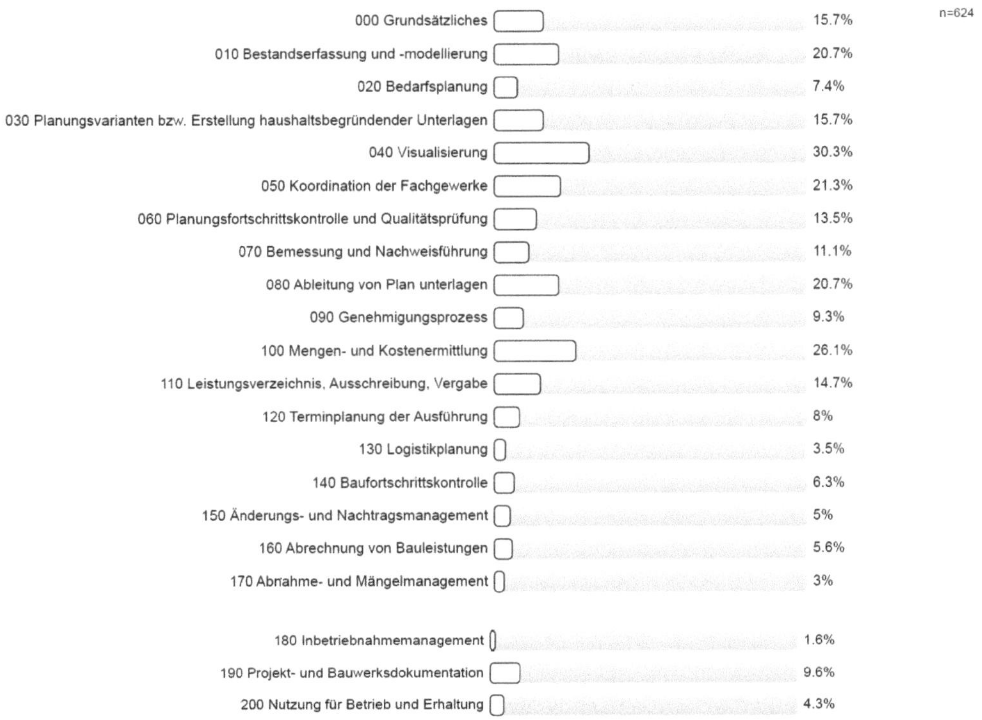

Abb. 12: Für welche Anwendungsfälle nutzen Sie die BIM-Methode (gemäß BIM Deutschland)? (Mehrfachauswahl möglich)

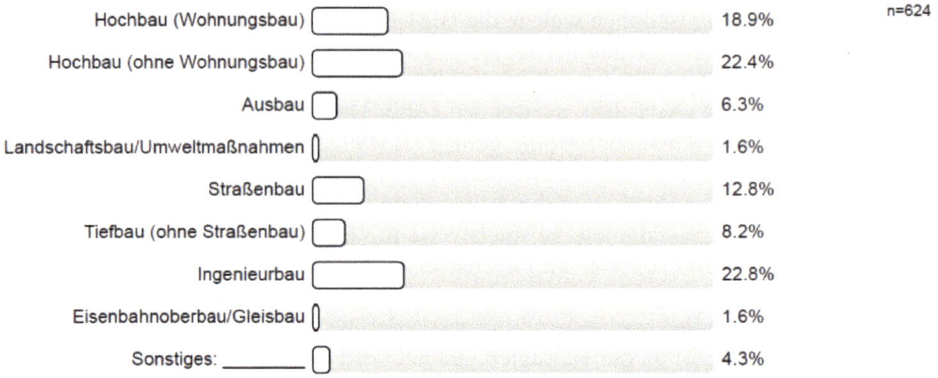

Abb. 13: In welchen Segmenten nutzen Sie die BIM-Methode? (Mehrfachauswahl möglich)

So nutzen immerhin schon ca. 23 % der Befragten die BIM-Methode im Bestand (Abb. 14), wobei dies vorrangig im Hochbau und Ingenieurbau geschieht (Abb.13). Nachholbedarf hat der Gleisbau und der Landschaftsbau. Jedoch ist festzuhalten, dass die aus dem Rücklauf aus dem Eisenbahnbereich nur ca. 5 % und der aus dem Landschaftsbau ca. 14 % betrug (Abb. 2), weshalb die Antworten dann auch geringer ausfallen könnten.

Abb. 14: In welchen Projektarten nutzen Sie die BIM-Methode? (Mehrfachauswahl möglich)

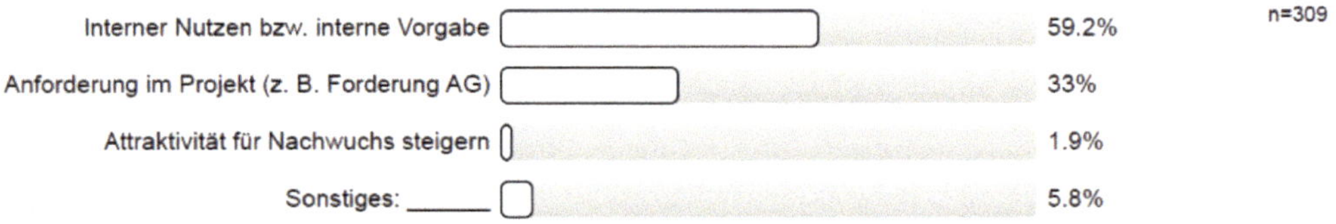

Abb. 15: Warum nutzt Ihre Organisation die BIM-Methode hauptsächlich?

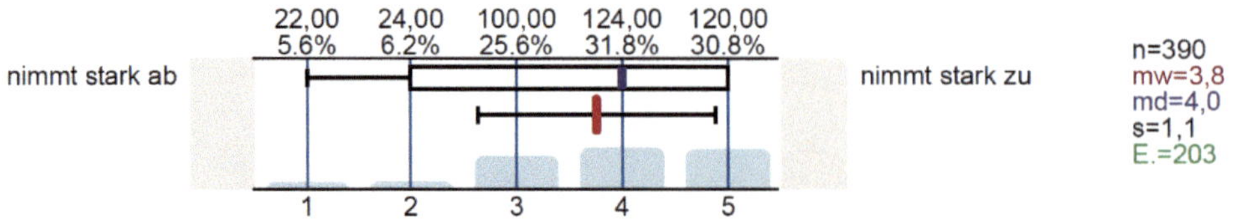

Abb. 16: Welche Bedeutung hat das BIM-Knowhow für Ihre Organisation in fünf Jahren?

Ein relativ klares Ergebnis ergab sich bei der Frage nach der zukünftigen Bedeutung des BIM-Knowhows für die eigene Organisation (Abb. 16). Der überwiegende Teil der Befragten war sich einig, dass die zukünftige Bedeutung der Fähigkeiten in diesem Bereich hoch ist, wobei der Mittelwert, auf einer Skala bis 5 bei 3,8 lag. Da der Medianwert mit 4,0 dicht am Mittelwert lag, gab es auch keine Ausreißer. Median bedeutet, dass 50 % der Befragten Personen unter diesem Wert und die andere Hälfte über diesem Wert lag.

Auch wird von den meisten Befragten ein interner Nutzen für die eigene Organisation gesehen, wobei die Frage der Attraktivität und den Einfluss der BIM-Methode auf die Nachwuchsgewinnung als äußerst gering (ca. 2 %) angesehen wurde (Abb. 15). Die BIM-Methode wird somit vorrangig aufgrund selbst erkannten Nutzens oder von außen durch, z. B. die Auftraggeber, vorgegebener Anforderungen verwendet.

4 Ergebnisse der Umfrage

Die Umfrageergebnisse des BIM-Clusters Niedersachsen zeigen einen deutlichen Nachholbedarf vieler Unternehmen bei der Implementierung und Nutzung der BIM-Methode. Die Entscheidung zur Einführung von BIM wird vor allem aufgrund des erkannten internen Nutzens getroffen, da klare Marktbedürfnisse, insbesondere vonseiten der Auftraggeber, fehlen. Die Überwindung dieser Hindernisse und die Entwicklung geeigneter Strategien sind entscheidend, da die Bedeutung der BIM-Methode in Zukunft weiter steigen wird und ein Transformationsdruck besteht. Die Entwicklung fachspezifischer Standards, Vorgehensweisen und die Erweiterung von Weiterbildungsangeboten werden daher immer wichtiger. Das BIM-Cluster Niedersachsen kann als Vermittler und Multiplikator einen Beitrag dazu leisten.

Literatur

BIM Deutschland (2022): *Liste der standardisierten Anwendungsfallbezeichnungen.* https://www.bimdeutschland.de.

Bundesministerium für Verkehr und digitale Infrastruktur (2015): *Stufenplan Digitales Planen und Bauen – Einführung moderner, IT-gestützter Prozesse und Technologien bei Planung, Bau und Betrieb von Bauwerken.* Referat Z 32, Druckvorstufe | Hausdruckerei.

Bundesministerium für Verkehr und digitale Infrastruktur (2015b): *Konzept zur schrittweisen Einführung moderner, IT-gestützter Prozesse und Technologien bei Planung, Bau und Betrieb von Bauwerken – Stufenplan zur Einführung von BIM.*

Bundesministerium für Verkehr und digitale Infrastruktur (2020): *BIM4INFRA2020 – Umsetzung des Stufenplans.* www.bim4infra.de.

DBV (2024): *Nachhaltigkeit in der gebauten Umwelt – Bauwerksbestand als entscheidende Ressource.* www.betonverein.de.

Hollermann, S., Schwerdtner, P. & Pfeiffer, U. (2023): *BIM-Reifegrad in Niedersachsen.* TIB – Leibniz-Informationszentrum Technik und Naturwissenschaften und Universitätsbibliothek.

Pfeiffer, U., Akohou, S., Witten, K., Siedenburg, C. & Gillen, L. (2020): *Hemmnisse und strategische Ansätze in der BIM-Einführung in kleinen und mittelständischen Unternehmen.* Forschungsprojekt „BIM-Innovationsstrategie im regionalen Mittelstand" (BIREM), hochschule 21.

Verein Deutscher Ingenieure (2020): *Building Information Modeling – Grundlagen.* Beuth, Berlin.

Intelligente Prozessautomatisierung im Weiterbildungs- und Bauplanungsprozess

Christian HEINS

Zusammenfassung

Die vorliegende Arbeit zeigt, dass die „Intelligente Prozessautomatisierung (engl. Intelligent Process Automation, kurz IPA)“ dazu im Stande ist, bauspezifische Informationsflüsse etablierter IT-Softwarelandschaften unternehmensübergreifend zu standardisieren und intelligent zu automatisieren.

Anhand des Fallbeispiels eines autodidaktischen BIM-Lernportals wird die „Digital Process Automation (DPA)“ als IT-Hauptkomponente vorgestellt, die als digitales Portal für Mensch-Maschinen-Interaktionen unternehmensübergreifenden Content just-in-time bereitstellt, das technische Berichtswesen standardisiert, Echtzeitdaten repräsentiert und den Bearbeitungsstand personalisiert dokumentiert. Die DPA wird dafür eingesetzt, die Effizienz im Informationstransfer zu verbessern und dem End-User die Möglichkeit zu bieten, intuitiv (an seine Leistungskurve angepasst) zu lernen bzw. zu arbeiten.

Die „Robotic Process Automation (RPA)“ wird als IT-Nebenkomponente vorgestellt, um in etablierten IT-Softwarelandschaften CAE-Anwendungsprogramme durch Softwareroboter (RPA-Bots) zu automatisieren. RPA-Bots fungieren als Brückentechnologien und imitieren menschliche Software-Tätigkeiten, um die Effektivität für repetitive, zeitintensive oder fehleranfällige Computeranwendungen zu verbessern. Die RPA-Technologie wird eingesetzt, um im vorliegenden Fallbeispiel dem End-User jederzeit (always-on) seine eingereichten Arbeiten automatisiert zu korrigieren.

1 Einleitung

Die Architektur- und Ingenieurbüros stehen vor der Herausforderung, immer komplexer werdende Gebäudegeometrien anhand von kaum realisierbaren Zeitplänen sowie zahlreichen Anforderungen an die Zuverlässigkeit und Ressourceneffizienz von Gebäuden zu realisieren (STANGE 2020). Hinzukommen steigende Projektgrößen und eine wachsende Zahl an projektbeteiligten Akteuren, die bei jedem neu zu bearbeitenden Projekt immer wieder zu Kompetenzschwankungen, Interessenkonflikten und zu individuellen Prozessanforderungen führen. Mit der zunehmenden Stagnation der Baukonjunktur haben die Architektur- und Ingenieurbüros zusätzlich mit einem erhöhten *„Zeit- und Kostenaufwand für die laufende Kostenkontrolle bei Projekten“* (DEMMELHUBER 2022) zu tun. Wie das IFO-Institut berichtete, lag die Kapazitätsauslastung der Architektur- und Ingenieurbüros im Jahr 2022 bei über 95 % und 60 % der befragten Ingenieurbüros gaben an, bereits jetzt vom Fachkräftemangel betroffen zu sein (DEMMELHUBER 2022). Es ist zu erwarten, dass die Architektur- und Ingenieurbüros in Zukunft ihre Leistungserbringungsprozesse optimieren werden, um die Arbeitsproduktivität des bestehenden Personalbestands zu erhöhen.

Um die Arbeitsproduktivität zu erhöhen, ist zunächst der IST-Zustand festzustellen, um eine Verbesserung identifizieren zu können. Somit ist es erforderlich, einen Mechanismus bzw. ein System zu etablieren, das spezifische Arbeitsschritte standardisiert und diese dokumentiert. Um die Produktivität der geistigen (schöpferischen) Dienstleistungen zu identifizieren und mittelfristig zu erhöhen, könnte u. a. die DPA dafür genutzt werden, spezifische Arbeitsabläufe unternehmensübergreifend zu digitalisieren, um den organisatorischen Aufwand im Bauprozess zu reduzieren.

Zu den kombinierten IPA-Technologien gehören Digital Process Automation (DPA), Künstliche Intelligenz (KI) und Machine Learning (ML) sowie Robotic Process Automation (RPA). IPA ist somit in der Lage, einstige Inseltechnologien intelligent miteinander zu vernetzen. In diesem Bericht wird im Folgenden die DPA als unternehmensübergreifendes System (als IT-Hauptkomponente) vorgestellt, die über ein digitales Portal just-in-time Aufgaben bereitstellt, Lösungen zu einem gewissen Zeitpunkt einfordert und personalisierte Informationen, Zeiten, Alarme und den Bearbeitungsfortschritt bereitstellt. Die DPA wird durch die RPA-Technologie als IT-Nebenkomponente erweitert, um einst manuelle und zeitintensive CAE-Anwendungen zu automatisieren. Anhand eines autodidaktischen BIM-Lernportals wird nachfolgend dargestellt, wie DPA die Effizienz und RPA die Effektivität im Weiterbildungs- und Bauplanungsprozess verbessern können.

2 Definitionen und Abgrenzungen

Intelligent Process Automation (IPA) ist ein Ansatz zur Automatisierung von Geschäftsprozessen, der den Einsatz von künstlicher Intelligenz (KI) und maschinellem Lernen (ML) in Kombination mit Robotic Process Automation (RPA) nutzt. Dabei geht es über die herkömmliche RPA hinaus, indem es KI-gestützte Technologien integriert, um Prozesse intelligent zu steuern, Daten zu analysieren und Entscheidungen zu treffen. IPA ermöglicht eine nahtlose Zusammenarbeit von Menschen und Maschinen, um effiziente, flexible und skalierbare Arbeitsabläufe zu schaffen.

IPA kann als die Fusion von verschiedenen Technologien definiert werden, die folgende Komponenten umfassen (IT-P GMBH 2024) (IBM DEUTSCHLAND GMBH 2024):

- **Robotic Process Automation (RPA):** *„RPA-Bots werden eingesetzt, um regelbasierte und repetitive Aufgaben zu automatisieren. Sie können Aktionen auf verschiedenen Systemen ausführen, wie z. B. Datenextraktion, Formulare ausfüllen [...] E-Mails versenden“* (IT-P GMBH 2024) oder CAE-Applikationen aufrufen und bedienen.
- **Künstliche Intelligenz (KI) und maschinelles Lernen (ML):** *„Durch den Einsatz von KI und ML können IPA-Systeme Muster in Daten erkennen, natürliche Sprache verstehen und kontextbezogene Entscheidungen treffen. Dadurch können sie komplexere Aufgaben bewältigen und sich kontinuierlich an neue Gegebenheiten anpassen“* (IT-P GMBH 2024).
- **Intelligente Entscheidungsfindung:** *„IPA nutzt KI-gestützte Modelle, um datenbasierte Entscheidungen zu treffen. Es kann beispielsweise Vorhersagen über zukünftige Ereignisse treffen oder Empfehlungen für die optimale Vorgehensweise geben“* (IT-P GMBH 2024).

- **Automatisierte Analyse und Optimierung:** *„IPA-Systeme können große Datenmengen analysieren und Einsichten gewinnen, um Geschäftsprozesse zu optimieren und Engpässe zu identifizieren."* (IT-P GMBH 2024)

Die Herkunft von IPA kann auf die Entwicklung von RPA zurückgeführt werden (LANGMANN & TURI 2021). RPA war ursprünglich eine Form der Automatisierung, die auf der Nachahmung von menschlichen Aktionen auf der Benutzeroberfläche basierte. RPA wurde vor allem in Branchen wie Telekommunikation, Finanzwirtschaft, Gesundheit und Logistik eingesetzt (LACITY & WILLCOCKS 2016), um einfache und repetitive Aufgaben zu erledigen (SMEETS et al. 2019).

Mit dem Fortschritt der KI und ML wurde RPA mit diesen Technologien erweitert (LANGMANN & TURI 2021), um intelligenter und anpassungsfähiger zu werden. KI und ML ermöglichten es RPA, nicht nur regelbasierte, sondern auch datengetriebene und kognitive Aufgaben zu automatisieren. Dies führte zur Entstehung von IPA als einem neuen Paradigma der Automatisierung, das eine höhere Effizienz, Genauigkeit und Flexibilität bietet.

Die Intelligent Process Automation ist ein innovativer Ansatz zur Automatisierung von Geschäftsprozessen, der RPA mit KI und ML kombiniert. IPA kann Prozesse intelligent steuern, Daten analysieren und Entscheidungen treffen, um die Leistung und das Kundenerlebnis zu verbessern. IPA ist somit eine transformative Technologie, die in verschiedenen Branchen und Anwendungsfällen eingesetzt werden kann.

Digital Process Automation (DPA) ist hingegen ein ganzheitlicher Ansatz zur End-to-End-Digitalisierung und -Automatisierung von Geschäftsprozessen (SAFAR 2024). „End to End" bedeutet, dass Unternehmen ihre digitalen Prozesse über die Grenzen hinaus ausdehnen, um externe Prozessbeteiligte wie Kunden, Lieferanten, Dienstleister und Partner einzubinden (BIZAGI 2024). So können Unternehmen reibungslos ohne Medienbruch interagieren.

Technologisch betrachtet basiert DPA auf dem klassischen Geschäftsprozessmanagement (engl. Business Process Management, kurz BPM) (BIZAGI 2024). BPM-Technologie sorgt dafür, dass Geschäftsprozesse solide, fehlerfrei, schlank, effizient und kostensparend ablaufen können. DPA greift diesen Ansatz auf und entwickelt ihn weiter. Im Fokus stehen dabei die Verbesserung des Kundenerlebnisses und die Optimierung der Informationsbereitstellung für die Mitarbeitenden.

Der Unterschied zwischen DPA und IPA liegt vor allem in dem Grad der Automatisierung und der Rolle der künstlichen Intelligenz. Während DPA sich auf die Digitalisierung von Prozessen und Systemen und die Automatisierung des Informationstransfers konzentriert, nutzt IPA zusätzlich KI-gestützte Technologien, um Prozesse intelligent zu steuern, Daten zu analysieren und Entscheidungen zu treffen (IT-P GMBH 2024). DPA ist somit eine Voraussetzung für IPA, aber nicht identisch mit IPA.

3 Fallbeispiel eines autodidaktischen Lernportals

Im Zuge des von der „Stiftung Innovationen in der Hochschullehre" geförderten Projektes „AUFLADEN" wird an der Jade Hochschule ein autodidaktisches BIM-Lernportal entwickelt, das auf der Kombination zwischen DPA und IPA aufbaut und dessen Bearbeitungsstand nachfolgend kurz erläutert wird.

Abb. 1: Links: Logo „Stiftung Innovation in der Hochschullehre; rechts: Logo „AUFLADEN“

3.1 DPA für den personalisierten Informationstransfer

Im Lernportal sollen die End-User einen oder mehrere zertifizierte BIM-Online-Module autodidaktisch bearbeiten. In der Benutzungsschnittstelle, die in Abb. 3 beispielhaft dargestellt ist, werden dem End-User die zu bearbeitenden Aufgaben angezeigt. Didaktische Hilfsmittel, sogenannte Wissensnuggets (AUFLADEN 2024), unterstützen den Bearbeitungsprozess. Im BIM-Lernportal soll der End-User für das Modul „BIM Autor“ mit dem folgenden exemplarisch dargestellten Szenario beginnen:

1. Erstellen Sie ein Modell für die Gründung, gemäß dem Übersichtsplan (vgl. Abb. 2, links):
    a. Laden Sie dafür den Übersichtsplan als Referenz in Ihr CAD-Tool hoch.
    b. Richten Sie Ihr Projekt nach dem Projektursprung und dem Nordpfeil aus.
    c. Modellieren Sie die Stb.-Streifenfundamente, die Sauberkeitsschicht und die Stb.-Bodenplatte, indem Sie exakt innerhalb der Referenzen und den Ebenen bleiben.
    d. Beachten Sie die Auftraggeber-Informationsanforderungen des didaktischen Hilfsmittels „Modellierungsrichtlinie“.
    e. Verwenden Sie das vorgegebene Material.
2. Exportieren Sie Ihr Gründungsmodell als IFC-Datei:
    a. Verwenden Sie dafür die Modell-View-Definition „IFC 2x3 Coordination View 2.0“.
    b. Beachten Sie die Eigenschaftseinstellungen des didaktischen Hilfsmittels „IFC-Export“.
    c. Geben Sie einen Exportpfad und den Namen „EFH-Gründung“ an.
    d. Klicken Sie auf „Exportieren“.
3. Laden Sie die IFC-Datei „EFH-Gründung“ im Lösungsfeld „Solution“ hoch und klicken Sie auf den Button „Check Solution“ (siehe Abb. 3). (Im Anschluss wird der RPA-Bot aktiviert, seine im Kapitel 3.2 beschriebene Routine auszuführen.)
4. Nach einer kurzen Bearbeitungszeit, finden Sie die BMC-Prüfung im Wertefeld „Result“ (siehe Abb. 3).
5. Sofern keine Abweichungen zum Mustermodell festgestellt wurden, machen Sie mit der nächsten Aufgabe durch einen Klick auf den Button „Next“ weiter (siehe Abb. 3).
6. Sofern Abweichungen festgestellt wurden, lesen Sie das Prüfprotokoll aufmerksam durch und wiederholen Sie das Vorgehen durch eine Verbesserung Ihres Modells.

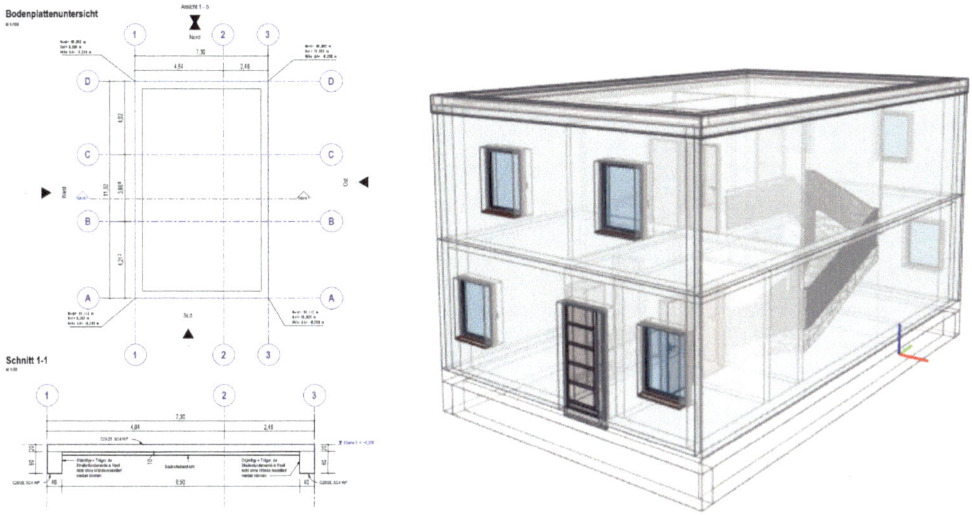

Abb. 2: Links: Referenzplan für die Gründung; rechts: IFC-Mustermodell als Gesamtmodell

Das Lernportal wird mithilfe des Softwarepakets „Bizagi-Suite“ entwickelt (BIZAGI USER GUIDE STUDIO 2024). Bizagi bietet auf Basis von Low-Code-Anwendungen ein individuell veränderbares Arbeitsportal an, das durch die Bearbeitung von Prozessen, Datenmodellen, Geschäftsregeln, Schreib- und Leserechte, Softwareverteilung und einer offenen Integrationsschicht in der Lage ist, alle Arten von Geschäftsprozessen zu automatisieren. Die Bizagi-Suite besteht aus dem Modeler, Studio und Automation, um Abläufe zu erfassen (Modeler), zu automatisieren (Studio) und persistent den End-Usern über einen Browser bereitzustellen (Automation).

Bizagi wird als DPA für die Darstellung der Aufgabenpakete, zur Eintragung von Lösungen, zur Einsicht der Ergebnisse und zur persistenten Darstellung des Lernerfolgs verwendet. Als technische Voraussetzungen benötigt Bizagi in der Testumgebung eine Datenbank und einen Anwendungsserver, zum Hosten der Webserverinstanz (BIZAGI USER GUIDE STUDIO 2024a).

3.2 RPA für ein automatisiertes Bewertungssystem

Das Bewertungssystem des Lernportals erfolgt tabellarisch über Microsoft Excel und die RPA-Technologie, die als Applikationen in die Integrationsschicht der DPA eingebettet sind (BIZAGI USER GUIDE STUDIO 2024b). Die Abfragen von inhaltlichem Fachwissen erfolgt dabei über Excel und die Abfrage von Modellierungsfertigkeiten erfolgt durch den Einsatz eines RPA-Bots. Der Bot hat die Aufgaben, die vom End-User hochgeladene IFC-Datei herunterzuladen, die Datei in ein System für Kollisionsprüfung (BMC) einzulesen, die Prüfung – anhand von vordefinierten Regeln und einem bereits im BMC integrierten Mustermodell – auszuführen und dessen Abweichungen vom Mustermodell, zwecks ortsunabhängiger Einsicht des End-Users, in das DPA-Portal zurückzuführen.

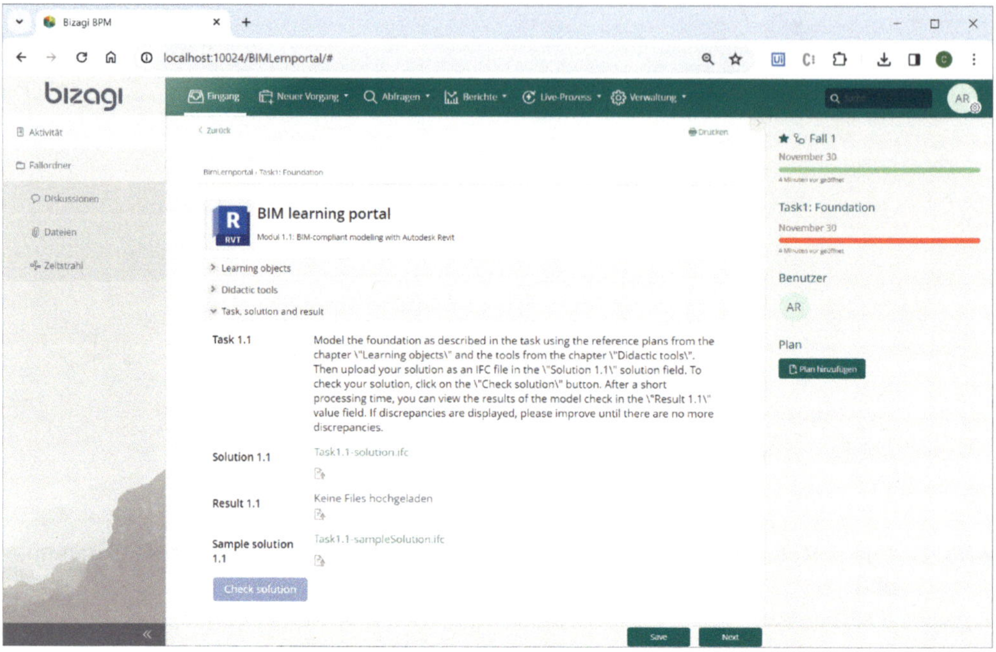

Abb. 3: Frontend des DPA-basierten Portals zur Zertifizierung von Modellierungsfertigkeiten

RPA-Bots imitieren menschliche Computeranwendungen. Um manuelle Handlungen zu automatisieren, ist es zunächst wichtig, den manuellen Prozessablauf zu kennen, wie exemplarisch in der nachfolgenden Abb. **4** für die Arbeitsweise mit Solibri (https://www.solibri.com) dargestellt.

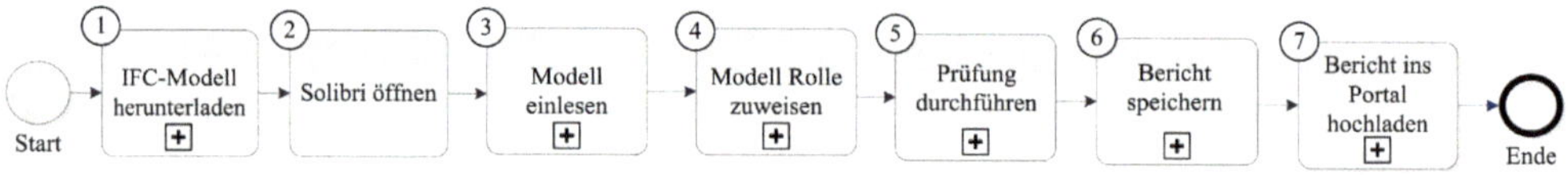

Abb. 4: Arbeitsablauf für die manuelle und RPA-basierte Modellprüfung mittels Solibri

Der in Abb. **4** dargestellte Prozessablauf lässt sich in einem RPA-Studio (vgl. UI-PATH 2024) anhand eines Sequenzflusses rekonstruieren (vgl. Bereich 1 der Abb. 5). Der RPA-Bot führt daraufhin die ihm zugewiesenen (und nur die ihm zugewiesenen) Arbeitsschritte auf der Benutzeroberfläche automatisiert durch. Die Ergebnisse des Modellchecks überführt der RPA-Bot zurück in das Lernportal, durch das Hochladen einer PDF-Datei in das Wertefeld „Result" (vgl. Abb. 3).

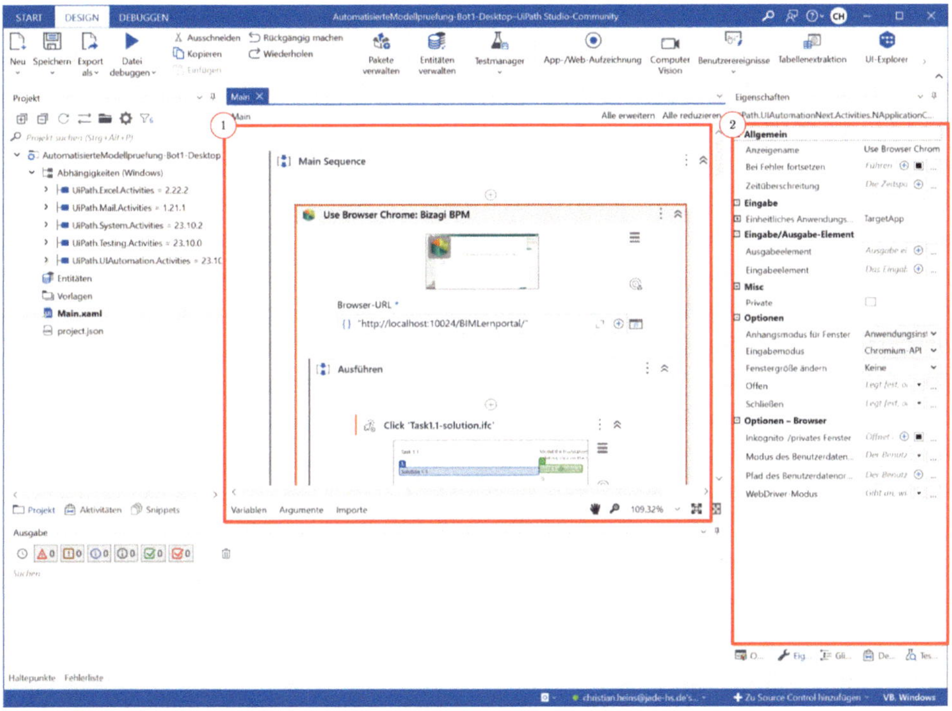

Abb. 5: UiPath-Studio; hier: Rekonstruktion manueller Softwaretätigkeiten; Bereich 1: Sequenzfluss; Bereich 2: Eigenschaften (vgl. UI-PATH 2024)

4 Fazit

Die Baubranche steht vor großen Herausforderungen, wie steigende Komplexität, Digitalisierung, ökologische Nachhaltigkeit, Fachkräftemangel und geringe Produktivität. Um diese zu bewältigen, sind neue Methoden und Modelle der Projektabwicklung erforderlich, die eine effiziente, flexible und kollaborative Zusammenarbeit aller Beteiligten ermöglichen.

Unabhängig von dem hier vorgestellten Lernportal können die enthaltenen Technologien verwendet werden, um unternehmensübergreifende Prozesse zu standardisieren und intelligent zu automatisieren. DPA und IPA können in Bauplanungsprozessen eingesetzt werden, um verschiedene Vorteile zu erzielen, wie z. B.:

- Reduzierung von Kosten, Zeit und Fehlern durch Automatisierung von Routineaufgaben und Optimierung von Arbeitsabläufen
- Erhöhung der Qualität, Sicherheit und Nachhaltigkeit durch datenbasierte Entscheidungen und Vorhersagen
- Verbesserung der Kommunikation, Transparenz und Vertrauen durch nahtlose Integration von Systemen und Beteiligten
- Förderung der Innovation, Kreativität und Anpassungsfähigkeit durch intelligente Lösungen und kontinuierliches Lernen

Sofern die in dieser Arbeit vorgestellte Verknüpfung zwischen DPA und RPA produktreif funktioniert, werden weitere technische Komponenten der intelligenten Prozessautomatisierung hinzugefügt, um das Kunden-Mitarbeiter-Erlebnis des Lernportals weiter zu verbessern. Zusammenfassend lässt sich festhalten, dass DPA und IPA vielversprechende Technologien sind, die die Baubranche transformieren und zukunftsfähig machen können.

Literatur

AUFLADEN (2024): *Website.* https://www.wissen-aufladen.de/ (11.01.2024).

Bizagi (2024): *What is Digital Process Automation? (DPA).* https://www.bizagi.com/en/blog/digital-process-automation (10.02.2024).

Bizagi user guide Studio (2024): *Bizagi Cloud Platform.* https://help.bizagi.com/bpm-suite/en/index.html?get_started.htm (11.01.2024).

Bizagi user guide Studio (2024a): *Bizagi Studio Server system requirements.* https://help.bizagi.com/bpm-suite/en/index.html?sysreqs_net_dev.htm (11.01.2024).

Bizagi user guide Studio (2024b): *Bots.* https://help.bizagi.com/bpm-suite/en/index.html?expertview_bots.htm (11.01.2024).

Demmelhuber, K. (2022): *Branchen im Fokus: Architektur- und Ingenieurbüros.* ifo Schnelldienst, 75 (12), S. 49-56. ifo Institut – Leibniz-Institut für Wirtschaftsforschung an der Universität München, München,

IBM Deutschland GmbH (2024): *Was ist intelligente Automation?* https://www.ibm.com/de-de/topics/intelligent-automation (10.01.2024).

IT-P GmbH (2024): *Intelligent Process Automation (IPA).* https://www.it-p.de/lexikon/intelligent-process-automation-ipa/ (10.01.2024).

Lacity, M. & Willcocks L (2016): *Robotic Process Automation at Telefónica O2.* MIS Q Exec, 15 (1), 21-35.

Langmann, C. & Turi, D. (2021): *Von RPA zu IPA – Wie Software-Roboter intelligenter werden.* In: Robotic Process Automation (RPA) – Digitalisierung und Automatisierung von Prozessen. Springer Gabler, Wiesbaden. https://doi.org/10.1007/978-3-658-34680-5_4.

Safar, M. (2024). *Was ist Digital Process Automation?* Weissenberg. https://weissenberg-group.de/was-ist-digital-process-automation (10.01.2024).

Smeets, M., Erhard, R. & Kaußler, T. (2019): *Anwendungsbereiche von RPA.* In: Robotic Process Automation (RPA) in der Finanzwirtschaft. Springer Gabler, Wiesbaden. https://doi.org/10.1007/978-3-658-26564-9_3.

Stange, M. (2020): *Building Information Modelling im Planungs- und Bauprozess.* Springer Vieweg, Wiesbaden. https://doi.org/10.1007/978-3-658-29838-8.

UI-Path (2024): *The UiPath Business Automation Platform. From insight to innovation at the speed you need.* https://www.uipath.com/ (11.01.2024).

BIM Practice and Experience: Digital DECATHLON

Loreen ZEISBERG

Zusammenfassung

Der Digital DECATHLON ist ein interdisziplinärer Designwettbewerb für Studierende, gefördert als Cooperation Partnership (KA220) durch das Erasmus+ Programm der Europäischen Kommission. Mit seinem Slogan „Build Digital. Build Better." setzt der Wettbewerb das Ziel, Studierenden aus verschiedenen europäischen Ländern digitale Bauplanung insbesondere Building Information Modeling (BIM) zu vermitteln, nicht nur um digitaler zu bauen, sondern auch, um die digitale Transformation zu nutzen, um besser, ressourcenschonender, klimafreundlicher, und qualitätssicherer zu bauen. Das Projekt, initiiert von der Jade Hochschule in Oldenburg wird in Zusammenarbeit mit den Partnerhochschulen der Karelia Ammattikorkeakoulu Oy, Universita degli Studi di Firenze, Bergische Universität Wuppertal und der Politechnika Warszawska durchgeführt und folgt der Idee Wissen über Building Information Modeling in Form eines Plan- bzw. Rollenspiels zu vermitteln.

1 Lehr- und Lernformate für Building Information Modeling

Ein Planspiel ist eine pädagogische Methode, bei der Teilnehmende in einer simulierten Umgebung interaktiv miteinander agieren, um bestimmte Probleme, Situationen oder Szenarien zu erforschen, zu verstehen und zu lösen. Dabei übernehmen die Teilnehmenden bestimmte Rollen oder Funktionen und treffen Entscheidungen, die Auswirkungen auf den Verlauf des Planspiels haben. Durch das Erleben und Durchspielen von verschiedenen Szenarien erhalten die Teilnehmer praktische Erfahrungen und können ihr Wissen sowie ihre Fähigkeiten verbessern (ASMERA 2023).

Es gibt unterschiedliche Formen dieser Planspiele, die auch unter dem Begriff „Serious Games" in der Literatur beschrieben werden. Drei dieser Lehr- und Lernformate mit dem Schwerpunkt BIM werden hier vorab vorgestellt, bevor genauer auf den Digital DECATHLON eingegangen wird, der auf diesen Grundprinzipien der BIM-Planungsspiele beruht.

Erwähnt sei der Kollaborationsworkshop der TU Wien, „ein sinnvolles Simulationsinstrument im Rahmen der BIMcert-Ausbildung", das „BIM Game" ein Erasmus+ Projekt zur Einbindung von BIM in Lehre und Weiterbildung, geleitet von GIP FTLV de l'Académie de Besançon. Sowie die „BIM Rollenspiele", Lehrveranstaltungen durchgeführt an der Jade Hochschule in Oldenburg und Grundlage für den europäischen Designwettbewerb Digital DECATHLON, der im zweiten Kapitel dieses Beitrags vertieft erläutert wird.

1.1 Hintergrund und Motivation

„Building Information Modeling (BIM) stellt einen bedeutenden Fortschritt für sämtliche Akteure im Bauprozess dar. Die BIM-Methode wird während des gesamten Lebenszyklus

eine zentrale Rolle spielen. Die gegenwärtige Ausbildung im Bereich BIM hinkt dieser Entwicklung jedoch noch etwas hinterher, indem sie sich häufig ausschließlich auf die Nutzung BIM-fähiger Software konzentriert. Eine umfassende funktionale BIM-Ausbildung wird oft vernachlässigt. Gerade in einem BIM-Projekt sind klare Verantwortlichkeiten der einzelnen Beteiligten und eine effektive Kommunikation zwischen ihnen von entscheidender Bedeutung. Alle Beteiligten müssen die Rollen und Aufgaben ihrer jeweiligen Positionen verstehen." (EICHLER et al. 2023).

Die Beweggründe für die Entstehung und Einbindung von Planspielen zur Vermittlung von Building Information Modeling liegen in der dringenden Notwendigkeit, die Ausbildung an die Herausforderungen der digitalen Ära anzupassen. Der digitale Wandel in der Baubranche beeinflusst maßgeblich den gesamten Wirtschaftszweig, und zudem müssen auch Hochschulen mit innovativen Lehrkonzepten reagieren, um den Studierenden die erforderlichen Fähigkeiten für die zukünftige Arbeitswelt zu vermitteln.

1.1.1 Kollaborationsworkshop „Ein sinnvolles Simulationsinstrument im Rahmen der BIMcert-Ausbildung" an der TU Wien

Im Rahmen des Forschungsprojektes BIM-Cert wurde ein standardisiertes Qualifizierungs- und Zertifizierungsmodell für BIM in Österreich entwickelt. An diesem Forschungsprojekt beteiligten sich vier Hochschulen, FH Salzburg-Kuchl, TU Wien, TU Graz, FH Kärnten Spittal/Drau, zusammen mit Praktikerinnen, welche openBIM erfahren sind, sowie die Überbau Akademie und buildingSMART Austria. Die Erkenntnis aus diesem Forschungsprojekts werden von buildingSMART Österreich im Rahmen des BIMcert-Programms weiterentwickelt (EICHLER et al. 2023).

Innerhalb der BIMcert-Ausbildung wird ein Kollaborationsworkshop als Simulationstool eingesetzt, um den Teilnehmenden die zuvor erlernten Theorien der BIM-Methode spielerisch in einem Planspiel zu vermitteln und ihr Verständnis zu vertiefen.

Der Fokus des Kollaborationsworkshops der BIMcert-Ausbildung vertieft sich auf der Vorbereitung und auf die Umsetzung von Planungsprozessen, sowie auf die Förderung der Kommunikation innerhalb der Teilnehmergruppe. Diese Ziele sollen anhand einer zentralen Entwurfsaufgabe in interdisziplinären Gruppen umgesetzt werden (ASMERA 2023).

1.1.2 Erasmus+ Projekt, GIP FTLV de l'Académie de Besançon

Ein weiteres Planspiel, welches die BIM-Methode vermittelt, wurde von Oktober 2016 bis September 2019 als Erasmus+ Projekt „BIM Game" entwickelt und durchgeführt. Die Zusammenarbeit erfolgte mit den Projektpartnern Jade Hochschule Oldenburg, Universität Lüttich, Ecole Nationale Supérieure d'Architecture Lyon, der Firma Datacomp und das französische Unternehmen Pôle Energie Franche-Comté, ASTUS Construction und ALBIZZATI. Geleitet wurde das Projekt von GIP FTLV de l'Académie de Besançon.

Das Planspiel „BIM Game" soll Teilnehmenden einen ganzheitlichen Überblick in die Einführung in die Building Information Modeling Methode vermitteln. Ein 3D-Gebäudemodell wird genutzt, um verschiedene Szenarien des Lebenszyklus eines Gebäudes zu erarbeiten. Die Gestaltung dieser Szenarien richtet sich nach der Erfahrung und dem Wissensstand der Teilnehmer, was es sowohl Anfängern als auch Experten der Baubranche ermöglicht, das Planspiel zur praxisnahen Erlernung der BIM-Methode zu nutzen.

Der Schwerpunkt des BIM Games liegt auf der Förderung der Zusammenarbeit und der Verbesserung der Soft Skills jedes einzelnen Teilnehmers. Die Möglichkeit, in internationalen Teams zu arbeiten, unterstützt die Teilnehmer dabei, die verschiedenen Perspektiven der unterschiedlichen Akteure im Bauprozess sowie die Diversität der beteiligten Kulturen zu verstehen und zu schätzen (Website BIM Game).

1.1.3 BIM-Rollenspiele der Jade Hochschule Oldenburg

Das „BIM Game“ der Jade Hochschule ist ein Rollenspiel um digitale Planungskompetenz zu erlangen über die Anwendung von Building Information Modeling. Diese spielerische Lernmethode zum Verstehen und Anwenden der digitalen Planungsmethodik BIM wurde im Fachbereich Architektur der Jade Hochschule Oldenburg entwickelt (GRUNWALD et al. 2022).

Die Teilnehmenden lernen in interdisziplinären Teams die Kommunikation am 3D-Modell und sich und ihre Entwurfsprozesse in einer digitalen Arbeitsplattform zu organisieren.

Das BIM Game wurde von der Jade Hochschule in Oldenburg unter diesem und anderen Titeln bereits mehrere Male als Lehr- Fort- und Weiterbildungsveranstaltung durchgeführt, beispielsweise in den Jahren 2021 und 2022 auf den Oldenburger BIM-Tagen als „Jade Work“. Die Teilnehmenden setzten sich aus Studierenden der Fachbereiche Architektur und Bauingenieurswesen der Jade Hochschule, sowie aus Besuchern des BIM-Tags zusammen. Die Planungsteams entwarfen interdisziplinär innerhalb von zweieinhalb Tagen ein Werkstattgebäude auf dem Campus der Jade Hochschule in Oldenburg.

Als Schlüsseltechnologien im Bereich Building Information Modeling wurden BCF-Anwendungen, der IFC-Viewer, Software für Modellierung und Visualisierung, BIM-basierte Tools für statische Analysen und Bemessungen, Kostenermittlungssoftware und Kollisionsprüfungswerkzeuge eingesetzt. Die erzielten Ergebnisse wurden schließlich während der Fachkonferenz präsentiert (Jade Hochschule Oldenburg).

Abb. 1: BIM Game „Jade Work“ (Fotos: Grunwald & Heins)

Das BIM Game an sich kann aber nicht nur regional und hochschulübergreifend gespielt werden, sondern auch in einem internationalen Rahmen. 2022 wurde das BIM Game am indischen BMS College of Architecture und an der Impact School of Architecture in Bangalore durchgeführt. Die Studierenden lernten anhand der Entwurfsaufgabe „Student Café in Bangalore“ die Grundlagen von Modellierungsprogramme kennen. Des Weiteren wurden die Studierenden in folgenden Bereichen geschult: dem 3D-Modellieren und der Visualisierung von Modellen, der Ableitung von Plänen aus den erstellten Modellen, der Integration von Informationen in die Modelle, dem Erstellen und Umgang mit IFC-Dateien, der Durchführung von Kollisionsprüfungen sowie der Kommunikation am Modell. Dabei wurden Abstimmungsprozesse simuliert und Freigabeprozesse untersucht, um abschließend den finalen Entwurf allen Beteiligten präsentieren zu können (BHAT et al. 2022).

Abb. 2: BIM Game „Student Café in Bangalore” (Foto: Grunwald)

Die Spielidee und die Durchführung der bereits durchgeführten BIM Games von der Jade Hochschule entsprechen auch die für den europäischen Wettbewerb Digital DECATHLON.

2 Digital DECATHLON

Die beschriebenen Lehr- und Lernformate bilden die Grundlage für das ERASMUS+ Projekt Digital DECATHLON. Das Projekt wurde von der Jade Hochschule in Oldenburg durch Prof. Dr. Gregor Grunwald und Prof. Dr. Sebastian Hollermann initiiert und wird als KA220 Projekt durch die Europäische Kommission gefördert.

Der Digital DECATHLON wird in zwei Spieldurchführungen unterteilt. Ein erster Durchlauf fand im Wintersemester 2023/2024 statt, eine Wiederholung in optimierter Form ist im Wintersemester 2024/2025 geplant.

Abb. 3:
Digital DECATHLON Cooperate Identity
(Quelle: Grunwald)

2.1 Organisation

Die Jade Hochschule in Oldenburg, als Initiator und Projektleiter, arbeitet im Digital DECATHLON mit den Hochschulen Karelia Ammattikorkeakoulu Oy, Universita degli Studi di Firenze, Bergische Universität Wuppertal und der Politechnika Warszawska zusammen.

Fünf Studierende von jeder Partnerorganisation nehmen am Digital Decathlon teil. Sie bilden fünf international gemischte und interdisziplinäre Teams bilden, die gemeinsam an einer zentralen Entwurfsaufgabe arbeiten.

Abb. 4:
Teambildung (Quelle: Zeisberg)

Der europäische Designwettbewerb besteht aus zehn Disziplinen. Dies sind überwiegend BIM-Anwendungsfälle, die an der zentralen Entwurfsaufgabe angewendet werden soll.

Bei den Anwendungsfällen handelt es sich um: D01 Architecture, D02 Construction, D03 MEP, D04 Model Checking, D05 BIM Coordination and Communication, D06 Construction Scheduling, D07 Life Cycle Assessment, D08 Simulation, D09 Building Product Traceability, D10 Reporting.

Jede der fünf Partnerorganisationen übernimmt dabei die Leitung von zwei BIM-Anwendungsfällen und ist für dieses Thema Ansprechpartner für die Studierenden. Zudem werden für die jeweiligen BIM-Anwendungsfälle Lernmaterialien zur Verfügung gestellt. Diese Lernmaterialien bestehen aus Click-Tutorials als Selbstlernmodule, welche zu jeder Zeit und an jedem Ort frei zugänglich für die teilnehmenden Teams über eine digitale Arbeitsplattform abrufbar sind.

2.2 Durchführung

Im Oktober 2023 begann der erste Durchlauf des Digital DECATHLONs mit einem zweitägigen Workshop in Wuppertal. Alle Beteiligten, sowohl Studierende als auch Lehrende, versammelten sich an einem Ort, um den ersten Designwettbewerb zu starten.

Dieses Treffen integrierte spielerisch das Kennenlernen der Studierenden und Lehrenden untereinander. Die Studierenden wurden in Teams eingeteilt. Zudem wurde die Entwurfsaufgabe für die erste Spieldurchführung präsentiert und alle Teilaufgaben vorgestellt.

Bei der zentralen Entwurfsaufgabe handelt es sich um eine Transformation einer 4000 Quadratmeter großen Logistikhalle in ein Kulturzentrum in Wuppertal. Der Umbau soll den Strukturwandel des Areals von einem Industriestandort zu einem lebendigen Quartier mit einem spannenden kulturellen Angebot fördern. Der Bauplatz wurde gemeinsam erkundet und begangen und die erste Ideenfindung inner-halb der Arbeitsgruppen begann.

Schwerpunkt lag dabei auf der Organisation der Zusammenarbeit innerhalb der Teams, um die kommende einsemestrige Zusammenarbeit zu planen. Die Diskussionen innerhalb der Teams konzentrierten sich darauf, klare Kommunikations- und Arbeitsabläufe zu etablieren, um eine effiziente Teamarbeit nach dem Workshop in Wuppertal sicherzustellen.

Abb. 5: Workshop in Wuppertal (Fotos: Grunwald, Heins, Laakkonen & Zeisberg)

Nach der Rückkehr in die Heimatorte arbeiteten die Studierenden dezentral und digital an der Entwurfsaufgabe. Leistungsanforderungen sind mittels einer Anwenderinformationsanforderung (AIA) definiert. Umsetzung und geplante Ausführung werden mithilfe eines BIM-Abwicklungsplans (BAP) durch die Gruppen kommuniziert. Die Zusammenarbeit erfolgt über eine Arbeitsplattform, die Daten organisiert. Regelmäßige Online-Rücksprachen mit den Lehrenden unterstützen die Studierenden in ihrer Ausarbeitung.

Abb. 6: Digitale und dezentrale Wettbewerbsphase (Fotos: Grunwald & Heins)

Nach Ablauf der einsemestrigen Bearbeitungszeit endet der erste Wettkampf, im Februar 2024, in einer erneuten Zusammenkunft aller Beteiligten in Florenz. Die finalen Ergebnisse der studentischen Teams werden auf dem MED GREEN FORUM, einer internationalen

Fachkonferenz zu aktuellen Themen im Bauwesen präsentiert und anschließend von einer Jury bewertet. Der Design-Wettbewerb endet mit deiner Siegerehrung und gemeinsamen Feier.

Abb. 7: Finale Veranstaltung der ersten Wettbewerbsphase (Fotos: Grunwald, Heins, Zeisberg)

3 Ausblick

Mithilfe von Evaluationen wird zum Abschluss des ersten Wettbewerbs das Feedback zur Lehrveranstaltung, Organisation und Lernerfolgen von Lehrenden und Studierenden eingeholt. Die Ergebnisse einer externen Gutachterin, die die Lehrveranstaltung durchgehend begleitete, werden die Aussagen unterstützen. Auf dieser Grundlage soll eine Gesamtbewertung erstellt und Verbesserungsaspekte herausgearbeitet werden, um die zweite Wettbewerbsphase, welche im Wintersemester 2024/25 beginnt wird vorzubereiten und zu optimieren.

Bereits im Vorfeld kann resümiert werden, dass das Lehr- und Lernformat des Digital DECATHLONs, ein effektives Lehrformat darstellt, dass spielerische, interdisziplinäre und interkulturelle Aspekte mit der Vermittlung der digitalen Planungsmethodik Building Information Modeling verbindet. Mit diesem Ansatz gelingt es BIM-Wissen nicht nur theoretisch zu lehren, sondern direkt in Anwendung zu bringen und den kollaborativen Aspekt der Methodik in den Vordergrund zu stellen. Es ist ein Ansatz der die Motivation zum Lernen, die Eigeninitiative der Studierenden und den Austausch von Fachwissen fördert. Auch das Wettbewerbsformat der Veranstaltung erhöht die Motivation aller Teilnehmenden. Innerhalb eines geschützten Umfelds, können die Studierenden die Anwendung digitaler Planungstechniken trainieren. Hierbei erlangen sie Fähigkeiten, die weit mehr umfassen als die Anwendung der BIM-Methodik.

Diese Ausbildungsstruktur soll als Qualifizierungsangebot an der Hochschule etabliert werden und trägt zur Stärkung der Internationalisierung der Hochschule bei. Der Digital DECATHLON ist eine innovative Lehrmethode, die auf Kooperation und die Anwendung digitaler Technologien im Bauwesen fokussiert, die Studierenden optimal auf die Anforderungen der modernen Arbeitswelt vorbereitet und zudem die interkulturelle Kompetenz der Studierenden in einem internationalen Umfeld fördert.

Literatur

Asmera, H. (Gastautor), Eichler, C., Schranz, C., Krischmann, T. & Urban, H. (2023): *BIMcert Handbuch, Grundlagenwissen openBIM*, Herausgegeben von buildingSMART Austria.

Bhat, V., Grunwald, G. & Hanke, T. (2023): *Understanding BIM through a Simulation Game – Case study of Indian Students subjected to this course.* ISARC 2023 Conference Paper, 40th International Symposium on Automation and Robotics in Construction.

Eichler, C., Schranz, C., Krischmann, T. & Urban, H. (2023): *BIMcert Handbuch, Grundlagenwissen openBIM.* Herausgegeben von buildingSMART Austria.

Grunwald, G. & Heins, C. (2022): *BIM Game: a testing ground for specifying, modeling, evaluating and visualising information in IFC formats*. ICCEA 2022 Conference Paper, 5th International Conference on Civil Engineering and Architecture.

Jade Hochschule Oldenburg: *BIM Game.* https://www.jade-hs.de/unsere-hochschule/fachbereiche/architektur/forschung/bim-game/ (07.02.2024).

Website *BIM Game*. https://bimgame.gipftlv-fcomte.fr/en/news (08.02.2024).

Website *DIGITAL DECATHLON*. https://digitaldecathlon.projekt.jade-hs.de/index.html, (31.01.2024).

AUFLADEN LAB – parametrisches KI-gestütztes Entwerfen

Jan Yoshio KAWASAKI, Yara HIRSEKORN, Nik ANSRE und Gregor GRUNWALD

Zusammenfassung

Die digitale Transformation des Bauwesens schreitet kontinuierlich voran und beeinflusst zunehmend den Entwurfsprozess von Architekten. Von der ersten Konzeptvisualisierung bis hin zum fertigen 3D-Gebäudedatensatz nimmt der Computer mittlerweile eine zentrale Rolle ein und bildet den gesamten Entwurfs- und Planungsprozess ab. Innerhalb dieses kreativen Schaffensprozesses bietet die künstliche Intelligenz (KI) Möglichkeiten zur Automatisierung, Vereinfachung und Beschleunigung. Der Gestaltungsprozess profitiert zunehmend von der Technologie der künstlichen Intelligenz. Im Zuge der Durchführung des Projekts AUFLADEN, welches sich schwerpunktmäßig in der selbstständigen Weiterbildung im Bereich BIM positioniert, bietet das Projekt Raum, um mittels forschenden Lernens & Lehrens auch spezifische Themenbereiche wie die Integration von KI in den Entwurfsprozess zu behandeln. Diese Studie untersucht die Potenziale und Grenzen von KI-gestützten Entwurfsprozessen und beleuchtet die Auswahl geeigneter KIs, die unterstützten Teilleistungen im Entwurf sowie die Kommunikation mit der KI. Methodisch stehen dabei praktische Untersuchungen von architektonischen Formfindungsprozessen mittels parametrischer Entwurfsmethodik durch das Programm Grasshopper in der CAD Umgebung Rhino im Vordergrund.

1 Einführung

1.1 Entwicklung von künstlicher Intelligenz im Bauwesen

Die Technologie der künstlichen Intelligenz ist derzeit präsent wie noch nie. Der globale KI-Markt wird derzeit auf über 196 Milliarden US-Dollar geschätzt und es wird prognostiziert, dass sich der Wert in den nächsten 7 Jahren verdreizehnfacht. (HOWARTH 2024). Mit dieser Entwicklung vor Augen wird es branchenumfassende Integrationen geben. Viele gestalterische Bereiche im Bauwesen werden bereits durch Modelle wie DALL E2 oder Midjourney bedient. Neben den gestalterischen Aspekten, kann die KI auch bei der Umsetzung von Ideen in einer CAD Software unterstützen. Den Ansatz könnten wir innerhalb des AUFLADEN Labs verfolgen.

1.2 AUFLADEN – das Projekt

Zunächst folgt eine kurze Erläuterung zum Projekt AUFLADEN und die dort integrierten Laborbereiche. Das Projekt AUFLADEN steht für Aus- und Fortbildungslabor für digitales Entwerfen und Bauen. Die dafür entwickelte Plattform kann komfortabel über einen Internetbrowser unter der Adresse www.wissen-aufladen.de aufgerufen werden. AUFLADEN bietet Wissensinhalte im Bereich BIM von Studierenden für Studierende an (Abb. 1).

Das Projekt ist durch die Stiftung Innovation in der Hochschullehre gefördert und läuft seit Oktober 2022 am Fachbereich Architektur der Jade Hochschule Oldenburg. AUFLADEN bietet den Studierenden und allen Interessierten eine zentrale Plattform, um BIM kennenzulernen und sich in dem Bereich weiterzubilden. Das Kernelement auf der Plattform sind die sog. „Wissensnuggets“. Diese bestehen aus Videotutorials, Klicktutorials, Aufgaben und Quizfragen zu einem spezifischen Thema, Anwendungsfall oder einer Softwarelösung. Die Plattform dient als Unterstützung und bietet den Nutzer:innen eine individuelle Lernerfahrung.

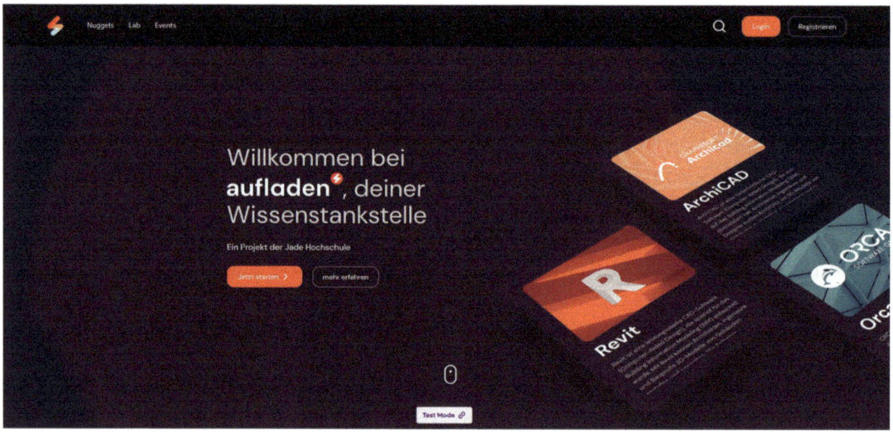

Abb. 1: Startseite des digitalen Webportals AUFLADEN

Abb. 2:
Stiftung Innovation in der Hochschullehre

1.3 AUFLADEN LAB – Laborbereiche im Projekt

Neben den aufbereiteten Wissensinhalten, bietet das Projekt im Laborbereich, kurz Lab, diverse Experimentierräume zum Lernen und Lehren digitaler Technologien in der Baubranche. Gemeinsam mit Fachexperten:innen und Studierenden werden hier Technologien und Anwendungsfälle, wie die Einbindung von Augmented Reality im Bauplanungsprozess oder auch die Nutzung von künstlicher Intelligenz, erforscht. Dabei steht neben den Ergebnissen das forschende Lernen und Lehren im Vordergrund. Näheres zu allen bereits durchgeführten Labs ist ebenfalls auf der Plattform unter https://www.wissen-aufladen.de/lab-2/lab zu finden. Innerhalb des Labs „parametrisches Entwerfen“ wurden zusammen mit den Studierenden die Möglichkeiten und Grenzen KI-gestützter Entwurfsprozesse in der Architektur untersucht.

2 AUFLADEN LAB – parametrisches Entwerfen unter Zuhilfenahme von künstlicher Intelligenz

2.1 Parametrisches Entwerfen im Lab

Teilnehmende im Lab standen vor der Aufgabe eine parametrische Struktur zu entwerfen und planen, welche dann im Lab „Bauen mit AR“ realisiert wurde. Der gesamte Entwurf wird dabei parametrisch steuerbar bleiben und auch im Fertigungsprozess von der Parametrik profitieren. Ein Ergebnis aus dem Lab stellt unsere wellenförmige Bank dar. Diese wurde gemeinsam mit den Studierenden entwickelt, geplant und gebaut.

Abb. 3: Zusammenbau der Bank im Lab (links), Foto der Bank (rechts)

2.2 Ansätze für Potenziale der Unterstützung durch eine künstliche Intelligenz

Im Lab „parametrisches Entwerfen“ wurden Entwürfe mit der CAD Software Rhino in Kombination mit der visuellen Programmieroberfläche Grasshopper erstellt. Im Prozess stellte sich schnell heraus, dass neben der Ausformulierung eines Entwurfs, die technische Umsetzung in der Software eine große Herausforderung darstellt. Fast alle Teilnehmenden im Lab hatten keine Erfahrung mit Grasshopper oder Programmierung im Allgemeinen. Das Methodenwissen für die Software wurde im Lab durch die AUFLADEN-Plattform unterstützt und von Fachexperten begleitet, jedoch ist das nötige Methodenwissen sehr auf den konkreten Entwurf abzustimmen. Die Funktionen in Grasshopper sind zu komplex, um sie in wenigen Seminaren im ausreichenden Umfang zu erlernen. Dieses Problem wurde in einer kleinen Gruppe innerhalb des Labs „parametrisches Entwerfen“ untersucht und es entwickelte sich der Ansatz, einen Python-Code für Grasshopper, unter Zuhilfenahme einer geeigneten KI zu erstellen. Dadurch könnte die komplexe Umsetzung der Idee in der Software vereinfacht werden, indem der Entwurf der KI beschrieben wird und in Form von Code zurückgegeben wird.

2.3 Auswahl einer geeigneten künstlichen Intelligenz

Der erste Schritt war die Suche nach dem geeigneten KI-Modell für unseren Ansatz. Klar war, dass es eine KI sein muss, welche in der Lage ist, einen Text in Form eines Python-Codes auszugeben. Modelle, welche Bilder erzeugen, wie beispielsweise Midjourney oder DALL E2, können dem Prozess vorgeschaltet werden, um einen Entwurf in der Konzeption auszuformulieren, jedoch sind diese Modelle für die konkrete Unterstützung bei der Erstellung von Programmcode nicht geeignet. Es wurden einige Chatmodelle getestet und zunächst stellte sich Chat GPT 3.0 als vielversprechend für diesen Ansatz heraus, stoß dann aber nach einigen Tests an Grenzen. Die höhere GPT3.5 Version, welche über die Microsoft Edge Applikation und den Bing Browser im CoPilot integriert ist, bot umfänglichere Antworten in Bezug auf Programmierung in Grasshopper. In dieser Studie wurden die Ergebnisse mit dem Bing CoPilot erzielt. An dieser Stelle wollen wir nochmal hervorheben, dass die rasche Entwicklung der Technologien und die prognostizierte enorm wachsende Marktgröße sehr wahrscheinlich dazu führen, dass in kürzester Zeit weitere Lösungen und Versionen von künstlichen Intelligenzen auf den Markt kommen und eine besser Alternative darstellen können. Zum Zeitpunkt der Durchführung des Labs war die beschriebene Wahl des CoPiloten mit GPT 3.5. die ergebnisreichste Wahl.

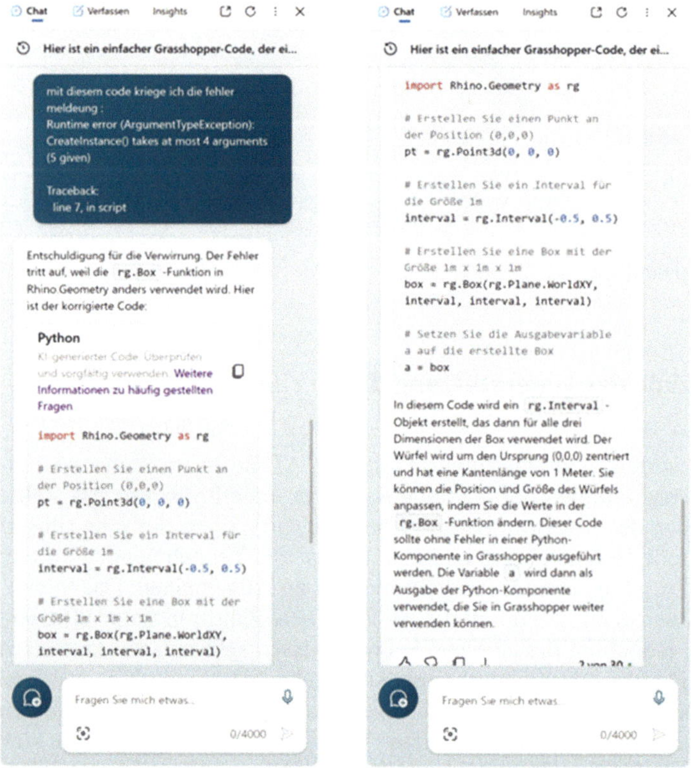

Abb. 4: Beispielhafte Iteration bei einem fehlerhaften Code

2.4 Methodik des iterativen Testens der Codes

Die Forschungsmethodik beinhaltete iteratives Testen der erzeugten Codes in Rhino und Grasshopper unter Verwendung von ChatGPT im Bing CoPiloten als Kollaborationswerkzeug. Rhino und Grasshopper sind nicht exakt gleich und auch die einzuspeisenden Python-Codes können nicht exakt leicht sein. Diese recht einfache Erkenntnis, war in der Vermittlung zur KI sehr schwierig. Es schien unverständlich zu sein, dass Grasshopper ein Plug-In für Rhino ist und nicht gleich Rhino ist. Hauptziel war es, den Code für Grasshopper zu generieren, damit die Verknüpfung zu Fertigungstechnologien wie Fologram und die HoloLens AR Brille im weiteren Verlauf noch möglich ist. Daher war es von großer Wichtigkeit den Code nicht nur in Rhino, sondern auch in Grasshopper nutzbar zu halten. Dieser Transfer brauchte viele Iterationszyklen in denen die fehlerhaften Codes samt Fehlermeldung an die KI zurückgespielt wurden, um diese zu korrigieren.

2.5 Erzeugung von Geometrie und Strukturen

Der Prozess beginnt mit einer einfachen Form, um schrittweise die Komplexität der Geometrie zu steigern. Dabei generiert die KI den entsprechenden Programmcode, der in die visuelle Programmierumgebung Grasshopper integriert wird, um die gewünschte Struktur in Rhino zu erzeugen. Ziel ist es, die Geometrie ausschließlich über die durch eine Texteingabe erzeugten Codezeilen erstellen zu lassen. Konkret wurde im ersten Schritt ein einfaches zweidimensionales Rechteck erstellt, welches im Anschluss zu einem Quader extrudiert wurde. Dafür wurde der KI erklärt, selbiges Rechteck um einen Faktor auf der Z-Achse zu verschieben und dann beide Rechtecke an ihren Eckpunkten miteinander zu verbinden. Damit wusste die KI wie ein Quader definiert wird. Dieses Wissen konnte mitgenommen werden, um die nächsten Schritte zu vereinfachen. Ausgehend von diesem Quader sollte in einem ersten Test diese auf der XY-Ebene in einem Raster angeordnet werden. Die Vervielfältigung von einem durch die KI erstellten Objekt war ein erster größerer Erfolg nach vielen fehlgeschlagenen Iterationen.

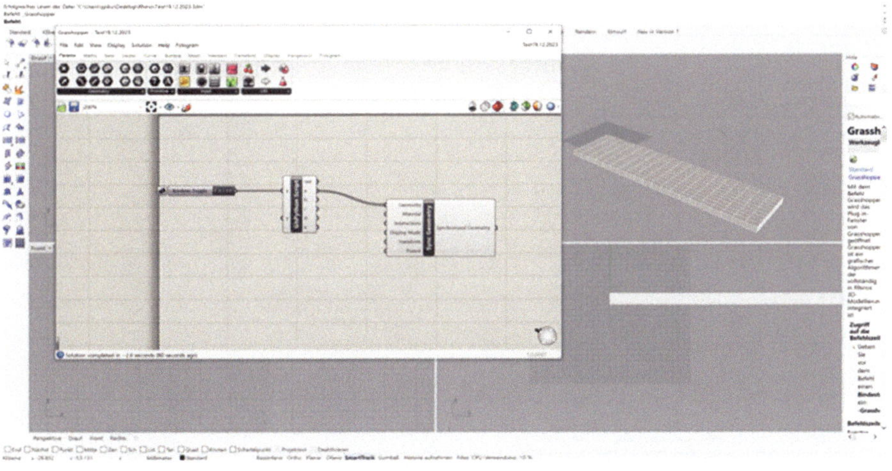

Abb. 5: Anordnung der Quader in einem Raster

Nach erreichen dieses ersten größeren Meilensteins, war der nächste Schritt, die Struktur etwas anspruchsvoller zu gestaltet und den erstellten Quader zu parametrisieren. Dafür wurde erneut der Quader erzeugt und jeder Quader erhält eine eigene definierte Ebene. Die Ebenen liegen auf einem Kreis, welcher über den Radius im späteren Verlauf gesteuert werden kann. Danach musste der Output der Funktion auf die für Grasshopper korrekte Variable verändert werden, um den Output weiter nutzbar zu machen. Als letzten Schritt wurden die Quader mit einem Parameter für einen Höhenbereich, in dem diese liegen, versehen.

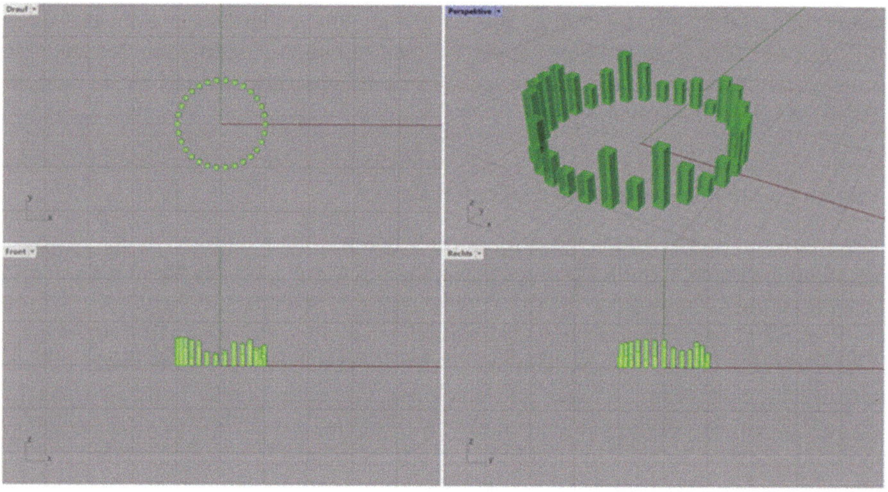

Abb. 6: Erstellte parametrisierte Quader in einer Kreisstruktur

Abb. 7: Ausgearbeiteter Python-Code der KI

Die Ausgabe des Erfolgscodes hat in diesem konkreten Fall mehr als 100 Iterationen benötigt, in denen Erkenntnisse zur Vorgehensweise und der Art der Kommunikation jeder einzelnen Anfrage gesammelt werden konnten.

3 Erkenntnisse zum KI-gestützten parametrischen Entwerfen

Während unserer Untersuchung wurden mehrere Schlüsselpunkte identifiziert, die die Effektivität und die Herausforderungen dieser Vorgehensweise betreffen.

- Eine wesentliche Komponente war dabei die sog. „Rhino.Geometry“, die Hauptbibliothek in Rhino, die für die Erzeugung von 3D-Objekten zuständig ist. Im Rahmen unserer Tests und Experimente stellten wir fest, dass die „rs.AddBox-Funktion“ Schwierigkeiten mit „For-Schleifen“ aufweist und nicht optimal für komplexe Entwürfe in Grasshopper geeignet ist. Obwohl sie von der künstlichen Intelligenz bevorzugt verwendet wird, funktioniert sie meist nur bei einfachen Funktionen und stößt an ihre Grenzen, wenn es um komplexere Formen geht.
- Ein weiterer Aspekt, der während unserer Untersuchung aufkam, war die Abhängigkeit von ChatGPT in Form des CoPiloten von detaillierten Informationen, um komplexere Designs zu erstellen. Bei komplexeren Anfragen benötigte ChatGPT zusätzliche Details und Anweisungen. Für den Fall, dass ChatGPT nicht sofort alle erforderlichen Informationen implementierte, war es notwendig, die fehlenden Details nach der Antwort hinzuzufügen, um das gewünschte Ergebnis zu erzielen.
- Für Nutzer:innen, die komplexe Entwürfe erstellen möchten, besteht sich die Notwendigkeit, sich auf mehrere Einzelschritte einzustellen und die Form in mehrere Befehle aufzuteilen. Dies bedeutet, dass für komplexere Objekte möglicherweise sehr viele Befehle notwendig sind, was eine Anpassung der Arbeitsweise erfordert. Ob diese Probleme auch bei der Verwendung der Premium-Version von ChatGPT bestehen, konnte bisher nicht eindeutig ermittelt werden und bedarf weiterer Untersuchungen.
- Die in dieser Studie verwendeten Software-Tools umfassten die ChatGPT-Website von OpenAI, Rhino 7 und Microsofts Edge mit dem integrierten CoPilot von ChatGPT. Es bleibt jedoch offen, ob andere Sprachmodule welche in der Zwischenzeit neu erschienen sind ebenfalls für ähnliche Zwecke geeignet sind.
- Die Ergebnisse zeigten, dass ChatGPT in der Lage ist, Code-Snippets für einfache bis mittelschwere Designaufgaben zu generieren. Die Interaktionen lieferten wertvolle Erkenntnisse darüber, wie klare Anweisungen und eine angemessene Anpassung des Codes zu erfolgreichen Design-Outputs führten. Es wurde festgestellt, dass ChatGPT bei komplexeren Designanforderungen an seine Grenzen stieß.

4 Fazit und Ausblick

4.1 Fazit

Die vorliegende Studie verdeutlicht das Potenzial der KI-gestützten Entwurfsprozesse in der Architektur, sowohl für virtuelle Konzepte als auch für reale Bauvorhaben. Die Integration von KI-Technologien ermöglicht Prozessautomation und baut Barrieren ab. Dennoch bleibt die Rolle des Architekten von entscheidender Bedeutung, um kreative Lösungen hervorzubringen, die sowohl ästhetischen als auch funktionalen Anforderungen gerecht werden. Es wird deutlich, dass die KI eine wichtige Rolle des Architekten einnehmen kann und die Rolle der Architekten sich verändert. Die Kommunikation zwischen Architekten und KI ist dabei ein wesentlicher Aspekt, um die gewünschten Ergebnisse zu erzielen. Es wird jedoch auch klar, dass die Nutzung der Technologie in einer solch komplexen Anwendung bislang viel Zeit, Korrekturen und Fachwissen erfordert, um Einzelschritte und auch Fehler nachvollziehen und gegensteuern zu können. Die nötige Praktikabilität für den realen Einsatz konnte noch nicht erreicht werden.

4.2 Ausblick

Für die Zukunft steht fest, dass sich die Modelle der künstlichen Intelligenz in kürzester Zeit sehr stark weiterentwickeln werden und ein alltäglicher Bestandteil in Arbeitsprozessen sein können. Aufbauend auf die erzielten Ergebnisse, werden wir die Komplexität der zu erstellenden Struktur sukzessive weiter erhöhen und auch versuchen eine Verbindung zu Fertigungstechnologien, wie die AR-Brille, herzustellen.

Literatur

Howarth, J. (2024): *57 New AI Statistics, Exploding Topics.* https://explodingtopics.com/blog/ai-statistics.

Website Aufladen: https://www.wissen-aufladen.de/ (28.02.2024).

AUFLADEN – das Webportal zum Selbststudium im Bereich des digitalen Planungs- und Bauwesens

Tobias HANKE

Zusammenfassung

Der steigende Bedarf digitaler Kompetenzen wird durch die Herausforderung der digitalen Transformation im Bauwesen immer größer. Wo früher analoge Prozesse dominierten sind es heute digitale Planungsmethoden wie Building Information Modeling (BIM), die eine Vielzahl an Technologien vereint und zum großen Teil unseren beruflichen Alltag bestimmen. Betroffen davon ist nicht nur die Wirtschaft, sondern auch der Bildungssektor. Das Projekt AUFLADEN reagiert auf diese Entwicklung und bietet eine browserbasierte Ausbildungsplattform zum Selbststudium im Bereich BIM. Das Projekt setzt auf aktive Einbindung von Studierenden zur Erforschung relevanter Themengebiete im Bereich der digitalen Planungs- und Baumethodik und entwickelt Lösungen, um dem digitalen Wandel Folge zu leisten. Der Beitrag hebt die wachsende Bedeutung digitaler Kompetenzen hervor, die angesichts der Herausforderungen der Digitalisierung sowohl im Bauwesen zunehmend an Relevanz gewinnt. In diesem Kontext adressiert AUFLADEN die Notwendigkeit einer zeitgemäßen Aus- und Fortbildung im Bereich des digitalen Entwerfens und Bauens. Der Beitrag beschreibt das Projekt und das forschende Lehren und Lernen im AUFLADEN LAB. Er gibt Ausblick über Entwicklung und Potenziale neuer Aus- und Weiterbildungsmöglichkeiten in Hochschulen.

1 Einleitung

1.1 Entwicklung & Herausforderungen der Digitalisierung im Bauwesen

Die digitale Transformation hat die Baubranche maßgeblich beeinflusst. Früher dominierten analoge Prozesse und Handzeichnungen die Arbeit der Architekten. Mit der fortschreitenden Digitalisierung im Bauwesen kamen neue digitale Planungsmethoden hinzu, darunter die am weitesten verbreitete Planungsmethode Building Information Modeling (BIM). BIM ist eine digitale Planungsmethode zur Erstellung kollaborativer 3D-Modelle von Bauprojekten. Sie vereint eine Vielzahl verschiedener Technologien zum digitalen Planen und spielt in vielen Anwendungsbereichen des Bauwesens eine tragende Rolle. Der digitale Wandel beeinflusst neben der Wirtschaft auch den Bildungssektor, wo die Herausforderung zunehmend steigt, den wachsenden Bedarf digitaler Kompetenzen Folge zu leisten. Durch die steigende Nachfrage von Studierenden zu entsprechenden Schulungsprogrammen wird dieser Faktor verstärkt, da sie längst die Vorteile digitaler Kompetenzen im beruflichen Alltag erkannt haben. (Website Aufladen)

1.2 AUFLADEN – Das Webportal zum Selbststudium

Den Ort zur Reaktion auf diese Nachfrage bildet das Projekt AUFLADEN, ein Aus- und Fortbildungslabor für digitales Entwerfen und Bauen, welches auf www.wissen-aufladen.de

eine browserbasierte Ausbildungsplattform zum Selbststudium unter anderem im Bereich BIM anbietet. (Abb. 1)

Gefördert durch die Stiftung Innovation in der Hochschullehre (Abb. 2) und entwickelt am Fachbereich Architektur der Jade Hochschule Oldenburg läuft das Projekt seit Oktober 2022 unter dem Projektnamen „AUFLADEN“ und dient als zentrale Anlaufstelle für Studierende, die BIM kennenlernen und ausprobieren möchten. Es bietet spezielle Trainingskurse zur Erstellung, Nutzung und Zusammenarbeit von 3D-Modellen mit Erläuterungen zur BIM-Theorie und Hintergrundinformationen zu relevanten Softwareanwendungen. Diese Informationen werden in sogenannten „Wissensnuggets“ zusammengefasst, die als zentrale Komponente zur aktiven Gestaltung des individuellen Lernprozesses genutzt werden. Durch bereitgestellte Ressourcen, wie Video-Tutorials, Klick-Tutorials, Aufgaben, theoretische Inhalte und Quizfragen, können Studierende ihre bevorzugten Interessen selbst auswählen und steuern. Die umfassende Lernumgebung von AUFLADEN fördert durch die Kombination von Feedback, Aktivierung, Selbststeuerung und Kollaboration die Selbstwirksamkeit im Lernprozess und berücksichtigt individuelle Bedürfnisse und Stärken der Studierenden. (Website Aufladen)

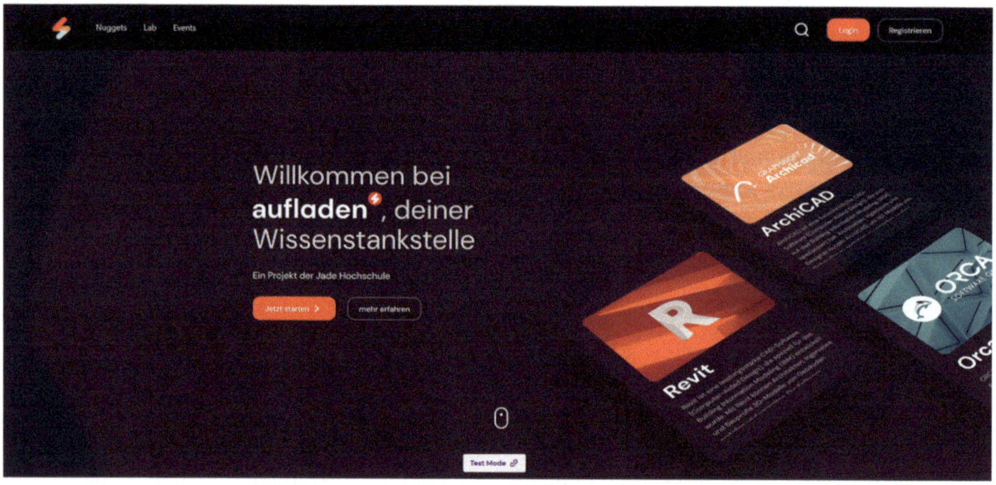

Abb. 1: Startseite des digitalen Webportals AUFLADEN

Stiftung
Innovation in der
Hochschullehre

Abb. 2:
Stiftung Innovation in der Hochschullehre

1.3 AUFLADEN LAB – ein Raum zum Experimentieren

AUFLADEN setzt bei der Entwicklung auf die aktive Einbindung von Studierenden zur Erstellung der Inhalte. Das AUFLADEN LAB bildet hierfür den Experimentierraum zum Lernen und Lehren digitaler Technologien in der Bauplanung. Durch Forschendes Lernen und

Lehren entwickeln Studierende gemeinsam mit Fachexperten Lösungen für verschiedene Anwendungsfälle. So lassen sich spezifische Bereiche wie Augmented Reality (AR), Parametrische Entwurfs- und Fertigungsprozesse sowie Robotic Automation Processes (RAP) intensiver erforschen. Die Ergebnisse können anschließend in das Ausbildungsprogramm der Hochschule integriert werden (Website Aufladen).

Zur Verdeutlichung wird die beschriebene Methodik des aktiven Lehrens und Lernens, anhand des LAB-Themas „KI im Entwurfsprozess“, näher erläutert. Die Ergebnisse zur Untersuchung des Bereichs Künstlicher Intelligenzen (KI) sollen zeigen, wie auf relevante Themen im Bauwesen reagiert werden kann. Das verdeutlicht die Methodik des forschenden Lehrens und Lernens und gibt weiterführend einen Ausblick über Potenziale neuer Aus- und Weiterbildungskonzepte in Hochschulen.

1.4 Künstliche Intelligenz und die KI-Modelle Chat GPT & DALL-E 2

Künstliche Intelligenz (KI) zielt darauf ab, menschliche kognitive Fähigkeiten nachzubilden, indem sie Informationen aus Eingabedaten erkennt und sortiert. Diese Intelligenz kann auf vordefinierten Abläufen oder durch maschinelles Lernen basieren (WRAGE 2024). Im November 2022 veröffentlichte OpenAI die KI-Modelle Chat GPT und DALL-E 2, die Textbausteine (Prompts) verwenden, um natürliche Antworten in Form von Text, Bildern oder anderen Medien zu generieren. Dadurch finden KI-Modelle wie Midjourney vermehrt Anwendung, z. B. in der Architektur, um architektonische Visualisierungen zu generieren. (Abb. 3) Diese neue Arbeitsmethode ist zeitsparend und optimiert den Schaffensprozess von Architekten. (HAHNHEISER 2023). Die Qualität der Ergebnisse hängt jedoch stark vom jeweiligen KI-Modell und der Nutzungserfahrung des Anwenders ab. Mit der Erkenntnis zur Bedeutung dieser neuen technologischen Entwicklung haben Studierende in Zusammenarbeit mit Fachexperten die Anwendbarkeit von KI im gestalterischen Entwurfsprozess der Architektur im AUFLADEN LAB untersucht, um die Verwendbarkeit von KI im Entwurfsprozess zu untersuchen.

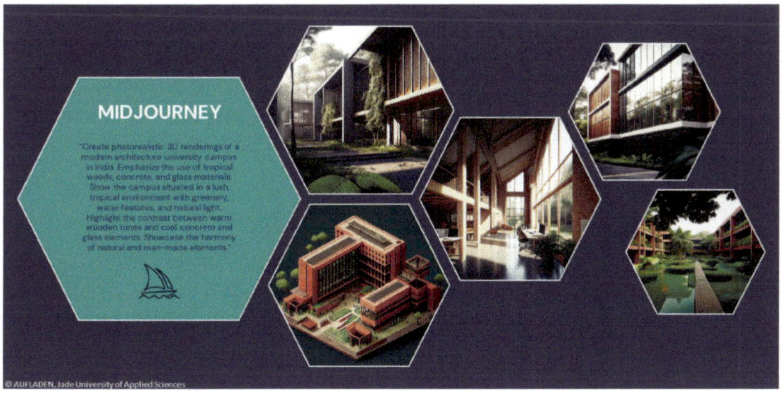

Abb. 3: Ergebnisse der KI Midjourney (BORCHERS 2023)

2 AUFLADEN LAB – Untersuchung Künstlicher Intelligenzen als digitales Werkzeug im Entwurfsprozess der Architektur

2.1 Forschendes Lernen im AUFLADEN LAB – Theorie

Zur Untersuchung der Verwendbarkeit von Künstlicher Intelligenz als Werkzeug im Entwurfsprozess der Architektur ist eine Fallstudie entwickelt und durchgeführt worden. Hierfür wurde zunächst das notwendige theoretische Wissen zur Erforschung des Themas angeeignet, um mit dem erlangten Wissen zu recherchieren, welche KI-Modelle in welchen Bereichen der Architektur bereits Anwendung finden und sich zur Untersuchung ihrer Nutzung eignen lassen. Anschließend wurden unter Analyse zur Recherche Thesen zu unterschiedlichen Anwendungsfällen entwickelt. Daraus sind acht Thesen entstanden, welche in Gruppen- oder Einzelarbeit von den Studierenden bearbeitet worden sind (Tabelle 1).

Tabelle 1: Übersicht der Thesen zur Untersuchung unterschiedlicher KI-Modelle

Name des Themas	Genutztes KI-Modell	Beschreibung des Themas
ArchiGAN	ArchiGAN (Grundriss Generator)	Untersuchung der Verwendbarkeit von KI zur Generierung von Grundrissen
Entwurfsideen durch KI	DALL-E 2 (Text-to-Image)	Untersuchung zur Verwendbarkeit von KI zur Ideenfindung im Entwurfsprozess
Exploring Text-to-Image	Midjourney; Nightcafé; DALL-E 2 (Text-to-Image)	Vergleich verschiedener KI-Modelle zur Analyse der Ergebnisse
IMG Creator	IMGCREATOR (Text-to-Image)	Untersuchung der Verwendbarkeit von KI zur Bearbeitung von Bildern
Künstliche Baukonstruktion	DALL-E 2 (Text-to-Image)	Untersuchung der Verwendbarkeit von KI zur Generierung und Modifizierung baukonstruktiver Details
Raumprogramm für ein Werkstattgebäude	Chat GPT (Text-to-Text)	Untersuchung der Verwendbarkeit von KI zur Erstellung eines Raumprogramms
REimagine	REimagine (Text-to-Image)	Untersuchung der Verwendbarkeit von KI zur Modifizierung von Freiräumen in Bildern
Wissenschaftliches Arbeiten mit KI	Chat GPT (Text-to-Text)	Untersuchung der Verwendbarkeit von KI als Werkzeug im Wissenschaftlichen Arbeitsprozess

2.2 Forschendes Lernen im AUFLADEN LAB – Praxis

Zur Bearbeitung der Thesen entwickelten die Studierenden in Zusammenarbeit mit den Fachexperten praktische Methoden zur Anwendung der jeweiligen KI-Modellen, um Ergebnisse zur Ermittlung ihrer Verwendbarkeit ermitteln zu können. Während des Durchführungsprozesses sind Zwischenergebnisse gesammelt und in gemeinsamer Rücksprache bewertet worden. Bei nicht ausreichender Qualität zur Beantwortung des Themas, wurde das Konzept entsprechend angepasst und erneut durchgeführt. Mit Ende des Bearbeitungszeitraums von 4 Wochen sind die fertigen Ergebnisse in einem einheitlichen Layout zusammengetragen und präsentiert worden. Um ein ganzheitliches Ergebnis erzielen zu können sind als Endergebnis Vor- und Nachteile des jeweiligen KI-Modells aufgeführt worden. So konnten die KI-Modelle einzeln und im Gesamtbild bewertet werden.

Zur Verdeutlichung dieser Methode wird das Endergebnis des Themas „Künstliche Baukonstruktion“ näher beschrieben. Das Thema untersucht die Möglichkeit zur Generierung und Modifikation baukonstruktiver Details unter Verwendung des KI-Modells DALL-E 2. Es wird beantwortet, ob die KI in der Lage ist baukonstruktive Details unter Eingabe von Textbausteinen vollständig zu generieren. Weiterhin wird beantwortet, ob sich bestehende Details modifizieren bzw. anpassen lassen.

Hierzu sind durch Eingabe von Prompts verschiedene Konstruktionsvarianten durch die KI generiert und auf ihre Darstellung untersucht worden. Die Methodik wurde unter Eingabe kurzer und erweiterter Prompts getestet. Abbildung 4 zeigt, dass die KI in beiden Fällen in der Lage ist, ein bildhaftes Konstruktionsdetail zu generieren. Zeichnung des Details und Verschriftlichungen sind allerdings nur schemenhaft und unleserlich dargestellt. Bei erweiterter Anforderung reagierte die KI auf bestimmte Schlagwörter, wie „Brickwork“ und stellt eine bildhafte Mauerwerksschicht dar. Es sind keine Maßeinheiten oder andere Materialien, wie Mineralwolle oder Luftschicht, berücksichtigt worden. Bei weiterer Betrachtung des Ergebnisses ist abgesehen von der Darstellung des Mauerwerks keine der restlichen Schichten dem Textbaustein zuzuordnen.

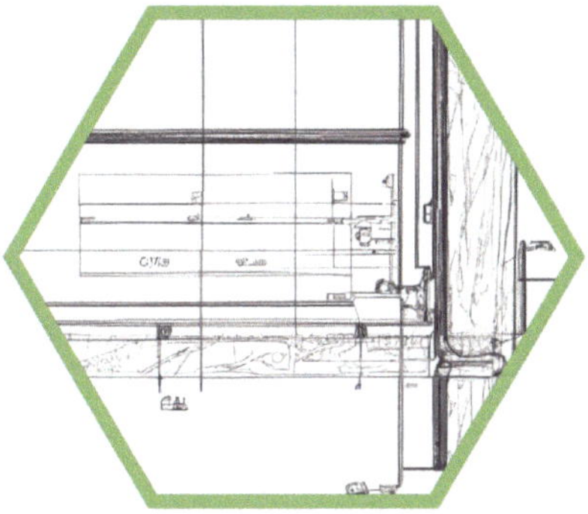

Erste Anforderung
an DALL-E 2:

„technical drawing of a architecture
base of a cavity wall detail“

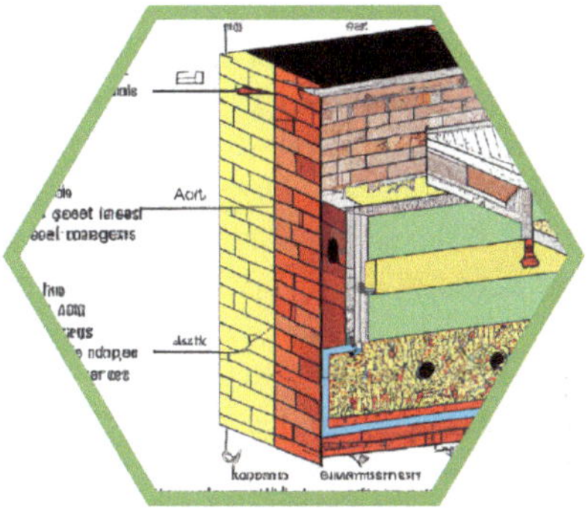

Erweiterte Anforderung
an DALL-E 2:

„technical drawing of a cavity wall detail, Layers:
Brickwork 11.5 cm Polyethylene sheeting 0.2 mm Vented
air gap 5 cm Mineral wool insulation 10 cm Vented air
gap 2 cm brick veneer 7.5 cm, very detailed“

Abb. 4: Ergebnisse zur Generierung baukonstruktiver Details (HAUPT 2023)

Weiterhin erfolgt die Untersuchung der KI zur Modifikation konstruktiver Details. Hierzu zeichnete die Studentin im Vorfeld das baukonstruktive Detail eines Zwei-Schalen-Mauerwerks mit Dämmung und Luftschicht mittels einer CAD-Software. In diesem Beispiel markierte sie die äußere Schicht des Mauerwerks mithilfe der Benutzeroberfläche von DALL-E 2 und entfernte diese. Die Schicht ist entfernt worden und wurde durch Eingabe eines Prompts durch eine neue ersetzt. Mit dieser Methode konnte untersucht werden, ob sich die Mauerwerksschicht durch eine Holzschicht ersetzen lässt. Dieser Prozess wurde mehrfach unter Verwendung verschiedener Markierungen und Prompts wiederholt, um ein konsistentes Ergebnis zu erzielen. Das Ergebnis (Abb. 5) zeigt, dass die KI in der Lage ist die markierte Schicht zu entfernen und durch eine andere Schicht zu ersetzen. Allerdings ist die Darstellung des Holzes nicht richtig dargestellt. Die bildhafte Erscheinung der neuen Schicht lässt sich keinem bekannten Bauwerkstoff zuordnen.

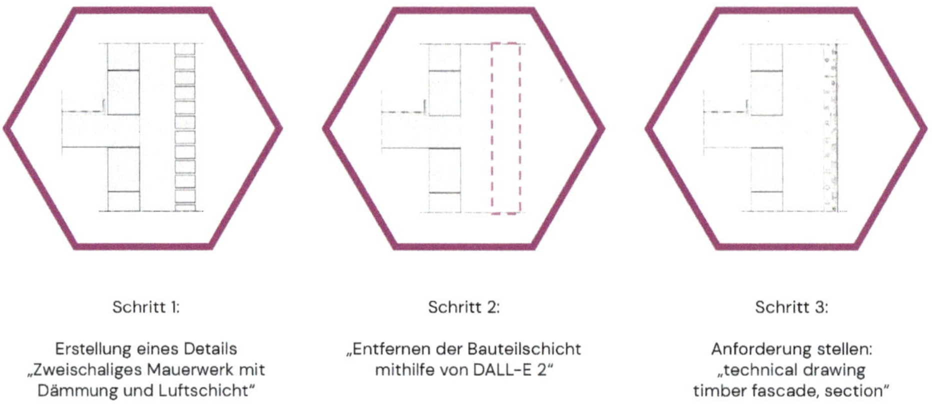

Abb. 5: Prozess zur Modifizierung baukonstruktiver Details (GREVER 2023)

2.3 Forschendes Lernen im AUFLADEN LAB – Ergebnis

In der ersten Phase der Untersuchung wurde die Leistungsfähigkeit der KI zur Generierung konstruktiver Details mittels kurzer, einfacher und erweiterter Textbausteine getestet. Die Ergebnisse zeigen, dass die KI zwar in der Lage ist, ein Bild zu erzeugen, was an die Darstellung eines Konstruktionsdetails anknüpft, jedoch keine praktisch nutzbaren oder gar funktionsfähigen Details generieren kann. Sowohl Zeichnungen als auch Verschriftlichungen sind schemenhaft und unleserlich dargestellt. Bei detaillierteren Anforderungen reagiert die KI auf spezifische Schlagwörter und stellt beispielweise eine Mauerwerksschicht dar, vernachlässigt jedoch Maßeinheiten und andere Materialien wie Mineralwolle oder Luftschicht, welche sie offensichtlich aufgrund mangelnder Daten nicht interpretieren kann. Die weitere Untersuchung zur Modifizierung baukonstruktiver Details ergab die gleichen Erkenntnisse. Die generierten Details sind unzureichend und eignen sich nicht zur Weiterverarbeitung in Bauprojekten. Beide Untersuchungen geben Aufschluss darüber, dass das KI-Modell DALL-E 2 in der Lage ist Bilder zu erzeugen, aber nicht in der Lage ist Anforderungen einer technischen Zeichnung interpretieren zu können.

2.4 Ausstellung der Ergebnisse auf dem University Future:Festival 2023

Unter dem Motto „Heads Up!“ fand das University:Future Festival (U:FF) vom 26. bis 28. April 2023 an drei unterschiedlichen Orten in Deutschland in Präsenz sowie im digitalen Raum statt. Mit fast 4.000 Personen die online und/oder vor Ort dabei waren, 600 Speaker in über 300 Sessions war das Future Festival organisiert vom Hochschulforum Digitalisierung und der Stiftung Innovation in der Hochschullehre das größte und innovativste Event seiner Art in Deutschland. Die Jade Hochschule war durch Prof. Dr. Gregor Grunwald sowie Tobias Hanke und Jan Yoshio Kawasaki vertreten. Der Fachbereich Architektur konnte mit einer Ausstellung in der Patrice Lumumba Galerie zum Thema der digitalen Transformation in der Architektur beitragen (WESSELS 2023).

In diesem Rahmen wurden die Ergebnisse der Studierenden aus den LAB-Bereichen „Bauen mit AR“ und „KI im Entwurfsprozess“ ausgestellt. Ein gänzlich virtueller 3D-Nachbau der Galerie bildete die Ergebnisse beider Themen in einer virtuellen Welt ab. Damit wurde der Raum auch für alle Festivalgäste, die nur online dazu geschaltet waren, erlebbar – und ist bis heute noch begehbar (Abb. 6).

Abb. 6: QR Code zum Betreten des virtuellen 3D-Nachbaus der Patricia Lumumba Galerie

3 Fazit und Ausblick

3.1 Fazit

Die Studie verdeutlicht die tiefgreifenden Veränderungen, die die digitale Transformation in der Baubranche mit sich bringt. Die Einführung von Building Information Modeling (BIM) als führende digitale Planungsmethode hat nicht nur die Arbeitsweise der Architekten revolutioniert, sondern auch den Bedarf an digitalen Kompetenzen im Bildungssektor, insbesondere an Hochschulen, verstärkt. Das Projekt AUFLADEN, bietet eine innovative Antwort auf die steigende Nachfrage digitaler Kompetenzen. Als browserbasierte Plattform schafft es AUFLADEN eine umfassende Lernumgebung zu schaffen, die die Selbstwirksamkeit im Lernprozess fördert und individuelle Bedürfnisse der Studierenden berücksichtigt. Besonders hervorzuheben ist die aktive Einbindung der Studierenden im Projekt.

Die beschriebene Fallstudie und das Beispiel zeigen, dass trotz der Fortschrittlichkeit verschiedener KI-Modelle die generierten Ergebnisse bisher nicht die erforderliche Praktikabilität für den Einsatz in Projekten aufweisen. Es wird deutlich, dass die Qualität von KI stark von der Nutzungserfahrung und der hinterlegten Daten abhängen, die die KI zum Generieren von Antworten nutzt, und weitere Optimierungen erforderlich sind. Die Präsentation der Ergebnisse auf dem University:Future Festival verdeutlicht die Relevanz des Themengebiets. AUFLADEN präsentierte die Ergebnisse nicht nur im Bereich des AUFLADEN LABs, sondern schaffte auch die Präsentation einer innovativen Plattform für den Austausch von Ideen und Erkenntnissen.

3.2 Ausblick

Insgesamt zeigen die Ergebnisse, dass die digitale Transformation in der Baubranche nicht nur technologische Veränderungen mit sich bringt, sondern auch einen umfassenden Wandel in der Ausbildung und im Forschungsbereich erfordert.

Der Blick auf die Potenziale und Herausforderungen der KI verdeutlicht die Notwendigkeit einer kontinuierlichen Anpassung und Weiterentwicklung, um die Chancen der digitalen Transformation in vollem Umfang zu nutzen. Mit Blick in die Zukunft lässt sich daraus schließen, dass die digitale Transformation weiterhin einen maßgeblichen Einfluss auf die Architektur und das Bauwesen haben wird. Im Hinblick auf KI ist zu erwarten, dass die Technologie in der Architektur zunehmend an Bedeutung gewinnen wird. Trotz der aktuellen

Herausforderungen zur praktischen Anwendbarkeit von KI-Modellen, wird die fortlaufende Forschung und Entwicklung voraussichtlich zu verbesserten Algorithmen und praxistauglichen Lösungen führen. Darüber hinaus hat sich bereits gezeigt, dass diverse Softwarelösungen, wie beispielweise Autodesk Revit oder Adobe Photoshop KI als Werkzeug zur spezifischeren Verwendung integriert haben. Die Integration von KI könnte nicht nur die Effizienz steigern, sondern auch innovative Ansätze für die Gestaltung und Umsetzung von Bauprojekten ermöglichen.

Forschungsprojekte wie AUFLADEN, welches innovative Wege mit seiner Vorgehensweise zur Entwicklung neuer Lehr- und Lernkonzepte einschlägt, zeigt die Wichtigkeit zur Vorbereitung zukünftiger Architekten und Baufachleute, um den steigenden Bedarf an digitalen Kompetenzen zu decken. Anknüpfend zeigen Veranstaltungen wie das University:Future Festival, dass der Austausch von Ideen und die Präsentation von Fortschritten in der digitalen Transformation weiterhin eine entscheidende Rolle spielen wird. Die Vernetzung von Hochschulen, Forschungseinrichtungen und der Industrie wird dazu beitragen, Innovationen voranzutreiben und die Branche in Richtung einer nachhaltigen und technologisch fortschrittlichen Zukunft zu lenken.

Literatur

Borchers, S. (2023): *Ergebnisse der KI Midjourney.* Studentische Arbeit des Seminars KI im Entwurfsprozess, Jade Hochschule Oldenburg.

Grever, M. (2023): *Prozess zur Modifizierung baukonstruktiver Details.* Studentische Arbeit des Seminars KI im Entwurfsprozess, Jade Hochschule Oldenburg.

Hahnheiser, L. (2023): *Künstliche Intelligenz in der Architektur: der Rat des Rechners.* DAB Deutsches Architektenblatt. https://www.dabonline.de/2023/04/12/kolumne-148-kuenstliche-intelligenz-architektur-ki-ai-chat-gpt-dall-e/ (^12.04.2023).

Haupt, A. (2023): *Ergebnisse zur Generierung baukonstruktiver Details.* Studentische Arbeit des Seminars KI im Entwurfsprozess, Jade Hochschule Oldenburg.

Website Aufladen: https://www.wissen-aufladen.de/ (28.02.2024).

Wessels, S. (2023): *University: Future Festival: Heads Up!* Jade Newsroom. https://newsroom.jade-hs.de/magazin/university-future-festival-heads-up (24.05.2023).

Wrage, D. (2024): *Künstliche Intelligenz (KI) in Forschung und Lehre „sinnvoll und verantwortungsvoll" integrieren.* Jade Newsroom. https://newsroom.jade-hs.de/magazin/kuenstliche-intelligenz-ki-in-forschung-und-lehre-sinnvoll-und-verantwortungsvoll-integrieren (08.01.2024).

Evaluate the Outcome of the Digital Learning Platform AUFLADEN

Tahia TASNIA and Gregor GRUNWALD

Abstract

This paper assesses the real-life experiences of users on the AUFLADEN website for learning building information modelling, a web-based training concept at Jade University of Applied Sciences. A questionnaire of 16 questions is used to evaluate their experiences and comments about this project. Findings highlight key factors for effective online instruction: well-designed content, motivated interaction, prepared instructors, fostering a sense of online learning community, and integrating technological advancements. The paper also conducts a qualitative content analysis, comparing online teaching with insights from 13 studies spanning 2014 to 2023. The goal is to find out the outcome of project AUFLADEN and contribute to ongoing discussions on strategies to enhance universities' success in transitioning to online teaching amid debates on higher education cost and quality.

1 Introduction

In recent years, the rapid advancement of internet and wireless technology has led to the rise of interactive multimedia networks like online learning and digital teaching methods. This has influenced fields such as building construction and architectural design, where digitalization is now prominent. However, despite its potential, digital construction planning, particularly building information modelling, is mainly taught theoretically in universities and lacks practical application. Lack of trained teachers in this area is one of the major reasons. Yet, the German government is pushing for digital transformation in construction, emphasizing the need for universities to adapt. The AUFLADEN project, funded by the FREIRAUM program, aims to bridge the gap in construction education by providing learning opportunities.

The AUFLADEN project aims to enhance digital planning and Building Information Modelling (BIM) education through self-learning courses, providing both theoretical and practical knowledge in extracurricular settings. AUFLADEN represents the endeavour to tap into knowledge and motivation, fostering transformative education where students critically analyse diverse perspectives and inquiries. By creating critical learning spaces, educators facilitate the development of students' analytical, imaginative, and self-aware capacities.

However, in Figure 1 we demonstrate the structural flowchart of the AUFLADEN project. In the primary level, first-time users are introduced to BIM nuggets, which are mainly tutorials of each software for digital building modelling. In addition, the BIM Trainer offers a guided course to gradually learn how to create BIM-compliant 3D models, check the models, and carry out various BIM use cases on this model. In this way, the user experiences an automated environment, receives feedback on their learning progress, and is guided, even though the learning concept is largely incremented.

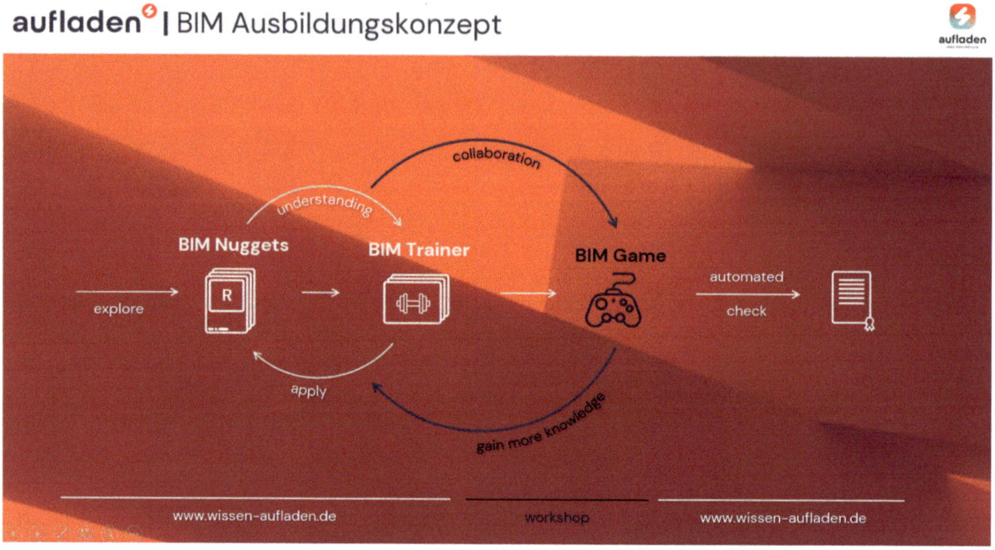

Fig. 1: AUFLADEN training concept

The aim of this study is to analyze the quality and benefits of the BIM Nuggets in the AUFLADEN project by means of an evaluation. The user experience with the new format is the key focus of this study, with additional evaluation of the participants' responses and expectations, with the aim for optimization of the learning offer.

2 Literature Review

In our modern era, we need to connect innovative digital content opportunities to the current knowledge trends in the emerging knowledge society and the long-term demands of the labour market of the digital economy (NOSKOVA et al. 2021). There are significant differences between learning mode and learning outcome. However, after using multimedia-assisted teaching materials, the effect of the learning mode on learning outcomes became insignificant (YUAN & KIM 2014). On the other hand, it pointed out the learning effect (e.g., academic achievement) and learning gain (e. g., learning satisfaction) as two dimensions of learning outcomes, which are also utilized as the measure dimensions of teaching effectiveness in this study (LIN et al. 2017).

To deepen our understanding of technology-enhanced creativity in core curricular areas, we draw insights from literature (BERECZKI & KÁRPÁTI 2021). Student engagement, defined as a commitment to academic learning, is a key aspect, with varying terms like learner engagement, learning outcome, and digital platform used interchangeably (HELLMUTH 2022, HENRIE et al. 2015). The concept of distance education is explored in the context of rapidly evolving technology and online education (SUN & CHEN 2016, SELFA-SASTRE et al. 2022). The importance of interactivity and a sense of community in online learning is highlighted in literature (MARTIN & BOLLIGER 2018).

3 Research Methodology

Our research and evaluation process takes place in 2 different processes, which are discussed broadly below.

3.1 Evaluation Method

A questionnaire was developed to perceive users' comprehension of various interaction strategies with digital learning resources and to assess their preferences for digital tools within the AUFLADEN project. We evaluate the questionnaire based on user experiences and perspectives regarding the AUFLADEN website. It was distributed to 97 individuals, including students and employers of Jade University of Applied Sciences, all of whom are project members. The questions were designed to capture their user experiences and expectations, enabling us to evaluate the project website's outcomes. Respondents were asked to rate statements relating to their behavior strategies and usage of digital resources on a 10-point scale, ranging from 1 (strongly agree) to 10 (strongly disagree). The questionnaire encompassed various sections, addressing aspects such as: Students' preferences in terms of digital learning content (digitized tutorial for learning building modelling software, digital presentations and visualizations, interactive content, etc.).

- Selection of reliable, relevant information in various formats
- Comprehension
- Expectation (NOSKOVA et al. 2021)

A sample question: "Evaluate your preferences in the use of The AUFLADEN websites and the software tutorial/ nuggets promote the following statements (1 is strongly agreed, 10 is strongly disagreed)".

Critical Thinking and problem solving	1 ☐ 2 ☐ 3☐ 4 ☐ 5 ☐ 6 ☐ 7 ☐ 8 ☐ 9 ☐ 10 ☐
Teamwork and collaboration	1 ☐ 2 ☐ 3☐ 4 ☐ 5 ☐ 6 ☐ 7 ☐ 8 ☐ 9 ☐ 10 ☐
User friendly interface	1 ☐ 2 ☐ 3☐ 4 ☐ 5 ☐ 6 ☐ 7 ☐ 8 ☐ 9 ☐ 10 ☐
Adequate and comfortable	1 ☐ 2 ☐ 3☐ 4 ☐ 5 ☐ 6 ☐ 7 ☐ 8 ☐ 9 ☐ 10 ☐
Easy for the first-time user	1 ☐ 2 ☐ 3☐ 4 ☐ 5 ☐ 6 ☐ 7 ☐ 8 ☐ 9 ☐ 10 ☐

The objective of the question is to find out the following aspects.

- User experiences of AUFLANDEN,
- Demand to improve skills in determining effective interaction with digital educational information.

The outcome of the survey is majorly positive and informative, we would discuss it broadly in Result and discussion section. (digitized tutorial for learning building modelling software, digital presentations and visualizations, interactive content, etc.).

3.2 Data Collection Method

To overview our research, we choose a systematic literature review, supplemented by qualitative research methods to review our selected research paper in the field. Following our study purpose, we adopt a systematic literature review method to probe into existing scholarly articles on digital technologies, learning methods and outcome, showed in Fig. 2 below. We defined our systematic literature review method with the following criteria to set our search boundaries as a protocol of the search strategy (TIAN 2018). This methodology is followed by classifying the publications into different research categories and closely examining (a) the research field itself, and (b) the research outcome (XIAO & WATSON 2019). To ensure comprehensiveness, searches spanned every two years (e. g., 2013 to 2014, 2019 to 2021 etc.). This approach ensures a thorough understanding and inclusion of relevant information in the research study.

4 Research Actors

The target group are students of architecture and civil engineering as well as the relevant teaching staff (professors, academic staff, and research assistants). We have summarized the most important stakeholders in Table 1.

Table 1: An overview of the main actors in our research

Actors/ Participants	**Types of participate**	**Roll**	**Interest**	
			Expectations	**Concern**
Students	Concern	Members of the focus group	Easier to understand BIM, practical examples.	More work through tasks that do not directly prepare you for the exam.
Lecturer/ Tutors	Involved	Responsible and employees/evaluators	Quality improvement in teaching.	Too much effort, topicality of the learning content.
Jade Hochschule (represented by the president)	Partial	Carrier of the programs, website operator	Promotion of teaching, Strengthening the digital competence transfer.	Privacy, Competition with existing learning platforms such as Moodle, costs.
Stiftung Innovation für Hochschul-lehre	Involved	Clients	Innovative quality improvement in teaching, strengthening digitalization.	Project goals will not be achieved during the funding period.

5 Research Question

With the help of the evaluation, the following evaluative questions should be answered.

Key question: To what extent can the website facilitate/improve students' acquisition of skills regarding digital planning?

Sub-question: To what extent does the offer contribute to increasing students' motivation when learning and applying BIM in AUFLADEN project?

6 Result and Discussion

We analysed 16 questions on our survey to improve AUFLADEN progressively and include the 13 research papers about digital learning, teaching methods and education system. However, we include also additional research paper for more details regarding BIM Game and AUFLADEN project (KENDRA et al. 2015).

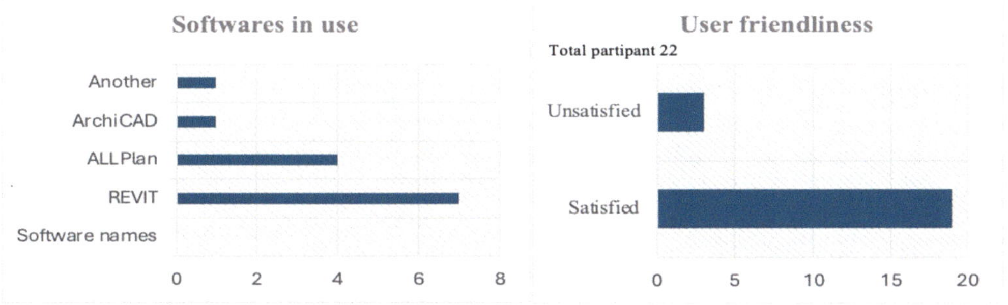

Fig. 2: An overview of most used software (right); an overview of participant response (left)

From Figure 2 right, it is evident that most participants are using REVIT and ALLPLAN for Building Information Modelling (BIM). According to information from tutors, students primarily utilize REVIT, ARCHICAD, and ALLPLAN, with REVIT being the most used among them. Fewer non-student participants reported using SketchUp. Figure 2 left reveals the user satisfaction level regarding task completion and software tutorial user-friendliness. Out of 22 participants using the software tutorials, the majority expressed satisfaction with these aspects. It is important to note that this analysis focuses solely on participants using the website for software learning purposes.

Further questions inquired about users' experiences and satisfaction levels with different program aspects. Responses were rated on a 10-point scale, ranging from strongly agree to strongly disagree (1 to 10). Table 2 highlights that many participants requested more detailed tasks in the software tutorials. However, satisfaction was high regarding the organization level, which was deemed easily demonstrable. Additionally, participants engaging in the BIM game expressed complete satisfaction with the task distribution structure, acknowledging the programs' significant usefulness for their studies and careers.

Furthermore, our next questions were based on users' feedback, their satisfactory level of different aspects of the programs. From Table 3 and Table 4, participants are satisfied with the self-learning aspect of AUFLADEN without any response or feedback of teacher and it can accommodate future growth and expansion in future. In addition, we have found that more participants are satisfied with the training objectives for software. However, the survey also found out that participants are also satisfied with the tools and features that effectively contribute to the project's goals and objectives such as suitable training concepts for digital planning. Nevertheless, our outcome is straightforward, that these programs serving its purpose for building construction education and have user satisfactions.

Table 2: An overview of participant satisfaction level of user experience part

Total participant	Satisfied	Unsatisfied
The organization level and easily demonstrate.	17 (range 1-3)	
The distribution task of the structure was helpful. (BIM Game)	18 (range 1-3)	
The usefulness of training experience in your study/career	19 (range 1-3)	

Table 3: An overview of participant satisfaction level of user experience part 1

Total participant	Yes	No
The AUFLADEN project website is a tool for self-learning. The need of any responsiveness or Feedback from teachers/guide.	20	2
The AUFLADEN website can accommodate future growth and expansion in digital building construction.	22	

Table 4: An overview of participant satisfaction level of user experience part 2

Total participant	Satisfied	Unsatisfied
Preparedness of the training objectives in tutorials	19 (range 1-3)	
The AUFLADEN website offer tools and features that effectively contribute to the project's goals and objectives such as suitable training concepts for digital planning.	17 (range 1-3)	

Table 5: An overview of participant satisfaction level of user experience part 3

Total participant	Satisfied	Unsatisfied
Critical Thinking and problem	19 (range 1-3)	
Teamwork and collaboration	17 (range 1-4)	
User friendly interface and intuitive navigation	17 (range 1-3)	
Adequate and comfortable	16(range 1-5)	
Easy for the first-time user	19 (range 1-3)	

Subsequently, our next questions were to seek more precise answers from the participants. From Table 5 we observe that most of the participant are majorly satisfied with next following statement. Here, we only analyse the data from the participant who were using the website for Software learning purpose with specific keywords which define the website and tutorials.

Future research should explore how technological tools can enhance interaction and growth in virtual reality environments (KAUFFMAN 2015, HENDERSON et al. 2017). In addition, after our evaluation outcome, we can conclude that AUFLADEN project has a great opportunity to learn easy and fast digital learning skills, but also it can reduce the theory and practice gap of academy and industry. The project is a sustainable way of digital learning and teaching concept which is appreciated by the users. The project should get more funding in future to be upgraded and prompted in general.

7 Conclusion

In summary, the AUFLADEN project focuses on promoting digital learning and teaching methods, particularly in Building Information Modelling (BIM) education. Findings from user feedback stress the importance of well-designed course content, interactive teaching, and keeping pace with technological advancements. The AUFLADEN website offers comprehensive training and self-study courses to meet evolving industry needs. Creating an online learning community, facilitated by tools like the BIM Game, enhances student engagement and practical application of knowledge. Continuous improvement is the key in utilizing insights to sustain and enhance the project's relevance. By incorporating user feedback and embracing new technologies, AUFLADEN serves as a valuable resource for digital education in construction, bridging theory and practice and contributing to workforce readiness for the digital age. Ongoing evaluation and collaboration will ensure its impact on transforming higher education continues to grow.

References

Bereczki, E.-O. & Kárpáti, A. (2021): *Technology-Enhanced Creativity: A Multiple Case Study of Digital Technology Integration Expert Teachers' Beliefs and Practices.* Thinking Skills and Creativity, 39, p. 100791.

Eom, S.-B., Wen, H.-J. & Ashill, N. (2006): *The Determinants of Students' Perceived Learning Outcomes and Satisfaction in University Online Education: An Empirical Investigation.* Decision Sciences Journal of Innovative Education, 4 (2), pp. 215-235.

Hellmuth, R. (2022): *Update Approaches and Methods for Digital Building Models – Literature Review.* Journal of Information Technology in Construction, 27, pp. 191-222.

Henderson, M., Selwyn, N. & Aston, R. (2017): *What Works and Why? Student Perceptions of 'Useful' Digital Technology in University Teaching and Learning.* Studies in Higher Education, 42 (8), pp. 1567-79.

Henrie, C.-R., Halverson, L.-R. & Graham, C.-R. (2015): *Measuring Student Engagement in Technology-Mediated Learning: A Review.* Computers & Education, 90, pp. 36-53.

Kauffman, H. (2015): *A Review of Predictive Factors of Student Success in and Satisfaction with Online Learning.* Research in Learning Technology, 23, p. 26507.

Li, Y., Kim, M. & Palkar, J. (2022): *Using Emerging Technologies to Promote Creativity in Education: A Systematic Review.* International Journal of Educational Research Open, 3, p. 100177.

Lin, M.-H., Chen, H.-C. & Liu, K.-S. (2017): *A Study of the Effects of Digital Learning on Learning Motivation and Learning Outcome.* Eurasia Journal of Mathematics, Science and Technology Education, 13(7), p. 3553-3564.

Martin, F. & Bolliger, D.-U. (2018): *Engagement Matters: Student Perceptions on the Importance of Engagement Strategies in the Online Learning Environment.* Online Learning, 22 (1), pp. 205-222.

Selfa-Sastre, M., Pifarré, M., Cujba, A., Cutillas, L. & Falguera, E. (2022): *The Role of Digital Technologies to Promote Collaborative Creativity in Language Education.* Frontiers in Psychology, 13, p. 828981.

Sun, A. & Chen, X. (2016): *Online Education and Its Effective Practice: A Research Review.* Journal of Information Technology Education: Research, 15, pp. 157-190.

Yuan, J. & Kim, C. (2014): *Guidelines for Facilitating the Development of Learning Communities in Online Courses.* Journal of Computer Assisted Learning, 30 (3), pp. 220-232.

For Data Collection and Evaluation Methods

Anderson-Cook, C.-M. (2005): *Experimental and Quasi-Experimental Designs for Generalized Causal Inference.* Journal of the American Statistical Association, 100 (470), pp. 708-708.

Kendra, M., Čamaj, J., Mašek, J. & Ponický, J. (2015): *Increasing Efficiency of the Learning Process by an Active Cooperation between Universities and Industry.* Procedia – Social and Behavioral Sciences, 176, pp. 14-19.

Tian, M., Deng, P., Zhang, Y. & Salmador, M.-P. (2018): *How Does Culture Influence Innovation? A Systematic Literature Review.* Management Decision, 56 (5), pp. 1088-1107.

Xiao, Y. & Watson, M. (2019): *Guidance on Conducting a Systematic Literature Review.* Journal of Planning Education and Research, 39 (1), pp. 93-112.

For Additional information

Bhat, V.-K., Grunwald, G. & Hanke, T. (2023): *Understanding BIM through a Simulation Game – Case Study of Indian Students Subjected to This Course.* ISARC, Proceedings of the International Symposium on Automation and Robotics in Construction, 40, pp. 317-324.

Grunwald, G. & Heins, C. (2024): *BIM Game: A Testing Ground for Specifying, Modelling, Evaluating and Visualizing Information in IFC Formats.* Conference on Civil Engineering and Architecture, pp. 677-688.

Heins, C., Grunwald, G. & Helmus, M. (2021): *Gamification and BIM – The Didactic Guidance of Decentralized Interactions of a Real-Life BIM Business Game for Higher Education.* ISARC, Proceedings of the International Symposium on Automation and Robotics in Construction, 38, pp. 932-939.

Autorenverzeichnis

Albers, Simon
Jade Hochschule, Institut für Angewandte Photogrammetrie und Geoinformatik
simon.albers@jade-hs.de

Ansre, Nik
Jade Hochschule Oldenburg, Fachbereich Architektur
nik.ansre@student.jade-hs.de

Anteunis, Luca
Julius-Maximilians Universität, Würzburg, Institut für Informatik
luca.anteunis@uni-wuerzburg.de

Arndt, Ralf W.
Fachhochschule Erfurt
ralf.arndt@fh-erfurt.de

Bergholz, Eric
Laserscanning Europe, Magdeburg
eric.bergholz@
laserscanning-europe.com

Beringmeier, Elisa
RWTH Aachen University
elisa.beringmeier@rwth-aachen.de

Bienert, Anne
Technische Universität Dresden, Institut für Photogrammetrie und Fernerkundung
anne.bienert@tu-dresden.de

Bischke, Malko
Niedersachsen Kooperations- und Dienstleistungsgesellschaft mbH
bischke@niedersachsen-wasser.de

Blankenbach, Jörg
RWTH Aachen University, Geodetic Institute und Chair for Computing in Civil Engineering and Geo Information Systems
blankenbach@gia.rwth-aachen.de

Bräuer-Burchardt, Christian
Fraunhofer Institut für Angewandte Optik und Feinmechanik IOF Jena
christian.braeuer-burchardt@
iof.fraunhofer.de

Brechbühl, Sabine
Archäologischer Dienst des Kantons Bern, Schweiz
sabine.brechbuehl@be.ch

Breitbarth, Andreas
Fraunhofer-Institut für Angewandte Optik und Feinmechanik IOF Jena, Technische Universität Ilmenau
andreas.breitbarth@iof.fraunhofer.de,
andreas.breitbarth@tu-ilmenau.de

Buriakovskyi, Vladyslav
Laserscanning Europe, Magdeburg
vladyslav.buriakovskyi@laserscanning-europe.com

Büscher, Stefan
Jade Hochschule Oldenburg, Institut für Angewandte Photogrammetrie und Geoinformatik und Institut für Datenbankorientiertes Konstruieren
stefan.buescher@Jade-HS.de

Buße, Kirsten
Universität Bern, Institut für Rechtsmedizin, Schweiz
kirsten.busse@irm.unibe.ch

Chizhova, Maria
Otto-Friedrich-Universität Bamberg Lehrstuhl für Digitale Denkmaltechnologien
maria.chizhova@uni-bamberg.de

Clemen, Christian
Hochschule für Technik und Wirtschaft Dresden
christian.clemen@htw-dresden.de

Deggim, Simon
HafenCity Universität Hamburg, Labor für Photogrammetrie und Laserscanning
simon.deggim@hcu-hamburg.de

Delavy, Manuel
School of Architecture, Civil Engineering and Geomatics, Northwestern University of Applied Sciences and Arts, Muttenz, Switzerland
manuel.delavy@students.fhnw.ch

Distel, Anne-Karoline
Research Squirrel Engineers Network, Irland
anne@squirrel.link

Dittmann, Jan Thomas
Technische Universität Ilmenau
jan-thomas.dittmann@tu-ilmenau.de

Duran Vergara, Laura Camila
Technische Universität Dresden, Institut für Photogrammetrie und Fernerkundung
laura_camila.duran_vergara@tu-dresden.de

Elias, Melanie
Technische Universität Dresden, Institut für Photogrammetrie und Fernerkundung
melanie.elias@tu-dresden.de

Eltner, Anette
Technische Universität Dresden, Institut für Photogrammetrie und Fernerkundung
anette.eltner@tu-dresden.de

Ewert, Eric
Bau-Consult Hermsdorf Gesellschaft beratender Ingenieure mbh, Erfurt
e.ewert@bauconsult-hdf.de

Franke, Christian
Institut für Angewandte Optik und Biophysik, Friedrich-Schiller-Universität Jena
Abbe Center of Photonics, Friedrich-Schiller-Universität Jena
Jena Center for Soft Matter, Friedrich-Schiller-Universität Jena
christian.franke@uni-jena.de

Gentsch, Gregor Jörg
Institut für Angewandte Optik und Biophysik, Friedrich-Schiller-Universität Jena
gregor.joerg.gentsch@uni-jena.de

Gielsdorf, Frank
technet GmbH, Berlin
frank.gielsdorf@technet-gmbh.com

Gorkovchuk, Denys
SPM3D Spain Ltd., Valencia
denys.gorkovchuk@spm3d.com

Grimm, David
School of Architecture, Civil Engineering and Geomatics, Northwestern University of Applied Sciences and Arts, Muttenz, Switzerland
david.grimm@fhnw.ch

Großmann, Andreas
Hochschule Konstanz HTWG, Konstanz
andreas.grossmann@htwg-konstanz.de

Gruner, Felix
Hochschule für Technik und Wirtschaft Dresden
felix.gruner2@htw-dresden.de

Grunwald, Gregor
Jade Hochschule Oldenburg, Fachbereich Architektur
gregor.grunwald@jade-hs.de

Guo, Matthew
Institut für Angewandte Optik und Biophysik, Friedrich-Schiller-Universität Jena
matthew.guo@uni-jena.de

Hanke, Tobias
Jade Hochschule Oldenburg, Fachbereich Architektur
tobias.hanke@jade-hs.de

Hart, Lukas
Technische Hochschule Würzburg-Schweinfurt, Studienbereich Geo
lukas.hart@thws.de

Haustein, Thomas
Bau-Consult Hermsdorf Gesellschaft beratender Ingenieure mbh, Erfurt
t.haustein@bauconsult-hdf.de

Heins, Christian
Jade Hochschule, Fachbereich Architektur
christian.heins@jade-hs.de

Heist, Stefan
Fraunhofer Institut für Angewandte Optik und Feinmechanik IOF Jena
stefan.heist@iof.fraunhofer.de

Hirsekorn, Yara
Jade Hochschule Oldenburg, Fachbereich Architektur
yara.hirsekorn@student.jade-hs.de

Hofmaier, Nicolas
GeodatIQ GmbH, Ulm | Stuttgart
n.hofmaier@geodatiq.de

Hollermann, Sebastian
Jade Hochschule, Oldenburg
sebastian.hollermann@jade-hs.de

Homburg, Timo
Hochschule Mainz, i3mainz – Institut für Raumbezogene Informations- und Messtechnik
timo.homburg@hs-mainz.de

Hülsen, Markus
Landesamt für Geoinformation und Landesvermessung Niedersachsen, Otterndorf
markus.huelsen@lgln.niedersachsen.de

Ihorst, Isaak
Universität Osnabrück, Institut für Informatik, AG Wissensbasierte Systeme
isaak.ihorst@uni-osnabrueck.de

Isfort, Steffen
Technische Universität Dresden, Institut für Photogrammetrie und Fernerkundung
steffen.isfort@tu-dresden.de

Kang, Chongjie
Technische Universität Dresden, Institute of Concrete Structures
chongjie.kang@tu-dresden.de

Kawasaki, Jan Yoshio
Jade Hochschule Oldenburg, Fachbereich Architektur
jan.kawasaki@jade-hs.de

Kersten, Thomas P.
HafenCity Universität Hamburg, Labor für Photogrammetrie und Laserscanning
thomas.kersten@hcu-hamburg.de

Kleinmann, Karl
Hochschule Darmstadt, Fachbereich Elektro- und Informationstechnik
karl.kleinmann @h-da.de

Knoblach, Stefan
Technische Hochschule Würzburg-Schweinfurt, Studienbereich Geo
stefan.knoblach@thws.de

Kowarschik, Richard
Institut für Angewandte Optik und Biophysik, Friedrich-Schiller-Universität Jena
Abbe Center of Photonics, Friedrich-Schiller-Universität Jena
richard.kowarschik@uni-jena.de

Kuhlmay, Lukas
Hochschule Darmstadt, Fachbereich Maschinenbau
lukas.kuhlmay@stud.h-da.de

Kühmstedt, Peter
Fraunhofer Institut für Angewandte Optik und Feinmechanik IOF Jena
peter.kuehmstedt@iof.fraunhofer.de

Kurzmann, Kevin
GeodatIQ GmbH, Ulm | Stuttgart
kkurzmann@kurzmann.de

Lal, Aswin
RWTH Aachen University, Geodetic Institute und Chair for Computing in Civil Engineering and Geo Information Systems
lal@gia.rwth-aachen.de

Landmann, Martin
Fraunhofer Institut für Angewandte Optik und Feinmechanik IOF Jena
martin.landmann@iof.fraunhofer.de

Lindstaedt, Maren
Landbetrieb Geoinformation und Vermessung, Hamburg
maren.lindstaedt@gv.hamburg.de

Lorenz, Silke
Jade Hochschule Oldenburg, Institut für Datenbankorientiertes Konstruieren
silke.lorenz@Jade-HS.de

Luhmann, Thomas
Jade Hochschule Wilhelmshaven/ Oldenburg/Elsfleth,
Institut für Angewandte Photogrammetrie und Geoinformatik
luhmann@jade-hs.de

Maas, Hans-Gerd
Technische Universität Dresden, Institut für Photogrammetrie und Fernerkundung
hans-gerd.maas@tu-dresden.de

Marsmann, Malte
HafenCity Universität Hamburg
malte.marsmann@hcu-hamburg.de

Marx, Steffen
Technische Universität Dresden, Institute of Concrete Structures
steffen.marx1@tu-dresden.de

Milkau, Cyrill
ZAFT e. V. c/o HTW Dresden, Labor Photogrammetrie/Fernerkundung
cyrill.milkau@htw-dresden.de

Moenck, Keno
Hamburg University of Technology, Inst. of Aircraft Production Technology
keno.moenck@tuhh.de

Möser, Michael
TU Dresden, Geodätisches Institut
michael.moeser@tu-dresden.de

Müller, Tilmann
Hochschule Karlsruhe
tilman.mueller@h-ka.de

Naber, Thorsten
Lehmann+Partner GmbH, Dresden
naber@lehmann-partner.de

Neiß-Theuerkauff, Tobias
Jade Hochschule Wilhelmshaven/ Oldenburg/Elsfleth, Institut für Technische Assistenzsysteme
neiss-theuerkauff@jade-hs.de

Neser, Stephan
Hochschule Darmstadt, Fachbereich Mathematik und Naturwissenschaften
stephan.neser@h-da.de

Notni, Gunther
Fraunhofer Institut für Angewandte Optik und Feinmechanik IOF Jena, Technische Universität Ilmenau
gunther.notni@iof.fraunhofer.de, gunther.notni@tu-ilmenau.de

Nüchter, Andreas
Julius-Maximilians Universität Würzburg, Institut für Informatik
andreas@nuechti.de

Olberding, Helge
Technische Hochschule Würzburg-Schweinfurt
helge.olberding@thws.de

Özcan, Baris
RWTH Aachen University, Geodetic Institute und Chair for Computing in Civil Engineering and Geo Information Systems
oezcan@gia.rwth-aachen.de

Pfeiffer, Uwe
hochschule 21, Buxtehude
pfeiffer@hs21.de

Pfeil, Simon
Universität Osnabrück
spfeil@uos.de

Pieper, Manuel
Ingenieurbüro Bertels GmbH, Münster
manuel.pieper@bertels-info.de

Popovas, Darius
Jade Hochschule Wilhelmshaven/ Oldenburg/Elsfleth,
Institut für Angewandte Photogrammetrie und Geoinformatik
darius.popovas@jade-hs.de

Preißler, Marc
Fraunhofer Institut für Angewandte Optik und Feinmechanik IOF Jena
marc.preissler@iof.fraunhofer.de

Preuß, Frederik
Landesamt für Vermessung und Geoinformation Schleswig-Holstein, Elmshorn und HafenCity Universität Hamburg
frederik.preuss@LVermGeo.landsh.de

Przybilla, Heinz-Jürgen
Ehemals Hochschule Bochum, Fachbereich Geodäsie
heinz-juergen@Przybilla.biz

Qayyum, Amna
School of Architecture, Civil Engineering and Geomatics, Northwestern University of Applied Sciences and Arts, Muttenz, Switzerland
amna.qayyum@fhnw.ch

Ramm, Roland
Fraunhofer Institut für Angewandte Optik und Feinmechanik IOF Jena
romland.ramm@iof.fraunhofer.de

Riedel, Mirko
Deveritec GmbH Dresden
mirko.riedel@deveritec.com

Rofallski, Robin
Jade Hochschule, Institut für Angewandte Photogrammetrie und Geoinformatik
robin.rofallski@jade-hs.de

Rünger, Carolin
TU Dresden, Institut für Photogrammetrie und Fernerkundung
carolin.ruenger@mailbox.tu-dresden.de

Scheppach, Jakob
Technische Hochschule Würzburg-Schweinfurt, Studienbereich Geo
jakob.scheppach@study.thws.de

Schierbaum, Arne
Jade Hochschule Wilhelmshaven/ Oldenburg/Elsfleth,
Institut für Angewandte Photogrammetrie und Geoinformatik
arne.schierbaum@jade-hs.de

Schneider, Danilo
Hochschule für Technik und Wirtschaft Dresden, Professur für Photogrammetrie
danilo.schneider@htw-dresden.de

Schüppstuhl, Thorsten
Hamburg University of Technology, Institute of Aircraft Production Technology
schueppstuhl@tuhh.de

Schwerdhelm, Rainer
Jade Hochschule Oldenburg, Institut für Datenbankorientiertes Konstruieren
rainer.schwerdhelm@Jade-HS.de

Schwerdtner, Patrick
Technische Universität Braunschweig
patrick.schwerdtner@tu-braunschweig.de

Selvarajan, Vasantraj
Roboverse Reply, München
vasanth23raj@gmail.com

Sesselmann, Maximilian
Lehmann+Partner GmbH, Dresden
sesselmann@lehmann-partner.de

Sieberth, Till
Jade Hochschule Wilhelmshaven/ Oldenburg/Elsfleth,
Institut für Angewandte Photogrammetrie und Geoinformatik
till.sieberth@jade-hs.de

Skripnikova, Elena
HafenCity Universität Hamburg
elena.skripnikova@hcu-hamburg.de

Sörensen, Lars
Scan3D GmbH, Berlin
soerensen@scan-3d.com

Speck, Henri
Fraunhofer Institut für Angewandte Optik und Feinmechanik IOF Jena
henri.speck@iof.fraunhofer.de

Stark, Andreas Walter
Institut für Angewandte Optik und Biophysik, Friedrich-Schiller-Universität Jena
andreas.stark@uni-jena.de

Storch, Marcel
Universität Osnabrück, Institut für Informatik, AG Fernerkundung
marcel.storch@uni-osnabrueck.de

Studnicka, Nikolaus
RIEGL LMS GmbH, 3580 Horn, Österreich
nstudnicka@riegl.com

Tasnia, Tahia
Jade Hochschule,
Fachbereich Architektur
tahia.tasnia@jade-hs.de

Teten, Dagmar
Landesamt für Vermessung und Geoinformation Schleswig-Holstein, Elmshorn
dagmar.teten@LVermGeo.landsh.de

Thiery, Florian
Leibniz-Zentrum für Archäologie (LEIZA)
florian.thiery@leiza.de

Thiery, Peter
Research Squirrel Engineers Network, Deutschland
peter@squirrel.link

Verhoek, Michael
Fraunhofer Institut für Angewandte Optik und Feinmechanik IOF Jena
michael.verhoek@iof.fraunhofer.de

Wallhoff, Frank
Jade Hochschule Wilhelmshaven/Oldenburg/Elsfleth, Institut für Technische Assistenzsysteme
frank.wallhoff@jade-hs.de

Wiemann, Thomas
Hochschule Fulda, Fachbereich Angewandte Informatik,
Robotik in der Informatik
thomas.wiemann@informatik.hs-fulda.de

Wolf, Matthias
Manufacturing Intelligence Division, Hexagon AB, Unterentfelden, Switzerland
matthias.wolf@hexagon.com

Wujanz, Daniel
technet GmbH, Berlin
daniel.wujanz@technet-gmbh.com

Zeisberg, Loreen
Jade Hochschule Oldenburg,
Fachbereich Architektur
loreen.zeisberg@jade-hs.de

Zurl, Jacob
STRABAG AG,
8644 Kindberg-Mürzhofen, Österreich
jacob.zurl@strabag.com